中国国家标准汇编

2008年修订-28

中国标准出版社　编

中国标准出版社

北京

图书在版编目（CIP）数据

中国国家标准汇编：2008年修订．28/中国标准出版社编．—北京：中国标准出版社，2009

ISBN 978-7-5066-5535-4

Ⅰ.中…　Ⅱ.中…　Ⅲ.国家标准-汇编-中国-2008　Ⅳ.T-652.1

中国版本图书馆CIP数据核字（2009）第194085号

中国标准出版社出版发行
北京复兴门外三里河北街16号
邮政编码:100045

网址 www.spc.net.cn
电话:68523946　68517548
中国标准出版社秦皇岛印刷厂印刷
各地新华书店经销

*

开本 880×1230　1/16　印张 38.5　字数 1 134 千字
2009年12月第一版　2009年12月第一次印刷

*

定价 200.00 元

ISBN 978-7-5066-5535-4

出 版 说 明

1.《中国国家标准汇编》是一部大型综合性国家标准全集。自1983年起，按国家标准顺序号以精装本、平装本两种装帧形式陆续分册汇编出版。它在一定程度上反映了我国建国以来标准化事业发展的基本情况和主要成就，是各级标准化管理机构，工矿企事业单位，农林牧副渔系统，科研、设计、教学等部门必不可少的工具书。

2.《中国国家标准汇编》收入我国每年正式发布的全部国家标准，分为"制定"卷和"修订"卷两种编辑版本。

"制定"卷收入上年度我国发布的、新制定的国家标准，顺延前年度标准编号分成若干分册，封面和书脊上注明"20××年制定"字样及分册号，分册号一直连续。各分册中的标准是按照标准编号顺序连续排列的，如有标准顺序号缺号的，除特殊情况注明外，暂为空号。

"修订"卷收入上年度我国发布的、被修订的国家标准，视篇幅分设若干分册，但与"制定"卷分册号无关联，仅在封面和书脊上注明"20××年修订-1,-2,-3,……"字样。"修订"卷各分册中的标准，仍按标准编号顺序排列(但不连续)；如有遗漏的，均在当年最后一分册中补齐。需提请读者注意的是，个别非顺延前年度标准编号的新制定的国家标准没有收入在"制定"卷中，而是收入在"修订"卷中。

读者配套购买《中国国家标准汇编》"制定"卷和"修订"卷则可收齐上一年度我国制定和修订的全部国家标准。

3. 由于读者需求的变化，自1996年起，《中国国家标准汇编》仅出版精装本。

4. 2008年制修订国家标准共5946项。本分册为"2008年修订-28"，收入新制修订的国家标准54项。

中国标准出版社
2009年10月

目　录

ICS 29.060.20
K 13

中华人民共和国国家标准

GB/T 5013.3—2008/IEC 60245-3:1994
代替 GB 5013.3—1997

额定电压 450/750 V 及以下橡皮绝缘电缆 第3部分:耐热硅橡胶绝缘电缆

Rubber insulated cables of rated voltages up to and including 450/750 V—Part 3: Heat resistant silicone insulated cables

(IEC 60245-3:1994,IDT)

2008-01-22 发布

2008-09-01 实施

中华人民共和国国家质量监督检验检疫总局
中国国家标准化管理委员会 发布

前　言

GB/T 5013《额定电压 450/750 V 及以下橡皮绝缘电缆》分为八个部分：

——第 1 部分：一般要求；

——第 2 部分：试验方法；

——第 3 部分：耐热硅橡胶绝缘电缆；

——第 4 部分：软线和软电缆；

——第 5 部分：电梯电缆；

——第 6 部分：电焊机电缆；

——第 7 部分：耐热乙烯-乙酸乙烯酯橡皮绝缘电缆；

——第 8 部分：特软电线。

本部分为 GB/T 5013 的第 3 部分。本部分等同采用 IEC 60245-3:1994《额定电压 450/750 V 及以下橡皮绝缘电缆　第 3 部分：耐热硅橡胶绝缘电缆》（英文版）及其修改单 Amendment1:1997（英文版）。

为便于使用，GB/T 5013 的本部分做了下列编辑性修改：

——用小数点“.”代替作为小数点的逗号“,”；

——删除国际标准的前言。

本部分从实施之日起代替 GB 5013.3—1997。

本部分与 GB 5013.3—1997 相比主要变化如下：

——表 1 中增加了平均外径下限规定，并减小了平均外径上限数值。

本部分由中国电器工业协会提出。

本部分由全国电线电缆标准化技术委员会归口。

本部分负责起草单位：上海电缆研究所。

本部分参加起草单位：安徽华菱电缆集团有限公司、福建南平太阳电缆股份有限公司、昆明电缆股份有限公司、上海南洋电材有限公司、上海南洋电缆有限公司、天津金山电线电缆股份有限公司。

本部分主要起草人：金标义、胡光政、柯宗海、何文钧、黄德义、谭金凤、郑国俊。

本部分所代替标准的历次版本发布情况为：GB 5013.3—1997。

额定电压 450/750 V 及以下橡皮绝缘电缆 第 3 部分:耐热硅橡胶绝缘电缆

1 概述

1.1 范围

GB/T 5013 的本部分给出了额定电压 300/500 V 耐热硅橡胶绝缘电缆的技术要求。

每种电缆均应符合 GB/T 5013.1 规定的要求和本部分的特殊要求。

1.2 规范性引用文件

下列文件中的条款通过 GB/T 5013 的本部分的引用而成为本部分的条款。凡是注日期的引用文件,其随后所有的修改单(不包括勘误的内容)或修订版均不适用于本部分,然而,鼓励根据本部分达成协议的各方研究是否可使用这些文件的最新版本。凡是不注日期的引用文件,其最新版本适用于本部分。

GB/T 2951.1—1997 电缆绝缘和护套材料通用试验方法 第 1 部分:通用试验方法 第 1 节:厚度和外形尺寸测量——机械性能试验(idt IEC 60811-1-1:1993)

GB/T 2951.2—1997 电缆绝缘和护套材料通用试验方法 第 1 部分:通用试验方法 第 2 节:热老化试验方法(idt IEC 60811-1-2:1985)

GB/T 2951.5—1997 电缆绝缘和护套材料通用试验方法 第 2 部分:弹性体混合料专用试验方法 第 1 节:耐臭氧试验——热延伸试验——浸矿物油试验(idt IEC 60811-2-1:1986)

GB/T 3956 电缆的导体(GB/T 3956—1997,idt IEC 60228:1978)

GB/T 5013.1—2008 额定电压 450/750 V 及以下橡皮绝缘电缆 第 1 部分:一般要求(IEC 60245-1:2003,IDT)

GB/T 5013.2—2008 额定电压 450/750 V 及以下橡皮绝缘电缆 第 2 部分:试验方法(IEC 60245-2:1998,IDT)

2 导体最高温度为 180℃ 的耐热硅橡胶绝缘电缆

2.1 型号

60245 IEC 03(YG)。

2.2 额定电压

300/500 V。

2.3 结构

2.3.1 导体

芯数:一芯。

导体应符合 GB/T 3956 中第 5 种导体规定的要求。

单线可以不镀锡或镀锡,或镀一种除锡以外的金属,例如银。

2.3.2 隔离层

即使单线不镀锡或除锡以外的金属,在导体周围是否包一层由合适材料制成的隔离层可任选。

2.3.3 绝缘

绝缘应是单层挤包在导体上的 IE2 型硅橡胶混合物。

绝缘厚度应符合表1第2栏的规定值。

2.3.4 外编织层

绝缘线芯应包覆一层符合GB/T 5013.1—2008中5.4.2规定的经过处理的玻璃纤维编织层。

2.3.5 外径

平均外径应在表1第3栏和第4栏规定的范围内。

2.4 试验

应以表2规定的检测与试验检查是否符合2.3的要求。

2.5 使用导则

在正常使用时,导体最高温度为180℃。

注:其他导则正在考虑中。

表1 60245 IEC 03(YG)型电缆的尺寸

导体标称截面积/mm^2	绝缘厚度规定值/mm	平均外径/mm	
		下限	上限
0.5	0.6	2.6	3.3
0.75	0.6	2.8	3.5
1	0.6	2.9	3.7
1.5	0.7	3.4	4.2
2.5	0.8	4.0	5.0
4	0.8	4.5	5.6
6	0.8	5.0	6.2
10	1.0	6.2	7.8
16	1.0	7.3	9.1

表2 60245 IEC 03(YG)型电缆的试验

1	2	3	4	
序号	试验项目	试验种类	试验方法	
			GB/T	条文号
1	电气性能试验			
1.1	导体电阻	T,S	5013.2—2008	2.1
1.2	2 000 V电压试验	T,S	5013.2—2008	2.2
2	结构尺寸检查		5013.1和5013.2	
2.1	结构检查	T,S	5013.1	检查和手工试验
2.2	绝缘厚度测量	T,S	5013.2—2008	1.9
2.3	外径测量			
2.3.1	平均值	T,S	5013.2—2008	1.11
2.3.2	椭圆度	T,S	5013.2—2008	1.11
3	绝缘机械性能			
3.1	老化前拉力试验	T	2951.1—1997	9.1
3.2	空气烘箱老化后拉力试验	T	2951.2—1997	8.1.3.1
3.3	热延伸试验	T	2951.5—1997	9

ICS 29.060.20
K 13

中华人民共和国国家标准

GB/T 5013.4—2008/IEC 60245-4:2004
代替 GB 5013.4—1997

额定电压 450/750 V 及以下橡皮绝缘电缆 第 4 部分:软线和软电缆

Rubber insulated cables of rated voltages up to and including 450/750 V— Part 4:Cords and flexible cables

(IEC 60245-4:2004,IDT)

2008-01-22 发布　　　　2008-09-01 实施

中华人民共和国国家质量监督检验检疫总局
中国国家标准化管理委员会　发布

前　言

GB/T 5013《额定电压 450/750 V 及以下橡皮绝缘电缆》分为八个部分：

——第 1 部分：一般要求；

——第 2 部分：试验方法；

——第 3 部分：耐热硅橡胶绝缘电缆；

——第 4 部分：软线和软电缆；

——第 5 部分：电梯电缆；

——第 6 部分：电焊机电缆；

——第 7 部分：耐热乙烯-乙酸乙烯酯橡皮绝缘电缆；

——第 8 部分：特软电线。

本部分为 GB/T 5013 的第 4 部分。本部分等同采用 IEC 60245-4:2004《额定电压 450/750 V 及以下橡皮绝缘电缆　第 4 部分：软线和软电缆》(英文版)。

为便于使用，GB/T 5013 的本部分做了下列编辑性修改：

——用小数点“.”代替作为小数点的逗号“,”；

——删除国际标准的前言。

本部分从实施之日起代替 GB 5013.4—1997。

本部分与 GB 5013.4—1997 相比主要变化如下：

——第 2 章“编织软线”所有内容移至 GB/T 5013.8 中第 5 章“乙丙橡皮绝缘编织特软电线”；

——绝缘材料用“IE4”代替“IE1”；

——3.3.2、4.3.2、5.3.2、6.3.2“隔离层”中删除了“有关要求见 GB 5013.1—1997 的 5.1.3”；

——表 3、表 5、表 7 中减小了平均外径下限和上限数值，表 9 中修订了平均外径下限和上限规定；

——表 4、表 6、表 8 中 3.3“氧弹老化后拉力试验”替换成“空气弹老化后拉力试验”，并增加 3.5“耐臭氧试验”；

——5.3.4 中无论绝缘是否挤包，“刮胶带”都改为任选。

本部分由中国电器工业协会提出。

本部分由全国电线电缆标准化技术委员会归口。

本部分负责起草单位：上海电缆研究所。

本部分参加起草单位：安徽华菱电缆集团有限公司、福建南平太阳电缆股份有限公司、广东华声电器实业有限公司、青岛汉缆集团有限公司、上海南洋电材有限公司、无锡江南电缆有限公司。

本部分主要起草人：金标义、胡光政、柯宗海、朱巨涛、张立铭、黄德义、郑国俊。

本部分所代替标准的历次版本发布情况为：GB 3958—1983、GB 5013.2—1985、GB 5013.4—1997。

额定电压 450/750 V 及以下橡皮绝缘电缆 第 4 部分:软线和软电缆

1 概述

1.1 范围

GB/T 5013 的本部分给出了额定电压 450/750 V 及以下橡皮绝缘橡皮或氯丁或其他相当的合成弹性体护套软线和软电缆的技术要求。

每种电缆均应符合 GB/T 5013.1 规定的要求,并且每种型号电缆应各自符合本部分的特殊要求。

1.2 规范性引用文件

下列文件中的条款通过 GB/T 5013 的本部分的引用而成为本部分的条款。凡是注日期的引用文件,其随后所有的修改单(不包括勘误的内容)或修订版均不适用于本部分,然而,鼓励根据本部分达成协议的各方研究是否可使用这些文件的最新版本。凡是不注日期的引用文件,其最新版本适用于本部分。

GB/T 2951.1—1997 电缆绝缘和护套材料通用试验方法 第 1 部分:通用试验方法 第 1 节:厚度和外形尺寸测量——机械性能试验(idt IEC 60811-1-1:1993)

GB/T 2951.2—1997 电缆绝缘和护套材料通用试验方法 第 1 部分:通用试验方法 第 2 节:热老化试验方法(idt IEC 60811-1-2:1985)

GB/T 2951.4—1997 电缆绝缘和护套材料通用试验方法 第 1 部分:通用试验方法 第 4 节:低温试验(idt IEC 60811-1-2:1985)

GB/T 2951.5—1997 电缆绝缘和护套材料通用试验方法 第 2 部分:弹性体混合料专用试验方法 第 1 节:耐臭氧试验——热延伸试验——浸矿物油试验(idt IEC 60811-2-1:1986)

GB/T 3956 电缆的导体(GB/T 3956—1997,idt IEC 60228:1978)

GB/T 5013.1—2008 额定电压 450/750 V 及以下橡皮绝缘电缆 第 1 部分:一般要求(IEC 60245-1:2003,IDT)

GB/T 5013.2—2008 额定电压 450/750 V 及以下橡皮绝缘电缆 第 2 部分:试验方法(IEC 60245-2:1998,IDT)

GB/T 5013.8—2006 额定电压 450/750 V 及以下橡皮绝缘电缆 第 8 部分:特软电线(IEC 60245-8:1998,IDT)

2 编织软线

见 GB/T 5013.8—2006 第 5 章。

3 普通强度橡套软线

3.1 型号

60245 IEC 53(YZ)。

3.2 额定电压

300/500 V。

3.3 结构

3.3.1 导体

芯数:二芯、三芯、四芯或五芯。

导体应符合 GB/T 3956 第 5 种导体规定的要求,单线可以不镀锡或镀锡。

3.3.2　隔离层

可以在每根导体外面包覆一层由合适材料制成的隔离层。

3.3.3　绝缘

包覆在每根导体上的绝缘应是 IE4 型橡皮混合物。

绝缘应采用挤包。

绝缘厚度应符合表 3 第 2 栏的规定值。

3.3.4　绝缘线芯和填充(若有)绞合成缆

绝缘线芯应绞合在一起。

可以在成缆线芯中间放置填充。

3.3.5　护套

包覆在成缆线芯上的护套应是 SE3 型橡皮混合物。

护套厚度应符合表 3 第 3 栏的规定值。

护套应单层挤出,并应填满成缆线芯的间隙。

护套应能剥离而又不损伤绝缘线芯。

3.3.6　外径

平均外径应在表 3 第 4 栏和第 5 栏规定的范围内。

3.4　试验

应以表 4 规定的检测与试验检查是否符合 3.3 的要求。

3.5　使用导则

在正常使用时,导体最高温度为 60℃。

注:其他导则正在考虑中。

表 3　60245 IEC 53 (YZ)型橡套软线尺寸

1	2	3	4	5
芯数及导体标称截面积/mm²	绝缘厚度规定值/mm	护套厚度规定值/mm	平均外径/mm	
			下限	上限
2×0.75	0.6	0.8	5.7	7.4
2×1	0.6	0.9	6.1	8.0
2×1.5	0.8	1.0	7.6	9.8
2×2.5	0.9	1.1	9.0	11.6
3×0.75	0.6	0.9	6.2	8.1
3×1	0.6	0.9	6.5	8.5
3×1.5	0.8	1.0	8.0	10.4
3×2.5	0.9	1.1	9.6	12.4
4×0.75	0.6	0.9	6.8	8.8
4×1	0.6	0.9	7.1	9.3
4×1.5	0.8	1.1	9.0	11.6
4×2.5	0.9	1.2	10.7	13.8
5×0.75	0.6	1.0	7.6	9.9
5×1	0.6	1.0	8.0	10.3
5×1.5	0.8	1.1	9.8	12.7
5×2.5	0.9	1.3	11.9	15.3
注:电缆的平均外形尺寸按 IEC 60719 进行计算。				

表 4　60245 IEC 53（YZ）型橡套软线试验

1	2	3	4	
序号	试验项目	试验种类	试验方法	
			GB/T	条文号
1	电气性能试验			
1.1	导体电阻	T,S	5013.2—2008	2.1
1.2	绝缘线芯按规定绝缘厚度的电压试验			
1.2.1	0.6 mm 及以下为 1 500 V	T	5013.2—2008	2.3
1.2.2	0.6 mm 以上为 2 000 V	T	5013.2—2008	2.3
1.3	成品电缆 2 000 V 电压试验	T,S	5013.2—2008	2.2
2	结构尺寸检查		5013.1、5013.2	
2.1	结构检查	T,S	5013.1	检查和手工试验
2.2	绝缘厚度测量	T,S	5013.2—2008	1.9
2.3	护套厚度测量	T,S	5013.2—2008	1.10
2.4	外径测量			
2.4.1	平均值	T,S	5013.2—2008	1.11
2.4.2	椭圆度	T,S	5013.2—2008	1.11
3	绝缘机械性能			
3.1	老化前拉力试验	T	2951.1—1997	9.1
3.2	空气烘箱老化后拉力试验	T	5013.2—2008	4
3.3	空气弹老化后拉力试验	T	2951.2—1997	8.2
3.4	热延伸试验	T	2951.5—1997	9
3.5	耐臭氧试验	T	2951.5—1997	8
4	护套机械性能			
4.1	老化前拉力试验	T	2951.1—1997	9.2
4.2	空气烘箱老化后拉力试验	T	2951.2—1997	8.1.3.1
4.3	热延伸试验	T	2951.5—1997	9
5	成品电缆机械强度试验			
5.1	曲挠试验及试验后的浸水电压试验			
	二芯成品电缆试验电压为 2 000 V	T	5013.2—2008	3.1 和 2.2
	对于二芯以上电缆：			
	绝缘厚度在 0.6 mm 及以下绝缘线芯试验电压为 1 500 V	T	5013.2—2008	3.1 和 2.3
	绝缘厚度大于 0.6 mm 绝缘线芯试验电压为 2 000 V	T	5013.2—2008	3.1 和 2.3

4　普通氯丁或其他相当的合成弹性体橡套软线

4.1　型号

60245 IEC 57（YZW）。

4.2　额定电压

300/500 V。

4.3　结构

4.3.1　导体

芯数：二芯、三芯、四芯或五芯。

导体应符合 GB/T 3956 第 5 种导体规定的要求。单线可以不镀锡或镀锡。

4.3.2 **隔离层**

可以在每根导体外面包覆一层由合适材料制成的隔离层。

4.3.3 **绝缘**

包覆在每根导体上的绝缘应是 IE4 型橡皮混合物。

绝缘应采用挤包。

绝缘厚度应符合表 5 第 2 栏的规定值。

4.3.4 **绝缘线芯和填充(若有)绞合成缆**

绝缘线芯应绞合在一起。

可以在成缆线芯中间放置填充。

4.3.5 **护套**

包覆在成缆线芯上的护套应是 SE4 型橡皮混合物。

护套厚度应符合表 5 第 3 栏的规定值。

护套应单层挤出,并应填满成缆线芯的间隙。

护套应能剥离而又不损伤绝缘线芯。

4.3.6 **外径**

平均外径应在表 5 第 4 栏和第 5 栏规定的范围内。

4.4 **试验**

应以表 6 规定的检测与试验检查是否符合 4.3 的要求。

4.5 **使用导则**

在正常使用时,导体最高温度为 60℃。

注:其他导则正在考虑中。

表 5 60245 IEC 57(YZW)型橡套软线尺寸

1	2	3	4	5
芯数及导体标称截面积/mm²	绝缘厚度规定值/mm	护套厚度规定值/mm	平均外径/mm	
			下限	上限
2×0.75	0.6	0.8	5.7	7.4
2×1	0.6	0.9	6.1	8.0
2×1.5	0.8	1.0	7.6	9.8
2×2.5	0.9	1.1	9.0	11.6
3×0.75	0.6	0.9	6.2	8.1
3×1	0.6	0.9	6.5	8.5
3×1.5	0.8	1.0	8.0	10.4
3×2.5	0.9	1.1	9.6	12.4
4×0.75	0.6	0.9	6.8	8.8
4×1	0.6	0.9	7.1	9.3
4×1.5	0.8	1.1	9.0	11.6
4×2.5	0.9	1.2	10.7	13.8
5×0.75	0.6	1.0	7.6	9.9
5×1	0.6	1.0	8.0	10.3
5×1.5	0.8	1.1	9.8	12.7
5×2.5	0.9	1.3	11.9	15.3
注:电缆的平均外形尺寸按 IEC 60719 进行计算。				

表 6 60245 IEC 57（YZW）型橡套软线试验

1	2	3	4	
序号	试验项目	试验种类	试验方法	
			GB/T	条文号
1	电气性能试验			
1.1	导体电阻	T，S	5013.2—2008	2.1
1.2	绝缘线芯按规定绝缘厚度的电压试验			
1.2.1	0.6 mm 及以下为 1 500 V	T	5013.2—2008	2.3
1.2.2	0.6 mm 以上为 2 000 V	T	5013.2—2008	2.3
1.3	成品电缆 2 000 V 电压试验	T，S	5013.2—2008	2.2
2	结构尺寸检查		5013.1、5013.2	
2.1	结构检查	T，S	5013.1	检查和手工试验
2.2	绝缘厚度测量	T，S	5013.2—2008	1.9
2.3	护套厚度测量	T，S	5013.2—2008	1.10
2.4	外径测量			
2.4.1	平均值	T，S	5013.2—2008	1.11
2.4.2	椭圆度	T，S	5013.2—2008	1.11
3	绝缘机械性能			
3.1	老化前拉力试验	T	2951.1—1997	9.1
3.2	空气烘箱老化后拉力试验	T	5013.2—2008	4
3.3	空气弹老化后拉力试验	T	2951.2—1997	8.2
3.4	热延伸试验	T	2951.5—1997	9
3.5	耐臭氧试验	T	2951.5—1997	8
4	护套机械性能			
4.1	老化前拉力试验	T	2951.1—1997	9.2
4.2	空气烘箱老化后拉力试验	T	2951.2—1997	8.1.3.1
4.3	浸油后拉力试验	T	2951.5—1997	10
4.4	热延伸试验	T	2951.5—1997	9
5	成品电缆机械强度试验			
5.1	曲挠试验及试验后的浸水电压试验			
	二芯成品电缆试验电压为 2 000 V	T	5013.2—2008	3.1 和 2.2
	对于二芯以上电缆：			
	绝缘厚度在 0.6 mm 及以下绝缘线芯试验电压为 1 500 V	T	5013.2—2008	3.1 和 2.3
	绝缘厚度大于 0.6 mm 绝缘线芯试验电压为 2 000 V	T	5013.2—2008	3.1 和 2.3
6	低温试验			
6.1	护套弯曲试验	T	2951.4—1997	8.2

5 重型氯丁或其他相当的合成弹性体橡套软电缆

5.1 型号

60245 IEC 66（YCW）。

5.2 额定电压

450/750 V。

5.3 结构

5.3.1 导体

芯数：一芯、二芯、三芯、四芯或五芯。

导体应符合 GB/T 3956 第 5 种导体规定的要求。单线可以不镀锡或镀锡。

5.3.2 隔离层

可以在每根导体外面包覆一层由合适材料制成的隔离层。

5.3.3 绝缘

包覆在每根导体上的绝缘应是 IE4 型橡皮混合物。

绝缘应采用挤包。

绝缘厚度应符合表 7 第 2 栏的规定值。

5.3.4 刮胶带

导体标称截面积超过 4 mm^2 的绝缘线芯，可螺旋绕包一层任选的刮胶带，其搭盖应至少 1 mm。

刮胶带应粘附绝缘，但应能剥离而又不损伤绝缘。

5.3.5 绝缘线芯和填充（若有）绞合成缆

绝缘线芯应绞合在一起。

可以在成缆线芯中间放置填充。

若是大截面导体的绝缘线芯，则可在挤护套前在成缆线芯上绕包织物带，只要成品电缆绝缘线芯之间的外部间隙中没有任何实质性空隙。

5.3.6 护套

成缆线芯外面应包覆护套。

护套厚度应符合表 7 第 3、4 和 5 栏的规定值。

护套组成如下：

5.3.6.1 单芯电缆

护套应是单层的 SE4 型橡皮混合物。

5.3.6.2 多芯电缆

a） 截面积 10 mm^2 及以下：

——护套是单层的 SE4 型橡皮混合物。

b） 截面积 10 mm^2 以上：

——护套可以是单层的 SE4 型橡皮混合物；

——或是两层，内层是 SE3 型橡皮混合物，外层是 SE4 型橡皮混合物。

c） 护套挤入间隙：

在 a）和 b）的情况下，单层护套或双层护套的内层应填满成缆线芯之间的间隙。

护套应能剥离而又不损伤成缆线芯。

5.3.7 外径

平均外径应在表 7 第 6 栏和第 7 栏规定的范围内。

5.4 试验

应以表 8 规定的检测与试验检查是否符合 5.3 的要求。

低温试验应是针对导体标称截面积 16 mm^2 及以下的电缆。

5.5 使用导则

在正常使用时，导体最高温度为 60℃。

注：其他导则正在考虑中。

表7 60245 IEC 66(YCW)型橡套电缆的尺寸

1	2	3	4	5	6	7
芯数及导体标称截面积/mm²	绝缘厚度规定值/mm	护套厚度规定值/mm			平均外径/mm	
		单层	两层		下限	上限
			内层	外层		
1×1.5	0.8	1.4	—	—	5.7	7.1
1×2.5	0.9	1.4	—	—	6.3	7.9
1×4	1.0	1.5	—	—	7.2	9.0
1×6	1.0	1.6	—	—	7.9	9.8
1×10	1.2	1.8	—	—	9.5	11.9
1×16	1.2	1.9	—	—	10.8	13.4
1×25	1.4	2.0	—	—	12.7	15.8
1×35	1.4	2.2	—	—	14.3	17.9
1×50	1.6	2.4	—	—	16.5	20.6
1×70	1.6	2.6	—	—	18.6	23.3
1×95	1.8	2.8	—	—	20.8	26.0
1×120	1.8	3.0	—	—	22.8	28.6
1×150	2.0	3.2	—	—	25.2	31.4
1×185	2.2	3.4	—	—	27.6	34.4
1×240	2.4	3.5	—	—	30.6	38.3
1×300	2.6	3.6	—	—	33.5	41.9
1×400	2.8	3.8	—	—	37.4	46.8
2×1	0.8	1.3	—	—	7.7	10.0
2×1.5	0.8	1.5	—	—	8.5	11.0
2×2.5	0.9	1.7	—	—	10.2	13.1
2×4	1.0	1.8	—	—	11.8	15.1
2×6	1.0	2.0	—	—	13.1	16.8
2×10	1.2	3.1	—	—	17.7	22.6
2×16	1.2	3.3	1.3	2.0	20.2	25.7
2×25	1.4	3.6	1.4	2.2	24.3	30.7
3×1	0.8	1.4	—	—	8.3	10.7
3×1.5	0.8	1.6	—	—	9.2	11.9
3×2.5	0.9	1.8	—	—	10.9	14.0
3×4	1.0	1.9	—	—	12.7	16.2
3×6	1.0	2.1	—	—	14.1	18.0
3×10	1.2	3.3	—	—	19.1	24.2
3×16	1.2	3.5	1.4	2.1	21.8	27.6
3×25	1.4	3.8	1.5	2.3	26.1	33.0
3×35	1.4	4.1	1.6	2.5	29.3	37.1
3×50	1.6	4.5	1.8	2.7	34.1	42.9
3×70	1.6	4.8	1.9	2.9	38.4	48.3
3×95	1.8	5.3	2.1	3.2	43.3	54.0
4×1	0.8	1.5	—	—	9.2	11.9
4×1.5	0.8	1.7	—	—	10.2	13.1
4×2.5	0.9	1.9	—	—	12.1	15.5
4×4	1.0	2.0	—	—	14.0	17.9

表 7(续)

1	2	3	4	5	6	7
芯数及导体标称截面积/mm²	绝缘厚度规定值/mm	护套厚度规定值/mm			平均外径/mm	
		单层	两层		下限	上限
			内层	外层		
4×6	1.0	2.3	—	—	15.7	20.0
4×10	1.2	3.4	—	—	20.9	26.5
4×16	1.2	3.6	1.4	2.2	23.8	30.1
4×25	1.4	4.1	1.6	2.5	28.9	36.6
4×35	1.4	4.4	1.7	2.7	32.5	41.1
4×50	1.6	4.8	1.9	2.9	37.7	47.5
4×70	1.6	5.2	2.0	3.2	42.7	54.0
4×95	1.8	5.9	2.3	3.6	48.4	61.0
4×120	1.8	6.0	2.4	3.6	53.0	66.0
4×150	2.0	6.5	2.6	3.9	58.0	73.0
5×1	0.8	1.6	—	—	10.2	13.1
5×1.5	0.8	1.8	—	—	11.2	14.4
5×2.5	0.9	2.0	—	—	13.3	17.0
5×4	1.0	2.2	—	—	15.6	19.9
5×6	1.0	2.5	—	—	17.5	22.2
5×10	1.2	3.6	—	—	22.9	29.1
5×16	1.2	3.9	1.5	2.4	26.4	33.3
5×25	1.4	4.4	1.7	2.7	32.0	40.4
注:电缆的外形尺寸按 IEC 60719 进行计算。						

表 8 60245 IEC 66(YCW)型橡套电缆的试验

1	2	3	4	
序号	试验项目	试验种类	试验方法	
			GB/T	条文号
1	电气性能试验			
1.1	导体电阻	T,S	5013.2—2008	2.1
1.2	绝缘线芯 2 500 V 电压试验	T	5013.2—2008	2.3
1.3	成品电缆 2 500 V 电压试验	T,S	5013.2—2008	2.2
2	结构尺寸检查		5013.1、5013.2	
2.1	结构检查	T,S	5013.1	检查和手工试验
2.2	绝缘厚度测量	T,S	5013.2—2008	1.9
2.3	护套厚度测量	T,S	5013.2—2008	1.10
2.4	外径测量			
2.4.1	平均值	T,S	5013.2—2008	1.11
2.4.2	椭圆度	T,S	5013.2—2008	1.11
3	绝缘机械性能			
3.1	老化前拉力试验	T	2951.1—1997	9.1
3.2	空气烘箱老化后拉力试验	T	5013.2—2008	4
3.3	空气弹老化后拉力试验	T	2951.2—1997	8.2
3.4	热延伸试验	T	2951.5—1997	9

表 8（续）

1	2	3	4	
序号	试验项目	试验种类	试验方法	
			GB/T	条文号
3.5	耐臭氧试验	T	2951.5—1997	8
4	护套机械性能			
4.1	老化前拉力试验	T	2951.1—1997	9.2
4.2	空气烘箱老化后拉力试验	T	2951.2—1997	8.1.3.1
4.3	浸油后拉力试验	T	2951.5—1997	10
4.4	热延伸试验	T	2951.5—1997	9
5	成品电缆机械强度试验			
5.1	曲挠试验及试验后的浸水电压试验			
	二芯及以下成品电缆试验电压为 2 000 V	T	5013.2—2008	3.1 和 2.2
	二芯以上电缆绝缘线芯试验电压为 2 000 V	T	5013.2—2008	3.1 和 2.3
6	低温试验(见 5.4)			
6.1	护套弯曲试验	T	2951.4—1997	8.2
6.2	护套伸长率试验[a]	T	2951.4—1997	8.4

a 仅适用于外径超过该试验方法规定的限值的电缆。

6 装饰性回路用氯丁橡胶或其他相当的合成弹性体橡套电缆

6.1 型号

圆电缆： 60245 IEC 58 (YS)；

扁电缆： 60245 IEC 58f (YSB)。

6.2 额定电压

300/500 V。

6.3 结构

6.3.1 导体

芯数：一芯或二芯。

导体应符合 GB/T 3956 第 5 种导体规定的要求。单线可以不镀锡或镀锡。

6.3.2 隔离层

可以在每根导体外面包覆一层由合适材料制成的隔离层。

6.3.3 绝缘

包覆在每根导体上的绝缘应是 IE4 型橡皮混合物。

绝缘应采用挤包。

绝缘厚度应符合表 9 第 2 栏的规定值。

6.3.4 绝缘线芯成缆

二芯电缆的两根绝缘线芯应平行放置。两根导体中心之间的距离应符合表 9 第 3 栏和第 4 栏的平均值。

6.3.5 护套

包覆在成缆线芯上的护套应是 SE4 型橡皮混合物。

对于二芯扁电缆，护套应填满线芯之间的空隙形成填充。

护套厚度应符合表 9 第 5 栏的规定值。

护套应能剥离而又不损伤绝缘线芯。

护套优先选用的颜色是绿色和黑色。

6.3.6 外形尺寸

圆电缆的平均外径和扁电缆的平均外形尺寸应在表 9 第 6 栏和第 7 栏规定的范围内。

6.4 试验

应以表 10 规定的检测与试验检查是否符合 6.3 的要求。

对于 6.3.5 的要求，其试验程序一般按 GB/T 5013.2—2008 中 1.11 的规定，但测量值应是导体中心之间的距离。从三个样品上的测量值的平均值为平均距离。

6.5 使用导则

适用于室内和室外的装饰回路。

在正常使用时，导体最高温度为 60℃。

表 9 60245 IEC 58 (YS) 和 58f (YSB) 型电缆尺寸

1	2	3	4	5	6	7
芯数及导体标称截面积/mm^2	绝缘厚度规定值/mm	导体中心间距/mm		护套厚度规定值/mm	平均外形尺寸/mm	
		平均下限	平均上限		下限	上限
1×0.75	0.8	—	—	0.8	4.1	5.2
1×1.5	0.8	—	—	0.8	4.5	5.6
2×1.5	0.8	6.7	7.0	0.8	5.0×13.0	6.0×14.0

注：电缆的平均外形尺寸按 IEC 60719 进行计算。

表 10 60245 IEC 58 (YS) 和 58f (YSB) 型电缆的试验

1	2	3	4	
序号	试验项目	试验种类	试验方法	
			GB/T	条文号
1	电气性能试验			
1.1	导体电阻	T, S	5013.2—2008	2.1
1.2	绝缘线芯 2 000 V 电压试验	T	5013.2—2008	2.3
1.3	成品电缆 2 000 V 电压试验	T, S	5013.2—2008	2.2
2	结构尺寸检查		5013.1、5013.2	
2.1	结构检查	T, S	5013.1	检查和手工试验
2.2	绝缘厚度测量	T, S	5013.2—2008	1.9
2.3	护套厚度测量	T, S	5013.2—2008	1.10
2.4	外径测量			
2.4.1	平均值	T, S	5013.2—2008	1.11
2.4.2	椭圆度	T, S	5013.2—2008	1.11
2.5	导体中心间距	T, S	5013.2—2008 和 本部分	1.11 6.4
3	绝缘机械性能			
3.1	老化前拉力试验	T	2951.1—1997	9.1
3.2	空气烘箱老化后拉力试验	T	5013.2—2008	4
3.3	空气弹老化后拉力试验	T	2951.2—1997	8.2
3.4	热延伸试验	T	2951.5—1997	9
3.5	耐臭氧试验	T	2951.5—1997	8

表 10（续）

1	2	3	4	
序号	试验项目	试验种类	试验方法	
			GB/T	条文号
4	护套机械性能			
4.1	老化前拉力试验	T	2951.1—1997	9.2
4.2	空气烘箱老化后拉力试验	T	2951.2—1997	8.1.3.1
4.3	浸油后拉力试验	T	2951.5—1997	10
4.4	热延伸试验	T	2951.5—1997	9
5	成品电缆机械强度试验			
5.1	曲挠试验及试验后的浸水 2 000 V 电压试验	T	5013.2—2008	3.1 和 2.2

ICS 29.060.20
K 13

GB

中华人民共和国国家标准

GB/T 5013.5—2008/IEC 60245-5:1994
代替 GB 5013.5—1997

额定电压450/750 V及以下橡皮绝缘电缆 第5部分:电梯电缆

Rubber insulated cables of rated voltages up to and including 450/750 V—Part 5:Lift cables

(IEC 60245-5:1994,IDT)

2008-01-22 发布

2008-09-01 实施

中华人民共和国国家质量监督检验检疫总局
中国国家标准化管理委员会 发布

前言

GB/T 5013《额定电压 450/750 V 及以下橡皮绝缘电缆》分为八个部分：

——第 1 部分：一般要求；

——第 2 部分：试验方法；

——第 3 部分：耐热硅橡胶绝缘电缆；

——第 4 部分：软线和软电缆；

——第 5 部分：电梯电缆；

——第 6 部分：电焊机电缆；

——第 7 部分：耐热乙烯-乙酸乙烯酯橡皮绝缘电缆；

——第 8 部分：特软电线。

本部分为 GB/T 5013 的第 5 部分。本部分等同采用 IEC 60245-5:1994《额定电压 450/750 V 及以下橡皮绝缘电缆 第 5 部分：电梯电缆》(英文版)及其修改单 Amendment1:2003(英文版)。

为便于使用，GB/T 5013 的本部分做了下列编辑性修改：

——用小数点“.”替代作为小数点的逗号“,”；

——删除国际标准的前言。

本部分从实施之日起替代 GB/T 5013.5—1997。

本部分与 GB 5013.5—1997 相比主要变化如下：

——2.3.2“隔离层”中删除了“有关要求见 GB 5013.1—1997 的 5.1.3”；

——绝缘材料用“IE4”替换“IE1”；

——表 2 中 3.3 试验项目改为“空气弹老化后拉力试验”；

——表 2 中增加试验项目 3.5“耐臭氧试验”。

本部分由中国电器工业协会提出。

本部分由全国电线电缆标准化技术委员会归口。

本部分负责起草单位：上海电缆研究所。

本部分参加起草单位：安徽华菱电缆集团有限公司、福建南平太阳电缆股份有限公司、广东华声电器实业有限公司、江苏上上电缆集团、上海南洋电材有限公司、无锡江南电缆有限公司。

本部分主要起草人：金标义、胡光政、柯宗海、朱巨涛、谈建伟、黄德义、夏亚芳。

本部分所代替标准的历次版本发布情况为：GB 5013.4—1987、GB 5013.5—1997。

额定电压450/750 V及以下橡皮绝缘电缆
第5部分:电梯电缆

1 概述

1.1 范围

GB/T 5013的本部分给出了额定电压300/500 V橡皮绝缘电梯电缆的技术要求。

每种电缆均应符合GB/T 5013.1规定的要求和本部分的特殊要求。

1.2 规范性引用文件

下列文件中的条款通过GB/T 5013的本部分的引用而成为本部分的条款。凡是注日期的引用文件,其随后所有的修改单(不包括勘误的内容)或修订版均不适用于本部分,然而,鼓励根据本部分达成协议的各方研究是否可使用这些文件的最新版本。凡是不注日期的引用文件,其最新版本适用于本部分。

GB/T 2951.1—1997 电缆绝缘和护套材料通用试验方法 第1部分:通用试验方法 第1节:厚度和外形尺寸测量——机械性能试验(idt IEC 60811-1-1:1993)

GB/T 2951.2—1997 电缆绝缘和护套材料通用试验方法 第1部分:通用试验方法 第2节:热老化试验方法(idt IEC 60811-1-2:1985)

GB/T 2951.5—1997 电缆绝缘和护套材料通用试验方法 第2部分:弹性体混合料专用试验方法 第1节:耐臭氧试验——热延伸试验——浸矿物油试验(idt IEC 60811-2-1:1986)

GB/T 3956 电缆的导体(GB/T 3956—1997,idt IEC 60228:1978)

GB/T 5013.1—2008 额定电压450/750 V及以下橡皮绝缘电缆 第1部分:一般要求(IEC 60245-1:2003,IDT)

GB/T 5013.2—2008 额定电压450/750 V及以下橡皮绝缘电缆 第2部分:试验方法(IEC 60245-2:1998,IDT)

2 一般用途的编织、高强度橡皮、氯丁或其他相当的合成弹性体橡套电梯电缆[1)]

2.1 型号

编织电梯电缆: 60245 IEC 70(YTB);

高强度橡套电梯电缆: 60245 IEC 74(YT);

氯丁或其他相当的合成弹性体橡套电梯电缆:60245 IEC 75(YTF)。

2.2 额定电压

300/500 V。

2.3 结构

2.3.1 导体

芯数:6、9、12、18、24或30芯[2)]。

导体应符合GB/T 3956中第5种导体规定的要求,但导体在20℃时的最大电阻值应增加5%。单线可以不镀锡或镀锡。

2.3.2 隔离层

可以在每根导体外面包覆一层由合适材料制成的隔离层。

1) 高速电梯电缆或高层建筑用电梯电缆的标准正在考虑中。

2) 并不排除含有其他芯数或更多芯数的电缆结构。

2.3.3 绝缘

挤包在每根导体上的绝缘应是IE4型橡皮混合物。

绝缘厚度应符合表1第2栏的规定值。

2.3.4 绝缘线芯保护层

可以在每根绝缘线芯外面任选包覆一层织物编织层或相当的保护覆盖层。

2.3.5 中心垫芯

如果电梯电缆的中心垫芯包含承受拉力的元件，它应具有足够的抗拉强度。

2.3.6 绝缘线芯、中心垫芯和填充物(若有)的成缆

绝缘线芯和任选的填充物应绞合在中心垫芯周围。

填充物(若有)应由干棉纱或其他合适的纤维材料组成。

中心垫芯应由大麻、黄麻或类似材料组成。它可能有承力元件；如果中心垫芯是由金属材料构成，则应用非导电材料包覆。

包覆层的目的是防止由于金属承力元件断丝而损伤绝缘线芯。

制造厂应说明电缆是否有承力元件。

对于6、9和12芯的电缆，线芯应成缆为一层；对于12芯以上的电缆，线芯应成缆为一层或两层。成缆的横截面应实际上呈圆形。

绝缘线芯识别应按GB/T 5013.1—2008中的4.1或4.2。

2.3.7 外覆盖层

2.3.7.1 编织电梯电缆

绝缘线芯应任选包覆一层内织物编织层或包带层，以及包覆一层外织物编织层。

内织物编织层(若有)应采用棉纱或类似材料。

用织物胶布带或类似的带子，螺旋绕包包扎，绕包搭盖至少为1 mm。

外编织层应由合适的织物材料组成。

对于防潮和阻燃的编织电梯电缆，外层编织后应浸透防潮和阻燃料。

制造厂应说明电梯电缆是否阻燃。

2.3.7.2 高强度橡皮、氯丁或其他相当的合成弹性体橡套电梯电缆

绝缘线芯成缆后应螺旋绕包扎带或包覆内编织层以及包覆护套。

螺旋绕包用扎带应是棉纱或类似材料的带子。

内编织层应用织物材料或类似材料。

护套应是：

60245 IEC 74(YT)用SE3型橡皮混合物；

60245 IEC 75(YTF)用SE4型橡皮混合物。

氯丁或其他相当的合成弹性体橡套电缆应是阻燃的。

护套厚度应符合表1第3栏的规定值。

2.3.8 外径

这些电缆的外径不作规定。

2.4 试验

应以表2规定的检测与试验检查是否符合2.3的要求。

2.5 使用导则

在正常使用时，导体最高温度为60℃。

注：其他导则正在考虑中。

表 1 60245 IEC 70(YTB)、60245 IEC 74(YT)和 60245 IEC 75(YTF)型电缆的结构尺寸

芯数与导体标称截面积[a]/mm²	绝缘厚度规定值[b]/mm	护套厚度规定值/mm
(6×0.75)	0.8	1.5
6×1	0.8	1.5
(9×0.75)	0.8	2.0
9×1	0.8	2.0
(12×0.75)	0.8	2.0
12×1	0.8	2.0
(18×0.75)	0.8	2.0
18×1	0.8	2.0
(24×0.75)	0.8	2.5
24×1	0.8	2.5
(30×0.75)	0.8	2.5
30×1	0.8	2.5

a 有括号的为非优先芯数与导体截面积:这个问题正在考虑中。

b 如果绝缘线芯外面包覆了一层织物编织层或相当的保护层,则 0.75 mm² 绝缘线芯的绝缘厚度可减薄到0.6 mm。

表 2 60245 IEC 70(YTB)、60245 IEC 74(YT)和 60245 IEC 75(YTF)型电缆的试验

1	2	3	4	
序号	试验项目	试验种类	试验方法	
			GB/T	条文号
1	电气性能试验			
1.1	导体电阻	T,S	5013.2—2008	2.1
1.2	绝缘线芯按规定绝缘厚度的电压试验			
1.2.1	0.6 mm 为 1 500 V	T	5013.2—2008	2.3
1.2.2	0.6 mm 以上为 2 000 V	T	5013.2—2008	2.2
1.3	成品电缆 2 000 V 电压试验	T,S	5013.2—2008	2.2
2	结构尺寸检查		5013.1、5013.2	
2.1	结构检查	T,S	5013.1	检查和手工试验
2.2	绝缘厚度测量	T,S	5013.2—2008	1.9
2.3	护套厚度测量	T,S	5013.2—2008	1.10
3	绝缘机械性能			
3.1	老化前拉力试验	T	2951.1—1997	9.1
3.2	空气烘箱老化后拉力试验	T	5013.2—2008	4
3.3	空气弹老化后拉力试验	T	2951.2—1997	8.2
3.4	热延伸试验	T	2951.5—1997	9
3.5	耐臭氧试验	T	2951.5—1997	8
4	护套机械性能			
4.1	老化前拉力试验	T	2951.1—1997	9.2
4.2	空气烘箱老化后拉力试验	T	2951.2—1997	8.1.3.1
4.3	浸油后拉力试验[a]	T	2951.5—1997	10
4.4	热延伸试验	T	2951.5—1997	9
5	成品电缆机械强度			
5.1	具有承力元件的中心垫芯抗张强度	T	5013.2—2008	3.4
5.2	静态曲挠试验	T	5013.2—2008	3.2

表 2(续)

1	2	3	4	
序号	试验项目	试验种类	试验方法	
			GB/T	条文号
5.3	阻燃性试验[b]	T	5013.2—2008	5
5.4	耐磨损试验[c]	T	5013.2—2008	3.3
5.5	大长度悬环试验	T	正在考虑中	

a 只适用于 60245 IEC 75(YTF)型电缆。

b 适用于 60245 IEC 75(YTF)型和有阻燃编织层的 60245 IEC 70(YTB)型电缆。

c 只适用于 60245 IEC 70(YTB)型电缆。

ICS 29.060.20
K 13

中华人民共和国国家标准

GB/T 5013.6—2008/IEC 60245-6:1994
代替 GB 5013.6—1997

额定电压 450/750 V 及以下橡皮绝缘电缆　第 6 部分:电焊机电缆

Rubber insulated cables of rated voltages up to and including 450/750 V—Part 6: Arc welding electrode cables

(IEC 60245-6:1994,IDT)

2008-01-22 发布　　　　2008-09-01 实施

中华人民共和国国家质量监督检验检疫总局
中国国家标准化管理委员会　发布

前　言

GB/T 5013《额定电压 450/750 V 及以下橡皮绝缘电缆》分为八个部分：

——第 1 部分：一般要求；

——第 2 部分：试验方法；

——第 3 部分：耐热硅橡胶绝缘电缆；

——第 4 部分：软线和软电缆；

——第 5 部分：电梯电缆；

——第 6 部分：电焊机电缆；

——第 7 部分：耐热乙烯-乙酸乙烯酯橡皮绝缘电缆；

——第 8 部分：特软电线。

本部分为 GB/T 5013 的第 6 部分。本部分等同采用 IEC 60245-6:1994《额定电压 450/750 V 及以下橡皮绝缘电缆　第 6 部分：电焊机电缆》(英文版)及其修改单 Amendment1:1997，Amendment2:2003(英文版)。

为便于使用，GB/T 5013 的本部分做了下列编缉性修改：

——用小数点“.”代替作为小数点的逗号“,”；

——删除国际标准的前言。

本部分从实施之日起代替 GB/T 5013.6—1997。

本部分与 GB 5013.6—1997 相比主要变化如下：

——绝缘材料用“IE4”代替“IE1”；

——表 1 中减小了平均外径下限和上限数值，并增加脚注 2“覆盖层厚度测量应按 GB/T 5013.1—2008 中 5.5.3 的规定”；

——表 2 中 3.3“氧弹老化后拉力试验”替换成“空气弹老化后拉力试验”，并增加 3.5“耐臭氧试验”。

本部分由中国电器工业协会提出。

本部分由全国电线电缆标准化技术委员会归口。

本部分负责起草单位：上海电缆研究所。

本部分参加起草单位：广东华声电器实业有限公司、江苏上上电缆集团、昆明电缆股份有限公司、青岛汉缆集团有限公司、上海南洋电缆有限公司、无锡江南电缆有限公司。

本部分主要起草人：金标义、朱巨涛、谈建伟、何文钧、张立铭、谭金凤、夏亚芳。

本部分所代替标准的历次版本发布情况为：GB 5013.3—1985、GB 5013.6—1997。

额定电压 450/750 V 及以下橡皮绝缘电缆　第 6 部分:电焊机电缆

1　概述

1.1　范围

GB/T 5013 的本部分给出了橡皮绝缘电焊机电缆的技术要求。

每种电缆均应符合 GB/T 5013.1 规定的要求和本部分的特殊要求。

1.2　规范性引用文件

下列文件中的条款通过 GB/T 5013 的本部分的引用而成为本部分的条款。凡是注日期的引用文件,其随后所有的修改单(不包括勘误的内容)或修订版均不适用于本部分,然而,鼓励根据本部分达成协议的各方研究是否可使用这些文件的最新版本。凡是不注日期的引用文件,其最新版本适用于本部分。

GB/T 2951.1—1997　电缆绝缘和护套材料通用试验方法　第 1 部分:通用试验方法　第 1 节:厚度和外形尺寸测量——机械性能试验(idt IEC 60811-1-1:1993)

GB/T 2951.2—1997　电缆绝缘和护套材料通用试验方法　第 1 部分:通用试验方法　第 2 节:热老化试验方法(idt IEC 60811-1-2:1985)

GB/T 2951.5—1997　电缆绝缘和护套材料通用试验方法　第 2 部分:弹性体混合料专用试验方法　第 1 节:耐臭氧试验——热延伸试验——浸矿物油试验(idt IEC 60811-2-1:1986)

GB/T 5013.1—2008　额定电压 450/750 V 及以下橡皮绝缘电缆　第 1 部分:一般要求(IEC 60245-1:2003,IDT)

GB/T 5013.2—2008　额定电压 450/750 V 及以下橡皮绝缘电缆　第 2 部分:试验方法(IEC 60245-2:1998,IDT)

2　电焊机电缆

2.1　型号

橡套电焊机电缆:　60245 IEC 81(YH);

氯丁或其他相当的合成弹性体橡套电焊机电缆:　60245 IEC 82(YHF)。

2.2　额定电压

由于这种类型的电缆专用于焊接,故额定电压不作规定。

2.3　结构

2.3.1　导体

芯数:一芯。

导体应符合表 1 第 2 栏的要求。

单线可以不镀锡或镀锡。

2.3.2　隔离层

在导体周围应外加一层由合适材料制成的隔离层。

2.3.3　覆盖层

导体和隔离层应由下列中的一种覆盖层保护。

2.3.3.1　抗张强度最小为 12 MPa 的 SE3 型橡胶混合物挤包覆盖层,构成绝缘兼护套,其厚度应符合表 1 第 3 栏的规定值。

2.3.3.2　SE4 型氯丁或其他相当的合成弹性体混合物挤包覆盖层，构成绝缘兼护套，其厚度应符合表1第3栏的规定值。

2.3.3.3　由一层 IE4 型橡皮混合物挤包绝缘、一层任选的织物带和一层 SE4 型氯丁或其他相当的合成弹性体混合物挤包护套组成的复合覆盖层，其总厚度应符合表1第3栏的规定值；复合覆盖层中的护套厚度应符合表1第4栏的规定值；如果绝缘不是挤包，则应至少由两层组成。

2.3.4　外径

平均外径应在表1第5栏和第6栏规定的范围内。

2.4　试验

应以表2规定的检测与试验检查是否符合2.3的要求。

2.5　使用导则

正在考虑中。

表1　60245 IEC 81(YH)和60245 IEC 82(YHF)型电缆综合数据

1	2	3	4	5	6	7	8
导体标称截面积/mm²	导体中单线最大直径/mm	覆盖层[b]总厚度规定值/mm	复合覆盖层[b]中的护套厚度[a]规定值/mm	平均外径/mm		20℃时导体最大电阻/Ω/km	
				下限	上限	单线镀锡	单线未镀锡
16	0.21	2.0	1.3	8.8	11.0	1.19	1.16
25	0.21	2.0	1.3	10.1	12.7	0.780	0.758
35	0.21	2.0	1.3	11.4	14.2	0.552	0.536
50	0.21	2.2	1.5	13.2	16.5	0.390	0.379
70	0.21	2.4	1.6	15.3	19.2	0.276	0.268
95	0.21	2.6	1.7	17.1	21.4	0.204	0.198

a　复合覆盖层的绝缘厚度不单独测量。

b　厚度测量应按 GB/T 5013.1—2008 中 5.5.3 的规定。

表2　60245 IEC 81(YH)和60245 IEC 82(YHF)型电缆的试验

1	2	3	4	
序号	试验项目	试验种类	试验方法	
			GB/T	条文号
1	电气性能试验			
1.1	导体电阻	T,S	5013.2—2008	2.1
1.2	成品电缆1 000 V电压试验	T,S	5013.2—2008	2.2
2	结构尺寸检查		5013.1、5013.2	
2.1	结构检查	T,S	5013.1	检查和手工试验
2.2	覆盖层厚度测量	T,S	5013.2—2008	1.9
2.3	外径测量			
2.3.1	平均值	T,S	5013.2—2008	1.11
2.3.2	椭圆度	T,S	5013.2—2008	1.11
3	绝缘机械性能[a]			
3.1	老化前拉力试验	T	2951.1—1997	9.1
3.2	空气烘箱老化后拉力试验	T	5013.2—2008	4
3.3	空气弹老化后拉力试验	T	2951.2—1997	8.2
3.4	热延伸试验	T	2951.5—1997	9
3.5	耐臭氧试验	T	2951.5—1997	8
4	覆盖层或复合覆盖层中的护套机械性能			

表 2 （续）

1	2	3	4	
序号	试验项目	试验种类	试验方法	
			GB/T	条文号
4.1	老化前拉力试验	T	2951.1—1997	9.2
4.2	空气烘箱老化后拉力试验	T	2951.2—1997	8.1.3.1
4.3	浸油后拉力试验[b]	T	2951.5—1997	10
4.4	撕裂试验	T	正在考虑中	
4.5	热延伸试验	T	2951.5—1997	9
5	成品电缆机械强度			
5.1	静态曲挠试验	T	5013.2—2008	3.2

a 只适用于复合覆盖层中有 IE4 型橡皮混合物作为单独绝缘层的电缆。

b 只适用于 60245 IEC 82(YHF)型电缆。

ICS 29.060.20
K 13

中华人民共和国国家标准

GB/T 5013.7—2008/IEC 60245-7:1994
代替 GB 5013.7—1997

额定电压450/750 V及以下橡皮绝缘电缆 第7部分:耐热乙烯-乙酸乙烯酯橡皮绝缘电缆

Rubber insulated cables of rated voltages up to and including 450/750 V—Part 7: Heat resistant ethylene-vinyl acetate rubber insulated cables

(IEC 60245-7:1994,IDT)

2008-01-22 发布　　　　2008-09-01 实施

中华人民共和国国家质量监督检验检疫总局
中国国家标准化管理委员会　发布

前言

GB/T 5013《额定电压 450/750 V 及以下橡皮绝缘电缆》分为八个部分：

——第 1 部分：一般要求；

——第 2 部分：试验方法；

——第 3 部分：耐热硅橡胶绝缘电缆；

——第 4 部分：软线和软电缆；

——第 5 部分：电梯电缆；

——第 6 部分：电焊机电缆；

——第 7 部分：耐热乙烯-乙酸乙烯酯橡皮绝缘电缆；

——第 8 部分：特软电线。

本部分为 GB/T 5013 的第 7 部分。本部分等同采用 IEC 60245-7:1994《额定电压 450/750 V 及以下橡皮绝缘电缆　第 7 部分：耐热乙烯-乙酸乙烯酯橡皮绝缘电缆》(英文版)及其修改单Amendment1:1997(英文版)。

为便于使用，GB/T 5013 的本部分做了下列编辑性修改：

——用小数点“.”代替作为小数点的逗号“,”；

——删除国际标准的前言。

本部分对 IEC 原文 2.3.4 和 3.3.4 对应的编辑性错误进行了更正。

本部分从实施之日起代替 GB 5013.7—1997。

本部分与 GB 5013.7—1997 相比主要变化如下：

——表 1 和表 3 中增加了平均外径下限规定，并修改了平均外径上限数值。

本部分由中国电器工业协会提出。

本部分由全国电线电缆标准化技术委员会归口。

本部分负责起草单位：上海电缆研究所。

本部分参加起草单位：江苏上上电缆集团、昆明电缆股份有限公司、青岛汉缆集团有限公司、上海南洋电缆有限公司、天津金山电线电缆股份有限公司、无锡江南电缆有限公司。

本部分主要起草人：金标义、谈建伟、何文钧、张立铭、谭金凤、郑国俊、夏亚芳。

本部分所代替标准的历次版本发布情况为：GB 5013.7—1997。

额定电压 450/750 V 及以下橡皮绝缘电缆 第 7 部分:耐热乙烯-乙酸乙烯酯橡皮绝缘电缆

1 概述

1.1 范围

GB/T 5013 的本部分给出了额定电压 450/750 V 及以下乙烯-乙酸乙烯酯橡皮绝缘电缆的技术要求。

每种电缆均应符合 GB/T 5013.1 规定的要求和本部分的特殊要求。

1.2 规范性引用文件

下列文件中的条款通过 GB/T 5013 的本部分的引用而成为本部分的条款。凡是注日期的引用文件,其随后所有的修改单(不包括勘误的内容)或修订版均不适用于本部分,然而,鼓励根据本部分达成协议的各方研究是否可使用这些文件的最新版本。凡是不注日期的引用文件,其最新版本适用于本部分。

GB/T 2951.1—1997 电缆绝缘和护套材料通用试验方法 第 1 部分:通用试验方法 第 1 节:厚度和外形尺寸测量——机械性能试验(idt IEC 60811-1-1:1993)

GB/T 2951.2—1997 电缆绝缘和护套材料通用试验方法 第 1 部分:通用试验方法 第 2 节:热老化试验方法(idt IEC 60811-1-2:1985)

GB/T 2951.5—1997 电缆绝缘和护套材料通用试验方法 第 2 部分:弹性体混合料专用试验方法 第 1 节:耐臭氧试验——热延伸试验——浸矿物油试验(idt IEC 60811-2-1:1986)

GB/T 2951.6—1997 电缆绝缘和护套材料试验方法 第 3 部分:聚氯乙烯混合料专用试验方法 第 1 节:高温压力试验-抗开裂试验(idt IEC 60811-3-1:1985)

GB/T 3956 电缆的导体(GB/T 3956—1997,idt IEC 60228:1978)

GB/T 5013.1—2008 额定电压 450/750 V 及以下橡皮绝缘电缆 第 1 部分:一般要求(IEC 60245-1:2003,IDT)

GB/T 5013.2—2008 额定电压 450/750 V 及以下橡皮绝缘电缆 第 2 部分:试验方法(IEC 60245-2:1998,IDT)

2 导体最高温度为 110℃ 的耐热乙烯-乙酸乙烯酯橡皮或其他相当的合成弹性体绝缘、单芯、无护套 750 V 电缆

2.1 型号

实心或绞合导体: 60245 IEC 04(YYY);

软导体: 60245 IEC 05(YRYY)。

2.2 额定电压

450/750 V。

2.3 结构

2.3.1 导体

芯数:一芯。

导体应符合 GB/T 3956 的要求:

实心导体为第 1 种；

绞合导体为第 2 种；

软导体为第 5 种。

单线可以不镀锡或镀锡。

2.3.2 隔离层

如果导体不镀锡，应在导体周围外加一层由合适材料制成的隔离层；如果导体镀锡，则是否使用隔离层可任选。

2.3.3 绝缘

导体外面的绝缘应是 IE3 型橡皮混合物。绝缘厚度应符合表 1 第 3 栏的规定值。绝缘电阻应不小于表 1 第 5 栏的规定值。

2.3.4 外径

平均外径应不超过表 1 第 4 栏和第 5 栏规定的上、下限。

2.3.5 标志

除应符合 GB/T 5013.1—2008 中 3.1 的一般要求外，这类电缆还应有型号或导体最高温度标志。

2.4 试验

应以表 2 规定的检测与试验，检查是否符合 2.3 的要求。

2.5 使用导则

正常使用时，导体最高温度为 110℃。

这类电缆预定用于工作在高温区的电气设备内部接线。

表 1 60245 IEC 04(YYY)和 60245 IEC 05(YRYY)型电缆综合数据

1	2	3	4	5	6
导体标称截面积/mm²	GB/T 3956 中的导体种类	绝缘厚度规定值/mm	平均外径/mm		110℃空气中的最小绝缘电阻[a]/(MΩ·km)
			下限	上限	
0.5	1	0.8	2.3	2.9	0.018
0.75	1	0.8	2.4	3.1	0.016
1	1	0.8	2.6	3.2	0.014
1.5	1	0.8	2.8	3.5	0.012
2.5	1	0.9	3.4	4.3	0.011
4	1	1.0	4.0	5.0	0.010
6	1	1.0	4.5	5.6	0.009
10	1	1.2	5.7	7.1	0.008
1.5	2	0.8	2.9	3.7	0.012
2.5	2	0.9	3.5	4.4	0.011
4	2	1.0	4.2	5.2	0.010
6	2	1.0	4.7	5.9	0.008
10	2	1.2	6.0	7.4	0.008
16	2	1.2	6.8	8.5	0.006
25	2	1.4	8.4	10.6	0.006
35	2	1.4	9.4	11.8	0.005
50	2	1.6	10.9	13.7	0.005
70	2	1.6	12.5	15.6	0.004
95	2	1.8	14.5	18.1	0.004

表 1(续)

1	2	3	4	5	6
导体标称截面积/mm²	GB/T 3956中的导体种类	绝缘厚度规定值/mm	平均外径/mm		110℃空气中的最小绝缘电阻[a]/(MΩ·km)
			下限	上限	
0.5	5	0.8	2.4	3.1	0.016
0.75	5	0.8	2.6	3.2	0.015
1	5	0.8	2.7	3.4	0.013
1.5	5	0.8	3.0	3.7	0.012
2.5	5	0.9	3.6	4.5	0.011
4	5	1.0	4.3	5.4	0.010
6	5	1.0	4.8	6.0	0.008
10	5	1.2	6.0	7.6	0.008
16	5	1.2	7.1	8.9	0.006
25	5	1.4	8.8	11.0	0.005
35	5	1.4	10.1	12.6	0.005
50	5	1.6	11.9	14.9	0.004
70	5	1.6	13.6	17.0	0.004
95	5	1.8	15.5	19.3	0.004

[a] 这些数据是以在110℃空气中的绝缘电阻率为 10^{10} Ω·cm为根据的。

表 2　60245 IEC 04(YYY)和60245 IEC 05(YRYY)型电缆的试验

1	2	3	4	
序号	试验项目	试验种类	试验方法	
			GB/T	条文号
1	电气性能试验			
1.1	导体电阻	T,S	5013.2—2008	2.1
1.2	2 500 V电压试验	T,S	5013.2—2008	2.2
1.3	110℃空气中的绝缘电阻	T	5013.2—2008	2.4
2	结构尺寸检查		5013.1、5013.2	
2.1	结构检查	T,S	5013.1	检查和手工试验
2.2	绝缘厚度测量	T,S	5013.2—2008	1.9
2.3	外径测量	T,S	5013.2—2008	1.11
3	绝缘机械性能			
3.1	老化前拉力试验	T	2951.1—1997	9.1
3.2	空气烘箱老化后拉力试验	T	2951.2—1997	8.1.3.1
3.3	空气弹老化后拉力试验	T	2951.2—1997	8.2
3.4	热延伸试验	T	2951.5—1997	9
3.5	高温压力试验	T	2951.6—1997	8.1
4	焊锡试验(未镀锡导体)	T	5013.2—2008	1.12

3 导体最高温度为110℃的耐热乙烯-乙酸乙烯酯橡皮或其他相当的合成弹性体绝缘、单芯、无护套500 V电缆

3.1 型号

实心导体： 60245 IEC 06(YYY)；

软导体： 60245 IEC 07(YRYY)。

3.2 额定电压

300/500 V。

3.3 结构

3.3.1 导体

芯数：一芯。

导体应符合GB/T 3956的要求：

实心导体为第1种；

软导体为第5种。

单线可以不镀锡或镀锡。

3.3.2 隔离层

如果导体不镀锡，应在导体周围外加一层由合适材料制成的隔离层；如果导体镀锡，则是否使用隔离层可任选。

3.3.3 绝缘

导体外面的绝缘应是IE3型橡皮混合物。绝缘厚度应符合表3第3栏的规定值。绝缘电阻应不小于表3第5栏的规定值。

3.3.4 外径

平均外径应不超过表3第4栏和第5栏规定的上、下限。

3.3.5 标志

除应符合GB/T 5013.1—2008中3.1的一般要求外，这类电缆还应有型号或导体最高温度标志。

3.4 试验

应以表4规定的检测与试验检查是否符合3.3的要求。

3.5 使用导则

正常使用时，导体最高温度为110℃。

这类电缆预定用于工作在高温区的电气设备内部接线。

表3 60245 IEC 06(YYY)和60245 IEC 07(YRYY)型电缆综合数据

1	2	3	4	5	6
导体标称截面积/mm²	GB/T 3956中的导体种类	绝缘厚度规定值/mm	平均外径/mm		110℃空气中的最小绝缘电阻[a]/(MΩ·km)
			下限	上限	
0.5	1	0.6	1.9	2.4	0.015
0.75	1	0.6	2.1	2.6	0.013
1	1	0.6	2.2	2.8	0.012
0.5	5	0.6	2.1	2.6	0.014
0.75	5	0.6	2.2	2.8	0.012
1	5	0.6	2.4	2.9	0.011

a 这些数据是以在110℃空气中的绝缘电阻率为10^{10} Ω·cm为根据的。

表 4　60245 IEC 06(YYY)和 60245 IEC 07(YRYY)型电缆的试验

1	2	3	4	
序号	试验项目	试验种类	试验方法	
			GB/T	条文号
1	电气性能试验			
1.1	导体电阻	T,S	5013.2—2008	2.1
1.2	2 000 V 电压试验	T,S	5013.2—2008	2.2
1.3	110℃空气中的绝缘电阻	T	5013.2—2008	2.4
2	结构尺寸检查		5013.1、5013.2	
2.1	结构检查	T,S	5013.1	检查和手工试验
2.2	绝缘厚度测量	T,S	5013.2—2008	1.9
2.3	外径测量	T,S	5013.2—2008	1.11
3	绝缘机械性能			
3.1	老化前拉力试验	T	2951.1—1997	9.1
3.2	空气烘箱老化后拉力试验	T	2951.2—1997	8.1.3.1
3.3	空气弹老化后拉力试验	T	2951.2—1997	8.2
3.4	热延伸试验	T	2951.5—1997	9
3.5	高温压力试验	T	2951.6—1997	8.1
4	焊锡试验(未镀锡导体)	T	5013.2—2008	1.12

ICS 75.100
E 36

中华人民共和国国家标准

GB/T 5018—2008
代替 GB/T 5018—1985

润滑脂防腐蚀性试验法

Standard test method for determining corrosion preventive properties of lubricating greases

2008-02-13 发布 2008-09-01 实施

中华人民共和国国家质量监督检验检疫总局
中国国家标准化管理委员会 发布

前　言

本标准修改采用美国材料与试验协会标准 ASTM D1743-05a《润滑脂防腐蚀性能试验法》。

本标准根据 ASTM D1743-05a 重新起草。

为了适合我国国情，本标准在采用 ASTM D1743-05a 时进行了修改。本标准与 ASTM D1743-05a 主要差异如下：

——引用标准采用我国现行国家标准和石化行业标准。

——电机转速增加了 1 450 r/min±50 r/min 的可选转速。

——图中涉及到的英制单位换算为国际单位制单位。

——删除了关键词章。

本标准代替 GB/T 5018—1985《润滑脂防腐蚀性试验法》，GB/T 5018—1985 是参照 ASTM D1743：1973(81)制定的。

本标准与 GB/T 5018—1985 相比主要变化如下：

——试验步骤按 ASTM D1743-05a 进行了修改。

——试验用轴承由 7604 型轴承或梯姆肯轴承（锥体 No. 09074、外圈 No. 09169）改为型号为 LM11949 轴承锥体和 LM11910 轴承外圈的轴承。

——试验结果评定按 ASTM D1743-05a 进行了修改。

——精密度按 ASTM D1743-05a 进行了修改。

——本标准将 GB/T 5018—1985 的附录 A 改为附录 A（资料性附录）“版本说明”，并增加了附录 B（资料性附录）“可替代的防腐蚀性试验法”。

本标准的附录 A 和附录 B 均为资料性附录。

本标准由中国石油化工集团公司提出。

本标准由中国石油化工股份有限公司石油化工科学研究院归口。

本标准起草单位：中国石油化工股份有限公司石油化工科学研究院。

本标准主要起草人：刘中其、姚智勤。

本标准所代替标准的历次版本发布情况为：

——GB/T 5018—1985。

润滑脂防腐蚀性试验法

1 范围

本标准规定了在潮湿条件下用涂有润滑脂的锥形滚柱轴承来测定润滑脂的防腐蚀性能。本标准是根据能表示实验室评价结果与用润滑脂润滑的飞机轮轴承实际使用结果的对应关系的CRC技术文件L41制定的。

注：美国科学研究协作委员会(CRC)技术文件L41-957研究了在游离水存在的情况下润滑脂防腐蚀性能的试验方法。CRC的地址为219 Perimeter Center Parkway，Atlanta，GA 30346，USA.

本标准无意指出所有的安全问题，因此，用户在使用本标准之前，应建立适当的安全和防护措施并确定有适用性的管理制度。

2 规范性引用文件

下列文件中的条款通过本标准的引用而成为本标准的条款。凡是注日期的引用文件，其随后所有的修改单(不包括勘误的内容)或修订版均不适用于本标准，然而，鼓励根据本标准达成协议的各方研究是否可使用这些文件的最新版本。凡是不注日期的引用文件，其最新版本适用于本标准。

GB/T 6682 分析试验室用水规格和试验方法(GB/T 6682—1992，neq ISO 3696:1987)

SH 0005 油漆工业用溶剂油

3 术语和定义

下列术语和定义适用于本标准。

3.1

腐蚀 corrosion

一种材料，通常是金属和它存在的环境之间发生的化学或电化学反应，此反应可造成这种材料性能的降低。

注：在本标准中，将在轴承外圈滚道上的红锈或黑斑定义为腐蚀。若污点下仍可见金属面，该污点在本标准中不认为是腐蚀，应予忽略不计。

4 方法概要

将新的清洗净的涂有润滑脂试样的轴承在轻微负载推力下运转60 s±3 s，使润滑脂如实际使用时分布。轴承在52℃±1℃和100％相对湿度的条件下存放48 h±0.5 h，然后清洗并检查轴承外圈滚道的腐蚀痕迹。

5 意义与用途

本试验方法可用来区分不同润滑脂在试验条件下的相对防腐蚀性能。

6 仪器

6.1 轴承：由LM11949轴承锥体和LM11910轴承外圈组成。

6.2 电机：转速为1 450 r/min±50 r/min或1 750 r/min±50 r/min，50 W(最小)。

6.3 轴承支架(见图 1):一个质量为 1 kg±0.10 kg 的不锈钢压块,根据轴承锥体设定的上下两片塑料法兰,一个金属螺钉,一个轴承外圈的 O 型圈和一个带螺纹盖的塑料容器组成。

6.4 塑料容器:如图 2 所示。

6.5 运转台:如图 3 所示。

6.6 推力加载传动轴:如图 4 所示。

6.7 轴承加脂器:如图 5 和图 6 所示。

6.8 手钳:如图 7 所示。

6.9 注射器:容量至少为 100 mL,带一根长度不小于 100 mm 的不小于 16 号的针头。

6.10 秒表:可测量 60 s±3 s。

6.11 烘箱:实验室烘箱,要无震动,能保持 52℃±1℃。

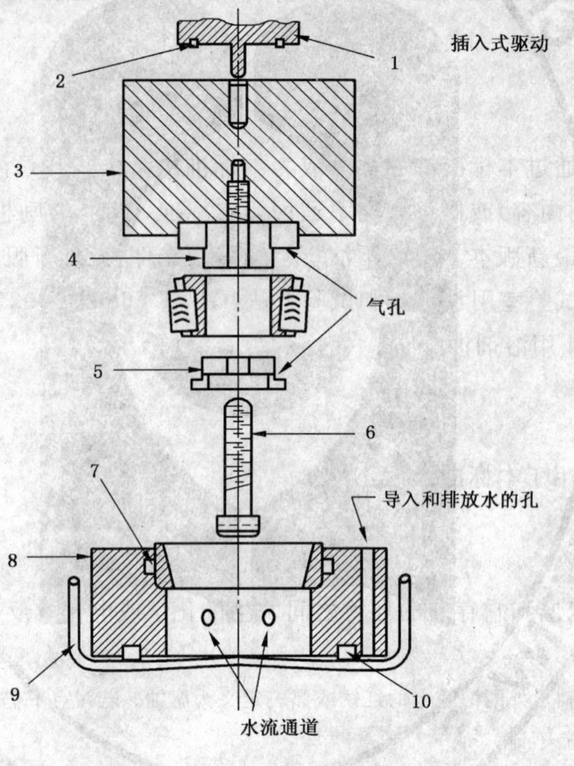

1——驱动活塞;
2——O 型圈;
3——不锈钢压块;
4——上法兰;
5——下法兰;
6——螺钉 M6×35;
7——O 型圈;
8——轴承支架;
9——塑料容器;
10——O 型圈。

图 1 轴承支架组合件

单位为毫米

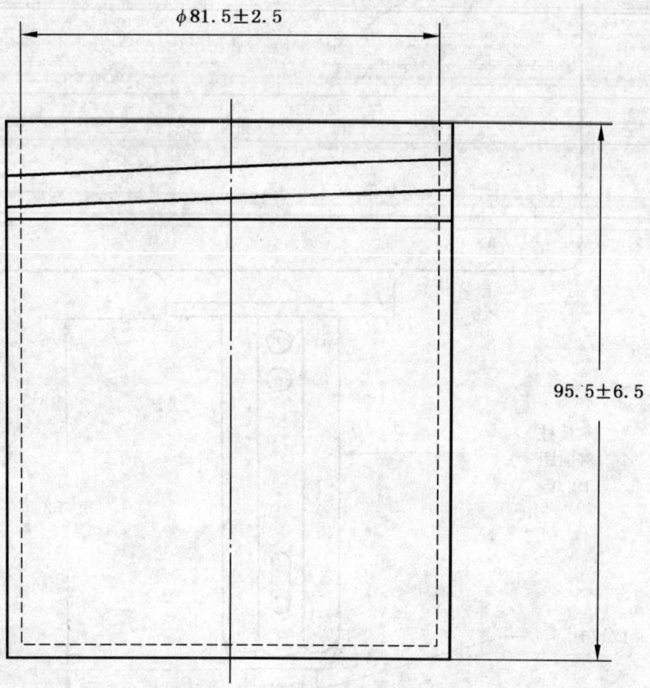

图 2 塑料容器

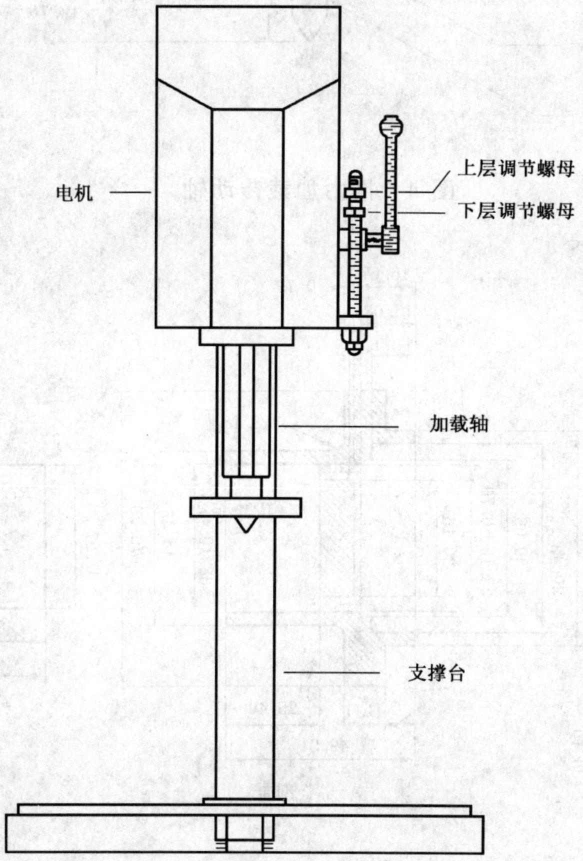

图 3 运转台

单位为毫米

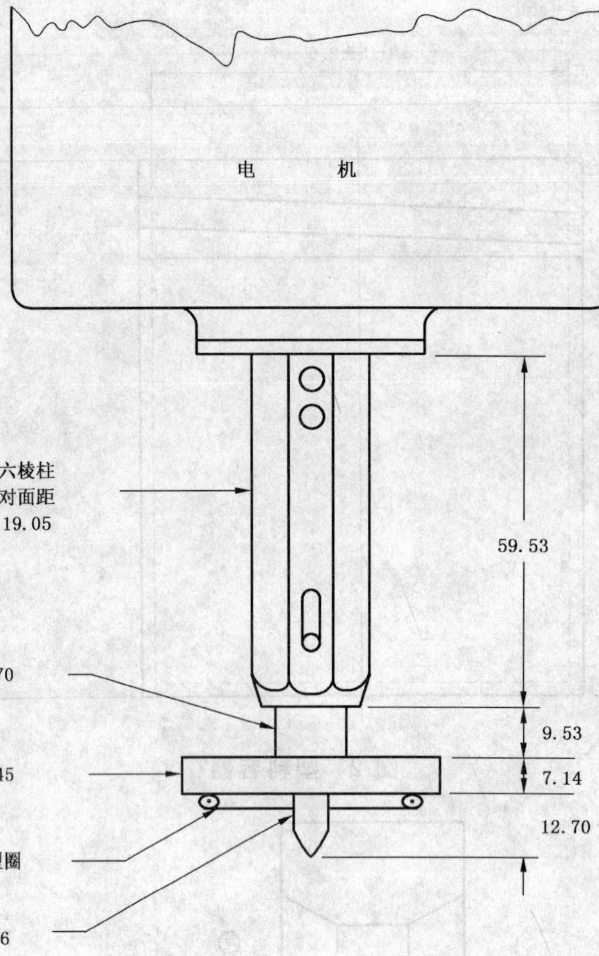

图 4 推力加载传动轴

单位为毫米

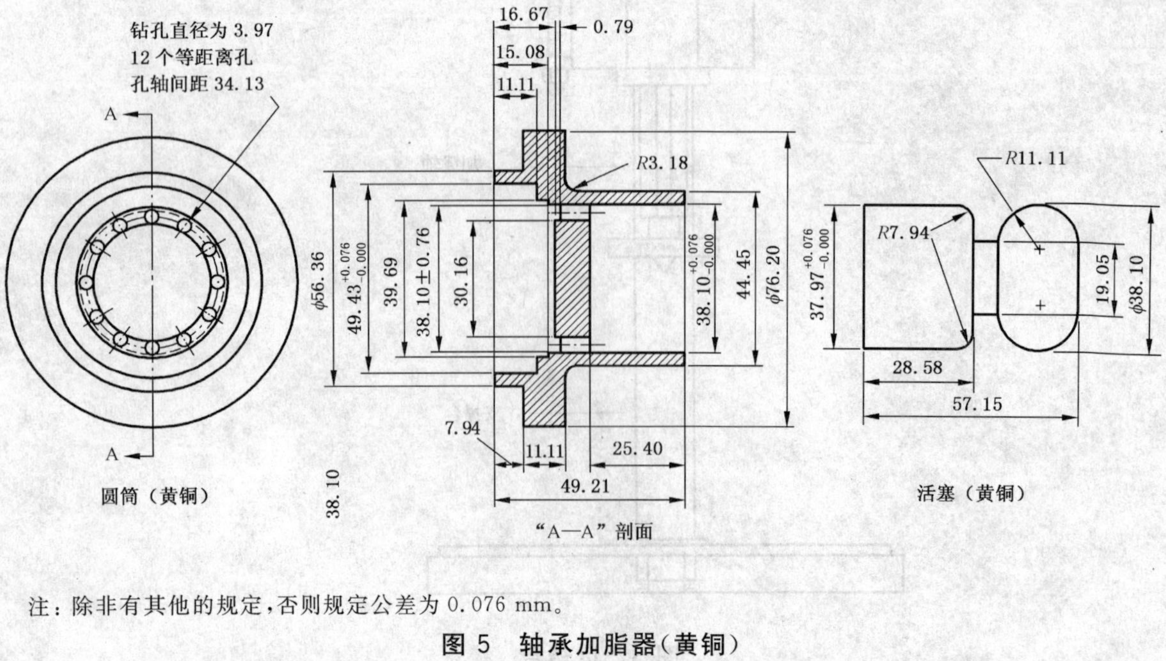

注：除非有其他的规定，否则规定公差为 0.076 mm。

图 5 轴承加脂器（黄铜）

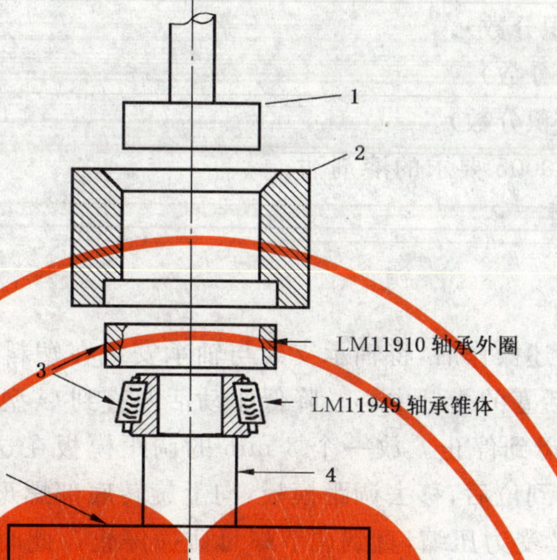

1——加脂活塞；
2——贮脂槽；
3——LM11900 轴承；
4——柱头；
5——底座。

图 6 轴承加脂器(可选用的)

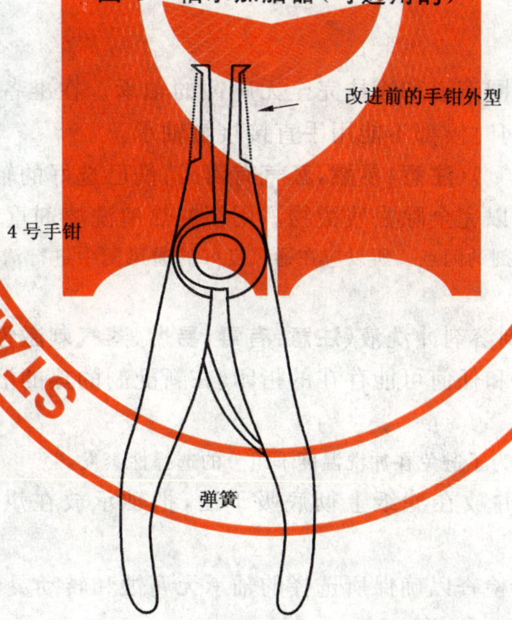

图 7 从轴承加脂器取出轴承的手钳

7 试剂和材料

7.1 蒸馏水：符合 GB/T 6682 中三级水的要求。

7.2 异丙醇：化学纯。

注意：异丙醇易燃。

7.3 氢氧化铵：化学纯。

注意：有毒，易燃，蒸汽刺激性极强。如果吞咽会致命，吸入会造成伤害。

7.4 溶剂冲洗液，组成如下：

7.4.1 异丙醇：90%（体积分数）。

7.4.2 蒸馏水：9%（体积分数）。

7.4.3 氢氧化铵：1%（体积分数）。

7.5 清洗溶剂：符合 SH 0005 要求的溶剂油。

注意：易燃，蒸气有毒。

8 推力加载器的校准

8.1 按 10.1～10.4 中所述操作后，将轴承支架与轴承安装在塑料容器内。将塑料容器放在驱动装置的底座上，使其处于驱动活塞的指针中心。降低驱动活塞直到 O 型圈正好接触 1 kg 不锈钢压块。转动深度计（见图 3）底部的螺母到停止。放一个 3 mm 的调距模板在这个螺母的顶部，使顶部螺母向下调到调距模板。当顶部螺母到位后，移去调距模板，向上旋转底部螺母，使其紧挨顶部螺母。当 O 型圈碰到 1 kg 不锈钢压块并继续受力压缩，直到调节螺母碰撞停止。此时约有 29 N 负荷，给予轴承上的总负荷为 39 N。（这些负荷是由在推力加载轴上弹簧的力和 1 kg 不锈钢压块与弹簧力的总和提供的。这些负荷是近似的。1 kg 不锈钢压块的精度为 0.010 kg。当推力加载轴首次使用时，应用一些适宜的方法进行校验，并定期校准，如果弹簧不能提供足够的力，使轴承在分布润滑脂的 60 s 运转期间不滑动，就需要更换弹簧）。定期检查 O 型圈，如果它有任何裂痕或其他磨损迹象，需要更换。

8.2 推力加载器如果每天使用，则每天用前要校准一次。如果有理由认为标准校验已经变化，则需在使用前再一次进行校验。推力加载器可以用一种进行试验的润滑脂作标准校验。

9 轴承的准备

9.1 仔细检查试验轴承，选择外圈滚道和滚柱完全无腐蚀的轴承。在准备轴承期间，要用夹子操作或戴橡胶手套或塑料手套操作，任何时候都不能用手直接接触轴承。

9.2 用热的清洗溶剂（52℃～66℃）（**注意：易燃，蒸气有毒**）清洗已选好的轴承以除去防锈剂，用棉纱在溶剂中擦洗轴承滚柱和轴承外圈以完全除去残留物。用新的热清洗溶剂重复冲洗轴承。

注：规定的清洗温度高于清洗溶剂的闪点。所以应在通风良好的通风橱中进行清洗操作，该处应无明火或其他火源存在。

9.3 将轴承从清洗溶剂中转移到溶剂冲洗液（**注意：有毒，易燃，蒸气刺激性极强。如果吞咽会致命，吸入会造成伤害**）中，除去清洗溶剂和任何可能存在的指印，在新配制的热的溶剂冲洗液（66℃±5℃）中冲洗时应慢慢转动轴承。

注：使用新配制的溶剂冲洗液是为了避免在冲洗温度下组分的选择性蒸发。

9.4 从溶剂冲洗液中取出轴承并放在滤纸上彻底吸干后，把轴承放在烘箱中，在 70℃±5℃下保持 15 min～30 min。

9.5 让轴承冷却到室温，并重新检查以确保所选择的轴承无腐蚀和转动灵活（清洗和干燥后，取轴承时应小心不使轴承旋转）。

9.6 用与轴承准备的相同方法，清洗和干燥轴承加脂器。

10 试验步骤

10.1 将轴承加脂器的储存器放在一个干净的工作台上，戴上手套，将轴承外圈直径小的端面向下放入轴承加脂器的凹座中。将轴承锥体放入轴承外圈，这时保持轴承在轴承加脂器内，举起并倒置组合件整体使其放回到原来的工作台上。

10.2 把储存器装满润滑脂试样，用加脂活塞将试样压进轴承，小心地从储存器中取出活塞，防止空气进入轴承。滑动轴承加脂器到工作台边缘，保持轴承固定在储存器中，在工作台上倒置其到原来的状态。

10.3 使用小方刮刀，刮去轴承内圈与轴承套外部和轴承加脂器间缝隙中多余的润滑脂。用手钳或戴上手套的手指将轴承从轴承加脂器中取出。用刮刀将轴承外多余的润滑脂除去。这一操作过程是为确保每次使用的润滑脂量大约相同。

10.4 依据图1，用戴有手套的手指夹住已装润滑脂后的轴承，并使轴承外圈大内径端向下，将小直径的塑料法兰从轴承顶端插入，将大直径的塑料法兰从轴承底段插入。滑动轴承到1 kg不锈钢压块上，使大直径的法兰恰好进入不锈钢压块的顶部凹槽。通过法兰插入螺钉，并将螺钉紧紧地拧入不锈钢压块。将塑料轴承支架(见图1部件8)放在轴承上面(大O型圈朝上)。压下轴承支架使轴承适合地进入轴承支架内。

10.5 将塑料容器扣在轴承支架上，滑动塑料容器到工作台边缘，并对着塑料容器的内底用手指压不锈钢压块，倒置塑料容器并保持塑料容器内各个部件不要脱开。

10.6 将塑料容器放置在驱动装置的基座上，使之位于驱动指针中心下。开动电机，使驱动指针进入到1 kg不锈钢压块的中心。并加载直至螺母碰到底部为止。运转60 s，抬高驱动轴，关掉电机让轴承惯性转动到停止。在这一步骤和下面的步骤中都要特别小心不要损坏轴承外圈与滚柱之间的接触。

10.6.1 在运转时或运转60 s后，不应再把润滑脂抹匀或压回到轴承内。

10.7 将蒸馏水煮沸10 min±5 min以赶走二氧化碳，冷却到25℃±5℃。

10.8 用干净的注射器盛满100 mL±5 mL 10.7中准备的蒸馏水。通过轴承支架上专用的小孔向塑料容器中运转后的轴承加蒸馏水。同时启动秒表，在20 s±3 s内加完100 mL蒸馏水。当时间到50 s±3 s时，开始抽出水，时间到60 s±3 s时，抽出70 mL±5 mL的水，留下30 mL±5 mL的水在塑料容器中。确保当70 mL±5 mL的水抽出后，剩余的水不会接触到轴承。在10 s内用16号针头抽出70 mL±5 mL的水有一定的难度，所以可以使用更大号的注射器针头。

10.9 盖紧塑料容器盖，将其放在无振动的黑暗烘箱中在52℃±1℃下持续48 h。

10.10 每个润滑脂试样需要三个轴承进行试验。

11 结果评定

11.1 将轴承从塑料容器中取出，把轴承外圈放在体积比为50∶50的异丙醇(**注意：易燃**)和清洗溶剂(**注意：易燃，蒸气有毒**)的混合液中，混合液可以加热以便更容易的除去轴承上的润滑脂。用力摇动除去润滑脂。用新的混合液重复清洗或用干净的棉布或绸布擦洗轴承，以确保除去痕量的润滑脂。

11.2 把轴承外圈从溶剂中转移到干净的滤纸上，进行风干。

11.3 不要放大倍数，目测检查轴承外圈滚道腐蚀迹象，用合格和不合格来评价。不合格指标应是出现任何1.0 mm的腐蚀斑点或更大的斑点，按最长的尺寸计算，不计斑点数目。

11.3.1 用柔软的棉纱(干的或在室温下对锈痕或钢不起反应的溶剂润湿的棉纱)轻微地擦拭即可除去的污点，在评级中不应认为是腐蚀。

12 报告

12.1 以合格或不合格作为评定结果，报告在三个轴承试验中至少两个一致的结果。

13 精密度和偏差

13.1 精密度：本标准的精密度是由各实验室间试验结果统计分析确定如下：

13.1.1 重复性可根据下列事实来判断：在9个实验室里由6个试样得到的重复结果有94%是一致的。

13.1.2 再现性可根据下列事实来判断：在9个实验室里由6个防腐蚀性好或不好的试样，得到的结果至少有96%的结果是一致的。

13.2 偏差：由于试验结果仅说明与方法规定的合格标准是否一致，因此，本方法未规定偏差。

附 录 A
（资料性附录）
版 本 说 明

A.1 本标准与 GB/T 5018—1985 主要差异如下：

A.1.1 修改后的操作步骤采用一种新型立式运转台和轴承支架。这种设备上的改变可以减少运转后轴承滚柱和轴承外圈接触损坏的可能性。这些表面接触损坏，会出现直接的水污染和不重复的锈蚀。

A.1.2 评价级别简化为合格或不合格的表述。代替用腐蚀点数目来表征不合格，现规定出现任何1.0 mm的腐蚀斑点或更大斑点时评为不合格。

A.2 新的操作步骤的一个缺点是在没有购买到附加轴承支架的情况下，每单元时间能进行的试验很少。

A.2.1 GB/T 5018—1985 试验方法的操作步骤仍可使用，保留为实验室快速评价方法。因为一些实验室需要快速筛选试验的方法。在新试验方法联合试验阶段，对两种试验方法作过有限比较，两种操作步骤给出了良好的一致性。

A.3 原用操作步骤改变为新评价方法列于附录 B。但应指出，新操作步骤将用于担任仲裁的用途。

附 录 B
（资料性附录）
可替代的防腐蚀性能试验法

B.1 范围

本方法规定了在潮湿条件下用涂有润滑脂的锥形滚柱轴承来测定润滑脂的防腐蚀性能。本方法是根据能表示实验室评价结果与用润滑脂润滑的飞机轮轴承实际使用结果的对应关系的 CRC 技术文件 L41 制定的。

B.2 规范性引用文件

见第 2 章。

B.3 术语

见第 3 章。

B.4 方法概要

将涂有试样的新轴承，在轻的推力负荷下运转 60 s，使润滑脂像使用情况那样分布。轴承在 52℃±1℃，100%相对湿度下存放 48 h。清洗后检查轴承外圈滚道的腐蚀迹象。

B.5 意义和用途

见第 5 章。

B.6 仪器

B.6.1 轴承：7604 型轴承或梯姆肯锥形滚子轴承（锥体 No.09074 和外圈 No.09196），根据标准规定选用。

B.6.2 玻璃瓶：直径为 70 mm，高 86 mm，配有涂蜡的螺旋盖。

B.6.3 轴承支架：锥度为 14/35 至 19/38 的锥形玻璃座。

B.6.4 电机：转速为 1 450 r/min 或 1 750 r/min，186 W。

B.6.5 主轴：用一个打孔的 4 号橡皮塞连接到电机轴上。

B.6.6 推力加载器：如图 B.1 所示。

B.6.7 机械装脂器：如图 B.2 所示。

B.7 试剂

见第 7 章。

B.8 推力加载器的校准

把推力加载器（见图 B.1）的手柄和推力加载器一起竖起来，用虎钳加住手柄，把一个 2.7 kg 的砝码加到杯上，并在圆筒上作标记，以确定相应的手柄位置。

B.9 轴承的准备

见第 9 章。

单位为毫米

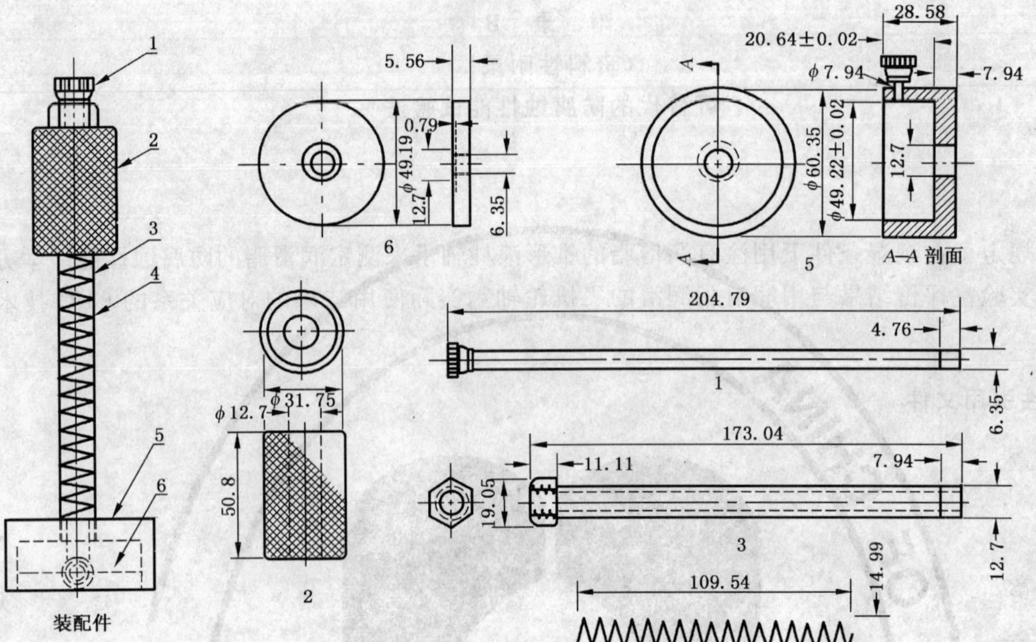

1——杆(黄铜);

2——手柄(铝);

3——圆筒(钢);

4——弹簧(钢丝)每 25.4 mm 为 5 圈;

5——杯(铝);

6——圆盘(黄铜)。

图 B.1 推力加载器

单位为毫米

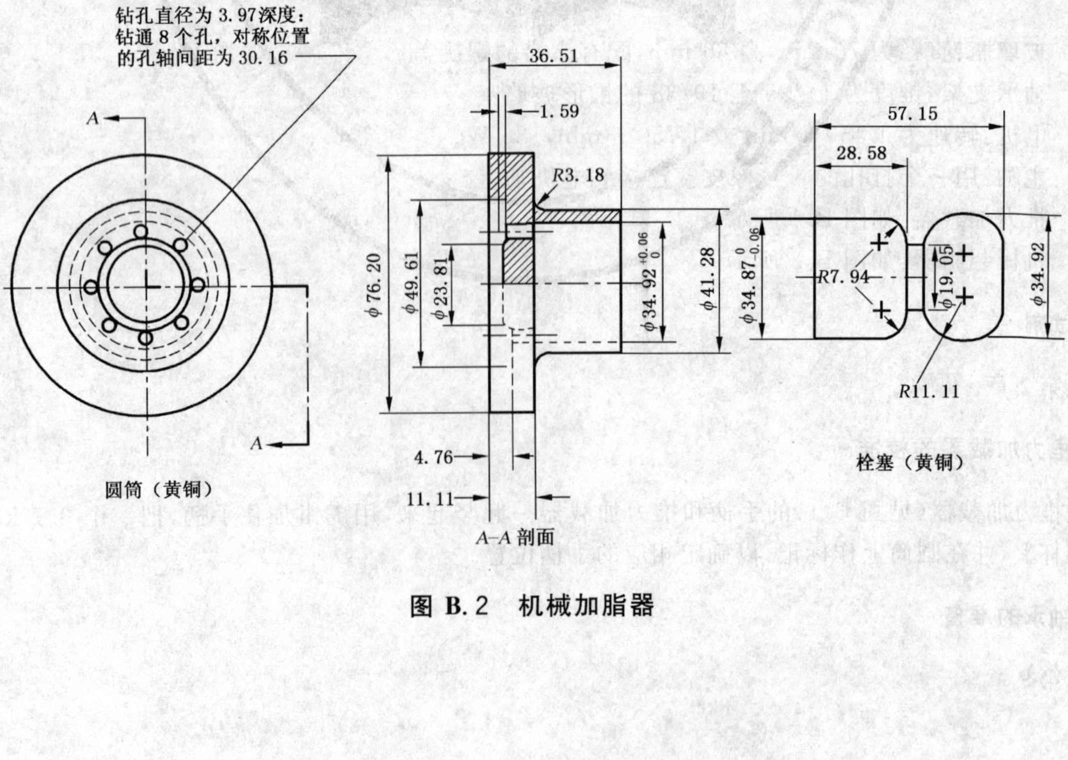

图 B.2 机械加脂器

B.10 试验步骤

B.10.1 每次试验需要三个新轴承，轴承(锥体和外圈的总和)称准到 0.1 g。拿轴承时需使用干净的耐油手套。

B.10.2 用机械加脂器(如图 B.2)将试样填到装配好的轴承中。

B.10.3 去掉过多的润滑脂，把装好的轴承装到推力加载器(如图 B.1)，用锁紧螺钉把轴承锁紧。

B.10.4 把轴承锥体顶住电机轴上的橡皮塞，推力加载器手柄推到圆筒上校准的标记处，使推力负荷为26.7 N。

B.10.5 以 1 450 r/min 或 1 750 r/min 的速度使轴承转动 10 s±1 s，关掉电机让其惯性转动到停止，然后从主轴上卸下轴承，松开锁紧螺钉，用推杆把轴承从杯中推出。

B.10.6 除去过多的润滑脂，使试样重新分布均匀，调整在锥体和外圈组合件上脂的量到 2.1 cm^3±0.1 cm^3(2.0 g±0.1 g)。然后，在已装配好的轴承外表面上涂上一层薄脂(约 0.1 g)。对试样的密度明显大于以矿物油为基础油润滑脂时，调节润滑脂的量到 2.1 cm^3±0.1 cm^3。

B.10.7 把轴承装到推力加载器中，用锁紧螺钉锁紧后，把轴承锥体顶住电机轴上的橡皮塞，推力加载器手柄推到圆筒上校准的标记处，使推力负荷为 26.7 N。

B.10.8 以 1 450 r/min 或 1 750 r/min 的速度使轴承转动 60 s，关掉电机使其惯性转动到停止。从主轴上卸下轴承，松开锁紧螺钉，用推杆把轴承从杯中推出。取轴承时应非常小心，不要在此时和以下各步骤中使滚柱和外圈分离。

B.10.9 把轴承装在轴承支架上，轴承外圈本身的重量将能保证外圈与滚柱元件保持接触，手持轴承支架将整个组合件浸在经煮沸过并冷到室温的蒸馏水中 10 s(每个轴承都使用新的蒸馏水)。

B.10.10 在轴承上允许有水存在，将组合件放在盛有 5 mL 蒸馏水的玻璃瓶中，盖紧瓶盖，在52℃±1℃的无光无振动的烘箱中放置 48 h。

注：建议瓶盖中心连接一根管子或杆，使其落到玻璃座上或插入玻璃瓶内。或者用其他适当的办法防止处理过程中组合件落到玻璃瓶的一侧。上述任一连接物当玻璃瓶的瓶盖上紧时，都不应当引起轴承外圈的转动。

B.11 结果评定

见第 11 章。

B.12 报告

见第 12 章。

B.13 精密度和偏差

见第 13 章。

ICS 29.060.20
K 13

中华人民共和国国家标准

GB/T 5023.1—2008/IEC 60227-1:2007
代替 GB 5023.1—1997

额定电压 450/750 V 及以下聚氯乙烯绝缘电缆 第1部分：一般要求

Polyvinyl chloride insulated cables of rated voltages up to and including 450/750 V—Part 1:General requirements

(IEC 60227-1:2007,IDT)

2008-06-30 发布　　2009-05-01 实施

中华人民共和国国家质量监督检验检疫总局
中国国家标准化管理委员会　发布

前 言

GB/T 5023《额定电压 450/750 V 及以下聚氯乙烯绝缘电缆》分为七个部分：

——第 1 部分：一般要求；

——第 2 部分：试验方法；

——第 3 部分：固定布线用无护套电缆；

——第 4 部分：固定布线用护套电缆；

——第 5 部分：软电缆(软线)；

——第 6 部分：电梯电缆和挠性连接用电缆；

——第 7 部分：二芯或多芯屏蔽和非屏蔽软电缆。

本部分为 GB/T 5023 的第 1 部分。本部分等同采用 IEC 60227-1:2007《额定电压 450/750 V 及以下聚氯乙烯绝缘电缆 第 1 部分：一般要求》第 3.0 版(英文版)。

为了便于使用，GB/T 5023 的本部分做了下列编辑性修改：

——用小数点“.”代替作为小数点的逗号“,”；

——删除了 IEC 60227-1:2007 的前言；

——增加了资料性附录 B。

本部分代替 GB 5023.1—1997《额定电压 450/750 V 及以下聚氯乙烯绝缘电缆 第 1 部分：一般要求》。

本部分与 GB 5023.1—1997 相比主要变化如下：

——修改了 3.1.1 中标志的连续性；

——删除了 4.1.1 中“任一多芯电缆均不应使用红色、灰色、白色”的要求，增加了条文的注“宜避免使用红色和白色”；

——删除了 4.1.2 中注“无护套双芯平行软线的绝缘线芯无需识别”，修改了三芯、四芯、五芯电缆的色谱；

——将 4.1.3 注中的浅蓝色改为蓝色；

——表 1 中规定 PVC/E 的非污染性试验老化条件改为(100±2)℃，10×24 h；

——5.5.1 增加 90 ℃聚氯乙烯护套混合物 PVC/ST 10，并在表 2 中增加 PVC/ST 10 全性能数据；

——表 1 和表 2 中第 8 项的低温冲击试验，根据我国的气候条件，试验温度规定为－15 ℃，也可以根据客户的要求调整试验温度；

——附录 A 中增加了 56、57 及 71c 型号电缆：

a) 56——导体温度为 90 ℃耐热轻型聚氯乙烯护套软线(60227 IEC 56)；

b) 57——导体温度为 90 ℃耐热普通聚氯乙烯护套软线(60227 IEC 57)；

c) 71c——圆形聚氯乙烯护套电梯电缆和挠性连接用电缆(60227 IEC 71c)。

本部分的附录 A 为规范性附录，附录 B 为资料性附录。

本部分由中国电器工业协会提出。

本部分由全国电线电缆标准化技术委员会(SAC/TC 213)归口。

本部分负责起草单位：上海电缆研究所。

本部分参加起草单位：宝胜科技创新股份有限公司、常熟电缆厂、江苏上上电缆集团有限公司、远东电缆厂、天津金山电线电缆股份有限公司、浙江万马电缆股份有限公司。

本部分主要起草人:严永昌、房权生、钱国锋、李斌、汪传斌、郑国俊、郑宏。

本部分所代替标准的历次版本发布情况为:

——GB 5023.1—1985,GB 5023.1—1997。

额定电压 450/750 V 及以下聚氯乙烯绝缘电缆 第 1 部分:一般要求

1 总则

1.1 范围

GB/T 5023 的本部分适用于额定电压 U_0/U 为 450/750 V 及以下聚氯乙烯绝缘和护套(若有)软电缆和硬电缆,用于交流标称电压不超过 450/750 V 的动力装置。

注:对某些型号的软电缆,可使用术语"软线"。

各种型号的电缆规定在 GB/T 5023.3、GB/T 5023.4 等标准中。电缆的型号表示方法见附录 A。

在 GB/T 5023 的第 1、第 3 和第 4 等部分中规定的试验方法见 GB/T 5023.2、GB/T 18380.12—2008 和 GB/T 2951—2008 的相关部分。

1.2 规范性引用文件

下列文件中的条款通过 GB/T 5023 的本部分的引用而成为本部分的条款。凡是注日期的引用文件,其随后所有的修改单(不包括勘误的内容)或修订版均不适用于本部分,然而,鼓励根据本部分达成协议的各方研究是否可使用这些文件的最新版本。凡是不注日期的引用文件,其最新版本适用于本部分。

GB/T 2951.11—2008 电缆和光缆绝缘和护套材料通用试验方法 第 11 部分:通用试验方法——厚度和外形尺寸测量——机械性能试验(IEC 60811-1-1:2001,IDT)

GB/T 2951.12—2008 电缆和光缆绝缘和护套材料通用试验方法 第 12 部分:通用试验方法——热老化试验方法(IEC 60811-1-2:1985,IDT)

GB/T 2951.14—2008 电缆和光缆绝缘和护套材料通用试验方法 第 14 部分:通用试验方法——低温试验(IEC 60811-1-4:1985,IDT)

GB/T 2951.21—2008 电缆和光缆绝缘和护套材料通用试验方法 第 21 部分:弹性体混合料专用试验方法——耐臭氧试验——热延伸试验——浸矿物油试验(IEC 60811-2-1:2001,IDT)

GB/T 2951.31—2008 电缆和光缆绝缘和护套材料通用试验方法 第 31 部分:聚氯乙烯混合料专用试验方法——高温压力试验——抗开裂试验(IEC 60811-3-1:1985,IDT)

GB/T 2951.32—2008 电缆和光缆绝缘和护套材料通用试验方法 第 32 部分:聚氯乙烯混合料专用试验方法——失重试验——热稳定性试验(IEC 60811-3-2:1985,IDT)

GB/T 3956—1997 电缆的导体(idt IEC 60228:1978)

GB/T 5023.2—2008 额定电压 450/750 V 及以下聚氯乙烯绝缘电缆 第 2 部分:试验方法(IEC 60227-2:2003,IDT)

GB/T 5023.3—2008 额定电压 450/750 V 及以下聚氯乙烯绝缘电缆 第 3 部分:固定布线用无护套电缆(IEC 60227-3:1997,IDT)

GB/T 5023.4—2008 额定电压 450/750 V 及以下聚氯乙烯绝缘电缆 第 4 部分:固定布线用护套电缆(IEC 60227-4:1997,IDT)

GB/T 5023.5—2008 额定电压 450/750 V 及以下聚氯乙烯绝缘电缆 第 5 部分:软电缆(软线)(IEC 60227-5:2003,IDT)

GB/T 18380.12—2008 电缆和光缆在火焰条件下的燃烧试验 第 12 部分:单根绝缘电线电缆火

焰垂直蔓延试验——1 kW 预混合型火焰试验方法(IEC 60332-1-2:2004,IDT)

IEC 173:1964 软电缆和软电线线芯的颜色

IEC 62440 额定电压 450/750 V 及以下电缆使用导则

2 术语和定义

下列术语和定义适用于 GB/T 5023 的各部分。

2.1 绝缘和护套材料的定义

2.1.1

聚氯乙烯混合物 polyvinyl chloride compound;PVC

聚氯乙烯混合物是指它的特定组分是聚氯乙烯或它的一种共聚物经适当选择、配比和加工后制成的材料。该术语也可表示为含有聚氯乙烯和某种聚氯乙烯聚合物的混合物。

2.1.2

混合物的型号 type of compound

混合物按照规定的试验测得的性能进行分类。型号与混合物的组分没有直接关系。

2.2 试验方法定义

2.2.1

型式试验(符号 T) type tests(symbol T)

型式试验是指按一般商业原则,对 GB/T 5023 标准规定的一种型号电缆在供货前进行的试验,以证明电缆具有良好的性能,能满足规定的使用要求。型式试验的本质是一旦进行这些试验后,不必重复进行。如果改变电缆材料或设计会影响电缆的性能,则必须重复进行型式试验。

2.2.2

抽样试验(符号 S) sample tests(symbol S)

抽样试验是在成品电缆试样上或取自成品电缆的元件上进行的试验,以证明成品电缆产品符合设计规范。

2.3 额定电压 rated voltage

额定电压是电缆结构设计和电性能试验用的基准电压。

额定电压用 U_0/U 表示,单位为 V。

U_0 为任一绝缘导体和"地"(电缆的金属护层或周围介质)之间的电压有效值。

U 为多芯电缆或单芯电缆系统任何两相导体之间的电压有效值。

当用于交流系统时,电缆的额定电压应至少等于使用电缆系统的标称电压。该条件均适用于 U_0 和 U 值。

当用于直流系统时,该系统的标称电压应不大于电缆额定电压的 1.5 倍。

注:系统的工作电压允许长时间地超过该系统标称电压的 10%,如果电缆的额定电压至少等于该系统的标称电压,则电缆可在高于额定电压 10%的工作电压下使用。

3 标志

3.1 产地标志和电缆识别

电缆应有制造厂名、产品型号和额定电压的连续标志,厂名标志可以是标志识别线或者是制造厂名或商标的重复标志。产品型号表示方法见附录 A。

导体温度超过 70 ℃时使用的电缆,其识别标志可用型号或用最高导体温度表示。

标志可以用油墨印字或采用压印凸字在绝缘或护套上。

3.1.1 标志连续性

一个完整标志的末端与下一个标志的始端之间的距离:

——在电缆外护套上应不超过550 mm；

——在下列电缆的绝缘或包带上应不超过275 mm：

a) 无护套电缆的绝缘；

b) 有护套电缆的绝缘；

c) 护套电缆里面的包带。

3.1.2 耐擦性

油墨印字标志应耐擦。按GB/T 5023.2—2008中1.8规定的试验检查是否符合要求。

3.1.3 清晰度

所有标志应字迹清楚。

标志识别线的颜色应容易识别或易于辨认，必要时，可用汽油或其他合适的溶剂擦干净。

3.2 产品表示方法

产品应用型号、规格和标准号表示。规格包括额定电压、芯数和导体标称截面积等。电缆包装上应附有表示产品型号、规格、标准号、厂名和产地的标签或标志。

GB 5023.1～GB 5023.3—1985产品型号的表示法及与GB/T 5023—2008产品型号的对照参见附录B。

4 绝缘线芯识别

每根绝缘线芯应按下述规定识别：

——五芯及以下电缆用颜色识别，见4.1；

——五芯以上电缆用数字识别，见4.2。

注：颜色色谱、尤其是多芯硬电缆的颜色色谱正在考虑中。

4.1 绝缘线芯的颜色识别方法

4.1.1 一般要求

电缆的绝缘线芯应用着色绝缘或其他合适的方法进行识别，除用黄/绿组合色识别的绝缘线芯外，电缆的每一绝缘线芯应只用一种颜色。

任一多芯电缆均不应使用不是组合色用的绿色和黄色。

注：宜避免使用红色和白色。

4.1.2 颜色色谱

软电缆和单芯电缆优先选用的色谱是：

——单芯电缆：无优先选用色谱；

——两芯电缆：无优先选用色谱；

——三芯电缆：黄/绿色、蓝色、棕色，或是棕色、黑色、灰色；

——四芯电缆：黄/绿色、棕色、黑色、灰色，或是蓝色、棕色、黑色、灰色；

——五芯电缆：黄/绿色、蓝色、棕色、黑色、灰色，或是蓝色、棕色、黑色、灰色、黑色。

各种颜色应能清楚地识别并耐擦，耐擦性能应按GB/T 5023.2—2008中1.8规定的试验进行检查。

4.1.3 黄/绿组合色

黄/绿组合色绝缘线芯的双色分配应符合下列条件(按IEC 60173:1964)：

对每一段长15 mm的双色绝缘线芯，其中一种颜色应至少覆盖绝缘线芯表面的30%，且不大于70%，而另一种颜色则覆盖绝缘线芯的其余部分。

注：关于使用黄/绿组合色和蓝色的情况说明：

当按上述规定使用黄/绿组合色时，表示专门用来识别连接接地或类似保护用途的绝缘线芯，而蓝色用作连接中性线的绝缘线芯。如果没有中性线，则蓝色可用于识别除接地或保护导体外的任一绝缘线芯。

4.2 绝缘线芯的数字识别方法

4.2.1 一般要求

绝缘应是同一种颜色并按数序排列，但黄/绿组合色绝缘线芯(若有)除外。

黄/绿组合色绝缘线芯(若有)应符合 4.1.3 要求，并应放置在外层。

数字编号应从内层由 1 开始。

数字应用阿拉伯数字印在绝缘线芯的外表面上。数字颜色相同并与绝缘颜色有明显反差。阿拉伯数字应字迹清楚。

4.2.2 标志的优先排列方法

数字标志应沿着绝缘线芯以相等的间隔重复出现，相邻两组数字标志应彼此颠倒。

当标志由单个数字组成时，则应在数字的下面放一破折号。如果标志是由两个数字组成，则应上下排列并在下面数字的下方放置破折号。相邻两组数字标志的间距 d 应不大于 50 mm。

标志的排列如下图所示：

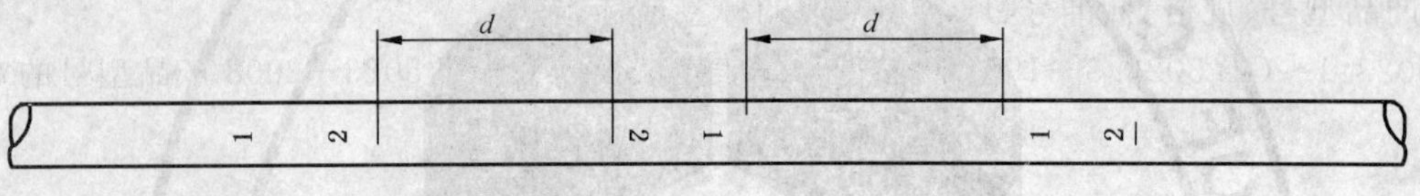

4.2.3 耐擦性

数字标志应耐擦，并按 GB/T 5023.2—2008 中 1.8 规定的试验检查是否符合要求。

5 电缆结构的一般要求

5.1 导体

5.1.1 材料

导体应是退火铜线，但铜皮软线也可以使用铜合金单线。导体中的单线可以不镀锡或镀锡。

5.1.2 结构

软导体中单线的最大直径(除铜皮软线导体外)和硬导体中单线最少根数应符合 GB/T 3956—1997 的要求。

各种型号电缆使用的导体类别见产品标准(GB/T 5023.3—2008、GB/T 5023.4—2008 等)。

固定敷设用电缆的导体应是圆形实心、圆形绞合或紧压圆形绞合导体。

铜皮软线的每根导体应由多股绞合或复绞股线组成，而每股线由一根或多根压扁铜线或铜合金线螺旋形地绕在棉纱绳、聚酰胺绳或类似材料制成的绳上。

5.1.3 结构检查

应通过检验和测量来检查结构是否符合 5.1.1 和 5.1.2 及 GB/T 3956—1997 要求。

5.1.4 电阻

电缆(除铜皮软线外)的每芯导体在 20 ℃时的电阻应符合 GB/T 3956—1997 各种导体规定的要求。

应按 GB/T 5023.2—2008 中 2.1 规定的试验方法检查是否符合要求。

5.2 绝缘

5.2.1 材料

绝缘应按产品标准(GB/T 5023.3—2008，GB/T 5023.4—2008 等)中的每种型号电缆，相应规定的一种聚氯乙烯混合物：

固定敷设用电缆	PVC/C 型
软电缆	PVC/D 型
内部布线用耐热电缆	PVC/E 型

不同型号聚氯乙烯混合物的试验要求见表1规定。

由上述任一种混合物作绝缘，包括在产品标准(GB/T 5023.3—2008、GB/T 5023.4—2008等)中规定的电缆的最高温度见相应标准。

5.2.2 挤包绝缘

绝缘应紧密挤包在导体上，除铜皮软线外的电缆，在剥离绝缘时，应不损伤绝缘体、导体或镀锡层(若有)，并通过检验及手工测量检查是否符合要求。

5.2.3 厚度

绝缘厚度的平均值应不小于产品标准(GB/T 5023.3—2008、GB/T 5023.4—2008等)所列表格中的每种型号和规格电缆的规定值。

但在任一点的厚度可小于规定值，只要不小于规定值的90%−0.1 mm。

应按GB/T 5023.2—2008中1.9规定的试验方法检查是否符合要求。

5.2.4 老化前后的机械性能

绝缘在正常使用温度范围内，应具有足够的机械强度和弹性。

应按表1规定的试验检查是否符合要求。适用的试验方法和试验要求见表1规定。

表1 聚氯乙烯(PVC)绝缘非电性试验要求

序号	试验项目	单位	混合物的型号			试验方法	
			PVC/C	PVC/D	PVC/E	GB/T	条文号
1	抗张强度和断裂伸长率					2951.11—2008	9.1
1.1	交货状态原始性能						
1.1.1	抗张强度原始值:						
	——最小中间值	N/mm²	12.5	10.0	15.0		
1.1.2	断裂伸长率原始值:						
	——最小中间值	%	125	150	150		
1.2	空气烘箱老化后的性能					2951.11—2008 2951.12—2008	9.1 8.1.3.1
1.2.1	老化条件:						
	——温度	℃	80±2	80±2	135±2		
	——时间	h	7×24	7×24	10×24		
1.2.2	老化后抗张强度:						
	——最小中间值	N/mm²	12.5	10.0	15.0		
	——最大变化率[a]	%	±20	±20	±25		
1.2.3	老化后断裂伸长率:						
	——最小中间值	%	125	150	150		
	——最大变化率[a]	%	±20	±20	±25		
2	失重试验					2951.32—2008	8.1
2.1	老化条件:						
	——温度	℃	80±2	80±2	115±2		
	——时间	h	7×24	7×24	10×24		
2.2	失重:						
	——最大值	mg/cm²	2.0	2.0	2.0		

表 1（续）

序号	试验项目	单位	混合物的型号			试验方法	
			PVC/C	PVC/D	PVC/E	GB/T	条文号
3	非污染试验[b]						
3.1	老化条件	℃	80±2	80±2	100±2	2951.12—2008	8.1.4
		h	7×24	7×24	10×24		
3.2	老化后机械性能		同 1.2.2 和 1.2.3				
4	热冲击试验					2951.31—2008	9.1
4.1	试验条件：						
	——温度	℃	150±2	150±2	150±2		
	——时间	h	1	1	1		
4.2	试验结果		不开裂				
5	高温压力试验					2951.31—2008	8.1
5.1	试验条件：						
	——刀口上施加的压力		见 GB/T 2951.31—2008 中 8.1.4				
	——载荷下加热时间		见 GB/T 2951.31—2008 中 8.1.5				
	——温度	℃	80±2	70±2	90±2		
5.2	试验结果：						
	——压痕深度，最大中间值	%	50	50	50		
6	低温弯曲试验					2951.14—2008	8.1
6.1	试验条件：						
	——温度[c]	℃	−15±2	−15±2	−15±2		
	——施加低温时间		见 GB/T 2951.14—2008 中 8.1.4 和 8.1.5				
6.2	试验结果		不开裂				
7	低温拉伸试验					2951.14—2008	8.3
7.1	试验条件：						
	——温度[c]	℃	−15±2	−15±2	—		
	——施加低温时间		见 GB/T 2951.14—2008 中 8.3.4 和 8.3.5				
7.2	试验结果：						
	——最小伸长率	%	20	20	—		
8	低温冲击试验[d]					2951.14—2008	8.5
8.1	试验条件：						
	——温度[c]	℃	−15±2	−15±2	—		
	——施加低温时间		见 GB/T 2951.14—2008 中 8.5.5				
	——落锤质量		见 GB/T 2951.14—2008 中 8.5.4				
8.2	试验结果		见 GB/T 2951.14—2008 中 8.5.6				

表 1（续）

序号	试验项目	单位	混合物的型号			试验方法	
			PVC/C	PVC/D	PVC/E	GB/T	条文号
9	热稳定性试验					2951.32—2008	9
9.1	试验条件：						
	——温度	℃	—	—	200±0.5		
9.2	试验结果：						
	——最小平均热稳定时间	min	—	—	180		

[a] 变化率：老化后的中间值与老化前的中间值之差与老化前中间值之比，以百分比表示。

[b] 如果适用。

[c] 根据我国气候条件，试验温度规定为－15 ℃，但根据用户要求允许调整试验温度。

[d] 如果产品标准(GB/T 5023.3—2008，GB/T 5023.4—2008 等)中有规定。

5.3 填充物

5.3.1 材料

除非在产品标准(GB/T 5023.3—2008、GB/T 5023.4—2008 等)中另有规定，填充物应由下列一种或任一种组合材料组成：

——非硫化型橡皮或塑料混合物；

——天然或合成纺纤；

——纸。

当采用非硫化型橡皮填充时，其组分与绝缘和(或)护套之间不应产生有害的相互作用。

5.3.2 包覆

在产品标准(GB/T 5023.3—2008、GB/T 5023.4—2008 等)中，对每种型号电缆规定是否有填充物或者是否由护套或内护层嵌入绝缘线芯之间构成填充。

填充物应填满绝缘线芯之间的空隙、形成实际上的圆形。填充物应不粘连绝缘线芯。成缆线芯和填充物可以用薄膜或带子扎在一起。

5.4 内护层

5.4.1 材料

除非在产品标准(GB/T 5023.4—2008 等)中另有规定，挤包内护层应由非硫化型橡皮或塑料混合物组成。

当采用非硫化型橡皮构成内护层时，其组分与绝缘和(或)护套之间不应产生有害的相互作用。

应按 GB/T 2951.12—2008 中 8.1.4 规定的试验方法检查是否符合要求。

5.4.2 挤包内护层

内护层应挤包在绝缘线芯上并允许嵌入绝缘线芯之间的空隙形成实际上的圆形，挤包的内护层应不粘连绝缘线芯。

在产品标准(GB/T 5023.4—2008 等)中，对每种型号电缆规定是否有挤包内护层或者外护套是否可嵌入绝缘线芯之间构成填充。

5.4.3 厚度

除非在产品标准(GB/T 5023.4—2008 等)中另有规定，挤包内护层的厚度不要求测量。

5.5 护套

5.5.1 材料

护套应是按产品标准(GB/T 5023.4—2008 等)中的每种型号电缆规定的一种聚氯乙烯混合物。

固定敷设用电缆　　　　　PVC/ST4 型

软电缆　　　　　　　　　PVC/ST5 型

耐油护套软电缆　　　　　PVC/ST9 型

90 ℃聚氯乙烯护套电缆　　PVC/ST10 型

不同型号聚氯乙烯混合物的试验要求见表 2 规定。

5.5.2 挤包护套

护套应单层挤包：

a) 单芯电缆，挤包在绝缘线芯上；

b) 其他电缆，挤包在成缆线芯和填充物或内护层上(若有)。

护套应不粘连绝缘线芯。由薄膜或带子组成的隔离层可放在护套内层。

如在产品标准(GB/T 5023.4—2008 等)中有规定，则护套可嵌入成缆线芯之间的空隙构成填充。

5.5.3 厚度

护套厚度的平均值应不小于产品标准(GB/T 5023.4—2008 等)所列表格中列出的每种型号和规格的规定值。

但在任一点的厚度可小于规定值，只要不小于规定值的 85%－0.1 mm。

应按 GB/T 5023.2—2008 中 1.10 规定的试验方法检查是否符合要求。

5.5.4 老化前后的机械性能

护套在正常使用温度范围内，应具有足够的机械强度和弹性。

应按表 2 规定的试验检查是否符合要求。

试验方法和试验要求见表 2 规定。

表 2 聚氯乙烯(PVC)护套非电性试验要求

序　号	试　验　项　目	单　位	混　合　物　的　型　号				试　验　方　法	
			PVC/ST4	PVC/ST5	PVC/ST9	PVC/ST10	GB/T	条文号
1	抗张强度和断裂伸长率						2951.11—2008	9.2
1.1	交货状态原始性能							
1.1.1	抗张强度原始值：							
	——最小中间值	N/mm²	12.5	10.0	10.0	10.0		
1.1.2	断裂伸长率原始值：							
	——最小中间值	%	125	150	150	150		
1.2	空气烘箱老化后的性能						2951.12—2008	8.1
1.2.1	老化条件：						2951.11—2008	9.2
	——温度	℃	80±2	80±2	80±2	135±2		
	——时间	h	7×24	7×24	7×24	10×24		
1.2.2	抗张强度：							
	——最小中间值	N/mm²	12.5	10.0	10.0	10.0		
	——最大变化率[a]	%	±20	±20	±20	±25		
1.2.3	断裂伸长率：							
	——最小中间值	%	125	150	150	150		
	——最大变化率[a]	%	±20	±20	±20	±25		

表 2(续)

序号	试验项目	单位	混合物的型号				试验方法	
			PVC/ST4	PVC/ST5	PVC/ST9	PVC/ST10	GB/T	条文号
2	失重试验						2951.32—2008	8.2
2.1	老化条件:							
	——温度	℃	80±2	80±2	80±2	115±2		
	——时间	h	7×24	7×24	7×24	10×24		
2.2	失重:							
	——最大值	mg/cm²	2.0	2.0	2.0	2.0		
3	非污染试验[b]						2951.12—2008	8.1.4
3.1	老化条件:							
	——温度	℃		同 1.2.1		100±2		
	——时间	h		同 1.2.1		10×24		
3.2	老化后机械性能			同 1.2.2 和 1.2.3				
4	热冲击试验						2951.31—2008	9.2
4.1	试验条件:							
	——温度	℃	150±2	150±2	150±2	150±2		
	——时间	h	1	1	1	1		
4.2	试验结果			不开裂				
5	高温压力试验						2951.31—2008	8.2
5.1	试验条件:							
	——刀口上施加的压力						2951.31—2008	8.2.4
	——载荷下加热时间						2951.31—2008	8.2.5
	——温度	℃	80±2	70±2	70±2	90±2		
5.2	试验结果:							
	——压痕深度最大中间值	%	50	50	50	50		
6	低温弯曲试验						2951.14—2008	8.2
6.1	试验条件:							
	——温度[c]	℃	−15±2	−15±2	−15±2	−15±2		
	——施加低温时间						2951.14—2008	8.2.3
6.2	试验结果			不开裂				
7	低温拉伸试验						2951.14—2008	8.4
7.1	试验条件:							
	——温度[c]	℃	−15±2	−15±2	−15±2	−15±2		
	——施加低温时间						2951.14—2008	8.4.4 8.4.5
7.2	试验结果:							
	——最小伸长率	%	20	20	20	20		

表 2（续）

序号	试验项目	单位	混合物的型号				试验方法	
			PVC/ST4	PVC/ST5	PVC/ST9	PVC/ST10	GB/T	条文号
8	低温冲击试验						2951.14—2008	8.5
8.1	试验条件：							
	——温度[c]	℃	−15±2	−15±2	−15±2	−15±2		
	——施加低温时间	h					2951.14—2008	8.5.5
	——落锤质量						2951.14—2008	8.5.4
8.2	试验结果						2951.14—2008	8.5.6
9	浸矿物油后的机械性能						2951.21—2008	10
9.1	试验条件：							
	——油的温度	℃	—	—	90±2	—		
	——浸油时间	h	—	—	24	—		
9.2	抗张强度：							
	——最大变化率[a]	%	—	—	±30	—		
9.3	断裂伸长率：							
	——最大变化率[a]	%	—	—	±30	—		
10	200 ℃最低热稳定性	min	—	—	—	180	2951.32—2008	9

a 变化率：老化后的中间值与老化前的中间值之差与老化前中间值之比，以百分比表示。

b 如果适用。

c 根据我国的气候条件，低温试验温度规定为−15 ℃，但根据用户要求允许调整试验温度。

5.6 成品电缆试验

5.6.1 电气性能

电缆应有足够的介电强度和绝缘电阻。

应按表 3 规定的试验检查是否符合要求。

试验方法和试验要求见表 3 规定。

5.6.2 外形尺寸

电缆的平均外形尺寸应在产品标准（GB/T 5023.3—2008、GB/T 5023.4—2008 等）各表中规定的范围内。

圆形护套电缆在同一横截面上测任意两点外径之差（椭圆度）应不超过平均外径规定上限的 15%。

应按 GB/T 5023.2—2008 中 1.11 规定的试验方法检查是否符合要求。

5.6.3 软电缆的机械强度

软电缆应能经受住正常使用时的弯曲和其他机械应力。

当在产品标准（GB/T 5023.5—2008 等）中有规定时，应按 GB/T 5023.2—2008 中第 3 章规定的试验方法检查是否符合要求。

5.6.3.1 软电缆的曲挠试验

见 GB/T 5023.2—2008 中 3.1。

软电缆经 15 000 次往复运动，即 30 000 次单程运动后，应既不发生电流断路，也不发生导体之间短路。

试验后，试样应按 GB/T 5023.2—2008 中 2.2 的规定进行电压试验。

表 3　PVC 绝缘电缆电性试验要求

序号	试验项目	单位	电缆额定电压			试验方法	
			300/300 V	300/500 V	450/750 V	GB/T	条文号
1	导体电阻的测量					5023.2—2008	2.1
1.1	试验结果：		见 GB/T 3956—1997 和产品标准				
	——最大值		(GB/T 5023.3—2008，GB/T 5023.4—2008 等)				
2	成品电缆电压试验					5023.2—2008	2.2
2.1	试验条件：						
	——试样最小长度	m	10	10	10		
	——浸水最少时间	h	1	1	1		
	——水温	℃	20±5	20±5	20±5		
2.2	试验电压(交流)	V	2 000	2 000	2 500		
2.3	每次最少施加电压时间	min	5	5	5		
2.4	试验结果		不击穿	不击穿	不击穿		
3	绝缘线芯电压试验					5023.2—2008	2.3
3.1	试验条件：						
	——试样长度	m	5	5	5		
	——浸水最少时间	h	1	1	1		
	——水温	℃	20±5	20±5	20±5		
3.2	试验电压(交流)：						
	——绝缘厚度 0.6 mm 及以下	V	1 500	1 500	—		
	——绝缘厚度 0.6 mm 以上	V	2 000	2 000	2 500		
3.3	每次最少施加电压时间	min	5	5	5		
3.4	试验结果		不击穿	不击穿	不击穿		
4	绝缘电阻测量					5023.2—2008	2.4
4.1	试验条件：						
	——试样长度	m	5	5	5		
	——经第 2 或第 3 项电压试验						
	——浸热水最少时间	h	2	2	2		
	——水温		见产品标准(GB/T 5023.3—2008、GB/T 5023.4—2008 等)中的表格				
4.2	试验结果						

5.6.3.2　铜皮软线的弯曲试验

见 GB/T 5023.2—2008 中 3.2。

铜皮软线经 60 000 次双向弯曲，即 120 000 次单向弯曲后，应不发生电流断路。

试验后，试样应按 GB/T 5023.2—2008 中 2.2 规定进行电压试验，试验电压 1 500 V 仅施加在连接一起的导体和水之间。

5.6.3.3 铜皮软线荷重断芯试验

见 GB/T 5023.2—2008 中 3.3。

在试验期间，应不发生电流断路。

5.6.3.4 绝缘线芯撕离试验

见 GB/T 5023.2—2008 中 3.4。

撕离力应在 3 N 和 30 N 之间。

5.6.4 不延燃试验

所有电缆均应符合 GB/T 18380.12—2008 规定的试验要求。

6 电缆使用导则

见 IEC 62440。

附 录 A
（规范性附录）
型号表示方法

GB/T 5023 所包含的各种电缆型号用两位数字表示，放在 60227 IEC 后面。第一位数字表示电缆的基本分类，第二位数字表示在基本分类中的特定型式。

分类和型号如下：

0——固定布线用无护套电缆

01——一般用途单芯硬导体无护套电缆（60227 IEC 01）

02——一般用途单芯软导体无护套电缆（60227 IEC 02）

05——内部布线用导体温度为 70 ℃的单芯实心导体无护套电缆（60227 IEC 05）

06——内部布线用导体温度为 70 ℃的单芯软导体无护套电缆（60227 IEC 06）

07——内部布线用导体温度为 90 ℃的单芯实心导体无护套电缆（60227 IEC 07）

08——内部布线用导体温度为 90 ℃的单芯软导体无护套电缆（60227 IEC 08）

1——固定布线用护套电缆

10——轻型聚氯乙烯护套电缆（60227 IEC 10）

4——轻型无护套软电缆

41——扁形铜皮软线（60227 IEC 41）

42——扁形无护套软线（60227 IEC 42）

43——户内装饰照明回路用软线（60227 IEC 43）

5——一般用途护套软电缆

52——轻型聚氯乙烯护套软线（60227 IEC 52）

53——普通聚氯乙烯护套软线（60227 IEC 53）

56——导体温度为 90 ℃耐热轻型聚氯乙烯护套软线（60227 IEC 56）

57——导体温度为 90 ℃耐热普通聚氯乙烯护套软线（60227 IEC 57）

7——特殊用途护套软电缆

71c——圆形聚氯乙烯护套电梯电缆和挠性连接用电缆（60227 IEC 71c）

71f——扁形聚氯乙烯护套电梯电缆和挠性连接用电缆（60227 IEC 71f）

74——耐油聚氯乙烯护套屏蔽软电缆（60227 IEC 74）

75——耐油聚氯乙烯护套非屏蔽软电缆（60227 IEC 75）

附 录 B
（资料性附录）
GB 5023.1～GB 5023.3—1985 产品型号的表示法及与 GB/T 5023—2008 产品型号的对照

B.1 GB 5023.1～GB 5023.3—1985 及 GB 5023.4～GB 5023.5—1986 产品型号中各字母代表意义

B.1.1 按用途分

固定敷设用电缆(电线) …… B
连接用软电缆(软线) …… R
电梯电缆 …… T
装饰照明用软线 …… S

B.1.2 按材料特征分

铜导体 …… 省略
铜皮铜导体 …… TP
绝缘聚氯乙烯 …… V
护套聚氯乙烯 …… V
护套耐油聚氯乙烯 …… VY

B.1.3 按结构特征分

圆形 …… 省略
扁形(平形) …… B
双绞形 …… S
屏蔽型 …… P
软结构 …… R

B.1.4 按耐热特性分

70 ℃ …… 省略
90 ℃ …… 90

B.2 型号对照表

聚氯乙烯绝缘电缆型号对照表见表 B.1。

表 B.1 聚氯乙烯绝缘电缆型号对照表

序号	名称	GB/T 5023—2008	GB 5023.1～GB 5023.3—1985
1	一般用途单芯硬导体无护套电缆	60227 IEC 01	BV
2	一般用途单芯软导体无护套电缆	60227 IEC 02	RV
3	内部布线用导体温度为 70 ℃的单芯实心导体无护套电缆	60227 IEC 05	BV
4	内部布线用导体温度为 70 ℃的单芯软导体无护套电缆	60227 IEC 06	RV
5	内部布线用导体温度为 90 ℃的单芯实心导体无护套电缆	60227 IEC 07	BV-90
6	内部布线用导体温度为 90 ℃的单芯软导体无护套电缆	60227 IEC 08	RV-90
7	轻型聚氯乙烯护套电缆	60227 IEC 10	BVV
8	扁形铜皮软线	60227 IEC 41	RTPVR
9	扁形无护套软线	60227 IEC 42	RVB
10	户内装饰照明回路用软线	60227 IEC 43	SVR
11	轻型聚氯乙烯护套软线	60227 IEC 52	RVV
12	普通聚氯乙烯护套软线	60227 IEC 53	RVV
13	导体温度为 90 ℃的耐热轻型聚氯乙烯护套软线	60227 IEC 56	RVV-90
14	导体温度为 90 ℃的耐热普通聚氯乙烯护套软线	60227 IEC 57	RVV-90
15	扁形聚氯乙烯护套电梯电缆和挠性连接用电缆	60227 IEC 71f	TVVB
16	圆形聚氯乙烯护套电梯电缆和挠性连接用电缆	60227 IEC 71c	TVV
17	耐油聚氯乙烯护套屏蔽软电缆	60227 IEC 74	RVVYP
18	耐油聚氯乙烯护套非屏蔽软电缆	60227 IEC 75	RVVY

ICS 29.060.20
K 13

中华人民共和国国家标准

GB/T 5023.2—2008/IEC 60227-2:2003
代替 GB 5023.2—1997

额定电压 450/750 V 及以下聚氯乙烯绝缘电缆 第 2 部分:试验方法

Polyvinyl chloride insulated cables of rated voltages up to and including 450/750 V—Part 2:Test methods

(IEC 60227-2:2003,IDT)

2008-06-30 发布 2009-05-01 实施

中华人民共和国国家质量监督检验检疫总局
中国国家标准化管理委员会 发布

前　　言

GB/T 5023《额定电压 450/750 V 及以下聚氯乙烯绝缘电缆》分为七个部分：

——第 1 部分：一般要求；

——第 2 部分：试验方法；

——第 3 部分：固定布线用无护套电缆；

——第 4 部分：固定布线用护套电缆；

——第 5 部分：软电缆(软线)；

——第 6 部分：电梯电缆和挠性连接用电缆；

——第 7 部分：二芯或多芯屏蔽和非屏蔽软电缆。

本部分为 GB/T 5023 的第 2 部分。本部分等同采用 IEC 60227-2:2003《额定电压 450/750 V 及以下聚氯乙烯绝缘电缆　第 2 部分：试验方法》第 2.1 版(英文版)。

为了便于使用，GB/T 5023 的本部分做了下列编辑性修改：

——用小数点“.”代替作为小数点的逗号“,”；

——删除了 IEC 60227-2:2003 的前言；

——删除了 2.3、表 1 及 3.4 中“扁形无护套软线”的相关内容。

本部分代替 GB 5023.2—1997《额定电压 450/750 V 及以下聚氯乙烯绝缘电缆　第 2 部分：试验方法》。

本部分与 GB 5023.2—1997 相比主要变化如下：

——1.9.1 中取消了“将一段绝缘线芯试样浸入水银中，直至绝缘变得松弛，能把导体抽出”方法；

——删除了 2.3、表 1 及 3.4 中“扁形无护套软线”的相关内容”；

——3.1 曲挠试验作了以下修改：

1） 3.1.1 总则中修改为“本试验也不适用于线芯标称截面积大于 2.5 mm^2 多芯软电缆”；

2） 3.1.2 对曲挠试验仪器作了描述；

3） 3.1.3 试样准备的表 1 中电缆芯数增加 2、3、4 芯，并规定 2、3、4 芯标称截面积为 0.5 mm^2 的电缆挂重为 0.5 kg，滑轮的直径为 60 mm；

4） 增加了 3.1.4 线芯载流试验；

5） 增加了 3.1.5 线芯间电压试验；

6） 增加了 3.1.6 失效检查。

——增加了 3.5 静态曲挠试验；

——增加了 3.6 电梯电缆中心垫芯的抗张强度试验。

本部分由中国电器工业协会提出。

本部分由全国电线电缆标准化技术委员会(SAC/TC 213)归口。

本部分负责起草单位：上海电缆研究所。

本部分参加起草单位：江苏上上电缆集团有限公司、常熟电缆厂、福建南平太阳电缆股份有限公司、上海熊猫线缆股份有限公司、江苏圣安电缆有限公司、上海老港申菱电子电缆有限公司。

本部分主要起草人：严永昌、李斌、钱国锋、范德发、周晓荣、孙萍、顾友明。

本部分所代替标准的历次版本发布情况为：

——GB 5023.2—1997。

额定电压 450/750 V 及以下
聚氯乙烯绝缘电缆
第 2 部分:试验方法

1 总则

1.1 一般要求

在 GB/T 5023 各部分中所规定的试验方法均列于本部分和下列标准:

GB/T 2951.11—2008 电缆和光缆绝缘和护套材料通用试验方法 第 11 部分:通用试验方法——厚度和外形尺寸测量——机械性能试验(IEC 60811-1-1:2001,IDT)

GB/T 5023.1—2008 额定电压 450/750 V 及以下聚氯乙烯绝缘电缆 第 1 部分:一般要求(IEC 60227-1:2007,IDT)

GB/T 18380.12—2008 电缆和光缆在火焰条件下的燃烧试验 第 12 部分:单根绝缘电线电缆火焰垂直蔓延试验(IEC 60332-1-2:2004,IDT)

1.2 适用的试验

各种型号电缆所适用的试验由产品标准(GB/T 5023.3、GB/T 5023.4 等)规定。

1.3 试验按频度分类

按 GB/T 5023.1—2008 中 2.2 定义,试验规定为型式试验(符号 T)和(或)抽样试验(符号 S)两种。符号 T 和 S 用在产品标准(GB/T 5023.3、GB/T 5023.4 等)的有关各表中。

1.4 取样

如果绝缘或护套采用压印凸字标志时,取样应包括该标志。

除非另有规定,对于多芯电缆,除 1.9 规定的试验外,所取试样应不超过三芯(若分色,取不同颜色)进行试验。

1.5 预处理

全部试验应在绝缘或护套挤出后存放至少 16 h 后才能进行。

1.6 试验温度

除非另有规定,试验应在环境温度下进行。

1.7 试验电压

除非另有规定,试验电压应是交流 49 Hz～61 Hz 的近似正弦波形,峰值与有效值之比等于 $\sqrt{2}(1\pm 7\%)$。

电压均为有效值。

1.8 颜色和标志的耐擦性检查

应用浸过水的一团脱脂棉或一块棉布轻轻地擦拭制造厂名或商标、绝缘线芯颜色或数字标志,共擦 10 次,检查结果应符合标准要求。

1.9 绝缘厚度测量

1.9.1 步骤

绝缘厚度应按 GB/T 2951.11—2008 中 8.1 规定测量,应在至少相隔 1 m 的三处各取一段电缆试样。

五芯及以下电缆，每芯均应检查，五芯以上电缆，任检五芯，检查是否符合要求。

若取出导体有困难，可放在拉力机上抽取，或将绝缘线芯试样的中心部分拉伸至绝缘变得松弛，亦可采用其他方法，但不能对绝缘产生伤害。

1.9.2 试验结果评定

每一根绝缘线芯取三段绝缘试样，测得18个数值的平均值(用mm表示)，应计算到小数点后两位，并按如下规定修约，然后取该值作为绝缘厚度的平均值。

计算时，若第二位小数是5或大于5，则第一位小数应加1。例如1.74应修约为1.7，1.75应修约为1.8。

所测全部数值的最小值，应作为任一处绝缘的最小厚度。

本试验可以与任何其他厚度测量一起进行，如GB/T 5023.1—2008中5.2.4规定的试验项目。

1.10 护套厚度测量

1.10.1 步骤

护套厚度应按GB/T 2951.11—2008中8.2规定测量。

应在至少相隔1 m的三处各取一段电缆试样。

1.10.2 试验结果评定

从三段护套上测得的全部数值(以mm表示)的平均值应计算到小数点后两位，并按如下规定修约，然后取该值为护套厚度的平均值。

计算时，若第二位小数是5或大于5，则第一位小数应加1。例如1.74应修约为1.7，1.75应修约为1.8。

所测全部数值的最小值应作为任一处护套的最小厚度。

本试验可以与其他的厚度测量一起进行，如GB/T 5023.1—2008中5.5.4规定的试验项目。

1.11 外形尺寸和椭圆度测量

应按1.9或1.10规定取三段试样。

任何圆形电缆外径的测量以及宽边不超过15 mm的扁形电缆外形尺寸的测量，应按GB/T 2951.11—2008中8.3的规定进行。

当扁形电缆的宽边超过15 mm时，应使用千分尺、投影仪或类似仪器进行测量。

应以所测值的平均值作为平均外形尺寸。

圆形护套电缆椭圆度的检查，应在同一截面上测量两处。

2 电气性能试验

2.1 导体电阻

导体电阻检查应在长度至少为1 m的电缆试样上对每根导体进行测量，并测定每根电缆试样的长度。

若有必要，可按下列公式换算成导体在20 ℃、长度为1 km时的电阻。

$$R_{20} = R_t \frac{254.5}{234.5 + t} \times \frac{1\,000}{L}$$

式中：

t——测量时的试样温度，℃；

R_{20}——20 ℃时导体电阻，Ω/km；

R_t——t(℃)时，长度为L(m)电缆的导体电阻，Ω；

L——电缆试样长度，m(是成品试样的长度，而不是单根绝缘线芯或单线的长度)。

2.2 成品电缆电压试验

交货的成品电缆，如果没有金属层，则应浸入水中，试样长度、水温和浸水时间见 GB/T 5023.1—2008 中表 3 的规定。电压应依次施加在每根导体对连接在一起的所有其他导体和金属层(若有)或水之间，然后电压再施加在所有连接在一起的导体和金属层或水之间。

施加电压和耐电压时间见 GB/T 5023.1—2008 中表 3 的各项规定。

2.3 绝缘线芯电压试验

本试验适用于护套电缆，但不适用于扁形铜皮软线。

试验应在一根 5 m 长的电缆试样上进行，应剥去护套和任何其他包覆层或填充物而不损伤绝缘线芯。

绝缘线芯应按 GB/T 5023.1—2008 中表 3 的规定浸于水中，电压施加在导体和水之间。

施加电压和耐电压时间见 GB/T 5023.1—2008 中表 3 中的各项规定。

2.4 绝缘电阻

本试验适用于所有电缆，试验应在 5 m 长的绝缘线芯试样上进行。在测量绝缘电阻前，试样应经受住按 2.3 规定进行的电压试验，或者如不适用，按 2.2 规定进行电压试验。

试样应浸在预先加热到规定温度的水中，其两端应露出水面约 0.25 m。

试样长度、水温和浸水时间见 GB/T 5023.1—2008 中表 3 规定。然后应在导体和水之间施加 80 V 到 500 V 的直流电压。

绝缘电阻应在施加电压 1 min 后测量，并换算成 1 km 对应的值。测量值应不低于产品标准(GB/T 5023.3—2008、GB/T 5023.4—2008 等)中所规定的最小绝缘电阻。

在产品标准(GB/T 5023.3—2008，GB/T 5023.4—2008 等)中规定的绝缘电阻值是根据绝缘的体积电阻率为 $1\times10^{8}\ \Omega\cdot m$ 计算的，计算公式为：

$$R = 0.036\,7\lg\frac{D}{d}$$

式中：

R——绝缘电阻，$M\Omega\cdot km$；

D——绝缘的标称外径；

d——导体外接圆直径或铜皮软线绝缘的标称内径。

3 成品软电缆的机械强度试验

3.1 曲挠试验

3.1.1 总则

试验要求见 GB/T 5023.1—2008 中 5.6.3.1 规定。

本试验不适用于铜皮软线或固定布线用单芯软导体电缆。另外，本试验也不适用于线芯标称截面积大于 2.5 mm^2 的多芯软电缆。

3.1.2 试验仪器

本试验应使用图 1 所示设备进行。设备包括一辆小车 C，小车的驱动装置以及对每一根试样试验用的四个滑轮。可移动的小车 C 上安装有直径相等的两个滑轮 A 和 B。设备两端各有一个固定滑轮，直径可以与滑轮 A 和 B 不等，但四个滑轮的安装应可使试样呈水平状态。小车以约 0.33 m/s 的恒速在大于 1 m 的距离之间往复移动。

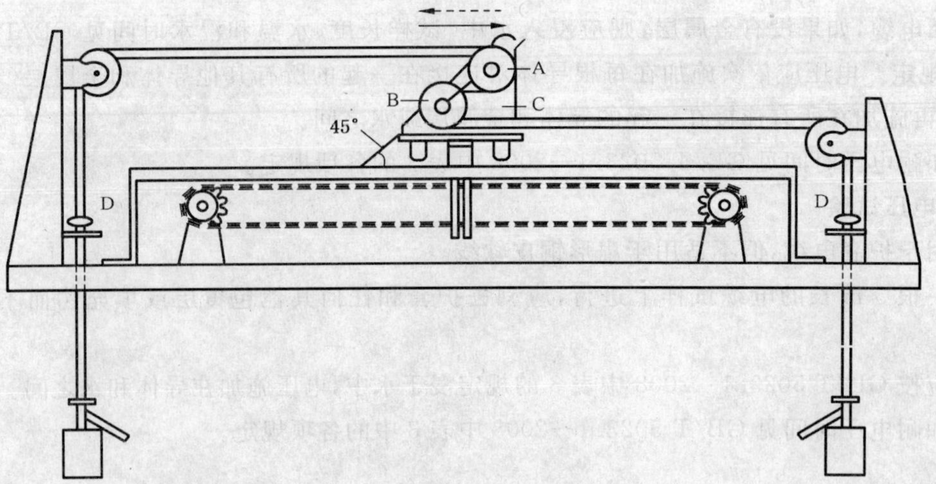

图 1 曲挠试验设备

滑轮应为金属质地，并有半圆形的凹槽以放置圆形电缆，还需有扁形凹槽放置扁形电缆。安装限位夹头 D，以使小车离开重锤时，始终能借助重锤施加一个拉力使小车往复运动。当一个限位装置靠在支架上时，另一个距其支架距离应最大不超过 5 cm。

驱动系统应能使小车平稳运动且转换方向时不发生急跳。

3.1.3 试样准备

取约 5 m 长的软电缆试样置于滑轮上并拉紧，如图 1 所示，软电缆的两端各载一个重锤，重锤的质量及滑轮 A 和 B 的直径列于表 1。

表 1 重锤质量及滑轮直径

软电缆类型	芯数[b]	标称截面积/ mm^2	重锤质量/ kg	滑轮直径[a]/ mm
轻型聚氯乙烯护套电缆	2	0.5	0.5	60
		0.75	1.0	80
		1	1.0	80
		1.5	1.0	80
		2.5	1.5	120
普通聚氯乙烯护套电缆	3	0.5	0.5	80
		0.75	1.0	80
		1	1.0	80
		1.5	1.0	80
		2.5	1.5	120
	4	0.5	0.5	80
		0.75	1.0	80
		1	1.0	80
		1.5	1.5	120
		2.5	1.5	120
轻型聚氯乙烯护套电缆 普通聚氯乙烯护套电缆	5	0.5	1.0	80
		0.75	1.0	80
		1	1.0	120
		1.5	1.5	120
		2.5	2.0	120

表 1（续）

软电缆类型	芯数[b]	标称截面积/mm²	重锤质量/kg	滑轮直径[a]/mm
普通聚氯乙烯护套电缆	6	0.5	1.0	120
		0.75	1.5	120
		1	1.5	120
		1.5	2.0	120
		2.5	3.5	160
	7	0.5	1.0	120
		0.75	1.5	120
		1	1.5	120
		1.5	2.0	160
		2.5	3.5	160
	12	0.5	1.5	120
		0.75	2.0	160
		1	3.0	160
		1.5	4.0	160
		2.5	7.0	200
	18	0.5	2.0	160
		0.75	3.0	160
		1	4.0	160
		1.5	6.0	200
		2.5	7.5	200

[a] 直径为在凹槽最低处测量值。

[b] 线芯数为 7～18 但未包括在表内的电缆，为“非优选”结构，试验时，重锤质量及滑轮直径可选用同一截面积的下一档表列芯数的规定值。

3.1.4 线芯载流试验

在电流试验中，可采用 230/400 V 或以下的低压。

在曲挠试验中，试样应加载电流如下：

—两芯和三芯电缆：所有线芯加载 $1\ \mathrm{A/mm^2}\,{}^{+10}_{\ 0}\,\%$；

—四芯和五芯电缆：三根线芯加 $1\ \mathrm{A/mm^2}\,{}^{+10}_{\ 0}\,\%$ 或所有线芯加载 $\sqrt{3/n}\ \mathrm{A/mm^2}\,{}^{+10}_{\ 0}\,\%$，式中 n 为线芯数。

五芯以上的电缆不应进行载流试验。不进行载流试验的线芯，应加载信号电流。

3.1.5 线芯间电压试验

对于两芯电缆，导体间施加电压应为交流约 230 V。对于其他三芯或更多线芯的电缆，应施加约 400 V 三相交流电压到三根导体上，其他导体接到中性线上。试验应在相邻的三根线芯上进行。若是双层结构，则应从外层取样。这同样适用于低压电流加载系统。

3.1.6 失效检查（曲挠设备装置）

曲挠设备应有失效检测部件，以便在曲挠试验中出现下列情况时可以检测并停止：

——电流断路；

——导体之间短路；

——导体和（曲挠设备的）滑轮之间短路。

3.2 弯曲试验

试验要求见 GB/T 5023.1—2008 中 5.6.3.2 规定。

取适当长的软线试样，固定在如图 2 所示的设备上，在其一端悬挂 0.5 kg 的重锤，导体通过约为 0.1 A 的电流。

试样应垂直于导体轴线平面作 180°往复弯曲运动，当弯曲到极端位置时，应与导体轴线的两边各呈 90°角。

弯曲频率为每分钟 60 次。

若试样经试验不符合要求，则应另取两根试样进行重复试验，均应符合要求。

单位为毫米

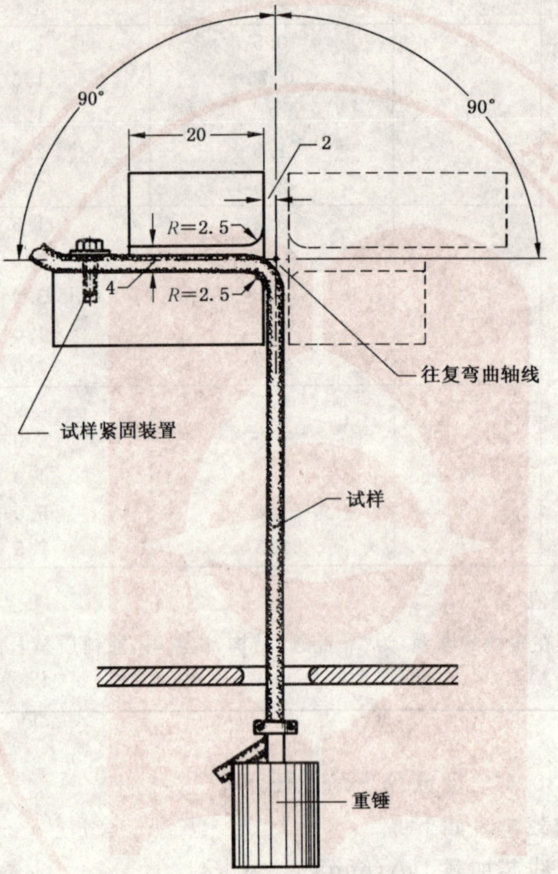

图 2　弯曲试验设备

3.3　荷重断芯试验

试验要求见 GB/T 5023.1—2008 中 5.6.3.3 规定。

取适当长的软线试样，其一端安装在刚性支撑物上，并在距支撑点下方 0.5 m 处试样上悬挂一 0.5 kg 的重锤。导体通过约为 0.1 A 的电流。试验时，把重锤提到支撑点处自由落下，重复五次。

3.4　绝缘线芯撕离试验

试验要求见 GB/T 5023.1—2008 中 5.6.3.4 规定。

在短段软线试样上，将绝缘线芯之间的绝缘切开，用拉力机以 5 mm/s 的速度测定撕离绝缘所需的力。

3.5　静态曲挠试验

试验要求见 GB/T 5023 的相关部分。

试验适用于导体截面积为 2.5 mm^2 及以下的电缆。

试验前，电缆应在(20±5)℃环境中垂直放置 24 h。

一根长度为(3±0.05)m 的试样应放在如图 3 所示的装置上进行试验。夹头 A 和 B 应放置在距地面至少 1.5 m 高的地方。

夹头 A 应固定，夹头 B 应可以在夹头 A 的水平线上作水平移动。

应垂直夹住试样的两端(在试验期间也应保持垂直),一端夹在夹头 A 上,另一端夹在可移动的夹头 B 上,两夹头之间距离应为 l=0.20 m。电缆装好后的大致形状如图 3 虚线所示。

然后,使可移动的夹头 B 向离开固定夹头 A 的方向移动,直到电缆形状如图 3 实线所示的 U 形为止,即完全为通过夹头的两根铅锤线所包围,铅锤线与电缆的外形线相切。该试验应进行两次。在第一次试验后,电缆在夹头处应转 180°。

测量两根铅锤线之间的距离 l' 并取其两次的平均值。

如果试验结果不合格,对试样应进行预处理,即把试样绕在一根直径为电缆外径约 20 倍的轴上,然后松开,这样共重复两次。每次转动试样 180°。试样经预处理后,应经受住上述试验,并应符合规定要求。

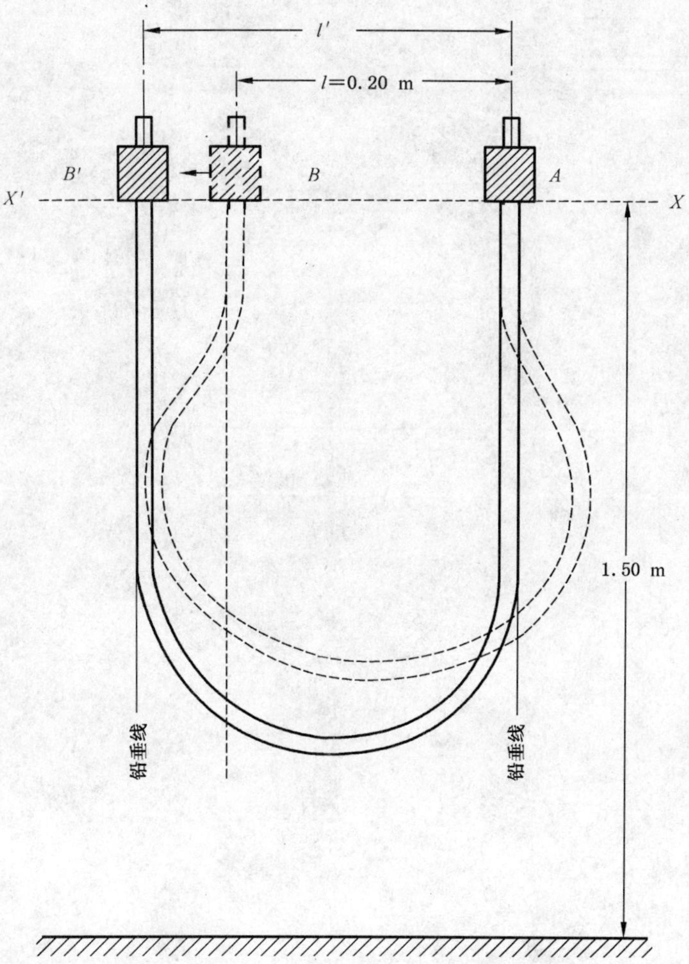

图 3 静态曲挠试验

3.6 电梯电缆中心垫芯的抗张强度

试验要求见 GB/T 5023 的相关规定。

从成品电缆上取一根 1 m 长的试样并称重。

在试样两端约 0.20 m 处,剥去所有覆盖物并除去绝缘线芯,中心部分包括中心承力芯应承受相当于 300 m 电缆重量的拉力。

拉力应施加 1 min。

可以使用一个自由悬挂的重锤或一个合适的能施加一个恒定拉力的拉力试验机。

ICS 29.060.20
K 13

中华人民共和国国家标准

GB/T 5023.3—2008/IEC 60227-3:1997
代替 GB 5023.3—1997

额定电压 450/750 V 及以下聚氯乙烯绝缘电缆 第 3 部分:固定布线用无护套电缆

Polyvinyl chloride insulated cables of rated voltages up to and including 450/750 V—Part 3:Non-sheathed cables for fixed wiring

(IEC 60227-3:1997,IDT)

2008-06-30 发布　　2009-05-01 实施

中华人民共和国国家质量监督检验检疫总局
中国国家标准化管理委员会　发布

前 言

GB/T 5023《额定电压 450/750 V 及以下聚氯乙烯绝缘电缆》分为七个部分：

——第 1 部分：一般要求；

——第 2 部分：试验方法；

——第 3 部分：固定布线用无护套电缆；

——第 4 部分：固定布线用护套电缆；

——第 5 部分：软电缆(软线)；

——第 6 部分：电梯电缆和挠性连接用电缆；

——第 7 部分：二芯或多芯屏蔽和非屏蔽软电缆。

本部分为 GB/T 5023 的第 3 部分。本部分等同采用 IEC 60227-3:1997《额定电压 450/750 V 及以下聚氯乙烯绝缘电缆　第 3 部分：固定布线用无护套电缆》第 2.1 版(英文版)。

为了便于使用，GB/T 5023 的本部分做了下列编辑性修改：

——用小数点“.”代替作为小数点的逗号“,”；

——删除了 IEC 60227-3:1997 的前言。

本部分代替 GB 5023.3—1997《额定电压 450/750 V 及以下聚氯乙烯绝缘电缆　第 3 部分：固定布线用无护套电缆》。

本部分与 GB 5023.3—1997 相比主要变化如下：

——对 60227 IEC 01、02、05、06、07、08 各型号电缆的外径作了上下限规定，原标准中电缆的上限直径也作了调整(表 1、表 3、表 5、表 7、表 9、表 11)；

——对 60227 IEC 01 型电缆中 35 mm^2 和 50 mm^2 的最小绝缘电阻作了修改，35 mm^2 对应的最小绝缘电阻由 0.004 0 MΩ・km 修改为 0.004 3 MΩ・km，50 mm^2 对应的最小绝缘电阻由 0.004 5 MΩ・km 修改为 0.004 3 MΩ・km。

本部分由中国电器工业协会提出。

本部分由全国电线电缆标准化技术委员会(SAC/TC 213)归口。

本部分负责起草单位：上海电缆研究所。

本部分参加起草单位：常熟电缆厂、远东电缆厂、宝胜科技创新股份有限公司、浙江万马电缆股份有限公司、上海老港申菱电子电缆有限公司、天津金山电线电缆股份有限公司。

本部分主要起草人：严永昌、钱国锋、汪传斌、房权生、郑宏、顾友明、郑国俊。

本部分所代替标准的历次版本发布情况为：

——GB 5023.2—1985、GB 5023.3—1985；

——GB 5023.3—1997。

额定电压450/750 V及以下
聚氯乙烯绝缘电缆
第3部分:固定布线用无护套电缆

1 总则

1.1 范围

GB/T 5023的本部分详细规定了额定电压450/750 V及以下固定布线用聚氯乙烯绝缘单芯无护套电缆的技术要求。

所有电缆均应符合GB/T 5023.1规定的相应要求,并且各种型号电缆应分别符合本部分规定的特殊要求。

1.2 规范性引用文件

下列文件中的条款通过GB/T 5023的本部分的引用而成为本部分的条款。凡是注日期的引用文件,其随后所有的修改单(不包括勘误的内容)或修订版均不适用于本部分,然而,鼓励根据本部分达成协议的各方研究是否可使用这些文件的最新版本。凡是不注日期的引用文件,其最新版本适用于本部分。

GB/T 2951.11—2008 电缆和光缆绝缘和护套材料通用试验方法 第11部分:通用试验方法——厚度和外形尺寸测量——机械性能试验(IEC 60811-1-1:2001,IDT)

GB/T 2951.12—2008 电缆和光缆绝缘和护套材料通用试验方法 第12部分:通用试验方法——热老化试验方法(IEC 60811-1-2:1985,IDT)

GB/T 2951.14—2008 电缆和光缆绝缘和护套材料通用试验方法 第14部分:通用试验方法——低温试验(IEC 60811-1-4:1985,IDT)

GB/T 2951.31—2008 电缆和光缆绝缘和护套材料通用试验方法 第31部分:聚氯乙烯混合料专用试验方法——高温压力试验——抗开裂试验(IEC 60811-3-1:1985,IDT)

GB/T 2951.32—2008 电缆和光缆绝缘和护套材料通用试验方法 第32部分:聚氯乙烯混合料专用试验方法——失重试验——热稳定性试验(IEC 60811-3-2:1985,IDT)

GB/T 3956—1997 电缆的导体(idt IEC 60228:1978)

GB/T 5023.1 额定电压450/750 V及以下聚氯乙烯绝缘电缆 第1部分:一般要求(GB/T 5023.1—2008,IEC 60227-1:2007,IDT)

GB/T 5023.2—2008 额定电压450/750 V及以下聚氯乙烯绝缘电缆 第2部分:试验方法(IEC 60227-2:2003,IDT)

GB/T 18380.12—2008 电缆和光缆在火焰条件下的燃烧试验 第12部分:单根绝缘电线电缆火焰垂直蔓延试验(IEC 60332-1-2:2004,IDT)

2 一般用途单芯硬导体无护套电缆

2.1 型号

60227 IEC 01(BV)。

2.2 额定电压

450/750 V。

2.3 结构

2.3.1 导体

芯数:1 芯。

导体应符合 GB/T 3956—1997 规定的要求:

——实心导体用第 1 种;

——绞合导体用第 2 种。

2.3.2 绝缘

挤包在导体上的绝缘应是 PVC/C 型聚氯乙烯混合物。

绝缘厚度应符合表 1 第 3 栏的规定值。

绝缘电阻应不小于表 1 第 6 栏的规定值。

表 1 60227 IEC 01(BV)型电缆的综合数据

导体标称截面积/ mm^2	导体种类	绝缘厚度规定值/ mm	平均外径/mm		70 ℃时最小绝缘电阻/ (MΩ·km)
			下限	上限	
1.5	1	0.7	2.6	3.2	0.011
1.5	2	0.7	2.7	3.3	0.010
2.5	1	0.8	3.2	3.9	0.010
2.5	2	0.8	3.3	4.0	0.009
4	1	0.8	3.6	4.4	0.008 5
4	2	0.8	3.8	4.6	0.007 7
6	1	0.8	4.1	5.0	0.007 0
6	2	0.8	4.3	5.2	0.006 5
10	1	1.0	5.3	6.4	0.007 0
10	2	1.0	5.6	6.7	0.006 5
16	2	1.0	6.4	7.8	0.005 0
25	2	1.2	8.1	9.7	0.005 0
35	2	1.2	9.0	10.9	0.004 3
50	2	1.4	10.6	12.8	0.004 3
70	2	1.4	12.1	14.6	0.003 5
95	2	1.6	14.1	17.1	0.003 5
120	2	1.6	15.6	18.8	0.003 2
150	2	1.8	17.3	20.9	0.003 2
185	2	2.0	19.3	23.3	0.003 2
240	2	2.2	22.0	26.6	0.003 2
300	2	2.4	24.5	29.6	0.003 0
400	2	2.6	27.5	33.2	0.002 8

2.3.3 外径

平均外径应在表 1 第 4 栏和第 5 栏规定的限值内。

2.4 试验

应按表 2 规定的检测和试验,检查是否符合 2.3 的要求。

2.5 使用导则

在正常使用时,导体最高温度为 70 ℃。

注:其他导则正在考虑中。

表 2　60227 IEC 01(BV)型电缆的试验项目

序号	试　验　项　目	试验类型	试验方法	
			GB/T	条文号
1	电气性能试验			
1.1	导体电阻	T,S	5023.2—2008	2.1
1.2	2 500 V 电压试验	T,S	5023.2—2008	2.2
1.3	70 ℃时绝缘电阻	T	5023.2—2008	2.4
2	结构尺寸检查		5023.1 和 5023.2—2008	
2.1	结构检查	T,S	5023.1	检查和手工试验
2.2	绝缘厚度测量	T,S	5023.2—2008	1.9
2.3	外径测量	T,S	5023.2—2008	1.11
3	绝缘机械性能			
3.1	老化前拉力试验	T	2951.11—2008	9.1
3.2	老化后拉力试验	T	2951.12—2008	8.1.3.1
3.3	失重试验	T	2951.32—2008	8.1
4	高温压力试验	T	2951.31—2008	8.1
5	低温弹性和冲击强度			
5.1	绝缘低温弯曲试验	T	2951.14—2008	8.1
5.2	绝缘低温拉伸试验[a]	T	2951.14—2008	8.3
5.3	绝缘低温冲击试验	T	2951.14—2008	8.5
6	热冲击试验	T	2951.31—2008	9.1
7	不延燃试验	T	18380.12—2008	—

[a] 只有当电缆外径超过试验方法规定的极限值时才适用。

3　一般用途单芯软导体无护套电缆

3.1　型号

60227 IEC 02(RV)。

3.2　额定电压

450/750 V。

3.3　结构

3.3.1　导体

芯数:1 芯。

导体应符合 GB/T 3956—1997 中第 5 种导体规定的要求。

3.3.2　绝缘

挤包在导体上的绝缘应是 PVC/C 型聚氯乙烯混合物。

绝缘厚度应符合表 3 第 2 栏的规定值。

绝缘电阻应不小于表 3 第 5 栏的规定值。

3.3.3　外径

平均外径应在表 3 第 3 栏和第 4 栏规定的限值内。

3.4　试验

应按表 4 规定的检测和试验,检查是否符合 3.3 的要求。

3.5 使用导则

在正常使用时，导体最高温度为 70 ℃。

注：其他导则正在考虑中。

表 3 60227 IEC 02(RV)型电缆的综合数据

导体标称截面积/mm^2	绝缘厚度规定值/mm	平均外径/mm		70 ℃时最小绝缘电阻/(MΩ·km)
		下限	上限	
1.5	0.7	2.8	3.4	0.010
2.5	0.8	3.4	4.1	0.009
4	0.8	3.9	4.8	0.007
6	0.8	4.4	5.3	0.006
10	1.0	5.7	6.8	0.005 6
16	1.0	6.7	8.1	0.004 6
25	1.2	8.4	10.2	0.004 4
35	1.2	9.7	11.7	0.003 8
50	1.4	11.5	13.9	0.003 7
70	1.4	13.2	16.0	0.003 2
95	1.6	15.1	18.2	0.003 2
120	1.6	16.7	20.2	0.002 9
150	1.8	18.6	22.5	0.002 9
185	2.0	20.6	24.9	0.002 9
240	2.2	23.5	28.4	0.002 8

表 4 60227 IEC 02(RV)型电缆的试验项目

序号	试验项目	试验类型	试验方法	
			GB/T	条文号
1	电气性能试验			
1.1	导体电阻	T,S	5023.2—2008	2.1
1.2	2 500 V 电压试验	T,S	5023.2—2008	2.2
1.3	70 ℃时绝缘电阻	T	5023.2—2008	2.4
2	结构尺寸检查		5023.1 和 5023.2—2008	
2.1	结构检查	T,S	5023.1	检查和手工试验
2.2	绝缘厚度测量	T,S	5023.2—2008	1.9
2.3	外径测量	T,S	5023.2—2008	1.11
3	绝缘机械性能			
3.1	老化前拉力试验	T	2951.11—2008	9.1
3.2	老化后拉力试验	T	2951.12—2008	8.1.3.1
3.3	失重试验	T	2951.32—2008	8.1

表 4(续)

序号	试验项目	试验类型	试验方法	
			GB/T	条文号
4	高温压力试验	T	2951.31—2008	8.1
5	低温弹性			
5.1	绝缘低温弯曲试验	T	2951.14—2008	8.1
5.2	绝缘低温拉伸试验[a]	T	2951.14—2008	8.3
6	热冲击试验	T	2951.31—2008	9.1
7	不延燃试验	T	18380.12—2008	—

[a] 只有当电缆外径超过试验方法规定的极限值时才适用。

4 内部布线用导体温度为 70 ℃的单芯实心导体无护套电缆

4.1 型号

60227 IEC 05(BV)。

4.2 额定电压

300/500 V。

4.3 结构

4.3.1 导体

芯数:1 芯。

导体应符合 GB/T 3956—1997 中第 1 种导体规定的要求。

4.3.2 绝缘

挤包在导体上的绝缘应是 PVC/C 型聚氯乙烯混合物。

绝缘厚度应符合表 5 第 2 栏的规定值。

绝缘电阻应不小于表 5 第 5 栏的规定值。

4.3.3 外径

平均外径应在表 5 第 3 栏和第 4 栏规定的限值内。

表 5 60227 IEC 05(BV)型电缆的综合数据

导体标称截面积/mm^2	绝缘厚度规定值/mm	平均外径/mm		70 ℃时最小绝缘电阻/(MΩ·km)
		下限	上限	
0.5	0.6	1.9	2.3	0.015
0.75	0.6	2.1	2.5	0.012
1	0.6	2.2	2.7	0.011

4.4 试验

应按表 6 规定的检测和试验,检查是否符合 4.3 的要求。

4.5 使用导则

在正常使用时,导体最高温度为 70 ℃。

注:其他导则正在考虑中。

表 6　60227 IEC 05(BV)型电缆的试验项目

序号	试　验　项　目	试验类型	试验方法	
			GB/T	条文号
1	电气性能试验			
1.1	导体电阻	T,S	5023.2—2008	2.1
1.2	2 000 V 电压试验	T,S	5023.2—2008	2.2
1.3	70 ℃时绝缘电阻	T	5023.2—2008	2.4
2	结构尺寸检查		5023.1 和 5023.2—2008	
2.1	结构检查	T,S	5023.1	检查和手工试验
2.2	绝缘厚度测量	T,S	5023.2—2008	1.9
2.3	外径测量	T,S	5023.2—2008	1.11
3	绝缘机械性能			
3.1	老化前拉力试验	T	2951.11—2008	9.1
3.2	老化后拉力试验	T	2951.12—2008	8.1.3.1
3.3	失重试验	T	2951.32—2008	8.1
4	高温压力试验	T	2951.31—2008	8.1
5	低温弹性			
5.1	绝缘低温弯曲试验	T	2951.14—2008	8.1
6	热冲击试验	T	2951.31—2008	9.1
7	不延燃试验	T	18380.12—2008	—

5　内部布线用导体温度为 70 ℃的单芯软导体无护套电缆

5.1　型号

60227 IEC 06(RV)。

5.2　额定电压

300/500 V。

5.3　结构

5.3.1　导体

芯数:1 芯。

导体应符合 GB/T 3956—1997 中第 5 种导体规定的要求。

5.3.2　绝缘

挤包在导体上的绝缘应是 PVC/C 型聚氯乙烯混合物。

绝缘厚度应符合表 7 第 2 栏的规定值。

绝缘电阻应不小于表 7 第 5 栏的规定值。

5.3.3　外径

平均外径应在表 7 第 3 栏和第 4 栏规定的限值内。

表 7 60227 IEC 06(RV)型电缆的综合数据

导体标称截面积/mm²	绝缘厚度规定值/mm	平均外径/mm		70 ℃时最小绝缘电阻/(MΩ·km)
		下限	上限	
0.5	0.6	2.1	2.5	0.013
0.75	0.6	2.2	2.7	0.011
1	0.6	2.4	2.8	0.010

5.4 试验

应按表 8 规定的检测和试验，检查是否符合 5.3 的要求。

5.5 使用导则

在正常使用时，导体最高温度为 70 ℃。

注：其他导则正在考虑中。

表 8 60227 IEC 06(RV)型电缆的试验项目

序号	试验项目	试验类型	试验方法	
			GB/T	条文号
1	电气性能试验			
1.1	导体电阻	T,S	5023.2—2008	2.1
1.2	2 000 V 电压试验	T,S	5023.2—2008	2.2
1.3	70 ℃时绝缘电阻	T	5023.2—2008	2.4
2	结构尺寸检查		5023.1 和 5023.2—2008	
2.1	结构检查	T,S	5023.1	检查和手工试验
2.2	绝缘厚度测量	T,S	5023.2—2008	1.9
2.3	外径测量	T,S	5023.2—2008	1.11
3	绝缘机械性能			
3.1	老化前拉力试验	T	2951.11—2008	9.1
3.2	老化后拉力试验	T	2951.12—2008	8.1.3.1
3.3	失重试验	T	2951.32—2008	8.1
4	高温压力试验	T	2951.31—2008	8.1
5	低温弹性			
5.1	绝缘低温弯曲试验	T	2951.14—2008	8.1
6	热冲击试验	T	2951.31—2008	9.1
7	不延燃试验	T	18380.12—2008	—

6 内部布线用导体温度为 90 ℃的单芯实心导体无护套电缆

6.1 型号

60227 IEC 07(BV-90)。

6.2 额定电压

300/500 V。

6.3 结构

6.3.1 导体

芯数:1 芯。

导体应符合 GB/T 3956—1997 中第 1 种导体规定的要求。

6.3.2 绝缘

挤包在导体上的绝缘应是 PVC/E 型聚氯乙烯混合物。

绝缘厚度应符合表 9 第 2 栏的规定值。

绝缘电阻应不小于表 9 第 5 栏的规定值。

6.3.3 外径

平均外径应在表 9 第 3 栏和第 4 栏规定的限值内。

表 9 60227 IEC 07(BV-90)型电缆的综合数据

导体标称截面积/mm^2	绝缘厚度规定值/mm	平均外径/mm		90 ℃时最小绝缘电阻/(MΩ·km)
		下限	上限	
0.5	0.6	1.9	2.3	0.015
0.75	0.6	2.1	2.5	0.013
1	0.6	2.2	2.7	0.012
1.5	0.7	2.6	3.2	0.011
2.5	0.8	3.2	3.9	0.009

6.4 试验

应按表 10 规定的检测和试验,检查是否符合 6.3 的要求。

6.5 使用导则

在正常使用时,导体最高温度为 90 ℃。

在电缆的使用环境可防止热塑流动和允许减小绝缘电阻的情况下,能连续在 90 ℃使用的 PVC 混合物,在缩短总工作时间的前提下,其工作温度可提高至 105 ℃。

注:其他导则正在考虑中。

表 10 60227 IEC 07(BV-90)型电缆的试验项目

序号	试验项目	试验类型	试验方法	
			GB/T	条文号
1	电气性能试验			
1.1	导体电阻	T,S	5023.2—2008	2.1
1.2	2 000 V 电压试验	T,S	5023.2—2008	2.2
1.3	90 ℃时绝缘电阻	T	5023.2—2008	2.4
2	结构尺寸检查		5023.1 和 5023.2—2008	
2.1	结构检查	T,S	5023.1	检查和手工试验
2.2	绝缘厚度测量	T,S	5023.2—2008	1.9
2.3	外径测量	T,S	5023.2—2008	1.11
3	绝缘机械性能			
3.1	老化前拉力试验	T	2951.11—2008	9.1
3.2	老化后拉力试验	T	2951.12—2008	8.1.3.1
3.3	失重试验	T	2951.32—2008	8.1

表 10(续)

序号	试 验 项 目	试验类型	试验方法	
			GB/T	条文号
4	高温压力试验	T	2951.31—2008	8.1
5	低温弹性			
5.1	绝缘低温弯曲试验	T	2951.14—2008	8.1
6	热冲击试验	T	2951.31—2008	9.1
7	不延燃试验	T	18380.12—2008	—
8	热稳定性试验	T	2951.32—2008	9

7 内部布线用导体温度为 90 ℃的单芯软导体无护套电缆

7.1 型号

60227 IEC 08(RV-90)。

7.2 额定电压

300/500 V。

7.3 结构

7.3.1 导体

芯数:1 芯。

导体应符合 GB/T 3956—1997 中第 5 种导体规定的要求。

7.3.2 绝缘

挤包在导体上的绝缘应是 PVC/E 型聚氯乙烯混合物。

绝缘厚度应符合表 11 第 2 栏的规定值。

绝缘电阻应不小于表 11 第 5 栏的规定值。

7.3.3 外径

平均外径应在表 11 第 3 栏和第 4 栏规定的限值内。

表 11 60227 **IEC** 08(**RV**-90)型电缆的综合数据

导体标称截面积/mm^2	绝缘厚度规定值/mm	平均外径/mm		90 ℃时最小绝缘电阻/(MΩ·km)
		下限	上限	
0.5	0.6	2.1	2.5	0.013
0.75	0.6	2.2	2.7	0.012
1	0.6	2.4	2.8	0.010
1.5	0.7	2.8	3.4	0.009
2.5	0.8	3.4	4.1	0.009

7.4 试验

应按表 12 规定的检测和试验,检查是否符合 7.3 的要求。

7.5 使用导则

在正常使用时,导体最高温度为 90 ℃。

在电缆的使用环境可防止热塑流动和允许减小绝缘电阻的情况下,能连续在 90 ℃使用的 PVC 混合物,在缩短总工作时间的前提下,其工作温度可提高至 105 ℃。

注:其他导则正在考虑中。

表 12 60227 IEC 08(RV-90)型电缆的试验项目

序号	试 验 项 目	试验类型	试验方法	
			GB/T	条文号
1	电气性能试验			
1.1	导体电阻	T,S	5023.2—2008	2.1
1.2	2 000 V 电压试验	T,S	5023.2—2008	2.2
1.3	90 ℃时绝缘电阻	T	5023.2—2008	2.4
2	结构尺寸检查		5023.1 和 5023.2—2008	
2.1	结构检查	T,S	5023.1	检查和手工试验
2.2	绝缘厚度测量	T,S	5023.2—2008	1.9
2.3	外径测量	T,S	5023.2—2008	1.11
3	绝缘机械性能			
3.1	老化前拉力试验	T	2951.11—2008	9.1
3.2	老化后拉力试验	T	2951.12—2008	8.1.3.1
3.3	失重试验	T	2951.32—2008	8.1
4	高温压力试验	T	2951.31—2008	8.1
5	低温弹性			
5.1	绝缘低温弯曲试验	T	2951.14—2008	8.1
6	热冲击试验	T	2951.31—2008	9.1
7	不延燃试验	T	18380.12—2008	—
8	热稳定性试验	T	2951.32—2008	9

ICS 29.060.20
K 13

GB

中华人民共和国国家标准

GB/T 5023.4—2008/IEC 60227-4:1997
代替 GB 5023.4—1997

额定电压450/750 V及以下聚氯乙烯绝缘电缆 第4部分:固定布线用护套电缆

Polyvinyl chloride insulated cables of rated voltages up to and including 450/750 V—Part 4:Sheathed cables for fixed wiring

(IEC 60227-4:1997,IDT)

2008-06-30 发布 2009-05-01 实施

中华人民共和国国家质量监督检验检疫总局
中国国家标准化管理委员会 发布

前　言

GB/T 5023《额定电压450/750 V及以下聚氯乙烯绝缘电缆》分为七个部分：

——第1部分：一般要求；

——第2部分：试验方法；

——第3部分：固定布线用无护套电缆；

——第4部分：固定布线用护套电缆；

——第5部分：软电缆(软线)；

——第6部分：电梯电缆和挠性连接用电缆；

——第7部分：二芯或多芯屏蔽和非屏蔽软电缆。

本部分为GB/T 5023的第4部分。本部分等同采用IEC 60227-4:1997《额定电压450/750 V及以下聚氯乙烯绝缘电缆　第4部分：固定布线用护套电缆》第2.1版(英文版)。

为了便于使用，GB/T 5023的本部分做了下列编辑性修改：

——用小数点“.”代替作为小数点的逗号“,”；

——删除了IEC 60227-4:1997的前言。

本部分代替GB 5023.4—1997《额定电压450/750 V及以下聚氯乙烯绝缘电缆　第4部分：固定布线用护套电缆》。

本部分与GB 5023.4—1997相比主要变化如下：

——规范性引用文件中增加了下列文件：

IEC 60719:1992 额定电压450/750V及以下圆形铜导体电缆平均外径上限和下限的计算方法；

——表1中增加了表注：电缆平均外径上下限的计算未遵从IEC 60719:1992的规定。

本部分由中国电器工业协会提出。

本部分由全国电线电缆标准化技术委员会(SAC/TC 213)归口。

本部分负责起草单位：上海电缆研究所。

本部分参加起草单位：远东电缆厂、天津金山电线电缆股份有限公司、江苏圣安电缆有限公司、南昌电缆有限责任公司、江苏上上电缆集团有限公司、湖南湘能金杯电缆有限公司。

本部分主要起草人：陆燕红、汪传斌、郑国俊、孙萍、丁小琴、李斌、艾卫民。

本部分所代替标准的历次版本发布情况为：

——GB 5023.2—1985；

——GB 5023.4—1997。

额定电压450/750 V及以下
聚氯乙烯绝缘电缆
第4部分:固定布线用护套电缆

1 总则

1.1 范围

GB/T 5023的本部分详细规定了额定电压300/500 V轻型聚氯乙烯护套电缆的技术要求。

所有电缆均应符合GB/T 5023.1规定的相应要求和本部分的特殊要求。

1.2 规范性引用文件

下列文件中的条款通过GB/T 5023的本部分的引用而成为本部分的条款。凡是注日期的引用文件,其随后所有的修改单(不包括勘误的内容)或修订版均不适用于本部分,然而,鼓励根据本部分达成协议的各方研究是否可使用这些文件的最新版本。凡是不注日期的引用文件,其最新版本适用于本部分。

GB/T 2951.11—2008 电缆和光缆绝缘和护套材料通用试验方法 第11部分:通用试验方法——厚度和外形尺寸测量——机械性能试验(IEC 60811-1-1:2001,IDT)

GB/T 2951.12—2008 电缆和光缆绝缘和护套材料通用试验方法 第12部分:通用试验方法——热老化试验方法(IEC 60811-1-2:1985,IDT)

GB/T 2951.14—2008 电缆和光缆绝缘和护套材料通用试验方法 第14部分:通用试验方法——低温试验(IEC 60811-1-4:1985,IDT)

GB/T 2951.31—2008 电缆和光缆绝缘和护套材料通用试验方法 第31部分:聚氯乙烯混合料专用试验方法——高温压力试验——抗开裂试验(IEC 60811-3-1:1985,IDT)

GB/T 2951.32—2008 电缆和光缆绝缘和护套材料通用试验方法 第32部分:聚氯乙烯混合料专用试验方法——失重试验——热稳定性试验(IEC 60811-3-2:1985,IDT)

GB/T 3956—1997 电缆的导体(idt,IEC 60228:1978)

GB/T 5023.1 额定电压450/750 V及以下聚氯乙烯绝缘电缆 第1部分:一般要求(GB/T 5023.1—2008, IEC 60227-1:2007,IDT)

GB/T 5023.2—2008 额定电压450/750 V及以下聚氯乙烯绝缘电缆 第2部分:试验方法(IEC 60227-2:2003,IDT)

GB/T 18380.12—2008 电缆和光缆在火焰条件下的燃烧试验 第12部分:单根绝缘电线电缆火焰垂直蔓延试验(IEC 60332-1-2:2004,IDT)

IEC 60719:1992 额定电压450/750 V及以下圆形铜导体电缆平均外径上限和下限的计算方法

2 轻型聚氯乙烯护套电缆

2.1 型号

60227 IEC 10(BVV)。

2.2 额定电压

300/500 V。

2.3 结构

2.3.1 导体

芯数:2、3、4 或 5 芯。

导体应符合 GB/T 3956—1997 规定的要求:

——实心导体用第 1 种;

——绞合导体用第 2 种。

2.3.2 绝缘

挤包在导体上的绝缘应是 PVC/C 型聚氯乙烯混合物。

绝缘厚度应符合表 1 第 3 栏的规定值。

绝缘电阻应不小于表 1 第 8 栏的规定值。

2.3.3 绝缘线芯成缆

绝缘线芯应绞合在一起。

2.3.4 内护层

在绞合的绝缘线芯上应挤包一层由非硫化型橡皮或塑料混合物组成的内护层。

内护层与绝缘线芯应易于分离。

2.3.5 护套

挤包在内护层上的护套应是 PVC/ST4 型聚氯乙烯混合物。

护套应与内护层紧密贴合,且易于剥离而不损伤内护层。

护套厚度应符合表 1 第 5 栏的规定值。

2.3.6 外径

平均外径应在表 1 第 6 栏和第 7 栏规定的限值内。

2.4 试验

应按表 2 规定的检测和试验,检查是否符合 2.3 的要求。

2.5 使用导则

在正常使用时,导体最高温度为 70 ℃。

注:其他导则正在考虑中。

表 1 60227 IEC 10(BVV)型电缆的综合数据

导体芯数和标称截面积/mm^2	导体种类	绝缘厚度规定值/mm	内护层厚度近似值/mm	护套厚度规定值/mm	平均外径/mm		70 ℃时最小绝缘电阻/(MΩ·km)
					下限	上限	
2×1.5	1	0.7	0.4	1.2	7.6	10.0	0.011
	2	0.7	0.4	1.2	7.8	10.5	0.010
2×2.5	1	0.8	0.4	1.2	8.6	11.5	0.010
	2	0.8	0.4	1.2	9.0	12.0	0.009
2×4	1	0.8	0.4	1.2	9.6	12.5	0.008 5
	2	0.8	0.4	1.2	10.0	13.0	0.007 7
2×6	1	0.8	0.4	1.2	10.5	13.5	0.007 0
	2	0.8	0.4	1.2	11.0	14.0	0.006 5
2×10	1	1.0	0.6	1.4	13.0	16.5	0.007 0
	2	1.0	0.6	1.4	13.5	17.5	0.006 5

表 1（续）

导体芯数和标称截面积/mm^2	导体种类	绝缘厚度规定值/mm	内护层厚度近似值/mm	护套厚度规定值/mm	平均外径/mm		70 ℃时最小绝缘电阻/(MΩ·km)
					下限	上限	
2×16	2	1.0	0.6	1.4	15.5	20.0	0.005 2
2×25	2	1.2	0.8	1.4	18.5	24.0	0.005 0
2×35	2	1.2	1.0	1.6	21.0	27.5	0.004 4
3×1.5	1	0.7	0.4	1.2	8.0	10.5	0.011
	2	0.7	0.4	1.2	8.2	11.0	0.010
3×2.5	1	0.8	0.4	1.2	9.2	12.0	0.010
	2	0.8	0.4	1.2	9.4	12.5	0.009
3×4	1	0.8	0.4	1.2	10.0	13.0	0.008 5
	2	0.8	0.4	1.2	10.5	13.5	0.007 7
3×6	1	0.8	0.4	1.4	11.5	14.5	0.007 0
	2	0.8	0.4	1.4	12.0	15.5	0.006 5
3×10	1	1.0	0.6	1.4	14.0	17.5	0.007 0
	2	1.0	0.6	1.4	14.5	19.0	0.006 5
3×16	2	1.0	0.8	1.4	16.5	21.5	0.005 2
3×25	2	1.2	0.8	1.6	20.5	26.0	0.005 0
3×35	2	1.2	1.0	1.6	22.0	29.0	0.004 4
4×1.5	1	0.7	0.4	1.2	8.6	11.5	0.011
	2	0.7	0.4	1.2	9.0	12.0	0.010
4×2.5	1	0.8	0.4	1.2	10.0	13.0	0.010
	2	0.8	0.4	1.2	10.0	13.5	0.009
4×4	1	0.8	0.4	1.4	11.5	14.5	0.008 5
	2	0.8	0.4	1.4	12.0	15.0	0.007 7
4×6	1	0.8	0.6	1.4	12.5	16.0	0.007 0
	2	0.8	0.6	1.4	13.0	17.0	0.006 5
4×10	1	1.0	0.6	1.4	15.5	19.0	0.007 0
	2	1.0	0.6	1.4	16.0	20.5	0.006 5
4×16	2	1.0	0.8	1.4	18.0	23.5	0.005 2
4×25	2	1.2	1.0	1.6	22.5	28.5	0.005 0
4×35	2	1.2	1.0	1.6	24.5	32.0	0.004 4
5×1.5	1	0.7	0.4	1.2	9.4	12.0	0.011
	2	0.7	0.4	1.2	9.8	12.5	0.010
5×2.5	1	0.8	0.4	1.2	11.0	14.0	0.010
	2	0.8	0.4	1.2	11.0	14.5	0.009
5×4	1	0.8	0.6	1.4	12.5	16.0	0.008 5
	2	0.8	0.6	1.4	13.0	17.0	0.007 7
5×6	1	0.8	0.6	1.4	13.5	17.5	0.007 0
	2	0.8	0.6	1.4	14.5	18.5	0.006 5

表 1（续）

导体芯数和标称截面积/mm^2	导体种类	绝缘厚度规定值/mm	内护层厚度近似值/mm	护套厚度规定值/mm	平均外径/mm		70 ℃时最小绝缘电阻/(MΩ·km)
					下限	上限	
5×10	1	1.0	0.6	1.4	17.0	21.0	0.007 0
	2	1.0	0.6	1.4	17.5	22.0	0.006 5
5×16	2	1.0	0.8	1.6	20.5	26.0	0.005 2
5×25	2	1.2	1.0	1.6	24.5	31.5	0.005 0
5×35	2	1.2	1.2	1.6	27.0	35.0	0.004 4
注：电缆平均外径上下限的计算未遵从 IEC 60719:1992 的规定。							

表 2　60227 IEC 10(BVV)型电缆的试验项目

序号	试　验　项　目	试验类型	试验方法	
			GB/T	条文号
1	电气性能试验			
1.1	导体电阻	T,S	5023.2—2008	2.1
1.2	绝缘线芯 2 000 V 电压试验	T	5023.2—2008	2.3
1.3	成品电缆 2 000 V 电压试验	T,S	5023.2—2008	2.2
1.4	70 ℃时绝缘电阻	T	5023.2—2008	2.4
2	结构尺寸检查		5023.1 和 5023.2—2008	
2.1	结构检查	T,S	5023.1	检查和手工试验
2.2	绝缘厚度测量	T,S	5023.2—2008	1.9
2.3	护套厚度测量	T,S	5023.2—2008	1.10
2.4	外径测量			
2.4.1	平均值	T,S	5023.2—2008	1.11
2.4.2	椭圆度	T,S	5023.2—2008	1.11
3	绝缘机械性能			
3.1	老化前拉力试验	T	2951.11—2008	9.1
3.2	老化后拉力试验	T	2951.12—2008	8.1.3.1
3.3	失重试验	T	2951.32—2008	8.1
4	护套机械性能			
4.1	老化前拉力试验	T	2951.11—2008	9.2
4.2	老化后拉力试验	T	2951.12—2008	8.1.3.1
4.3	失重试验	T	2951.32—2008	8.2
5	非污染试验	T	2951.12—2008	8.1.4
6	高温压力试验			
6.1	绝缘	T	2951.31—2008	8.1
6.2	护套	T	2951.31—2008	8.2

表 2（续）

序号	试验项目	试验类型	试验方法	
			GB/T	条文号
7	低温弹性和冲击强度			
7.1	绝缘低温弯曲试验	T	2951.14—2008	8.1
7.2	护套低温弯曲试验	T	2951.14—2008	8.2
7.3	护套低温拉伸试验[a]	T	2951.14—2008	8.4
7.4	成品电缆低温冲击试验	T	2951.14—2008	8.5
8	热冲击试验			
8.1	绝缘	T	2951.31—2008	9.1
8.2	护套	T	2951.31—2008	9.2
9	不延燃试验	T	18380.12—2008	—

[a] 只有当电缆外径超过试验方法规定的极限值时才适用。

ICS 29.060.20
K 13

中华人民共和国国家标准

GB/T 5023.5—2008/IEC 60227-5:2003
代替 GB 5023.5—1997

额定电压 450/750 V 及以下聚氯乙烯绝缘电缆 第 5 部分：软电缆(软线)

Polyvinyl chloride insulated cables of rated voltages up to and including 450/750 V—Part 5: Flexible cables (cords)

(IEC 60227-5:2003,IDT)

2008-06-30 发布　　　　2009-05-01 实施

中华人民共和国国家质量监督检验检疫总局
中国国家标准化管理委员会　发布

前言

GB/T 5023《额定电压450/750 V及以下聚氯乙烯绝缘电缆》分为七个部分：

——第1部分：一般要求；

——第2部分：试验方法；

——第3部分：固定布线用无护套电缆；

——第4部分：固定布线用护套电缆；

——第5部分：软电缆(软线)；

——第6部分：电梯电缆和挠性连接用电缆；

——第7部分：二芯或多芯屏蔽和非屏蔽软电缆。

本部分为GB/T 5023的第5部分。本部分等同采用IEC 60227-5:2003《额定电压450/750 V及以下聚氯乙烯绝缘电缆　第5部分：软电缆(软线)》第2.2版(英文版)。

为了便于使用，GB/T 5023的本部分做了下列编辑性修改：

——用小数点“.”代替作为小数点的逗号“,”；

——删除了IEC 60227-5:2003的前言；

——删除了参考文献。

本部分代替GB 5023.5—1997《额定电压450/750 V及以下聚氯乙烯绝缘电缆　第5部分：软电缆(软线)》。

本部分与GB 5023.5—1997相比主要变化如下：

——规范性引用文件中增加了下列文件：

IEC 60719 额定电压450/750 V及以下圆形铜导体电缆平均外径上限和下限的计算方法；

——删除了第3章扁形无护套软线60227 IEC 42；

——增加了导体温度为90 ℃的耐热轻型聚氯乙烯护套软线(60227 IEC 56)；

——增加了导体温度为90 ℃的耐热普通聚氯乙烯护套软线(60227 IEC 57)；

——60227 IEC 43型电缆设定平均外形尺寸下限；

——4.3.2中修改为70 ℃绝缘电阻应不小于表5第7栏的规定值；

——第4章户内装饰照明回路用软线导体修改为GB/T 3596—1997中第5种导体。

本部分由中国电器工业协会提出。

本部分由全国电线电缆标准化技术委员会(SAC/TC 213)归口。

本部分负责起草单位：上海电缆研究所。

本部分参加起草单位：福建南平太阳电缆股份有限公司、湖南湘能金杯电缆有限公司、宝胜科技创新股份有限公司、浙江万马电缆股份有限公司、上海熊猫线缆股份有限公司、南昌电缆有限责任公司。

本部分主要起草人：陆燕红、范德发、艾卫民、房权生、郑宏、周晓荣、丁小琴。

本部分所代替标准的历次版本发布情况为：

——GB 5023.3—1985；

——GB 5023.5—1997。

额定电压 450/750 V 及以下
聚氯乙烯绝缘电缆
第 5 部分:软电缆(软线)

1 总则

1.1 范围

GB/T 5023 的本部分详细规定了额定电压 300/500 V 及以下聚氯乙烯软电缆(软线)的技术要求。

所有电缆均应符合 GB/T 5023.1 规定的相应要求,并且各种型号电缆应分别符合本部分规定的特殊要求。

1.2 规范性引用文件

下列文件中的条款通过 GB/T 5023 的本部分的引用而成为本部分的条款。凡是注日期的引用文件,其随后所有的修改单(不包括勘误的内容)或修订版均不适用于本部分,然而,鼓励根据本部分达成协议的各方研究是否可使用这些文件的最新版本。凡是不注日期的引用文件,其最新版本适用于本部分。

GB/T 2951.11—2008 电缆和光缆绝缘和护套材料通用试验方法 第 11 部分:通用试验方法——厚度和外形尺寸测量——机械性能试验(IEC 60811-1-1:2001,IDT)

GB/T 2951.12—2008 电缆和光缆绝缘和护套材料通用试验方法 第 12 部分:通用试验方法——热老化试验方法(IEC 60811-1-2:1985,IDT)

GB/T 2951.14—2008 电缆和光缆绝缘和护套材料通用试验方法 第 14 部分:通用试验方法——低温试验(IEC 60811-1-4:1985,IDT)

GB/T 2951.31—2008 电缆和光缆绝缘和护套材料通用试验方法 第 31 部分:聚氯乙烯混合料专用试验方法——高温压力试验——抗开裂试验(IEC 60811-3-1:1985,IDT)

GB/T 2951.32—2008 电缆和光缆绝缘和护套材料通用试验方法 第 32 部分:聚氯乙烯混合料专用试验方法——失重试验——热稳定性试验(IEC 60811-3-2:1985,IDT)

GB/T 3956—1997 电缆的导体(idt IEC 60228:1978)

GB/T 5023.1 额定电压 450/750 V 及以下聚氯乙烯绝缘电缆 第 1 部分:一般要求(GB/T 5023.1—2008, IEC 60227-1:2007,IDT)

GB/T 5023.2—2008 额定电压 450/750 V 及以下聚氯乙烯绝缘电缆 第 2 部分:试验方法(IEC 60227-2:2003,IDT)

GB/T 18380.12—2008 电缆和光缆在火焰条件下的燃烧试验 第 12 部分:单根绝缘电线电缆火焰垂直蔓延试验(IEC 60332-1-2:2004,IDT)

IEC 60719 额定电压 450/750 V 及以下圆形铜导体电缆平均外径上限和下限的计算方法

2 扁形铜皮软线

2.1 型号

60227 IEC 41(RTPVR)。

2.2 额定电压

300/300 V。

2.3 结构

2.3.1 导体

芯数:2 芯。

每根导体应由多股绞合或复绞股线组成，而每股线由一根或多根压扁铜线或铜合金线螺旋形地绕在棉纱绳、聚酰胺绳或类似材料制成的绳上。

导体电阻应不大于表1第5栏的规定值。

2.3.2 绝缘

挤包在每芯导体上的绝缘应是PVC/D型聚氯乙烯混合物。

绝缘厚度应符合表1第1栏的规定值。

绝缘电阻应不小于表1第4栏的规定值。

2.3.3 绝缘线芯成缆

导体应平行放置并挤包绝缘。

在导体之间绝缘两边应有一凹槽，便于分离绝缘线芯。

2.3.4 外形尺寸

平均外形尺寸应在表1第2栏和第3栏规定的限值内。

表1 60227 IEC 41(RTPVR)型软线的综合数据

绝缘厚度规定值/mm	平均外形尺寸/mm		70 ℃时最小绝缘电阻/(MΩ·km)	20 ℃时最大导体电阻/(Ω/km)
	下限	上限		
0.8	2.2×4.4	3.5×7.0	0.019	270
注：平均外径依据 IEC 60719 标准计算。				

表2 60227 IEC 41(RTPVR)型软线的试验项目

序号	试验项目	试验类型	试验方法	
			GB/T	条文号
1	电气性能试验			
1.1	导体电阻	T,S	5023.2—2008	2.1
1.2	成品电缆2 000 V电压试验	T,S	5023.2—2008	2.2
1.3	70 ℃时绝缘电阻	T	5023.2—2008	2.4
2	结构尺寸检查		5023.1和5023.2—2008	
2.1	结构检查	T,S	5023.1	检查和手工试验
2.2	绝缘厚度测量	T,S	5023.2—2008	1.9
2.3	外形尺寸测量	T,S	5023.2—2008	1.11
3	绝缘机械性能			
3.1	老化前拉力试验	T	2951.11—2008	9.1
3.2	老化后拉力试验	T	2951.12—2008	8.1.3.1
3.3	失重试验	T	2951.32—2008	8.1
4	高温压力试验	T	2951.31—2008	8.1
5	低温弹性			
5.1	绝缘低温弯曲试验	T	2951.14—2008	8.1
6	热冲击试验	T	2951.31—2008	9.1
7	成品电缆机械强度			
7.1	弯曲试验	T	5023.2—2008	3.2
7.2	荷重断芯试验	T	5023.2—2008	3.3
8	不延燃试验	T	18380.12—2008	—

2.4 试验

应按表2规定的检测和试验，检查是否符合2.3的要求。

2.5 使用导则

在正常使用时，导体最高温度为70 ℃。

注：其他导则正在考虑中。

3 不使用

4 户内装饰照明回路用软线

4.1 型号

60227 IEC 43(SVR)。

4.2 额定电压

300/300 V。

4.3 结构

4.3.1 导体

芯数：1芯。

导体应符合GB/T 3956—1997中第5种导体规定的要求。

4.3.2 绝缘

绝缘应是PVC/D型聚氯乙烯混合物。绝缘应由两层组成并双层同时挤包在导体上。

绝缘外层的颜色应与内层有明显的反差，且应粘合在内层绝缘上。内外层绝缘的组合厚度应符合表5第3栏和第4栏的规定值，且各层绝缘在任何一点的厚度不应小于第2栏的规定值。

70 ℃时绝缘电阻应不小于表5第7栏的规定值。

4.3.3 软线识别

外层优先选用颜色：绿色。

4.3.4 外径

平均外径应在表5第5栏和第6栏规定的限值内。

4.4 试验

应按表6规定的检测和试验，检查是否符合4.3的要求。

4.5 使用导则

在正常使用时，导体最高温度为70 ℃。

注：其他导则正在考虑中。

表5 60227 IEC 43(SVR)型电缆的综合数据

导体标称截面积/mm^2	绝缘各层厚度最小值/mm	绝缘总厚度最小值/mm	绝缘总厚度平均值/mm	平均外径/mm		70 ℃时最小绝缘电阻/(MΩ·km)
				下限	上限	
0.5	0.2	0.6	0.7	2.3	2.7	0.014
0.75	0.2	0.6	0.7	2.4	2.9	0.012
注：平均外径依据IEC 60719标准计算。						

5 轻型聚氯乙烯护套软线

5.1 型号

60227 IEC 52(RVV)。

5.2 额定电压

300/300 V。

表 6　60227 IEC 43(SVR)型电缆的试验项目

序号	试验项目	试验类型	试验方法	
			GB/T	条文号
1	电气性能试验			
1.1	导体电阻	T,S	5023.2—2008	2.1
1.2	成品电缆 2 000 V 电压试验	T,S	5023.2—2008	2.2
1.3	70 ℃时绝缘电阻	T	5023.2—2008	2.4
2	结构尺寸检查		5023.1 和 5023.2—2008	
2.1	结构检查	T,S	5023.1 本部分	检查和手工试验 4.3
2.2	内层绝缘厚度测量(只检验最小厚度)	T,S	5023.2—2008	1.9
2.3	外层绝缘厚度测量(只检验最小厚度)	T,S	5023.2—2008	1.9
2.4	总厚度测量[a]	T,S	5023.2—2008	1.9
2.5	外径测量	T,S	5023.2—2008	1.11
3	绝缘机械性能			
3.1	老化前拉力试验[a]	T	2951.11—2008	9.1
3.2	老化后拉力试验[a]	T	2951.12—2008	8.1.3.1
3.3	失重试验[a]	T	2951.32—2008	8.1
4	高温压力试验[a]	T	2951.31—2008	8.1
5	低温弹性			
5.1	绝缘低温弯曲试验[a]	T	2951.14—2008	8.1
6	热冲击试验[a]	T	2951.31—2008	9.1
7	不延燃试验	T	18380.12—2008	—

[a] 由于双层绝缘采用同种材料同时挤出,故组合绝缘应按一层绝缘进行试验和评定。

5.3 结构

5.3.1 导体

芯数:2 和 3 芯。

导体应符合 GB/T 3956—1997 中第 5 种导体规定的要求。

5.3.2 绝缘

挤包在每芯导体上的绝缘应是 PVC/D 型聚氯乙烯混合物。

绝缘厚度应符合表 7 第 2 栏的规定值。

绝缘电阻应不小于表 7 第 6 栏的规定值。

5.3.3 绝缘线芯成缆

圆形软线:绝缘线芯应绞合在一起。

扁形软线:绝缘线芯应平行放置。

5.3.4 护套

挤包在成缆绝缘线芯上的护套应是 PVC/ST5 型聚氯乙烯混合物。

护套厚度应符合表 7 第 3 栏的规定值。

护套允许填满绝缘线芯之间的空隙、构成填充,但不应粘连绝缘线芯。绝缘线芯成缆后允许包有隔离层,也不应粘连绝缘线芯。

成品圆形软线实际上应是圆形截面。

5.3.5 外形尺寸

圆形软线的平均外径和扁形软线的平均外形尺寸应在表7第4栏和第5栏规定的限值内。

5.4 试验

应按表8规定的检测和试验,检查是否符合5.3的要求。

5.5 使用导则

在正常使用时,导体最高温度为70 ℃。

注:其他导则正在考虑中。

表7 60227 IEC 52(RVV)型软线的综合数据

导体芯数和标称截面积/mm^2	绝缘厚度规定值/mm	护套厚度规定值/mm	平均外形尺寸/mm		70 ℃时最小绝缘电阻/(MΩ·km)
			下限	上限	
2×0.5	0.5	0.6	4.6 或 3.0×4.9	5.9 或 3.7×5.9	0.012
2×0.75	0.5	0.6	4.9 或 3.2×5.2	6.3 或 3.8×6.3	0.010
3×0.5	0.5	0.6	4.9	6.3	0.012
3×0.75	0.5	0.6	5.2	6.7	0.010

注:平均外形尺寸依据IEC 60719标准计算。

表8 60227 IEC 52(RVV)型软线的试验项目

序号	试验项目	试验类型	试验方法	
			GB/T	条文号
1	电气性能试验			
1.1	导体电阻	T,S	5023.2—2008	2.1
1.2	绝缘线芯1 500 V电压试验	T,S	5023.2—2008	2.3
1.3	成品电缆2 000 V电压试验	T,S	5023.2—2008	2.2
1.4	70 ℃时绝缘电阻	T	5023.2—2008	2.4
2	结构尺寸检查		5023.1和5023.2—2008	
2.1	结构检查	T,S	5023.1	检查和手工试验
2.2	绝缘厚度测量	T,S	5023.2—2008	1.9
2.3	护套厚度测量	T,S	5023.2—2008	1.10
2.4	外形尺寸测量			
2.4.1	平均值	T,S	5023.2—2008	1.11
2.4.2	椭圆度	T,S	5023.2—2008	1.11
3	绝缘机械性能			
3.1	老化前拉力试验	T	2951.11—2008	9.1
3.2	老化后拉力试验	T	2951.12—2008	8.1.3.1
3.3	失重试验	T	2951.32—2008	8.1
4	护套机械性能			
4.1	老化前拉力试验	T	2951.11—2008	9.2

表 8(续)

序号	试验项目	试验类型	试验方法	
			GB/T	条文号
4.2	老化后拉力试验	T	2951.12—2008	8.1.3.1
4.3	失重试验	T	2951.32—2008	8.2
5	高温压力试验			
5.1	绝缘	T	2951.31—2008	8.1
5.2	护套	T	2951.31—2008	8.2
6	低温弹性和冲击强度			
6.1	绝缘低温弯曲试验	T	2951.14—2008	8.1
6.2	护套低温弯曲试验	T	2951.14—2008	8.2
6.3	成品电缆低温冲击试验	T	2951.14—2008	8.5
7	热冲击试验			
7.1	绝缘	T	2951.31—2008	9.1
7.2	护套	T	2951.31—2008	9.2
8	成品电缆机械强度			
8.1	曲挠试验	T	5023.2—2008	3.1
9	不延燃试验	T	18380.12—2008	—

6 普通聚氯乙烯护套软线

6.1 型号

60227 IEC 53(RVV)。

6.2 额定电压

300/500 V。

6.3 结构

6.3.1 导体

芯数:2、3、4 或 5 芯。

导体应符合 GB/T 3956—1997 中第 5 种导体规定的要求。

6.3.2 绝缘

挤包在每芯导体上的绝缘应是 PVC/D 型聚氯乙烯混合物。

绝缘厚度应符合表 9 第 2 栏的规定值。

绝缘电阻应不小于表 9 第 6 栏的规定值。

6.3.3 绝缘线芯和填充(若有)一起成缆

圆形软线:绝缘线芯和填充(若有)应绞合在一起;

扁形软线:绝缘线芯应平行放置。

对于两芯圆形软线,绝缘线芯之间的间隙可单独填充或用护套填充。

任一填充物均不应粘连绝缘线芯。

6.3.4 护套

挤包在绝缘线芯上的护套应是 PVC/ST5 型聚氯乙烯混合物。

护套厚度应符合表 9 第 3 栏的规定值。

护套允许填满绝缘线芯之间的空隙、构成填充，但不应粘连绝缘线芯。绝缘线芯成缆后允许包有隔离层，也不应粘连绝缘线芯。

成品圆形软线实际上应是圆形截面。

6.3.5 外形尺寸

圆形软线的平均外径和扁形软线的平均外形尺寸应在表 9 第 4 栏和第 5 栏规定的限值内。

6.4 试验

应按表 10 规定的检测和试验，检查是否符合 6.3 的要求。

6.5 使用导则

在正常使用时，导体最高温度为 70 ℃。

注：其他导则正在考虑中。

表 9 60227 IEC 53(RVV)型软线的综合数据

导体芯数和标称截面积/mm^2	绝缘厚度规定值/mm	护套厚度规定值/mm	平均外形尺寸/mm		70 ℃时最小绝缘电阻/(MΩ·km)
			下限	上限	
2×0.75	0.6	0.8	5.7 或 3.7×6.0	7.2 或 4.5×7.2	0.011
2×1	0.6	0.8	5.9 或 3.9×6.2	7.5 或 4.7×7.5	0.010
2×1.5	0.7	0.8	6.8	8.6	0.010
2×2.5	0.8	1.0	8.4	10.6	0.009
3×0.75	0.6	0.8	6.0	7.6	0.011
3×1	0.6	0.8	6.3	8.0	0.010
3×1.5	0.7	0.9	7.4	9.4	0.010
3×2.5	0.8	1.1	9.2	11.4	0.009
4×0.75	0.6	0.8	6.6	8.3	0.011
4×1	0.6	0.9	7.1	9.0	0.010
4×1.5	0.7	1.0	8.4	10.5	0.010
4×2.5	0.8	1.1	10.1	12.5	0.009
5×0.75	0.6	0.9	7.4	9.3	0.011
5×1	0.6	0.9	7.8	9.8	0.010
5×1.5	0.7	1.1	9.3	11.6	0.010
5×2.5	0.8	1.2	11.2	13.9	0.009

注：平均外形尺寸依据 IEC 60719 标准计算。

表 10 60227 IEC 53(RVV)型软线的试验项目

序号	试验项目	试验类型	试验方法	
			GB/T	条文号
1	电气性能试验			
1.1	导体电阻	T,S	5023.2—2008	2.1
1.2	绝缘线芯按规定的绝缘厚度进行电压试验			
1.2.1	0.6 mm及以下为1 500 V	T	5023.2—2008	2.3
1.2.2	大于0.6 mm为2 000 V	T	5023.2—2008	2.3
1.3	成品电缆2 000 V电压试验	T	5023.2—2008	2.2
1.4	70 ℃时绝缘电阻	T	5023.2—2008	2.4
2	结构尺寸检查		5023.1和5023.2—2008	
2.1	结构检查	T,S	5023.1	检查和手工试验
2.2	绝缘厚度测量	T,S	5023.2—2008	1.9
2.3	护套厚度测量	T,S	5023.2—2008	1.10
2.4	外形尺寸测量			
2.4.1	平均值	T,S	5023.2—2008	1.11
2.4.2	椭圆度	T,S	5023.2—2008	1.11
3	绝缘机械性能			
3.1	老化前拉力试验	T	2951.11—2008	9.1
3.2	老化后拉力试验	T	2951.12—2008	8.1.3.1
3.3	失重试验	T	2951.32—2008	8.1
4	护套机械性能			
4.1	老化前拉力试验	T	2951.11—2008	9.2
4.2	老化后拉力试验	T	2951.12—2008	8.1.3.1
4.3	失重试验	T	2951.32—2008	8.2
5	非污染试验	T	2951.12—2008	8.1.4
6	高温压力试验			
6.1	绝缘	T	2951.31—2008	8.1
6.2	护套	T	2951.31—2008	8.2
7	低温弹性和冲击强度			
7.1	绝缘低温弯曲试验	T	2951.14—2008	8.1
7.2	护套低温弯曲试验	T	2951.14—2008	8.2
7.3	成品电缆低温冲击试验	T	2951.14—2008	8.5
8	热冲击试验			
8.1	绝缘	T	2951.31—2008	9.1
8.2	护套	T	2951.31—2008	9.2
9	成品电缆机械强度			
9.1	曲挠试验	T	5023.2—2008	3.1
10	不延燃试验	T	18380.12—2008	—

7 导体温度为 90 ℃的耐热轻型聚氯乙烯护套软线

7.1 型号

60227 IEC 56(RVV-90)。

7.2 额定电压

300/300 V。

7.3 结构

7.3.1 导体

芯数:2 或 3 芯。

导体应符合 GB/T 3596—1997 中第 5 种导体规定的要求。

7.3.2 绝缘

挤包在每芯导体上的绝缘应是 PVC/E 型聚氯乙烯混合物。

绝缘厚度应符合表 11 第 2 栏的规定值。

绝缘电阻应不小于表 11 第 6 栏的规定值。

7.3.3 绝缘线芯成缆

圆形软线:绝缘线芯应绞合在一起。

扁形软线:绝缘线芯应平行放置。

7.3.4 护套

挤包在绝缘线芯上的护套应是 PVC/ST10 型聚氯乙烯混合物。

护套厚度应符合表 11 第 3 栏的规定值。

护套允许填满绝缘线芯之间的空隙、构成填充,但不应粘连绝缘线芯。绝缘线芯成缆后允许包有隔离层,也不应粘连绝缘线芯。

成品圆形软线实际上应是圆形截面。

7.3.5 外形尺寸

圆形软线的平均外径和扁形软线的平均外形尺寸应在表 11 第 4 栏和第 5 栏规定的限值内。

7.4 试验

应按表 12 规定的检测和试验,检查是否符合 7.3 的要求。

7.5 使用导则

在正常使用时,导体最高温度为 90 ℃。

注:其他导则正在考虑中。

表 11 60227 IEC 56(RVV-90)型软线的综合数据

导体芯数及标称截面积/mm^2	绝缘厚度规定值/mm	护套厚度规定值/mm	平均外形尺寸/mm		90 ℃时最小绝缘电阻/(MΩ·km)
			下限	上限	
2×0.5	0.5	0.6	4.6 或 3.0×4.9	5.9 或 3.7×5.9	0.012
2×0.75	0.5	0.6	4.9 或 3.2×5.2	6.3 或 3.8×6.3	0.010
3×0.5	0.5	0.6	4.9	6.3	0.012
3×0.75	0.5	0.6	5.2	6.7	0.010

注:平均外形尺寸依据 IEC 60719 标准计算。

表 12　60227 IEC 56(RVV-90)型软线的试验项目

序号	试验项目	试验类型	试验方法	
			GB/T	条文号
1	电气性能试验			
1.1	导体电阻	T,S	5023.2—2008	2.1
1.2	成品电缆 2 000 V 电压试验	T,S	5023.2—2008	2.2
1.3	绝缘线芯 1 500 V 电压试验	T	5023.2—2008	2.3
1.4	90 ℃时绝缘电阻	T	5023.2—2008	2.4
2	结构尺寸检查			
2.1	结构检查	T,S	5023.1	检查和手工试验
2.2	绝缘厚度测量	T,S	5023.2—2008	1.9
2.3	护套厚度测量	T,S	5023.2—2008	1.10
2.4	外形尺寸测量			
2.4.1	平均值	T,S	5023.2—2008	1.11
2.4.2	椭圆度	T,S	5023.2—2008	1.11
3	绝缘机械性能			
3.1	老化前拉力试验	T	2951.11—2008	9.1
3.2	老化后拉力试验	T	2951.12—2008	8.1.3.1
3.3	失重试验	T	2951.32—2008	8.1
4	护套机械性能			
4.1	老化前拉力试验	T	2951.11—2008	9.2
4.2	老化后拉力试验	T	2951.12—2008	8.1.3.1
4.3	失重试验	T	2951.32—2008	8.2
5	高温压力试验			
5.1	绝缘	T	2951.31—2008	8.1
5.2	护套	T	2951.31—2008	8.2
6	低温弹性和冲击强度			
6.1	绝缘低温弯曲试验	T	2951.14—2008	8.1
6.2	护套低温弯曲试验	T	2951.14—2008	8.2
6.3	成品电缆低温冲击试验	T	2951.14—2008	8.5
7	热冲击试验			
7.1	绝缘	T	2951.31—2008	9.1
7.2	护套	T	2951.31—2008	9.2
8	热稳定性试验			
8.1	绝缘	T	2951.32—2008	9
8.2	护套	T	2951.32—2008	9
9	成品电缆机械强度			
9.1	曲挠试验	T	5023.2—2008	3.1
10	不延燃试验	T	18380.12—2008	—

8 导体温度为 90 ℃的耐热普通聚氯乙烯护套软线

8.1 型号

60227 IEC 57(RVV-90)。

8.2 额定电压

300/500 V。

8.3 结构

8.3.1 导体

芯数:2、3、4 或 5 芯。

导体应符合 GB/T 3956—1997 中第 5 种导体规定的要求。

8.3.2 绝缘

挤包在每芯导体上的绝缘应是 PVC/E 型聚氯乙烯混合物。

绝缘厚度应符合表 13 第 2 栏的规定值。

绝缘电阻应不小于表 13 第 6 栏的规定值。

8.3.3 绝缘线芯和填充(若有)成缆

圆形软线:绝缘线芯和填充(若有)应绞合在一起。

扁形软线:绝缘线芯应平行放置。

对于两芯圆形软线,绝缘线芯之间的间隙可单独填充或用护套填充。

任一填充物均不应粘连绝缘线芯。

8.3.4 护套

挤包在绝缘线芯上的护套应是 PVC/ST10 型聚氯乙烯混合物。

护套厚度应符合表 13 第 3 栏的规定值。

护套允许填满绝缘线芯之间的空隙、构成填充,但不应粘连绝缘线芯。绝缘线芯成缆后允许包有隔离层,也不应粘连绝缘线芯。

成品圆形软线实际上应是圆形截面。

8.3.5 外形尺寸

圆形软线的平均外径和扁形软线的平均外形尺寸应在表 13 第 4 栏和第 5 栏规定的限值内。

8.4 试验

应以表 14 规定的检测和试验,检查是否符合 8.3 的要求。

8.5 使用导则

在正常使用时,导体最高温度为 90 ℃。

注:其他导则正在考虑中。

表 13 60227 IEC 57(RVV-90)型软线的综合数据

导体芯数及标称截面积/mm²	绝缘厚度规定值/mm	护套厚度规定值/mm	平均外形尺寸/mm		90 ℃时最小绝缘电阻/(MΩ·km)
			下限	上限	
2×0.75	0.6	0.8	5.7 或 3.7×6.0	7.2 或 4.5×7.2	0.011
2×1	0.6	0.8	5.9 或 3.9×6.2	7.5 或 4.7×7.5	0.010
2×1.5	0.7	0.8	6.8	8.6	0.010
2×2.5	0.8	1.0	8.4	10.6	0.009
3×0.75	0.6	0.8	6.0	7.6	0.011
3×1	0.6	0.8	6.3	8.0	0.010

表 13（续）

导体芯数及标称截面积/mm²	绝缘厚度规定值/mm	护套厚度规定值/mm	平均外形尺寸/mm		90 ℃时最小绝缘电阻/(MΩ·km)
			下限	上限	
3×1.5	0.7	0.9	7.4	9.4	0.010
3×2.5	0.8	1.1	9.2	11.4	0.009
4×0.75	0.6	0.8	6.6	8.3	0.011
4×1	0.6	0.9	7.1	9.0	0.010
4×1.5	0.7	1.0	8.4	10.5	0.010
4×2.5	0.8	1.1	10.1	12.5	0.009
5×0.75	0.6	0.9	7.4	9.3	0.011
5×1	0.6	0.9	7.8	9.8	0.010
5×1.5	0.7	1.1	9.3	11.6	0.010
5×2.5	0.8	1.2	11.2	13.9	0.009
注：平均外形尺寸依据 IEC 60719 标准计算。					

表 14　60227 IEC 57(RVV-90)型软线的试验项目

序号	试验项目	试验类型	试验方法	
			GB/T	条文号
1	电气性能试验			
1.1	导体电阻	T,S	5023.2—2008	2.1
1.2	成品电缆 2 000 V 电压试验	T,S	5023.2—2008	2.2
1.3	绝缘线芯按规定的绝缘厚度进行电压试验			
1.3.1	0.6 mm 及以下为 1 500 V	T	5023.2—2008	2.3
1.3.2	大于 0.6 mm 为 2 000 V	T	5023.2—2008	2.3
1.4	90 ℃时绝缘电阻	T	5023.2—2008	2.4
2	结构尺寸检查			
2.1	结构检查	T,S	5023.1	检查和手工试验
2.2	绝缘厚度测量	T,S	5023.2—2008	1.9
2.3	护套厚度测量	T,S	5023.2—2008	1.10
2.4	外形尺寸测量			
2.4.1	平均值	T,S	5023.2—2008	1.11
2.4.2	椭圆度	T,S	5023.2—2008	1.11
3	绝缘机械性能			
3.1	老化前拉力试验	T	2951.11—2008	9.1
3.2	老化后拉力试验	T	2951.12—2008	8.1.3.1
3.3	失重试验	T	2951.32—2008	8.1
3.4	非污染试验[a]	T	2951.12—2008	8.1.4
4	护套机械性能			
4.1	老化前拉力试验	T	2951.11—2008	9.2

表 14(续)

序号	试验项目	试验类型	试验方法	
			GB/T	条文号
4.2	老化后拉力试验	T	2951.12—2008	8.1.3.1
4.3	失重试验	T	2951.32—2008	8.2
5	高温压力试验			
5.1	绝缘	T	2951.31—2008	8.1
5.2	护套	T	2951.31—2008	8.2
6	低温弹性和冲击强度			
6.1	绝缘低温弯曲试验	T	2951.14—2008	8.1
6.2	护套低温弯曲试验[b]	T	2951.14—2008	8.2
6.3	护套低温拉伸试验[c]	T	2951.14—2008	8.4
6.4	成品电缆低温冲击试验	T	2951.14—2008	8.5
7	热冲击试验			
7.1	绝缘	T	2951.31—2008	9.1
7.2	护套	T	2951.31—2008	9.2
8	热稳定性试验			
8.1	绝缘	T	2951.32—2008	9
8.2	护套	T	2951.32—2008	9
9	成品电缆机械强度			
9.1	曲挠试验	T	5023.2—2008	3.1
10	不延燃试验	T	18380.12—2008	—

[a] 见 GB/T 5023.1—2008 中 5.3.1 条的规定。

[b] 只适用于平均外径 12.5 mm 及以下电缆。

[c] 只适用于平均外径大于 12.5 mm 电缆。

ICS 29.060.20
K 13

中华人民共和国国家标准

GB/T 5023.7—2008/IEC 60227-7:2003
代替 GB 5023.7—1997

额定电压 450/750 V 及以下聚氯乙烯绝缘电缆 第 7 部分:二芯或多芯屏蔽和非屏蔽软电缆

Polyvinyl chloride insulated cables of rated voltages up to and including 450/750 V —Part 7:Flexible cables screened and unscreened with two or more conductors

(IEC 60227-7:2003,IDT)

2008-06-30 发布　　2009-05-01 实施

中华人民共和国国家质量监督检验检疫总局
中国国家标准化管理委员会　发布

前　言

GB/T 5023《额定电压450/750 V及以下聚氯乙烯绝缘电缆》分为七个部分：

——第1部分：一般要求；

——第2部分：试验方法；

——第3部分：固定布线用无护套电缆；

——第4部分：固定布线用护套电缆；

——第5部分：软电缆（软线）；

——第6部分：电梯电缆和挠性连接用电缆；

——第7部分：二芯或多芯屏蔽和非屏蔽软电缆。

本部分为GB/T 5023的第7部分。本部分等同采用IEC 60227-7:2003《额定电压450/750 V及以下聚氯乙烯绝缘电缆　第7部分：二芯或多芯屏蔽和非屏蔽软电缆》第1.1版（英文版）。

为了便于使用，GB/T 5023的本部分做了下列编辑性修改：

——用小数点“.”代替作为小数点的逗号“,”；

——删除了IEC 60227-7:2003的前言。

本部分代替GB 5023.7—1997《额定电压450/750 V及以下聚氯乙烯绝缘电缆　第7部分：二芯或多芯屏蔽和非屏蔽软电缆》。

本部分与GB 5023.7—1997相比主要变化如下：

——规范性引用文件中增加了下列文件：

IEC 60502-1:2004 额定电压1 kV（U_m=1.2 kV）到30 kV（U_m=36 kV）挤包绝缘电力电缆及附件　第1部分：额定电压1 kV（U_m=1.2 kV）到3 kV（U_m=3.6 kV）电缆；

——GB 9023—1988被GB/T 12269—1990代替；

——增加规范性附录A：编码型号表示法。

本部分的附录A为规范性附录。

本部分由中国电器工业协会提出。

本部分由全国电线电缆标准化技术委员会（SAC/TC 213）归口。

本部分负责起草单位：上海电缆研究所。

本部分参加起草单位：上海熊猫线缆股份有限公司、南昌电缆有限责任公司、江苏圣安电缆有限公司、上海老港申菱电子电缆有限公司、福建南平太阳电缆股份有限公司、湖南湘能金杯电缆有限公司。

本部分主要起草人：丁晓青、周晓荣、丁小琴、孙萍、顾友明、范德发、艾卫民。

本部分所代替标准的历次版本发布情况为：

——GB 5023.7—1997。

额定电压 450/750 V 及以下聚氯乙烯绝缘电缆 第 7 部分:二芯或多芯屏蔽和非屏蔽软电缆

1 总则

1.1 范围

GB/T 5023 的本部分详细规定了额定电压 300/500 V 及以下聚氯乙烯绝缘屏蔽和非屏蔽绝缘控制电缆的技术要求。

所有电缆均应符合 GB/T 5023.1 规定的相应要求,并且各种型号电缆应分别符合本部分规定的特殊要求。

1.2 规范性引用文件

下列文件中的条款通过 GB/T 5023 的本部分的引用而成为本部分的条款。凡是注日期的引用文件,其随后所有的修改单(不包括勘误的内容)或修订版均不适用于本部分,然而,鼓励根据本部分达成协议的各方研究是否可使用这些文件的最新版本。凡是不注日期的引用文件,其最新版本适用于本部分。

GB/T 2951.11—2008 电缆和光缆绝缘和护套材料通用试验方法 第 11 部分:通用试验方法——厚度和外形尺寸测量——机械性能试验(IEC 60811-1-1:2001,IDT)

GB/T 2951.12—2008 电缆和光缆绝缘和护套材料通用试验方法 第 12 部分:通用试验方法——热老化试验方法(IEC 60811-1-2:1985,IDT)

GB/T 2951.14—2008 电缆和光缆绝缘和护套材料通用试验方法 第 14 部分:通用试验方法——低温试验(IEC 60811-1-4:1985,IDT)

GB/T 2951.21—2008 电缆和光缆绝缘和护套材料通用试验方法 第 21 部分:弹性体混合料专用试验方法——耐臭氧试验——热延伸试验-浸矿物油试验(IEC 60811-2-1:2001,IDT)

GB/T 2951.31—2008 电缆和光缆绝缘和护套材料通用试验方法 第 31 部分:聚氯乙烯混合料专用试验方法——高温压力试验——抗开裂试验(IEC 60811-3-1:1985,IDT)

GB/T 2951.32—2008 电缆和光缆绝缘和护套材料通用试验方法 第 32 部分:聚氯乙烯混合料专用试验方法——失重试验——热稳定性试验(IEC 60811-3-2:1985,IDT)

GB/T 3956—1997 电缆的导体(idt,IEC 60228:1978)

GB/T 5023.1—2008 额定电压 450/750 V 及以下聚氯乙烯绝缘电缆 第 1 部分:一般要求(IEC 60227-1:2007,IDT)

GB/T 5023.2—2008 额定电压 450/750 V 及以下聚氯乙烯绝缘电缆 第 2 部分:试验方法(IEC 60227-2:2003,IDT)

GB/T 12269—1990 射频电缆总规范(idt,IEC 60096-1:1986)

GB/T 18380.12—2008 电缆和光缆在火焰条件下的燃烧试验 第 12 部分:单根绝缘电线电缆火焰垂直蔓延试验(IEC 60332-1-2:2004,IDT)

IEC 60502-1:2004 额定电压 1 kV(U_m=1.2 kV)到 30 kV(U_m=36 kV)挤包绝缘电力电缆及附件 第 1 部分:额定电压 1 kV(U_m=1.2 kV)到 3 kV(U_m=3.6 kV)电缆

IEC 60719 额定电压 450/750 V 及以下圆形铜导体电缆平均外径上限和下限值的计算方法

2 耐油聚氯乙烯护套屏蔽和非屏蔽软电缆

2.1 型号

屏蔽电缆为 60227 IEC 74(RVVYP)

非屏蔽电缆为 60227 IEC 75(RVVY)

2.2 额定电压

300/500 V。

2.3 结构

2.3.1 导体

芯数:2～60 芯。

优先芯数:2,3,4,5,6,7,12,18,27,36,48 和 60 芯。

导体应符合 GB/T 3956—1997 中第 5 种导体规定的要求。

2.3.2 绝缘

挤包在每芯导体上的绝缘应是 PVC/D 型聚氯乙烯混合物。

绝缘厚度应符合表 1 或表 2 第 2 栏的规定值。

绝缘电阻应不小于表 1 第 8 栏或表 2 第 6 栏的规定值。

2.3.3 绝缘线芯和填充(若有)一起成缆

绝缘线芯应选取合适的同心层排列,绞合在一起。

缆芯的中心不允许放绝缘线芯,但五芯及以上电缆的第一层中心可放一根合适材料制成的填充物。三芯及以上缆芯中应有一根黄绿组合色绝缘线芯。

成缆时各层可以重叠或间隙绕包一层带子,包带应不粘连绝缘线芯。

两芯电缆绝缘线芯之间的间隙可单独填充或用护套填充。

2.3.4 屏蔽电缆的内护层

挤包在缆芯上的内护层应是 PVC/ST5 型聚氯乙烯混合物,所有电缆内护层的厚度应由下列公式确定:

$$t_{is} = 0.02D_f + 0.6 \text{ mm}$$

式中 D_f 是根据 IEC 60502-1:2004 附录 A 中 A.2.1,A.2.2 和 A.2.3 计算的绝缘线芯成缆后缆芯的假设直径。0.5 mm^2,0.75 mm^2 和 1.0 mm^2 导体的假设直径 d_f(A.2.1 中未作规定)应分别取 0.8 mm,1.0 mm 和 1.1 mm。

采用优先芯数的电缆,其内护层厚度的计算值如表 1 第 3 栏所示。

注:当电缆由 10 芯或更多芯组成时,所规定的值适用于两层或更多层的缆芯。

内护套厚度的平均值应不小于计算值。但在任一点的厚度可小于计算值,只要不小于计算值的 85%－0.1 mm。

内护层可以填满缆芯间的空隙,但应不粘连绝缘线芯。

2.3.5 屏蔽

屏蔽电缆的屏蔽层应采用裸铜线或镀锡铜线编织在内护层上。

采用优先芯数的电缆编织用铜线直径应符合表 1 第 4 栏的规定值。

其他电缆编织用铜线直径的最大值如下:

$d \leqslant 10.0$ mm	0.16 mm
10.0 mm $< d \leqslant 20.0$ mm	0.21 mm
20.0 mm $< d \leqslant 30.0$ mm	0.26 mm
30.0 mm $< d$	0.31 mm

d 为内护层的假设直径,由缆芯的假设直径加上两倍内护层规定厚度计算得出。

屏蔽效率应通过测量转移阻抗确定，在 30 MHz 时的测量值应不超过 250 Ω/km。

2.3.6 护套或外护套

在下述两种情况下，护套或外护套应是 PVC/ST 9 型聚氯乙烯混合物（见 GB/T 5023.1）：

——作为屏蔽电缆屏蔽层外面的外护套，或

——作为非屏蔽电缆绝缘线芯成缆后缆芯的护套。

在屏蔽和外护套之间可以有一层附加的包带。

所有电缆的护套或外护套的厚度应由下列公式确定：

$$t_s = 0.08\, d_L + 0.4\ \text{mm}$$

最大值为 2.4 mm，式中 d_L 为屏蔽电缆内护层或非屏蔽电缆绝缘线芯成缆后缆芯的假设直径。

假设直径应按 IEC 60502-1:2004 中附录 A 和本部分 2.3.4 计算，由于编织屏蔽而使直径增加的数值为表 1 第 4 栏规定的编织用铜线直径的四倍。

采用优先芯数的电缆其护套和外护套厚度的计算值如表 1 第 5 栏和表 2 第 3 栏所示（见 2.3.4 的注）。护套和外护套厚度应符合 GB/T 5023.1—2008 中 5.5.3 的规定。

非屏蔽电缆的护套可以填满缆芯间的空隙，但应不粘连绝缘线芯。屏蔽电缆的外护套应紧密挤包，但应不粘连屏蔽层。

所有电缆实际上应是圆形截面。

2.3.7 绝缘线芯识别

除黄/绿组合色绝缘线芯（若有）外，所有绝缘线芯应按 GB/T 5023.1—2008 中 4.2 规定的数字识别标志。

2.3.8 外径

电缆的平均外径应在按 IEC 60719 计算确定的范围内。采用优先芯数的电缆，其平均外径范围如表 1 第 6 栏和第 7 栏或表 2 第 4 栏和第 5 栏所示（见 2.3.4 的注）。

2.4 试验

应按表 3 规定的检测和试验，检查是否符合 2.3 的要求。

2.5 使用导则

电缆主要用于包括机床和起重运输设备在内的制造加工用机器各部件间的内部连接。允许该电缆直接与电源线相连接。不推荐屏蔽电缆用于连续弯曲的场合，如果使用时电缆不需要移动，则建议将电缆敷设在线管、线槽中。

推荐屏蔽电缆用于有中等水平电磁干扰的场合。

电缆仅用于建筑物内，并且环境温度保持在 +5 ℃～+40 ℃范围内。

正常使用时，导体最高温度为 70 ℃。

护套最高温度为 60 ℃。

表 1 60227 IEC 74(RVVYP)型电缆的综合数据

导体芯数和标称截面积/mm²	绝缘厚度规定值/mm	内护层厚度规定值/mm	屏蔽层铜线最大直径/mm	外护套厚度规定值/mm	平均外径/mm		70 ℃时最小绝缘电阻/(MΩ·km)
					下限	上限	
2×0.5	0.6	0.7	0.16	0.9	7.7	9.6	0.013
2×0.75	0.6	0.7	0.16	0.9	8.0	10.0	0.011
2×1	0.6	0.7	0.16	0.9	8.2	10.3	0.010
2×1.5	0.7	0.7	0.16	1.0	9.3	11.6	0.010
2×2.5	0.8	0.7	0.16	1.1	10.7	13.3	0.009

表 1（续）

导体芯数和标称截面积/mm^2	绝缘厚度规定值/mm	内护层厚度规定值/mm	屏蔽层铜线最大直径/mm	外护套厚度规定值/mm	平均外径/mm		70 ℃时最小绝缘电阻/(MΩ·km)
					下限	上限	
3×0.5	0.6	0.7	0.16	0.9	8.0	10.0	0.013
3×0.75	0.6	0.7	0.16	0.9	8.3	10.4	0.011
3×1	0.6	0.7	0.16	1.0	8.8	11.0	0.010
3×1.5	0.7	0.7	0.16	1.0	9.7	12.1	0.010
3×2.5	0.8	0.7	0.16	1.1	11.3	14.0	0.009
4×0.5	0.6	0.7	0.16	0.9	8.5	10.7	0.013
4×0.75	0.6	0.7	0.16	1.0	9.1	11.3	0.011
4×1	0.6	0.7	0.16	1.0	9.4	11.7	0.010
4×1.5	0.7	0.7	0.16	1.1	10.7	13.2	0.010
4×2.5	0.8	0.8	0.16	1.2	12.6	15.5	0.009
5×0.5	0.6	0.7	0.16	1.0	9.3	11.6	0.013
5×0.75	0.6	0.7	0.16	1.0	9.7	12.1	0.011
5×1	0.6	0.7	0.16	1.1	10.3	12.8	0.010
5×1.5	0.7	0.8	0.16	1.2	11.8	14.7	0.010
5×2.5	0.8	0.8	0.21	1.3	13.9	17.2	0.009
6×0.5	0.6	0.7	0.16	1.0	9.9	12.4	0.013
6×0.75	0.6	0.7	0.16	1.1	10.5	13.1	0.011
6×1	0.6	0.7	0.16	1.1	11.0	13.6	0.010
6×1.5	0.7	0.8	0.16	1.2	12.7	15.7	0.010
6×2.5	0.8	0.8	0.21	1.4	15.2	18.7	0.009
7×0.5	0.6	0.7	0.16	1.1	10.8	13.5	0.013
7×0.75	0.6	0.7	0.16	1.2	11.5	14.3	0.011
7×1	0.6	0.8	0.16	1.2	12.2	15.1	0.010
7×1.5	0.7	0.8	0.21	1.3	14.1	17.4	0.010
7×2.5	0.8	0.8	0.21	1.5	16.5	20.3	0.009
12×0.5	0.6	0.8	0.21	1.3	13.3	16.5	0.013
12×0.75	0.6	0.8	0.21	1.3	13.9	17.2	0.011
12×1	0.6	0.8	0.21	1.4	14.7	18.1	0.010
12×1.5	0.7	0.8	0.21	1.5	16.7	20.5	0.010
12×2.5	0.8	0.9	0.21	1.7	19.9	24.4	0.009
18×0.5	0.6	0.8	0.21	1.3	15.1	18.6	0.013
18×0.75	0.6	0.8	0.21	1.5	16.2	19.9	0.011
18×1	0.6	0.8	0.21	1.5	16.9	20.8	0.010
18×1.5	0.7	0.9	0.21	1.7	19.6	24.1	0.010
18×2.5	0.8	0.9	0.21	2.0	23.3	28.5	0.009

表 1（续）

导体芯数和标称截面积/mm²	绝缘厚度规定值/mm	内护层厚度规定值/mm	屏蔽层铜线最大直径/mm	外护套厚度规定值/mm	平均外径/mm		70 ℃时最小绝缘电阻/(MΩ·km)
					下限	上限	
27×0.5	0.6	0.8	0.21	1.6	18.0	22.1	0.013
27×0.75	0.6	0.9	0.21	1.7	19.3	23.7	0.011
27×1	0.6	0.9	0.21	1.7	20.2	24.7	0.010
27×1.5	0.7	0.9	0.21	2.0	23.4	28.6	0.010
27×2.5	0.8	1.0	0.26	2.3	28.2	34.5	0.009
36×0.5	0.6	0.9	0.21	1.7	20.1	24.7	0.013
36×0.75	0.6	0.9	0.21	1.8	21.3	26.2	0.011
36×1	0.6	0.9	0.21	1.9	22.5	27.6	0.010
36×1.5	0.7	1.0	0.26	2.2	26.6	32.5	0.010
36×2.5	0.8	1.1	0.26	2.4	31.5	38.5	0.009
48×0.5	0.6	0.9	0.26	1.9	23.1	28.3	0.013
48×0.75	0.6	1.0	0.26	2.1	24.9	30.4	0.011
48×1	0.6	1.0	0.26	2.1	26.1	31.9	0.010
48×1.5	0.7	1.1	0.26	2.4	30.4	37.0	0.010
48×2.5	0.8	1.2	0.31	2.4	35.9	43.7	0.009
60×0.5	0.6	1.0	0.26	2.1	25.5	31.1	0.013
60×0.75	0.6	1.0	0.26	2.2	27.0	32.9	0.011
60×1	0.6	1.0	0.26	2.3	28.5	34.7	0.010
60×1.5	0.7	1.1	0.26	2.4	32.7	39.9	0.010
60×2.5	0.8	1.2	0.31	2.4	38.8	47.2	0.009

表 2　60227 IEC 75(RVVY)型电缆的综合数据

导体芯数和标称截面积/mm²	绝缘厚度规定值/mm	护套厚度规定值/mm	平均外径/mm		70 ℃时最小绝缘电阻/(MΩ·km)
			下限	上限	
2×0.5	0.6	0.7	5.2	6.6	0.013
2×0.75	0.6	0.8	5.7	7.2	0.011
2×1	0.6	0.8	5.9	7.5	0.010
2×1.5	0.7	0.8	6.8	8.6	0.010
2×2.5	0.8	0.9	8.2	10.3	0.009
3×0.5	0.6	0.7	5.5	7.0	0.013
3×0.75	0.6	0.8	6.0	7.6	0.011
3×1	0.6	0.8	6.3	8.0	0.010
3×1.5	0.7	0.9	7.4	9.4	0.010
3×2.5	0.8	1.0	9.0	11.2	0.009

表 2（续）

导体芯数和标称截面积/mm²	绝缘厚度规定值/mm	护套厚度规定值/mm	平均外径/mm		70 ℃时最小绝缘电阻/(MΩ·km)
			下 限	上 限	
4×0.5	0.6	0.8	6.2	7.9	0.013
4×0.75	0.6	0.8	6.6	8.3	0.011
4×1	0.6	0.8	6.9	8.7	0.010
4×1.5	0.7	0.9	8.2	10.2	0.010
4×2.5	0.8	1.1	10.1	12.5	0.009
5×0.5	0.6	0.8	6.8	8.6	0.013
5×0.75	0.6	0.9	7.4	9.3	0.011
5×1	0.6	0.9	7.8	9.8	0.010
5×1.5	0.7	1.0	9.1	11.4	0.010
5×2.5	0.8	1.1	11.0	13.7	0.009
6×0.5	0.6	0.9	7.6	9.6	0.013
6×0.75	0.6	0.9	8.1	10.1	0.011
6×1	0.6	1.0	8.7	10.8	0.010
6×1.5	0.7	1.1	10.2	12.6	0.010
6×2.5	0.8	1.2	12.2	15.1	0.009
7×0.5	0.6	0.9	8.3	10.4	0.013
7×0.75	0.6	1.0	9.0	11.3	0.011
7×1	0.6	1.0	9.5	11.8	0.010
7×1.5	0.7	1.2	11.3	14.1	0.010
7×2.5	0.8	1.3	13.6	16.8	0.009
12×0.5	0.6	1.1	10.4	12.9	0.013
12×0.75	0.6	1.1	11.0	13.7	0.011
12×1	0.6	1.2	11.8	14.6	0.010
12×1.5	0.7	1.3	13.8	17.0	0.010
12×2.5	0.8	1.5	16.8	20.6	0.009
18×0.5	0.6	1.2	12.3	15.3	0.013
18×0.75	0.6	1.3	13.2	16.4	0.011
18×1	0.6	1.3	14.0	17.2	0.010
18×1.5	0.7	1.5	16.5	20.3	0.010
18×2.5	0.8	1.8	20.2	24.8	0.009
27×0.5	0.6	1.4	15.1	18.6	0.013
27×0.75	0.6	1.5	16.2	19.9	0.011
27×1	0.6	1.5	17.0	21.0	0.010
27×1.5	0.7	1.8	20.3	24.9	0.010
27×2.5	0.8	2.1	24.7	30.2	0.009

表 2（续）

导体芯数和标称截面积/mm^2	绝缘厚度规定值/mm	护套厚度规定值/mm	平均外径/mm		70 ℃时最小绝缘电阻/(MΩ·km)
			下 限	上 限	
36×0.5	0.6	1.5	17.0	20.9	0.013
36×0.75	0.6	1.6	18.2	22.4	0.011
36×1	0.6	1.7	19.4	23.8	0.010
36×1.5	0.7	2.0	23.0	28.2	0.010
36×2.5	0.8	2.3	28.0	34.2	0.009
48×0.5	0.6	1.7	19.8	24.3	0.013
48×0.75	0.6	1.8	21.2	25.9	0.011
48×1	0.6	1.9	22.5	27.6	0.010
48×1.5	0.7	2.2	26.2	32.5	0.010
48×2.5	0.8	2.4	32.1	39.1	0.009
60×0.5	0.6	1.8	21.7	26.6	0.013
60×0.75	0.6	2.0	23.4	28.7	0.011
60×1	0.6	2.1	24.9	30.5	0.010
60×1.5	0.7	2.4	29.5	35.8	0.010
60×2.5	0.8	2.4	35.0	42.6	0.009

表 3 60227 IEC 74(RVVYP)及 60227 IEC 75(RVVY)型电缆的试验项目

序 号	试 验 项 目	试验类型	试 验 方 法	
			GB/T	条 文 号
1	电气性能试验			
1.1	导体电阻	T,S	5023.2—2008	2.1
1.2	绝缘线芯按规定的绝缘厚度进行电压试验			
1.2.1	绝缘厚度≤0.6 mm 试验电压 1 500 V	T	5023.2—2008	2.3
1.2.2	绝缘厚度>0.6 mm 试验电压 2 000 V	T	5023.2—2008	2.3
1.3	成品电缆 2 000 V 电压试验	T,S	5023.2—2008	2.2
1.4	70 ℃时绝缘电阻	T	5023.2—2008	2.4
1.5	屏蔽电缆转移阻抗	T	12269—1990	19
2	结构尺寸检查		5023.1—2008 和 5023.2—2008	
2.1	结构检查	T,S	5023.1—2008	检查和手工试验
2.2	绝缘厚度测量	T,S	5023.2—2008	1.9
2.3	内护层或护套或外护套厚度测量	T,S	5023.2—2008	1.10
2.4	外径测量			
2.4.1	平均值	T,S	5023.2—2008	1.11
2.4.2	椭圆度	T,S	5023.2—2008	1.11
3	绝缘机械性能			

表 3(续)

序号	试验项目	试验类型	试验方法	
			GB/T	条文号
3.1	老化前拉力试验	T	2951.11—2008	9.1
3.2	老化后拉力试验	T	2951.12—2008	8.1.3.1
3.3	失重试验	T	2951.32—2008	8.1
4	内护层机械性能			
4.1	老化前拉力试验	T	2951.11—2008	9.2
4.2	老化后拉力试验	T	2951.12—2008	8.1.3.1
5	护套或外护套机械性能			
5.1	老化前拉力试验	T	2951.11—2008	9.2
5.2	老化后拉力试验	T	2951.12—2008	8.1.3.1
5.3	失重试验	T	2951.32—2008	8.2
6	非污染试验[a]	T	2951.12—2008	8.1.4
7	高温压力试验			
7.1	绝缘	T	2951.31—2008	8.1
7.2	护套或外护套	T	2951.31—2008	8.2
8	低温弹性和冲击强度			
8.1	绝缘低温弯曲试验	T	2951.14—2008	8.1
8.2	护套或外护套低温弯曲试验[b]	T	2951.14—2008	8.2
8.3	护套或外护套低温拉伸试验[c]	T	2951.14—2008	8.4
8.4	成品电缆低温冲击试验[d]	T	2951.14—2008	8.5
9	热冲击试验			
9.1	绝缘	T	2951.31—2008	9.1
9.2	护套或外护套	T	2951.31—2008	9.2
10	成品电缆机械强度			
10.1	非屏蔽电缆曲挠试验[e]	T	5023.2—2008	3.1
11	不延燃试验	T	18380.12—2008	—
12	护套或外护套浸矿物油试验	T	2951.21—2008	10

[a] 若适用,见 GB/T 5023.1—2008 中 5.3.1。

[b] 仅适用于平均外径为 12.5 mm 及以下电缆。

[c] 仅适用于平均外径超过 12.5 mm 的电缆。

[d] 屏蔽电缆的内护层也应检查。

[e] 不适用于 18 芯以上的电缆。

附　录　A
（规范性附录）
编码型号表示法

GB/T 5023 所包括的各种电缆型号用两位数字表示，放在 60227 IEC 后面。第一位数字表示电缆的基本分类，第二位数字表示在基本分类中的特定型式。

分类和型号如下：

0——固定布线用无护套电缆

01——一般用途单芯硬导体无护套电缆(60227 IEC 01)

02——一般用途单芯软导体无护套电缆(60227 IEC 02)

05——内部布线用导体温度为 70 ℃的单芯实心导体无护套电缆(60227 IEC 05)

06——内部布线用导体温度为 70 ℃的单芯软导体无护套电缆(60227 IEC 06)

07——内部布线用导体温度为 90 ℃的单芯实心导体无护套电缆(60227 IEC 07)

08——内部布线用导体温度为 90 ℃的单芯软导体无护套电缆(60227 IEC 08)

1——固定布线用护套电缆

10——轻型聚氯乙烯护套电缆(60227 IEC 10)

4——轻型无护套软电缆

41——扁形铜皮软线(60227 IEC 41)

42——扁形无护套软线(60227 IEC 42)

43——户内装饰照明回路用软线(60227 IEC 43)

5——一般用途护套软电缆

52——轻型聚氯乙烯护套软线(60227 IEC 52)

53——普通聚氯乙烯护套软线(60227 IEC 53)

56——导体温度为 90 ℃的耐热轻型聚氯乙烯护套软线(60227 IEC 56)

57——导体温度为 90 ℃的耐热普通聚氯乙烯护套软线(60227 IEC 57)

7——特殊用途护套软电缆

71c——圆形聚氯乙烯护套电梯电缆和挠性连接用电缆(60227 IEC 71c)

71f——扁形聚氯乙烯护套电梯电缆和挠性连接用电缆(60227 IEC 71f)

74——耐油聚氯乙烯护套屏蔽软电缆(60227 IEC 74)

75——耐油聚氯乙烯护套非屏蔽软电缆(60227 IEC 75)

ICS 77.040.10
H 22

中华人民共和国国家标准

GB/T 5028—2008
代替 GB/T 5028—1999

金属材料　薄板和薄带 拉伸应变硬化指数（*n* 值）的测定

Metallic materials—Sheet and strip—Determination of tensile strain hardening exponent

（ISO 10275:2007，MOD）

2008-12-06 发布　　　　2009-10-01 实施

中华人民共和国国家质量监督检验检疫总局
中国国家标准化管理委员会　发布

前　言

本标准修改采用国际标准 ISO 10275:2007《金属材料　薄板和薄带　拉伸应变硬化指数(n 值)的测定》(英文版)。

本标准对国际标准 ISO 10275:2007 在如下方面进行了修改:

a) 规范性引用文件按对应的国家标准作了变更;

b) 删除了国际标准的附录 A;

c) 删除了国际标准的参考文献;

d) 删除了国际标准表 1 中的注 1;

e) 对 ISO 10275:2007 中 7.5 的内容进行了补充和完善:在 7.5.1 中规定了方法 A,增加了注 2。在 7.5.2 中新增加方法 B,并增加一个注。

为了便于使用,本标准还做了如下编辑性修改:

a) "本国际标准"一词改为"本标准";

b) 用小数点"."代替作为小数点的逗号",";

c) 删除了国际标准的前言。

本标准代替 GB/T 5028—1999《金属薄板和薄带拉伸应变硬化指数(n 值)试验方法》,对下列主要技术内容作了修改:

——章节进行了重新安排;

——删除了试验设备部分条款;

——删除了试样类型部分条款;

——用"真实塑性应变"取代原有的"真实应变"概念;

——标准中新增加了方法 A 计算真实塑性应变,另外规定了方法 B 近似计算真实塑性应变(即未将弹性应变从总应变中扣除,从而保留了 GB/T 5028—1999 中的计算方法,n 值的回归区间采用总工程应变表示。对于钢铁薄板和薄带,如果弹性应变小于总应变的 10%,方法 A 和方法 B 二者所得的测量结果不存在明显差异);

——修改 n 的符号,在下标增加约定塑性(工程)应变范围,如 n_{2-20/A_g} 或 n_{2-A_g};

——$\bar{n}$ 值修约间隔由 0.005 调整为 0.01;

——删除了原标准附录 A。

本标准由中国钢铁工业协会提出。

本标准由全国钢标准化技术委员会归口。

本标准起草单位:武汉钢铁(集团)公司、宝山钢铁股份有限公司、攀钢钢铁研究院。

本标准主要起草人:李荣锋、涂应宏、祝洪川、严龙、李和平、张晓华。

本标准所代替标准的历次版本发布情况为:

GB/T 5028—1985、GB/T 5028—1999。

金属材料 薄板和薄带
拉伸应变硬化指数(*n* 值)的测定

1 范围

本标准规定了金属薄板和薄带拉伸应变硬化指数(*n* 值)的测定方法。

本方法仅适用于塑性变形范围内应力-应变曲线呈单调连续上升的部分(见 7.4)。

如果材料在加工硬化阶段的应力-应变曲线呈锯齿状(如某些 AlMg 合金呈现出的 Portevin-Le Chatelier锯齿屈服效应),为使所给出的结果具有一定的重复性,应采用自动测量方法(对真实应力-真实塑性应变的对数进行线性回归,见 7.7)。

2 规范性引用文件

下列文件中的条款通过本标准的引用而成为本标准的条款。凡是注日期的引用文件,其随后所有的修改单(不包括勘误的内容)或修订版均不适用于本标准,然而,鼓励根据本标准达成协议的各方研究是否可使用这些文件的最新版本。凡是不注日期的引用文件,其最新版本适用于本标准。

GB/T 228 金属材料 室温拉伸试验方法(GB/T 228—2002,eqv ISO 6892:1998)

GB/T 5027 金属材料 薄板和薄带 塑性应变比(*r* 值)的测定(GB/T 5027—2007,ISO 10113:2006,IDT)

GB/T 8170 数值修约规则与极限数值的表示和判定

GB/T 12160 单轴试验用引伸计的标定(GB/T 12160—2002,idt ISO 9513:1999)

GB/T 16825.1 静力单轴试验机的检验 第1部分:拉力和(或)压力试验机测力系统的检验与校准(GB/T 16825.1—2002,ISO 7500-1:2004,MOD)

3 符号和说明

3.1 本标准使用的符号及说明见表1。

表1 符号和说明

符 号	说 明	单 位
L_e	引伸计标距	mm
$\triangle L$	引伸计标距部分的瞬时延伸	mm
L	引伸计标距部分的瞬时长度 $L=L_e+\triangle L$	mm
e_p	测定拉伸应变硬化指数的约定塑性(工程)应变水平(用于单应变量测算方法)	%
$e_{p\alpha}-e_{p\beta}$	测定拉伸应变硬化指数的约定塑性(工程)应变范围(线性回归方式,$e_{p\alpha}$:塑性应变下限,$e_{p\beta}$:塑性应变上限)	%
S_0	试样平行长度部分的原始横截面积	mm^2
S	真实横截面积	mm^2

表 1（续）

符　号	说　　明	单　位
F	施加于试样上的瞬时力	N
R	应力	MPa
s	真实应力	MPa
e	真实塑性应变	—
m_E	应力-应变曲线弹性部分的斜率	MPa
n	拉伸应变硬化指数	—
C	强度系数	MPa
N	测定拉伸应变硬化指数时的测量点数目	—
r	塑性应变比	—
R_m	抗拉强度	MPa
A_e	屈服点延伸率	%
A_g	最大力塑性延伸率	%
A，B，x，y	采用人工方式测定 n 值的几个变量	
注：1 MPa=1 N/mm²。		

3.2　拉伸应变硬化指数(n 值)定义为：在单轴拉伸应力作用下，真实应力与真实塑性应变数学方程式中的真实塑性应变指数。此方程可用公式(1)表示：

$$s = C \times e^n \qquad \cdots\cdots(1)$$

3.3　此方程可以转变成公式(2)所示的对数方程：

$$\ln s = \ln C + n \ln e \qquad \cdots\cdots(2)$$

在双对数坐标平面内的直线斜率即为拉伸应变硬化指数。

4　试验原理

试样在均匀塑性变形范围内以规定的恒定速率轴向拉伸变形。用整个均匀塑性变形范围内的应力-应变曲线，或用均匀塑性变形范围内的应力-应变曲线的一部分计算拉伸应变硬化指数(n 值)。

5　试验设备

5.1　拉伸试验机应满足 GB/T 16825.1 中的 1 级或优于 1 级的要求。试样的夹持方式应符合 GB/T 228 的规定。

5.2　测量标距变化的引伸计的准确度应满足 GB/T 12160 标准中的 2 级或优于 2 级的要求(如果同时根据 GB/T 5027 测定材料的 r 值时，须采用 1 级引伸计)。

5.3　当测量试样平行长度部分的厚度和宽度时，尺寸测量装置的分辨力应符合 GB/T 228 的规定。

6　试样

6.1　应按照相关产品标准要求取样，如果产品标准没有规定，则按照有关各方的协议取样。试样尺寸公差、形状公差及标记等应符合 GB/T 228 的规定。

6.2 若在测定拉伸应变硬化指数(n 值)的同时还需测定塑性应变比(r 值),则试样还应符合 GB/T 5027 的要求。

6.3 除非另有规定,试样厚度应是产品的原始厚度。

6.4 试样表面不得有划伤等缺陷。

7 试验程序

7.1 试验一般在 10 ℃~35 ℃室温下进行。如要求在控温条件下进行试验,温度应控制在(23±5)℃。

7.2 将试样装夹到试验机上(见 5.1),并须保证试样轴向受力以符合 GB/T 228 的规定。

7.3 除非另有标准规定,在塑性变形阶段,试样平行长度部分的应变速率不得超过 0.008 s^{-1}。在测定 n 值的整个应变区间内,该速率应保持恒定。

若在测定拉伸应变硬化指数(n 值)的同时还需测定规定塑性延伸强度、屈服强度等性能时,试验速率还应满足 GB/T 228 中的相关规定。

7.4 当在整个均匀塑性应变范围内测定 n 值时,测量应变的上限应稍小于最大力所对应的塑性应变。

当材料呈现单调上升的均匀变形行为(即材料无明显上、下屈服)时,测量应变的下限应稍大于测定 R_m 的试验速率切换点对应的应变量,见图 1。

当材料呈现明显屈服(即材料有上、下屈服强度)时,测量应变的下限应稍大于加工硬化起始点和测定 R_m 的试验速率切换点对应的应变量,见图 2 和图 3。

测量应变的上、下限应在报告中注明。

X——应变,%;

Y——应力;

1——下限;

2——上限。

图 1 n_{2-20/A_g} 或 n_{2-A_g} 应变取值范围

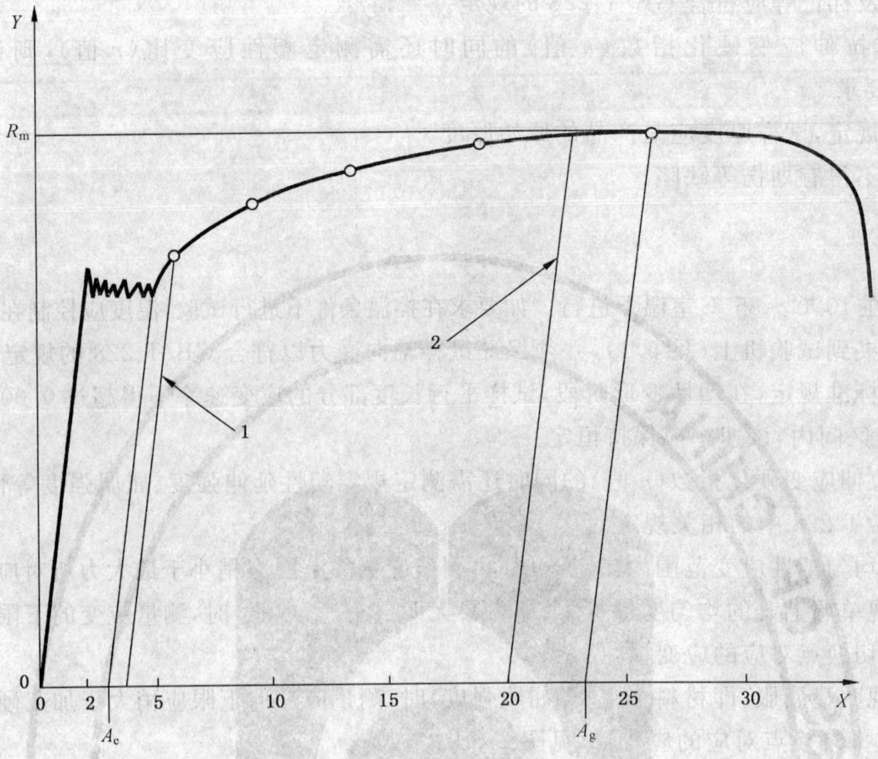

X——应变,%；

Y——应力；

1——下限；

2——上限。

图 2　n_{4-20/A_g} 或 n_{4-20} 应变取值范围

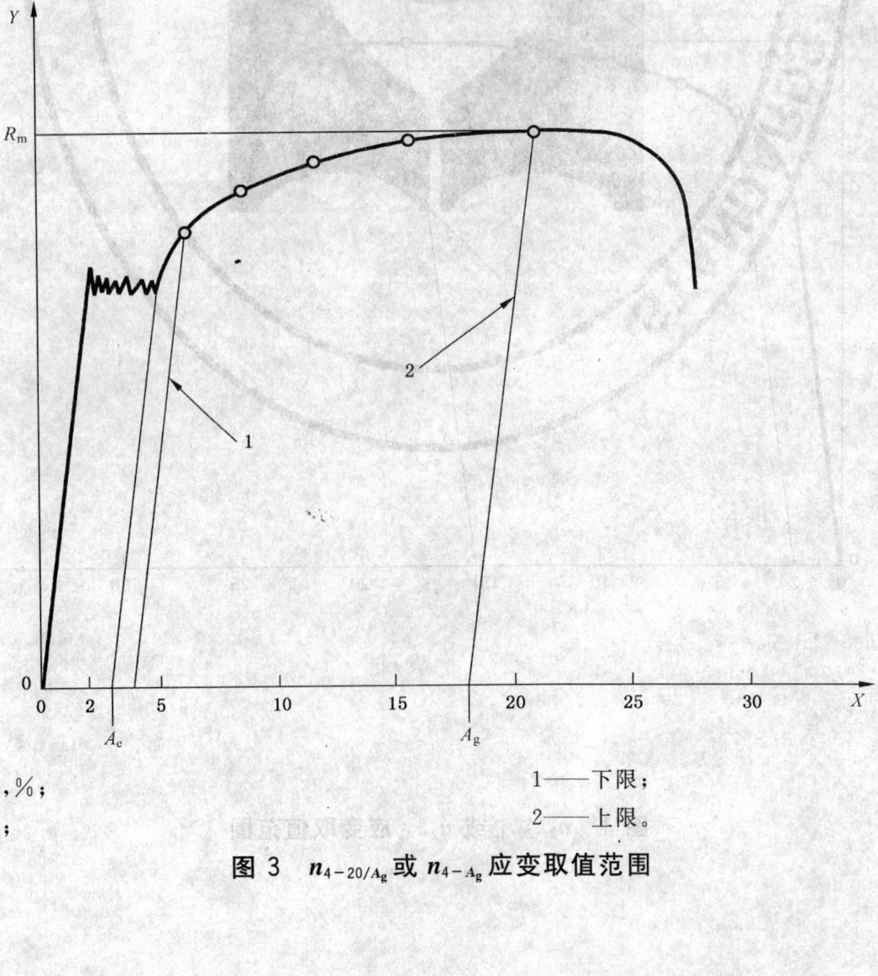

X——应变,%；

Y——应力；

1——下限；

2——上限。

图 3　n_{4-20/A_g} 或 n_{4-A_g} 应变取值范围

7.5 根据试验力和相应的变形值，采用公式(3)计算真实应力：

$$s=\frac{F}{S_0}\times\frac{L_e\times\Delta L}{L_e} \qquad (3)$$

7.5.1 方法A：采用公式(4)计算真实塑性应变：

$$e=\ln\left(\frac{L_e+\Delta L}{L_e}-\frac{F}{S_0\times m_E}\right) \qquad (4)$$

注1：从严格的物理意义讲，计算真实塑性应变时，公式(4)中的 S_0 应采用由公式(5)计算获得的真实横截面积 S，而不能采用试样的原始横截面积 S_0，但实践证明采用 S_0 或 S 所获得的测量结果不存在明显差异。因此为了减少计算的复杂性，在公式(4)中可以采用试样的原始横截面积 S_0。

注2：如果材料的应力-应变曲线弹性部分不能明确地确定，则 m_E 可以采用该材料的弹性模量的公称值。

$$S=\frac{S_0\times L_e}{L_e+\Delta L} \qquad (5)$$

7.5.2 方法B：采用公式(6)近似计算真实塑性应变：

$$e=\ln\left(\frac{L_e+\Delta L}{L_e}\right) \qquad (6)$$

注：本方法未将弹性应变从总应变中扣除。

7.6 如果采用人工测量方式，应在需要考察的应变范围内，至少取以几何级数分布的5个应变数据点(见图1)，再根据3.3所给出的公式(2)采用最小二乘法来计算拉伸应变硬化指数。公式(2)也可用公式(7)表示：

$$y=Ax+B \qquad (7)$$

式中：

$y=\ln s$

$x=\ln e$

$A=n$

$B=\ln C$

据此，可以导出计算拉伸应变硬化指数(n值)的关系式[见式(8)]：

$$n=\frac{N\sum_{i=1}^{N}x_iy_i-\sum_{i=1}^{N}x_i\sum_{i=1}^{N}y_i}{N\sum_{i=1}^{N}{x_i}^2-\left(\sum_{i=1}^{N}x_i\right)^2} \qquad (8)$$

7.7 如果采用自动测量方式，可以使用自动拉伸试验机和数据处理程序直接得到拉伸应变硬化指数。

n 值通过采用对真实应力的对数和真实塑性应变的对数进行线性回归的方法来获得，回归区间用塑性应变表示，范围至少为2%。对于同一试验，可测定不同回归区间的 n 值。

示例：

n_{4-6}：线性回归 $\ln s=n\times\ln e+\ln C$，回归区间为4%～6%；

n_{10-15}：线性回归 $\ln s=n\times\ln e+\ln C$，回归区间为10%～15%；

n_{10-20/A_g}：线性回归 $\ln s=n\times\ln e+\ln C$，回归区间为10%～20%，如果 $A_g<20\%$，则用 n_{10-A_g} 表示；

n_{2-20/A_g}：线性回归 $\ln s=n\times\ln e+\ln C$，回归区间为2%～20%，如果 $A_g<20\%$，则用 n_{2-A_g} 表示。

如果回归区间的范围已被限定(例如 n_{10-15})，而此时 A_g 低于该区间的上限，则无法给出 n 值。

对于某些已知的遵循幂乘关系硬化规律[公式(1)]的材料，确定 n 值时至少需取2个应变数据点。

7.8 拉伸应变硬化指数(n值)应按GB/T 8170的规定修约到0.01。

注：计算和绘制瞬时应变硬化率-应变关系曲线也是有意义的。

8 试验报告

试验报告应包括以下内容：

a） 本标准的编号；

b） 试验材料的说明；

c） 采用的试样类型；

d） 测定拉伸应变硬化指数时的均匀应变范围(见 7.7 中示例)和采用的计算方法(见 7.5)；

e） 如果采用人工测量方式，需注明测定拉伸应变硬化指数时的测量点数；

f） 采用的方法(人工测量或自动测量)；

g） 试验结果；

h） 对本标准所规定条件的任何偏离。

ICS 53.020.20
J 80

GB

中华人民共和国国家标准

GB/T 5031—2008
代替 GB/T 5031—1994,GB/T 9462—1999,GB/T 17806～17807—1999

塔式起重机

Tower crane

2008-08-07 发布 2009-02-01 实施

中华人民共和国国家质量监督检验检疫总局
中国国家标准化管理委员会 发布

前 言

本标准代替GB/T 9462—1999《塔式起重机技术条件》、GB/T 5031—1994《塔式起重机性能试验》、GB/T 17806—1999《塔式起重机可靠性试验方法》、GB/T 17807—1999《塔式起重机结构试验方法》、JG/T 5037—1993《塔式起重机分类》。

本标准参考了ISO 12480-3:2005《起重机 安全使用 第3部分:塔式起重机》、ISO 9927-3:2005《起重机 检查 第3部分:塔式起重机》、ISO 9374-3:2002《起重机 咨询、定货、销售、供货各方应提供的资料 第3部分:塔式起重机》等有关内容。

本标准与GB/T 9462—1999等5个标准相比主要变化如下:

——重新规定了塔式起重机的型号标识原则,取消了JG/T 5037—1993中的参数系列;

——增加了根据钢材脆性破坏评价结果选择钢材质量组别的要求;

——增加了对焊接的环境要求和无损探伤要求;

——增加了部分机构要求;

——增加了部分安全装置的种类和要求;

——增加了制造商应提供的技术资料要求;

——增加了部分信息标识要求;

——增加了安装及爬升的要求;

——对塔机的检查要求进行了详细描述。

本标准的附录B、附录D、附录E、附录F、附录G为规范性附录。

本标准的附录A、附录C、附录H、附录I为资料性附录。

本标准由中国机械工业联合会提出。

本标准由全国起重机械标准化技术委员会(SAC/TC 227)归口。

本标准负责起草单位:北京建筑机械化研究院。

本标准参加起草单位:长沙中联重工科技发展股份有限公司、沈阳三洋建筑机械有限公司、抚顺永茂建筑机械有限公司、四川建设机械(集团)股份有限公司、江苏正兴建设机械有限公司、广西建工集团建筑机械制造有限责任公司、湘潭江麓建筑机械有限公司、浙江省建设机械有限公司、哈尔滨东建机械制造有限公司、湖北江汉建筑工程机械有限公司、浙江虎霸建设机械有限公司、辽宁省安全科学研究院、山东省德州生建机械厂、上海新时达电气有限公司、江西特种电机股份有限公司、北京中建正和建筑机械施工有限公司。

本标准主要起草人:罗文龙、李守林、喻乐康、林贵瑜、王连、邓小芹、杨道华、林永、付剑雄、方国庆、樊滨、文朝辉、周志勇、秦可新、刘晓东、蔡亮、卢天星、史洪泉。

本标准所代替标准的历次版本发布情况为:

——GB 9462—1988、GB/T 9462—1999;

——GB 5031—1985、GB/T 5031—1994;

——GB/T 17806—1999;

——GB/T 17807—1999。

塔式起重机

1 范围

本标准规定了塔式起重机(以下简称塔机)的术语、分类与标识、技术要求、试验方法、检验规则、信息标识、包装、运输和贮存、安装及爬升、使用检查。

本标准适用于GB/T 6974.3所定义的塔式起重机。

本标准不适用于配备有塔式起重装置的流动式起重机。

2 规范性引用文件

下列文件中的条款通过本标准的引用而成为本标准的条款。凡是注日期的引用文件,其随后所有的修改单(不包括勘误的内容)或修订版均不适用于本标准,然而,鼓励根据本标准达成协议的各方研究是否可使用这些文件的最新版本。凡是不注日期的引用文件,其最新版本适用于本标准。

GB/T 699 优质碳素结构钢

GB/T 700 碳素结构钢(GB/T 700—2006,ISO 630:1995,NEQ)

GB/T 985 气焊、手工电弧焊及气体保护焊焊缝坡口的基本型式与尺寸

GB/T 986 埋弧焊焊缝坡口的基本型式与尺寸

GB/T 1591 低合金高强度结构钢(GB/T 1591—1994,neq ISO 4950:1981)

GB/T 3098.1 紧固件机械性能 螺栓、螺钉和螺柱(GB/T 3098.1—2000,idt ISO 898-1:1999)

GB/T 3098.2 紧固件机械性能 螺母 粗牙螺纹(GB/T 3098.2—2000,idt ISO 898-2:1992)

GB/T 3274 碳素结构钢和低合金结构钢热轧厚钢板和钢带

GB/T 3323 金属熔化焊焊接接头射线照相

GB/T 3766 液压系统通用技术条件(GB/T 3766—2001,eqv ISO 4413:1998)

GB/T 4728.1~4728.13 电气简图用图形符号

GB/T 5117 碳钢焊条

GB/T 5118 低合金钢焊条

GB 5144 塔式起重机安全规程

GB 5226.2—2002 机械安全 机械电气设备 第32部分:起重机械技术条件(idt IEC 60204-32:1998)

GB/T 5293 埋弧焊用碳钢焊丝和焊剂

GB/T 5972 起重机用钢丝绳检验和报废实用规范(GB/T 5972—2006,ISO 4309:1990,IDT)

GB/T 6974.3 起重机 术语 第3部分:塔式起重机(GB/T 6974.3—2008,ISO 4306-3:2003,IDT)

GB/T 8110 气体保护电弧焊用碳钢、低合金钢焊丝

GB 8918 重要用途钢丝绳(GB 8918—2006,ISO 3154:1988,MOD)

GB/T 10051.1 起重吊钩 机械性能 起重量 应力及材料

GB/T 10051.2 起重吊钩 直柄吊钩技术条件

GB/T 10054 施工升降机

GB 10055 施工升降机安全规程

GB/T 12470 埋弧焊用低合金钢焊丝和焊剂

GB/T 13752 塔式起重机设计规范

GB/T 14292 碳素结构钢和低合金结构钢热轧条钢技术条件

GB/T 20303.3 起重机 司机室 第3部分:塔式起重机(GB/T 20303.3—2006,ISO 8566-3:1992,IDT)

GB/T 20304 塔式起重机 稳定性要求(GB/T 20304—2006,ISO 12485:1998,IDT)

GB/T 20863.3 起重机械 分级 第3部分:塔式起重机(GB/T 20863.3—2007,ISO 4301-3:1993,IDT)

GB 50256 电气装置安装工程 起重机电气装置施工及验收规范

JB/T 2300 回转支承

JB/T 6392.1 起重机车轮 型式尺寸、踏面形状与轨道的匹配

JB/T 6392.2 起重机车轮 技术条件

JB/T 9005.1 起重机用铸造滑轮 绳槽断面

JB/T 10559 起重机械无损检测 钢焊缝超声检测

JB/T 10837 建筑施工机械与设备用三排柱式回转支承

JB/T 10838 建筑施工机械与设备用单排交叉滚柱(锥)式回转支承

JB/T 10839 建筑施工机械与设备用单排球式回转支承

JG/T 5011.12 建筑机械与设备 涂漆通用技术条件

JG/T 5012 建筑机械与设备 包装通用技术条件

JG/T 5057.40 建筑机械与设备 高强度紧固件技术条件

JG/T 5082.1 建筑机械与设备 焊接通用技术条件

3 术语

GB/T 6974.3 确立的以及下列术语和定义适用于本标准。

3.1

安全距离 safety pass clearance

塔机运动部分与周围障碍物之间的最小允许距离。

3.2

工作状态 in-service

塔机处于司机控制之下进行作业的状态(吊载运转、空载运转或间歇停机)。

3.3

非工作状态 out-of-service

已安装架设完毕的塔机,不吊载,所有机构停止运动,切断动力电源,并采取防风保护措施的状态。

3.4

最大工作压力 maximum working pressure

正常操作状态下液压回路或元件中的最大压力。

3.5

起升高度 load-lifting height

塔机运行或固定独立状态时,空载、塔身处于最大高度、吊钩处于最小幅度处,吊钩支承面对塔机基准面的允许最大垂直距离。

注:对动臂变幅塔机,起升高度分为最大幅度时起升高度和最小幅度时起升高度。

3.6

起升速度 load-lifting speed

起吊各稳定运行速度挡对应的最大额定起重量,吊钩上升过程中稳定运动状态下的上升速度。

3.7

小车变幅速度　trolley-travelling speed

对小车变幅塔机，起吊最大幅度时的额定起重量、风速小于 3 m/s 时，小车稳定运行的速度。

3.8

全程变幅时间　luffing speed

对动臂变幅塔机，起吊最大幅度时的额定起重量、风速小于 3 m/s 时，臂架仰角从最小角度到最大角度所需要的时间。

3.9

回转速度　slewing speed

塔机在最大额定起重力矩载荷状态、风速小于 3 m/s、吊钩位于最大高度时的稳定回转速度。

3.10

慢降速度　creep speed

起升滑轮组为最小倍率，吊有该倍率允许的最大额定起重量，吊钩稳定下降时的最低速度。

3.11

运行速度　crane-travelling speed

空载、风速小于 3 m/s，起重臂平行于轨道方向时塔机稳定运行的速度。

3.12

最大起重力矩　maximum load moment

最大额定起重量重力与其在设计确定的各种组合臂长中所能达到的最大工作幅度的乘积。

3.13

平头式塔机　hammerhead crane; flat-top crane

臂架与塔身为 T 形结构型式的上回转塔机。

4　分类与标识

4.1　分类

4.1.1　按架设方式

塔机按架设方式分为快装式塔机和非快装式塔机。

4.1.2　按变幅方式

塔机按变幅方式分为小车变幅塔机和动臂变幅塔机。小车变幅塔机按臂架小车轨道与水平面的夹角大小可分为水平臂小车变幅塔机和倾斜臂小车变幅塔机。

4.1.3　按臂架结构型式

小车变幅塔机按臂架结构型式分为定长臂小车变幅塔机、伸缩臂小车变幅塔机和折臂小车变幅塔机。

按臂架支承型式小车变幅塔机又可分为平头式塔机和非平头式塔机。

动臂变幅塔机按臂架结构型式分为定长臂动臂变幅塔机与铰接臂动臂变幅塔机。

4.1.4　按回转方式

塔机按回转方式分为上回转塔机和下回转塔机。

4.2　标识

制造商应在产品技术资料、样本和产品显著部位标识产品型号，型号中至少应包含塔机的最大起重力矩，单位为吨米(t·m)。

5　技术要求

5.1　一般规定

5.1.1　产品应有完整的设计图纸，设计的准则和计算方法应符合 GB/T 13752 的规定。

5.1.2 未作特殊申明时，产品应能在以下条件下安全正常使用：

a) 工作环境温度－20 ℃～＋40 ℃；

b) 安装架设时塔机顶部风速不大于 12 m/s，工作状态时塔机顶部风速不大于 20 m/s，非工作状态时风压按 GB/T 13752 规定；

c) 无易燃和/或易爆气体、粉尘等非危险场所；

d) 海拔高度 1 000 m 以下；

e) 工作电源符合 GB 5226.2—2002 中 4.3 的规定；

f) 塔机基础符合产品使用说明书中的规定；

g) 使用工作级别不高于产品使用说明书的规定。

5.2 整机

5.2.1 一般要求

5.2.1.1 塔机应设置安装平衡重、压重的合适位置及可靠的固定方法。平衡重和压重的重量、形状和尺寸应符合吊装和固定的要求，并能承受规定的载荷而不损坏。每块平衡重和压重都应在本身明显的位置标识重量。

5.2.1.2 对最大起重力矩大于 63 t·m 的塔机，最大臂长组合时最大幅度处起重量不应小于1 000 kg。

5.2.2 稳定性要求

5.2.2.1 塔机的抗倾翻稳定性和防风稳定性应符合 GB/T 20304 的规定。

5.2.2.2 快装式塔机在架设、放倒、变换结构型式及拖行时，应保证自身的稳定性。使用说明书应详细规定架设程序和方法、操作要求与安全措施。

5.2.2.3 非快装式塔机应详细规定安装顺序，并应保证安装过程中各种状态下的稳定性。每个吊装部件均应给出吊装位置、轮廓尺寸及重量，并根据需要设置吊装装置，如：吊环、销轴等。

5.2.2.4 塔机的爬升装置应有可靠的导向，爬升装置的结构型式及强度应保证在允许风力最不利方向作用下塔机爬升稳定性要求。爬升油缸的选择和配置应符合 GB 5144 的要求。

5.2.3 主要性能参数误差

塔机安装到设计规定的最大独立高度时，主要性能参数误差应符合：

a) 空载时，最大幅度允差为其设计值的±2%，最小幅度允差为其设计值的±10%；

b) 起升高度应不小于设计值；

c) 各机构运动速度允差为其设计值的±5%；

d) 应具有慢速下降功能，慢降速度根据起重量大小确定，但不大于 9 m/min；

e) 尾部回转半径应不大于其设计值的 100 mm；

f) 支腿纵、横向跨距的允差为其设计值的±1/100；

g) 对于轨道运行的塔机，其轨距允差为其设计值的±1/1 000，最大允许偏差为±6 mm；

h) 整体拖运时的宽度、长度和高度均不应大于其设计值；

i) 空载，风速不大于 3 m/s 状态下，独立状态塔身(或附着状态下最高附着点以上塔身)轴心线的侧向垂直度允差为 4/1 000，最高附着点以下塔身轴心线的垂直度允差为 2/1 000。

5.2.4 静刚度要求

在额定载荷作用下，塔机臂根铰点的水平静位移应不大于 $1.34H/100$。H 为臂根铰点至塔机基准面(无附着时的最大独立高度)或最高附着点(有附着时的最大悬臂高度)的垂直距离。

5.2.5 可靠性要求

制造商认为需要时，可对整机进行可靠性试验。

5.2.6 外观及表面防护

5.2.6.1 塔机外观和商标图案布置应美观大方、鲜明醒目。

5.2.6.2 外露并需拆卸的销轴、螺栓、链条等连接件及弹簧、油缸活塞杆等应采取非涂装的防锈措施。

5.2.6.3 涂装的质量应符合 JG/T 5011.12 的规定。

5.2.7 噪声

5.2.7.1 塔机工作时，司机室内噪声不应超过 80 dB(A)。

5.2.7.2 塔机工作时，在距各传动机构边缘 1 m、上方 1.5 m 处测得的噪声值不应大于 90 dB(A)。

5.3 结构

5.3.1 材料

5.3.1.1 主要承载构件应采用镇静钢，钢材牌号及质量组别应符合设计文件的规定并有相关的证明文件。

5.3.1.2 主要承载构件钢材质量组别应根据对塔机结构脆性破坏影响因素的评价结果进行选择。评价与选择方法见附录 A。

5.3.1.3 宜使用热轧轧制型材，冷拔、冷轧型材应经退火后使用。用于主要承载构件的轧制厚钢板，受力方向应与轧制方向一致。

5.3.1.4 用于焊接的主体材料应具有良好的可焊性。可按表 1 评定钢材的可焊性，不符合表 1 规定时，应采取焊前预热、焊后保温等措施。

表 1 钢材可焊性评定指标

钢 材 类 别	$w(C)/\%$	$C_E/\%$
GB/T 700 GB/T 699	≤0.25	—
GB/T 1591	—	≤0.46

表 1 中 C_E 为含碳元素当量，C_E 按式(1)计算。

$$C_E = w(C) + \frac{w(Mn)}{6} + \frac{w(Cr)+w(Mo)+w(V)}{5} + \frac{w(Ni)+w(Cu)}{15} \quad \cdots\cdots\cdots\cdots(1)$$

5.3.2 联接

5.3.2.1 焊接

5.3.2.1.1 焊接环境

结构焊接时应根据焊接方法、构件复杂程度、母材强度、厚度等确定焊接环境，对母材强度 $\sigma_s \leqslant$ 345 MPa、母材厚度 $\delta \leqslant 40$ mm 的非交叉焊缝结构焊接，焊接环境应符合以下要求：

a) 气体保护焊焊接处附近风速不大于 2 m/s；

b) 焊接区域局部环境温度不低于 −20 ℃；

c) 焊接处被焊件表面温度不低于 0 ℃；

d) 不应在雨、雪中焊接且被焊件表面应干燥。

5.3.2.1.2 焊接材料

焊接材料的要求如下：

——手工焊接用焊条应符合 GB/T 5117 或 GB/T 5118 的规定。选择的焊条型号应与被焊件材料牌号、焊缝所受载荷类型、焊接方法等相适应。主要受力构件宜采用低氢型焊条；

——气体保护焊用焊丝应符合 GB/T 8110 的规定。选择的焊丝型号应与焊接方法相适应；

——埋弧焊用焊丝与焊剂质量及组配应符合 GB/T 5293 和 GB/T 12470 的规定。选择的焊剂牌号应与被焊件材料牌号、焊缝所受载荷类型相适应。

5.3.2.1.3 接头

焊接接头型式应符合 GB/T 985、GB/T 986 的规定。

5.3.2.1.4 质量

焊接质量和检验方法应符合 JG/T 5082.1 的规定。

5.3.2.1.5 无损探伤

主要受力构件的对接焊缝应进行无损探伤，射线检测按 GB/T 3323 规定，透照质量不低于 AB 级，合格级别为Ⅱ级；超声波检测按 JB/T 10559 规定，检验级别不低于 B 级，合格级别为Ⅰ级。

5.3.2.2 螺栓联接

主要受力结构件的螺栓联接部位应采用高强度螺栓，高强度螺栓副应符合 GB/T 3098.1 和 GB/T 3098.2的规定，并应有性能等级符号标识及合格证书。

塔身标准节(以下简称标准节)、回转支承等类似受力连接用高强度螺栓应提供楔荷载合格证明。

5.3.2.3 销轴联接

销轴联接应有可靠的轴向定位，并符合 GB 5144 的要求。

5.3.3 互换性

主要结构件(如臂架、塔顶、回转平台、回转支承座和标准节等)的加工应有必要的工艺装备，保证顺利装配。

同规格塔身标准节应能任意组装。主肢结合处外表面阶差不大于 2 mm。

对采用螺栓连接的标准节，标准节连接螺栓应不采用锤击即可顺利穿入，螺栓按规定紧固后主肢端面接触面积不小于应接触面的 70%。

5.3.4 接料规定

当需要接料时，接头的型式与强度应充分考虑其对结构疲劳的影响和受力要求，每个杆件的接料处不应多于一处。

5.3.5 结构表面

在钢丝绳运动中有可能接触到的结构表面不应有尖角。

5.3.6 排水

塔机钢结构外露表面不应有存水。封闭的管件和箱形结构内部不应存留水，防止内部锈蚀或冻涨破坏发生。

5.3.7 通道及安全防护设施

通道及安全防护设施的设置应符合 GB 5144 的规定。

5.3.8 司机室

司机室及其安装使用应符合 GB/T 20303.3 和 GB 5144 的规定。

5.3.9 钢材缺陷的限制

型材缺陷的限制见 GB/T 14292 的规定。

板材缺陷的限制见 GB/T 3274 的规定。

5.3.10 材料代用

材料代用应保证不降低原设计计算的强度、刚度、稳定性、疲劳强度，不影响原设计规定的性能和功能要求。

材料代用后，自重比原设计重量增大 3%以上或迎风面积增加较多时，应按 GB/T 13752 中的要求重新进行计算校核。

材料代用还应考虑加工制造时产生的影响，如应力集中、可焊性、热处理性、内应力等，不得降低承载能力和使用寿命。

5.4 机械

5.4.1 机构

5.4.1.1 设计准则

5.4.1.1.1 起升机构

动力驱动的起升机构用于使载荷以可控制的速度上升或下降。不允许有单独靠重力下降的运动。

起升机构的工作级别应符合 GB/T 20863.3 的要求。

5.4.1.1.2 动臂变幅机构

动力驱动的动臂变幅机构应使臂架和载荷以可控制的速度变幅。不允许有单独靠重力下降的运动。

动臂变幅机构的工作级别应符合 GB/T 20863.3 的要求。

5.4.1.1.3 小车变幅机构

小车变幅机构应能使变幅小车带载在水平或倾斜的臂架上运行。

如小车变幅机构还要承受载荷的分力，则还应符合起升机构中的相关要求。

小车变幅机构应能使小车带着载荷沿塔机臂架结构以可控制的速度双向运动(无论臂架斜度如何)。

不允许有单独靠重力作用的运动。

小车变幅机构的工作级别应符合 GB/T 20863.3 的要求。

5.4.1.1.4 运行机构

如塔机安装有运行机构，则塔机应可在直线轨道或特制的曲线轨道上运行。

运行机构至少应在两个支脚上提供驱动力，车轮直径和数量应满足各支脚承载要求。

塔机应装备有非工作状态用的抗风防滑的锚定装置。其抵抗力应按 GB/T 13752 中有关非工作状态风力产生的滑移力进行估算。

运行机构的工作级别应符合 GB/T 20863.3 的要求。

5.4.1.1.5 回转机构

回转机构应满足臂架静止时定位的要求。

宜采用集电器供电，不使用集电器时，应设置限位器限制臂架两个方向的旋转角度。电缆应安装固定在不会被损坏的位置。

回转机构的工作级别应符合 GB/T 20863.3 的要求。

5.4.1.1.6 液压系统

液压系统及相关元件的性能设计应满足 GB/T 3766 的要求。

5.4.1.2 动力(电机)

5.4.1.2.1 起升和动臂变幅机构

电机的选择应符合 GB 5226.2—2002 规定。

5.4.1.2.2 小车变幅机构

电机的功率和扭矩应满足所有工作状态和试验状态小车运行的需要，主要考虑以下几个方面：

a) 臂架倾斜角度的影响；
b) 车轮滚动阻力；
c) 轮缘产生的摩擦阻力；
d) 起升钢丝绳引起的摩擦阻力；
e) 提升载荷的力(对没有载荷平移系统的倾斜臂架塔机)；
f) 风力影响；
g) 惯性力和机械性能。

5.4.1.2.3 运行机构

电机所需功率按如下基本要求估算：

a) 满载运行摩擦阻力；
b) 车轮与轨道侧面摩擦阻力；
c) 轨道坡度阻力；
d) 按启动时间计算的惯性阻力；
e) 正常工作状态下结构上的风力。

5.4.1.2.4 回转机构

电机应能提供以下需要的总功率：

a） 满载运行；

b） 按启动时间计算的惯性阻力。

电机提供的总力矩应足够克服以下力矩：

——作用在臂架上的正常工作状态风阻力矩；

——作用在其他回转结构上的正常工作状态风阻力矩；

——作用在载荷上的正常工作状态风阻力矩；

——摩擦阻力矩。

5.4.1.3 联轴器

5.4.1.3.1 起升和动臂变幅机构

电机和减速箱间联轴器中的弹性元件即使损坏也不能发生危险运动。联轴器应按机械设计基本原理、使用要求和性能要求进行选择与制造，对不均匀的旋转体应做动平衡，使其能：

a） 避免振动；

b） 抑制有害的扭矩峰值；

c） 能补偿可能的不同轴。

5.4.1.3.2 运行机构

采用液力联轴器或等效装置以降低启动冲击时，制动器或制动系统应安装在液力联轴器的输出端。

采用其他型式联轴器的要求见 5.4.1.3.1。

5.4.1.3.3 回转机构

采用液力联轴器或等效装置以降低启动冲击时，制动器或制动系统应安装在液力联轴器的输出端。

采用其他型式联轴器的要求见 5.4.1.3.1。

5.4.1.4 制动器

5.4.1.4.1 一般要求

当提升动力被意外切断时，制动器应自动动作。制动器的热效能应适合小时制动次数、使用环境温度和允许温升的要求。

制动器的设计应满足在紧急情况下，满载从最高处下降制动，考虑制动器的发热和散热后，制动器应有足够的制动力使载荷以可控制的速度下降。

电机和制动器控制回路的设计应保证在电机只要有驱动力时，制动器不能有任何制动动作。

制动弹簧的可靠性应适合制动器预期寿命与预期制动次数的要求。制动器系统的设计应保证制动弹簧的预压力不会影响弹簧的弹性常数。

制动器的制动表面应采取保护措施以避免油、雨水及其他污物渗入。

5.4.1.4.2 起升机构

瞬时制动力矩至少为 1.5 倍额定载荷产生的力矩。

制动衬垫表面应与制动轮（或盘）相适应以避免不均匀磨损，并不应使用有危害的材料（如：石棉）制造。

5.4.1.4.3 动臂变幅机构

为防止主制动器或驱动机构失效，以及可能要对电机和主制动器进行更换或维修时提供制动，应设有可由操作者和超速保护开关控制的、直接作用于卷筒缘上的附加制动器。

应采取措施来自动控制主制动器和附加制动器的动作时间次序，防止产生不当的冲击载荷。

瞬时制动力矩至少为 1.5 倍额定载荷产生的力矩。

当提升动力被意外切断时，主制动器应自动动作，附加制动器可稍后作用。

使用手册应至少提供制动磨损检查的时间间隔和建议步骤。

制动衬垫表面应与制动轮(或盘)相适应以避免不均匀磨损,并不应使用有危害的材料(如:石棉)制造。

5.4.1.4.4 小车变幅机构

在最恶劣工况和试验工况下,制动器应能将小车可靠制停在要求位置。

应设有极限限制装置以防止小车冲出臂架。

小车轮应有轮缘或设有水平导向轮以防止小车脱离臂架。

当变幅钢丝绳偏心牵引小车时,小车轮应无轮缘并设有水平导向轮。

5.4.1.4.5 运行机构

制动器应使塔机平缓制停,制造商应充分考虑加速度值。

总的瞬时制动力矩应能抵抗按 GB/T 13752 估算的工作状态作用于塔机上的风力。

5.4.1.4.6 回转机构

静态制动力矩应使塔机回转部分在正常工作状态风力作用下保持不动。

若采用常闭式制动器,塔机进入非工作状态时应可通过手动或遥控方式解除制动,确保臂架能随风转动。若采用遥控解除方式,遥控系统应有安全触点和指示以确保制动分离。

5.4.1.5 液压系统

5.4.1.5.1 概述

液压系统及相关元件的性能应符合 GB/T 3766 的要求。

5.4.1.5.2 液压油

液压油的物理和化学特性应满足使用和预期循环次数的要求。

液压油的黏度确定应考虑塔机工作温度范围及温升,保证系统准确工作。

5.4.1.5.3 油箱

应设有最高最低油面的标识。

放油孔大小和位置的选择应能限制油的流速以避免形成紊流。

5.4.1.5.4 滤油器

过滤能力应能满足液压元件工作的要求。

滤油器规格应能满足所有工况,考虑允许温升后预期黏度变化范围内流速的需要。

滤油器设计成只为一部分集成回路使用时,如果说明书中提供了它们的清洗和更换清单,则可不设堵塞指示器。这种情况下,要有详细的滤油器拆洗以及系统部件拆洗和油箱清洗的详细程序。如没有提供堵塞指示器时,建议安装旁路以便滤油器堵住时油液从旁路通过。

5.4.1.5.5 液压回路

液压回路的设计与制造应遵循即使有一个或更多的元件损坏或发生故障也要使事故风险为最小的原则。

液压回路的特性设计应使在一切正常操作状况下,油缸和保压装置运动的可控制。

在回路的主要点应能预先观测到压力值。

应有预防在执行机构长期不动作后产生气穴现象的措施。

5.4.1.5.6 泵

泵的流量和压力应满足工作的要求。

泵的极限压力应大于溢流阀的设定压力。为避免泵或其他元件的损坏,应防止或限制发动机的反转。如不会造成损坏,则可只标有现场选择运动方向的指令或警告。

5.4.1.5.7 管路及接头

管路及接头的极限承受能力不小于各自最大工作压力的 4 倍。

截止阀应通过硬管连接到油缸或直接安装在油缸上。

宜优先选用具有安全功能的油管和接头。

5.4.1.5.8 **油缸**

在正常状态下，考虑可预见的如温度变化造成压力增大等情况下油缸产生的最大力不应对结构产生破坏。

使用单作用缸时，应保证活塞杆的安全收回。

回路的设计应能防止油缸内腔的部分或全部为真空。使用说明书应有使用前检查系统可能形成真空的检查要求和处理方法。

应考虑塔机在使用环境条件下和停用时期活塞杆的防腐蚀。

油缸应有截止阀，在无动力或油管失效时停止油缸动作。截止阀应有防止超压的功能。

当外载作用使油缸运动时，应有保持活塞杆速度稳定的装置，以防止对结构的振动。

油缸的安装除了要方便部件的拆卸，还要易于塔机和相关部件的维修操作。

5.4.1.5.9 **阀**

需要使用者进行调整的阀应安装在容易操作的地方。

5.4.1.6 **齿轮传动**

5.4.1.6.1 **起升机构**

起升机构的承载力设计应根据外载、驱动力矩和制动力矩的计算。

轴的强度要满足由外载荷产生的最大瞬间弯曲、扭转和剪切的要求。

齿轮传动装置的固定和与卷筒轴的连接应考虑同轴度误差和机架结构变形等的影响。

应能不用拆卸齿轮传动装置即可检查和补充润滑剂。

当齿轮传动装置设计成可交替驱动几个卷筒时，则每个卷筒都要有单独的控制运动的措施。

5.4.1.6.2 **动臂变幅机构**

动臂变幅机构的承载力设计应根据提升臂架连同载荷及其附件的力、驱动力矩和制动力矩的计算。

轴的强度要满足由外载荷产生的最大瞬间弯曲、扭转和剪切的要求。

齿轮传动装置的固定和与卷筒轴的连接应考虑同轴度误差和机架结构变形等的影响。

应能不用拆卸齿轮传动装置即可检查和补充润滑剂。

当齿轮传动装置设计成可交替驱动几个卷筒时，则每个卷筒都要有单独的控制运动的措施。

5.4.1.6.3 **运行机构**

对于轨道运行的塔机，其运行机构应设有即使在某一支承轮失效时也能防止塔机倾翻的装置。

5.4.1.6.4 **回转机构**

不应使用自锁减速器，以便在需要时臂架能随风旋转。

传动零件应按电机的输出扭矩或制动器的制动力矩中的最大值选择计算。

5.4.1.7 **钢丝绳和卷筒**

5.4.1.7.1 **总则**

钢丝绳的要求如下：

——起升和变幅钢丝绳应符合 GB 8918 的规定；

——钢丝绳的选择应符合 GB/T 13752 的规定；

——钢丝绳的端部固定应符合 GB 5144 的规定；

——钢丝绳的安装、维护保养、检验及报废应符合 GB/T 5972 的规定。

5.4.1.7.2 **起升机构**

卷筒表面应光滑以防止钢丝绳的不正常磨损。

卷筒的最小卷绕直径应符合 GB/T 13752 的规定，应采取措施以保证钢丝绳正确缠绕，钢丝绳偏离与卷筒轴垂直平面的角度不大于 1.5°。

卷筒宜加工绳槽。绳槽节距 p 应在以下范围内：$1.04d<p<1.15d$，d 为钢丝绳直径。

绳槽深度应在 $0.25d$ 到 $0.40d$ 之间，绳槽半径应在 $0.525d$ 到 $0.650d$ 之间。

卷筒两端均应有凸缘，在达到最大设计容绳量时，凸缘高度超出缠绕钢丝绳外表面不小于2倍钢丝绳直径；容绳量的设计应保证在最大起升高度时，吊钩下降到最低位置状态，卷筒上至少还存有3圈安全圈。

5.4.1.7.3 **动臂变幅机构**

卷筒表面应光滑以防止钢丝绳的不正常磨损。

卷筒的最小卷绕直径应符合GB/T 13752的规定，钢丝绳偏离与卷筒轴垂直平面的角度不大于1.5°。

卷筒应加工绳槽，保证钢丝绳正确缠绕，以减少钢丝绳表面磨损和变形及可能的疲劳或损坏。

绳槽节距 p 应在以下范围内：$1.04d<p<1.15d$，d 为钢丝绳直径。

绳槽深度应在 $0.25d$ 到 $0.40d$ 之间，绳槽半径应在 $0.525d$ 到 $0.650d$ 之间。

卷筒两端均应有凸缘，在达到最大设计容绳量时，凸缘高度超出缠绕钢丝绳外表面不小于2倍钢丝绳直径；容绳量的设计应保证在臂架仰角达到最小角度状态，卷筒上至少还存有3圈安全圈。

5.4.1.7.4 **小车变幅机构**

牵引小车两个方向运动的钢丝绳应设计成彼此独立。钢丝绳卷筒应加工绳槽。在全臂长工作时，两绳间至少应空余一个绳槽。

复合槽摩擦轮驱动系统只能用于近似水平载荷场合。其摩擦力矩不小于2倍最恶劣工况的需求力矩。

驱动绳轮至少要有三个槽；张紧装置和导向轮宜为一体。复合槽轮可用楔形槽。

应有保持张力的装置以保证正常工作。

计算时，钢丝绳与绳轮间的摩擦系数取值建议不超过0.10。

钢丝绳设计选择时应考虑以下因素：

a) 臂架倾斜角度；
b) 车轮滚动阻力；
c) 轮缘产生的摩擦阻力；
d) 起升钢丝绳引起的摩擦阻力；
e) 提升载荷的力(对没有载荷平移系统的倾斜臂架塔机)；
f) 张紧装置的作用；
g) 风力影响；
h) 机械惯性。

应设有即使在钢丝绳失效时也能保持小车定位的保护装置。

5.4.1.8 **维护保养**

5.4.1.8.1 机构的设计应使维护保养方便且容易实现，更换易损件时应不需要拆卸整个机构。

5.4.1.8.2 机构的设计应方便检查。尤其是对回转支承连接螺栓、齿轮啮合处和回转支承润滑的检查。

5.4.2 **吊钩**

5.4.2.1 吊钩的选择应符合GB/T 10051.1的规定。

5.4.2.2 吊钩的制造、质量及检验应符合GB/T 10051.2的规定。

5.4.2.3 吊钩应设有防止吊索或吊具非人为脱出的装置。

5.4.3 **滑轮**

5.4.3.1 滑轮的最小卷绕直径应符合GB/T 13752的规定，钢丝绳绕进或绕出滑轮时偏斜的最大角度不应大于4°。

5.4.3.2 装配好的滑轮应运转灵活，绳槽槽底及槽侧跳动应符合JB/T 9005.1的规定。

5.4.4 **车轮**

车轮应符合GB 5144、JB/T 6392.1及JB/T 6392.2的规定。

5.4.5 **回转支承**

5.4.5.1 回转支承的技术要求应符合 JB/T 10837、JB/T 10838、JB/T 10839 及 JB/T 2300 的规定。

5.4.5.2 回转支承及其安装螺栓的选择应符合 GB/T 13752 的规定。

5.4.6 **操纵机构**

操纵机构应符合 GB/T 13752 及 GB 5144 的规定。

5.5 **电气**

5.5.1 **总则**

塔机电气系统应同时满足 GB 5226.2—2002 和本标准的要求。对用于易燃和/或易爆场所的塔机还应符合相关的防爆标准要求。

5.5.2 **电源与供电**

5.5.2.1 凡无特殊要求的塔机，采用 380 V、50 Hz 的三相交流电源。在正常工作条件下，供电系统在塔机馈电线接入处的电压波动应不超过额定值的±10%。根据用户的特殊要求也可以采用其他参数的三相交流电源，电源的容量及压降应满足整机工作的要求。

5.5.2.2 总电源回路应设置总断路器。总断路器应具有电磁脱扣功能，其额定电流应大于塔机额定工作电流，电磁脱扣电流整定值应大于塔机最大工作电流并符合整定要求。总断路器的断弧能力应能断开在塔机上发生的短路电流。

5.5.2.3 应采用 TN-S 接零保护系统（俗称三相五线制）供电。供电线路的零线应与塔机的接地线严格分开。

5.5.2.4 导线的选用应符合 GB/T 13752 相关规定。

5.5.2.5 对于轨道运行的塔机应采用电缆卷筒或类似装置供电。采用电缆卷筒供电时应满足：

——对于外径不大于 21.5 mm 的电缆，电缆卷筒底部直径应不小于电缆外径的 10 倍；对于外径大于 21.5 mm 的电缆，电缆卷筒底部直径应不小于电缆外径的 12.5 倍；

——电缆卷筒应能自动收缠电缆，电缆卷筒的驱动转矩应不小于收缠电缆时所需的最大转矩；

——在收放电缆过程中，作用在电缆导线上的力应尽可能的小，对于没有加强芯的电缆，作用在铜导线截面上的最大允许拉力为 15 N/mm^2；要求缠绕速度高或电缆自重较重时，应采用具有加强芯的电缆；

——电缆卷筒的集电滑环应满足相应的电压等级和电流容量的要求，每个滑环至少有一对电刷，电刷的防护等级应不低于 IP54。

5.5.2.6 沿塔身垂直悬挂的电缆应使用电缆网套或其他装置悬挂，其挂点数量应根据电缆的规格、型号、长度及塔机工作环境确定，保证电缆在使用中不被损坏。

5.5.2.7 电缆需接长时，应采用中间接线盒，接线盒的防护等级应不低于 IP44。

5.5.2.8 回转处采用集电器供电的塔机，集电滑环应满足相应的电压等级和电流容量的要求，每个滑环至少有一对电刷，电刷的防护等级应不低于 IP54。集电器的设计应方便维护与检查。

5.5.3 **控制系统**

5.5.3.1 控制系统的图形符号应符合 GB/T 4728.1～4728.13 的有关规定。

5.5.3.2 控制系统的设计应符合 GB/T 13752 的规定，控制回路电源应取自隔离变压器。在供电系统电压波动到额定值的 90%时，无论载荷处于什么位置，系统应保证机构正常工作且不出现溜钩。

5.5.3.3 电器元件的选择应符合塔机工作环境及机构工作级别的要求。

5.5.3.4 采用的电子控制装置抗群脉冲干扰等级应不低于 2 000 V 级，并应能在温度－20 ℃～＋60 ℃、相对湿度不大于 95%（25 ℃时）的环境下正常工作。

5.5.3.5 各限位开关动作应灵敏可靠，防护等级不低于 IP44。

5.5.3.6 控制系统配线(含外接线、缆)固定应整齐可靠、便于检修。所有导线端部及接线端子应有正确的标记、编号,并与电气原理图和布线图一致。多芯铜线不允许直接压入端子。

5.5.3.7 动力电路和控制电路的对地绝缘电阻应不低于 0.5 MΩ。

5.5.3.8 电控柜(配电箱)应有门锁。门内应有电气原理图或布线图、操作指示等,门外应设有有电危险的警示标志。防护等级不低于 IP44。

5.5.3.9 电气系统的安装还应符合 GB 50256 的规定并便于维护。

5.5.4 操纵装置

5.5.4.1 操纵装置宜优先采用联动操纵台(固定式、遥控式)。操纵台的布置应符合 GB 5144 的规定。

5.5.4.2 操纵台应具有防止因无意刮碰而引起机构误动作的功能。

5.5.4.3 可以在两处或两处以上分别操纵的控制系统,应设有可靠的电气联锁装置。

5.5.4.4 操纵力不应超过 100 N,推荐采用如下值:

——对于左右方向的操作,控制在 5 N～40 N 之间;

——对于前后方向的操作,控制在 8 N～60 N 之间。

5.5.4.5 采用有线遥控式操纵台时,其控制电路电压不应高于 48 V,防护等级不低于 IP44。

5.5.4.6 采用无线遥控式操纵台时,除满足 5.5.4.1～5.5.4.4 外,还应符合 GB 5226.2—2002 中 9.2.7 的规定。

5.5.5 电气保护

5.5.5.1 电机的保护

电机应具有如下一种或一种以上保护,具体选用应按电机及其控制方式确定:

a) 短路保护;

b) 在电机内设置热传感元件;

c) 热过载保护。

5.5.5.2 线路保护

所有外部线路都应具有短路或接地引起的过电流保护功能,在线路发生短路或接地时,瞬时保护装置应能分断线路。

5.5.5.3 错相与缺相保护

塔机应设有错相与缺相、欠压、过压保护。

5.5.5.4 零位保护

塔机各机构控制回路应设有零位保护。运行中因故障或失压停止运行后,重新恢复供电时,机构不得自行动作,应人为将控制器置零位后,机构才能重新启动。

5.5.5.5 失压保护

当塔机供电电源中断后,各用电设备均应处于断电状态,避免恢复供电时用电设备自动启动。

5.5.5.6 紧急停止

司机操作位置处应设置紧急停止按钮,在紧急情况下能方便切断塔机控制系统电源。紧急停止按钮应为红色非自动复位式。

5.5.5.7 预减速保护

塔机具有多挡变速的变幅机构,宜设有自动减速功能使变幅到达极限位置前自动降为低速运行。

塔机具有多挡变速的起升机构,宜设有自动减速功能使吊钩在到达上限位前自动降为低速运行。

5.5.5.8 超速开关

对动臂变幅机构,应设置超速开关,超速开关的整定值取决于控制系统性能和额定下降速度,通常为额定下降速度的 1.25 倍～1.4 倍。

5.5.5.9 **避雷保护**

为避免雷击，塔机主体结构、电机机座和所有电气设备的金属外壳、导线的金属保护管均应可靠接地，其接地电阻应不大于 4 Ω。采用多处重复接地时，其接地电阻应不大于 10 Ω。

5.5.6 **照明、信号**

5.5.6.1 司机室应有照明设施，照度不应低于 30 lx。照明电路电压应不大于 250 V，其供电应不受停机影响。

5.5.6.2 塔顶高于 30 m 的塔机，其最高点及臂端应安装红色障碍指示灯，指示灯的供电应不受停机影响。

5.5.6.3 快装式塔机在拖行时应装有直流 24 V 的宽度、高度、长度、转向及刹车警示灯，其性能及控制应符合交通安全的要求。

5.5.6.4 操纵装置上应设有电源开合状态信号指示、超起重力矩和超起重量的报警或信号指示。

5.5.7 **其他**

5.5.7.1 司机室用取暖、降温设备应采用单独电源供电。选用冷暖风机时应选用铁壳防护式，并固定安装、外壳接地。

5.5.7.2 若设置升降机，其电气设计、安全设施应符合 GB/T 10054 及 GB 10055 的规定。

5.6 **安全装置**

5.6.1 **起升高度限位器**

5.6.1.1 对动臂变幅的塔机，当吊钩装置顶部升至起重臂下端的最小距离为 800 mm 处时，应能立即停止起升运动，对没有变幅重物平移功能的动臂变幅的塔机，还应同时切断向外变幅控制回路电源，但应有下降和向内变幅运动。

5.6.1.2 对小车变幅的塔机，吊钩装置顶部升至小车架下端的最小距离为 800 mm 处时，应能立即停止起升运动，但应有下降运动。

5.6.1.3 所有型式塔机，当钢丝绳松弛可能造成卷筒乱绳或反卷时应设置下限位器，在吊钩不能再下降或卷筒上钢丝绳只剩 3 圈时应能立即停止下降运动。

5.6.2 **幅度限位器**

5.6.2.1 对动臂变幅的塔机，应设置幅度限位开关，在臂架到达相应的极限位置前开关动作，停止臂架再往极限方向变幅。

5.6.2.2 对小车变幅的塔机，应设置小车行程限位开关和终端缓冲装置。限位开关动作后应保证小车停车时其端部距缓冲装置最小距离为 200 mm。

5.6.3 **动臂变幅幅度限制装置**

对动臂变幅的塔机，应设置臂架极限位置的限制装置。该装置应能有效防止臂架向后倾翻。

5.6.4 **回转限位器**

对回转处不设集电器供电的塔机，应设置正反两个方向回转限位开关，开关动作时臂架旋转角度应不大于±540°。

5.6.5 **运行限位器**

对于轨道运行的塔机，每个运行方向应设置限位装置，其中包括限位开关、缓冲器和终端止挡。应保证开关动作后塔机停车时其端部距缓冲器最小距离为 1 000 mm，缓冲器距终端止挡最小距离为1 000 mm。

5.6.6 **起重力矩限制器和起重量限制器**

5.6.6.1 当起重力矩大于相应幅度额定值并小于额定值 110%时，应停止上升和向外变幅动作。

5.6.6.2 力矩限制器控制定码变幅的触点和控制定幅变码的触点应分别设置，且能分别调整。

5.6.6.3　对小车变幅的塔机，其最大变幅速度超过 40 m/min，在小车向外运行，且起重力矩达到额定值的 80%时，变幅速度应自动转换为不大于 40 m/min 的速度运行。

5.6.6.4　当起重量大于最大额定起重量并小于 110%额定起重量时，应停止上升方向动作，但应有下降方向动作。具有多挡变速的起升机构，限制器应对各挡位具有防止超载的作用。

5.6.7　小车断绳保护装置

对小车变幅塔机应设置双向小车变幅断绳保护装置。

5.6.8　小车防坠落装置

对小车变幅塔机应设置小车防坠落装置，即使车轮失效小车也不得脱离臂架坠落。

5.6.9　抗风防滑装置

对轨道运行的塔机，应设置非工作状态抗风防滑装置，其强度应满足 5.4.1.1.4 计算受力的要求。

5.6.10　钢丝绳防脱装置

滑轮、起升卷筒及动臂变幅卷筒均应设有钢丝绳防脱装置，该装置表面与滑轮或卷筒侧板外缘间的间隙不应超过钢丝绳直径的 20%，装置可能与钢丝绳接触的表面不应有棱角。

5.6.11　爬升装置防脱功能

自升式塔机应具有可靠的防止在正常加节、降节作业时，爬升装置从塔身支承中或油缸端头从其连接结构中自行(非人为操作)脱出的功能。

5.6.12　报警及显示记录装置

5.6.12.1　报警装置

塔机应装有报警装置。

在塔机达到额定起重力矩和/或额定起重量的 90%以上时，装置应能向司机发出断续的声光报警。在塔机达到额定起重力矩和/或额定起重量的 100%以上时，装置应能发出连续清晰的声光报警，且只有在降低到额定工作能力 100%以内时报警才能停止。

5.6.12.2　显示记录装置

塔机应安装有显示记录装置。该装置应以图形和/或字符方式向司机显示塔机当前主要工作参数和额定能力参数。主要工作参数至少包含当前工作幅度、起重量和起重力矩；额定能力参数至少包含幅度及对应的额定起重量和额定起重力矩。对根据工作需要可改变安装配置(如改变臂长、起升倍率)的塔机，显示装置显示的额定能力参数应与实际配置相符。显示精度误差不大于实际值的 5%；记录至少应存储最近 1.6×10^4 个工作循环及对应的时间点。

5.6.13　风速仪

对臂根铰点高度超过 50 m 的塔机，应配备风速仪，当风速大于工作允许风速时，应能发出停止作业的警报。

5.6.14　工作空间限制器

用户需要时，塔机可装设工作空间限制器，见附录 B。对单台塔机，工作空间限制器应在正常工作时根据需要限制塔机进入某些特定的区域或进入该区域后不允许吊载。对群塔(两台以上)，该限制器还应限制塔机的回转、变幅和整机运行区域以防止塔机间结构、起升绳或吊重发生相互碰撞。

当塔机间的工作空间限制器间采用有线通讯时，应采取有效措施防止电缆(电线)意外损坏。

5.7　制造商提供的技术资料

5.7.1　销售塔机时应提供的资料

制造商在签定供货合同时应提供有关资料，见附录 C。该资料应作为合同附件存入设备档案。

5.7.2　供货时应提供的资料

5.7.2.1　制造商供货时应提供塔机的使用说明书，使用说明书内容至少应包括：

a) 场地的准备、塔机基础及附着的设计资料：

1) 适用于所售塔机结构型式，在最大独立安装状态时塔机对基础的垂直作用力、水平作用力、倾翻力矩和扭转力矩。并应说明主要作用力是来自工作状态还是非工作状态，以及相应的风速和作用方向。对轨道运行的塔机，可用轮压或台车负荷来描述。

2) 适用于所售塔机结构型式，按制造商推荐的附着间距和悬臂高度时塔身附着点的作用力。并应说明主要作用力是来自工作状态还是非工作状态，以及相应的风速和作用方向。当附着不当会对塔身受力造成影响时，应在文件的适当位置对安装人员给出警示，必要时应用示意图对附着细部进行描述和说明。

3) 对轨道运行的塔机，应说明满足抗风防滑要求所能承受的最大风速，以及当超过工作风速时应采取的安全措施。

4) 轨道的安装要求。

5) 架设安装的场地要求。

6) 平衡重和压重的要求。

b) 安装说明如下：

1) 构件与部件的轮廓尺寸及重量。

2) 必要时，推荐构件与部件的吊点及吊挂方法。

3) 按规定程序安装/拆卸时，非均衡构件和部件的重心位置。

4) 推荐的安装方法和顺序。当构件强度或稳定性限制须采用特殊安装方法或安装顺序时，应在文件的适当位置对安装人员给出警示。

5) 关键部件的连接细节。必要时应用示意图进行描述和说明：

——螺栓、销轴和其他所需零部件；

——连接处的安装方法；

——高强螺栓的预紧力矩或预紧力；

——在安装过程中各步骤控制力矩或力的要点。

c) 安装后的检查、调试和使用说明：

应详细说明塔机安装后应进行的检查内容、方法和要求，尤其是安全装置的种类、安装位置、工作原理、调试方法与要求。以及关键零件(如螺栓)的重复使用限制条件等。

d) 与塔机操作使用有关的资料、数据和建议。至少应包括以下内容：

1) 正确的操作方法与限制操作要求；

2) 主要性能参数，包括但不限于起重特性图表、起重量与起升速度关系图表、电气原理图等；

3) 司机交接班要求；

4) 其他能保证按设计要求进行操作以及能减少事故和设备损坏可能性的建议。

e) 维护要求与建议：

应提供有关塔机维护保养的说明和检查维护频度的建议。并提供与第 11 章检查要求有关的详细技术资料和基础数据。

f) 整机外廓尺寸：

应提供与所售塔机结构型式相符的整机外廓尺寸数据，例如图 1、图 2 和图 3 所标尺寸。

5.7.2.2 其他

制造商还应提供设备清单、配件目录及政府相关主管部门要求的其他资料。

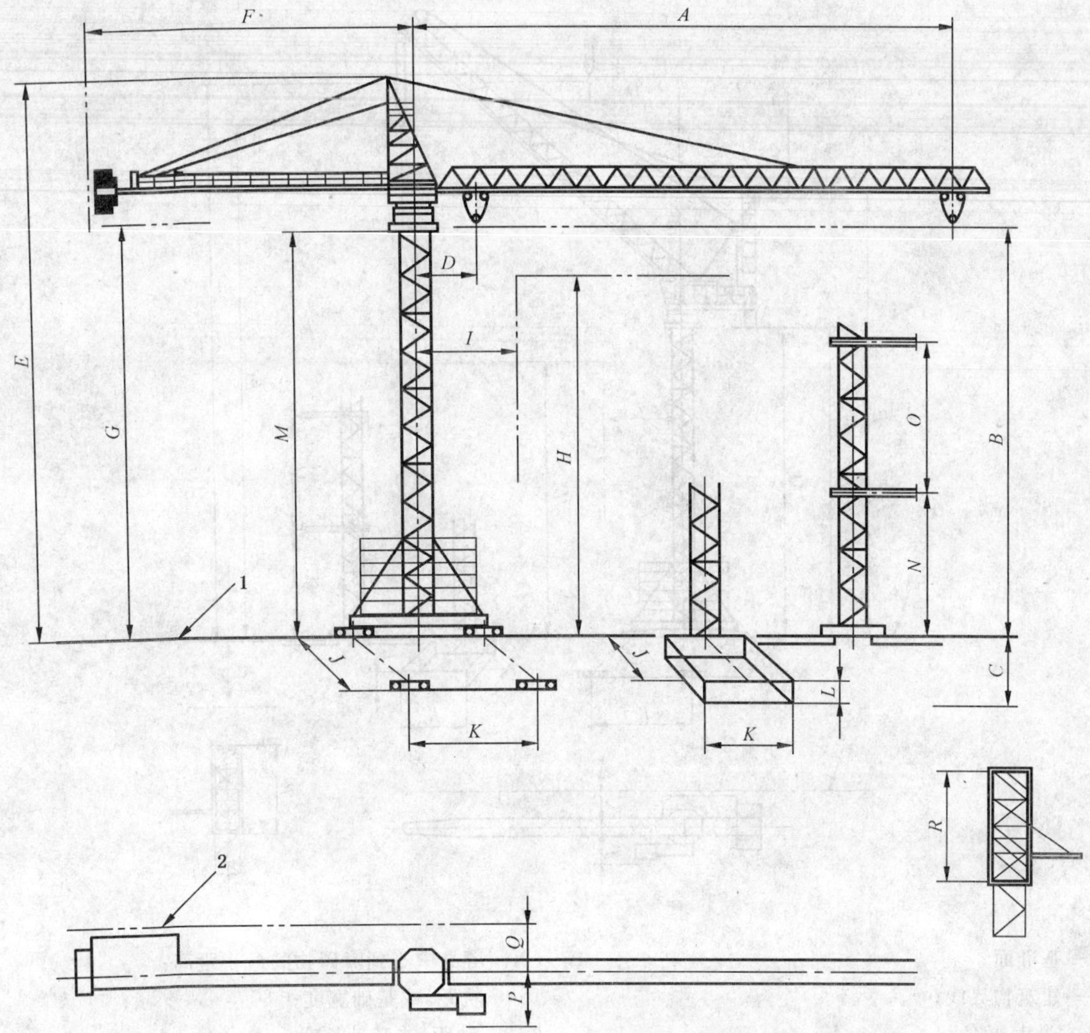

1——基准面；
2——建筑物界线；
A——最大幅度；
B——基准面以上吊钩最大起升高度；
C——基准面以下吊钩最大下降高度；
D——最小幅度；
E——塔顶顶部距基准面的最大垂直距离；
F——尾部回转半径；
G——尾部以下净高；
H——障碍物的最大高度；
I——塔身中心到障碍物的最小距离；
J——轨距，或基础宽度；
K——轴距，或基础长度；
L——基础深度；
M——最大独立塔身高度；
N——第一道附着高度；
O——附着间距；
P——司机室侧边的最小间隙；
Q——司机室对侧的最小间隙；
R——爬升架高度。

图 1　制造商应提供的塔机使用尺寸示例

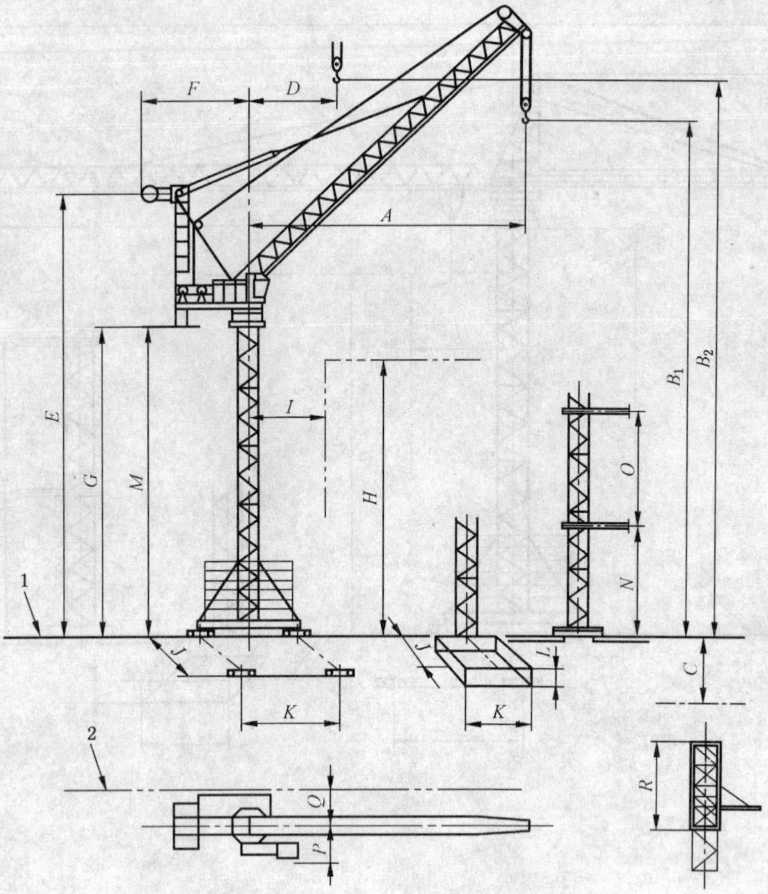

1——基准面；
2——建筑物界线；
A——最大幅度；
B_1——最大幅度时基准面以上吊钩最大起升高度；
B_2——最小幅度时基准面以上吊钩最大起升高度；
C——基准面以下吊钩最大下降高度；
D——最小幅度；
E——塔顶顶部距基准面的最大垂直距离；
F——尾部回转半径；
G——尾部以下净高；
H——障碍物的最大高度；
I——塔身中心到障碍物的最小距离；
J——轨距，或基础宽度；
K——轴距，或基础长度；
L——基础深度；
M——最大独立塔身高度；
N——第一道附着高度；
O——附着间距；
P——司机室侧边的最小间隙；
Q——司机室对侧的最小间隙；
R——爬升架高度。

图2　制造商应提供的塔机使用尺寸示例

1——安装拉索；

2——重心；

T——塔身标准节数量；

U——塔身加强节数量；

V——标准节外形尺寸和质量；

W——附着点以上的最大悬臂高度；

X——内爬式塔身的数量和质量；

∑——装船或安装用零部件质量和重心标示图示。

图3　制造商应提供的塔机附加使用尺寸示例

6 试验方法

6.1 试验条件

6.1.1 试验样机

6.1.1.1 试验样机应有完整的结构、配套机械、电气设备的检验数据、记录和合格证。

6.1.1.2 试验样机应装配完备、调试合格。试验期间,按照使用说明书要求在试验前进行班前保养。在试验过程中不允许修配或更换零部件。

6.1.1.3 试验样机应为设计规定的标准基本机型。

6.1.2 仪器、设备

6.1.2.1 测试用的仪器、设备均应有产品合格证,应是在检定周期内且检定合格。其性能和精度应满足测量的要求。

6.1.2.2 试验用载荷的质量与其标定值的误差不大于1%。

6.1.3 其他

6.1.3.1 试验塔机的基础或轨道应符合制造商使用说明书的规定。

6.1.3.2 试验环境温度应在-15 ℃~+40 ℃之间,风速不超过8.3 m/s。对速度及侧向垂直度测试时风速不超过3 m/s。

6.1.3.3 电源电压误差为额定电压的±10%。

6.1.3.4 参与塔机测试的司机及指挥人员应有相关的资执。

6.2 性能试验

6.2.1 质量、尺寸、参数测量

6.2.1.1 各零部件质量在总装前分别进行测定。

6.2.1.2 工作幅度、起升高度等尺寸参数在空载状态下测量。

6.2.1.3 侧向垂直度在最大独立安装高度、空载状态、臂架相对塔身0°和90°时分别沿臂架方向测量(见图4),标尺贴靠在塔身结构中心的最低处和最高处,用经纬仪读出两处的值。侧向垂直度误差按式(2)计算。

$$\Delta L=\frac{|L_1-L_2|}{\Delta H}\leqslant 4/1\,000 \quad\cdots\cdots(2)$$

式中:

L_1——上部测量点标尺读数,单位为毫米(mm);

L_2——下部测量点标尺读数,单位为毫米(mm);

ΔH——两个测量点间的高度差,单位为毫米(mm)。

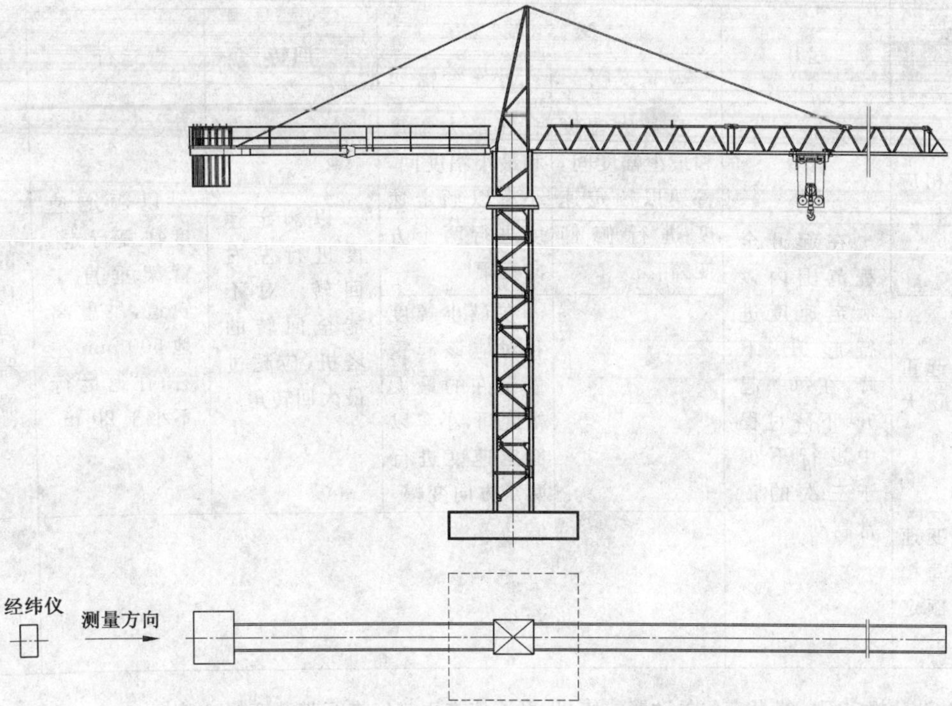

图 4 侧向垂直度测量方向示意图

6.2.1.4 标准节互换性通过任意抽取两节相同规格的标准节进行组装检查。

6.2.2 机构安全检查

采用目测等常规方法检查。

6.2.3 结构安全检查

采用目测等常规方法检查。

6.2.4 空载试验

塔机空载状态下，起升、回转、变幅、运行各动作的操作试验。检查：

a) 操作系统、控制系统、联锁装置动作准确性和灵活性；

b) 各行程限位器的动作准确性和可靠性；

c) 各机构中无相对运动部位是否有漏油现象，有相对运动部位的渗漏情况，各机构运动的平稳性，是否有爬行、振颤、冲击、过热、异常噪声等现象。

6.2.5 额定载荷试验

额定载荷试验按表 2 进行。每一工况试验不少于 3 次。各参数的测定值取为 3 次测量的算术平均值。

6.2.6 110%额定载荷动载试验

110%额定载荷动载试验按表 3 进行。每一工况试验不少于 3 次。每一次的动作停稳后再进行下一次启动。

表 2　额定载荷试验

工　况	试验方法：起升	试验方法：变幅—动臂变幅	试验方法：变幅—小车变幅	试验方法：回转	试验方法：运行	试验目的
最大幅度相应的额定起重量	在起升全程范围内以额定速度进行起升、下降，在每一起升、下降过程中进行不少于三次的正常制动	在最大幅度和最小幅度间，臂架以额定速度进行俯仰变幅	在最大幅度和最小幅度间，小车以额定速度进行两个方向变幅	以额定速度进行左右回转。对不能全回转的塔机，应超过最大回转角	以额定速度往复行走。臂架垂直于轨道，吊重离地 500 mm 左右，往返运行不小于 20 m	测量各机构的运动速度；机构及司机室噪声；力矩限制器、起重量限制器精度
最大额定起重量相应的最大幅度		—	在最小幅度和对应该起重量允许的最大幅度间，小车以额定速度进行两个方向变幅			
具有多挡变速的起升机构，每挡速度允许的额定起重量		—				测量每挡工作速度

注 1：对设计规定不能带载变幅的动臂式塔机，可不按本表规定进行带载变幅试验。

注 2：对可变速的其他机构，应进行试验并测量各挡工作速度。

表 3　110%额定载荷动载试验

工　况	试验方法：起升	试验方法：变幅—动臂变幅	试验方法：变幅—小车变幅	试验方法：回转	试验方法：运行	试验目的
最大幅度相应额定起重量的 110%	在起升全程范围内以额定速度进行起升、下降	在最大幅度和最小幅度间，臂架以额定速度进行俯仰变幅	在最大幅度和最小幅度间，小车以额定速度进行两个方向变幅	以额定速度进行左右回转。对不能全回转的塔机，应超过最大回转角	以额定速度往复行走。臂架垂直于轨道，吊重离地 500 mm 左右，往返运行不小于 20 m	根据设计要求进行组合动作试验，并目测检查各机构运转的灵活性和制动器的可靠性。卸载后检查机构及结构各部件有无松动和破坏等异常现象
起吊最大额定起重量的 110%，在该吊重相应的最大幅度时		—	在最小幅度和对应该起重量允许的最大幅度间，小车以额定速度进行两个方向变幅			
在上两个幅度的中间幅度处，相应额定起重量的 110%						
具有多挡变速的起升机构，每挡速度允许的额定起重量的 110%		—				

注：对设计规定不能带载变幅的动臂式塔机，可不按本表规定进行带载变幅试验。

6.2.7 125%额定载荷静载试验

125%额定载荷静载试验按表4进行,试验时臂架分别位于与塔身成0°和45°的两个方位。

表4 125%额定载荷静载试验

工况	试验方法	试验目的
最大幅度相应额定起重量的125%	起升额定载荷,离地100 mm~200 mm,停稳后,逐次加载至125%,测量载荷离地高度,停留10 min钟后同一位置测量并进行比较	检查制动器可靠性,并在卸载后目测检查塔机是否出现可见裂纹、永久变形、油漆剥落、连接松动及其他可能对塔机性能和安全有影响的隐患
起吊最大额定起重量的125%,在该吊重相应的最大幅度时		
在上两个幅度的中间幅度处,相应额定起重量的125%		
注1:试验时不允许对制动器进行调整; 注2:试验时允许对力矩限制器、起重量限制器进行调整。试验后应重新将其调整到规定值。		

6.2.8 外观检查

目测检查。

6.2.9 电气系统试验和检查

常规方法进行试验和检查。

6.2.10 连续作业试验

连续作业循环次数不少于30次,中途因故停机,循环次数应重新计算。

作业循环的规定:吊重为70%最大额定起重量,在相应幅度起升不小于10 m,回转180°以上再回到原位,在相应幅度至最小幅度间往返变幅一次,吊重下降到地面。这一作业过程为一次作业循环。

对于轨道运行的塔机,作业循环还应包括往返运行20 m以上距离。

试验完毕检查各部件,不应有损坏及异常现象。

6.2.11 安全装置试验

安全装置试验方法按附录D进行。

6.3 结构试验

结构试验方法按附录E进行。

6.4 可靠性试验

可靠性试验方法按附录F进行。

7 检验规则

7.1 分类

塔机检验分为型式检验、出厂检验和使用检查。

7.2 型式检验

7.2.1 有下列情况之一时,应进行型式检验:

a) 新产品投放市场前;

b) 产品结构、材料或工艺有较大变动,可能影响产品性能和质量;

c) 产品停产1年以上,恢复生产;

d) 国家质量监督机构提出进行型式检验的要求。

7.2.2 型式检验项目和合格判定见附录G。

7.3 出厂检验

7.3.1 产品交货,用户验收时应进行出厂检验(或称交收检验)。出厂检验通常在生产厂内进行,特殊情况可在供、需双方协议地点进行。

7.3.2 出厂检验项目和合格判定见附录G。出厂检验应提供检验报告。

7.4 使用检查

塔机在正常使用中应按规定进行检查，检查的内容、周期与要求按第11章规定进行。

7.5 抽样

型式检验时，随机抽取一台样机，并进行标记、封存。允许在塔机安装架设前进行抽样。

7.6 判定规则

型式检验时，首次抽样样机不合格，允许进行修复、调试或更换易损件后重检，仍不合格应重新抽样。第二次抽样样机仍不合格，应判定该批产品不合格。

7.7 检验机构和人员

7.7.1 型式检验应由具有资质的检测机构完成，主检人员应有相关的资格证书。

7.7.2 出厂检验应由制造商质检部门完成，需方认为有必要时可派有能力的工程师参与或委托有资质的检测机构完成。

8 信息标识

8.1 标识

8.1.1 制造商信息

每台塔机均应有耐用金属标牌永久清晰地标识以下信息：

a) 产品名称和型号标识；

b) 产品制造编号和出厂日期；

c) 制造商名称；

d) 制造许可证号。

8.1.2 额定能力信息

每台塔机均应有耐用且清晰的图表标牌，该标牌应固定在司机处于操作位时可见的位置，其图表应包括但不限于以下内容：

a) 对应不同臂长、倍率时各幅度的起重量、合适的起升速度及得当的平衡重布置；

b) 与限制器和操作步骤有关的警告提示；

c) 最大允许工作风速；

d) 应将吊索及附加取物装置作为起升载荷组成部分的提示。

8.2 有关司机操作的信息

8.2.1 操纵装置和指示装置

所有操纵装置应标有文字或符号以指示其功能，并在适当的位置指示操作的动作方向。信息应易于识别且清晰可见。

8.2.2 紧急情况说明

制造商认为必要的一些紧急情况说明和警告提示信息应做成标牌，并固定在司机可看到的位置。

8.2.3 塔机司机任务信息

有关司机在操作塔机之前、操作过程中及操作完成后的各项任务信息，应以标牌形式永久固定在司机室内，无司机室时(如采用遥控操纵台)应固定在塔机电源开关附近。

8.3 塔机工作区域有关人员的警告信息

可能影响在塔机上或塔机周围工作人员安全的危险警告信息，应以文字、图形和/或符号标牌的形式给出并固定在合适的位置。

8.4 设备可追溯性信息

塔机的标准节、臂架、拉杆、塔顶等主要结构件应设有可追溯制造日期的永久性标志。

9 包装、运输和贮存

9.1 包装

9.1.1 塔机及其零部件的包装应符合 JG/T 5012 的规定。

9.1.2 装箱单应与实物相符,装箱单内容应包括产品制造编号、箱号、箱内零部件名称与数量、重量、连接件使用部位、发货日期、检验员签字等。

9.1.3 零部件应有识别标志,如标牌、标签等。标牌、标签应牢固清晰。

9.1.4 在向用户提供整机时,制造商应随机提供:

a) 订货合同规定的其他附属设备、装置及备件;

b) 安装、维修保养所必需的专用工具;

c) 5.7.2 规定的技术资料。

9.2 运输

9.2.1 塔机的运输应符合铁路、公路交通运输的规定。

9.2.2 整体拖运还应满足:

a) 拖运装置应设有制动、转向装置,并符合通用牵引车辆的要求;

b) 塔机回转部分应锁止,以防止机构损坏;

c) 最大轴荷应符合道路桥梁限载要求。

9.3 贮存

9.3.1 塔机贮存时应采取措施防止结构变形。长期贮存时,弹簧、轮胎、油缸均应卸去载荷,轮胎应适当充气。

9.3.2 长期贮存时,应定期清理、涂漆。裸露的装配面应采取有效的防腐措施,电气系统、塑料零件、橡胶制品应避免日光直晒和油污以防止过早老化。

9.3.3 长期贮存后启用时,应按第 11 章要求进行全面检查。

9.3.4 塔机贮存时,应保存有详细档案,贮存期间的所有变动情况均应详细记入档案。

10 安装及爬升

10.1 人员的职责和基本要求

10.1.1 总则

要求进行吊装作业的组织或个人(以下简称雇主)应指派一个全权代表(以下简称指派人员)全面管理塔机的安装、拆卸、爬升工作。指派人员不应是塔机司机。

10.1.2 指派人员的职责

指派人员应负有以下职责:

a) 对塔机安装相关事项进行审核,包括:工作计划、塔机安装位置的选择、工作规程和监管。还应包括与其他责任团体的协商以及确保在必要时与相关各组织之间的协作。

b) 安排对塔机进行全面的检查、检验等,以及确认设备已按要求进行维护。

c) 保证故障和事故报告的程序有效运行,以及对故障和事故采取必要的正确处理方法。

d) 负有组织塔机安装、拆卸、爬升的责任。

e) 核实通道的梯子、休息平台及其附件与制造商的说明书相一致。

其他参见 10.2、10.3 和第 11 章中关于指派人员的职责。

10.1.3 塔机安装人员

10.1.3.1 职责

塔机安装人员负责根据制造商使用说明书安装塔机(见 10.3)。在安装过程中应指定一人作为“安装主管”全过程监管安装工作。

10.1.3.2 基本要求

塔机安装人员应符合以下条件：

a） 具有资格证书；

b） 年龄大于18周岁；

c） 适应该项工作，特别是视力、听力、灵活性和反应能力；

d） 具备安全搬运重物，包括安装塔机的体力；

e） 能够登高作业；

f） 具有估计载荷质量、平衡载荷及判断距离、高度和净空的能力；

g） 经过吊装及信号技术的培训；

h） 具有根据载荷的情况选择吊具和附件的能力；

i） 在塔机安装、拆卸以及所安装类型塔机的操作方面经过全面培训；

j） 在所安装类型塔机的安全装置的安装和调试方面经过全面培训；

k） 完全熟悉并掌握制造商使用说明书中相关章节的要求；

l） 能熟练并正确使用所有个人安全防护装备。

10.1.4 塔机安装主管

10.1.4.1 职责

塔机安装主管在塔机的整个安装/拆卸、爬升过程中不应离开现场。塔机安装主管除具有塔机安装员的职责外还具有以下职责：

a） 管理所有安装人员和在安装/拆卸过程中可能用到的相关辅助起重设备的操作人员。

b） 提供保证塔机按塔机安装工作计划运行的技术措施。

c） 保证塔机的附属设施与安装报告完全一致。

d） 查证所有安装人员都配备有必要的工具和个人安全保护设备。

e） 保证通道设备随安装过程的逐步正确安装，以便于安装人员使用。尤其要注意：

——梯子连接螺栓；

——扶手，尤其是休息平台和检查平台的扶手；

——从地面到最低的梯子的下端或塔机底架的通道；

——从建筑物到塔机的通道。

其他参见10.3.3、10.3.4、10.3.8中关于安装主管的职责。

10.1.4.2 基本要求

塔机安装主管除满足塔机安装员的要求外还应满足以下条件：

a） 有5年以上塔机或类似设备的安装与拆卸工作经验并接受过安装主管方面的培训；

b） 熟悉并拥有该塔机的用户手册；

c） 接受过对塔机安装拆卸人员进行管理的培训；

d） 能证实安装过程中使用设备的适用性。

10.2 塔机安装位置选择

10.2.1 通则

塔机安装位置的选择应考虑所有影响其安全操作的因素，特别注意以下几点：

a） 地基承载和附着条件；

b） 现场和附近的其他危险因素；

c） 在工作或非工作状态下风力的影响；

d) 满足安装架设(拆卸)空间和运输通道(含辅助起重机站位)要求。

10.2.2 地基承载和附着条件

10.2.2.1 一般要求

指派人员应确保安装处的地基承载能力和附着物能够承受塔机在工作状态和非工作状态所施加的载荷。

当塔机安装位置靠近已经存在或即将建成的建筑物的地基时,指派人员应确保地基已按照设计的要求进行了处理。

在安装(拆卸)或使用中,当塔机附近地区地基受到其他施工影响时,应及时咨询设计师(建筑),对塔机基础整体或局部进行维护。

无论采用轨道基础、特殊基础还是固定基础安装,均应保证基础的公差满足塔机安装使用的要求。

需要附着使用时,附着结构型式应遵照制造商的要求或主管工程师确认的计算结果设计选用,并应校核附着结构和附着物的承载能力。

10.2.2.2 固定基础

采用固定基础安装时,固定基础的尺寸应满足塔机工作状态和非工作状态稳定要求以及地基承载能力的要求。固定基础应由专业工程师设计。

当设计的基础要求降低塔机的独立使用高度时,应在设计文件中清晰地标明允许的最大独立使用高度并确保按其执行。

10.2.2.3 轨道基础

轨道的选用和铺设应符合制造商使用说明书和 GB 5144 的要求。

轨道上(内)不允许存放物料,建议对整个轨道范围采用围挡封闭以防止未授权人员进入。

当有交通工具需要通过轨道的情况时,应采取特别措施以防止发生碰撞和干扰轨道。

除非得到冶金专家的许可,轨道不应焊接使用。

在计算整机稳定性时,不应记入抗风防滑锚定装置的有利作用。

轨道应定期(最长不超过 1 个月)检查,有超差、悬空等异常情况时应立即处理。

在任何需要时或非工作状态下应及时锁定抗风防滑锚定装置。

10.2.2.4 特殊基础

当需要采用如钢结构平台等特殊基础时,指派人员应保证该基础是由专业工程师设计并能满足塔机使用要求。

10.2.3 周围障碍物

10.2.3.1 通则

塔机的安装选址应充分考虑周边障碍物对塔机操作和塔机运行对周边的影响,如附近建筑物、其他塔机、公共场所(包括学校、商场等)、公共交通区域(包括公路、铁路、航运等)。在塔机及其载荷不能避开这类障碍时,应向有关政府部门咨询。

塔机基础应避开任何地下设施,无法避开时,应对地下设施采取保护措施,预防灾害事故发生。

10.2.3.2 高架电气线路和电缆

塔机离开高架电缆线的安全距离应符合 GB 5144 的要求。对不能确认不带电的电缆线应按带电考虑,对不能确认为低压的电缆线应按高压考虑。在无法满足要求时,应采取切实的保护措施并经相关部门许可。

10.2.3.3 航空站/飞机场和航线附近的塔机管理

当塔机在航空站/飞机场和航线附近安装使用时,指派人员应向相关部门通报并获得许可。

10.2.3.4 强磁场区域的塔机管理

当塔机在强磁场区域(如电视发射台、发射塔、雷达站附近等)安装使用时,指派人员应采取保护措施以防止塔机运行切割磁力线发电而对人员造成伤害,并应确认磁场不会对塔机控制系统(采用遥控操作时应特别注意)造成影响。

10.3 安装、拆卸和爬升(降)

10.3.1 工作计划

塔机的安装、拆卸和爬升(降)均应制定详细的工作计划并经相应的监督。在计划阶段,安装施工组织可采用列检查表的方式以确保没有遗漏。计划应由具有实践操作经验的人制定,在施工前应召开全部有关人员参加的工作会议以使每个人都明白操作程序和自己的职责。工作计划至少应包含以下内容:

a) 塔机进场(出场)运输方式;

b) 装/拆过程中辅助起重机的选择和站位;

c) 运输车辆的进出通道安排;

d) 塔机安装处的场地情况;

e) 塔机需要安装的最大高度和臂架长度;

f) 周围障碍物情况(见10.2.3);

g) 安装过程中需要的所有专用起重设备;

h) 与相邻设施业主的联络;

i) 按法规要求需要联系的当地政府部门和机构;

j) 必要的道路封闭安排;

k) 从制造商使用说明书中获得的以安装人员能完全理解的语言表述的实用信息;

l) 塔机安装施工区域应用绳索或类似物进行围挡以阻止无关人员进入。

10.3.2 供电

塔机的供电应符合政府主管部门的要求,同时还应注意以下几点(与设计要求无关):

——在通电之前应检查电源与塔机设备性能的兼容性;

——应提供电路保险或断路器;

——应严格保证工作过程中不损坏、拖拽电缆;

——除塔机内部电源开关外,还应备有明显可见的外部开关用于切断塔机电源。

10.3.3 执行

塔机的安装、拆卸和爬升(降)应在安装主管指挥下按照制造商使用说明书要求进行。安装主管在认为场地条件、气候、障碍物或其他原因不能保证安全时有权终止作业。

塔机安装主管应密切联络施工区域内所有人员并认真考虑区域内任何人员发出的信息或预警。

10.3.4 管理

在塔机的安装、拆卸和爬升(降)过程中,安装主管还应负责对辅助起重机操作司机进行管理。

指派人员应保证所有的操作一直处于监督员的监管之下。

10.3.5 安装前的检查

所有部件在安装前均应进行检查以证实处于良好状态。

所有部件的吊点均应进行标识或确认。

10.3.6 天气

塔机的安装、拆卸和爬升(降)不应在超过制造商规定的允许最大风速、雨、雪、大雾和塔机结构上结冰等气候条件下进行。应特别注意对爬升(降)作业的风速限制。

气候条件(如塔机结构、走台上等有冰)有可能对安装人员造成危险时,不应进行安装、拆卸或爬升(降)作业。

10.3.7 制造商有关塔机安装、拆卸和爬升(降)的说明

塔机安装、拆卸和爬升(降)的操作程序应严格遵循制造商使用说明书中的要求进行。确因条件限制需要变动时,为确保塔机安装时的稳定性和不对塔机结构及机械施加额外载荷,任何与指定程序有偏

离的操作方法均应由制造商或专业工程师提供。这点对塔机的爬升(降)作业尤为重要。

10.3.8 塔机的爬升(降)

10.3.8.1 通则

爬升装置是用于加高或降低塔机高度的执行机构。为便于说明,附录H描述了两种主要的爬升方式。

如附录H所述,大部分塔机采用的爬升原理基本一致,但爬升装置的具体结构型式和操作方式因塔身的不同而不同,任何情况下均应注意制造商使用说明书中的说明。

10.3.8.2 指派人员

指派人员应保持计划的可控性和爬升作业的交接验证。应对使用说明书中的相关要求非常熟悉并对爬升作业负有管理的责任。

指派人员应考虑到所有与爬升作业有关的风险,制定切实有效的作业计划并确保:

a) 塔机的基础或支撑结构有足够的强度满足塔机新的工作状态受力要求;
b) 塔机爬升时回转锁定且不会被其他结构影响;
c) 邻近固有设施的要求,包括:铁路、机场及其他邻近设施。保证知会了这些设施的拥有者;
d) 当邻近塔机在工作时,已同塔机协调员协商;
e) 重新安装的塔机已经经过有效的维护和保养,处于良好状态;
f) 施工中需要使用的设备准备齐全并已经过有效的维护和保养,处于良好状态;
g) 已经任命安装主管,安装主管应非常熟悉作业安全计划和施工塔机爬升的特殊要求并对整个操作过程负责;
h) 有应急预案并准备了必要的救援设施;
i) 为安装队伍提供了制造商有关当前塔机的最新使用说明、施工中要用到的标准节和爬升装置。

10.3.8.3 安装主管

安装主管应完成下列工作:

a) 开始作业前保证安装队伍中的所有人员在作业中遵守安全规定,熟悉安全作业计划,了解作业塔机的规格型号和爬升特殊要求;
b) 开始作业前保证对作业中需要使用的设备进行检查,确认处于良好状态;
c) 开始作业前确认施工塔机操作状态良好,无影响作业的缺陷;应特别注意爬升装置的安装程序,并保证塔机垂直度在制造商容许的范围内;
d) 开始作业前确认在作业中气候状况不会对塔机的稳定性造成影响;
e) 保证在开始作业前对所有人员的通讯设备进行检查,确认处于良好状态;
f) 保证作业中臂架位置和塔机的平衡状态符合制造商的要求;
g) 保证在作业过程中对气候条件进行监视;一般状况下,爬升作业时塔机顶部风速不应超过12 m/s。

10.3.8.4 爬升之后的塔机再调校

塔机爬升完成后在交付使用前,应由有能力的人员(见11.3.1)对塔机进行检验。检验应包括所有指示和限制装置。检验应确认:塔机再安装正确,可安全使用。检验结果应详细记入报告中。

10.3.9 部件与材料

10.3.9.1 部件替换

只有经过制造商的正式书面许可,不同型号塔机间的结构部件才可替换使用。

替换结构部件后的新组合塔机应重新进行测试并将替换的部件清单详细列入测试报告中。

10.3.9.2 材料

没有制造商的详细书面说明不允许修理或替换。

高延伸率螺栓副的重复使用应严格按照制造商使用说明书中的要求进行。

高强度摩擦型螺栓副的重复使用应符合 JG/T 5057.40 的规定。

除非制造商使用说明书中另有规定，回转支承用螺栓只要一拆卸即应更换，并按制造商使用说明书中的要求紧固。

11 使用检查

11.1 一般要求

为了塔机的工作安全，应保持塔机处于适当的工作状况。因此所有塔机均应进行使用检查，以使不安全的情况得以及时排除。指派人员应安排塔机的检查工作。

检查包括：

——日常检查；

——周期检查；

——定期检查；

——全面检查；

——特殊检查。

注：当制造商给出与此部分不同的检查说明时，应参照制造商的说明进行检查。

11.2 日常检查

11.2.1 通则

日常检查应在每班开始工作前进行。包括目测检查（一般不需要拆卸）和功能测试。

日常检查应由具有该方面能力的人进行（如塔机司机）。

11.2.2 内容

日常检查至少应包括以下内容：

a） 机构运转情况，尤其是制动器的动作情况（空载时）；

b） 指示与限制装置的动作情况；

c） 肉眼可见的明显缺陷，包括钢丝绳和钢结构。

11.2.3 结果

发现任何缺陷均应向指派人员报告。指派人员应根据缺陷严重情况作出塔机停用、维修、部分或整体检查、限制性使用等决定。

应查明缺陷产生的原因，并对缺陷进行分级。

应将结果及时记入设备档案（包括维修日期、处理方法等）。

11.3 周期检查

11.3.1 通则

周期检查包括目测检查（一般不需要拆卸）和功能测试。

周期检查应由有足够能力的人（如有经验的技师——因职业经历和经验在塔机领域具有丰富的知识并受过专业训练的人员）执行。

11.3.2 内容

周期检查除 11.2.2 外还应包括以下内容：

a） 润滑：油位、漏油、渗油；

b） 液压装置：油位、漏油；

c） 吊钩及防脱装置：可见的变形、裂纹、磨损；

d） 钢丝绳：按 GB/T 5972 要求；

e） 结合及连接处：目测检查锈蚀情况；

f） 连接螺栓松动：用专用扳手检查，标准节连接螺栓松动时应特别注意接头处是否有裂纹；

g） 销轴定位情况，尤其是臂架连接销轴；

h) 接地电阻：按 5.5.5.9；

i) 起重力矩与起重量的限制器：精度变化；

j) 制动磨损：制动衬垫减薄、调整装置、噪音等；

k) 液压软管：尤其在工作时弯曲的软管；

l) 电气安装：状态、老化迹象、水气凝结；

m) 基础及附着：状态变动。

11.3.3 检查周期

周期检查的周期应按塔机的实际使用情况和使用环境决定。至少：

a) 项目 11.3.2 a)～11.3.2 g)每月检查一次；

b) 项目 11.3.2 h)～11.3.2 m)每 6 个月检查一次和/或按制造商要求。

11.3.4 结果

发现任何缺陷均应向指派人员报告。指派人员应根据缺陷严重情况作出塔机停用、维修、部分或整体检查、限制性使用等决定。

应查明缺陷产生的原因，并对缺陷进行分级。

应将结果及时记入设备档案（包括维修日期、处理方法等）。

11.4 定期检查

11.4.1 通则

定期检查包括目测检查（一般不需要拆卸）和功能测试（空载和额定载荷）。

定期检查应由有足够能力的人（如有经验的技师）执行。检查人员应掌握的资料：

——之前的检查报告；

——可能获得的自动记录的运行数据（工作循环次数、时数、天数、负载等），根据这些数据可判断塔机各零部件的服务时间。

11.4.2 内容

定期检查时零部件功能测试应按载荷最不利位置进行，除 11.3.2 外还包括以下内容：

a) 核实塔机的标志和标牌。

b) 核实使用说明书没有丢失。

c) 核实保养记录。

d) 核实部件、设备及钢结构。将塔机上安装的零部件与技术文件所列明细进行对比。

e) 根据设备表象判断老化状况：

——传动装置或其零部件松动、漏油；

——重要零件（如电机、齿轮箱、制动器、卷筒）连接装置磨损或损坏；

——明显的异常噪音或振动；

——明显的异常温升；

——连接螺栓松动、裂纹或破损；

——制动衬垫磨损或损坏；

——可疑的锈蚀或污垢；

——电气安装处（电缆入口、电缆附属物）出现损坏；

——钢丝绳按 GB/T 5972 要求；

——吊钩按 GB 5144。

f) 额定载荷状态下的功能测试及运转情况：

——机械，尤其是制动器；

——安全装置。

g) 金属结构：

——焊缝，尤其注意可疑的表面油漆龟裂；

——锈蚀；

——残余变形；

——裂缝。

h) 基础与附着。

11.4.3 检查周期

塔机每年至少进行一次定期检查，每次重新安装后按定期检查要求进行检查。

对快装式塔机，在折叠或展开后只需按 11.4.2 中的 b)、c)、f)、g)和 h)项检查。

注 1：塔机拆卸后应进行必要的检查。

注 2：更换滑轮组或增加标准节不被认为是拆卸或重新安装。

11.4.4 结果

定期检查应提供检查报告。报告中应指出已检查的零部件以及遗留的缺陷。附录 I 提供了这种报告的示例。

报告应提供给指派人员。指派人员应根据缺陷严重情况作出塔机停用、维修、部分或整体检查、限制性使用等决定。

应查明缺陷产生的原因，并对缺陷进行分级。

应将结果及时记入设备档案(包括维修日期、处理方法等)。

11.5 全面检查

11.5.1 通则

全面检查是根据 11.5.3 周期内所做的详细检查。

全面检查应由有足够能力的人(如专业工程师—具有塔机设计、制造或维修经验、熟悉有关条例和标准的工程师)执行。检查人员应根据检查结果作出采取何种处理措施的判断。检查人员应掌握的资料：

——之前的检查报告；

——可能获得的自动记录的运行数据(工作循环次数、时数、天数、负载等)，根据这些数据可判断塔机各零部件的服务时间。

11.5.2 内容

全面检查至少应包括定期检查的所有内容。在考虑以下结果后，必要时可进行无损检测和/或解体检查：

——之前的检查内容和结果(包括日常、周期、定期检查)；

——目前的测试结果；

——目前的目测结果。

在解体检查时，应特别小心遵循维护保养说明要求进行，防止误操作。维护保养说明书中未说明时，应与塔机制造商或部件制造商联系寻求帮助。

全面检查过程中应特别注意以下情况：

——振动；

——异常噪音或温升；

——整机或部件状况差：变形、锈蚀、磨损等；

——机械设备的完整性，电机和齿轮箱、栏杆扶手、滑轮、轴；

——制动器；

——接头、螺栓、销轴。

11.5.3 检查周期

11.5.3.1 使用情况无自动记录的塔机或部件的检查周期

对塔机整机或部件的全面检查应根据塔机的使用频度、载荷状况确定，至少应符合如下的时间要求：

——第 4 年时；

——第 8 年时；

——第 10 年时；

——第 10 年以后每年全面检查一次。

11.5.3.2 使用情况有自动记录的塔机或部件的检查周期

按制造商使用说明书中规定的周期。考虑设备闲置、贮存同样会对设备造成损伤，应至少按 11.5.3.1的周期进行全面检查。

制造商应对使用说明书规定的全面检查周期计算方法进行说明(累积或重新计算)。

11.5.4 结果

全面检查报告应包括专业工程师的检查结果和检查结论及建议，还应包括下一次全面检查的时间。附录I提供了这种报告的示例。

应查明缺陷产生的原因，并对缺陷进行分级。

应将结果及时记入设备档案(包括维修日期、处理方法等)。

11.6 特殊检查

11.6.1 通则

发生以下情况后应进行特殊检查：

a) 不可预见的环境，如：

——极端天气状况(暴风雨等)；

——7 度裂度及以上地震；

——超载、碰撞或基础被扰动。

b) 改造后，如：增加额定能力、更换机构、改变控制位置、更换供电、改变承载结构设计、在承载结构上进行焊接、控制系统改造或改变与利用等级和载荷谱有关的使用条件。

检查应由有能力的人员(有经验的技师或专业工程师)按其应有的状态进行确认。

11.6.2 内容

特殊检查的内容应与发生的事故或改造内容相适应。

附　录　A
（资料性附录）
影响脆性破坏因素评价和钢材质量组别的选择

本附录给出了对影响脆性破坏因素进行评价，及根据评价结果选择材料组别的方法，以保证塔机结构材料抗脆性破坏的安全性。

A.1　对影响脆性破坏因素的评价

在塔机金属结构中，导致构件材料发生脆性破坏的重要影响因素有：

——纵向残余拉伸应力与自重载荷引起的纵向拉伸应力的联合作用；

——构件材料的厚度；

——工作环境温度。

A.1.1　纵向残余拉伸应力与自重载荷引起的纵向拉伸应力的联合作用的影响

自重载荷引起的纵向拉伸应力 σ_G 与焊接纵向残余拉伸应力的联合作用，见图 A.1 所示。

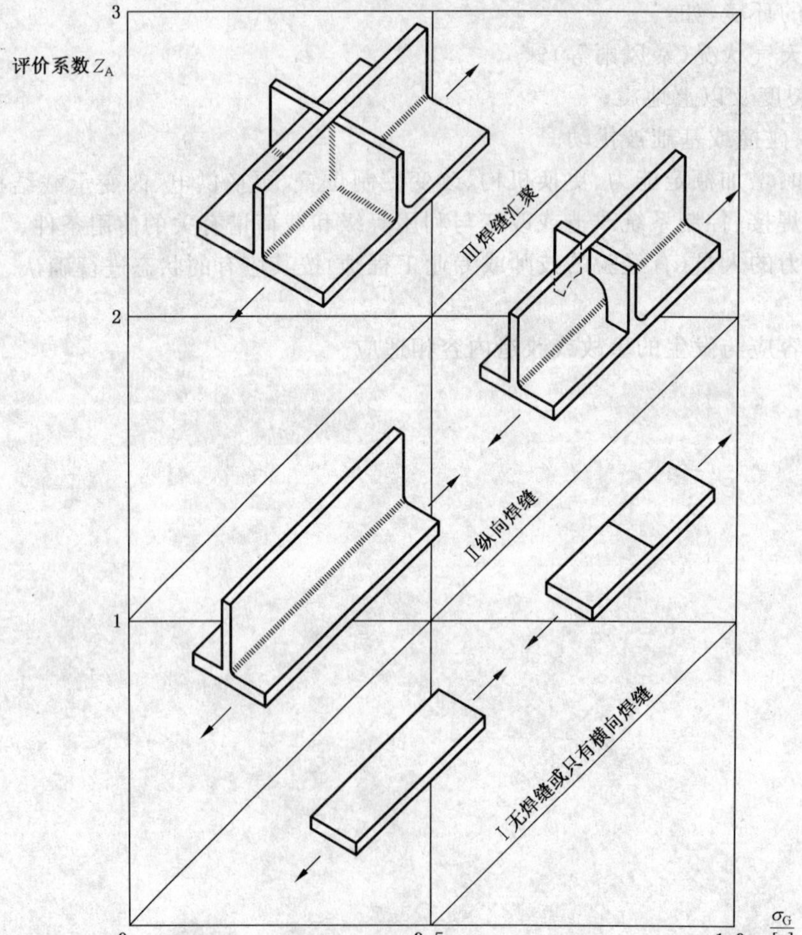

图 A.1　焊缝类型

Ⅰ类焊缝：无焊缝或只有横向焊缝，脆性破坏的危险性小。当自重等永久载荷引起的结构构件纵向拉伸应力 σ_G 与许用拉伸应力$[\sigma]$之比 $\sigma_G/[\sigma]>0.5$ 时，才考虑此因素对脆性破坏的影响。评价系数 Z_A

按式(A.1)计算。

$$Z_A = \frac{\sigma_G}{0.5[\sigma]} - 1 \qquad \text{(A.1)}$$

Ⅱ类焊缝：只有纵向焊缝的结构，脆性破坏的危险性增加，评价系数 Z_A 按式(A.2)计算。

$$Z_A = \frac{\sigma_G}{0.5[\sigma]} \qquad \text{(A.2)}$$

Ⅲ类焊缝：焊缝汇集，高度应力集中，脆性破坏的危险性最大，评价系数 Z_A 按式(A.3)计算。

$$Z_A = \frac{\sigma_G}{0.5[\sigma]} + 1 \qquad \text{(A.3)}$$

在有条件时，宜对Ⅲ类焊缝进行消除残余应力的热处理(温度宜为 600 ℃～650 ℃)，处理后可视为Ⅰ类焊缝选取钢材组别。

A.1.2 构件材料厚度的影响

构件材料的厚度越大，脆性破坏的危险性也越大。当 5 mm＜δ≤20 mm 时，评价系数 Z_B 按式(A.4)计算。当 20 mm＜δ≤100 mm 时，评价系数 Z_B 按式(A.5)计算。

$$Z_B = \frac{9}{2\,500}\delta^2 \qquad \text{(A.4)}$$

$$Z_B = 0.65\sqrt{\delta - 14.81} - 0.05 \qquad \text{(A.5)}$$

式中：

δ——构件材料厚度，单位为毫米(mm)。

对轧制型材和矩形截面用假想厚度 δ' 来进行评价，δ' 按下述规定确定：

a) 对轧制型材：

1) 对圆截面(直径为 d)：$\delta' = \frac{d}{1.8}$

2) 对方截面(边长为 a)：$\delta' = \frac{a}{1.8}$

b) 对截面长边为 b、短边为 c 的矩形截面：

1) 当两边之比 $b/c \leq 1.8$ 时：$\delta' = \frac{c}{1.8}$

2) 当两边之比 $b/c > 1.8$ 时：$\delta' = c$

A.1.3 工作环境温度的影响

塔机的工作环境温度取为塔机使用地点的年最低日平均温度。当塔机结构的工作环境温度在 0 ℃以下时，随着温度的降低，材料脆性破坏的危险性越来越大。在－30 ℃～0 ℃间时，评价系数 Z_C 按式(A.6)计算。在－30 ℃～－55 ℃间时，评价系数 Z_C 按式(A.7)计算。

$$Z_C = \frac{6}{1\,600}T^2 \qquad \text{(A.6)}$$

$$Z_C = \frac{-2.25T - 33.75}{10} \qquad \text{(A.7)}$$

式中：

T——塔机结构的工作环境温度，单位为摄氏度(℃)。

A.2 钢材质量组别的确定

采用综合评价法，将评价系数 Z_A、Z_B、Z_C 相加，由表 A.1 查选所要求的钢材质量组别。表 A.2 给出了各质量组别对应的钢材牌号及相应的冲击韧性值。

表 A.1　与总评价系数有关的钢材质量组别的划分

总评价系数 $\sum Z = Z_A + Z_B + Z_C$	与表 A.2 对应的钢材质量组别
≤2	1
≤4	2
≤8	3
≤16	4

表 A.2　钢材质量组别及钢材牌号

钢材质量组别	冲击韧性 A_{kv}	冲击韧性的试验温度 T	钢材牌号	国家标准
1	—	—	Q235A	GB/T 700
			Q345A Q390A	GB/T 1591
2	≥27	+20 ℃	Q235B	GB/T 700
	≥34		Q345B Q390B	GB/T 1591
3	≥27	0 ℃	Q235C	GB/T 700
	≥34		Q345C Q390C Q420C	QB/T 1591
4	≥27	−20 ℃	Q235D	GB/T 700
	≥34		Q345D Q390D Q420D Q460C Q460D	GB/T 1591

附　录　B
（规范性附录）
工作空间限制器——防碰撞/分区装置的规定

B.1　范围

本附录说明了关于在塔机上安装工作空间限制器(例如禁止重叠、躲避固定障碍物等)和与此相关的防碰撞装置(针对交迭安装塔机)的要求。

B.2　电源供应

B.2.1　工作空间限制器

因工作空间限制器不能脱离塔机而独立工作，当塔机电源切断时，工作空间限制器电源应同时自动切断。

B.2.2　防碰撞装置

因塔机停止工作时，防碰撞装置仍需运行，在切断塔机机构动力和控制电源时，应继续给防碰撞装置供电。

B.3　要求

在设计和制造塔机时应考虑到能够安装工作空间限制器和/或防碰撞装置。为此，塔机应满足：

a)　为可选择安装的防碰撞装置预置必要的设备，或；

b)　安装传感器，以输出防碰撞装置运行时的必要信息，或；

c)　根据 b)中要求，预置传感器的安装参考选择点。

塔机制造商应给出防碰撞装置控制塔机运动或功能的必要连接点。

防碰撞装置连接点的选择应使防碰撞装置的动作与塔机机构的正常操作协调一致(在停止惯性运动之前减速、机械制动的使用等)。尤其是，应符合塔机制造商规定的启动和停止操作步骤，避免导致意外的突然动作。

所有与防碰撞装置控制塔机运动的连接点应安装到一个专门的控制箱里，或者装到一个专门的接线盒内。塔机出厂已安装有防碰撞装置时，不要求安装专门的控制箱或接线盒。

B.4　信号

指示信号应在塔机司机的视野范围内。指示信号可使用信号灯、仪表盘或屏幕显示。

B.5　使用说明

B.5.1　塔机安装的说明(见图 B.1)

B.5.1.1　提醒塔机安装人员/司机以避免下列危险：

a)　移动的塔机与固定障碍物之间发生碰撞；

b)　进入禁止区域或危险空域；

c)　由下列情况引起的不同塔机运行中发生碰撞：

　1)　两塔机交迭工作时，高位塔机的起升绳与低位塔机的平衡臂之间的碰撞；

　2)　高位塔机的起升绳与低位塔机的臂架之间的碰撞；

　3)　当两塔机在相同的轨道或在非常接近的轨道上运行时，低位塔机的臂架和/或平衡臂与高位塔机的塔身之间的碰撞。

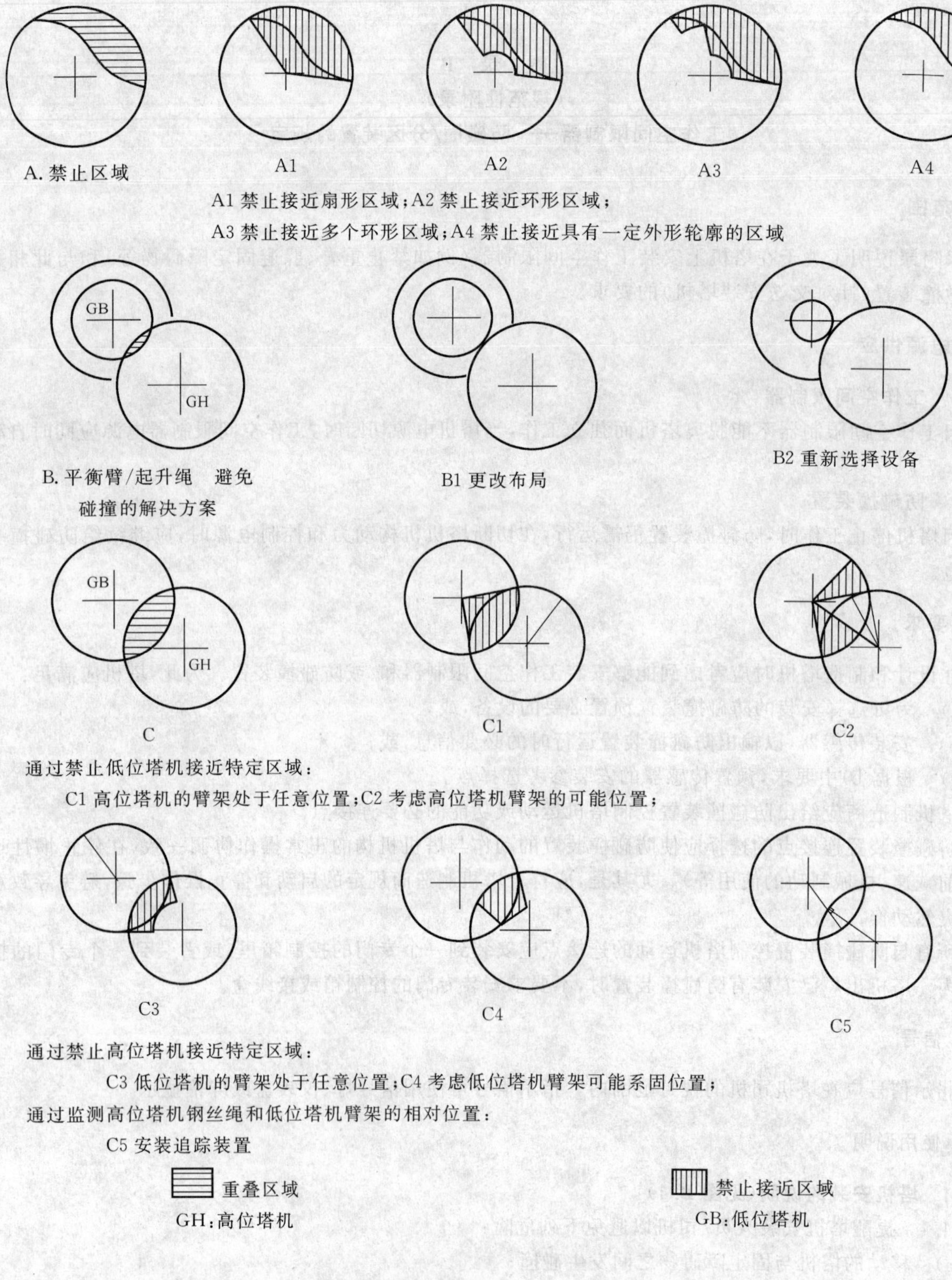

图 B.1　交迭安装示例和可能的解决方案

B.5.1.2　提示塔机安装人员/司机，为了降低危险，安装工作空间限制器和/或防碰撞装置是必要的。

B.5.1.3　建议当高位塔机的起升绳与低位塔机的平衡臂有可能发生碰撞时，应将低位塔机的平衡臂运动覆盖区域设置为禁止区域。

B.5.2　防碰撞装置正确安装的说明

应如下详细叙述：

a) 装置的电源供应：

如果防碰撞装置由塔机制造商提供，塔机制造商应给出装置要求的电源特性信息（电压、功率、接地方法等）。

b) 防碰撞装置运行要求的信息：

1）如果防碰撞装置所需要的信息可以从塔机上现有传感器获得，则应说明它们的特征和可行的连接[见 B.3b)]。

2）或者，防碰撞装置所需要的信息不可以从塔机上获得，则应说明可安装的传感器和安装参考选择点特征（传感器输出信号特性和种类、切断运动的方式和特征及其他相关特性）[见 B.3c)]。

c) 防碰撞装置的运行：

说明防碰撞装置实现控制塔机运行和功能的必要的连接点和连接点的特征。

附　录　C
（资料性附录）
订购塔机时制造商应提供的资料

供货单或订货单格式[a]	
公司名称：	
公司地址：	
联系人：	
联系电话：	
塔机安装地：	
塔机的型号及名称：　　　　数量：	
产品设计标准： 产品制造标准：	
额定起重能力：(需要时应单独提供幅度-起重量列表) 主起升：　　起升倍率 最大起重量及其相应幅度：______ t　　幅度为：______ m 最大幅度及其相应起重量：______ m　　起重量为：______ t	
副起升(需要时)：　　起升倍率 最大起重量及其相应幅度：______ t　　幅度为：______ m 最大幅度及其相应起重量：______ m　　起重量为：______ t	
起升高度	
水平臂(见图1示例)	动臂(见图2示例)
主起升：　　起升倍率 在基准面以上：______ m 在基准面以下：______ m	
副起升(需要时)：　　起升倍率 在基准面以上：______ m 在基准面以下：______ m	
操作方式：司机室固定联动台　　有线遥控　　无线遥控	
工作速度	
正常速度 主起升：______ m/min 副起升：______ m/min 大车行走：______ m/min 小车变幅：______ m/min 动臂变幅(全程变幅时间)：______ mim	慢降速度(如有时) ______ m/min ______ m/min ______ m/min ______ m/min
钢丝绳型式、规格及长度： 主起升： 副起升： 变幅(小车/动臂)：	

表(续)

轨距(适用时):__________m　　钢轨型号: 轮压:　工作状态__________N　　非工作状态__________N 每米轨道作用载荷:工作状态__________N　非工作状态__________N 最大独立状态基础受力: 工作状态:　垂直力:______N　水平力:______N　倾翻力矩______N·m　扭矩______N·m 非工作状态:垂直力:______N　水平力:______N　倾翻力矩______N·m　扭矩______N·m 架设状态:　垂直力:______N　水平力:______N　倾翻力矩______N·m　扭矩______N·m
塔机工作制说明: 整机及各机构的工作级别(按 GB/T 20863.3 或与需方协议结果)
设计计算风压:安装状态:______Pa　工作状态:______Pa　非工作状态:______Pa
载荷类型:　　搬运物料类型:
吊钩或其他类型取物装置:
设计许用气候状态(包括如:风速、降雨量和污染等): 工作风速:______m/s 工作环境温度:______℃　相对湿度:______% 最高温度:______℃　相对湿度:______% 最低温度:______℃　相对湿度:______% 其他:
供电系统(柴油发电机或工业供电): 电缆卷筒、集电器或电缆直供:(详细说明)
电力供应: 电压:______V　相位:______ 频率:______Hz　容量:______KVA
限位器型号规格(起升/变幅/回转/运行): 限制器型号规格(起重量/力矩): 显示器型号规格:
特殊要求情况说明,如: 危险的气体、水蒸气、固体或挥发性液体环境使用; 用于电镀、酸洗或热镀作业; 用于盐碱气氛中时应说明暴露程度; 需要防范白蚁的特殊说明; 不能预先给定净空尺寸的障碍物; 供电电压的变化超过正常电压 10%的情况; 其他。
法律或技术的其他特殊要求说明: 如制造许可等
几种净空要求(见图 1): G:______m;______H:______m;______I:______m
[a] 本附录给出的订单形式仅供参考。

附 录 D
（规范性附录）
安全装置试验方法

D.1 起重力矩限制器试验

D.1.1 试验按定幅变码和定码变幅方式分别进行。各项重复3次。要求每次均能满足要求。

D.1.2 定幅变码试验方法如下：

a) 在最大工作幅度 R_0 处以正常工作速度起升额定起重量 Q_0，力矩限制器不应动作，能够正常起升。载荷落地，加载至110% Q_0 后以最慢速度起升，力矩限制器应动作，载荷不能起升，并输出报警信号。

b) 取0.7倍最大额定起重量（$0.7Q_m$），在相应允许最大工作幅度 $R_{0.7}$ 处，重复a)项试验。

D.1.3 定码变幅试验方法如下：

a) 空载测定对应最大额定起重量（Q_m）的最大工作幅度 R_m、$0.8R_m$ 及 $1.1R_m$ 值，并在地面标记。

b) 在小幅度处起升最大额定起重量（Q_m）离地1 m左右，慢速变幅至 R_m～$1.1R_m$ 间时，力矩限制器应动作，切断外变幅和起升回路电源，并输出报警信号。退回，重新从小幅度开始，以正常速度向外变幅，在到达 $0.8R_m$ 时应能自动转为低速往外变幅，在到达 R_m～$1.1R_m$ 间时，力矩限制器应动作，切断外变幅和起升回路电源，并输出报警信号。

c) 空载测定对应0.5倍最大额定起重量（$0.5Q_m$）的最大工作幅度 $R_{0.5}$、$0.8R_{0.5}$ 及 $1.1R_{0.5}$ 值，并在地面标记。

d) 重复b)项试验。

D.2 起重量限制器试验

D.2.1 总则

试验按以下程序进行，各项重复3次。要求每次均能满足要求。

D.2.2 最大额定起重量试验

正常起升最大额定起重量 Q_m，起重量限制器应不动作，允许起升。

载荷落地，加载至110% Q_m 后以最慢速度起升，起重量限制器应动作，切断所有挡位起升回路电源，载荷不能起升并输出报警信号。

D.2.3 速度限制试验

对于具有多挡变速且各挡起重量不一样的起升机构，应分别对各挡位进行试验，方法同D.2.2。试验载荷按各挡位允许的最大起重量计算。

D.3 显示装置显示精度试验

D.3.1 总则

试验按以下程序进行，各项重复3次。要求每次均能满足要求。

D.3.2 幅度显示精度试验

空载状态下，取最大工作幅度的30%（$R_{0.3}$）、60%（$R_{0.6}$）、90%（$R_{0.9}$），小车在取点附近小范围内往返运行两次后停止，测定小车的实际幅度 $R_{0.3实}$、$R_{0.6实}$、$R_{0.9实}$，读取显示器相应显示幅度 $R_{0.3显}$、$R_{0.6显}$、$R_{0.9显}$。分别计算它们的算术平均值 $R_实$ 和 $R_显$，显示精度按式(D.1)计算。

$$\Delta R = \frac{|R_实 - R_显|}{R_实} \times 100\% \leqslant 5\% \quad \cdots\cdots (D.1)$$

式中：

ΔR——幅度显示精度；

$R_{实}$——三次实际幅度的算术平均值，单位为米(m)；

$R_{显}$——对应的三次显示幅度的算术平均值，单位为米(m)。

D.3.3 起重量显示精度试验

分别起升最大额定载荷的30%($Q_{0.3}$)、60%($Q_{0.6}$)、90%($Q_{0.9}$)，读取相应的显示起重量$Q'_{0.3}$、$Q'_{0.6}$、$Q'_{0.9}$，分别计算它们的算术平均值Q及Q'，显示精度按式(D.2)计算。

$$\Delta Q=\frac{|Q-Q'|}{Q}\times 100\%\leqslant 5\% \quad \cdots\cdots(\text{D.2})$$

式中：

ΔQ——起重量显示精度；

Q——三次实际起重量的算术平均值，单位为千克(kg)；

Q'——对应的三次显示起重量的算术平均值，单位为千克(kg)。

D.3.4 力矩显示精度试验

起升额定起重量Q_0，分别在最大工作幅度的30%($R_{0.3}$)、60%($R_{0.6}$)、90%($R_{0.9}$)附近小范围内往返运行两次后停止，测定小车的实际幅度$R_{0.3实}$、$R_{0.6实}$、$R_{0.9实}$，读取显示器相应显示力矩$M_{0.3显}$、$M_{0.6显}$、$M_{0.9显}$并计算其算术平均值M'，显示精度按式(D.3)计算。

$$\Delta M=\frac{|M-M'|}{M}\times 100\%\leqslant 5\% \quad \cdots\cdots(\text{D.3})$$

式中：

ΔM——起重力矩显示精度；

M'——三次显示起重力矩的算术平均值，单位为千牛米(kN·m)；

M——对应的三次实际起重力矩的算术平均值，单位为千牛米(kN·m)。

M按式(D.4)计算。

$$M=\frac{9.8\times Q_0\times(R_{0.3实}+R_{0.6实}+R_{0.9实})}{3\,000} \quad \cdots\cdots(\text{D.4})$$

式中：

Q_0——额定起重量(见D.1.1)，单位为千克(kg)。

D.4 行程限位装置试验

各行程限位装置的试验应在塔机空载状态下按正常工作速度进行。

各项试验重复进行3次，限位装置动作后，停机位置应符合5.6的规定。

D.5 小车防坠落装置检验

小车防坠落装置的功能通过尺寸测量方法进行校核。小车单边(或单轮)上轨后，对边(或对角)支承轮失效时，装置应能保证小车不会脱出臂架而坠落，校核时应考虑加工误差和小车上载荷的影响。即小车相对臂架处于极限位置时，小车应能可靠地悬挂在臂架上。

附 录 E
（规范性附录）
结构试验方法

E.1 结构应力测试

E.1.1 测试工况及载荷

E.1.1.1 结构应力测试的工况和载荷见表 E.1。

表 E.1 结构应力测试的工况和载荷

序号	测试工况	载荷	试验目的	被测结构	测试项目
1	最大额定起重量相应的最大幅度，臂架与轨道方向垂直	QH 及 1.25QH	验证主要结构件的强度和刚度	臂架、拉杆、塔身、回转平台、回转支承座、底架、支腿	结构件的静应力及臂架根部水平变位
2	最大额定起重量相应的最大幅度，臂架与轨道成 45°角	QH 及 1.25QH	验证主要结构件的强度和刚度	塔身、回转支承座、底架、支腿	结构件的静应力及臂架根部水平变位
3	小车位于臂架跨中，制造商提供的测试点位置	QH 及 1.25QH	验证塔机的强度和刚度	臂架、拉杆	臂架及臂架拉杆的静应力
4	最大幅度、臂架与轨道方向垂直	QH 及 1.25QH	验证主要结构件的强度和刚度	臂架、拉杆、塔身、回转平台、回转支承座、底架、支腿	结构件的静应力及臂架根部水平变位
5	最大幅度、臂架与轨道成 45°角	QH 及 1.25QH	验证主要结构件的强度和刚度	塔身、回转支承座、底架、支腿	结构件的静应力及臂架根部水平变位
6	最大幅度、臂架与轨道方向垂直	QH 及 10%QH（侧载）	验证主要结构件的强度和刚度	臂架、塔身、回转平台、回转支承座、底架、支腿	结构件的静应力

注 1：QH——相应幅度下的额定起重量。

注 2：动臂式塔机无工况“3”。

E.1.1.2 侧载可以采用吊重侧向偏移的方法实施，但必须保证在加侧载时不得产生铅垂方向的附加分力。水平侧向载荷的方向应与臂架的纵向轴线垂直。水平侧载大小按 10%起重量确定。

E.1.1.3 在加载和测试过程中，回转机构或转台应制动或锁死在规定的位置上。

E.1.2 测试点的规定

E.1.2.1 应力测试点的选择

E.1.2.1.1 应力测试点应选择在危险应力区，危险应力区应在结构受力分析的基础上确定，可以分为以下三种类型：

a) 均匀应力区——在较大面积内的应力都几乎相等的应力区，屈服应力的出现，将引起结构件的永久变形。

b) 应力集中区——该区内屈服应力的出现不会引起结构件的永久变形，但应力集中会影响结构件的疲劳寿命。如孔眼、锐角、焊缝、铰点等断面剧变处。

c) 弹性屈曲区——如受压杆和板的弹性屈曲，从应力看，该区的最大应力并没有达到材料的屈服点，但可因发生挠曲或过大变形而导致结构件的破坏。

E.1.2.1.2 测定弦杆和腹杆的应力，应在节间中部对称贴应变片，最后以平均应力和计算出的最大应力来评定该节间的安全度。

E.1.2.1.3 在应力集中区内贴应变花，测出其主应力和最大应力。

E.1.2.2 平面(二向)应力区的贴片

结构承受平面应力状态，如果预先能用某些方法(如脆性涂料法)确定主应力方向，则可沿主应变方向贴上互相垂直的两个应变片。如果主应变的方向无法确定，则必须贴上由三个应变片组成的应变花，关于应变花的数据处理见 E.1.4.3。

E.1.2.3 测点编号

根据选择好的测试部位和确定的测试点，绘制测点分布图，对贴片统一编号，并指明应变片或应变花的贴片位置。

E.1.3 试验程序

E.1.3.1 检查和调整样机，使之处于正常工作状态。

E.1.3.2 调试和检查有关仪器，合理选择灵敏系数，消除所有不正常现象。

E.1.3.3 测量消除自重影响的应变片基准 ε_0。

E.1.3.4 测量在空载应力状态时应变片在自重作用下的读数 ε_1。

空载应力状态是将塔机调整到表 E.1 所规定的测试工况。幅度同对应的测试工况、吊钩落地、回转机构或转台应制动或锁住，运行机构处于制动状态。如果零应力状态基准 ε_0 无法读出，可以取空载状态作初始状态，应变仪调零。

E.1.3.5 测量应变片在负载应力状态下的读数 ε_2。

负载应力状态是塔机按表 E.1 规定 进行加载。其幅度允差不大于±1%。如测试工况规定要加侧向载荷，则应在臂架侧分别加侧向载荷来测量。

E.1.3.6 卸载至空载应力状态，检查各应变片的回零情况。如果某测点的应变片读数与原数据 ε_1 偏差超过 $\pm 0.03\sigma_s/E$，认为该测点数据无效，应查明原因，按原测试程序重新测量，直到合格。

注：σ_s 为材料屈服极限；E 为弹性模量。

E.1.3.7 每项试验应重复做 3 次，比较测试数据无重大差别。如果误差超过 10 倍的微应变，则应查明原因，并重新测试，直至稳定。

E.1.3.8 观察结构是否有永久变形或局部损坏。如果出现永久变形或局部损坏应立即终止试验，进行全面检查和分析。

E.1.3.9 测试数据、观察到的现象和说明应随时纪录。

E.1.4 应力测试的数据处理和安全判别方法

E.1.4.1 计算两个测试状态的应力

空载应力(自重应力)σ_1 按式(E.1)计算。

$$\sigma_1 = E(\varepsilon_1 - \varepsilon_0) \qquad \cdots\cdots\cdots\cdots (E.1)$$

负载应力 σ_2 按式(E.2)计算。

$$\sigma_2 = E(\varepsilon_2 - \varepsilon_1) \qquad \cdots\cdots\cdots\cdots (E.2)$$

式中：

σ_1——空载应力(不测空载应力时，用计算应力代替)，单位为兆帕(MPa)；

σ_2——负载应力，单位为兆帕(MPa)；

ε_0——零应力状态应变仪读数；

ε_1——空载应力状态应变仪读数；

ε_2——负载应力状态应变仪读数。

注：ε_0、ε_1 和 ε_2 均带正负号，拉应变为正，压应变为负。

E.1.4.2 **最大单向应力**

最大单向应力由空载应力与负载应力的代数和决定。按式(E.3)计算。

$$\sigma_{max} = \sigma_1 + \sigma_2 \qquad \cdots\cdots(E.3)$$

式中：

σ_{max}——最大应力，单位为兆帕(MPa)。

注：σ_1 和 σ_2 各带自己的正负号。

E.1.4.3 **平面(二向)应力状态的数据处理**

对于承受二向应力的弹塑性材料，按变形能(第四)强度理论计算，其当量单向应力计算如下：

a) 当主应力(变)的方向已知，并测得了两个方向的主应力时，当量单向应力按式(E.4)计算。

$$\sigma' = \sqrt{\sigma_x^2 + \sigma_x\sigma_y + \sigma_y^2} \qquad \cdots\cdots(E.4)$$

式中：

σ'——当量单向应力，单位为兆帕(MPa)；

σ_x——最大主应力，单位为兆帕(MPa)；

σ_y——最小主应力，单位为兆帕(MPa)。

主应力可由主应变求得，按式(E.5)、(E.6)计算。

$$\sigma_x = E(\varepsilon_x + \mu\varepsilon_y)/(1-\mu^2) \qquad \cdots\cdots(E.5)$$

$$\sigma_y = E(\varepsilon_y + \mu\varepsilon_x)/(1-\mu^2) \qquad \cdots\cdots(E.6)$$

式中：

ε_x——最大主应变；

ε_y——最小主应变；

μ——泊松比。

b) 主应力(变)的方向未知，可用应变花测得三个方向的线应变。当量单向应力按式(E.7)计算。

$$\sigma' = \frac{E}{2}\left[\frac{\varepsilon_a + \varepsilon_c}{1-\mu} + \frac{2}{1+\mu}\sqrt{(\varepsilon_a - \varepsilon_b)^2 + (\varepsilon_b - \varepsilon_c)^2}\right] \qquad \cdots\cdots(E.7)$$

式中：

ε_a——a 应变片的应变；

ε_b——b 应变片的应变；

ε_c——c 应变片的应变。

应变花的贴片方式见图 E.1。

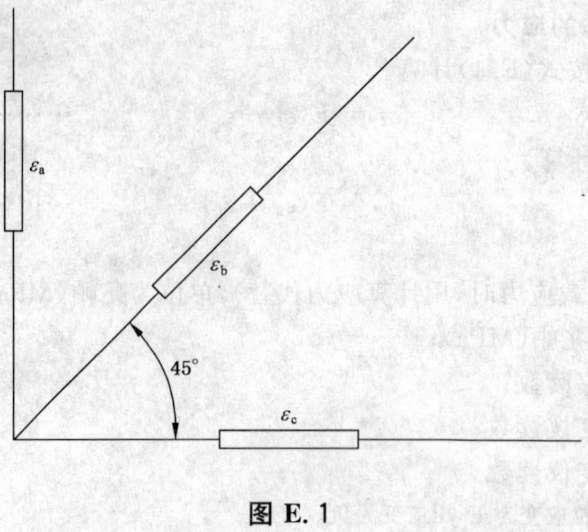

图 E.1

c) 对于脆性材料，可采用最大应变(第二)强度理论求得当量应力，按式(E.8)计算。

$$\sigma_x = E\varepsilon_x \qquad \text{(E.8)}$$

E.1.4.4 测试应力值的安全判别方法

E.1.4.4.1 一般要求

根据表E.1测试工况及载荷进行测试，测得结构的最大应力，应满足下列分类给出的安全判据，各危险应力区的安全系数见表E.2。超载工作状况只用于考核结构完整性，卸载后不得出现可见裂纹，永久变形，油漆剥落，连接松动。

表E.2 结构强度安全系数(最小值)

均匀应力区(n_{I})	应力集中区(n_{II})	弹性屈曲区(n_{III})
1.48	1.1	1.6

E.1.4.4.2 Ⅰ类——均匀应力区

安全系数按式(E.9)计算。

$$n_{\mathrm{I}} = \sigma_s/\sigma_r \text{ 或 } n_{\mathrm{I}} = \sigma_s/\sigma' \qquad \text{(E.9)}$$

式中：

σ_r——根据表E.1给定的测试工况和载荷进行测试时，结构中被测部位测出的最大拉应力(对于单向应力、塑性材料 σ_r 相应于 σ_{max}；脆性材料 σ_r 相当于 σ_x)，单位为兆帕(MPa)；

σ_s——材料屈服极限，单位为兆帕(MPa)；

n_{I}——安全系数。

E.1.4.4.3 Ⅱ类——应力集中区

安全系数按式(E.10)计算。

$$n_{\mathrm{II}} = \sigma_s/\sigma_r \text{ 或 } n_{\mathrm{II}} = \sigma_s/\sigma' \qquad \text{(E.10)}$$

式中：

n_{II}——安全系数。

E.1.4.4.4 Ⅲ类——弹性屈曲区

对于弦杆和腹杆等受压元件的安全系数，按式(E.11)计算。

$$n_{\mathrm{III}} = 1/[\sigma_{ra}/\sigma_{cr} + (\sigma_{rm} - \sigma_{ra})/\sigma_s] \qquad \text{(E.11)}$$

式中：

σ_{ra}——由一个截面上若干个测点的应变读数确定的平均应力，单位为兆帕(MPa)；

σ_{rm}——压杆被测截面上最大的计算压应力，单位为兆帕(MPa)；

σ_{cr}——受压杆发生屈曲的临界应力，单位为兆帕(MPa)；

n_{III}——安全系数。

对于 σ_{cr} 的计算如下：

a) 当欧拉临界应力低于比例极限时，按式(E.12)计算。

$$\sigma_{cr} = \pi^2 E/(K \cdot L/r)^2 < \sigma_p \qquad \text{(E.12)}$$

式中：

K——长度折算系数。一些常见情况可以用下列经验数据：

对于主弦杆，$K=1.0$；

对于以全截面与管状弦杆连接的腹杆，$K=0.75$；

对于以全截面与角形或“T”形弦杆连接的腹杆，$K=0.9$。

L——受压杆件长度，单位为毫米(mm)；

r——截面惯性半径，单位为毫米(mm)；

σ_p——材料比例极限，单位为兆帕(MPa)。

b）当欧拉临界应力高于比例极限时，按式（E.13）计算。

$$\sigma_{cr}=\sigma_s-\left[\frac{\sigma_p(\sigma_s-\sigma_p)(KL/r)^2}{\pi^2E}\right]>\sigma_p \quad \cdots\cdots(E.13)$$

E.1.4.4.5 Ⅳ类——板的局部屈曲区

一般要求对所有的试验工况（包括超载试验工况）Ⅳ类区域的应变片读数，都应能回到空载时的读数。

E.2 臂根铰点位移测量

臂根铰点位移测量工况和载荷见表E.1。以额定载荷工况进行判定，变位限制值见5.2.4。

E.3 结构动特性测试

E.3.1 对塔机结构动特性的测试项目为：

a）危险应力区危险点的动应力；

b）司机室的振动特性。

E.3.2 测量方法为在额定载荷下，正常操作起升离地时和额定速度下降制动时，测试动应力和振动特性。

E.3.3 对动特性的限制如下：

a）按E.3.1中a)，各部件的最大应力点由振动产生的最大应力不应超过许用应力；

b）司机室水平振动加速度应小于0.2 g。

E.4 试验报告

试验应进行记录和数据整理，并提出报告。对不正常现象，应有实况记录，并作出分析意见。对试验发现的个别部位的合应力或结构变位超出规定值时，虽然没有发现破坏或不正常现象，报告中也应特别指出，并提出分析意见，作出结构是否可正常工作的明确结论。

附 录 F
(规范性附录)
可靠性试验方法

F.1 试验方法

F.1.1 预备试验

在可靠性试验前,应进行三个作业循环的空载预备试验。预备试验的一个作业循环为:吊钩起升到最大起升高度位置,再下降到离地面约 500 mm～1 500 mm 处,上升下降过程中各进行一至两次制动;塔机往返运行各 20 m;在工作全幅度范围内往返变幅各一次;左右转 180°以上各一次。

试验中各机构动作应平稳、灵活、无异常现象。

F.1.2 整机可靠性试验

F.1.2.1 塔机可靠性试验的循环次数和试验工况见表 F.1 和表 F.2。

表 F.1 工作机构循环次数

塔式起重机工作级别	工作机构	规定循环次数(M)
A1～A4	起升机构、回转机构	5 000
	小车变幅机构	3 000
	动臂变幅机构	500
	运行机构	1 200
A5～A6	起升机构、回转机构	11 000
	小车变幅机构	5 000
	动臂变幅机构	500
	运行机构	1 600

表 F.2 试验工况

<table>
<tr><th>序号</th><th>试验工况</th><th colspan="2">一个作业循环的内容</th><th>循环次数</th></tr>
<tr><td rowspan="2">1</td><td rowspan="2">最大额定起重量,相应的最大幅度和额定工作速度</td><td>起升和回转同时动作</td><td>1. 试验载荷由地面起升至最大高度,上升中进行 1～2 次的正常制动;载荷下降至离地合适高度,下降中进行 1～2 次的正常制动;其中载荷起升离地至合适高度时,开始向左右各回转 180°,回转动作不受起升制动的影响;
2. 在工作幅度以内往返变幅各 1 次;
3. 塔机往返运行各 20 m;
4. 载荷下降放在地面上</td><td rowspan="2">M×15%</td></tr>
<tr><td>起升和变幅同时动作</td><td>1. 试验载荷由地面起升至最大高度,上升中进行 1～2 次的正常制动;载荷下降至离地合适高度,下降中进行 1～2 次的正常制动;其中载荷起升离地至合适高度时,开始在工作幅度以内往返变幅各 1 次,变幅动作不受起升制动的影响;
2. 向左右各转 180°;
3. 塔机往返运行各 20 m;
4. 载荷下降放在地面上</td></tr>
</table>

表 F.2（续）

序号	试验工况	一个作业循环的内容		循环次数
2	最大幅度相应的额定起重量和额定工作速度	起升和回转同时动作	1.试验载荷由地面起升至最大高度，上升中进行1～2次的正常制动；载荷下降至离地合适高度，下降中进行1～2次的正常制动；其中载荷起升离地至合适高度时，开始向左右各回转180°，回转动作不受起升制动的影响； 2.在工作幅度以内往返变幅各1次； 3.塔机往返运行各20 m； 4.载荷下降放在地面上	$M\times17.5\%$
		起升和变幅同时动作	1.试验载荷由地面起升至最大高度，上升中进行1～2次的正常制动；载荷下降至离地合适高度，下降中进行1～2次的正常制动；其中载荷起升离地至合适高度时，开始在工作幅度以内往返变幅各1次，变幅动作不受起升制动的影响； 2.向左右各转180°； 3.塔机往返运行各20 m； 4.载荷下降放在地面上	
3	在上两个幅度中间幅度处，相应的额定起重量和额定工作速度	起升和回转同时动作	1.试验载荷由地面起升至最大高度，上升中进行1～2次的正常制动；载荷下降至离地合适高度，下降中进行1～2次的正常制动；其中载荷起升离地至合适高度时，开始向左右各回转180°，回转动作不受起升制动的影响； 2.在工作幅度以内往返变幅各1次； 3.塔机往返运行各20 m； 4.载荷下降放在地面上	$M\times35\%$
		起升和变幅同时动作	1.试验载荷由地面起升至最大高度，上升中进行1～2次的正常制动；载荷下降至离地合适高度，下降中进行1～2次的正常制动；其中载荷起升离地至合适高度时，开始在工作幅度以内往返变幅各1次，变幅动作不受起升制动的影响； 2.向左右各转180°； 3.塔机往返运行各20 m； 4.载荷下降放在地面上	

对于不能进行带载变幅的塔式起重机，不进行表F.2中规定的变幅试验，变幅机构按表F.1所规定的循环次数单独试验；试验时吊钩以额定变幅速度由最大幅度至最小幅度，再由最小幅度至最大幅度为一个作业循环。

F.1.2.2 在试验循环内，制动后再起升时吊重砝码不应有明显的下滑现象。

F.1.2.3 相邻两次起重作业循环中，回转运动应按不同的方向进行。

F.1.2.4 当某工作机构的试验循环次数达到表F.1规定值时，以后的试验中可不进行该机构的作业循环。

F.1.2.5 在按表F.2工况进行两个机构的同时动作时，出现一个机构先完成规定的动作时，要等另一个机构也完成规定的动作后，再按顺序进行下一个动作。

F.2 试验结论

F.2.1 可靠度

可靠度按式(F.1)计算。

$$K = \frac{T_0}{T_0 + T_1 + T_2} \times 100\% \quad \cdots\cdots\cdots\cdots (F.1)$$

式中：

K——可靠度；

T_0——总作业时间，可靠性试验期内实际作业累计时间，单位为小时(h)；

T_1——总的修复时间，见 F.4 ，单位为小时(h)；

T_2——总的维护时间，按技术操作程序对产品进行维护保养所需的时间，单位为小时(h)。

F.2.2　平均无故障工作时间

平均无故障工作时间按式(F.2)计算。

$$MTBF = \frac{T_0}{N} \quad \cdots\cdots\cdots\cdots (F.2)$$

式中：

$MTBF$——平均无故障工作时间，单位：小时(h)；

N——在可靠性试验总作业时间内出现的当量故障数，按 F.4 进行分类与统计(当 $N<1$ 时，按 $N=1$ 计)。

F.2.3　首次无故障工作时间

为累计当量故障次数 N 达到 1 时的工作时间，用 TF 表示，单位为小时。

F.2.4　可靠性评定

塔机可靠性指标为：$K \geqslant 85\%$；$MTBF \geqslant 0.25T_0$；$TF \geqslant 150$。

F.3　试验报告

试验结束后，编写可靠性试验报告。试验报告应包括下列内容：

a)　试验报告名称；

b)　试验任务来源；

c)　试验依据和目的；

d)　试验样机的型号、编号、出厂日期、制造商及主要性能参数；

e)　试验概况(包括试验起止时间、地点、气候、环境、场地、工作方式等)；

f)　试验设备和仪器；

g)　试验记录表格；

h)　试验内容和各项数据的统计；

i)　试验结果；

j)　试验结果的评定意见；

k)　试验的主检、审核及批准人员签字、日期。

F.4　故障与统计

F.4.1　故障

指在可靠性试验中，塔机丧失规定功能的现象。

F.4.2　故障分类

根据故障的性质和危险程度将故障分为四类，见表 F.3。

F.4.3　故障统计原则

a)　同时发生的故障有因果关系的，只当作一次故障，其故障类别按其中严重者确定，但同时发生的故障应记入记录表中；无因果关系的，要分别计算故障。

b) 排除故障期间发现的同一部分的另一故障与正在排除的故障一起被认为是同一故障。

c) 试验期间内，不必停车或停车稍作处理即可排除的故障(如非主要部件紧固件的松动等)，不作故障处理。

d) 按使用说明书规定更换易损零件，不作故障处理，但应计入保养时间。

e) 故障次数计算采用累计当量故障次数计算法，按式(F.3)计算。

$$N = \sum_{i=1}^{4} \varepsilon_i n_i \quad \cdots\cdots\cdots\cdots(F.3)$$

式中：

ε_i——第 i 级故障的危害度系数，见表 F.3；

n_i——第 i 级故障发生的次数。

F.4.4 修复时间

F.4.4.1 修复时间是从样机发生故障到恢复规定功能所需的时间。下列时间不计入修复时间：

a) 由于明显的外界原因或其他不可抗拒的原因引起的停机时间；

b) 每日预防性保养和检查时间；

c) 属于分析故障原因的专门技术研究和检查时间。

F.4.4.2 参加修复的人员限 3 名，人员增加时，按人时折算，如 6 人修理 1 h，按 2 h 计算。

表 F.3

故障级别	故障分类	故障特征	故 障 举 例	故障危害度系数，ε
1	致命故障	导致或可能导致人身伤亡，产品严重损坏造成重大经济损失或对周围环境造成严重损害	1.电器绝缘不良，电器设备漏电； 2.安全装置失效引起的主要零部件破坏或倒塔； 3.构件损坏导致物品脱落； 4.臂架拉杆(拉索)或平衡臂拉杆(拉索)拉断； 5.非明显的外部原因或其他不可抗拒的原因引起的倒塔	10
2	严重故障	导致样机主要零部件损坏或基本性能显著下降，不能用随车工具和备用易损件排除	1.重量限制器、力矩限制器和各种限位开关失灵； 2.大车行走轮、水平导轮或轮缘破坏； 3.主要结构件焊缝开裂或结构产生永久变形； 4.机构驱动电机烧坏； 5.机构传动件破坏，减速器壳体开裂； 6.回转支承卡阻； 7.塔身、回转支承、塔顶、回转塔身等主要结构件连接件破坏； 8.起升绳或变幅绳断股； 9.机构制动系统失灵； 10.变幅小车脱离运行轨道； 11.漏油严重，影响工作	2.5

表 F.3（续）

故障级别	故障分类	故障特征	故障举例	故障危害度系数，ε
3	一般故障	造成停车或作业能力下降，用随车工具和易损备件能现场修复	1.机构变速箱或支架紧固螺栓松动； 2.传动皮带或链条损坏，但不引起重物跌落； 3.非主要受力销轴、键破坏； 4.报警信号失灵； 5.接触器、继电器、碳刷、集电环等电器元件接触不良或粘连； 6.回转支承、各机构减速箱有异常的响声； 7.轴承、轴承壳或其他机构过热	0.8
4	轻微故障	对产品性能稍有影响或几乎没有影响的，不需要更换零件，并用随机工具能轻易（40 min）排除	1.电器系统中的熔断器烧断或脱落； 2.故障灯、探照灯、风速仪信号损坏； 3.工作电笛不响； 4.操作机构费力； 5.箱体渗油＞15 cm^2	0.1

附　录　G
（规范性附录）
塔式起重机检验项目及判定

塔机检验时，按表 G.1 确定缺陷等级及各项检验是否合格。

送检样机按表 G.2 判定是否合格。

表 G.1　检验项目表

序号	检　验　项　目		要　求	缺陷等级			检验类别		备注
				致命	严重	一般	型式	出厂	
1	技术资料	设计图纸	完整	△			○		
		计算书或资料来源证明	具有	△			○		
		基础及附着设计资料	具有	△			○	○	
		使用说明书	具有	△			○	○	
		部件清单	具有		△		○	○	
		法规要求的文件	具有	△			○	○	
2	信息标牌	标识	8.1		△		○	○	
		司机操作信息	8.2		△		○	○	
		警告信息	8.3		△		○	○	
		设备信息	8.4		△		○	○	
3	质量尺寸参数	回转部分部件重量允差	±2%		△		○		
		压重重量允差	±2%		△		○		
		最大幅度允差	5.2.3			△	○		空载
		最小幅度允差	5.2.3			△	○		空载
		最小幅度时起升高度	5.2.3			△	○		空载
		最大幅度时起升高度（动臂变幅塔机）	5.2.3			△	○		空载
		尾部回转半径	5.2.3			△	○		
		固定式塔机的支腿跨距	5.2.3		△		○	○	
		轨道运行式塔机的轨距	5.2.3			△	○	○	
		整体拖运外形尺寸	5.2.3			△	○		
		塔身轴心线侧向垂直度	5.2.3	△			○	○	
		标准节互换性	5.3.3	△			○	○	
4	结构安全防护	梯子、扶手和护圈	GB 5144		△		○	○	
		平台、走道、踢脚板和栏杆	GB 5144		△		○	○	
		结构表面	5.3.5		△		○	○	

表 G.1（续）

序号	检验项目			要求	缺陷等级			检验类别		备注
					致命	严重	一般	型式	出厂	
5	机构安全	主起升机构/副起升机构	卷筒凸缘高度	5.4.1.7.2		△		○	○	按说明书中最大容绳量计
			制动器防护	5.4.1.4.1			△	○	○	
		动臂变幅机构	卷筒凸缘高度	5.4.1.7.3		△		○	○	按仰角达到最小角度状态时容绳量计
			制动器防护	5.4.1.4.1			△	○	○	
			附加制动器	5.4.1.4.3	△			○	○	
		小车变幅机构	制动器防护	5.4.1.4.1			△	○	○	
			轮缘/水平导向轮	5.4.1.4.4		△		○	○	
			卷筒绳槽	5.4.1.7.4		△		○	○	
		运行机构	驱动数量	5.4.1.1.4		△		○	○	
			支承失效防护	5.4.1.6.3	△			○	○	
		回转机构	非工作状态要求	5.4.1.4.6	△			○	○	
			传动零件	5.4.1.6.4	△			○	○	
		吊钩	防脱钩装置	设有		△		○	○	
6	电气	电机保护		5.5.5.1		△		○	○	
		线路保护		5.5.5.2	△			○	○	
		错相与缺相保护		5.5.5.3	△			○	○	
		零位保护		5.5.5.4	△			○	○	
		失压保护		5.5.5.5	△			○	○	
		紧急停止		5.5.5.6	△			○	○	
		预减速保护		5.5.5.7			△	○	○	
		超速开关		5.5.5.8	△			○	○	
		避雷保护		5.5.5.9	△			○	○	
		绝缘		5.5.3.7	△			○	○	
7	空载试验	运转情况		正常	△			○	○	
		操纵情况		灵活、可靠	△			○	○	
8	额定载荷试验	运转情况		正常	△			○	○	
		操纵情况		灵活、可靠	△			○	○	
		主起升机构速度允差		±5%		△		○		
		副起升机构速度允差		±5%		△		○		
		回转速度允差		±5%		△		○		
		变幅速度允差		±5%		△		○		

表 G.1（续）

序号	检验项目		要求	缺陷等级			检验类别		备注
				致命	严重	一般	型式	出厂	
8	额定载荷试验	运行速度允差	±5%			△	○		
		慢降速度允差	±10%			△	○		配有时
		司机室噪声，dB(A)	≤80		△		○	○	
		主起升机构噪声，dB(A)	≤90		△		○	○	
		副起升机构噪声，dB(A)	≤90		△		○	○	
		关键零、部件损坏[a]	无	△			○	○	
9	110%动载试验	运转情况	正常		△		○	○	
		操纵情况	灵活、可靠		△		○	○	
		关键零、部件损坏	无	△			○	○	
		起升时先溜后升	无	△			○	○	
		小车滑移（小车变幅）	无	△			○	○	
		臂架滑降（动臂变幅）	无	△			○	○	
10	125%静载试验	受力杆件永久变形	无	△			○	○	
		焊缝裂纹	无	△			○	○	
		关键零、部件损坏	无	△			○	○	
		吊钩下滑	无		△		○	○	
		小车滑移（小车变幅）	无		△		○	○	
		臂架滑降（动臂变幅）	无	△			○	○	
11	外观质量	焊缝	JG/T 5082.1				○	○	
		连接件表面处理	5.2.6.2			△	○	○	
		结构件表面涂装	无脱皮、无气泡、无皱皮、无漏涂			△	○	○	
		铸、锻件表面质量	无结疤、无夹渣、无夹层、无裂纹			△	○	○	
12	连续作业试验	紧固件	无松动		△		○	○	
		齿轮减速器温升	≤35 ℃			△	○	○	
		蜗杆减速器温升	≤60 ℃			△	○	○	
		箱体渗油	≤15 cm^2			△	○	○	
		关键零、部件损坏	无	△			○	○	

表 G.1（续）

序号	检验项目		要求	缺陷等级			检验类别		备注
				致命	严重	一般	型式	出厂	
13	安全装置	行程限位器	5.6	△			○	○	
		起重力矩限制器	5.6	△			○	○	
		起重量限制器	5.6	△			○	○	
		抗风防滑装置	5.6	△			○	○	大车运行
		缓冲器、止挡装置	5.6	△			○	○	大车运行和小车变幅
		报警装置	5.6		△		○	○	
		显示记录装置	5.6		△		○	○	
		幅度限制装置	5.6	△			○	○	动臂变幅
		变幅断绳保护	5.6	△			○	○	小车变幅
		小车防坠落装置	5.6 和 5.4.1.4.4	△			○	○	小车变幅
		钢丝绳防脱装置	5.6		△		○	○	
		爬升装置防脱功能	5.6		△		○	○	
14	结构试验	按附录 E 进行		△			○		
15	可靠性试验	按附录 F 进行		△			○		见 5.2.5

注 1：△——指明不合格项目所属缺陷等级；

注 2：○——指明该检项目。

[a] 包括臂架、塔顶、平衡臂、拉杆、小车、塔身及其连接，钢丝绳、机构零部件。

表 G.2 样机检验判定

缺陷等级	缺陷数量及组合			
	1	2	3	4
致命	1	0	0	0
严重	0	2	1	0
一般	0	0	3	6

注 1：型式检验时，在四种组合中，任一组合的判定数被达到，样机即判定为不合格。

注 2：出厂检验时不允许有致命和严重缺陷，一般缺陷由制造商与用户协商。

注 3：重复的检验项目其故障只计算一次。

附　录　H
（资料性附录）
塔机爬升操作

H.1　总则

塔机爬升是指通过适当的装置改变塔身高度的过程，塔机爬升包括升塔和降塔。

本附录说明了以下两种主要的爬升方法：

a)　外爬升——通过使用爬升架爬升系统嵌入标准节来改变塔机高度的爬升方式（见 H.2）；

b)　内爬升——通过爬升系统直接在支撑塔机的建筑物上进行爬升的方式（不需嵌入标准节）（见 H.3）。

为清楚起见，本附录描述了这两种主要爬升方法的一般要求。

应注意，虽然大部分塔机使用的爬升原理相同，但各种塔机的结构构造型式千差万别，在任何情况下均应关注制造商使用说明书中的有关特殊说明。

H.2　外爬升操作

一个典型的爬升结构由一个一面开口的金属桁架、一个标准节引进装置和一套安装在爬升架内的爬升油缸系统组成。爬升架为一整体并有三面包裹住塔身，在开口的一面预先提升一个新的要安装的标准节。

典型的爬升操作过程如下：

a)　将爬升架可靠固定在塔机回转部分的下面，爬升油缸的支腿在塔身的顶升支撑点上[见图 H.1b)]。

b)　通过塔机本身将一个新的标准节提起并放到爬升架上[图 H.1c)]。然后通过配平使塔机上部结构相对爬升油缸中心前后平衡并将臂架保持在正确的位置。

c)　给爬升油缸加力伸出，使连接在塔身顶部的塔机上部结构上升直到足够放入一个新标准节的距离[图 H.1d)]。通过爬升油缸和爬升架的延展，将新标准节引入爬升架并与塔身对正[图 H.1e)]。下降爬升油缸和爬升架直到塔机上部结构连接到新标准节的顶部；分离引进装置[图 H.1f)]并继续下降塔机上部结构和新标准节直到将新标准节下部与塔身顶部连接[图 H.1g)]。重复相同的过程[图 H.1h)和图 H.1i)]，即可继续进行加节。

a)

图 H.1 外爬升

图 H.1（续）

H.3 内爬升操作

当塔机安装并支撑在建设中的建筑物内时，就需要随建筑施工的进程在建筑物内爬升（见图 H.2）。

塔机由两套环梁支撑。在安装时，塔机被这两套环梁夹持住，允许塔机的工作载荷通过环梁传递给建筑物。

要爬升到上一个平面时，在塔机上环梁上部合适的距离再安装一套环梁；然后通过配平使塔机的倾覆力矩最小，松开环梁中夹持塔身的装置，使用塔身底部的爬升部件和液压装置将塔机升高，当塔身底部到达中环梁时，将塔机夹持在中环梁和上环梁间，即可将下环梁移开留待下次爬升使用。

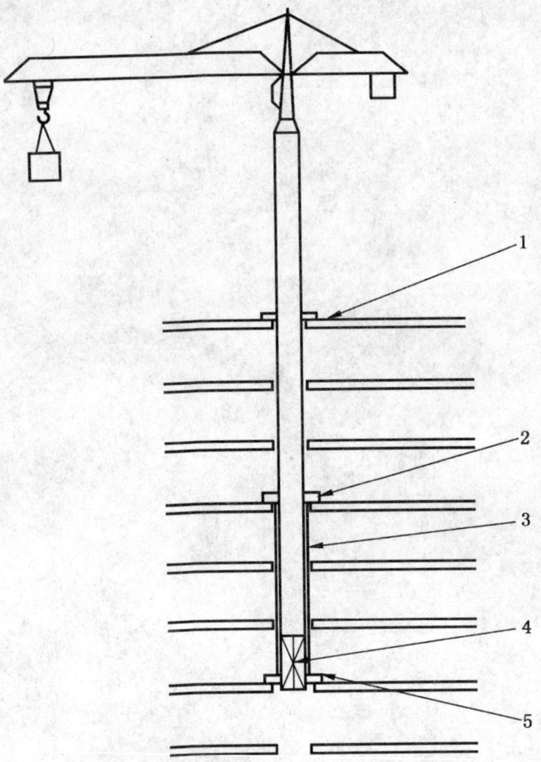

a）爬升前

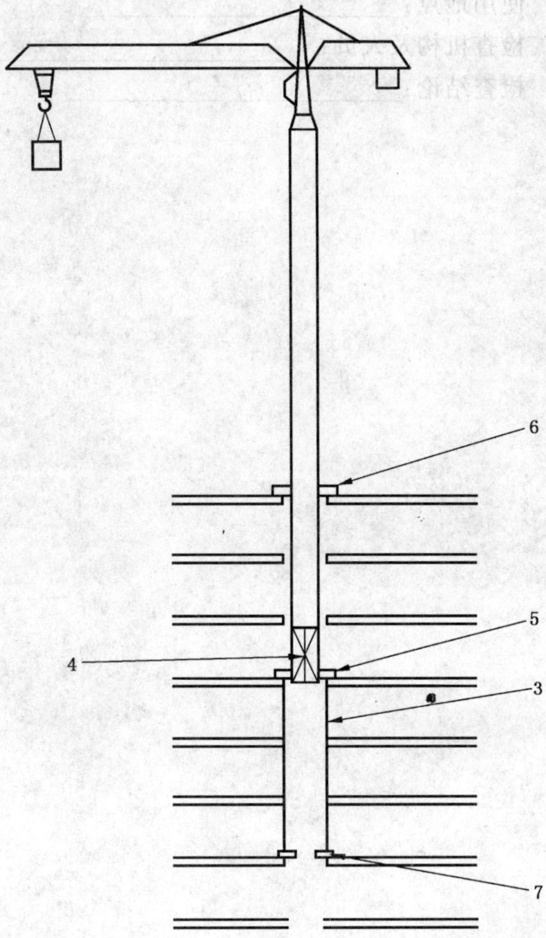

b）爬升后

1——新的顶部环梁（爬升前安装）；
2——中部环梁（先前的顶部环梁）；
3——爬升支撑；
4——爬升部件和液压装置；
5——底部环梁；
6——顶部环梁；
7——旧的底部环梁（要移走的）。

图 H.2 内爬升

附　录　I
（资料性附录）
定期、全面及特殊检查报告示例

公司：________________ 检查日期：________________

塔机名称和型号：________________ 出厂编号：________________

制造商：________________ 出厂日期：________________

用户/租用者地址：________________ 设备编号：________________

使用地点：________________

检查机构及人员：________________ 签名________________ 日期________________

检查结论：________________

表 I.1

序号	部　件	检 查 部 位	现有	完善后	状况		功能		维修	更换	复　查		
					良好	需维护	符合	不符合			必要	不必要	执行人
1	整机资料	使用说明书											
		部件清单[11.4.2 d)]											
		日常及周期检查记录											
		法规要求的文件											
2	固定基础	基础计算资料及验收报告											
3	轨道基础	水平度误差											
		枕木长度											
		枕木状况											
		枕木间距											
		轨距误差											
		曲轨内半径											
		钢轨尺寸											
		轨道固定装置											
		轨道连接处/连接板											
		终端缓冲、止挡											
4	附着系统	与使用说明书符合/有设计资料											
		固定状况											

表 I.1（续）

序号	部　件	检　查　部　位	现有	完善后	状况		功能		维修	更换	复　查		
					良好	需维护	符合	不符合			必要	不必要	执行人
5	信息标牌/安全操作距离	标识（见 8.1）											
		司机操作信息（见 8.2）											
		警告信息（见 8.3）											
		设备信息（见 8.4）											
		安全操作距离											
		至：											
		至：											
6	底架	主梁焊缝											
		副梁焊缝											
		车轮											
		轮缘											
		运行机构											
		运行制动（运行试验）											
		危险点防护											
		防轮失效装置											
		夹轨器											
		清轨器											
		连接件											
		运输固定件已拆除											

表 I.1（续）

序号	部件	检查部位	现有	完善后	状况		功能		维修	更换	复查		
					良好	需维护	符合	不符合			必要	不必要	执行人
7	回转机构	回转支承滚道间隙											
		回转支承紧固											
		回转运行试验											
		回转齿轮啮合											
		回转机构紧固											
		回转制动器											
		臂架自由转动											
		危险点防护											
8	起升机构	联轴器											
		变速箱											
		挡位互锁											
		卷筒安装											
		机构固定											
		制动间隙											
		制动盘（轮）											
		制动分离装置											
		制动弹簧											
		制动试验											
		溜降											
		绳端固定											
		安全圈数											

表 I.1（续）

序号	部件	检查部位	现有	完善后	状况		功能		维修	更换	复查		
					良好	需维护	符合	不符合			必要	不必要	执行人
9	副起升机构	联轴器											
		变速箱											
		挡位互锁											
		卷筒安装											
		机构固定											
		制动间隙											
		制动盘（轮）											
		制动分离装置											
		制动弹簧											
		制动试验											
		溜降											
		绳端固定											
		安全圈数											
10	动臂变幅机构	联轴器											
		变速箱											
		挡位互锁											
		卷筒安装											
		机构固定											
		主制动器制动间隙											
		主制动器制动盘（轮）											

表 I.1（续）

序号	部件	检查部位	现有	完善后	状况		功能		维修	更换	复查		
					良好	需维护	符合	不符合			必要	不必要	执行人
10	动臂变幅机构	主制动器制动分离装置											
		主制动器制动弹簧											
		附加制动器制动间隙											
		附加制动器制动盘(轮)											
		附加制动器制动分离装置											
		附加制动器制动弹簧											
		制动试验											
		溜降											
		绳端固定											
		安全圈数											
11	小车变幅机构	车轮											
		滑轮											
		轮缘/侧滚轮											
		防断绳保护											
		联轴器											
		变幅机构紧固											
		绳端固定											
		安全圈数											
		维修挂篮											

表 I.1（续）

序号	部件	检查部位	现有	完善后	状况		功能		维修	更换	复查		
					良好	需维护	符合	不符合			必要	不必要	执行人
12	压重	移动压重(重量)											
		固定压重(重量)											
		防滑移											
		防坠落											
		吊点											
13	配重	移动配重(重量)											
		固定配重(重量)											
		防滑移											
		防坠落											
		吊点											
14	塔身结构	焊缝											
		主弦											
		对角线											
		连接螺栓											
		连接销轴											
		塔身接头											
15	臂架	焊缝											
		上、下弦杆											
		对角线											
		连接螺栓											
		连接销轴											
		臂架接头											

表 I.1（续）

序号	部件	检查部位	现有	完善后	状况		功能		维修	更换	复查		
					良好	需维护	符合	不符合			必要	不必要	执行人
16	平衡臂	焊缝											
		平衡臂弦杆/梁											
		对角线											
		连接螺栓											
		连接销轴											
		平衡臂接头											
17	塔顶结构	焊缝											
		主弦											
		对角线											
		连接螺栓											
		连接销轴											
		塔顶接头											
18	回转平台	焊缝											
		变形											
		连接螺栓											
		连接销轴											
		接头											
19	爬升架	焊缝											
		弦杆/梁											
		对角线											

表 I.1（续）

序号	部件	检查部位	现有	完善后	状况		功能		维修	更换	复查		
					良好	需维护	符合	不符合			必要	不必要	执行人
19	爬升架	连接螺栓											
		连接销轴											
		接头											
		导向及换步装置											
20	通道、走台、休息平台	梯子											
		护圈											
		栏杆等防护设备											
		走台											
		休息平台											
21	司机室/控制站	墙体											
		窗											
		地板											
		入口											
		门											
		座椅											
		通风											
		供热											
		电气安装											
		雨刷											
		侧防护											

表 I.1（续）

序号	部　　件	检　查　部　位	现有	完善后	状况		功能		维修	更换	复　　查		
					良好	需维护	符合	不符合			必要	不必要	执行人
22	控制	操作装置											
		信号与报警											
		幅度指示器											
23	电气	线路保护											
		绝缘											
		避雷											

表 I.1（续）

序号	部　件	检　查　部　位	现有	完善后	状况		功能		维修	更换	复　查		
					良好	需维护	符合	不符合			必要	不必要	执行人
24	吊钩	吊钩磨损											
		吊钩变形											
		表面裂纹											
		防脱钩装置											
		吊具											
		吊钩滑轮											
25	钢丝绳	起升绳											
		动臂变幅绳											
		臂架拉索											
		小车变幅绳											
		安装绳											
		滑轮											
		绳夹											
		导绳器											
		其他钢绳连接件											

表 I.1（续）

序号	部件	检查部位	现有	完善后	状况		功能		维修	更换	复查		
					良好	需维护	符合	不符合			必要	不必要	执行人
26	安全装置	运行限位											
		起升限位											
		下降限位											
		动臂变幅上限位											
		动臂变幅下限位											
		小车变幅前限位											
		小车变幅后限位											
		起重量限制器											
		起重力矩限制器											
		回转限位											
		钢丝绳防脱装置											
		显示记录装置											
27	其他部件（按制造商使用说明书）												

注：○—现有，良好，符合，维修；√—完善后，需维护，必要，更换；×—不符合，不必要。

参 考 文 献

[1] GB/T 3811 起重机设计规范.

[2] AWS D1.1:2002 钢结构焊接规范.

[3] ISO 7752-3:1993 起重机 控制装置 布置形式和特性 第3部分:塔式起重机.

[4] ISO 9374-3:2002 起重机 咨询、定货、销售、供货各方应提供的资料 第3部分:塔式起重机.

[5] ISO 9927-1:1994 起重机 检查 第1部分:总则.

[6] ISO 9927-3:2005 起重机 检查 第3部分:塔式起重机.

[7] ISO 9942-3:1999 起重机 信息标牌 第3部分:塔式起重机.

[8] ISO 10245-1:1994 起重机 限制器和指示器 第1部分:总则.

[9] ISO 10245-3:1999 起重机 限制器和指示器 第3部分:塔式起重机.

[10] ISO 10972-1:1998 起重机 对机构的要求 第1部分:总则.

[11] ISO 10972-3:2003 起重机 对机构的要求 第3部分:塔式起重机.

[12] ISO 12480-1:1997 起重机 安全使用 第1部分:总则.

[13] ISO 12480-3:2005 起重机 安全使用 第3部分:塔式起重机.

ICS 43.040.10
T 36

GB

中华人民共和国国家标准

GB/T 5054.1—2008/ISO 4141-1:2005

道路车辆　多芯连接电缆
第1部分:普通护套电缆的性能要求和试验方法

**Road vehicles—Multi-core connecting cables—
Part 1: Test methods and requirements for basic performance sheathed cables**

(ISO 4141-1:2005,IDT)

2008-09-24 发布　　2009-07-01 实施

中华人民共和国国家质量监督检验检疫总局
中国国家标准化管理委员会　发布

前　言

GB/T 5054《道路车辆　多芯连接电缆》包括以下四部分：

——第1部分：普通护套电缆的性能要求和试验方法；

——第2部分：高性能护套电缆的性能要求和试验方法；

——第3部分：无屏蔽护套低压电缆的结构、尺寸和标记；

——第4部分：螺旋电缆组件的弯折试验方法和要求。

本部分为GB/T 5054的第1部分。

本部分等同采用ISO 4141-1:2005《道路车辆　多芯连接电缆　第1部分：普通护套电缆的性能要求和试验方法》。

本部分与ISO 4141-1:2005相比，进行了以下编辑性修改：

——“本部分”代替“本国际标准”；

——增加了我国标准的前言；

——用GB/T 1690代替ISO 1817，因本标准引用ISO 1817的内容与GB/T 1690无技术上差异(见第2章)；

——部分引用的标准改为国家标准并等同国际标准(见第2章)。

本部分由国家发展和改革委员会提出。

本部分由全国汽车标准化技术委员会(SAC/TC 114)归口。

本部分起草单位：交通部公路科学研究院、吉林大学交通学院、积架宝威汽车配件(深圳)有限公司。

本部分主要起草人：张学利、李永福、李显生、谢秋华。

道路车辆　多芯连接电缆
第1部分:普通护套电缆的性能要求和试验方法

1　范围

GB/T 5054的本部分规定了用于牵引车和挂车电连接的普通多芯护套电缆的试验方法和性能要求,电缆适用温度范围为−40 ℃～+85 ℃。

2　规范性引用文件

下列文件中的条款通过GB/T 5054的本部分的引用而成为本部分的条款。凡是注日期的引用文件,其随后所有的修改单(不包括勘误的内容)或修订版均不适用于本部分,然而,鼓励根据本部分达成协议的各方研究是否可使用这些文件的最新版本。凡是不注日期的引用文件,其最新版本适用于本部分。

GB/T 1690　硫化橡胶或热塑性橡胶耐液体试验方法(GB/T 1690—2006,ISO 1817:2005,MOD)

GB/T 2951.1　电缆绝缘和护套材料通用试验方法　第1部分:通用试验方法　第1节:厚度和外形尺寸测量——机械性能试验(GB/T 2951.1—1997 idt IEC 60811-1-1:1993)

GB/T 5054.3　道路车辆　多芯电缆线　第3部分:无屏蔽护套低压电缆的结构、尺寸和标记(GB/T 5054.3—2006,ISO 4141-3:1998,IDT)

GB/T 16422.2　塑料实验室光源暴露试验方法　第2部分:氙弧灯(GB/T 16422.2—1999 idt ISO 4892-2:1994)

GB/T 20716.1　道路车辆　牵引车和挂车之间的电连接器　第1部分:24 V标称电压车辆的制动系统和行走系的连接(GB/T 20716.1—2006,ISO 7638-1:2003,IDT)

GB/T 20716.2　道路车辆　牵引车和挂车之间的电连接器　第2部分:12 V标称电压车辆的制动系统和行走系的连接(GB/T 20716.2—2006,ISO 7638-2:2003,IDT)

GB/T 20717　道路车辆　牵引车和挂车之间的电连接器　24 V15芯型(GB/T 20717—2006,ISO 12098:2004,IDT)

ISO 4892-4　塑料　实验室光源暴露试验方法　第4部分:开放式碳弧灯

ISO 6722　道路车辆　60 V和600 V单芯电缆　尺寸、试验方法和要求

ISO 14572　道路车辆　圆形屏蔽及无屏蔽60 V和600 V多芯护套电缆　基本性能和高性能的试验方法和要求

ISO/TS 16553　道路车辆　数据电缆　试验方法和要求

EN 14214　汽车燃料　柴油机用脂肪酸甲酯(FAME)　要求和试验方法

DIN V 70070　柴油发动机　减少NO_X添加剂AUS 32　要求和试验方法

3　术语和定义

ISO 6722确立的以及下列术语和定义适用于本标准。

3.1

基本性能　basic performance

(电缆)满足一般汽车应用的基本要求。

3.2

屏蔽　screen

用导电材料减少从交变电磁场到指定区域的穿透或辐射。

3.3

非屏蔽　unscreened

无屏蔽。

3.4

芯线　core

由单独带绝缘(和屏蔽,如果有的话)的导体组成的部件。

4　一般要求

单根芯线的标记应符合 GB/T 5054.3 的规定。多芯护套电缆的单根芯线应满足 ISO 6722 的要求。无屏蔽双绞线除电容试验之外,应满足 ISO /TS 16553 对数据电缆的要求,电容试验应满足本部分 6.3 的要求。

基本试验条件和试验中使用的烘箱应满足 ISO 6722 的要求。

目视检验时,护套应平滑、均匀,表面应完整,无隆起、孔洞以及颗粒等缺陷。

各样品组(A 组～R 组)的试验步骤按表 1 进行(实施的步骤以"√"表示,顺序从上至下)。

表 1　试验步骤和要求

试验项目	试验样品组/步骤																		
	条款	A	B	C	D	E	F	G	H	I	J	K	L	M	N	O	P	Q	R
外观检查	4	√	√	√	√	√	√	√	√	√	√	√	√	√	√	√	√	√	√
电缆外径	5.1	√																	
椭圆度	5.2	√																	
护套厚度	5.3		√																
绞距	5.4			√															
连续性	6.1				√														
耐电压试验	6.2					√				√			√	√					
循环弯折性能试验	7.3					√													
卷绕试验	8.1									√									
冲击试验	8.2										√								
长期老化试验	10.1												√						
短期老化试验	10.2													√					
外观检查	4					√				√	√		√	√					
耐电压试验	6.2					√				√			√	√					
电容试验	6.3						√												
高温压力试验	7.1							√											
护套附着力	7.2								√										
耐磨损性能	9											√							

表 1（续）

试验项目	试验样品组/步骤																		
	条款	A	B	C	D	E	F	G	H	I	J	K	L	M	N	O	P	Q	R
护套的液体相容性	11.1														√				
护套标记的持久性	11.2															√			
耐臭氧能力	11.3																√		
阻燃性试验	12																	√	
模拟耐候性试验	13																		√
外观检查	4								√						√	√	√	√	√

5 尺寸

5.1 电缆外径

5.1.1 试验样品

试验样品长 600 mm。

5.1.2 试验设备

见 ISO 6722。

5.1.3 试验程序

在三个取样间隔距离为 200 mm 的试验样品上测定电缆外径的最大和最小值，记录三个位置的最大测量值（d_{max}）和最小测量值（d_{min}）。

5.1.4 要求

试验中每次测量的外径尺寸应介于电缆用户和供货商约定的限值之间，且应满足 GB/T 5054.3 的限值要求。

5.2 椭圆度

5.2.1 试验样品和设备

同 5.1.1 和 5.1.2。

5.2.2 试验程序

对每个样品，椭圆度按下式计算：

$$椭圆度(\%) = \frac{d_{max} - d_{min}}{0.5(d_{max} + d_{min})} \times 100$$

5.2.3 要求

计算所得的椭圆度应符合标准 GB/T 5054.3 的限值范围要求。

5.3 护套厚度

5.3.1 试验样品、设备和程序

见 ISO 6722 对绝缘层厚度的要求。

5.3.2 要求

每次测量值不得小于 GB/T 5054.3 要求的最小厚度。

5.4 绞距长度

5.4.1 基本要求

此试验仅适用于双绞线芯线。

5.4.2 试验样品

试验样品长度为 1 000 mm。

5.4.3 试验设备

精度为 1 mm 的测量装置。

5.4.4 试验程序

取剥掉护套(500±25)mm 且确保绞合线末端不散开。固定试验样品的末端。测量五个连续的绞距长度,一个绞距是指双绞线电缆中单根芯线完成螺旋一整圈的轴向长度。

5.4.5 要求

五个连续绞距的长度不得超过 250 mm。

6 电气特性

6.1 连续性试验

见 ISO 14572。

6.2 耐电压试验

见 ISO 14572。

6.3 电容试验

6.3.1 基本要求

该试验仅适用于数据通讯的无屏蔽双绞线芯。

6.3.2 试验样品

试验样品取 5 m 长,从一端剥掉护套 50 mm,再去除每根芯线绝缘层 12 mm。

6.3.3 试验设备

使用频率 1 kHz 的交流标准电容测量装置。

6.3.4 试验程序

连接电缆的芯线 a 和 b 用于数据传输的芯线,例如 GB/T 20716.1 或 GB/T 20716.2 中的电缆芯线 6 和 7,或者 GB/T 20717 中的电缆芯线 14 和 15。

将被测量的试样芯线 a 和 b 分别进行两个不同的电容测量 A 和 B,要求如下(见图 1)。

测量 A:

短路芯线 a 和 b。用短接桥连接在电缆末端,测量装置也连接在此。测量目标芯线与其他并联芯线间的电容 C_A。

测量值为:

$$C_A = 2C_i \qquad (1)$$

$$C_i = \frac{1}{2}C_A \qquad (2)$$

测量 B:

断开短接的电路芯线 a 和 b。测量芯线 a 和 b 之间的电容 C_B。

测量值为:

$$C_B = C_d + 1/2C_i \qquad (3)$$

$$C_d = C_B - 1/2C_i \qquad (4)$$

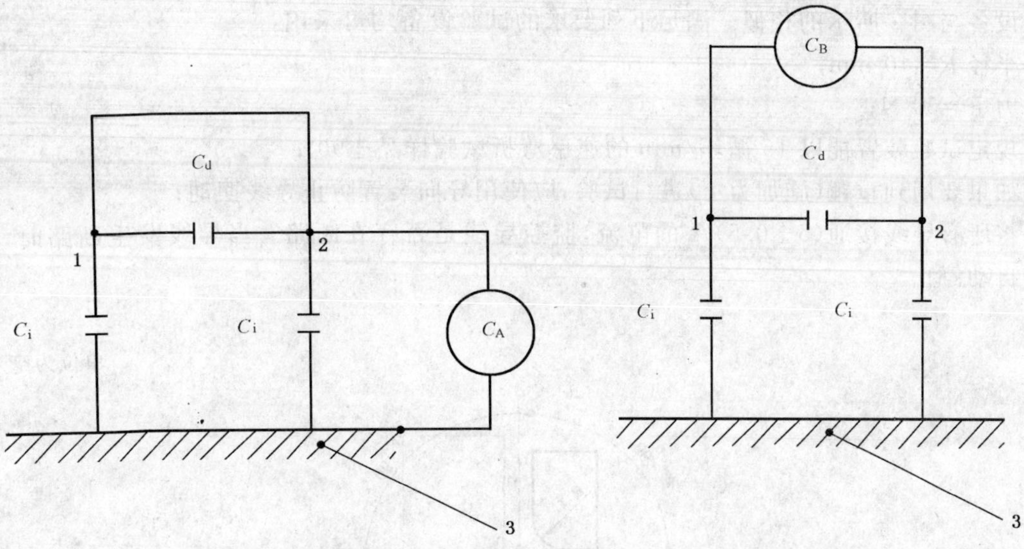

测量 A(C_A)　　　测量 B(C_B)

1——芯线 a;
2——芯线 b;
3——其他芯线并联连接。

图 1　电容测量

6.3.5　试验要求

单位长度的电容不得超过表 2 的给定值。

C_i:每根数据芯线与其他并联芯线之间的电容;

C_d:数据芯线之间的电容;

C_{bus}:总线电容,$C_{bus} = C_i + 2C_d = 2C_B$

表 2　单位长度的最大电容

单位为皮法每米

电缆型式	C_i	C_d	C_{bus}
非螺旋电缆	100	50	160
螺旋电缆	170	85	270
注:C_{bus}是关键数值。因为 C_i 和 C_d 是互相独立的,表中给出的最大值是许可值。但是,因为 $C_{bus} = C_i + 2C_d$,C_{bus} 的最大值限制了 C_i 和 C_d 的许可值。			

7　机械特性

7.1　高温压力试验

基本性能电缆的要求见 ISO 14572。

7.2　护套附着力试验

见 ISO 14572。

7.3　循环弯折试验

7.3.1　基本要求

试验仅适用于非螺旋电缆。

7.3.2　试验样品

从距电缆始端至少 1 m 处开始截取两段长度各为 600 mm 的试验样品。

7.3.3 试验设备

试验设备与图 2 所示的相似。满足下列要求的试验设备均可采用：

——半径 $R=40$ mm；

——力 $F=50$ N；

——规定试验装置能以 15 循环/min 的速率弯折试验样品±90°；

——如果要用到重锤(施加力 F)进行试验，应使用导向装置防止导线摆动；

——将所有导线接通(5±0.5)A 的电流，监控导线是否存在断路。当导线发生断路时，试验程序自动停止。

单位为毫米

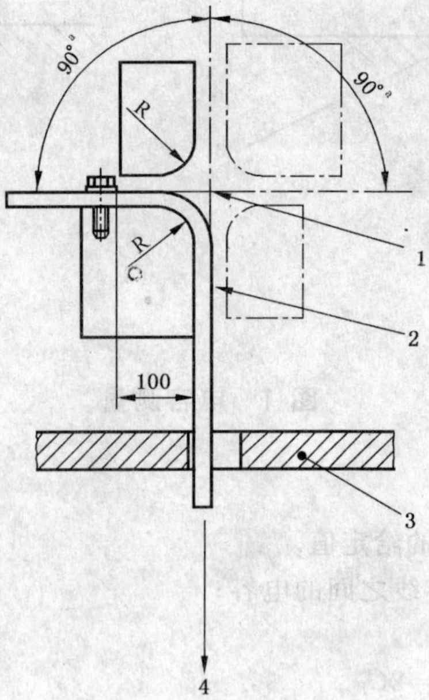

a 循环(每侧 90°)。

1——支点中心；

2——电缆；

3——固定导向装置(可选)；

4——拉力 F。

图 2 循环弯折性能试验设备

7.3.4 试验程序

将试验样品的一端安装于试验设备的可弯折部分，另一端施加力 F。以 0.25 Hz(15 循环/min)的速率对试验样品进行 5 000 循环弯折试验。

7.3.5 要求

导线在试验过程中不应发生断裂。试验结束后经外观检查，试验样品不得出现裂纹。如果试验样品满足此试验要求，继续进行 6.2 规定的试验。

8 低温特性

8.1 卷绕试验

8.1.1 试验样品

见 ISO 6722。从电缆的一端剥掉护套 100 mm 长，并剥掉每根芯线 25 mm 的绝缘层。

8.1.2 试验设备

见 ISO 6722。试验在温度为(−40±2)℃的低温箱内进行。试验设备的芯轴直径为 80 mm，重锤的质量为 20 kg，见图 3。

8.1.3 试验程序

见 ISO 6722。试验条件满足后，将试验样品在心轴上弯曲 180°。弯曲应在低温箱内 5 s 之内完成。卷绕完成后，将试验样品恢复到室温。

8.1.4 要求

检视试验样品，不应出现裂纹。如果试验样品满足此项要求，继续进行 6.2 要求的耐电压试验。

1——试验心轴；
2——试验样品；
3——重锤。

图 3 卷绕试验的试验设备

8.2 冲击试验

8.2.1 试验样品

准备三段最小长度为 150 mm 的试验样品。

8.2.2 试验设备

见 ISO 6722。重锤质量为 500 g。

8.2.3 试验程序

见 ISO 6722。冲击后，将试验样品恢复到室温。

8.2.4 要求

试验样品外观检查,应无裂纹。

9 耐磨性能

见 ISO 14572。本试验是否进行由供需双方协商确定。

10 热老化性

10.1 长期老化试验,3 000 h

见 ISO 14572。试验用于确定－40 ℃～＋85 ℃的温度等级,相当于 ISO 6722 规定的 A 级试验温度。

10.2 短期老化试验,240 h

见 ISO 14572,但试验采用直径为 60 mm 的心轴。试验用于模拟－40 ℃～＋85 ℃电缆的热漂移,相当于 ISO 6722 规定的 A 级试验温度。

11 耐化学品性能

11.1 护套的液体相容性试验

11.1.1 试验样品

见 ISO 6722。

11.1.2 试验设备

试验采用的试验设备见图 3。试验心轴直径为 80 mm,重锤质量为 20 kg,最小旋转圈数为 0.5 圈。

11.1.3 试验程序

将试验样品浸入按照表 3 规定温度的试验液体中并保持规定的时间。试验结束后,从液体中取出试验样品,擦去试验样品上残留的液体,将试验样品在室温下晾干 30 min。在晾干后的 5 min 内,使用 11.1.2 描述的试验设备对电缆进行缠绕。最小圈数为 0.5 圈。

表 3 护套液体相容性的试验液体

试验液体	液体的要求	试验温度/℃	试验时间/h
汽油	GB/T 1690,液体 B	23.5	20
汽油	GB/T 1690,液体 C	23.5	20
汽油	GB/T 1690,液体 D	23.5	20
柴油	GB/T 1690,液体 F	23.5	20
尿素	DIN V 70070	23.5	20
润滑油	GB/T 1690,润滑油 No.1	50.3	20
润滑脂	GB/T 1690,液体 101	50.3	20
液压油[a]	GB/T 1690,液体 102	23.5	20
发动机冷却液[a]	[b]	50.3	20
制动液[a]	[b]	23.5	20
油菜燃料甲酯[a]	EN 14214	23.5	20

a 由用户和供货商协商。

b 由用户和供货商确定。

11.1.4 要求

弯曲试验完成后(同时将试验样品保持在心轴上),试验样品不应出现裂纹。其他要求由电缆用户和提供商协商。

11.2 护套标记的持久性试验

11.2.1 一般要求

试验仅适用于需要标识的电缆。

11.2.2 试验样品

对表3所示的每种试验液体,准备至少300 mm长的试验样品。

11.2.3 试验设备

见ISO 6722,护套标记的持久性。

11.2.4 试验程序

见ISO 6722,需对表3中的所有试验液体进行试验。

11.2.5 要求

见ISO 6722。仅检验护套外部。

11.3 耐臭氧能力试验

见ISO 14572。本试验是否进行由供需双方协商确定。

12 抗火焰传播性

见ISO 14572。

13 人工气候加速老化性

13.1 一般要求

本试验是否进行由供需双方协商确定。

13.2 试验样品

根据GB/T 2951.1要求,从待试验的电缆护套上取10段应力试验样品。

13.3 试验设备

根据GB/T 16422.2要求,采用紫外线光源的试验柜带有(55±3)℃氙弧灯和水喷雾循环(5 min喷水和25 min烘干,或12 min喷水和180 min烘干),烘干期间相对湿度要求为(50±5)%。

首选试验设备为氙弧试验柜。根据电缆用户和供应商之间的约定可选其他光源,例如开放式碳弧光(见ISO 4892-4)。如有争议,应使用氙弧灯试验仲裁。

13.4 试验程序

将五件符合试验条件的样品放入试验柜中进行750 h试验。试验后,取出试验样品,恢复到室温,将取出的试验样品与剩余的五件试验样品按照GB/T 2951.1的要求进行拉伸试验。

13.5 要求

经过人工气候加速老化暴露试验后,护套的伸长率比原始测量的伸长率减少不得超过20%。

参 考 文 献

[1] ISO/IEC TR 10000-1 信息科技 国际标准化文档的框架和分类法 第一部分:一般原理和文献框架.

[2] ISO/IEC 导则 第2部分 国际标准的结构和起草规则,2004.

[3] ISO 31(全部) 量值和单位.

[4] ISO 690 文献 参考文献 内容、格式和结构.

[5] ISO 1000 SI单位及其倍数单位和一些其他单位应用的建议.

[6] ISO 1431-1 硫化橡胶或热塑性橡胶 耐臭氧龟裂 第1部分:静态应变试验.

[7] ISO 4892-1 塑料 实验室光源暴露方法 第1部分:通用指南.

[8] ISO 10241 国际术语标准 制定和规划.

[9] IEC 60027(全部) 电工技术用字母符号.

[10] IEC 60757 颜色标示代号.

[11] GB/T 2951.5 电缆绝缘和护套材料通用试验方法 第2部分:弹性体混合料专用试验方法 第1节:耐臭氧试验——热延伸试验——浸矿物油试验(GB/T 2951.5—1997 idt IEC 60811-2-1:1986).

ICS 43.040.10
T 36

GB

中华人民共和国国家标准

GB/T 5054.2—2008/ISO 4141-2:2006

道路车辆　多芯连接电缆
第2部分:高性能护套电缆的性能要求和试验方法

Road vehicles—Multi-core connecting cables—
Part 2:Test methods and requirements for high performance sheathed cables

(ISO 4141-2:2006,IDT)

2008-09-24 发布　　　　2009-07-01 实施

中华人民共和国国家质量监督检验检疫总局
中国国家标准化管理委员会　发布

前　言

GB/T 5054《道路车辆　多芯连接电缆》包括以下四部分：

——第1部分：普通护套电缆的性能要求和试验方法；

——第2部分：高性能护套电缆的性能要求和试验方法；

——第3部分：无屏蔽护套低压电缆的结构、尺寸和标记；

——第4部分：螺旋电缆组件的弯折试验方法和要求。

本部分为GB/T 5054的第2部分。

本部分等同采用ISO 4141-2:2006《道路车辆　多芯连接电缆　第2部分：高性能护套电缆的性能要求和试验方法》。

本部分与ISO 4141-2:2006相比，进行了以下编辑性修改：

——"本部分"代替"本国际标准"；

——增加了我国标准的前言；

——用GB/T 1690代替ISO 1817，因本标准引用ISO 1817的内容与GB/T 1690无技术上差异（见第2章）；

——部分引用的标准改为国家标准并等同国际标准（见第2章）。

本部分由国家发展和改革委员会提出。

本部分由全国汽车标准化技术委员会(SAC/TC 114)归口。

本部分起草单位：交通部公路科学研究院、吉林大学交通学院、积架宝威汽车配件（深圳）有限公司。

本部分主要起草人：张学利、李永福、李显生、谢秋华。

道路车辆　多芯连接电缆
第2部分：高性能护套电缆的性能要求和试验方法

1　范围

GB/T 5054 的本部分规定了用于牵引车和挂车电连接的高性能多芯护套电缆的试验方法和性能要求，电缆适用温度范围为－40 ℃～＋85 ℃。

2　规范性引用文件

下列文件中的条款通过 GB/T 5054 的本部分的引用而成为本部分的条款。凡是注日期的引用文件，其随后所有的修改单(不包括勘误的内容)或修订版均不适用于本部分，然而，鼓励根据本部分达成协议的各方研究是否可使用这些文件的最新版本。凡是不注日期的引用文件，其最新版本适用于本部分。

GB/T 1690　硫化橡胶或热塑性橡胶耐液体试验方法(GB/T 1690—2006，ISO 1817:2005，MOD)

GB/T 5054.1　道路车辆　多芯连接电缆　第1部分：普通护套电缆的性能要求和试验方法(GB/T 5054.1—2008，ISO 4141-1:2005，IDT)

GB/T 5054.3　道路车辆　多芯连接电缆　第3部分：无屏蔽护套低压电缆的结构、尺寸和标记(GB/T 5054.3—2006，ISO 4141-3:1998，IDT)

ISO 6722　道路车辆　60 V 和 600 V 单芯电缆　尺寸、试验方法和要求

ISO 14572　道路车辆　圆形屏蔽及无屏蔽 60 V 和 600 V 多芯护套电缆　基本性能和高性能的试验方法和要求

3　一般要求

高性能护套多芯电缆应符合 GB/T 5054.1 及本部分第4章的规定。

螺旋多芯电缆应符合第5章规定的附加试验和要求。

4　试验和要求

4.1　冲击试验

见 GB/T 5054.1，但试验温度为(－20±2)℃。

4.2　高温压力试验

见 ISO 14572 对于高性能电缆的要求。

4.3　循环弯折试验

见 GB/T 5054.1，循环弯折次数为 10 000 次。

4.4　护套的液体相容性试验

4.4.1　基本要求

每个试验使用三个试样，试样长度至少为 300 mm，且在电缆上的每个取样距离至少为 1 m。

试样弯曲至少 180°，弯曲直径是电缆外径的5倍并固定。

4.4.2　试验

4.4.2.1　耐乙醇腐蚀

见 ISO 6722，试验持续时间为 168 h。

4.4.2.2 耐硫酸腐蚀

将弯曲试样浸入密度为 1 275 g/cm³ 的稀电池酸中，在(23±5)℃温度保持 48 h。

从试样溶液中取出试样，清洗并擦拭干净，将试样拉直，然后进行观察。

4.4.2.3 耐润滑油腐蚀

将弯曲试样浸入 GB/T 1690 指定的 1 号润滑油中，在(23±5)℃温度保持 168 h。

从试样溶液中取出试样，清洗干净，将试样拉直，然后进行观察。

4.4.2.4 抗氯化锌腐蚀

将弯曲试样浸入含量为 50%的氯化锌水溶液中，在(23±5)℃温度保持 168 h。

从试样溶液中取出试样，清洗干净，将试样拉直，然后进行观察。

4.4.3 要求

护套不应有明显的开裂和破损。

5 螺旋式多芯电缆的附加试验和要求

5.1 电缆重量引起的延长

5.1.1 试验

在水平静止状态下测量螺旋电缆螺旋段的长度。

然后将电缆垂直悬挂起来。至少保持 60 s 后测量螺旋电缆长度。

5.1.2 要求

螺旋拉伸后螺旋段的长度不应大于原始长度的 2 倍。

5.2 耐循环拉伸性能

5.2.1 试验

试验采用 5.1 试验中的试样。将试样水平固定在试验设备上，然后按表 1 所列的两种试验步骤进行试验。

表 1 循环拉伸试验和循环次数

试验顺序	拉伸	循环次数[a]
1	工作长度 L_A[b]	200 000
2	最大允许拉伸长度 L_{Amax}[b]	20 000

a 一个循环包括：
——试样延长到工作长度(试验顺序 1)和达到其最大允许延长长度(试验顺序 2)；
——收缩到原始的长度(包括电缆非螺旋部分的长度)。

b 依据 GB/T 5054.3。

试验频率应为(10±5)循环/min。

在整个试验过程中所有导线都接通(5±0.5)A 电流，不断检测线芯是否发生断路。如果发生断路，试验自动停止。

5.2.2 要求

在试验过程中，电缆不应出现损坏。试验结束后，检视，电缆护套不应有明显的开裂和破损。

5.3 恢复力

5.3.1 试验

电缆的预处理：

——将电缆拉伸到最大允许拉伸长度；

——在室温中保持不拉伸状态静放 5 min；

——在低温箱内放置 4 h，温度为(−40±2)℃。

将试样从低温箱中取出，在 60 s 内测量拉伸到最大允许长度的电缆恢复力。

5.3.2 要求

恢复力不应超过 180 N。

5.4 电缆下垂度

5.4.1 试验

将一根电缆用按图 1 所示的方法固定，在满足下列所有条件下，测量电缆的下垂度：

a) 电缆拉伸至最大允许长度，然后保持静止状态 60 s；

b) 放置在温度为(80±2)℃的烘箱内 2 h，从烘箱中取出后 15 s 内将其拉伸到最大允许拉伸长度，然后保持不拉伸状态在室温中放置 60 s；

c) 按照 5.2 中的方法进行循环拉伸试验，然后静止保持 5 min 不拉伸。

5.4.2 要求

测量得到的电缆下垂度不应超过表 2 的规定值。

表 2 电缆最大下垂度

在下述条件之后进行电缆测量	电缆最大下垂度 L_2/mm
5.4.1 a)	400
5.4.1 b)	450
5.4.1 c)	650

单位为毫米

a 见 GB/T 5054.3。

图 1 电缆下垂度的测量

5.5 永久拉伸变形

5.5.1 试验

按照下列试验步骤测量电缆螺旋段长度：

a) 电缆延长到其允许的最大拉伸长度，然后在室温中保持 30 s，保持不拉伸状态；

b) 放置在(−40±2)℃温度中 2 h，取出后 15 s 内将其拉伸到最大允许拉伸长度，然后在室温中保持 120 s，保持不拉伸状态；

c) 条件与 b)相同，但电缆放置在(60±2)℃温度中保持 2 h；

d) 条件与 b)相同，但电缆放置在(80±2)℃温度中保持 2 h。

测试时试样应放置在低摩擦的水平面上，为了减少摩擦的影响，允许在竖直方向抬起然后自由放下试样，让其自行恢复。

5.5.2 **要求**

螺旋段长度变化不应超过表3中规定的数值。

表3 螺旋段长度变化值

在下述条件之后进行测量	螺旋段长度最大变化值/%[a]
5.5.1 a)	10
5.5.1 b)	15
5.5.1 c)	20
5.5.1 d)	50

[a] 螺旋电缆螺旋段长度百分比变化值如前所述。

ICS 43.040.10
T 35

中华人民共和国国家标准

GB/T 5054.4—2008/ISO 4141-4:2001

道路车辆　多芯连接电缆
第4部分:螺旋电缆组件的弯折试验方法和要求

Road vehicles—Multi-core connecting cables—
Part 4:Articulation test method and requirements for coiled cable assemblies

(ISO 4141-4:2001,IDT)

2008-09-24 发布　　2009-07-01 实施

中华人民共和国国家质量监督检验检疫总局
中国国家标准化管理委员会　发布

前 言

GB/T 5054《道路车辆 多芯连接电缆》包括以下四部分：

——第1部分：普通护套电缆的性能要求和试验方法；

——第2部分：高性能护套电缆的性能要求和试验方法；

——第3部分：无屏蔽护套低压电缆的结构、尺寸和标记；

——第4部分：螺旋电缆组件的弯折试验方法和要求。

本部分为GB/T 5054的第4部分。

本部分等同采用ISO 4141-4:2001《道路车辆 多芯连接电缆 第4部分：螺旋电缆组件的弯折试验方法和要求》。

本部分与ISO 4141-4:2001相比，进行了以下编辑性修改：

——"本部分"代替"本国际标准"；

——增加了我国标准的前言；

——引用的标准改为国家标准并等同国际标准。

本部分的附录A是资料性附录。

本部分由国家发展和改革委员会提出。

本部分由全国汽车标准化技术委员会(SAC/TC 114)归口。

本部分起草单位：交通部公路科学研究院、吉林大学交通学院、积架宝威汽车配件(深圳)有限公司。

本部分主要起草人：张学利、李永福、李显生、谢秋华。

道路车辆　多芯连接电缆
第4部分:螺旋电缆组件的弯折试验方法和要求

1　范围

GB/T 5054的本部分规定了螺旋电缆组件的弯折试验方法和要求。

本部分适用于装有12 V或24 V电源的牵引车和挂车的电连接。

2　规范性引用文件

下列文件中的条款通过GB/T 5054的本部分的引用而成为本部分的条款。凡是注日期的引用文件,其随后所有的修改单(不包括勘误的内容)或修订版均不适用于本部分,然而,鼓励根据本部分达成协议的各方研究是否可使用这些文件的最新版本。凡是不注日期的引用文件,其最新版本适用于本部分。

GB/T 5053.1　道路车辆　牵引车与挂车之间电连接器　7芯24 V标准型(24N)(GB/T 5053.1—2006,ISO 1185:2003,IDT)

GB/T 5054.3　道路车辆　多芯电缆线　第3部分:无屏蔽护套低压电缆的结构、尺寸和标记(GB/T 5054.3—2006,ISO 4141-3:1998,IDT)

GB/T 20716.1　道路车辆　牵引车和挂车之间的电连接器　第1部分:24 V标称电压车辆的制动系统和行走系的连接(GB/T 20716.1—2006,ISO 7638-1:2003,IDT)

GB/T 20716.2　道路车辆　牵引车和挂车之间的电连接器　第2部分:12 V标称电压车辆的制动系统和行走系的连接(GB/T 20716.2—2006,ISO 7638-2:2003,IDT)

GB/T 20717　道路车辆　牵引车和挂车之间的电连接器　24 V15芯型(GB/T 20717—2006,ISO 12098:2004,IDT)

ISO 3731　道路车辆　牵引车与挂车之间电连接器　7芯24 V辅助型(24 S)

3　试验温度

试验应在(23±5)℃温度范围内进行。

4　试验和要求

4.1　弯折试验

对符合GB/T 5054.3要求的螺旋电缆实施试验,按照GB/T 5053.1、ISO 3731、GB/T 20716.1、GB/T 20716.2或GB/T 20717的要求组装合适的连接器,同时在需要保护的部位安装抗扭保护装置。

预处理:拉伸螺旋电缆总成,将其释放到最大允许的扩展长度,30 s内再恢复到原状态。采用附录A中指定的轴线A作为参考,以决定电缆总成的展开长度。

采用一个电缆末端连接器将总成紧密固定,然后将其拉伸到最大允许长度并紧固住。

连接器应该朝两个方向都旋转到垂直于螺旋线纵向轴的位置。

一个弯折试验循环,应当在(3±1)s的时间内完成以下步骤(参见附录A):

a)　位置1:基准;

b)　绕轴A旋转180°,到位置2;

c)　转回位置1,完成试验循环。

在整个试验阶段，应接(5±0.5)A 的电流连通所有导线和接点，以监控可能的断线情况和接点接触情况(见图 1)。如果有损坏出现，则试验应停止。

如果未出现损坏，则完成绝缘介电强度试验。

4.2 绝缘介电强度试验

在每根导线和其他串联在一起的导线间，接通 1 kV(50 Hz 或 60 Hz)交流电或 1 600 V 直流电的试验电压，试验时间为 1 min。

4.3 要求

4.3.1 样品应能承受至少 10 000 次的连续循环，电缆不应出现裂纹，抗扭保护装置(如有安装)不应出现移位现象。

4.3.2 不发生击穿现象。

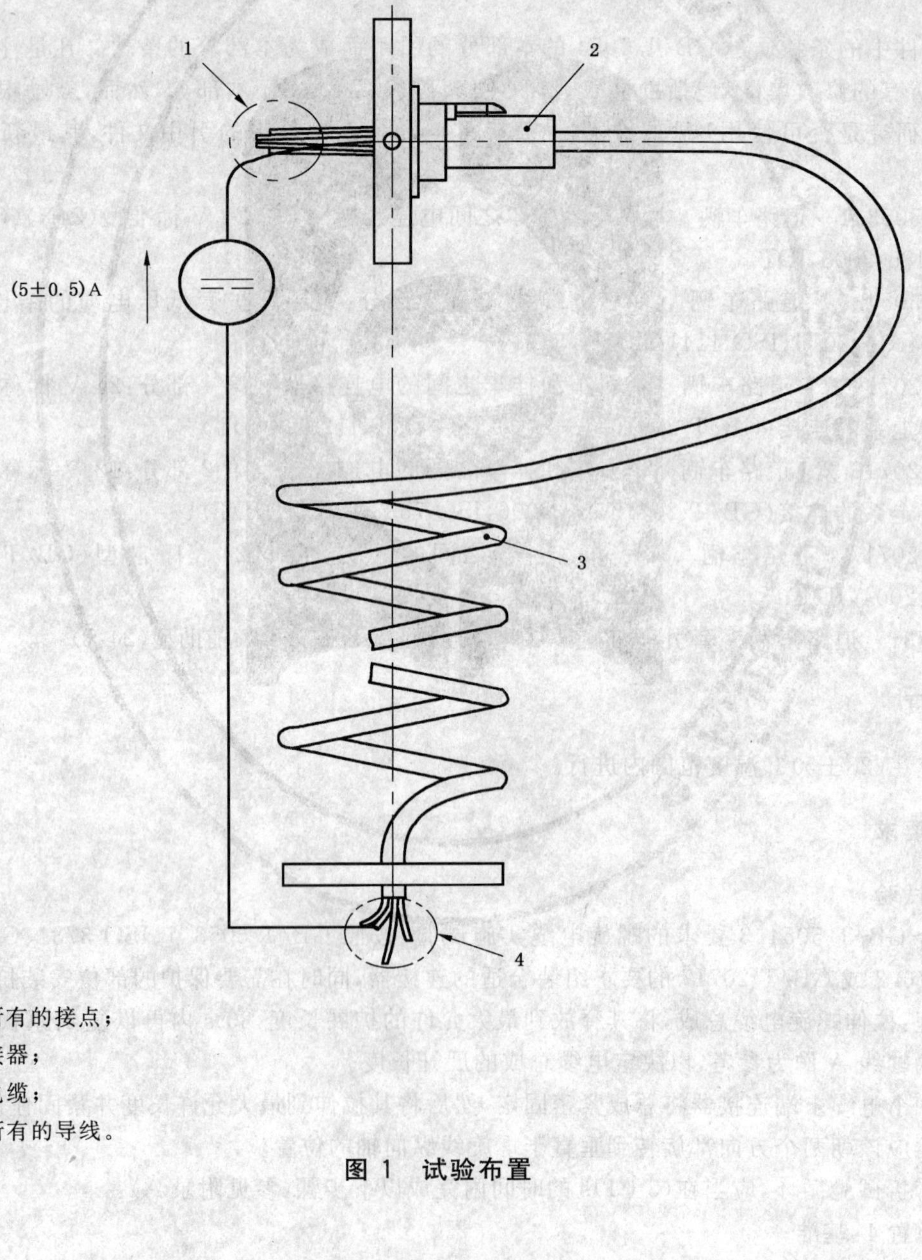

1——串联所有的接点；

2——电连接器；

3——螺旋电缆；

4——串联所有的导线。

图 1 试验布置

附 录 A
（资料性附录）
弯折试验布置

图 A.1 所示为弯折试验的试验布置和一个循环的位置。
轴 A 与纸平面垂直。

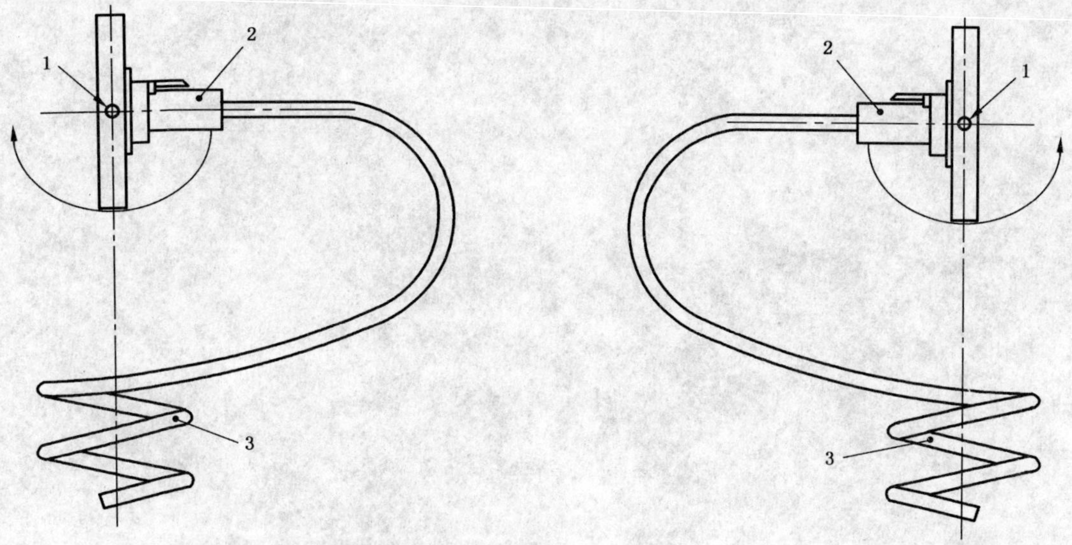

a) 位置 1:基准

b) 位置 2

1——轴 A;
2——电连接器;
3——螺旋电缆。

图 A.1 试验布置——俯视图

ICS 65.150
B 52

GB

中华人民共和国国家标准

GB/T 5055—2008
代替 GB/T 5055—1997

STANDARDS PRESS OF CHINA

青鱼、草鱼、鲢、鳙 亲鱼

Black carp, grass carp, silver carp and bighead carp—Parents

2008-06-17 发布

2008-10-01 实施

中华人民共和国国家质量监督检验检疫总局
中国国家标准化管理委员会 发布

前　言

本标准代替 GB/T 5055—1997《青鱼、草鱼、鲢、鳙　亲鱼》。

本标准与 GB/T 5055—1997 相比主要变化有：

——增加了"规范性引用文件"一章对种质标准和检验方法标准的引用；

——将原第 2 章修改为第 3 章"来源"，并对内容作了相应修改；

——将原第 3 章"外部形态"、第 4 章"繁殖年龄和体重"和第 5 章"使用年限"合并为第 4 章"质量要求"，内容上增加了种质及健康状况要求，给出了繁殖期亲鱼的外形特征，以及亲鱼的性成熟年龄和体重；

——增加了"检验方法"章和"检验规则"章。

本标准由中华人民共和国农业部提出。

本标准由全国水产标准化技术委员会淡水养殖分技术委员会归口。

本标准起草单位：中国水产科学研究院长江水产研究所。

本标准主要起草人：周瑞琼、徐忠法、何力。

本标准所代替标准的历次版本发布情况为：

——GB 5055—1985、GB/T 5055—1997。

青鱼、草鱼、鲢、鳙　亲鱼

1　范围

本标准规定了青鱼(*Mylopharyngodon piceus*)、草鱼(*Ctenopharyngodon idellus*)、鲢(*Hypophthalmichthys molitrix*)、鳙(*Aristichthys nobilis*)亲鱼的来源、质量要求、检验方法和检验规则。

本标准适用于青鱼、草鱼、鲢、鳙性成熟亲鱼。

2　规范性引用文件

下列文件中的条款通过本标准的引用而成为本标准的条款。凡是注日期的引用文件,其随后所有的修改单(不包括勘误的内容)或修订版均不适用于本标准,然而,鼓励根据本标准达成协议的各方研究是否可使用这些文件的最新版本。凡是不注日期的引用文件,其最新版本适用于本标准。

GB 17715　草鱼

GB 17716　青鱼

GB 17717　鲢

GB 17718　鳙

GB/T 18654.2　养殖鱼类种质检验　第2部分:抽样方法

GB/T 18654.3　养殖鱼类种质检验　第3部分:性状测定

3　来源

3.1　从青鱼、草鱼、鲢、鳙天然种质资源库选取亲鱼,或从上述水域中采集苗种或幼鱼经专门培育成亲鱼。

3.2　从江河、水库和湖泊等未经人工放养的天然水域中选取亲鱼,或从上述水域中采集天然苗种或幼鱼经专门培育成亲鱼。

3.3　由持有原种生产许可证的国家级、省级原种场提供的亲鱼,或从上述原种场的苗种或幼鱼经专门培育成亲鱼。

4　质量要求

4.1　种质

青鱼、草鱼、鲢、鳙亲鱼的种质应分别符合GB 17715、GB 17716、GB 17717和GB 17718。

4.2　外观

青鱼、草鱼、鲢、鳙亲鱼应体形、体色正常,体质健壮,无疾病,无伤残和畸变。

4.3　繁殖期亲鱼特征

雄亲鱼:胸鳍、鳃盖上出现追星,轻压腹部有乳白色精液从泄殖孔流出。

雌亲鱼:胸鳍、鳃盖上追星不明显或无追星;腹部膨大、柔软而有弹性,泄殖孔稍突出、红润。

4.4　繁殖年龄和体重

初次性成熟的青鱼、草鱼、鲢、鳙不得用作人工繁殖的亲鱼。

生长于不同流域的青鱼、草鱼、鲢、鳙的性成熟年龄、允许繁殖的最小年龄和最小体重以及使用年限分别见表1、表2、表3、表4。

表 1　青鱼的性成熟年龄、允许繁殖的最小年龄和最小体重、使用年限

流域名称	性别	初次性成熟年龄/龄	允许繁殖最小年龄/龄	允许繁殖最小体重/kg	允许繁殖的最大年龄/龄
珠江流域	雌	5	6	13	20
	雄	4	5	10	
长江流域	雌	6	7	14	
	雄	5	6	12	

表 2　草鱼的性成熟年龄、允许繁殖的最小年龄和最小体重、使用年限

流域名称	性别	初次性成熟年龄/龄	允许繁殖最小年龄/龄	允许繁殖最小体重/kg	允许繁殖的最大年龄/龄
珠江流域	雌	4	5	8	14
	雄	3	4	7	
长江流域	雌	4	5	6	
	雄	3	4	4	
黄河流域	雌	5	6	7	15
	雄	4	5	6	
黑龙江流域	雌	6	7	7	16
	雄	5	6	6	

表 3　鲢的性成熟年龄、允许繁殖的最小年龄和最小体重、使用年限

流域名称	性别	初次性成熟年龄/龄	允许繁殖最小年龄/龄	允许繁殖最小体重/kg	允许繁殖的最大年龄/龄
珠江流域	雌	3	4	4	12
	雄	2	3	3	
长江流域	雌	3	4	4	
	雄	2	3	3	
黄河流域	雌	4	5	5	14
	雄	3	4	3	
黑龙江流域	雌	4	5	5	
	雄	3	4	3	

表 4　鳙的性成熟年龄、允许繁殖的最小年龄和最小体重、使用年限

流域名称	性别	初次性成熟年龄/龄	允许繁殖最小年龄/龄	允许繁殖最小体重/kg	允许繁殖的最大年龄/龄
珠江流域	雌	4	5	8	15
	雄	3	4	8	
长江流域	雌	5	6	10	
	雄	4	5	8	
黄河流域	雌	6	7	10	
	雄	5	6	8	
黑龙江流域	雌	7	8	13	
	雄	6	7	8	

5 检验方法

5.1 来源查证

查阅亲鱼档案和亲鱼繁殖的生产记录。

5.2 种质检验

青鱼、草鱼、鲢、鳙亲鱼的种质检测分别按 GB 17715、GB 17716、GB 17717 和 GB 17718 的规定执行。

5.3 感官检验

肉眼观察亲鱼体形、体色、性征及健康状况。

5.4 年龄鉴定

取背鳍基部下方与侧线鳞上方之间的鳞片作为年龄鉴定材料。

将洗净的鳞片夹在两片玻片间，两端用透明胶带封好，在显微镜或投影仪下观察鳞片的年轮，根据年轮数确定鱼的年龄。

5.5 体重测定

按 GB/T 18654.3 的规定执行。

6 检验规则

6.1 检验分类

6.1.1 交付检验

亲鱼销售交货或人工繁殖时应进行检验。交付检验项目包括感官检验和年龄、体重测定。

6.1.2 型式检验

型式检验项目为本标准中规定的全部要求，非繁殖期免检亲鱼性征。有下列情况之一时应进行型式检验：

a) 正常生产的青鱼、草鱼、鲢、鳙原种场更换亲鱼或亲鱼数量变动较大时；

b) 亲鱼养殖环境发生变化，可能影响亲鱼质量时；

c) 正常生产时，应定期进行型式检验；

d) 交付检验与上次型式检验有较大差异时；

e) 有关行政主管部门提出进行型式检验要求时。

6.2 组批规则

一个销售批或同一催产批作为一个检验批。

6.3 抽样方法

交付检验的样品数为一个检验批，应全数进行检验；型式检验的抽样方法按 GB/T 18654.2 的规定。

6.4 判定规则

经检验，有不合格项的个体判为不合格亲鱼。

ICS 77.100
H 11

中华人民共和国国家标准

GB/T 5059.9—2008
代替 GB/T 5059.9～5059.10—1988

钼铁　硫含量的测定
红外线吸收法和燃烧碘量法

Ferromolybdenum—Determination of sulfur content—The infrared absorption method and the combustion-iodate volumetric method

2008-09-11 发布　　2009-05-01 实施

中华人民共和国国家质量监督检验检疫总局
中国国家标准化管理委员会　发布

前　言

GB/T 5059 的本部分是对 GB/T 5059.9—1988《钼铁化学分析方法　红外线吸收法测定硫量》和 GB/T 5059.10—1988《钼铁化学分析方法　燃烧碘酸钾滴定法测定硫量》的整合修订，包括了红外线吸收法和燃烧碘量法两个分析方法。

本部分代替 GB/T 5059.9—1988《钼铁化学分析方法　红外线吸收法测定硫量》和 GB/T 5059.10—1988《钼铁化学分析方法　燃烧碘酸钾滴定法测定硫量》。

本部分与 GB/T 5050.9—1988 和 GB/T 5059.10—1988 比较，主要修改如下：

——“试样”统一修改为“试料”；

——“素质坩埚”统一修改为“陶瓷坩埚”；

——红外线吸收法中“纯铁”统一修改为“纯铁标准物质/标准样品”；

——“ppm”统一修改为“1×10^{-6}”。

本部分由中国钢铁工业协会提出。

本部分由全国生铁及铁合金标准化技术委员会归口。

本部分起草单位：中钢集团吉林铁合金股份有限公司。

本部分主要起草人：杨帆、毕军、李雅华、高林、于桂萍。

本部分所代替标准的历次版本发布情况为：

——GB/T 5059.9—1988；

——GB/T 5059.10—1988。

钼铁　硫含量的测定
红外线吸收法和燃烧碘量法

警告:使用GB/T 5059的本部分的人员应有正规实验室工作的实践经验。本部分并未指出所有可能的安全问题。使用者有责任采取适当的安全和健康措施,并保证符合国家有关法规规定的条件。

1　范围

GB/T 5059的本部分规定了用红外线吸收法和燃烧碘量法测定钼铁中硫含量。

本部分适用于钼铁中硫含量的测定。测定范围(质量分数):0.015%～0.250%。

2　规范性引用文件

下列文件中的条款通过GB/T 5059的本部分的引用而成为本部分的条款。凡是注日期的引用文件,其随后所有的修改单(不包括勘误的内容)或修订版均不适用于本部分,然而,鼓励根据本部分达成协议的各方研究是否可使用这些文件的最新版本。凡是不注日期的引用文件,其最新版本适用于本部分。

GB/T 4010　铁合金化学分析用试样的采取和制备

3　方法一　红外线吸收法

3.1　原理

试料于高频感应炉的氧气流中加热燃烧,生成的二氧化硫由氧气载至红外线分析器的测量室,二氧化硫吸收特定波长的红外能,其吸收能与硫的浓度成正比,根据检测器接受能量的变化测得硫量。

3.2　试剂及材料

3.2.1　高氯酸镁,无水,粒状。

3.2.2　烧碱石棉,粒状。

3.2.3　玻璃棉。

3.2.4　钨粒,硫含量(质量分数)小于0.000 2%,粒度0.8 mm～1.4 mm。

3.2.5　锡粒,碳含量(质量分数)小于0.000 3%,粒度0.4 mm～0.8 mm。

3.2.6　纯铁标准物质/标准样品,纯度(质量分数)大于99.8%,硫含量(质量分数)小于0.002%,粒度0.8 mm～1.68 mm。

3.2.7　氧气,纯度(体积分数)大于99.95%,其他级别氧气若能获得低而一致的空白时,也可以使用。

3.2.8　动力气源,氮气或压缩空气,其杂质(水和油)含量(质量分数)小于0.5%。

3.2.9　陶瓷坩埚,直径×高度为23 mm×23 mm或25 mm×25 mm,并于大于1 200 ℃的高温加热炉中灼烧4 h或通氧灼烧至空白值为最低(1 350 ℃,时间不少于3 min)。

3.2.10　坩埚钳。

3.3　仪器及设备

3.3.1　红外线吸收定硫仪(灵敏度为1.0×10^{-6})

其装置如图1。

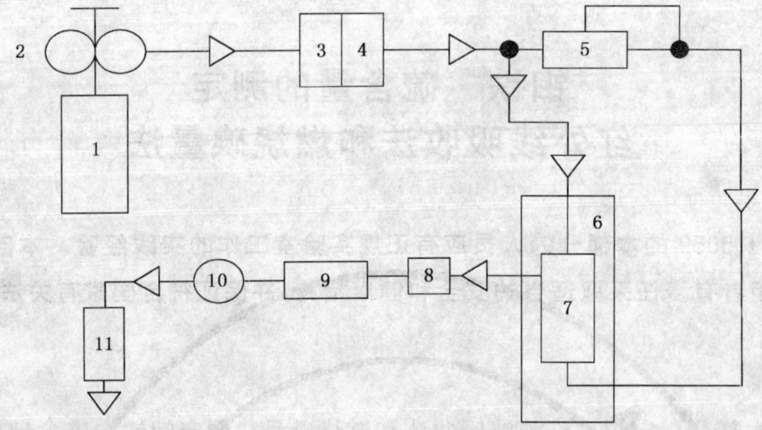

1——氧气瓶；

2——两级压力调节器；

3——洗气瓶；

4,9——干燥管；

5——压力调节器；

6——高频感应炉；

7——燃烧管；

8——除尘器；

10——流量控制器；

11——二氧化硫红外检测器。

图 1

3.3.1.1 洗气瓶，内装烧碱石棉(3.2.2)。

3.3.1.2 干燥管，内装高氯酸镁(3.2.1)。

3.3.2 气源

3.3.2.1 载气系统包括氧气容器、两级压力调节器及保证提供合适压力和额定流量的时序控制部分。

3.3.2.2 动力气源系统包括动力气(氮气或压缩空气)、两级压力调节器及保证提供合适压力和额定流量的时序控制部分。

3.3.3 高频感应炉

应满足试料熔融温度的要求。

3.3.4 控制系统

3.3.4.1 微处理机系统包括中央处理器、存储器、键盘输入设备、信息中心显示屏、分析结果显示屏及分析结果打印机等。

3.3.4.2 控制功能包括自动装卸坩埚和炉台升降、自动清扫、分析条件选择设置、分析过程的监控和报警中断、分析数据的采集、计算、校正及处理等。

3.3.5 测量系统

主要由微处理机控制的电子天平(感量不大于 0.1 mg)、红外线分析器及电子测量元件组成。

3.4 取制样

按 GB/T 4010 规定进行取制样。试料应全部通过 0.125 mm 筛孔。

3.5 分析步骤

3.5.1 试料量

称取 0.500 g 试料，精确至 0.000 1 g。

3.5.2 空白试验

称取 1.000 g 硫含量小于 0.002 0%纯铁标准物质/标准样品置于预先盛有 0.300 g±0.005 g 锡粒(3.2.5)的坩埚中(3.2.10)内，覆盖 1.500 g±0.005 g 钨粒(3.2.4)，于同一量程或通道，按 3.5.5 进行测定。重复足够次数，直至得到低而比较一致的读数(空白值应等于测定的硫量与已知标样之差)。记录至少3次读数，计算平均空白值，并参考仪器说明书，将空白值输入到分析仪中，则仪器在测定试料时会进行空白值的电子补偿。

3.5.3 分析准备

调试检查仪器，使仪器处于正常稳定状态，并选用最佳分析条件。

3.5.4 校正试验

3.5.4.1 根据待测试料的含硫量，选择相应的量程或通道，并选择三个同类型标准样品(待测试料含硫量应落在所选3个标准样品含硫量的范围内)。依次进行校正，测得结果的波动应在允许差范围内，以确认系统的线性，否则应按仪器说明书调节系统的线性。

3.5.4.2 不同量程或通道，应分别测其空白值并校正。

3.5.4.3 当分析条件变化时，如仪器尚未预热到1 h，氧气源、陶瓷坩埚(3.2.9)或钨粒(3.2.4)、锡粒(3.2.5)的空白值已发生改变时，都要求重新测定空白值并校正。

3.5.5 测定

将称取的试料(3.5.1)置于预先盛有0.300 g±0.005 g锡粒(3.2.5)的坩埚(3.2.9)内，覆盖1.500 g±0.005 g钨粒(3.2.4)，钳取坩埚放到炉台坩埚座上，按仪器说明书操作，开始分析并读取结果。

3.6 允许差

实验室之间分析结果的差值应不大于表1所列允许差。

表1 允许差 %

硫含量(质量分数)	允许差
0.015～0.025	0.003
>0.025～0.045	0.004
>0.045～0.070	0.006
>0.070～0.120	0.008
>0.120～0.250	0.012

4 方法二 燃烧碘量法

4.1 原理

试料在氧气流中燃烧，将硫氧化成二氧化硫，吸收于盐酸吸收液中，用含有碘化钾的淀粉溶液作指示剂，用碘酸钾标准溶液进行滴定。

4.2 试剂与材料

除非另有说明，在分析中仅使用确认为分析纯的试剂和蒸馏水或与其纯度相当的水。

4.2.1 氧气，纯度大于99.5%。

4.2.2 高温燃烧管，直径×长度为(20 mm～24 mm)×600 mm。

4.2.3 瓷舟，预先在1 400 ℃的高温燃烧管中通氧灼烧5 min，冷却备用。

4.2.4 高纯铁，粉状，硫含量(质量分数)小于0.001 0%。

4.2.5 五氧化二钒，粉状，硫含量(质量分数)小于0.001 0%。

4.2.6 硅胶、活性氧化铝或高氯酸镁。

4.2.7 碱石灰或氢氧化钠，粒状。

4.2.8 铬酸饱和硫酸溶液，于硫酸(ρ1.84 g/mL)中加入重铬酸钾或铬酸酐使其饱和，使用其上部澄清溶液。

4.2.9 淀粉溶液，称取1.0 g可溶性淀粉于300 mL烧杯中，加入约5 mL水，调匀。加入约50 mL沸水，不断搅拌，于电炉盘上煮沸1 min，取下冷却。另取1.5 g碘化钾溶于10 mL水中，将此溶液加入淀粉溶液中，用水稀释至100 mL，混匀。

4.2.10 吸收液和参比液，移取60 mL盐酸溶液(1.5+100)，加入2 mL淀粉溶液(4.2.9)，2滴～3滴碘酸钾标准溶液(4.2.11)，使溶液呈淡蓝色。此溶液使用时配制二瓶，其中一瓶测定时用作吸收液，另一瓶用作判断滴定终点的参比液。

4.2.11　碘酸钾标准滴定溶液

4.2.11.1　配制

称取0.222 5 g碘酸钾基准试剂、1 g碘化钾和0.10 g氢氧化钠溶解于水中，稀释，定容于1 000 mL容量瓶，混匀。

4.2.11.2　标定

称取0.500 0 g与试料组成类似的已知硫含量的标准样品，按4.5.3进行分析。随同标准样品进行空白试验，测定数次取其平均值。

按公式(1)计算1 mL碘酸钾标准滴定溶液相当的硫量(T)：

$$T=\frac{m_0\times w_{S0}}{(V_1-V_{01})\times 100} \qquad \cdots\cdots(1)$$

式中：

T——与1 mL碘酸钾标准滴定溶液(4.2.11)相当的硫量，单位为克每毫升(g/mL)；

m_0——试料量，单位为克(g)；

w_{S0}——标准样品的硫含量(质量分数)，%；

V_1——滴定标准样品所消耗的碘酸钾标准滴定溶液的体积，单位为毫升(mL)；

V_{01}——滴定空白试验所消耗的碘酸钾标准滴定溶液的体积，单位为毫升(mL)。

4.3　仪器及设备

定硫装置见图2。

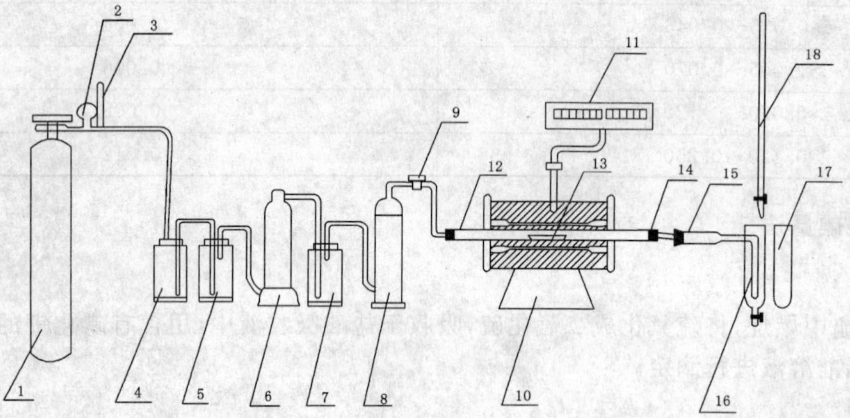

1——氧气瓶；
2——氧气压力表；
3——流量计；
4——缓冲瓶；
5——洗气瓶(内装铬酸饱和硫酸溶液，其量约为瓶高度的三分之一)；
6——干燥塔(内盛碱石灰或氢氧化钠(粒状))；
7——洗气瓶，内盛硫酸(ρ1.84 g/mL)；
8——干燥塔，内盛硅胶、活性氧化铝；
9——两通活塞；
10——高温燃烧炉(长约300 mm)；
11——自动温度控制器(附热电偶)，控制炉温在1 400 ℃～1 450 ℃；
12——高温燃烧管；
13——瓷舟；
14——硅胶塞；
15——干燥管(内盛脱脂棉)；
16——吸收瓶(不带浮珠)(见图3)；
17——参比液；
18——微量滴定管。

图2

单位为毫米

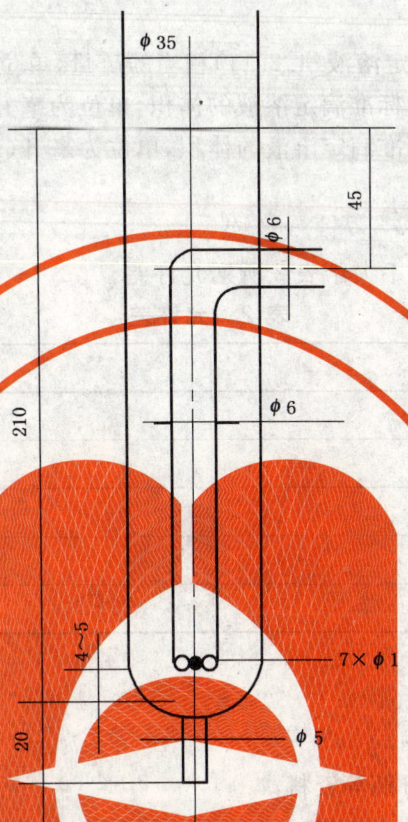

图 3

4.4 取制样

按 GB/T 4010 规定进行取制样，试样应通过 0.125 mm 筛孔。

4.5 分析步骤

4.5.1 试料量

称取 0.50 g 试料，精确至 0.000 1 g。

4.5.2 空白试验

随同试料作空白试验。

4.5.3 测定

4.5.3.1 连接定硫装置各部分，并检查气密性，加热高温燃烧管(4.2.2)，使管内温度升至 1 400 ℃～1 450 ℃。移取 40 mL 吸收液(4.2.10)于吸收瓶(16)中。

4.5.3.2 将试料(4.5.1)移入预先盛有 1 g 高纯铁(4.2.4)的瓷舟(4.2.3)中，覆盖 0.25 g 五氧化二钒(4.2.5)，推入高温燃烧管(4.2.2)中心高温部分，塞紧硅胶塞(14)，此时应特别注意密封。缓慢通入氧气使吸收液不会倒留。

4.5.3.3 以约 600 mL/min 的流量通入氧气使试料(4.5.1)燃烧，将生成的二氧化硫导入吸收瓶(16)中，边对照参比液(4.2.10)，边用碘酸钾标准滴定溶液(4.2.11)滴定至试液与参比液(4.2.10)的浅蓝色相同为终点。然后以 900 mL/min～1 000 mL/min 的氧气流量由两通活塞(9)控制，间歇通氧 3 min，如吸收液褪色，则继续以碘酸钾标准滴定溶液(4.2.11)滴定至终点。

4.6 结果计算

按式(2)计算试料中的硫含量(质量分数)，数值以%表示：

$$w_S = \frac{T \times (V_2 - V_{02})}{m_1} \times 100 \qquad \cdots\cdots(2)$$

式中：

T ——与 1 mL 碘酸钾标准滴定溶液(4.2.11)相当的硫量，单位为克每毫升(g/mL)；

V_2——测定时试料消耗碘酸钾标准滴定溶液的体积，单位为毫升(mL)；

V_{02}——空白试验消耗碘酸钾标准滴定溶液的体积，单位为毫升(mL)；

m_1——试料量，单位为克(g)。

4.7 允许差

实验室之间分析结果的差值应不大于表 2 所列允许差。

表 2 允许差

%

硫含量(质量分数)	允许差
0.015～0.025	0.003
>0.025～0.045	0.004
>0.045～0.070	0.006
>0.070～0.120	0.008
>0.120～0.250	0.012

5 试验报告

试验报告应包括下列内容：

a) 鉴别试料、实验室和分析日期等资料；

b) 遵守本部分规定的程度；

c) 分析结果及其表示；

d) 测定中观察到的异常现象；

e) 对分析结果可能有影响而本部分未包括的操作或者任选的操作。

ICS 81.080
Q 40

中华人民共和国国家标准

GB/T 5072—2008
代替 GB/T 5072.1—1998,GB/T 5072.2—2004,GB/T 3997.2—1998

耐火材料　常温耐压强度试验方法

Refractories—Determination of cold compressive strength

(ISO 8895:2004、ISO 10059-1:1992 & ISO 10059-2:2003, MOD)

2008-06-26 发布　　　　2009-04-01 实施

中华人民共和国国家质量监督检验检疫总局
中国国家标准化管理委员会　发布

前言

本标准修改采用ISO 8895:2004《定形隔热耐火制品——常温耐压强度的测定》(英文)、ISO 10059-1:1992《致密定形耐火制品——常温耐压强度的测定——第1部分:无衬垫仲裁法》(英文)和ISO 10059-2:2003《致密定形耐火制品——常温耐压强度的测定——第2部分:衬垫法》(英文)。

本标准根据ISO 8895:2004、ISO 10059-1:1992和ISO 10059-2:2003重新起草。在附录A中给出了本标准章条编号与ISO标准章条编号的对照一览表,在附录B中给出了本标准与ISO标准的技术性差异及其原因一览表。有关技术性差异已在标准所涉及的条款的页边空白处用垂直单线标识。

本标准在技术内容上与ISO 8895:2004、ISO 10059-1:1992和ISO 10059-2:2003完全相同。本标准与上述标准存在的主要差异如下:

——将ISO 8895:2004、ISO 10059-1:1992和ISO 10059-2:2003的内容合并后按章分开编写;

——将适用范围由定形耐火制品扩展为耐火材料;

——引用的国际标准改为相应的我国标准;

——增加了不定形耐火材料的内容;

——增加了附录A和附录B。

本标准代替GB/T 5072.1—1998《致密定形耐火制品　常温耐压强度试验方法　无衬垫仲裁试验》、GB/T 5072.2—2004《致密定形耐火制品常温耐压强度试验方法　第2部分:衬垫试验法》和GB/T 3997.2—1998《定形隔热耐火制品常温耐压强度试验方法》。

本标准与GB/T 5072相比,主要变化如下:

——将GB/T 5072.1—1998、GB/T 5072.2—2004、GB/T 3997.2—1998和YB/T 5118—1993、YB/T 5201—1993的部分内容合并后按章编写;

——将适用范围由定形耐火制品扩展为耐火材料;

——用于致密耐火材料的衬垫试验方法(方法2)的技术内容等同采用ISO 10059-2:2003,增加了不定形材料试样的内容;

——用于隔热耐火材料的试验方法(方法3)的技术内容等同采用ISO 8895:2004,增加了不定形材料试样的内容。

本标准的附录A和附录B均为资料性附录。

本标准由全国耐火材料标准化技术委员会(SAC/TC 193)提出并归口。

本标准起草单位:中钢集团洛阳耐火材料研究院有限公司、山西西小坪耐火材料有限公司。

本标准主要起草人:张亚静、彭西高、杨帆、朱丽慧、郝良军。

本标准所代替标准版本的历次发布情况:

——GB/T 5072—1985,GB/T 5072.1—1998,GB/T 5072.2—2004;

——GB/T 3997.2—1983,GB/T 3997.2—1998。

耐火材料　常温耐压强度试验方法

1　范围

本标准规定了耐火材料常温耐压强度试验方法的定义、原理、设备、试样、试验步骤、结果计算等内容。

本标准适用于致密和隔热耐火材料常温耐压强度的测定。

2　规范性引用文件

下列文件中的条款通过本标准的引用而成为本标准的条款。凡是注日期的引用文件，其随后所有的修改单(不包括勘误的内容)或修订版均不适用于本标准，然而，鼓励根据本标准达成协议的各方研究是否可使用这些文件的最新版本。凡是不注日期的引用文件，其最新版本适用于本标准。

GB/T 10325　定形耐火制品抽样验收规则

3　术语和定义

下列术语和定义适用于本标准：

3.1

常温耐压强度　cold compressive strength

耐火材料在常温下，按规定条件加压，发生破坏前单位面积上所能承受的极限压力。

3.2

致密定形耐火制品　dense shaped refractory product

真气孔率小于45%具有特定尺寸的耐火制品。

3.3

定形隔热耐火制品　shaped insulating refractory product

真气孔率不小于45%的耐火制品。

3.4

不定形耐火材料　unshaped refractory

由骨料、细粉和结合剂混合而成的散状耐火材料。必要时可加外加剂。

4　原理

在规定条件下，对已知尺寸的试样以恒定的加压速度施加载荷直至破碎或者压缩到原来尺寸的90%，记录最大载荷。根据试样所承受的最大载荷和平均受压截面积计算出常温耐压强度。

5　设备和材料

5.1　机械式或液压式压力试验机

带有能够测定对试样施加压力的装置，示值误差在±2%以内。试验机应能以规定的速率均匀施加应力，试验机的量程应确保施加于试样上的最大应力大于量程的10%。

试验机压板应满足下列要求：

a)　洛氏硬度58 HRC～62 HRC；

b)　与试样接触面的平整度误差为0.03 mm；

c)　表面粗糙度(平均粗糙度值 Ra)为0.8 μm～3.2 μm(平均粗糙度参照平面研磨标准，用触摸法或肉眼观测法检测)。

试验机的两块压板都应经过研磨,其中上压板应装在球形座上,以补偿试样与压板平行度之间的微小偏差。下压板应刻有标记,以利于试样放置在压板中心。当试样的承载面尺寸(直径或边长,见 6.1.1 和 7.2.2)为 50 mm 时,上压板的面积不应超过 100 cm^2。上压板尺寸不能满足上述要求的试验机,可配合使用一辅助的试样适配器(图 1),将其安装在试验机上下两块压板的中心位置。适配器压板应达到 a)~c)规定的要求,厚度至少为 10 mm。

注:压板应可更换,以便进行机械再加工,以确保其表面满足上述要求。

单位为毫米

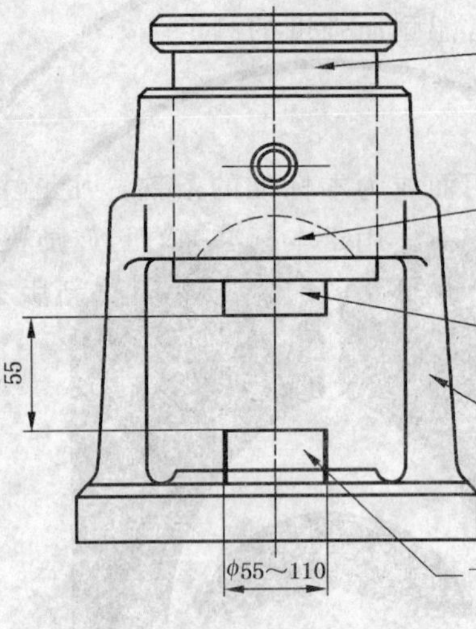

图 1 试样适配器

5.2 测微仪,或其他合适的仪器,以测量试样形变。

5.3 游标卡尺,分度值 0.02 mm。

5.4 干燥箱,能控温在 110℃±5℃。

5.5 衬垫板,厚度为 3 mm~7 mm 的无波纹纸板或硬纸板。

5.6 三角板。

5.7 塞尺。

5.8 钢直尺。

6 方法 1——致密定形耐火制品耐压强度无衬垫试验法(仲裁法)

6.1 试样

6.1.1 试样为直径 50 mm±0.5 mm、高 50 mm±0.5 mm 的圆柱体。如果试样的尺寸不能满足这一要求,也可使用直径 36 mm±0.3 mm、高 36 mm±0.3 mm 的圆柱体。

6.1.2 试样应从制品成型受压面钻取。制样时要记录试样在制品中的原位置。有裂纹或明显缺陷的试样要做记录并废弃不用。

圆柱体试样两端的受压面应研磨平整,并保持相互平行。为确保试样上下两个受压面的平整度,将每个端面以 3 kN±1 kN 的压力逐一按压在由复写纸和硬滤纸(0.15 mm 厚)衬垫的水平板上,压面压痕不完整、不清晰者重磨(图 2~图 5)

注:可用钢直尺辅助检查表面,不得用火泥抹平表面。

6.1.3 试样的平行度通过测量 4 个点的高度值来检验。测点位于互相垂直的二直径两端。任何两个测点高度之差不应超过 0.2 mm。

6.1.4 将试样放在一个平面上,用三角板的直角边在测量高度的 4 个测点位置检查试样的垂直度,试样与三角板之间的间隙不应超过 0.5 mm。

6.1.5 将制备好的试样置于干燥箱中于 110℃±5℃下干燥至恒量，而后冷却至室温。试验前应防受潮。

a）粗颗粒型砖　　b）细颗粒型砖

图 2　合格试样的复写纸印痕

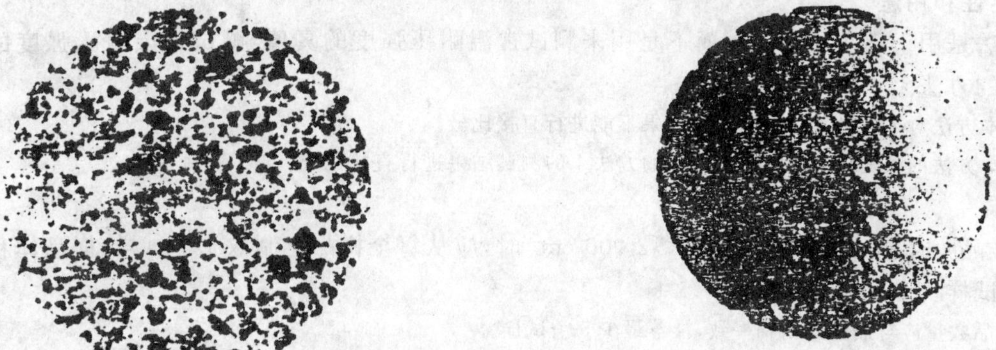

a）粗颗粒型砖　　b）细颗粒型砖

图 3　基本合格试样的复写纸印痕

a）粗颗粒型砖　　b）细颗粒型砖

图 4　不合格试样的复写纸印痕

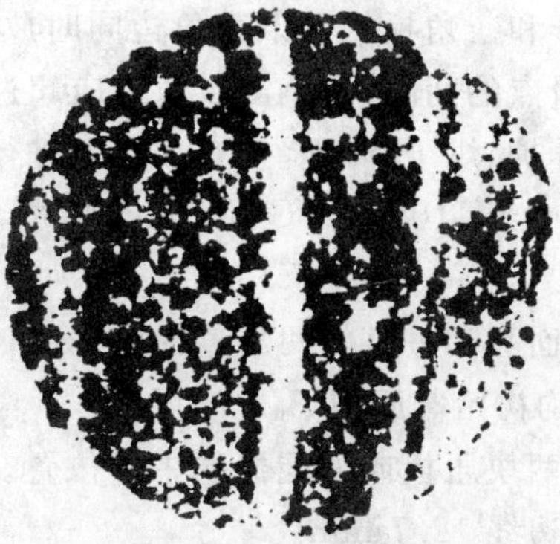

图 5　有明显的凹槽的不合格试样复写纸印痕

6.2 试验步骤

测量试样两受压面相互垂直的两条直径，精确至 0.1 mm。根据 4 个直径的算术平均值，计算出平均初始截面积 A_0。

将试样或装好试样的适配器安装在试验机上下两块压板的中心位置。试样与压板之间不使用任何衬垫材料。

选择载荷量程，使其大于试样预估破坏载荷值的 10%。

以 1.0 MPa/s±0.1 MPa/s 的速率连续均匀地施加应力，直至试样破碎，即试样不能承受载荷为止。记录指示的最大载荷。

注：施加载荷对时间的曲线可用来表示试验结果。

7 方法 2——致密耐火材料耐压强度衬垫试验法

7.1 重要性和用途

本方法是用于日常质量控制而不是用来测试常温耐压强度的真值，测试常温耐压强度的真值应采用本标准的方法 1。

注 1：本方法对不同尺寸试样的测试结果不能进行直接比较。

注 2：本方法的测试结果不能与本标准的方法 1 的测试结果进行直接比较。

7.2 试样

7.2.1 样品为标准砖或样品的体积≤2 000 cm^3 时，应从每个样品上制取 1 个试样，样品体积较大时可制取 2 个试样。

注：样品数量应与抽样计划相一致，推荐最少 5 个试样。

7.2.2 试样尺寸如下：

a) 直径 50 mm±2 mm、高 50 mm±2 mm 的圆柱体；

b) 边长 50 mm±2 mm 的立方体；

c) 边长 65 mm±2 mm 或 75 mm±2 mm 的立方体；

d) 半块标准砖；

e) 不定形材料为边长 40 mm±2 mm 或 65 mm±2 mm 的立方体（也可用抗折强度试验后 2 个半截试样）。

如果试样的尺寸不能满足上述要求，采用尽可能大的圆柱体（高度等于直径）或立方体。

7.2.3 试样应从制品受压面切取或钻取，以保证试验时加压方向与成型加压方向一致（特殊情况除外）。有裂纹或明显缺陷的试样要作记录并废弃不用。不定形材料以试样的侧面作为上下加压面。

7.2.4 试样应从制品上切取或钻取，试样的受压面应尽可能平行，并尽可能垂直于加压方向。

7.2.5 试样受压面的平行度通过测量 4 个点的高度值来检验。圆柱体试样测量互相垂直的二直径两端。立方体试样测量受压面四条边的中间。任何两个测量点高度之差应不大于高度的 2%。

7.2.6 检查试样的垂直度，将试样和三角板的一条直角边同时放在一个平面上，用塞尺检验三角板的另一条直角边与试样 4 个高度测量点的间隙，每个测量值不应超过高度的 2%。

7.2.7 不定形材料试样的成型、养护、烘干和焙烧按有关规定进行。

7.2.8 制备好的试样置于干燥箱中于 110℃±5℃下干燥至恒量，而后冷却至室温。试验前应防受潮。

7.3 试验步骤

7.3.1 用卡尺测量试样两个受压面互相垂直的两条直径或中线，精确至 0.1 mm。根据两个受压面的 4 个直径或中线测量值，计算出平均初始截面积 A_0。

7.3.2 将试样安装在试验机上下两块压板或适配器的中心位置。在试样每个受压面与压板之间插入衬垫板，衬垫板应至少超过受压面边线 12.7 mm。

7.3.3 选择试验机量程，使其大于试样预计破坏载荷值的 10%。

7.3.4 以 1.0 MPa/s±0.1 MPa/s 的加荷速率连续均匀地施加应力，直至试样破碎，即试样不能再承受载荷为止。记录指示的最大载荷。

注：施加载荷可采用手动或自动方式。

8 方法 3——隔热耐火材料耐压强度试验方法

8.1 试样

8.1.1 样品(砖或预制块)数量按 GB/T 10325 或有关方协商的其他方案确定。

8.1.2 从每块标准尺寸的砖上制取一块试样。

注：从大型样品上制取的试样数量由有关方协商一致。为了便于统计处理，从每块样品上制取的试样数量应相同。

8.1.3 每块试样通常为半块标准砖，即：114 mm×114 mm×76(75)mm；或 114 mm×114 mm×64(65)mm。

不定形材料试样的成型、养护、烘干和焙烧按有关规定进行。

8.1.4 对于特殊形状的制品，按 8.1.3 中规定的任一尺寸干切试样。

注：如有可能，在试验报告中注明加荷方向与试样压制成型方向之间的关系。

8.1.5 试样受压面的平整度误差应在 0.5 mm 以内。用钢尺和 0.5 mm 的塞尺检查每个试样受压面上两个相交的对角线，以检查试样的平整度是否满足要求。

8.1.6 每块试样的受压面之间应平行。在受压面 4 条边的中间作 4 次高度测量，测量值之间的偏差应不超过 1 mm。

8.1.7 试样 4 个侧面与其底面的垂直误差应在 1 mm 之内。检查方法为将试样放在一面上，在 4 个底边的中点竖直放置一三角板，三角板的竖边与试样之间的间隙不得超过 1 mm。

8.2 试验步骤

8.2.1 测量试样每个受压面的长和宽，在 4 个边的中点测量试样的高度，精确到 0.5 mm。

8.2.2 将试样于 110℃±5℃的烘箱中干燥至恒量，每次干燥后冷却时，应避免受潮。

8.2.3 将试样的较大面(114 mm×114 mm)对准试验机下压板的中心放置，试样和压板之间不用衬垫材料。将测微仪安放在下压板上，以测量试样受压变形量。

8.2.4 按下列速率平缓而连续地施加载荷：

a) 预计常温耐压强度小于 10 MPa 的制品，加荷速率为 0.05 MPa/s±0.005 MPa/s；

b) 预计常温耐压强度大于或等于 10 MPa 的制品，加荷速率为 0.2 MPa/s±0.02 MPa/s。

8.2.5 以 8.2.4 中规定的速率加荷，直到试样破碎或压缩到原始高度的 90%±1%，记录试验时的最大载荷。

9 结果计算

试样的常温耐压强度按式(1)计算：

$$\sigma = \frac{F_{max}}{A_0} \qquad \cdots\cdots(1)$$

式中：

σ——常温耐压强度，单位为兆帕(MPa)；

F_{max}——记录的最大载荷，单位为牛(N)；

A_0——试样受压面初始截面积，单位为平方毫米(mm^2)。

计算结果保留 3 位有效数字。

10 试验报告

试验报告应包括下列几部分：

a) 试样描述(生产厂、牌号、材质、尺寸等);
b) 样品数量;
c) 从每个样品上的取样数量和试样尺寸;
d) 取样的部位及加压方向;
e) 有缺陷试样的部位;
f) 执行标准,即 GB/T 5072—2008 的方法 1 或方法 2、方法 3;
g) 试验隔热材料时,注明加荷速率;
h) 每个试样的强度值;
i) 每块样品的平均强度值(与 h 项值不同)和该批样品的强度平均值;
j) 与规定试验步骤的差异(如有必要);
k) 试验中观察到的异常现象(如有必要);
l) 试验人员;
m) 试验日期。

附 录 A
（资料性附录）
本标准章条编号与 ISO 8895、ISO 10059-1 和 ISO 10059-2 章条编号对照

A.1 表 A.1 给出了本标准章条编号与 ISO 8895:2004、ISO 10059-1:1992 和 ISO 10059-2:2003 章条编号对照一览表。

表 A.1 本标准章条编号与 ISO 8895、ISO 10059-1 和 ISO 10059-2 章条编号对照

本标准章条编号	ISO 8895:2004 章条编号	ISO 10059-1:1992 章条编号	ISO 10059-2:2003 章条编号
1	1	1	1
2	2	2	2
3	3	3	3
4	4	4	4
5	5	5	5
6	—	6～7	—
6.1	—	6	—
6.2	—	7	—
7	—	—	6～8
7.1	—	—	6
7.2	—	—	7
7.2.7	—	—	—
7.2.8	—	—	7.7
7.3	—	—	8
8	6～7	—	—
8.1	6	—	—
8.2	7	—	—
9	8	8	9
10	9	9	10
图 1	—	图 1	图 2
图 2～图 5	—	图 2～图 5	—
附录 A	—	—	—
附录 B	—	—	—

附 录 B
（资料性附录）
本标准与 ISO 8895、ISO 10059-1 和 ISO 10059-2 技术性差异及其原因

B.1 表 B.1 给出了本标准与 ISO 8895:2004、ISO 10059-1:1992 和 ISO 10059-2:2003 的技术性差异及其原因一览表。

表 B.1 本标准与 ISO 8895、ISO 10059-1 和 ISO 10059-2 技术性差异及其原因

本标准章条编号	技术性差异	原 因
1	将耐火制品改为耐火材料	扩大标准适用范围
2	将引用标准改为与 ISO 对应的我国标准	方便使用
7	将致密定形耐火制品改为致密耐火材料	扩大标准适用范围
7.2.2 c)	增加边长 65 mm 的立方体试样尺寸	适应我国的标准砖尺寸
7.2.2 e)	增加致密不定形耐火材料试样尺寸的规定	扩大标准适用范围
7.2.3	增加致密不定形耐火材料试样受压方向的规定	扩大标准适用范围
7.2.7	增加致密不定形耐火材料试样成型、养护和热处理的规定	扩大标准适用范围
8	将隔热耐火制品改为隔热耐火材料	扩大标准适用范围
8.1.3	在 ISO 标准砖尺寸后加注我国标准砖尺寸，并增加了隔热不定形耐火材料试样成型、养护和热处理的规定	扩大标准适用范围，方便使用

ICS 29.160.30
K 24

中华人民共和国国家标准

GB/T 5089—2008
代替 GB/T 5089—2003

交流电风扇电动机通用技术条件

General technical requirements for fan A.C. motors

2008-12-31 发布　　　　2009-11-01 实施

中华人民共和国国家质量监督检验检疫总局
中国国家标准化管理委员会　发布

前　言

本标准代替 GB/T 5089—2003《交流电风扇电动机通用技术条件》。

本标准与 GB/T 5089—2003 的主要不同有：

——在 3.5 的电动机配套的扇叶中增加 230 mm、450 mm 两挡扇叶，及其相应的内容；

——在 4.4 中将输入功率值改为与 GB/T 13380—2007 中的表 2 的输出风量与表 3 的能效值相联系；

——在 4.5 中将电动机的效率改为与 GB/T 13380—2007 中的表 2 的输出风量与表 3 的能效值相联系；并将其功率因数值修改为与对应的产品标准相协调；

——在 4.8 中增加了对温升修正的内容；

——在 4.13 中将单一噪声值 45 dB(A)改为按 GB/T 13380 中不同规格的值减少 10 dB(A)；

——根据 JB/T 1012—2007，将 4.14 中的轴伸径向圆跳动由 0.05 mm 修改为 0.03 mm；

——在 4.15 中将爬电距离由 2 mm 改为 2.5 mm；

——在 4.16 中将电动机经受非正常工作的能力由符合 GB 12350 改为符合 GB 4706.27 的有关规定；

——增加了“4.17 其他安全要求”的内容；

——增加了“4.18 电磁兼容”的内容；

——将 6.1.2 的 i)项“匝间绝缘试验”由允许抽检项改为必检项；

——在 7.1.2 中，增加了“额定输出功率”项，在必须缩小铭牌时，将不标出项中增加了 i)、j)两项的内容。

本标准由中国电器工业协会提出。

本标准由全国旋转电机标准化技术委员会归口(SAC/TC 26)。

本标准主要起草单位：广州电器科学研究院、美的集团有限公司、深圳市联创实业有限公司、广东肇庆德通有限公司、广东正野电器有限公司、江门金羚风扇制造有限公司。

本标准主要起草人：杨昭特、迟学君、赖伴来、陈学玲、孙明冬、樊利民、杨丕达、赵建江。

本标准所代替标准的历次版本发布情况为：

——GB/T 5089—1985，GB/T 5089—2003。

交流电风扇电动机通用技术条件

1 范围

本标准规定了交流电风扇用的电容运转异步电动机和罩极异步电动机的型号、基本参数、尺寸、技术要求、试验方法、检验规则、标志、包装、贮运及质量保证期。

本标准适用于 GB/T 13380 中的交流电风扇用的电容运转异步电动机和罩极异步电动机。

交流电风扇电动机(以下简称电动机)是指电风扇连接头以上除连杆、外罩壳、网罩、扇叶(翼)外的机头部分。

有些性能与某些附件有关时,则在本标准的有关条款中说明。

2 规范性引用文件

下列文件中的条款通过本标准的引用而成为本标准的条款。凡是注日期的引用文件,其随后所有的修改单(不包括勘误的内容)或修订版均不适用于本标准。然而,鼓励根据本标准达成协议的各方研究是否可使用这些文件的最新版本。凡是不注日期的引用文件,其最新版本适用于本标准。

GB/T 191—2008 包装储运图示标志(ISO 780:1997,MOD)

GB 755 旋转电机 定额和性能(GB 755—2008,IEC 60034-1:2004,IDT)

GB/T 1993—1993 旋转电机冷却方法(eqv IEC 60034-6:1991)

GB/T 2423.3—2006 电工电子产品环境试验 第 2 部分:试验方法 试验 Cab:恒定湿热试验(IEC 60068-2-78:2001,IDT)

GB/T 2829—2002 周期检验计数抽样程序及表(适用于对生产过程稳定性的检验)

GB 4343.1—2003 电磁兼容 家用电器、电动工具和类似器具的要求 第 1 部分:发射(CISPR 14-1:2000,IDT)

GB 4706.1—2005 家用和类似用途电器的安全 第 1 部分:通用要求(IEC 335-1:2004,IDT)

GB 4706.27—2008 家用和类似用途电器的安全 电风扇和调速器的特殊要求(idt IEC 342-1:2004)

GB/T 4772.1—1999 旋转电机尺寸和输出功率等级 第 1 部分:机座号 56～400 和凸缘号 55～1 080(idt IEC 72-1:1991)

GB/T 4831—1984 电机产品型号编制方法

GB/T 4942.1—2006 旋转电机整体结构的防护等级(IP 代码) 分级(IEC 60034-5:2000,IDT)

GB/T 5171—2002 小功率电动机通用技术条件

GB/T 9651—2008 单相异步电动机试验方法

GB/T 10069.1—2006 旋转电机噪声测定方法及限值 第 1 部分:旋转电机噪声测定方法(ISO 1680:1999,MOD)

GB 12350 小功率电动机的安全要求

GB/T 13380—2007 交流电风扇和调速器(IEC 60879:1986,MOD)

GB/T 13384—1992 机电产品包装通用技术条件

JB/T 9615.1—2000 交流低压电机散嵌绕组匝间绝缘试验方法

JB/T 9615.2—2000 交流低压电机散嵌绕组匝间绝缘试验限值

3 型号、基本参数与尺寸

3.1 电动机的型号应在相应产品的标准中规定,也可按 GB/T 4831 的规定。

3.2 电动机的外壳防护等级应在相应产品的标准中规定，并应符合 GB/T 4942.1 的要求。

3.3 电动机的冷却方式应在相应产品的标准中规定，并应符合 GB/T 1993 的要求。

3.4 电动机的安装尺寸及外形尺寸应符合产品图纸的要求。

3.5 电动机的额定参数：

a) 额定单相电压为 220 V，额定频率为 50 Hz。另有协议除外；

b) 优选额定输入功率(W)：30、35、40、50、60、70、90；

c) 优选电动机配套的扇叶(翼)直径(mm)：200、230、250、300、350、400、450；

d) 电动机在所配扇叶(翼)散热条件下为连续工作制(S1)。

4 技术要求

4.1 运行条件

除用户另有要求外，电动机应能在下列海拔高度、环境温度和相对湿度条件下正常运行。

a) 海拔高度不超过 1 000 m；

b) 环境气温最高为 40 ℃；

c) 最湿月月平均相对湿度最高为 90%，同时该月月平均温度不高于 25 ℃。

4.2 电动机外形的安装尺寸

电动机外形的安装尺寸应符合 3.4 的要求。

4.3 外观及装配质量

4.3.1 电动机表面漆或涂层无明显斑点、皱纹、起泡、脱落及粘附污物。

4.3.2 电动机起动时应无卡滞现象。运转时轴承应平稳、轻快，声音均匀和谐而无异常杂音。

4.4 电动机的输入功率

电动机在额定运行时的输入功率应符合 GB/T 13380—2007 中的表 2 的输出风量与表 3 的能效值的要求。

4.5 电动机效率及功率因数的保证值

电动机在额定运行时的效率也应符合 GB/T 13380—2007 中的表 2 的输出风量与表 3 的能效值的要求；此时的功率因数保证值应符合表 1 的规定。

表 1 功率因数的保证值

电动机配套的扇叶直径/mm	电动机同步转速/(r/min)	功率因数 $\cos\varphi$	
		电容运转异步电动机	罩极异步电动机
200	3 000	—	0.55
230	3 000	0.85	0.57
250	3 000	0.85	0.59
	1 500	0.85	—
300	1 500	0.85	—
350	1 500	0.85	—
400	1 500	0.85	—
450	1 500	0.85	—

4.6 电动机的起动

电动机配相应扇叶，在额定频率、最低转速挡位及其 85% 的额定电压下应能正常起动。

4.7 电动机电气性能的容差

电动机电气性能保证值的容差应符合表 2 的规定。

表 2 电气性能保证值的容差

序号	名　称	容　差
1	功率因数	$-(1-\cos\varphi)/6$

4.8 温升

当海拔不超过 1 000 m,环境空气温度不超过 40 ℃时,电动机在额定运行时的各部分温升值应符合 GB/T 5171—2002 中表 1 的规定。

电动机停车后如不超过 15 s,测得绕组电阻读数直接作为温度测量值的数据。如超过 15 s,则其温度测量值按 GB 755 的规定修正。

如运行条件及试验地点的条件与 4.1 不同时,其温升限值的修正按 GB 755 的有关规定。

4.9 泄漏电流

电动机的泄漏电流不大于 0.25 mA。

4.10 介电性能试验

电动机的介电性能试验包括测量绝缘电阻、绕组对地和匝间绝缘电压试验。

4.10.1 绕组绝缘电阻的测定

电动机定子绕组对机壳的绝缘电阻在热态时或温升试验后,应不低于 5 MΩ。测量时用 500 V 兆欧表。

出厂检验时应测定电动机的冷态绝缘电阻,应不低于 50 MΩ。

4.10.2 耐电压试验

4.10.2.1 试验的一般要求

如需进行温升试验时,该耐电压试验应在温升试验后立即进行。在试验前应先测定绕组的绝缘电阻。

试验应在电动机静止状态下进行。试验电压施加于被试绕组对机壳间,对于相互连接的多相绕组,如各相始末端不是单独引出的可作为一单独电路进行试验。

4.10.2.2 试验电压

试验电压的频率为 50 Hz,波形为实际正弦波,试验设备的容量不小于 0.5 kVA,试验电压(有效值)为 1 500V。试验过程中,跳闸电流值应不大于 10 mA。湿热试验以后跳闸电流应不大于 30 mA。

4.10.2.3 试验时间

试验时,施加的电压应从不超过试验电压全值的一半开始,逐渐地升高到试验电压的全值,试验电压自半值增加至全值的时间应不少于 10 s,全值电压试验时间应持续 1 min。在大量生产中作检查试验时,允许用 4.10.2.2 规定的试验电压值的 120%,历时 1 s 的试验代替,试验电压用试棒施加。

4.10.3 重复耐电压试验

电动机在验收时不应重复进行本项试验,但如用户提出要求,允许再进行一次耐电压试验,试验电压应为 4.10.2.2 规定的试验电压值的 80%。如有需要,在试验前应将电动机烘干。

4.10.4 匝间绝缘试验

多匝线圈或绕组应进行匝间绝缘试验,以考核绕组匝间绝缘承受过电压的能力。试验可采用匝间冲击耐电压试验或短时升高电压试验。

4.10.4.1 采用匝间冲击耐电压试验时,其匝间冲击试验电压值和试验方法按 JB/T 9615.1 和 JB/T 9615.2 中的有关规定进行。电动机应无冒烟等击穿现象。

4.10.4.2 采用短时升高电压试验时,电动机应施加 130% 额定电压,历时 3 min。电动机应无冒烟等击穿现象。

4.11 湿热试验

电动机应能经受 GB/T 2423.3—2006 中的试验 Cab:恒定湿热试验,其试验温度为 40 ℃±2 ℃,相对湿度为90%～95%，试验周期为2 d，湿热试验后应符合下列要求：

a) 绝缘电阻不低于3 MΩ，泄漏电流不大于0.25 mA。

b) 电动机绕组对机壳应能承受历时1 min的耐电压试验，而没有闪络和击穿现象(试验在试验箱内进行)。试验电压(有效值)为1 250 V，其试验频率与试验设备容量与4.10.2.2规定的一样。

c) 电动机在额定频率和最低转速挡位及其额定电压下应能空载起动。

4.12 电容器端电压

电容运转异步电动机电容器的端电压应符合GB 4706.1—2005的24.5的试验要求。

4.13 噪声

电动机在空载时A计权的噪声声功率应不大于表3所规定的值。

表3 电动机噪声限值

扇叶规格/mm	噪声声功率/dB(A)
200	49
230	50
250	51
300	53
350	55
400	57
450	58

4.14 轴伸径向圆跳动

电动机的轴伸径向圆跳动应不大于0.03 mm。

4.15 爬电距离与电气间隙

电动机的爬电距离应不小于2.5 mm，电气间隙应不小于2 mm。

4.16 非正常工作试验

电动机应有经受非正常工作的能力，符合GB 4706.27中的有关规定。如电动机在正常使用时带有保护装置，则试验时允许带保护装置。

4.17 其他安全要求

本标准未作规定之处应符合GB 4706.27的要求。

4.18 电磁兼容

装有电子控制装置的电动机应符合GB 12350的要求。

4.19 寿命

电动机的寿命应符合GB/T 13380中的有关规定。

4.20 接地措施

电动机应有接地装置，并应符合GB 12350的有关规定。

5 试验方法

5.1 测量仪器和器具

电工测量用仪器与热工仪表的准确度等级，应符合试验方法标准中的规定。

游标卡尺的分辨率为0.02 mm或用千分尺。

5.2 外形尺寸及安装尺寸检查

用游标卡尺或用千分尺测量。

5.3 外观及装配质量检查

用目视、耳感检查。

5.4 电气性能试验

4.4~4.6 的性能及 4.10.1、4.10.2、4.10.3、4.12 的试验按 GB/T 9651 中的有关规定进行；

5.5 噪声的测定

噪声测定时齿轮处于不啮合状态，其测定方法按 GB/T 10069.1 中的有关规定进行。

5.6 轴伸径向圆跳动的测定

按 GB/T 4772.1—1999 中 9.3 的有关规定进行。

5.7 匝间绝缘试验

按 JB/T 9615.1 和 JB/T 9615.2 中的有关规定进行。

5.8 泄漏电流的测定

在温升试验后，按 GB/T 9651 中的有关规定进行。

5.9 湿热试验

按 GB/T 2423.3—2006 试验 Cab 中的有关规定进行试验。

5.10 爬电距离与电气间隙的测定

按 GB 4706.1 中的有关规定进行。

5.11 温升测定

按 GB/T 5171—2002 中的 6.1 与 6.2 的规定进行。

5.12 非正常工作试验

在交流电风扇整机上按 GB 4706.27 中的有关规定进行。

5.13 电磁兼容试验

按 GB 12350 中的有关规定进行。

5.14 寿命试验

在交流电风扇整机上按 GB/T 13380—2007 中的 5.10 的规定进行。

5.15 接地措施检查

按 GB 12350 中的有关规定进行。

6 检验规则

电动机分出厂检验与型式检验两种。

6.1 出厂检验

6.1.1 每台电动机须经出厂检验合格后才能出厂，并附有产品合格证。

6.1.2 出厂检验项目如下：

a) 外形及安装尺寸检验(允许抽检)；

b) 标志、外观及装配质量检验；

c) 冷态绝缘电阻的测定；

d) 绕组冷态直流电阻的测定(允许抽检)；

e) 轴伸径向圆跳动的检查(允许抽检)；

f) 空载功率的测定；

g) 低速挡空载起动检查；

h) 耐电压的试验；

i) 绕组匝间绝缘试验。

6.2 型式试验

6.2.1 凡属下列情况之一者，应进行型式试验：

a) 新产品试制定型时；

b) 电动机设计和工艺上的变动可能影响产品的某些性能时；

c) 当出厂检验结果与以前进行的型式试验结果发生不可容许的偏差时；

d) 定期抽试，每两年至少进行一次。

6.2.2 型式试验的项目如下：

a) 出厂检验的全部项目（除冷态绝缘电阻外）；

b) 输入功率的测定（额定运行时）；

c) 效率与功率因数的测定；

d) 带扇叶低速起动；

e) 温升试验；

f) 热态绝缘电阻试验；

g) 泄漏电流的测定；

h) 噪声；

i) 湿热试验；

j) 爬电距离与电气间隙的检查；

k) 电容器端电压的测定；

l) 非正常工作试验；

m) 寿命试验（仅在产品试制定型时试验）。

注：型式试验时配用的电容器的电容值容差为±1%。

6.2.3 型式检验的样本应从出厂检验合格后的产品中随机抽取不小于6个样品，分成两个样本进行检验，每个样本为三个样品，其中一个样本做寿命试验，另一个做其他项目的检验。

同类电动机结构材料、工艺基本相同者，其共性试验项目，如湿热试验、寿命试验等允许选取典型规格进行。

6.2.4 合格判定按 GB/T 2829—2002 判别水平Ⅰ的一次抽样方案，不合格质量水平 RQL＝30（样本大小：$n=3$），判别组数：Ac＝0，Re＝1。

6.3 专业产品如有补充试验项目时，应在专业产品标准中规定。

7 标志、包装、运输及贮存

7.1 标志

7.1.1 电动机上的所有标志必须字迹清楚、符号正确、粘附牢固，在整个使用期内不易磨损脱落。

7.1.2 电动机的铭牌应固定在机壳的明显位置处。铭牌上应标明的项目如下：

a) 制造厂名或厂标；

b) 电动机名称及型号；

c) 额定电压及额定频率；

d) 额定输入功率；

e) 额定输出功率；

f) 额定转速；

g) 绝缘等级；

h) 电容量/额定电压；

i) 端子/接线图；

j) 出厂年、月或编号。

在必须缩小铭牌时，可以不标出 d)、e)、f)、g)、h)、i)、j)项的内容。

7.1.3 电动机的其他标志，如接地标志、绕组出线端标志及特殊标志应在明显的相应位置上标出，并与接线图相一致。

7.2 包装

7.2.1 电动机在包装前轴伸处应采取临时性防锈涂封措施。

7.2.2 电动机应附有产品合格证和使用维护说明书(用户另有约定的,可按约定处理)。

7.2.3 包装必须牢固可靠,电动机包装应符合 GB/T 13384 中防潮的要求。

7.2.4 包装箱外壁的标志应明显,字迹要清晰、不易脱色与脱落,且应有如下内容:

a) 制造厂名、地址和电话号码;

b) 电动机名称、型号和出厂编号;

c) 电动机净重及包装箱毛重;

d) 应有“易碎物品”、“怕雨”等字样或符号,其符号图形应符合 GB/T 191 的规定。

7.3 运输与贮存

7.3.1 电动机的运输工具不作限制,但运输时应保证电动机不能相互碰撞、不受雨淋及化学腐蚀。

7.3.2 电动机应放在环境空气温度为−5 ℃～40 ℃,相对湿度不大于 90%,清洁通风良好的仓库内。空气中不得含有腐蚀性气体,周围不得有腐蚀性或易挥发性化学物品。

8 质量保证期

在用户按照使用维修说明书的规定正确使用和贮存电动机的情况下,自制造厂起运或用户购买日期不超过一年的时间内应能正常运行。如在此规定时间内,电动机因制造质量问题而发生损坏或不能正常工作,制造厂应无偿地为用户修理、更换零件或更换电动机。

ICS 25.120.01
J 62

中华人民共和国国家标准

GB 5092—2008
代替 GB 5092—1985

压力机用感应式安全装置技术条件

Specification of induction protective devices for presses

2008-12-31 发布　　2009-10-01 实施

中华人民共和国国家质量监督检验检疫总局
中国国家标准化管理委员会　发布

前言

本标准的第4章是强制性的，其余是推荐性的。

本标准是对GB 5092—1985《压力机用感应式安全装置技术条件》的修订。

本标准在技术内容上与GB 5092—1985相比主要变化如下：

——增加了规范性引用文件；

——增加了有关术语和定义，如感应式安全装置、感应功能、感应能力、检测能力、试件、失灵、异常等(见第3章)；

——技术要求中增加了功能要求、设计基本要求、抗干扰能力、抗电源电压变化能力、故障检测(见第4章)；

——增加了检验方法；

——修改了检验规则(见第6章)；

——修改了响应时间、保护长度、保护高度和输出继电器的要求；

——修改了附录A。

本标准自实施之日起代替GB 5092—1985。

本标准的附录A为规范性附录。

本标准由中国机械工业联合会提出。

本标准由全国锻压机械标准化技术委员会(SAC/TC 220)归口。

本标准起草单位：济南铸造锻压机械研究所、山东省机械设计研究院。

本标准主要起草人：陈汝昌、马立强、王艾泉。

本标准所代替标准的历次版本发布情况为：

——GB 5092—1985。

压力机用感应式安全装置技术条件

1 范围

本标准规定了压力机用感应式安全装置的术语和定义、技术要求、检验方法、检验规则、包装和随机技术文件等。

本标准适用于压力机用感应式安全装置(以下简称安全装置)。

2 规范性引用文件

下列文件中的条款通过本标准的引用而成为本标准的条款。凡是注日期的引用文件，其随后所有的修改单(不包括勘误的内容)或修订版均不适用于本标准，然而，鼓励根据本标准达成协议的各方研究是否可使用这些文件的最新版本。凡是不注日期的引用文件，其最新版本适用于本标准。

GB/T 191 包装储运图示标志(GB/T 191—2008，ISO 780:1997,MOD)

GB 4208—2008 外壳防护等级(IP代码)(IEC 60529:2001,IDT)

GB 5226.1—2002 机械安全 机械电气设备 第1部分:通用技术条件(IEC 60204-1:2000,IDT)

GB/T 9969 工业产品使用说明书 总则

GB/T 13384 机电产品包装通用技术条件

GB 14048.5 低压开关设备和控制设备 第5-1部分:控制电路电器和开关元件 机电式控制电路电器(GB 14048.5—2008，IEC 60947-5-1:2003,MOD)

GB/T 16935.1—2008 低压系统内设备的绝缘配合 第1部分:原理、要求和试验(IEC 60664-1:2007,IDT)

GB/T 17626.2—2006 电磁兼容 试验和测量技术 静电放电抗扰度试验(IEC 61000-4-2:2001,IDT)

GB/T 17626.3—2006 电磁兼容 试验和测量技术 射频电磁场辐射抗扰度试验(IEC 61000-4-3:2002,IDT)

GB/T 17626.4—2008 电磁兼容 试验和测量技术 电快速瞬变脉冲群抗扰度试验(IEC 61000-4-4:2004,IDT)

GB/T 17626.5—2008 电磁兼容 试验和测量技术 浪涌(冲击)抗扰度试验(IEC 61000-4-5:2005,IDT)

GB/T 17626.6—2008 电磁兼容 试验和测量技术 射频场感应的传导骚扰抗扰度(IEC 60664-4-6:2006,IDT)

3 术语和定义

下列术语和定义适用于本标准。

3.1

压力机用感应式安全装置 induction protective device for presses

当人体或遮挡物进入感应幕时，输出控制压力机滑块机构不能起动或停止命令的装置；在压力机工作危险区使用该装置应采用冗余技术，具有双路输出信号。

3.2

感应幕 induction curtain

当人体或遮挡物的某一部位进入这个区域时，安全装置能发出使压力机不能起动或停止运行的信号,这个区域称为感应幕。

3.3

保护高度　protective height

感应幕的有效高度。

3.4

保护长度　protective length

感应幕在长度方向的有效保护距离。

3.5

感应幕厚度　thickness of induction curtain

感应幕的前后有效感应尺寸。

3.6

感应功能　sensing function

感应幕被遮挡做出响应,并向所控制的压力机发出停止运行信号的功能。

3.7

感应能力　sensing ability

感应幕的感应能力包括检测能力和响应时间。

3.8

检测能力　detection capability

引起感应功能的功能参数值和感应幕对试件大小的分辨能力。

3.9

试件　test piece

用于检测安全装置的检测能力的不透明圆柱体。

3.10

响应时间　response time

从遮挡破坏感应幕至向压力机输出停止信号之间的最长时间。

3.11

故障　fault

安全装置的器件或线路发生错误或受到干扰时,导致安全装置不能正常工作或使输出信号处于“断开”状态。

3.12

失灵(失效危险)　failure to danger

在用规定直径的试件遮挡感应幕时,安全装置不输出遮感应状态的输出信号却输出通感应状态的输出信号或响应时间超过规定值的状态。

3.13

自检功能　self test

安全装置对自身发生的故障进行检查和控制,并防止出现系统失灵的功能。

3.14

自保功能　start or restart interlock

指安全装置在接通电源启动时,或在正常工作中感应幕被遮挡一次后又恢复时,应保持感应功能。也称为自锁功能,或称为启动-重启动联锁功能。必须先按动“复位按钮”使安全装置复位(即进入正常工作状态)。

3.15

回程不保护功能　muting function

在压力机滑块机构回程期间和在工作行程中的一段区间内关闭(或屏蔽)安全装置的正常功能,使其不起保护作用。

3.16

异常 unusual station

安全装置在正常工作中,当感应幕被遮挡或其本身出现故障被检出时应呈现的遮感应状态,输出信号为“断开”。

4　技术要求

4.1　功能要求

4.1.1　工作功能

在正常工作中,当感应幕未被遮挡时,向压力机输出允许运行信号的功能。

4.1.2　感应功能

当感应幕被遮挡时,在响应时间内向压力机输出停止运行信号的功能。感应功能应在供方规定的保护区域或限定的范围内有效。

4.1.3　回程不保护功能

此功能也可以被设置在压力机的控制线路中。

注：当在压力机工作行程的一段区间内设置使用安全装置的回程不保护功能时会有可能的危险存在,使用时要谨慎,应正确计算和设置以避免发生危险。

4.1.4　自保功能

为用户选择功能,用户有要求时应予设置。此功能也可以被设置在压力机的控制线路中。

4.1.5　自检功能

安全装置本身发生导致感应功能丧失的任何故障都应在响应时间内检测到,并进入异常状态,达到锁定条件,输出信号变为“断开”(即向所控制的压力机输出停止运行信号),不允许出现失灵;当引起异常状态的故障依然存在时,安全装置不能通过重新开启主电源从异常状态中复位。

4.1.6　其他功能

可根据用户要求设计,但应符合自检功能的要求。

4.2　设计基本要求

4.2.1　安全装置在下列电源条件下(用户另有特殊要求除外)应能够正常工作:

a)　交流电源

——电压:额定工作电压的85%～115%;

——频率:存在额定频率99%～101%之间的变化,并且存在98%～102%之间的短暂变化。

b)　直流电源

——使用电池供电,供电电压在额定电压的85%～120%之间;

——使用外部交流-直流转换设备供电,转换后的电压在额定电压的85%～120%之间。

4.2.2　当感应幕被遮挡或电源被断开时至少有两路输出信号达到断开状态。

4.2.3　无论输出信号开关形式为晶体管形式或继电器触点形式,安全装置的响应时间均不应大于20 ms。响应时间对于用户而言,应是不可调整的。

4.2.4　保护长度应符合技术文件的规定,至少保留20%的冗余量。

4.2.5　保护高度应符合技术文件的规定。感应幕部件上应有标明保护高度的界限标志。

4.2.6　安全装置的输出信号开关形式,可为晶体管形式或继电器触点形式,其输出信号电路应有过流保护措施,并符合GB 5226.1—2002中7.2的规定。

4.2.7 安全装置的感应幕厚度，不应超过 50 mm。

4.2.8 安全装置所采用的零部件和元器件应满足本标准规定条件的要求。

4.2.9 电击的防护应符合 GB 5226.1—2002 中第 6 章的规定。安全装置的工作电压应安全，额定电压超过交流 25 V 或直流 36 V 的控制装置，应采取电源隔离措施。

4.2.10 每一个输出信号开关电路应提供独立的连接点。

4.2.11 安全装置的输出信号由绿色信号显示接通状态，红色信号指示断开状态。

4.2.12 安全装置的输出信号应有正常状态和异常状态的指示和标志。正常状态指示应由绿色信号显示，并有“正常”标志。异常状态指示应由红色信号显示，并有“异常”标志。

4.2.13 导线绝缘的介电强度应符合 GB 5226.1—2002 中 13.3 的规定。

4.2.14 安全装置的绝缘电阻，传导高于交流 50 V 的电源线和连接高于交流 50 V 的输出信号接点分别与保护接地线之间的阻值应不低于 100 MΩ。

4.2.15 安全装置的耐压试验应符合 GB 5226.1—2002 中 19.4 的规定。

4.2.16 安全装置的保护接地应符合 GB 5226.1—2002 中 8.2 的规定，保护接地电路的连续性应符合 GB 5226.1—2002 中 19.2 的规定。

4.2.16.1 与接地点连接的导线应带有接地标志。

4.2.16.2 连接地线的螺钉不许做其他机械紧固用。

4.2.17 使用说明书应符合 GB/T 9969 的规定。产品使用说明书应清楚地说明安全装置的工作条件、性能、安装、接线、调整、使用、维护保养和特别注意事项等。安全装置应提供中文使用说明书。

4.3 环境和可靠性要求

4.3.1 环境要求

安全装置在下列环境条件下应能正常可靠地工作：

——环境温度在－10 ℃～55 ℃之间；

——空气相对湿度不超过 95%；

——空气中无爆炸危险的介质，无腐蚀金属和破坏绝缘的介质；

——表 1 所列的振动条件下。

表 1 振动幅值和相应频率

单向位移振幅值/mm	振动频率/Hz
1.26	20
0.63	30
0.32	40
0.16	50

4.3.2 抗干扰能力

4.3.2.1 抗电磁干扰能力

4.3.2.1.1 安全装置在经受 GB/T 17626.3—2006 中试验等级为 3 级的电磁场试验（试验场强为 10 V/m）时，应能正常工作。

4.3.2.1.2 安全装置在经受 GB/T 17626.3—2006 中试验等级为 X 级的电磁场试验（试验场强为 30 V/m）时，不应出现失灵。

4.3.2.2 抗射频场传导干扰能力

4.3.2.2.1 安全装置在表 2 规定的射频场传导干扰中应能正常工作。

表 2

检 验 项 目	检 验 条 件
1 m～10 m 的信号线	按 GB/T 17626.6—2008 的 2 级试验等级
电源线、接地线及超过 10 m 的信号线	按 GB/T 17626.6—2008 的 3 级试验等级

4.3.2.2.2 安全装置在表 3 规定的射频场传导干扰中不应出现失灵。

表 3

检 验 项 目	检 验 条 件
对 1 m～10 m 的信号线	按 GB/T 17626.6—2008 的 3 级试验等级
对电源线、接地线及超过 10 m 的信号线	按 GB/T 17626.6—2008 的 3 级试验等级

4.3.2.3 **抗静电放电干扰能力**

4.3.2.3.1 安全装置在承受 GB/T 17626.2—2006 规定的试验等级为 3 级的静电放电试验时应正常工作。

4.3.2.3.2 安全装置在承受 GB/T 17626.2—2006 规定的试验等级为 4 级的静电放电试验时不应出现失灵。

4.3.2.4 **抗电压快速瞬变脉冲干扰能力**

4.3.2.4.1 安全装置在承受表 4 规定的电压快速瞬变脉冲时应正常工作。

表 4

检 验 项 目	检 验 条 件
对直流电源线或低于 50 V 的交流电源线及长度超过 1 m 的信号线	按 GB/T 17626.4—2008 的 2 级试验等级
对 50 V 及其以上的交流电源线	按 GB/T 17626.4—2008 的 3 级试验等级

4.3.2.4.2 安全装置在承受表 5 规定的电压快速瞬变脉冲时不应出现失灵。

表 5

检 验 项 目	检 验 条 件
对直流电源线或低于 50 V 的交流电源线及长度超过 1 m 的信号线	按 GB/T 17626.4—2008 的 3 级试验等级
对 50 V 及其以上的交流电源线	按 GB/T 17626.4—2008 的 4 级试验等级

4.3.2.5 **抗电压快速瞬变浪涌干扰能力**

4.3.2.5.1 安全装置在承受表 6 规定的电压快速瞬变浪涌时应能正常工作。

表 6

检 验 项 目	检 验 条 件
对直流电源线或低于 50 V 的交流电源线及信号线	按 GB/T 17626.5—2008 的 2 级试验等级
对 50 V 及其以上的交流电源线	按 GB/T 17626.5—2008 的 3 级试验等级

4.3.2.5.2 在承受表 7 规定的电压快速瞬变浪涌时，安全装置不应出现失灵。

表 7

检 验 项 目	检 验 条 件
对直流电源线或低于 50 V 的交流电源线及信号线	按 GB/T 17626.5—2008 的 3 级试验等级
对 50 V 及其以上的交流电源线	按 GB/T 17626.5—2008 的 4 级试验等级

4.3.3 抗电源电压变化能力

4.3.3.1 电源电压渐变

当外部电源电压稳定并连续地经过 10 s 时间,从额定值下降到零或以同样的方式从零上升到额定值时,安全装置不应出现失灵。

当用于内部各电路工作的电源电压依次连续且稳定地经过 20 s 从额定值下降到零,然后以同样的方式从零上升到额定值时,安全装置不应出现失灵。

4.3.3.2 电源电压冲击

安全装置应具有过压保护措施,在电网受雷电或网内自激产生 200%的电压冲击时应能正常工作。

4.3.4 冲击性振动

安全装置在加速度不大于 10 *g*、脉冲持续时间为 16 ms、频率为 40 次/min 的条件下应能正常工作,并且元器件、零部件不得有松动和损坏现象。

4.3.5 寿命

安全装置的寿命应不低于 10 次。

4.4 安全装置的标识

4.4.1 安全装置上应有耐酒精、汽油、中强度酸或碱侵蚀的耐久性标识。应能承受用蘸酒精、汽油的纱布轻柔地擦拭 15 s。

4.4.2 控制装置的开关、指示器件的功能性识别应符合 GB 5226.1—2002 中 17.3 的规定。

4.4.3 安全装置应当有下列项目的标识:

——产品名称;

——规格型号;

——响应时间;

——输出信号形式及其带负载能力;

——工作电源,包括额定电压、频率和功耗;

——保护高度;

——保护长度;

——符合标准的编号;

——出厂日期;

——制造商名称。

注:响应时间应注明输出信号开关形式。

4.5 安全装置的防护

4.5.1 安全装置的易腐蚀性零部件应当有适当的防腐层。

4.5.2 安全装置外壳的涂层应均匀、规则、整洁,不得有裂纹、脱皮、起泡、流挂和皱褶等现象。

4.5.3 安全装置壳体的防护等级

4.5.3.1 外露壳体应能防止油液的渗入,防护等级应不低于 IP54(见 GB 4208—2008)。

4.5.3.2 配装于电气柜内壳体的防护等级应不低于 IP20(见 GB 4208—2008)。

4.5.4 有防湿热、防盐雾、防霉菌等特殊使用要求的安全装置应由用户与供方协商处理。

4.6 适应贮存的能力

安全装置应能够长期贮存在温度为−40 ℃～55 ℃且相对湿度为 95%的环境中,并能承受温度不超过 70 ℃，相对湿度不超过 95%，连续时间不超过 24 h 的条件。

5 试验与检验

5.1 检验的类别

5.1.1 型式检验

型式检验按照第 4 章的规定对样品进行全面检验。

5.1.1.1 型式检验应提供的文件和样品

a) 技术文件，包括：

——电路原理图和说明文件；

——电路元器件配置图；

——主要零部件及元器件技术要求一览表；

——使用说明书；

——同种系列或规格的产品再次申请型式检验时，还应当提供上次型式检验的报告。

b) 样品由检验机构随机抽样，每种系列（相同电路原理和基本结构）的样品数不少于 3 个。

5.1.1.2 型式检验的条件

——新产品开发试制完成或新进入国内市场时；

——当产品的设计（结构、电路原理）、工艺或所用材料（如关系感应能力或安全性能的元器件）改变时；

——停产 6 个月以上的产品再次恢复生产时；

——由于安全装置的失灵出现用户伤亡事故的投诉时；

——批量生产的产品连续正常生产满 3 年时；

——国家质量监督机构检查不合格时。

5.1.2 出厂检验

5.1.2.1 出厂检验的要求

应当按照本标准的规定对每台安全装置进行检验。

5.1.2.2 出厂检验的项目

——4.1 功能要求中的 4.1.1、4.1.2、4.1.3、4.1.4；

——4.2 设计基本要求中的 4.2.3、4.2.4、4.2.5、4.2.6、4.2.11；

——4.4 安全装置的标识中的 4.4.2、4.4.3；

——7.1 安全装置的包装；

——7.2 随机技术文件。

5.2 试验与检验的一般条件

5.2.1 环境条件

——温度 20 ℃±5 ℃；

——相对湿度不超过 85%；

——无酸、碱等腐蚀性及破坏绝缘的介质。

5.2.2 电源条件

——电源电压在额定电压的 0.85～1.15 倍范围内；

——电源频率在额定频率的 0.99～1.01 倍范围内。

5.2.3 测量数值的误差（不超过）

——响应时间：1 ms；

——电测量：±1%；

——其他测量：±5%。

5.2.4 输出信号的连接和监视

检验需要时应将输出信号接入一个可监视的电路，以观察输出信号的状态。

5.2.5 自保功能在检验中的处置

设有自保功能的安全装置检验其他项目时应将自保功能屏蔽。

5.3 试验与检验方法

5.3.1 工作功能和感应功能的检验

安装好安全装置，按照要求给安全装置通电，安全装置输出信号应为“接通”。

用试件以不大于 2.5 m/s 的速度遮挡感应幕，遮挡的持续时间不应少于 20 ms，安全装置应呈现感应功能，输出信号应至少有两路由“接通”转为“断开”。

当试件保持在感应幕中时，安全装置应保持在“断开”状态。当试件从感应幕中撤出时，安全装置应立即由“断开”状态转变为“接通”状态。

5.3.2 回程不保护功能的检验

按照供方提供的安全装置使用说明书中关于安全装置回程不保护功能的接线方式，通过一个开关连接安全装置的相关电路，然后安全装置通电进行检验。将开关接通，此时无论是否遮挡感应幕，安全装置均应为“接通”状态；随后将开关断开进行试验，安全装置应恢复正常功能。

5.3.3 自保功能的检验

接通电源时，无论是否遮挡感应幕，安全装置均呈现“断开”状态。在感应幕未被遮挡的情况下，按动“复位按钮”，安全装置即转为“接通”状态。

用试件遮挡感应幕，安全装置立即由“接通”状态转为“断开”状态。

随后将试件撤出，安全装置系统仍应保持在“断开”状态，按动“复位按钮”，安全装置系统由“断开”状态转为“接通”状态。

5.3.4 自检功能的检验

对电路工作原理应采用理论分析或试验的方法，以验证安全装置的自检功能是否符合 4.1.5 的规定。自检功能应在试验的最后检验。

5.3.4.1 响应时间延长的检验

用机械阻尼的方法或用在继电器吸合线圈的电源输入端并入大容量电容器的方法或用旁路的方法，使输出信号断开的时间延迟，致使响应时间超过规定值。无论在哪一种延迟的情况下安全装置都应当在规定的响应时间内进入“断开”状态，显示异常(状态)。

5.3.4.2 响应时间判断电路的检验

响应时间判断电路可以通过 5.3.5 对响应时间的检测来判断。若所测得的响应时间在规定值以内，则响应时间判断电路符合要求；若所测得的响应时间超过规定值，安全装置仍然呈现正常功能，则响应时间判断电路不符合要求。

5.3.4.3 故障检测

5.3.4.3.1 电路分析

通过对安全装置电路工作原理的理论分析，判断所有元器件及线路的短路或断路故障是否会导致安全装置失灵(见附录 A)。

注：为了减少不必要的测试，通过对安全装置电路工作原理的理论分析，能够明确判定某些故障对自检功能的影响时，理论分析的结论应作为检验的结果。

5.3.4.3.2 试验证实

理论分析不能明确判定线路及元器件的故障对自检功能的影响时，应当通过试验来证实线路和元器件的故障能否使安全装置丧失自检能力(见附录 A)。

试验的方法是在断电的情况下，人为地造成线路断路、邻近线路的短路、元器件自身的短路或断路故障(回程不保护功能的设置除外)，当恢复通电时，安全装置不应出现失灵。

5.3.5 响应时间的检验

检测前应先将输出信号的开关接入一个测试电压信号。

将双踪记忆示波器两个检测探头分别接在发射极和输出信号的外接点，然后进行遮挡，捕捉和记录下两点波形突变处的时间，其差值即为响应时间。多处重复进行，响应时间按测得的最大值计。

5.3.6 保护高度的检验

将试件分别贴在感应幕部件的前平面处，使试件与感应幕平面相垂直，沿保护高度方向通过感应幕。在通过感应幕的过程中，安全装置的状态应符合规定。

在进入处，当安全装置由接通状态转为断开状态时，从试件进入感应幕的一侧边缘做标记。在移出感应幕的出口处，当安全装置恰好由遮感应状态转为通感应状态时，从试件靠近感应幕的一侧边缘做标记。测量两个标记之间的距离。与供方规定的保护高度值相比，允许偏差为±10 mm。

5.3.7 保护长度的检验

将形成感应幕的部件之间的距离调整为样品上标识的保护长度，偏差允许±20 mm，对安全装置进行遮挡试验，其应呈现正常功能。

5.3.8 保护厚度的检验

用试件在感应幕的前后方向进行试验，测量有正确输出的前后尺寸。

5.3.9 输出信号过流保护的检验

当给安全装置的输出信号所加的连续负载超过其允许值的2倍时，安全装置应在30 s时间内终止对外输出。

5.3.10 工作电源的试验

5.3.10.1 交流供电电源的试验

在以下条件下，使安全装置连续通电2 h，并对其进行频率为20次/min的遮挡试验，应呈现正常功能：

——用调压器或稳压电源，将电源电压分别调至安全装置额定电压的85%和115%。

——用交流频率控制装置，将安全装置的工作电源频率设置为其额定值的99%和101%的交替变化状态，变化波形为方波，循环频率10次/min。

——用交流变频控制装置，将安全装置的工作电源频率设置为其额定值的98%和102%的交替变化状态，变化波形为间歇方波，高、低频率点的持续时间为0.5 s，交替变化的循环周期为3 s。

5.3.10.2 电池供电电源的试验

对于使用电池供电的安全装置，利用直流稳压电源装置，将供电电压分别调至其额定值的85%和120%，连续通电2 h，并对其进行频率为20次/min的遮挡试验，安全装置应呈现正常功能。

5.3.11 适用环境的试验

5.3.11.1 在温控室内，调整温度为−10 ℃±3 ℃，将安全装置通电2 h，并对其进行频率为20次/min的遮挡试验，应呈现正常功能。

5.3.11.2 在温控室内，调整温度为55 ℃±3 ℃，将安全装置通电2 h，并对其进行频率为20次/min的遮挡试验，应呈现正常功能。

5.3.11.3 保持55 ℃±3 ℃的温度和92%～97%的相对湿度，将安全装置通电2 h，并进行频率为20次/min的遮挡试验，应呈现正常功能，且检查零部件不得有锈蚀现象。

5.3.11.4 将安全装置以正常工作的安装方式固定在振动试验台上并通电试验，按表1规定的振动幅值和相应频率做铅垂方向的振动，每项振动各进行15 min(共1 h)，并进行频率为20次/ min的遮挡试验，应呈现正常功能。

振动试验完成后，检查安全装置的零部件，不应出现松动、脱落现象。

5.3.12 抗电磁干扰的检验

a) 按4.3.2.1.1规定的条件进行试验，安全装置应呈现正常功能。

b) 按4.3.2.1.2规定的条件,安全装置不应出现失灵现象。

5.3.13 抗射频场传导干扰能力的检验

a) 按4.3.2.2.1规定的条件进行试验,安全装置应呈现正常功能。

b) 按4.3.2.2.2规定的条件进行试验,安全装置不应出现失灵。

5.3.14 抗静电放电干扰能力的检验

5.3.14.1 按4.3.2.3.1的要求,分别对安全装置的控制器、传感器、金属外壳各进行10次静电放电检验,放电发生时,安全装置应能正常工作。试验条件和要求如下:

a) 静电特性条件下,放电形式和电压为接触放电6 kV,或者空气放电8 kV;放电电压极性为正(+)。

b) 进行空气放电检验时,将静电放电发生器的放电电极垂直地接近被试验装置上外露的非绝缘点,直至放电发生,然后移开放电电极,再进行下一次放电。

5.3.14.2 按4.3.2.3.2的要求,分别对安全装置的控制器、传感器(或发感应器和受感应器)金属外壳各进行10次静电放电检验,放电发生时,安全装置不应出现失灵。试验条件和要求如下:

a) 静电特性条件下,放电形式和电压为接触放电8 kV,或者空气放电15 kV;放电电压极性为正(+)。

b) 进行空气放电检验时,将静电放电发生器的放电电极垂直地接近被试验装置上外露的非绝缘点,直至放电发生,重复进行。

5.3.15 抗快速瞬变脉冲干扰能力的检验

对连接于系统部件之间的导线进行检验。对于直流电源线、交流低于50 V的电源线和长度超过1 000 mm的信号线,按照GB/T 17626.4—2008中图10的方式进行;对于50 V及其以上电压的交流电源线,按照GB/T 17626.4—2008中图9的方式进行。

5.3.15.1 按照4.3.2.4.1的规定,对安全装置的相关连线分别施加相应的脉冲电压,进行感应功能检验,安全装置应呈现正常功能。

5.3.15.2 按照4.3.2.4.2的规定,对安全装置的相关连线,分别施加相应的脉冲电压,进行感应功能检验,安全装置不应出现失灵。

5.3.16 抗快速瞬变浪涌干扰能力的检验

对连接于系统部件之间的导线进行检验。对于非屏蔽的信号线,按照GB/T 17626.5—2008中的图11进行;对于非屏蔽的不对称工作线路,按照GB/T 17626.5—2008中的图12进行;对于非屏蔽的对称工作线路,按照GB/T 17626.5—2008中的图14进行;对于直流电源线和交流电源线,按照GB/T 17626.5—2008中的图8进行。

5.3.16.1 按照4.3.2.5.1的规定,对安全装置的相关连线分别施加相应的浪涌电压,并分别对感应幕进行通感应和遮感应功能检验,安全装置应呈现正常功能。

5.3.16.2 按照4.3.2.5.2的规定,对安全装置的相关连线分别施加相应的浪涌电压,并进行感应功能检验,安全装置不应出现失灵。

5.3.17 抗电源电压变化能力的检验

5.3.17.1 电源电压渐变的检验

根据4.3.3.1的规定,用调压器对安全装置的系统输入电源进行检验,检验过程中,遮挡感应幕使系统处于遮感应状态,安全装置不应出现失灵。

对于系统内部电路的电源电压,使用调压装置,按照4.3.3.1的规定进行试验,安全装置不应出现失灵。

5.3.17.2 电源电压冲击的检验

给安全装置电源输入端加上上升沿和下降沿时间为0.5 μs~500 μs之间的任意值,持续时间为1.5 ms,峰值为安全装置额定电压2倍的冲击电压,每秒钟发送一次冲击,分别使感应幕处在通感应和遮感应的情形下，各发送10次冲击，安全装置应呈现正常功能。

5.3.18 **零部件工作性能的检验**

安全装置分别在温度为−10 ℃±3 ℃的条件下和温度为55 ℃±3 ℃且相对湿度为92%～97%的条件下，持续进行感应功能试验2 h，应呈现正常功能，元器件应无变质或损坏的现象。

5.3.19 **承受冲击能力的检验**

将安全装置固定在冲击试验设备上，在4.3.4规定的条件下，进行前后、左右和上下三个方向的冲击振动，每方向各进行1 000次。试验时，对安全装置进行感应功能试验应呈现正常功能。检查各零部件应符合4.3.4的要求。

5.3.20 **寿命试验**

将安全装置置于保护长度位置上，用遮挡安全装置(遮挡物直径应不小于试件的尺寸)，以每分钟120次左右的频率对进行感应功能试验。安全装置经过至少10^6次的寿命试验后，检测其响应时间应符合4.2.3的规定。

5.3.21 **绝缘电阻的检验**

根据GB 5226.1—2002中19.3的规定，用直流500 V兆欧表分别检测电源线与保护接地线之间、输出信号的外伸接点与保护接地线之间的绝缘电阻，其值应不小于100 MΩ。

5.3.22 **耐压试验**

根据GB 5226.1—2002中19.4的规定进行。

5.3.23 **保护接地的检验**

根据4.2.16的规定对安全装置的接地进行检验。

5.3.24 **安全装置标识的检验**

用纱布分别蘸酒精和汽油轻柔地擦拭标识的文字或符号15 s，应符合4.4.1的规定，无褪色、脱落等现象。

5.3.25 **安全装置防护的检验**

5.3.25.1 将安全装置放置在20 ℃±3 ℃且相对湿度为93%～97%的密室内，经过连续24 h后取出，不得有锈蚀、起层、脱皮等现象。安全装置的外壳应符合4.5的要求。

5.3.25.2 按照GB 4208—2008的规定进行防护等级检验，应达到本标准规定的要求。

5.3.26 **适应贮运能力的检验**

5.3.26.1 将安全装置放置在恒温箱内，在温度为−40 ℃±3 ℃的条件下保持时间4 h，然后待温度上升到−10 ℃时进行通电检验，安全装置应呈现正常功能。

5.3.26.2 将安全装置放入恒温箱内，在温度上升到70 ℃±3 ℃的条件下，同时将相对湿度调节到75%～80%，保持时间24 h，然后待温度降至55 ℃时进行通电检验，安全装置应呈现正常功能。

6 检验规则

6.1 基本要求

安全装置应通过国家认可的技术检验机构依据本标准进行型式检验，检验合格后，方可实施生产或销售。

6.2 安全装置的缺陷分类

6.2.1 **致命缺陷**

不符合4.1.2、4.1.5、4.2.13、4.2.14、4.2.15中的任何一条。

6.2.2 **重缺陷**

不符合4.1.1、4.2.1、4.2.2、4.2.3、4.2.9、4.3.1、4.3.2、4.3.3中的任何一条。

6.2.3 **轻缺陷**

不符合第4章中除了致命缺陷、重缺陷之外的任何一条。

6.3 出厂检验的合格判定

应按照5.1.2规定的要求对每台安全装置进行检验，当检验发现不合格时，应对该产品的设计、生产、半成品、原材料等影响产品质量的环节进行整改。整改后应再重新检验。

6.4 型式检验的合格判定

6.4.1 型式检验的抽样是从出厂检验合格的产品中随机抽样，每个设计系列产品每次抽样数量不少于3台。

注：不同设计系列的产品是指在电路原理或者基本结构上存在明显差异的产品。

6.4.2 若检验中发现任何一台存在一项或多项轻缺陷，则需另外抽取首次样本2倍的数量进行重检，若仍发现存在一项或多项轻缺陷，则判定该产品为不合格。

6.4.3 若检验中发现任何一台存在一项或多项致命缺陷或重缺陷，则直接判定该产品为不合格。

6.4.4 经过型式检验判定为不合格的产品，应立即停止生产和销售。

6.4.5 型式检验应3年进行一次。

7 包装和随机文件

7.1 安全装置的包装

7.1.1 安全装置的包装应符合GB/T 13384的规定，包装标志应符合GB/T 191的规定。包装的外表面至少应有下列各项：

a) 制造单位名称和地址；

b) 产品名称、型号及规格；

c) 出品年月。

7.1.2 安全装置的包装应具有减振、防潮的措施。

7.1.3 包装箱外壁的储运标志符号应符合GB/T 191的有关规定。

7.2 随机技术文件

7.2.1 每件产品均应配发产品使用说明书和合格证。

7.2.2 每个独立包装都应有装箱清单。

7.2.3 合格证上应说明执行的标准，并有检验人员的签名或代码，以及检验日期。

附 录 A
（规范性附录）
影响安全装置电气系统的单一故障

A.1 导体和连接器

A.1.1 导体或电缆的单一故障及排除方法见表 A.1。

表 A.1

故 障	排 除 方 法
任何导体间短路	导体采用永久性连接(例如不使用插头插座连接)，并且通过诸如电缆、导管、防护罩壳的保护以防外来的损伤 采用屏蔽的多芯电缆做导体
任何导体间断路	—
任何导体与裸露的导电部件或保护导体间短路	—
任何导体与活动部件间短路	导体用支架固定，或通过端子组进行连接，以防止由于机械失灵而引起靠近机械的连接点发生短路故障

A.1.2 印刷电路和印刷电路板的单一故障及排除方法见表 A.2。

表 A.2

故 障	排 除 方 法
相邻导体间短路	爬电距离和电气间隔应符合 GB/T 16935.1—2008 的安装类别Ⅲ，2 级污染等级确定。 装配的电路板被安装在防护等级至少为 IP54 的壳体内。印刷线路面需用防老化漆或用保护层覆盖
任何导电线路断路	—

A.1.3 端子集(接线座)的单一故障及排除方法见表 A.3。

表 A.3

故 障	排 除 方 法
相邻端子短路	端子要符合 GB 5226.1—2002 的 14.1.1 和 14.1.2 的要求
单个端子断路	

A.1.4 多芯连接器(如电缆、继电器、集成电路的插头插座)的单一故障及排除方法见表 A.4。

表 A.4

故 障	排 除 方 法
任何相邻两芯间短路	相邻芯的情况应符合 A.1.2
对没有使用机械方法防止误接的互换的或可插错的连接器	—
单个连接芯断路	—

A.2 开关

A.2.1 限位开关、手动开关和按钮(如复位式启动器、自锁开关)的单一故障及排除方法见表A.5。

表 A.5

故障	排除方法
触点不闭合	—
触点不断开	—
相互绝缘的相邻触点间短路	开关的选用依据GB 14048.5,并且开关的导电部件松动时不能越过触点之间的绝缘体形成桥联
三组切换触点之间同时短路	—
注:也可参见A.2.2的注。	

A.2.2 机械式电器件(如继电器、接触器)的单一故障及排除方法见表A.6。

表 A.6

故障	排除方法
不释放(触点粘连)(所有触点由于机械故障保持在供电状态)	—
不供电(触点不闭合)[由于机械故障所有触点保持在断开状态(释放位置),线圈断路]	
单个触点不断开	—
单个触点不闭合	
三组转换触点之间同时短路	爬电距离和电气间隙应按GB/T 16935.1—2008中安装类别Ⅲ,2级污染等级确定,并且松动的导电部件不能越过触点间的绝缘形成桥联
触点电路之间及触点与线圈端点之间短路	爬电距离和电气间隙应按GB/T 16935.1—2008中安装类别Ⅲ,2级污染等级确定,并且松动的导电部件不能越过触点与触点之间,以及触点与线圈端点之间的绝缘形成桥联
注:当使用机械联锁触点的继电器或接触器时,触点的不释放能够通过监控其他触点的位置来检测。	

A.3 分离电气元件

A.3.1 变压器的单一故障及排除方法见表A.7。

表 A.7

故障	排除方法
单个绕组断路	—
绕组之间短路	各绕组根据要求隔离

A.3.2 扼流圈的单一故障及排除方法见表A.8。

表 A.8

故障	排除方法
断路	—
短路	扼流圈是单层、涂瓷漆或罐封的，并采取轴线连接和轴向装配
超出：$0.5\ L_N < L < 2\ L_N$ L_N 为电感额定值	—

A.3.3 电阻器的单一故障及排除方法见表 A.9。

表 A.9

故障	排除方法
断路	—
短路	电阻是薄膜型的或是经过保护防止开裂的线绕型的，采用轴向装配、连接并涂漆。 不排除使用表面贴装技术的电阻
单个电阻值超出 $0.5\ R_N < R < 2\ R_N$ R_N 为电阻额定值	—

A.3.4 集成电阻器的单一故障及排除方法见表 A.10。

表 A.10

故障	排除方法
单个电阻断路	—
任何两个电阻间短路	—
单个电阻值超出 $0.5\ R_N < R < 2\ R_N$ R_N 为电阻额定值	—

A.3.5 电位器的单一故障及排除方法见表 A.11。

表 A.11

故障	排除方法
单个连接断路	—
所有连接同时短路	
任何两个连接超出 $0.5\ R_N < R < 2\ R_N$ R_N 为额定电阻值	

A.3.6 固定电容器和可调电容器的单一故障及排除方法见表 A.12。

表 A.12

故障	排除方法
断路	—
短路	—
超出 $0.5\ C_N < C < 2\ C_N$ + 允差值 C_N 为电容额定值或设定值	—

A.4 固态电气元件

A.4.1 分立半导体元件(如二极管、晶体三极管、晶闸管、电压稳压或调压器、光敏晶体管或发光二极管)的单一故障及排除方法见表 A.13。

表 A.13

<table>
<tr><th>故　　障</th><th>排 除 方 法</th></tr>
<tr><td>任何连接断路</td><td rowspan="4">—</td></tr>
<tr><td>任何两个连接间短路</td></tr>
<tr><td>所有连接间短路</td></tr>
<tr><td>电气特性值的改变影响输出信号超出规定信号范围的上、下限到该规定信号范围的25%</td></tr>
</table>

A.4.2 光电耦合器的单一故障及排除方法见表 A.14。

表 A.14

<table>
<tr><th>可能的故障</th><th>排 除 方 法</th></tr>
<tr><td>单个线路断路</td><td>—</td></tr>
<tr><td rowspan="2">任何两个线路间短路：
—输入线路(发射器端)；
—输出线路(接收器端)；
—输入与输出之间</td><td>—</td></tr>
<tr><td>根据 GB/T 16935.1—2008 表 1 过电压类别Ⅲ，元器件应承受一定电压冲击的能力</td></tr>
<tr><td>电气特性参数的变化使输出信号超出规定信号范围的上、下限到该规定信号范围的25%</td><td>—</td></tr>
</table>

A.4.3 简单集成电路的单一故障及排除方法见表 A.15。

表 A.15

故　　障	排 除 方 法
单个线路断路	—
任何两个线路间短路	—
所有输入端和输出端有单个或同时有多个持久保持为"0"或"1"	—
电气特性的变化使输出信号超出规定信号范围的上、下限到该规定信号范围的25%	—

A.4.4 复杂的或可编程的集成电路的单一故障及排除方法见表 A.16。

表 A.16

故　　障	排除方法
器件或全部功能的缺陷，这些缺陷可能是： —不工作； —改变逻辑； —受时序影响	—
由于集成电路的复杂性，在硬件方面未被检测到的故障	—
在元件的储存和处理方面，通过程序的完全运行而未暴露的故障	—
在 A.4.3 中的故障	见 A.4.3

ICS 25.100.20
J 41

中华人民共和国国家标准

GB/T 5104—2008
代替 GB/T 5104—2004,GB/T 5105—2004

渐开线花键滚刀　基本型式和尺寸

The basic types and dimensions of hobs for involute splines

2008-08-28 发布　　　　2009-03-01 实施

中华人民共和国国家质量监督检验检疫总局
中国国家标准化管理委员会　发布

前　言

本标准代替 GB/T 5104—2004《30°压力角渐开线花键滚刀基本型式和尺寸》和 GB/T 5105—2004《45°压力角渐开线花键滚刀基本型式和尺寸》。

本标准与 GB/T 5104—2004 和 GB/T 5105—2004 相比有下列技术差异：

——对 GB/T 5104—2004 和 GB/T 5105—2004 进行整合。

本标准的附录 A、附录 B 均为资料性附录。

本标准由中国机械工业联合会提出。

本标准由全国刀具标准化技术委员会(SAC/TC 91)归口。

本标准起草单位：重庆工具厂有限责任公司。

本标准主要起草人：戴新、蒋宁。

本标准所替代标准的历次版本发布情况为：

——GB 5104—1985、GB/T 5104—2004；

——GB 5105—1985、GB/T 5105—2004。

渐开线花键滚刀　基本型式和尺寸

1　范围

本标准规定了模数 0.5 mm～10 mm，压力角为 30°整体渐开线花键滚刀的基本型式和尺寸和模数 0.25 mm～2.50 mm，压力角为 45°整体渐开线花键滚刀的基本型式和尺寸。

本标准适用于加工基本齿廓按 GB/T 3478.1、尺寸按 GB/T 3478.4 或 GB/T 3478.2 规定的圆柱直齿渐开线花键的滚刀。

压力角为 30°的滚刀适用 A、B、C 三种精度，压力角为 45°的滚刀适用 C 级精度。

2　规范性引用文件

下列文件中的条款通过本标准的引用而成为本标准的条款。凡是注日期的引用文件，其随后所有的修改单（不包括勘误的内容）或修订版均不适用于本标准，然而，鼓励根据本标准达成协议的各方研究是否可使用这些文件的最新版本。凡是不注日期的引用文件，其最新版本适用于本标准。

GB/T 3478.1　圆柱直齿渐开线花键模数　基本齿廓　公差（GB/T 3478.1—1995，eqv ISO 4156：1981）

GB/T 3478.2　圆柱直齿渐开线花键　30°压力角　尺寸表（GB/T 3478.2—1995，neq ISO 4156：1981）

GB/T 3478.4　圆柱直齿渐开线花键　45°压力角　尺寸表（GB/T 3478.4—1995，neq ISO 4156：1981）

GB/T 6132　铣刀和铣刀刀杆的互换尺寸（GB/T 6132—2006，ISO 240：1994，IDT）

3　型式和尺寸

3.1　压力角为 30°渐开线花键滚刀的基本型式分两种：Ⅰ型和Ⅱ型。Ⅰ型为平齿顶滚刀，适用于加工平齿根的外花键；Ⅱ型为圆齿顶滚刀，适用于加工圆齿根的外花键。

3.2　压力角为 30°渐开线花键滚刀结构型式和尺寸按图 1 和表 1 的规定，压力角为 45°渐开线花键滚刀结构型式和尺寸按图 1 和表 2 的规定。滚刀的计算尺寸参见附录 A，滚刀的轴向尺寸参见附录 B。

3.3　滚刀做成单头右旋（按用户要求可做成左旋）；容屑槽为平行于滚刀轴线的直槽。

3.4　键槽的尺寸和偏差按 GB/T 6132 的规定。

3.5　轴台直径 d_1 由制造厂商自定。

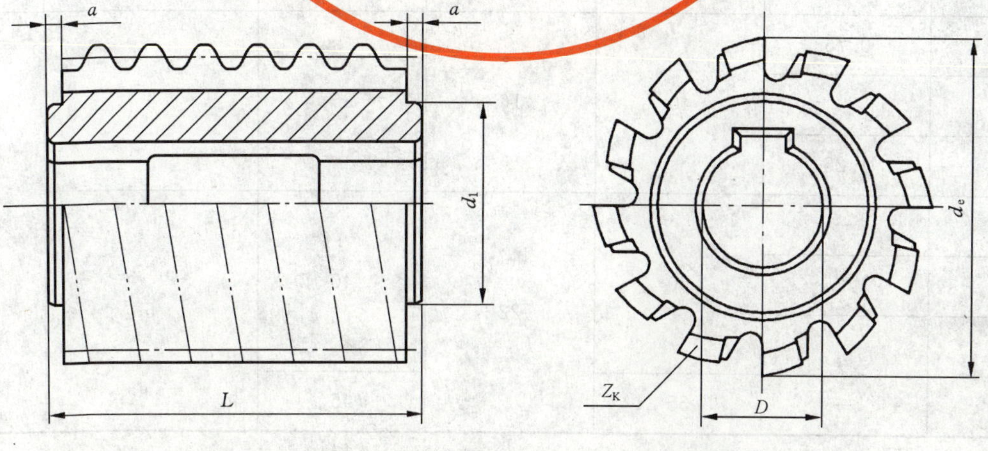

图 1

表 1 单位为毫米

<table>
<tr><th colspan="2">模数 m</th><th rowspan="2">外径 d_e</th><th rowspan="2">孔径 D</th><th rowspan="2">全长 L</th><th rowspan="2">轴台长度 a_{min}</th><th rowspan="2">槽数 Z_K</th></tr>
<tr><th>第一系列</th><th>第二系列</th></tr>
<tr><td>0.5</td><td>—</td><td rowspan="2">45</td><td rowspan="5">22</td><td rowspan="2">32</td><td rowspan="8">4</td><td rowspan="7">15</td></tr>
<tr><td>—</td><td>0.75</td></tr>
<tr><td>1.00</td><td>—</td><td rowspan="3">50</td><td>35</td></tr>
<tr><td>—</td><td>1.25</td><td>40</td></tr>
<tr><td>1.50</td><td>—</td><td>50</td></tr>
<tr><td>—</td><td>1.75</td><td rowspan="3">63</td><td rowspan="4">27</td><td rowspan="3">63</td></tr>
<tr><td>2.00</td><td>—</td></tr>
<tr><td>2.50</td><td>—</td><td rowspan="4">12</td></tr>
<tr><td>3.00</td><td>—</td><td>71</td><td>71</td><td rowspan="6">5</td></tr>
<tr><td>—</td><td>4.00</td><td>80</td><td rowspan="3">32</td><td>80</td></tr>
<tr><td>5.00</td><td>—</td><td>90</td><td>90</td></tr>
<tr><td>—</td><td>6.00</td><td>100</td><td>100</td><td rowspan="3">10</td></tr>
<tr><td>—</td><td>8.00</td><td>112</td><td rowspan="2">40</td><td>112</td></tr>
<tr><td>10.00</td><td>—</td><td>125</td><td>125</td></tr>
</table>

表 2 单位为毫米

<table>
<tr><th colspan="2">模数 m</th><th rowspan="2">外径 d_e</th><th rowspan="2">孔径 D</th><th rowspan="2">全长 L</th><th rowspan="2">轴台长度 a_{min}</th><th rowspan="2">槽数 Z_K</th></tr>
<tr><th>第一系列</th><th>第二系列</th></tr>
<tr><td>0.25</td><td>—</td><td rowspan="2">32</td><td rowspan="2">13</td><td rowspan="2">20</td><td rowspan="2">3</td><td rowspan="2">12</td></tr>
<tr><td>0.50</td><td>—</td></tr>
<tr><td>—</td><td>0.75</td><td rowspan="3">40</td><td rowspan="3">16</td><td rowspan="3">35</td><td rowspan="3">4</td><td rowspan="7">14</td></tr>
<tr><td>1.00</td><td>—</td></tr>
<tr><td>—</td><td>1.25</td></tr>
<tr><td>1.50</td><td>—</td><td rowspan="3">50</td><td rowspan="4">22</td><td rowspan="3">40</td><td rowspan="4">5</td></tr>
<tr><td>—</td><td>1.75</td></tr>
<tr><td>2.00</td><td>—</td></tr>
<tr><td>2.50</td><td>—</td><td>55</td><td>45</td></tr>
</table>

4 标记示例

模数 $m=2$、压力角 $\alpha=30°$、A 级精度的Ⅰ型左旋渐开线花键滚刀标记为：

渐开线花键滚刀 $m2$　$\alpha30°$　A Ⅰ左 GB/T 5104—2008

模数 $m=2$、压力角 $\alpha=45°$ C 级精度的左旋渐开线花键滚刀标记为：

渐开线花键滚刀 $m2$　$\alpha45°$　左 GB/T 5104—2008

附 录 A
（资料性附录）
滚刀的计算尺寸

A.1 压力角为30°滚刀的计算尺寸按图A.1和表A.1。压力角为45°滚刀的计算尺寸按图A.1和表A.2。

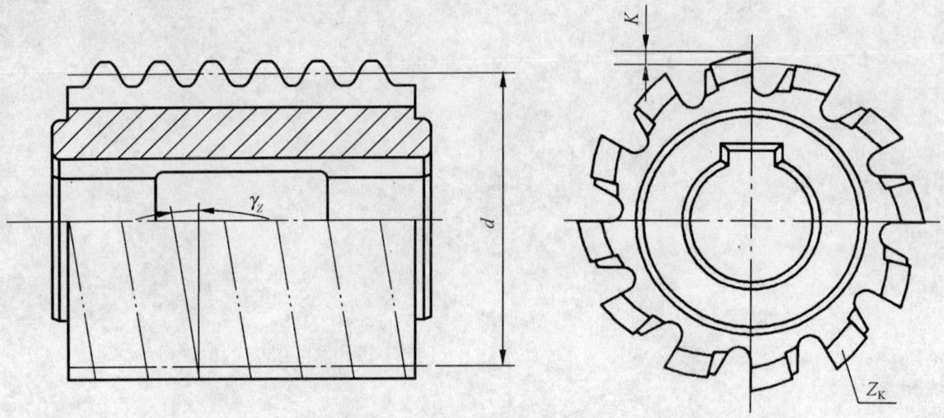

图 A.1

表 A.1

单位为毫米

模数 m		Ⅰ型			Ⅱ型		
第一系列	第二系列	分度圆直径 d	铲背量 K	分度圆螺纹升角 γ_Z	分度圆直径 d	铲背量 K	分度圆螺纹升角 γ_Z
0.5	—	43.65	2.0	0°39′	43.50	2.0	0°40′
—	0.75	43.28		1°00′	43.05		1°00′
1.00	—	47.90		1°12′	47.60		1°12′
—	1.25	47.53		1°30′	47.15		1°31′
1.50	—	47.15		1°49′	46.70		1°50′
—	1.75	59.64	2.5	1°41′	59.11	2.5	1°42′
2.00	—	59.26		1°56′	58.66		1°57′
2.50	—	58.31	3.5	2°27′	57.56	3.5	2°29′
3.00	—	65.56		2°37′	64.66		2°40′
—	4.00	72.96	4.0	3°09′	71.76	4.0	3°12′
5.00	—	81.22	5.0	3°32′	79.72	5.0	3°36′
—	6.00	89.42	6.5	3°51′	87.62	6.5	3°56′
8.00	—	98.32	7.0	4°40′	95.92	7.0	4°47′
—	10.00	108.08	8.0	5°19′	105.08	8.0	5°28′

表 A.2

单位为毫米

模数 m	第一系列	0.25	0.50	—	1.00	—	1.50	—	2.00	2.50
	第二系列	—	—	0.75	—	1.25	—	1.75	—	—
分度圆直径 d		31.34	31.04	38.70	38.40	38.10	47.70	47.40	47.10	51.46
分度圆螺纹升角 γ_z		0°28′	0°55′	1°07′	1°30′	1°53′	1°48′	2°07′	2°26′	2°47′
铲背量 K		0.80		1.00			1.50			

附 录 B
（资料性附录）
滚刀的轴向齿形尺寸

B.1 压力角为30°滚刀的轴向齿形尺寸按图B.1和表B.1。压力角为45°滚刀的轴向齿形尺寸按图B.2和表B.2。

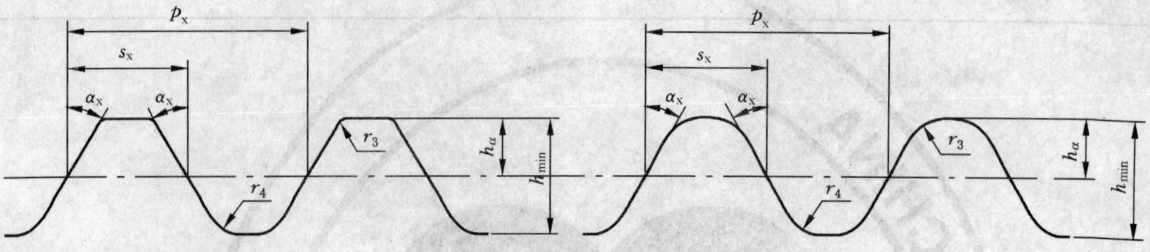

Ⅰ型滚刀（平齿根）

$h_a = 0.75\ m$

$h_{min} = 1.6\ m (m < 1.00)$

$h_{min} = 1.5\ m (m \geqslant 1.00)$

$r_3 = 0.10\ m$（$m \leqslant 1.5$ 时允许用倒角代替）

$r_4 = 0.30\ m$

Ⅱ型滚刀（圆齿根）

$h_a = 0.9\ m$

$h_{min} = 1.75\ m (m < 1.00)$

$h_{min} = 1.65\ m (m \geqslant 1.00)$

$r_3 = 0.40\ m$

$r_4 = 0.30\ m$

图 B.1

表 B.1

单位为毫米

模数 m		轴向齿形角 α_x		轴向齿距 p_x		轴向齿厚 s_x	
第一系列	第二系列	Ⅰ型	Ⅱ型	Ⅰ型	Ⅱ型	Ⅰ型	Ⅱ型
0.50	—	30°00′	30°00′	1.571	1.571	0.786	0.786
—	0.75			2.357	2.357	1.178	1.178
1.00	—			3.142	3.142	1.571	1.571
—	1.25	30°01′	30°01′	3.928	3.928	1.964	1.964
1.50	—			4.715	4.715	2.357	2.357
—	1.75			5.500	5.500	2.750	2.750
2.00	—			6.287	6.287	3.143	3.143
2.50	—			7.861	7.861	3.931	3.931
3.00	—	30°02′	30°02′	9.435	9.435	4.717	4.718
—	4.00			12.585	12.586	6.293	6.293
5.00	—	30°03′	30°03′	15.738	15.739	7.869	7.870
—	6.00		30°04′	18.892	18.894	9.446	9.447
—	8.00	30°05′	30°05′	25.216	25.221	12.608	12.610
10.00	—	30°06′	30°07′	31.551	31.559	15.776	15.780

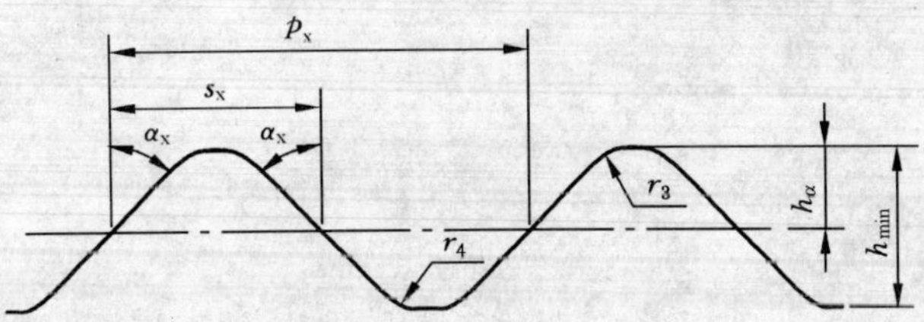

$h_\alpha = 0.6\ m$

$h_{min} = 1.2\ m$

$r_3 = 0.25\ m$

$r_4 = 0.2\ m$

图 B.2

表 B.2

单位为毫米

模数 m										
	第一系列	0.25	0.50	—	1.00	—	1.50	—	2.00	2.50
	第二系列	—	—	0.75	—	1.25	—	1.75	—	—
轴向齿形角 α_x		45°00′			45°01′				45°02′	
轴向齿距 p_x		0.785	1.571	2.357	3.143	3.929	4.175	5.502	5.289	7.863
轴向齿厚 s_x		0.390	0.790	1.180	1.570	1.960	2.360	2.750	3.140	3.930

ICS 23.040.70
J 15

中华人民共和国国家标准

GB/T 5107—2008
代替 GB/T 5107—1985

气焊设备　焊接、切割和相关工艺设备用软管接头

Gas welding equipment—Hose connections for equipment for welding, cutting and allied processes

2008-08-25 发布　　　　2009-04-01 实施

中华人民共和国国家质量监督检验检疫总局
中国国家标准化管理委员会　发布

前　言

本标准是对 GB/T 5107—1985《焊接和切割用软管接头》的修订，主要修订内容如下：

——修改了中文和英文名称；

——增加了胶管内径 12.5 mm 的软管接头规格；

——增加了 M12×1 软管接头规格；由 M20×1.5 代替原标准中的 M18×1.5 软管接头规格；

——M16×1.5 软管接头增加胶管内径 6.3 mm、8 mm 和 10 mm 的选用范围；M20×1.5 软管接头增加胶管内径 10 mm 和 12.5 mm 的选用范围；

——增加了内锥密封面螺纹接头尺寸和公差要求；

——增加了软管接头螺纹公差要求；

——增加了软管接头密封面粗糙度要求；

——增加了软管接头的耐压性能要求；

——增加了软管接头的试验、标记和包装；

——删去了应由制造商控制部分的参数；

——增加了规范性附录 A“55°非密封管螺纹软管接头的规格和尺寸”。

本标准的附录 A 是规范性附录。

本标准自实施之日起代替 GB/T 5107—1985。

本标准由中国机械工业联合会提出。

本标准由全国管路附件标准化技术委员会归口。

本标准起草单位：中机生产力促进中心、海盐管件制造有限公司、上海斯蒂奥车辆配件有限公司、哈尔滨焊接研究所。

本标准主要起草人：冯峰、朱旭初、罗鹤平、朴东光、沈建忠。

本标准所代替标准的历次版本发布情况为：

——GB/T 5107—1985。

气焊设备 焊接、切割和
相关工艺设备用软管接头

1 范围

本标准规定了焊接、切割和相关工艺设备用软管接头的术语和定义、特征、结构和连接尺寸、技术要求、试验及标记和包装。

本标准适用于胶管内径为6.3 mm～12.5 mm的米制螺纹焊接、切割和相关工艺设备的软管连接及胶管内径为3.2 mm～20 mm的55°非密封管螺纹焊接、切割和相关工艺设备的软管连接。

2 规范性引用文件

下列文件中的条款通过本标准的引用而成为本标准的条款。凡是注日期的引用文件，其随后所有的修改单(不包括勘误的内容)或修订版均不适用于本标准，然而，鼓励根据本标准达成协议的各方研究是否可使用这些文件的最新版本。凡是不注日期的引用文件，其最新版本适用于本标准。

GB/T 197 普通螺纹 公差(GB/T 197—2003，ISO 965-1：1998，ISO general purpose metric screw threads—Tolerances—Part 1：Principles and basic data，MOD)

GB/T 7307 55°非密封管螺纹(GB/T 7307—2001，eqv ISO 228-1：1994)

GB/T 17446 流体传动系统及元件 术语(GB/T 17446—1998，idt ISO 5598：1985)

ISO 9539：1988 用于焊接、切割及相关工艺设备的材料(英文版)

3 术语和定义

GB/T 17446确立的以及下列术语和定义适用于本标准。

3.1

最大工作压力 maximum working pressure

软管接头在规定的使用条件下，能够保证系统正常运转的最高工作压力。

3.2

耐压 proof pressure

软管接头在2倍的最高工作压力下的承载能力。

3.3

最小爆破压力 minimum burst pressure

软管接头应能承受的最低破坏压力，其值为3倍的最高工作压力。

4 软管接头的特征

软管接头由内锥密封面螺纹接头、球体密封面软管接头芯和接头螺母组成，见图1。

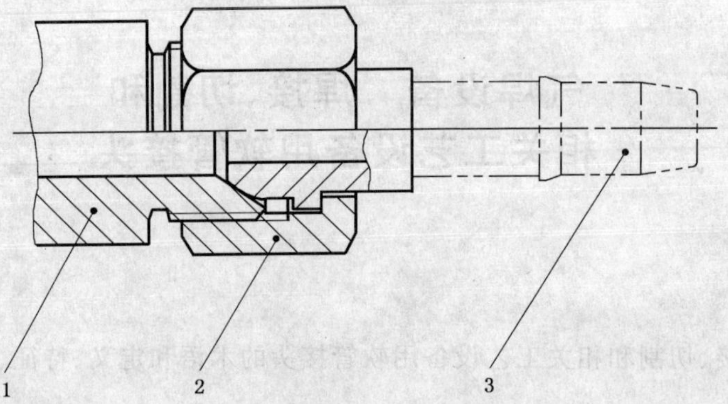

1——内锥密封面螺纹接头；
2——接头螺母；
3——球体密封面软管接头芯。

图 1　软管接头组成

5　软管接头结构和连接尺寸

5.1　内锥密封面螺纹接头结构见图 2,其尺寸及公差见表 1,外螺纹公差参照 GB/T 197 的 6f 级或 6g 级。

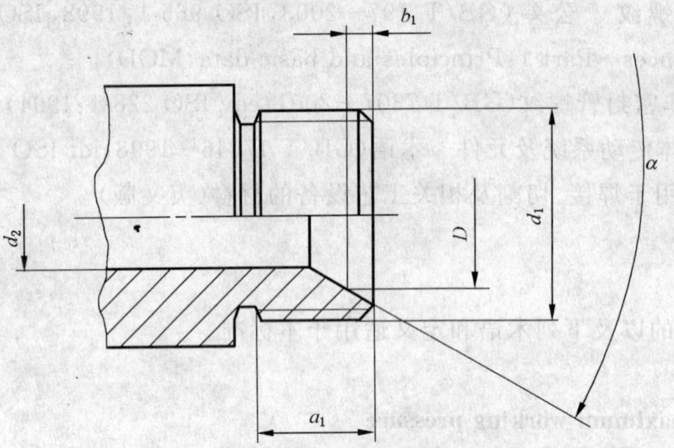

图 2　内锥密封面螺纹接头结构

表 1　内锥密封面螺纹接头尺寸及公差

单位为毫米

螺纹 d_1[a]	D[b]	a_1[c] min	b_1 JS15	d_2 max	α
M12×1	6.9	8	1.4	3.5	$60^{0}_{-5°}$
M12×1.25					
M16×1.5	11.2	9	1.5	7	
M20×1.5	15.2	11	1	10	

a　用于可燃气体为左旋螺纹。
b　基准直径(接触的公称直径)。
c　有效螺纹长度。

其他尺寸由制造商确定。

当使用 GB/T 7307 规定的 55°非密封管螺纹时，按附录 A 所给尺寸。

5.2 接头螺母结构见图 3，其尺寸及公差见表 2，内螺纹公差参照 GB/T 197 的 6H 级。

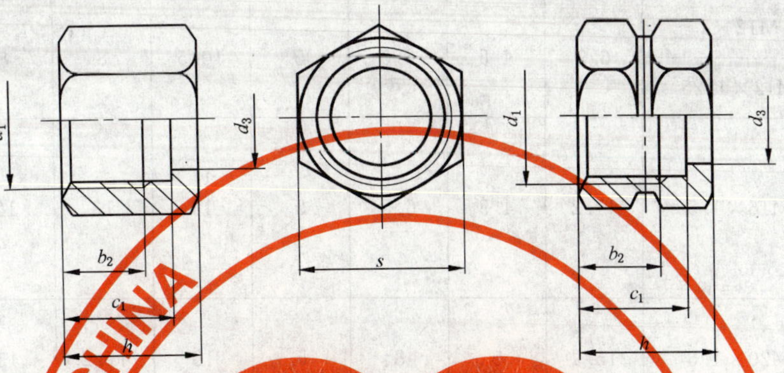

A 型螺母　　B 型螺母

A 型螺母适用于氧气或非可燃气体。

B 型螺母适用于可燃气体。

图 3 接头螺母结构

表 2 接头螺母尺寸及公差

单位为毫米

螺纹 d_1^a	d_3 H12	b_2 min	c_1 JS15	h H14	s H11
M12×1 M12×1.25	8.2	7	9	11	14
M16×1.5	12.2	8	11	13	19
M20×1.5	15.2	11	14	17	23(22)

a 用于可燃气体为左旋螺纹。

其他尺寸由制造商确定。

当使用 GB/T 7307 规定的 55°非密封管螺纹时，按附录 A 所给尺寸。

5.3 球体密封面软管接头芯结构见图 4，其尺寸及公差见表 3。

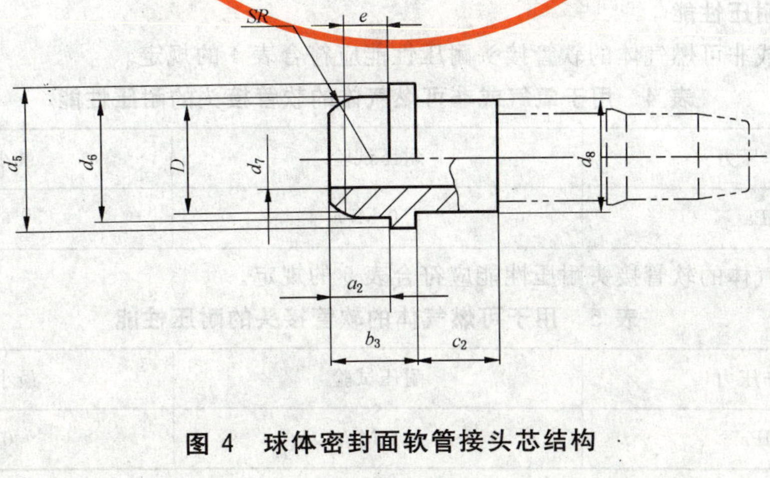

图 4 球体密封面软管接头芯结构

表 3 球体密封面软管接头芯尺寸及公差

单位为毫米

胶管内径[a]	接头螺纹	D^{b}	a_2 H14	b_3 H14	c_2 min	d_5 H12	d_6 H12	d_8 H12	e H14	SR H14
6.3	M12×1	6.9	4.5	6.5	5	10.5	8	8	3	4
	M12×1.25									
6.3	M16×1.5	11.2	4.5	6.5	5	14	13	12	3.2	6.5
8										
10										
10	M20×1.5	15.2	5	8	5	18	17.2	15	2.5	8.8
12.5										

a 表中值为胶管公称通径，接头芯形状实际尺寸与其相配合。

b 基准直径(接触的公称直径)。

其他尺寸由制造商确定。

与胶管连接的接头芯形状由制造商确定。

为保证最大流量，d_7 尺寸应足够大，d_7 与接头芯形状最小外径之间壁厚应具有足够强度，以保证胶管被合适夹具固定时，可以承受胶管达到的最小爆破压力。

当使用 GB/T 7307 规定的 55°非密封管螺纹时，按附录 A 所给尺寸。

6 技术要求

6.1 零件材料

6.1.1 软管接头材料的物理性能应符合 ISO 9539:1988 的规定。软管接头的材料不得使用含铜量大于 70%的合金。

6.1.2 用于氧气的软管接头的表面应无油脂和其他涂层。

6.2 零件加工表面质量

6.2.1 内锥密封面螺纹接头的外螺纹和连接螺母的内螺纹表面粗糙度 $Ra \leqslant 3.2\ \mu m$。

6.2.2 内锥密封面螺纹接头的内锥面和球体密封面软管接头芯的球面的表面粗糙度 $Ra \leqslant 1.6\ \mu m$。

6.2.3 软管接头其他各表面粗糙度 $Ra \leqslant 6.3\ \mu m$。

6.3 软管接头的耐压性能

6.3.1 用于氧气或非可燃气体的软管接头耐压性能应符合表 4 的规定。

表 4 用于氧气或非可燃气体的软管接头的耐压性能

最大工作压力	耐压试验	最小爆破压力
2.0MPa	4.0 MPa	6.0 MPa

6.3.2 用于可燃气体的软管接头耐压性能应符合表 5 的规定。

表 5 用于可燃气体的软管接头的耐压性能

最大工作压力	耐压试验	最小爆破压力
0.3 MPa	0.6 MPa	0.9 MPa

7 试验

7.1 总则

当按本章进行试验时，软管接头应符合或超过表4或表5规定的压力要求。

7.2 试验组件

用于氧气或非可燃气体的软管接头试验组件应由内锥密封面螺纹接头、A型螺母、球体密封面软管接头芯组成；用于可燃气体的软管接头试验组件应由内锥密封面螺纹接头、B型螺母、球体密封面软管接头芯组成。

7.3 耐压性能试验

将试验组件一端连接到水压试验装置中，另一端有效密封后连续加压至表4或表5所规定的耐压性能试验值时，保压3 min无渗漏为通过耐压性能试验。通过耐压性能试验的软管接头可继续进行最小爆破压力性能试验，但不得退回库房。

7.4 最小爆破压力性能试验

将通过耐压性能试验的软管接头试验组件一端连接到水压试验装置中，另一端有效密封后连续加压至表4或表5所规定的最小爆破压力性能试验值时，保压1 min无泄漏为通过最小爆破压力性能试验。通过最小爆破压力性能试验的软管接头不得退回库房。

最小爆破压力性能试验可在耐压性能试验通过时不卸压的状态下继续进行。

7.5 型式试验

型式试验包括耐压性能试验和最小爆破压力性能试验。

有下列情况之一时，应进行型式检验：

a) 新产品鉴定成型，投入批量生产时；

b) 产品工艺、材料、结构有较大改变，可能影响产品性能时；

c) 产品停产1年以上，恢复生产时；

d) 国家质量监督机构提出型式检验要求时。

8 标记和包装

8.1 标记

软管接头上应有被连接胶管内径和制造商标记。

8.2 包装

产品出厂时应用纸盒或木箱包装，并附合格证书，合格证书应包括产品名称、规格和产品检验数据。

附 录 A
（规范性附录）
55°非密封管螺纹软管接头的规格和尺寸

A.1 5.1增加表A.1的内容，外螺纹公差参照A级。

表A.1 内锥密封面螺纹接头尺寸及公差

单位为毫米

螺纹 d_1^a	D^b	a_1^c min	b_1 JS15	d_2 max	α
G1/8	6.5	7.5	1.2	5	45°±2°
G1/4	8.3	9.5	1.4	7	
G3/8	11.5	10.5	1.8	10	
G1/2	13.9	12	2	12	
G3/4	18.5	13.5	2.2	16	
G1	24	14.5	2.4	22	

a 用于可燃气体为左旋螺纹。

b 基准直径(接触的公称直径)。

c 螺纹的有效长度。

A.2 5.2增加表A.2的内容，内螺纹公差参照A级。

表A.2 接头螺母尺寸及公差

单位为毫米

螺纹 d_1^a	d_3 H14	b_2 min	c_1 JS15	h H14	s H11
G1/8	6.3	8	10	12	11(12)
G1/4	9.5	10	12.5	15.5	17
G3/8	12.5	10.5	13.5	16.5	19
G1/2	14.5	13	16.5	20.5	24
G3/4	19.5	15	18.5	22.5	30
G1	25.5	17	25.5	26.5	41

a 用于可燃气体为左旋螺纹。

A.3 5.3增加表A.3的内容。

表 A.3　球体密封面软管接头芯尺寸及公差

单位为毫米

胶管内径[a]	接头螺纹	D^b	a_2 H14	b_3 H14	c_2 min	d_5 H12	d_6 H12	d_8 H12	e H14	SR H14
3.2	G1/8	6.5	4.5	6.5	4	8	7	6	3	3.5
4										
5										
4	G1/4	8.3	5	7.5	5	11	9	9	3.5	4.5
5										
6.3										
8										
5	G3/8	11.5	6	8.5	5	14.5	12.5	12	4	6.25
6.3										
8										
10										
6.3	G1/2	13.9	6	9.5	6	18	15	14	4.5	7.5
8										
10										
10	G3/4	18.5	8	11.5	6	23.5	20	19	5.25	10
12.5										
16										
16	G1	24	10	14.5	7	29.75	26	25	6.5	13
20(19)										

a　表中值为胶管公称通径，接头芯形状实际尺寸与其相配合。

b　基准直径(接触的公称直径)。

ICS 77.120.30
H 13

中华人民共和国国家标准

GB/T 5121.1—2008
代替 GB/T 5121.1—1996

铜及铜合金化学分析方法 第1部分:铜含量的测定

Methods for chemical analysis of copper and copper alloys—Part 1:Determination of copper content

(ISO 1554:1976,ISO 1553:1976,Wrought and cast copper alloys and unalloyed copper containing not less than 99,90% of copper—Determination of copper content—Electrolytic method,MOD)

2008-06-17 发布　　2008-12-01 实施

中华人民共和国国家质量监督检验检疫总局
中国国家标准化管理委员会　发布

前　言

GB/T 5121《铜及铜合金化学分析方法》共有27部分。

——第1部分：铜含量的测定；
——第2部分：磷含量的测定；
——第3部分：铅含量的测定；
——第4部分：碳、硫含量的测定；
——第5部分：镍含量的测定；
——第6部分：铋含量的测定；
——第7部分：砷含量的测定；
——第8部分：氧含量的测定；
——第9部分：铁含量的测定；
——第10部分：锡含量的测定；
——第11部分：锌含量的测定；
——第12部分：锑含量的测定；
——第13部分：铝含量的测定；
——第14部分：锰含量的测定；
——第15部分：钴含量的测定；
——第16部分：铬含量的测定；
——第17部分：铍含量的测定；
——第18部分：镁含量的测定；
——第19部分：银含量的测定；
——第20部分：锆含量的测定；
——第21部分：钛含量的测定；
——第22部分：镉含量的测定；
——第23部分：硅含量的测定；
——第24部分：硒、碲含量的测定；
——第25部分：硼含量的测定；
——第26部分：汞含量的测定；
——第27部分：电感耦合等离子体原子发射光谱法。

本部分为第1部分。

本部分包括方法一、方法二、方法三。

本部分方法一修改采用ISO 1554:1976《加工及铸造铜合金—铜量的测定—电解法》，在主要技术内容上与ISO 1554:1976相同，编写结构不完全对应。具体技术性差异见附录A、附录B。

本部分方法三修改采用ISO 1553:1976《纯铜(≥99.90%) 铜量的测定　电解法》，在主要技术内容上与ISO 1553:1976相同，编写结构不完全对应。具体技术性差异见附录C、附录D。

本部分代替GB/T 5121.1—1996《铜及铜合金化学分析方法　铜量的测定》。

本部分与GB/T 5121.1—1996相比，主要变动如下：

——方法一是对GB/T 5121.1—1996中“方法1 电解-原子吸收光谱法”的修订，补充了质量保证和控制条款，增加了精密度条款；

——增加了方法二：高锰酸钾氧化碲-电解-原子吸收光谱法；仅适用于铜碲合金中铜含量的测定；

——方法三是对 GB/T 5121.1—1996 中“方法 2 电解-分光光度法”的修订，补充了质量保证和控制条款，增加了精密度条款；

本部分附录 A、附录 B、附录 C、附录 D 为资料性附录。

本部分由中国有色金属工业协会提出。

本部分由全国有色金属标准化技术委员会归口。

本部分由中铝洛阳铜业有限公司、北京矿冶研究总院、中国有色金属工业标准计量质量研究所负责起草。

本部分由中铝洛阳铜业有限公司起草。

本部分由北京有色金属研究总院、江西铜业集团公司贵溪冶炼厂参加起草。

方法一、方法二主要起草人：夏庆珠、李娟娟。

方法一主要验证人：刘芳、沈广鑫、高新秀、肖青华。

方法二主要验证人：刘芳、沈广鑫、高新秀、杨红生。

方法三主要起草人：夏庆珠、姬得厚。

方法三主要验证人：刘芳、杨柏华、高新秀、牛金在。

本部分所代替标准的历次版本发布情况为：

——GB/T 5121.1—1996。

铜及铜合金化学分析方法
第1部分:铜含量的测定

1 方法一 直接电解-原子吸收光谱法

1.1 范围

本方法规定了铜及铜合金中铜含量的测定方法。

本方法适用于铜及铜合金中铜含量的测定。测定范围:50.00%~99.00%。

1.2 方法原理

试料用硝酸和氢氟酸溶解后,以过氧化氢还原氮的氧化物,加入铅以降低阳极上铂的损失,电解使铜在铂阴极上析出。阴极烘干后称量。电解液中残留的铜量用火焰原子吸收光谱法测定。

1.3 试剂

除非另有说明,在分析中仅使用确认为分析纯的试剂和蒸馏水或去离子水或相当纯度的水。

1.3.1 无水乙醇。

1.3.2 氢氟酸(ρ1.13 g/mL)。

1.3.3 硝酸(1+1)。

1.3.4 过氧化氢(1+9)。

1.3.5 氯化铵溶液(0.02 g/L)。

1.3.6 硝酸铅溶液(10 g/L)。

1.3.7 铜标准贮存溶液:称取1.000 0 g纯铜(铜的质量分数≥99.95%),置于250 mL烧杯中,加入40 mL硝酸(1.3.3),盖上表皿,加热至完全溶解,煮沸除去氮的氧化物,用水洗涤表皿及杯壁,冷却。移入1 000 mL容量瓶中,用水稀释至刻度,混匀。此溶液1 mL含1 mg铜。

1.3.8 铜标准溶液:移取10.00 mL铜标准贮存溶液(1.3.7),置于500 mL容量瓶中,用水稀释至刻度,混匀。此溶液1 mL含20 μg铜。

1.4 仪器

1.4.1 备有自动搅拌装置和精密直流电流表、电压表的电解器。

1.4.2 电热恒温干燥箱。

1.4.3 铂阴极:用直径约0.2 mm的铂丝,编制成每平方厘米约36 μm筛孔的网,制成网状圆筒形,见图1。

1.4.4 铂阳极:螺旋形,见图2。

1.4.5 原子吸收光谱仪,附铜空心阴极灯。

在仪器最佳工作条件下,凡能达到下列指标者均可使用。

——灵敏度:在与测量试料溶液的基体相一致的溶液中,铜的特征浓度应不大于0.042 μg/mL;

——精密度:用最高浓度的标准溶液测量10次吸光度,其标准偏差应不超过平均吸光度的1.0%;用最低浓度的标准溶液(不是"零"标准溶液)测量10次吸光度,其标准偏差应不超过最高浓度的标准溶液平均吸光度的0.5%;

——工作曲线性:将工作曲线按浓度等分成5段,最高段的吸光度差值与最低段的吸光度差值之比,应不小于0.7。

1.5 试样

厚度不大于1 mm的碎屑。

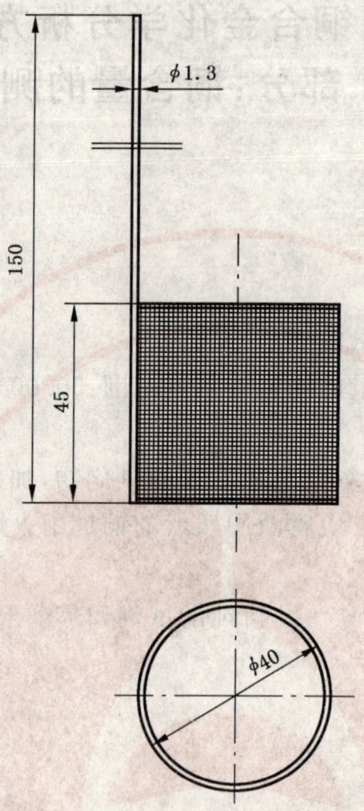

图 1　铂阴极

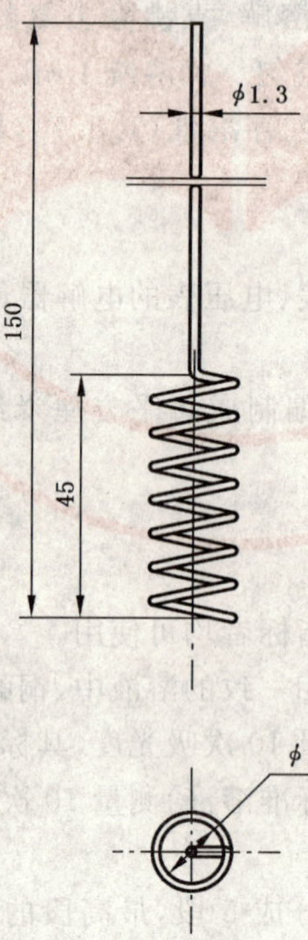

图 2　铂阳极

1.6 分析步骤

1.6.1 试料

称取 2.000 g 试样(1.5),精确至 0.000 1 g。

1.6.2 测定次数

独立地进行二次测定,取其平均值。

1.6.3 空白实验

随同试料做空白试验(可不进行电解)。

1.6.4 测定

1.6.4.1 将试料(1.6.1)置于 250 mL 聚四氟乙烯烧杯中,加入 2 mL 氢氟酸(1.3.2)、30 mL 硝酸(1.3.3)盖上表皿,待反应接近结束,在不高于 80℃下加热至试料完全溶解。

1.6.4.2 加入 25 mL 过氧化氢(1.3.4),3 mL 硝酸铅溶液(1.3.6),以氯化铵溶液(1.3.5)洗涤表皿和杯壁并稀释体积至约 150 mL。

1.6.4.3 将铂阳极和精确称量过的铂阴极安装在电解器上,使网浸没在溶液中,用剖开的聚四氟乙烯皿或聚丙烯皿盖上烧杯。

1.6.4.4 在搅拌下进行电解(电流密度 1.0 A/dm^2)。电解至铜的颜色褪去,以水洗涤表皿、杯壁和电极杆,继续电解 30 min。如新浸没的电极部分无铜析出,表示已电解完全。

1.6.4.5 不切断电源,慢慢地提升电极或降低烧杯,立即用两杯水依次淋洗电极,迅速取下铂阴极,并依次浸入两杯无水乙醇(1.3.1)中,立即放入 105℃的恒温干燥箱中干燥 3 min～5 min,取出置于干燥器中,冷却至室温后称重。

1.6.4.6 将电解析出铜后的溶液(1.6.4.5)及第一杯洗涤电极的水(1.6.4.5)分别移入 2 个 300 mL 烧杯中,盖上表皿。低温蒸发至体积约为 80 mL,冷却。合并溶液并移入 200 mL 容量瓶中,用水稀释至刻度,混匀。若残铜量大于 0.000 5 g 时,移取 25.00 mL 溶液(1.6.4.6),置于 100 mL 容量瓶中,用水稀释至刻度,混匀。

1.6.4.7 使用空气-乙炔火焰,于原子吸收光谱仪,波长 324.7 nm 处,与标准溶液系列同时,以水调零测量试液的吸光度。所测吸光度减去随同试料的空白溶液的吸光度,从工作曲线上查出相应铜的质量浓度。

1.6.5 工作曲线的绘制

1.6.5.1 移取 0 mL、2.50 mL、5.00 mL、7.50 mL、10.00 mL、12.50 mL 铜标准溶液(1.3.8),于一组 100 mL 容量瓶中,分别加入 5 mL 硝酸(1.3.3);用水稀释至刻度,混匀。

1.6.5.2 在与试料溶液测定相同条件下,测量标准溶液系列的吸光度,减去标准溶液系列中"零"浓度溶液的吸光度,以铜的质量浓度为横坐标、吸光度为纵坐标,绘制工作曲线。

1.7 分析结果的计算

按式(1)计算铜的质量分数 $w(\mathrm{Cu})$,数值以%表示:

$$w(\mathrm{Cu})=\left[\frac{(m_1-m_2)}{m_0}+\frac{\rho\cdot V_0\cdot V_2\times10^{-6}}{m_0\cdot V_1}\right]\times100 \qquad\cdots\cdots(1)$$

式中:

m_1——铂阴极与沉积铜的总质量,单位为克(g);

m_2——铂阴极的质量,单位为克(g);

ρ——自工作曲线上查得的铜的质量浓度,单位为微克每毫升(μg/mL);

V_0——电解后残留铜溶液稀释总体积,单位为毫升(mL);

V_2——分取部分残留铜溶液稀释后体积,单位为毫升(mL);

V_1——分取部分残留铜溶液的体积,单位为毫升(mL);

m_0——试料的质量,单位为克(g)。

所得结果表示至小数点后第二位。

1.8 精密度

1.8.1 重复性

在重复性条件下获得的两次独立测试结果的测试值的绝对差值不超过重复性限(r),超过重复性限(r)的情况不超过5%。

表1 重复性限

铜的质量分数/%	55.00～99.00
重复性限(r)/%	0.10
注:重复性限(r)为2.83 S_r,S_r 为重复性标准偏差。	

1.8.2 再现性

在再现性条件下获得的两次独立测试结果的测试值的绝对差值不超过再现性限(R),超过再现性限(R)的情况不超过5%。

表2 再现性限

铜的质量分数/%	55.00～99.00
再现性限(R)/%	0.12
注:再现性限(R)为2.83 S_R,S_R 为再现性标准偏差。	

1.9 质量保证和控制

应用国家级标准样品或行业级标准样品(当前两者没有时,也可用控制标样替代),每周或每两周校核一次本分析方法标准的有效性。当过程失控时,应找出原因,纠正错误后,重新进行校核。

2 方法二 高锰酸钾氧化碲-电解-原子吸收光谱法

2.1 范围

本方法规定了铜碲合金中铜含量的测定方法。

本方法适用于铜碲合金中铜含量的测定。测定范围:>98%～99.9%。

2.2 方法原理

试料用硝酸溶解,加入铅以降低阳极上铂的损失。以高锰酸钾将碲全部氧化为六价防止碲在阴极析出。于2.0 A/dm^2 进行电解,使铜在铂阴极上析出,阴极烘干后称量。电解液中残留铜的质量用火焰原子吸收光谱法测定。

2.3 试剂

除非另有说明,在分析中仅使用确认为分析纯的试剂和蒸馏水或去离子水或相当纯度的水。

2.3.1 无水乙醇。

2.3.2 硝酸(1+1)。

2.3.3 高锰酸钾溶液(20 g/L)。

2.3.4 硝酸锰溶液(20 g /L)。

2.3.5 硝酸铅溶液(10 g/L)。

2.3.6 氯化铵溶液(0.02 g/L)。

2.3.7 铜标准贮存溶液:称取1.000 0 g纯铜(铜的质量分数≥99.95%),置于250 mL烧杯中,加入40 mL硝酸(2.3.2),盖上表皿,加热至完全溶解,煮沸除去氮的氧化物,用水洗涤表皿及杯壁,冷却。移入1 000 mL容量瓶中,用水稀释至刻度,混匀。此溶液1 mL含1 mg铜。

2.3.8 铜标准溶液:移取10.00 mL铜标准贮存溶液(2.3.7),置于500 mL容量瓶中,用水稀释至刻度,混匀。此溶液1 mL含20 μg铜。

2.4 仪器

2.4.1 备有自动搅拌装置和精密支流电流表、电压表的电解器。

2.4.2 电热恒温干燥箱。

2.4.3 铂阴极：用直径约 0.2 mm 的铂丝，编制成每平方厘米约 36 μg 筛孔的网，制成网状圆筒形(见图 1)。

2.4.4 铂阳极：螺旋形(见图 2)。

2.4.5 原子吸收光谱仪，附铜空心阴极灯。

在仪器最佳工作条件下，凡能达到下列指标者均可使用。

——灵敏度：在与测量试料溶液的基体相一致的溶液中，铜的特征浓度应不大于 0.022 μg/mL；

——精密度：用最高浓度的标准溶液测量 10 次吸光度，其标准偏差应不超过平均吸光度的 1.0%；用最低浓度的标准溶液(不是"零"标准溶液)测量 10 次吸光度，其标准偏差应不超过最高浓度的标准溶液平均吸光度的 0.5%；

——工作曲线性：将工作曲线按浓度等分成 5 段，最高段的吸光度差值与最低段的吸光度差值之比，应不小于 0.7。

2.5 试样

厚度不大于 1 mm 的碎屑。

2.6 分析步骤

2.6.1 试料

称取 2.000 g 试样(2.5)，精确至 0.000 1 g。

2.6.2 测定次数

独立地进行二次测定，取其平均值。

2.6.3 空白实验

随同试料做空白试验(可不进行电解)。

2.6.4 测定

2.6.4.1 称取试样后，再放上铂阴极，称取试料与铂阴极的总质量。取出铂阴极，放入干燥器中。将试料(2.6.1)置于 250 mL 高型烧杯中，盖上表皿，加入 30 mL 硝酸(2.3.2)冷溶至反应近乎停止。

2.6.4.2 将烧杯(2.6.4.1)置于 80℃～90℃下加热至试料完全溶解，继续加热彻底赶尽氮的氧化物，取下稍冷，用少量水洗涤杯壁及表皿，加入 3 mL 硝酸铅(2.3.5)，以氯化铵溶液(2.3.6)稀释溶液体积约 150 mL。

2.6.4.3 向烧杯中(2.6.4.2)放入磁力搅拌棒，置于电解仪托盘上，开动搅拌装置，将溶液搅拌均匀并在搅拌下滴加 3 mL 高锰酸钾溶液(2.3.3)，5 mL 硝酸锰溶液(2.3.4)。

2.6.4.4 将铂阳极和铂阴极安装在电解器上，使网部浸没在溶液中，用两块半片表皿盖上高型烧杯。

2.6.4.5 在阴极表面约为 2.0 A/dm^2 的电流密度下进行搅拌电解至溶液呈无色，用水洗涤表皿、杯壁及电解杆，降低电流密度至 1.0 A/dm^2 继续电解，如新浸没的电极部分无铜析出，表示已电解完全(约 1 h)。

2.6.4.6 不切断电源，慢慢地提升电极或降低烧杯，立即用两杯水依次淋洗电极，迅速取下铂阴极，并依次浸入两杯无水乙醇(2.3.1)中，立即放入 105℃的恒温干燥箱中干燥 3 min～5 min，取出置于干燥器中冷却至室温。

2.6.4.7 以原天平称量电解沉积后的铂阴极(2.6.4.6)。

2.6.4.8 将电解析出铜后的溶液(2.6.4.5)及第一杯洗涤电极的水(2.6.4.6)低温蒸发至体积约为 80 mL，冷却。合并溶液并移入 200 mL 容量瓶中，用水稀释至刻度，混匀。若残铜大于 0.000 5 g 时，移取 25.00 mL 溶液(2.6.4.8)，置于 100 mL 容量瓶中，用水稀释至刻度，混匀。

2.6.4.9 使用空气-乙炔火焰，于原子吸收光谱仪波长 324.7 nm 处，与标准溶液系列同时，以水调零测量试液的吸光度。所测吸光度减去随同试料的空白溶液的吸光度，从工作曲线上查出相应铜的质量浓度。

2.6.5 工作曲线的绘制

2.6.5.1 移取 0 mL、2.50 mL、5.00 mL、7.50 mL、10.00 mL、12.50 mL 铜标准溶液(2.3.8)，于一组 100 mL 容量瓶中，分别加入 10 mL 硝酸(2.3.2)，用水稀释至刻度，混匀。

2.6.5.2 在与试料溶液测定相同条件下，测量系列标准溶液的吸光度，减去系列标准溶液中“零”浓度溶液的吸光度，以铜的质量浓度为横坐标、吸光度为纵坐标，绘制工作曲线。

2.7 分析结果的计算

按式(2)计算铜的质量分数 $w(Cu)$，数值以%表示：

$$w(\mathrm{Cu}) = \left[1 - \frac{(m_1 - m_2)}{m_0} + \frac{\rho \cdot V_0 \cdot V_2 \times 10^{-6}}{m_0 \cdot V_1}\right] \times 100 \qquad \cdots\cdots\cdots\cdots(2)$$

式中：

m_1——试料与铂阴极的总质量，单位为克(g)；

m_2——电解后铂阴极与沉积铜的总质量，单位为克(g)；

ρ——自工作曲线上查得的铜的质量浓度。单位为微克每毫升(μg/mL)；

V_0——电解后残留铜溶液稀释总体积，单位为毫升(mL)；

V_2——分取部分残留铜溶液后稀释体积，单位为毫升(mL)；

V_1——分取部分残留铜溶液的体积，单位为毫升(mL)；

m_0——试料的质量，单位为克(g)。

所得结果表示至小数点后第二位。

2.8 精密度

2.8.1 重复性

在重复性条件下获得的两次独立测试结果的测试值的绝对差值不超过重复性限(r)，超过重复性限(r)的情况不超过5%。

表3 重复性限

铜的质量分数/%	98.00～99.90
重复性限(r)/%	0.05
注：重复性限(r)为 2.83 S_r，S_r 为重复性标准偏差。	

2.8.2 再现性

在再现性条件下获得的两次独立测试结果的测试值的绝对差值不超过再现性限(R)，超过再现性限(R)的情况不超过5%。

表4 再现性限

铜的质量分数/%	98.00～99.90
再现性限(R)/%	0.09
注：再现性限(R)为 2.83 S_R，S_R 为再现性标准偏差。	

2.9 质量保证和控制

应用国家级标准样品或行业级标准样品(当前两者没有时，也可用控制标样替代)，每周或每两周校核一次本分析方法标准的有效性。当过程失控时，应找出原因，纠正错误后，重新进行校核。

3 方法三 电解-分光光度法

3.1 范围

本方法规定了铜及加工铜中铜含量的测定方法。

本方法适用于铜及加工铜中铜含量的测定。测定范围：>99.00%～99.98%。

3.2 方法原理

试料用混合酸溶解，调整溶液体积后，于小电流进行电解。电解终止后，铂阴极用水和无水乙醇洗涤、干燥、冷却后称量。电解后的溶液用分光光度法测得残留的铜量给予补正后，求得铜的总量。

3.3 试剂

除非另有说明，在分析中仅使用确认为分析纯的试剂和蒸馏水或去离子水或相当纯度的水。

3.3.1 无水乙醇。

3.3.2 硝酸(1+1)。

3.3.3 氨水(1+1)。

3.3.4 混合酸：7 单位体积硝酸(ρ1.42 g/mL)、10 单位体积硫酸(ρ1.84 g/mL)与 25 单位体积水混匀，冷却。

3.3.5 混合酸：取 42 mL 混合酸(3.3.4)于 500 mL 容量瓶中，用水稀释至刻度，混匀。

3.3.6 柠檬酸铵溶液(500 g/L)

3.3.7 双环己酮草酰二腙(BCO)(1 g/L)：称取 BCO 0.5 g 于 300 mL 烧杯中，加入 50 mL 无水乙醇(3.3.1)，200 mL 温水溶解后移入 500 mL 容量瓶中，用水稀释至刻度，混匀。

3.3.8 中性红乙醇溶液(1 g/L)。

3.3.9 铜标准贮存溶液：称取 0.100 0 g 纯铜(铜的质量分数≥99.95%)置于 150 mL 烧杯中，加入 10 mL 硝酸(3.3.2)，低温加热至溶解完全，煮沸除去氮的氧化物，以水洗涤表皿及杯壁，冷却。移入 1 000 mL 容量瓶中，用水稀释至刻度，混匀。此溶液 1 mL 含 100 μg 铜。

3.3.10 铜标准溶液：移取 10.00 mL 铜标准贮存溶液(3.3.9)置于 100 mL 容量瓶中，用水稀释至刻度，混匀。此溶液 1 mL 含 10 μg 铜。

3.4 仪器

3.4.1 备有自动搅拌装置和精密支流电流表、电压表的电解器。

3.4.2 电热恒温干燥箱。

3.4.3 铂阴极：用直径约 0.2 mm 的铂丝，编制成每平方厘米约 36 μg 筛孔的网，制成网状圆筒形(见图 1)。

3.4.4 铂阳极：螺旋形（见图 2）。

3.4.5 分光光度计。

3.5 试样

3.5.1 厚度不大于 1 mm 的碎屑。

3.5.2 试样如已氧化，应称取需要量的试样置于烧杯中，加入 100 mL 冰乙酸(1+4)，加热煮沸 2 min～3 min，弃去溶液，试样以水冲至无酸味，再以无水乙醇(3.3.1)洗涤二次，取出，待无水乙醇挥发后立即置于 105℃左右的电热恒温干燥箱中干燥 3 min～5 min，取出，置于干燥器中待用。

3.6 分析步骤

3.6.1 试料

称取 5.005～5.007 g 试样(3.5)，精确至 0.000 1 g。

3.6.2 测定次数

独立地进行二次测定，取其平均值。

3.6.3 测定

3.6.3.1 称取试样后，再放上铂阴极，称取试料与铂阴极的总质量。取出铂阴极，放入干燥器中，将试料(3.6.1)置于 250 mL 高型烧杯中，盖上表皿，沿杯口缓慢加入 42 mL 混合酸(3.3.4)冷溶至反应近乎停止。

3.6.3.2 将烧杯(3.6.3.1)于 80℃～90℃下加热至试料完全溶解，继续加热 1.5 h～2 h 以驱除氮的氧化物，取下稍冷，以水洗涤杯壁及表皿并稀释溶液体积约 150 mL。放入磁力搅拌棒，将烧杯置于电解仪托盘上，开动搅拌装置，将溶液搅拌均匀后停止搅拌。

3.6.3.3 将铂阴极和铂阳极在电解仪上安装妥当并放入溶液中，使铂电极靠近烧杯底部，以两块半片表皿盖好高型烧杯。

3.6.3.4 在阴极表面约为 0.6 A/dm^2 的电流密度下进行电解至溶液呈无色（约 17 h），用水洗涤两块半片表皿、杯壁及电解杆，降低电流密度至 0.3 A/dm^2 继续电解至新被水浸没的电极杆不再沉积出铜时为止。

3.6.3.5 不切断电源，迅速取下高型烧杯并换以盛有约 180 mL 水的高型烧杯，继续电解 15 min。

3.6.3.6 立即提取出铂阴极并浸入另一盛满水的 250 mL 烧杯中，上下移动 3 次，关闭电源，取下电极，放入盛有无水乙醇的烧杯中，取出后立即放入 105℃ 电热恒温干燥箱中干燥 3 min～5 min，取出并置于干燥器中冷却至室温。

3.6.3.7 以原天平称量电解沉积后的铂阴极（3.6.3.6）。

3.6.3.8 按下述测定电解后溶液中的残留铜量。

3.6.3.8.1 空白试验

移取与试料溶液相同的混合酸（3.3.4）于 50 mL 容量瓶中，随同试料做空白试验。

3.6.3.8.2 将电解后的电解液和电解 15 min 的一杯水，置于 500 mL 容量瓶中，以水稀释至刻度，混匀。

3.6.3.8.3 移取 10.00 mL～20.00 mL 于 50 mL 容量瓶中，加入 2 mL 柠檬酸铵溶液（3.3.6），以水稀释至 25 mL，加入 2 滴～3 滴中性红乙醇溶液（3.3.8），用氨水溶液（3.3.3）中和至红色溶液褪去并过量 1.0 mL。加入 8.0 mL 双环己酮草酰二腙溶液（3.3.7），以水稀释至刻度，混匀，静置 20 min。

3.6.3.8.4 将部分溶液移入 2 cm 吸收皿中，以随同试料的空白溶液为参比，于分光光度计波长 600 nm 处测量吸光度。从工作曲线上查出相应铜的质量。

3.6.3.9 工作曲线的绘制

3.6.3.9.1 移取 20.0 mL 混合酸（3.3.5）6 份，置于一组 50 mL 容量瓶中，分别加入 0 mL、1.00 mL、2.00 mL、3.00 mL、4.00 mL、5.00 mL 铜标准溶液（3.3.10），以下按 3.6.3.8.3 条中“加入 2 mL 柠檬酸铵溶液”起进行。

3.6.3.9.2 将部分溶液移入 2cm 吸收皿中，以试剂空白为参比，于分光光度计波长 600 nm 处测量吸光度，以铜的质量为横坐标、吸光度为纵坐标，绘制工作曲线。

3.7 分析结果的计算

按式（3）计算铜的质量分数 $w(\mathrm{Cu})$，数值以％表示：

$$w(\mathrm{Cu}) = \left[1 - \frac{(m_1 - m_2)}{m_0} + \frac{m_3 \cdot V_0 \times 10^{-6}}{m_0 \cdot V_1}\right] \times 100 \qquad \cdots\cdots(3)$$

式中：

m_1——试料与铂阴极的总质量，单位为克（g）；

m_2——电解后铂阴极与沉积铜的总质量，单位为克（g）；

m_3——自工作曲线上查得铜的质量，单位为微克（μg）；

V_0——电解后残留铜溶液稀释总体积，单位为毫升（mL）；

V_1——分取残留铜溶液的体积，单位为毫升（mL）；

m_0——试料的质量，单位为克（g）。

所得结果表示至小数点后第二位。

3.8 精密度

3.8.1 重复性

在重复性条件下获得的两次独立测试结果的测试值的绝对差值不超过重复性限（r），超过重复性限

(r)的情况不超过5%。

表5　重复性限

铜的质量分数/%	99.00～99.98
重复性限(r)/%	0.02
注：重复性限(r)为2.83 S_r，S_r为重复性标准偏差。	

3.8.2　**再现性**

在再现性条件下获得的两次独立测试结果的测试值的绝对差值不超过再现性限(R)，超过再现性限(R)的情况不超过5%。

表6　再现性限

铜的质量分数/%	99.00～99.98
再现性限(R)/%	0.02
注：再现性限(R)为2.83 S_R，S_R为再现性标准偏差。	

3.9　**质量保证和控制**

应用国家级标准样品或行业级标准样品(当前两者没有时，也可用控制标样替代)，每周或每两周校核一次本分析方法标准的有效性。当过程失控时，应找出原因，纠正错误后，重新进行校核。

附 录 A
（资料性附录）
本部分方法一章条编号与 ISO 1554:1976 章条编号对照

表 A.1 给出了本部分方法一章条编号与 ISO 1554:1976 章条编号对照一览表。

表 A.1 本部分方法一章条编号与 ISO 1554:1976 章条编号对照

本部分方法一章条编号	ISO 1554:1976 章条编号
1	1
2	3
3	4
4	5
5	6
6	7
7	8
8	—
9	—

附 录 B
（资料性附录）
本部分方法一与 ISO 1554:1976 技术性差异及其原因

表 B.1 给出了本部分方法一与 ISO 1554:1976 的技术性差异及其原因的一览表。

表 B.1 本部分方法一与 ISO 1554:1976 技术性差异及其原因

本部分方法一的章条编号	技术性差异	原 因
1.1	对标准的使用范围作了明确规定	针对我国产品标准
1.2	将原理改为方法提要并重新进行叙述	更加详细而具体
1.3	增加了过氧化氢、氯化铵溶液、硝酸铅溶液，去掉了硼酸和氨水	根据修改后的方法所需
1.6.1	称样量不同，本方法称 2.000 g，ISO 称 2.500 g	提高分析速度
1.6.4.4	电流密度不同，本方法 1.0 A/dm^2，ISO 0.6 A/dm^2	提高分析速度
1.6.4.6	将中残余铜量的测定，纳入正文，并统一编号	提高实用性
1.6.4.7	测残铜方法不同，本方法原子吸收光谱法，ISO 光度法	干扰小，速度快
1.7	分析结果的计算与表述清晰、明了	提高实用性
1.8	增加了再现性条款	标准规范要求
1.9	增加了质量保证条款	标准规范要求

附 录 C
（资料性附录）
本部分方法三章条编号与 ISO 1553:1976 章条编号对照

表 C.1 给出了本部分方法三章条编号与 ISO 1553:1976 章条编号对照一览表。

表 C.1 本部分方法三章条编号与 ISO 1553:1976 章条编号对照

本部分方法三章条编号	ISO 1553:1976 章条编号
3.1	1
3.2	3
3.3	4、B.3
3.4	5、B.4
3.5	6
3.6	7、B.5
3.7	8
3.8	8.2
3.9	—

附 录 D
(资料性附录)
本部分方法三与 ISO 1553:1976 技术性差异及其原因

表 D.1 给出了本部分方法三与 ISO 1553:1976 的技术性差异及其原因的一览表。

表 D.1 本部分方法三与 ISO 1553:1976 技术性差异及其原因

本部分方法三的章条编号	技术性差异	原因
3.1	对标准的使用范围上限作了规定	使标准更科学、严密
3.2	将原理改为方法提要并重新进行叙述	更加详细而具体
3.3	试剂统一编号	提高实用性
3.4	仪器统一编号,对电解器作了具体要求,增加了铂阴极、铂阳极示意图	规范要求,提高实用性
3.5	对试样进行了具体要求	更加规范而具体
3.6.3.8	将附录 B 电解液中残余铜量的测定,纳入正文,并统一编号	提高实用性
3.7	分析结果的计算与表述清晰、明了	提高实用性
3.8	增加了再现性条款	标准规范要求
3.9	增加了质量保证条款	标准规范要求

ICS 77.120.30
H 13

中华人民共和国国家标准

GB/T 5121.2—2008
代替 GB/T 5121.2—1996
GB/T 13293.6—1991

铜及铜合金化学分析方法 第2部分:磷含量的测定

Methods for chemical analysis of copper and copper alloys—Part 2:Determination of phosphorus content

(ISO 4741:1984,Copper and copper alloys—Determination of phosphorus content—Molybdovanadate spectrometric method,MOD)

2008-06-17 发布　　2008-12-01 实施

中华人民共和国国家质量监督检验检疫总局
中国国家标准化管理委员会　发布

前　言

GB/T 5121《铜及铜合金化学分析方法》共有 27 部分。

——第 1 部分:铜含量的测定;

——第 2 部分:磷含量的测定;

——第 3 部分:铅含量的测定;

——第 4 部分:碳、硫含量的测定;

——第 5 部分:镍含量的测定;

——第 6 部分:铋含量的测定;

——第 7 部分:砷含量的测定;

——第 8 部分:氧含量的测定;

——第 9 部分:铁含量的测定;

——第 10 部分:锡含量的测定;

——第 11 部分:锌含量的测定;

——第 12 部分:锑含量的测定;

——第 13 部分:铝含量的测定;

——第 14 部分:锰含量的测定;

——第 15 部分:钴含量的测定;

——第 16 部分:铬含量的测定;

——第 17 部分:铍含量的测定;

——第 18 部分:镁含量的测定;

——第 19 部分:银含量的测定;

——第 20 部分:锆含量的测定;

——第 21 部分:钛含量的测定;

——第 22 部分:镉含量的测定;

——第 23 部分:硅含量的测定;

——第 24 部分:硒、碲含量的测定;

——第 25 部分:硼含量的测定;

——第 26 部分:汞含量的测定;

——第 27 部分:电感耦合等离子体原子发射光谱法。

本部分为第 2 部分。

本部分包括方法一、方法二、方法三、方法四。磷的质量分数在 0.000 2%～0.000 5%仲裁时推荐采用方法二、磷的质量分数在 0.000 5%～0.50%仲裁时推荐采用方法二、方法三(锡青铜)。

本部分方法四等同采用 ISO 4741:1984《铜和铜合金——磷量的测定——钒钼酸盐光度法》,与国际标准相比作了如下编辑性修改:

——用小数点“.”代替在国际标准中作为小数点的逗号“,”;

——用“本方法”代替“本国际标准”;

——修改了国际标准中非法定计量单位;

——将公式、章条号、表号进行重新编序;

——删除了国际标准中封面、目次、前言和引言。

本部分代替 GB/T 5121.2—1996《铜及铜合金化学分析方法　磷量的测定》、GB/T 13293.6—1991《高纯阴极铜化学分析方法　磷钒钼杂多酸-结晶紫分光光度法测定磷量》。

本部分与 GB/T 5121.2—1996、GB/T 13293.6—1991 相比主要有如下变动：

——方法一是对 GB/T 13293.6—1991 的修订，补充了质量保证和控制条款，增加了精密度条款；

——方法二是对 GB/T 5121.2—1996 中"第一篇　方法 1　钼蓝分光光度法测定磷量"的修订，补充了质量保证和控制条款，增加了精密度条款；

——方法三是对 GB/T 5121.2—1996 中"第二篇　方法 2　钒钼黄分光光度法测定磷量"的修订，补充了质量保证和控制条款，增加了精密度条款；

——增加了方法四，等同采用 ISO 4741:1984《铜和铜合金——磷量的测定——钒钼酸盐光度法》。

本部分由中国有色金属工业协会提出。

本部分由全国有色金属标准化技术委员会归口。

本部分由中铝洛阳铜业有限公司、北京矿冶研究总院、中国有色金属工业标准计量质量研究所负责起草。

本部分方法一由北京矿冶研究总院起草。

本部分方法一由铜陵有色设计院、北京有色金属研究总院参加起草。

本部分方法一主要起草人：冯先进、姜求韬、叶承权。

本部分方法一主要验证人：王晋平、罗咏梅、刘芳、高新秀。

本部分方法二、方法三由中铝洛阳铜业有限公司起草。

本部分方法二、方法三由北京有色金属研究总院、中铝沈阳有色金属加工有限公司参加起草。

本部分方法二主要起草人：夏庆珠、张建荣、温诗杰、王同玉。

本部分方法二主要验证人：刘芳、靳宽利、高新秀、刘艳。

本部分方法三主要起草人：夏庆珠、王同玉。

本部分方法三主要验证人：刘芳、靳宽利、高新秀、刘艳。

本部分方法四中由中铝洛阳铜业有限公司、北京矿冶研究总院、中国有色金属工业标准计量质量研究所起草。

本部分方法四主要起草人：张敬华、李华昌、杨丽娟。

本部分方法四主要验证人：符斌、夏庆珠。

本部分所代替标准的历次版本发布情况为：

——GB/T 5121.2—1996、GB/T 13293.6—1991。

铜及铜合金化学分析方法
第2部分:磷含量的测定

1 方法一 磷钼杂多酸-结晶紫光光度法

1.1 范围

本方法规定了铜及铜合金中磷含量的测定方法。

本方法适用于铜及铜合金中磷含量的测定。测定范围:0.000 05%~0.000 5%。

1.2 方法原理

试料用硝酸-硫酸混合酸溶解。驱逐氮的氧化物,以 $1\ A/dm^2 \sim 2\ A/dm^2$ 电流密度电解除铜,于稀硫酸介质中,在聚乙烯醇存在下,磷钒钼杂多酸与结晶紫形成红色离子缔合物,于分光光度计波长545 nm处测量其吸度。

1.3 试剂

除非另有说明,在分析中仅使用确认为分析纯的试剂和蒸馏水或去离子水或相当纯度的水。

1.3.1 硝酸(1+1)。

1.3.2 硫酸(0.5 mol/L)。

1.3.3 混合酸:5单位体积硝酸(ρ1.42 g/mL)、2单位体积硫酸(ρ1.84 g/mL)和13单位体积水混匀。

1.3.4 硫酸钾溶液(100 g/L)。

1.3.5 还原液:称取1 g亚硫酸氢钠、0.1 g硫代硫酸钠,溶于200 mL水中,混匀。

1.3.6 钼酸铵-偏钒酸铵混合液:将26 mL钼酸铵溶液(40 g/L)(BVⅢ)与14 mL偏钒酸铵溶液(2 g/L)混合,用水稀释至1 000 mL,贮存于聚乙烯塑料瓶中。

1.3.7 聚乙烯醇溶液(5 g/L)。

1.3.8 结晶紫溶液(0.5 g/L)。

1.3.9 磷标准贮存溶液:称取0.439 4 g磷酸二氢钾(KH_2PO_4,预先经100℃~105℃烘干并置于干燥器中冷却至室温),置于250 mL烧杯中,加水溶解。移入1 000 mL容量瓶中,以水稀释至刻度,混匀。此溶液1 mL含100 μg磷。

1.3.10 磷标准溶液:移取10.00 mL磷标准贮存液溶液(1.3.9)于1 000 mL容量瓶中,以水稀释至刻度,混匀。此溶液1 mL含1 μg磷。

1.4 仪器

1.4.1 恒电流电解仪,附网状铂阴极、螺旋状铂阳极。

1.4.2 分光光度计。

1.5 试样

厚度不大于1 mm的碎屑。

1.6 操作步骤

1.6.1 试料

按表1称取试样(1.5),精确至0.000 1 g。

表1 试料量

磷的质量分数/%	试料量/g
0.000 05~0.000 1	2.000
>0.000 1~0.000 5	1.000

1.6.2 测定次数

独立地进行二次测定,取其平均值。

1.6.3 空白试验

随同试料做空白试验。

1.6.4 测定

1.6.4.1 将试料(1.6.1)置于250 mL高型烧杯中,加入10 mL~20 mL混合酸(1.3.3),盖上表皿,低温加热至试料完全溶解,冷却后,用水稀释试液的体积约为75 mL,混匀。

1.6.4.2 将铂阴极和铂阳极在电解仪上安装妥当并放入试液中。控制电流1 A/dm^2~2 A/dm^{2}电解至试液呈无色。不切断电源将电极提出液面,用水洗涤电极。

1.6.4.3 于试液(1.6.4.2)中加入1.5 mL硫酸钾溶液(1.3.4),置于低温电炉上蒸至冒尽白烟,取下稍冷,用水冲洗杯壁,继续蒸至无白烟,取下。

1.6.4.4 加入8 mL硫酸(1.3.2),加热溶解盐类,冷却,用水移入50 mL容量瓶中。向试液中加入5.0 mL还原液(1.3.5),放置15 min后,加入10.0 mL钼酸铵-偏钒酸铵混合液(1.3.6)、2.0 mL聚乙烯醇溶液(1.3.7)、2.0 mL结晶紫溶液(1.3.8),以水稀释至刻度,混匀。放置2 h。

1.6.4.5 将部分溶液(1.6.4.4)移入1 cm吸收皿中,以空白试验溶液为参比,于分光光度计波长545 nm处测量其吸光度,从工作曲线上查出相应的磷的质量。

1.6.5 工作曲线的绘制

1.6.5.1 移取0 mL、0.50 mL、1.00 mL、2.00 mL、3.00 mL、4.00 mL、5.00 mL磷标准溶液(1.3.10)于一组250 mL烧杯中,加入1.5 mL硫酸钾溶液(1.3.4)、2.0 mL混合酸溶液(1.3.3),低温蒸至冒尽白烟,取下稍冷,用水冲洗杯壁,继续蒸至无白烟,取下冷却后按1.6.4.4操作步骤进行。

1.6.5.2 将部分溶液(1.6.5.1)移入1 cm吸收皿中,以试剂空白为参比,于分光光度计波长545 nm处测量其吸光度,以磷的质量为横坐标,吸光度为纵坐标,绘制工作曲线。

1.7 分析结果的计算

按式(1)计算的磷的质量分数$w(\mathrm{P})$,数值以%表示:

$$w(\mathrm{P}) = \frac{m_1 \times 10^{-6}}{m} \times 100 \qquad \cdots\cdots(1)$$

式中:

m_1——自工作曲线上查得的磷的质量,单位为微克(μg);

m——试料的质量,单位为克(g)。

所得结果表示至小数点后第四位。若磷的质量分数等于或小于0.000 1%时,表示至小数点后第五位。

1.8 精密度

1.8.1 重复性

在重复条件下获得的两次独立测试结果的测试值,在表2给出的平均值范围内,两个测试结果的绝对值不超过重复性限(r),超过重复性限(r)的情况不超过5%,重复性限(r)按表2数据采用线性内插法求得:

表2 重复性限

磷的质量分数/%	0.000 05	0.000 10	0.000 5
重复性限(r)/%	0.000 02	0.000 03	0.000 2
注:重复性限(r)为$2.83S_r$,S_r为重复性标准偏差。			

1.8.2 再现性

在再现性条件下获得的两次独立测试结果的测试值,在表3给出的平均值范围内,两个测试结果的绝对差值不超过再现性限(R),超过再现性限(R)的情况不超过5%,再现性限(R)按表3数据采用线性内插法求得:

表3 再现性限

磷的质量分数/%	0.000 05	0.000 10	0.000 5
再现性限(R)/%	0.000 03	0.000 04	0.000 2
注:再现性限(R)为$2.83S_R$,S_R为再现性标准偏差。			

1.9 质量保证和控制

应用国家级标准样品或行业级标准样品(当前两者没有时,也可用控制标样替代),每周或每两周校核一次本分析方法标准的有效性。当过程失控时,应找出原因,纠正错误后,重新进行校核。

2 方法二 钼蓝分光光度法

2.1 范围

本方法规定了铜及铜合金中磷含量的测定方法。

本方法适用于除锡青铜以外的铜及铜合金中的磷含量的测定。测定范围:>0.000 2%~0.12%。

2.2 方法原理

试料用混合酸或硝酸溶解,在硝酸介质中,磷与钼酸铵生成磷钼杂多酸。用正丁醇-三氯甲烷萃取,以氯化亚锡还原磷钼杂多酸为钼蓝。于分光光度计波长630 nm处测量吸光度。

2.3 试剂

除非另有说明,在分析中仅使用确认为分析纯的试剂和蒸馏水或去离子水或相当纯度的水。

2.3.1 硼酸。

2.3.2 正丁醇(ρ0.81 g/mL)。

2.3.3 氢氟酸(ρ1.13 g/mL)优级纯。

2.3.4 高氯酸(ρ1.67 g/mL)。

2.3.5 过氧化氢(ρ1.10 g/mL)。

2.3.6 硝酸(1+1)。

2.3.7 硝酸(1.1 mol/L):74 mL硝酸(ρ1.42 g/mL)加水至1 000 mL。

2.3.8 硫酸(1+19)。

2.3.9 高锰酸钾溶液(20 g/L)。

2.3.10 亚硝酸钠溶液(100 g/L)。

2.3.11 钼酸铵溶液(50 g/L):称取50 g钼酸铵[$(NH_4)_6Mo_7O_{24}\cdot 4H_2O$]溶于800 mL热水中,冷却。加水至1 000 mL,过滤后使用。贮存于塑料瓶中。

2.3.12 混合酸:560 mL水中,加入320 mL硝酸(ρ1.42 g/mL)、120 mL盐酸(ρ1.19 g/mL)混匀。

2.3.13 萃取剂:1单位体积正丁醇(2.3.2)和3单位体积三氯甲烷(ρ1.47 g/mL)混匀。

2.3.14 氯化亚锡溶液(20 g/L):称取2 g氯化亚锡($SnCl_2\cdot 2H_2O$)于150 mL烧杯中,加入12 mL盐酸(1+1),加热溶解,冷却。用水稀释至100 mL。用时现配。

2.3.15 磷标准贮存溶液:称取0.439 4 g磷酸二氢钾于烧杯中,加入100 mL硝酸(1+5),搅拌使其溶解,移入1 000 mL容量瓶中,用水稀释至刻度,混匀。此溶液1 mL含0.1 mg磷。

2.3.16 磷标准溶液:移取10.00 mL磷标准贮存溶液(2.3.15)于200 mL容量瓶中,用水稀释至刻度,混匀。此溶液1 mL含5 μg磷。

2.4 仪器

分光光度计。

2.5 试样

厚度不大于1 mm的碎屑。

2.6 分析步骤

2.6.1 试料

按表 4 称取试样(2.5),精确至 0.000 1 g。

表 4 试料量、溶料酸量、试液体积及分取试液体积

磷的质量分数/%	试料量/g	溶料酸量/mL	试液稀释体积/mL	分取试液体积/mL
>0.000 2~0.001 0	2.000	20	—	全量
>0.001 0~0.005 0	0.500	10	—	全量
>0.005 0~0.025	0.500	10	50	10.00
>0.025~0.060	0.400	10	100	10.00
>0.060~0.12	0.200	10	100	10.00

2.6.2 测定次数

独立地进行二次测定,取其平均值。

2.6.3 空白试验

随同试料做空白试验。

2.6.4 测定

2.6.4.1 试料的溶解

2.6.4.1.1 将试料(2.6.1)置于 150 mL 烧杯中,按表 4 加入混合酸(2.3.12),盖上表皿,加热使其完全溶解,加入 3 滴过氧化氢(2.3.5),煮沸 1 min,用水洗涤表皿,低温蒸发至溶液呈粘稠状(此时烧杯内容物应能流动)。

2.6.4.1.2 铬青铜:将试料(2.6.1)置于 150 mL 聚四氟乙烯烧杯中,加入 10 mL 混合酸(2.3.12)低温加热使其溶解;加入 5 滴氢氟酸(2.3.3)、3 mL 高氯酸(2.3.4)低温蒸发至近干(冷却后呈固体)。

2.6.4.1.3 白铜:将试料(2.6.1)置于 150 mL 烧杯中,加入 10 mL 硝酸(2.3.6)盖上表皿,加热使其溶解,煮沸除尽氮的氧化物。滴加高锰酸钾溶液(2.3.9)至溶液呈红色,并过量 2 滴,煮沸 1 min,滴加亚硝酸钠溶液(2.3.10)至高锰酸钾颜色褪去,并过量 1 滴,用水洗涤表皿,低温蒸发至溶液呈粘稠状(此时烧杯内容物应能流动),冷却。

2.6.4.2 溶解盐类

2.6.4.2.1 加入 10 mL 硝酸(2.3.7)加热使盐类溶解,冷却。以下按 2.6.4.2.4 进行。

2.6.4.2.2 铬青铜:加入 10 mL 硝酸(2.3.7),5 滴亚硝酸钠溶液(2.3.10),盖上表皿,加热微沸 1 min,取下稍冷。加入 5 滴氢氟酸(2.3.3),混匀,加入 1 g 硼酸(2.3.1),混匀。以下按 2.6.4.2.4 进行。

2.6.4.2.3 硅青铜、硅黄铜:加入 10 mL 硝酸(2.3.7),5 滴氢氟酸(2.3.3),加热使盐类溶解,取下稍冷。加入 1 g 硼酸(2.3.1),混匀。以下按 2.6.4.2.4 进行。

2.6.4.2.4 将溶液移入 125 mL 分液漏斗中,用 15 mL 硝酸(2.3.7)分次洗涤烧杯,洗液并入主液;磷的质量分数大于 0.005 0%时,按表 4 用硝酸(2.3.7)稀释体积并分取试液置于 125 mL 分液漏斗中,补加 15 mL 硝酸(2.3.7)。

2.6.4.3 萃取

2.6.4.3.1 加入 5 mL 钼酸铵溶液(2.3.11),混匀,静置 5 min。加入 2 mL 正丁醇(2.3.2),振荡分液漏斗使其溶于水相,加入 10 mL 萃取剂(2.3.13),振荡 30 s。静置分层后,将有机相移入另一个分液漏斗中。向水相中再加入 5 mL 萃取剂(2.3.13),振荡 30 s,静置分层后,弃去水相,将有机相合并。

2.6.4.3.2 向有机相中再加入 5 mL 硫酸(2.3.8),振荡 30 s,静置分层后,弃去水相,将有机相移入 25 mL干燥的容量瓶中,用正丁醇(2.3.2)稀释至刻度,加入 3 滴氯化亚锡溶液(2.3.14)混匀。

2.6.4.4 测量

将部分溶液移入干燥的 1 cm 吸收皿中,以随同试料的空白溶液为参比,于分光光度计波长 630 nm

处测量吸光度。从工作曲线上查出相应的磷的质量。

2.6.5 工作曲线的绘制

2.6.5.1 移取 0 mL、0.80 mL、2.00 mL、3.00 mL、4.00 mL、5.00 mL 磷标准溶液(2.3.16),置于一组 125 mL 分液漏斗中,加入 25 mL 硝酸(2.3.7),以下按 2.6.4.3 条进行。

2.6.5.2 将部分溶液移入干燥的 1 cm 吸收皿中,以试剂空白为参比,于分光光度计波长 630 nm 处,测量吸光度,以磷的质量为横坐标、吸光度为纵坐标绘制工作曲线。

2.7 分析结果的计算

按式(2)计算磷的质量分数 $w(P)$,数值以%表示:

$$w(P) = \frac{m_1 \cdot V_0 \times 10^{-6}}{m_0 \cdot V_1} \times 100 \qquad \cdots\cdots(2)$$

式中:

m_1——自工作曲线上查得的磷的质量,单位为微克(μg);

V_0——试液总体积,单位为毫升(mL);

V_1——分取试液体积,单位为毫升(mL);

m_0——试料的质量,单位为克(g)。

所得结果表示至小数点后第二位。若磷的质量分数小于 0.10%时,表示至小数点后第三位;小于 0.010%时,表示至小数点后第四位。

2.8 精密度

2.8.1 重复性

在重复性条件下获得的两次独立测试结果的测试值,在表 5 给出的平均值范围内,两个测试结果的绝对差值不超过重复性限(r),超过重复性限(r)的情况不超过 5%,重复性限(r)按表 5 数据采用线性内插法求得:

表 5 重复性限

磷的质量分数/%	0.000 2	0.001 2	0.018	0.11
重复性限(r)/%	0.000 1	0.000 2	0.001	0.007
注:重复性限(r)为 $2.83S_r$,S_r 为重复性标准偏差。				

2.8.2 再现性

在再现性条件下获得的两次独立测试结果的测试值,在表 6 给出的平均值范围内,两个测试结果的绝对差值不超过再现性限(R),超过再现性限(R)的情况不超过 5%,再现性限(R)按表 6 数据采用线性内插法求得:

表 6 再现性限

磷的质量分数/%	0.000 2	0.001 2	0.018	0.11
再现性限(R)/%	0.000 1	0.000 3	0.002	0.014
注:再现性限(R)为 $2.83S_R$,S_R 为再现性标准偏差。				

2.9 质量保证和控制

应用国家级标准样品或行业级标准样品(当前两者没有时,也可用控制标样替代),每周或每两周校核一次本分析方法标准的有效性。当过程失控时,应找出原因,纠正错误后,重新进行校核。

3 方法三 钒钼黄分光光度法

3.1 范围

本方法规定了铜及铜合金中磷含量的测定方法。

本方法适用于锡青铜中磷含量的测定。测定范围:>0.010%~0.50%。

3.2 方法原理

试料用混合酸溶解，在硝酸介质中，磷与钒酸铵及钼酸铵生成磷钼钒杂多酸黄色络合物，于分光光度计波长 430 nm 处测量其吸光度。

3.3 试剂

除非另有说明，在分析中仅使用确认为分析纯的试剂和蒸馏水或去离子水或相当纯度的水。

3.3.1 纯铜(磷的质量分数不大于 0.000 2%)。

3.3.2 混合酸：于 560 mL 水中，加入 320 mL 硝酸(ρ1.42 g/mL)及 120 mL 盐酸(ρ1.19 g/mL)，混匀。

3.3.3 过氧化氢(1+9)。

3.3.4 钒酸铵溶液(2.5 g/L)：称取 2.5 g 偏钒酸铵，溶于 500 mL 热水中，溶解完全后，冷却，在不断搅拌下缓缓加入 20 mL 硝酸(1+1)，以水稀释至 1 000 mL，混匀。

3.3.5 钼酸铵溶液(100 g/L)：称取 100 g 钼酸铵〔$(NH_4)_6Mo_7O_{24}\cdot 4H_2O$〕溶于 800 mL 热水中，冷却。用水稀释至 1 000 mL，混匀，过滤后使用。贮存于塑料瓶中。

3.3.6 磷标准溶液：称取 0.439 4 g 磷酸二氢钾置于烧杯中，加入 100 mL 硝酸(1+5)，搅拌使其溶解，移入 1 000 mL 容量瓶中，用水稀释至刻度，混匀。此溶液 1 mL 含 0.1 mg 磷。

3.4 仪器

分光光度计。

3.5 试样

厚度不大于 1 mm 的碎屑。

3.6 分析步骤

3.6.1 试料

按表 7 称取试样(3.5)，精确至 0.000 1 g。

表 7 试料量、混合酸量、试液稀释体积及分取试液体积

磷的质量分数/%	试料量/g	混合酸量/mL	试液稀释体积/mL	分取试液体积/mL	补加混合酸量/mL
>0.010～0.040	2.000	30	50	25.00	0
>0.040～0.080	1.000	22	50	25.00	0
>0.080～0.40	0.500	20	50	10.00	4.0
>0.40～0.50	0.500	20	100	10.00	6.0

3.6.2 测定次数

独立地进行二次测定，取其平均值。

3.6.3 空白试验

按表 7 称取与试料相同量的纯铜(3.3.1)，随同试料(3.6.1)做空白试验。

3.6.4 测定

3.6.4.1 将试料(3.6.1)置于 150 mL 烧杯中，按表 7 加入混合酸(3.3.2)，盖上表皿，低温加热至溶解完全，取下以少量水洗涤表皿及杯壁，加入 1 mL 过氧化氢(3.3.3)，混匀。盖上表皿加热微沸 3 min～4 min，取下冷却至室温。

3.6.4.2 按表 7 用水稀释体积，混匀。

磷的质量分数不大于 0.08%时，用干燥的移液管，移取 25.00 mL 试液置于 50 mL 容量瓶中以此作为显色溶液，原试液为补偿溶液。

磷的质量分数大于 0.08%时，移取 10.00 mL 试液两份(一份为显色溶液，一份为补偿溶液)，分别置于 50 mL 容量瓶中，按表 7 各补加混合酸(3.3.2)。

3.6.4.3 向显色溶液和补偿溶液中同时加入 5.0 mL 钒酸铵溶液(3.3.4)。

3.6.4.4 向显色溶液中加入10 mL钼酸铵溶液(3.3.5),用水稀释至刻度,混匀,放置15 min。补偿溶液用水稀释至刻度,混匀。

3.6.4.5 将部分溶液移入2 cm吸收皿中,以补偿溶液为参比,于分光光度计波长430 nm处测量吸光度。

3.6.4.6 减去随同试料的空白溶液的吸光度,从工作曲线上查出相应的磷的质量。

3.6.5 工作曲线的绘制

3.6.5.1 称取与显色溶液中铜量相当的纯铜(3.3.1)6份,置于一组150 mL烧杯中,依次加入0 mL、0.50 mL、1.00 mL、2.00 mL、3.00 mL、4.00 mL磷标准溶液(3.3.6),加入15 mL混合酸(3.3.2),盖上表皿,低温加热至溶解完全,取下以少量水洗涤表皿及杯壁,加入1 mL过氧化氢(3.3.3),混匀。盖上表皿加热微沸3 min～4 min,取下冷却至室温。

3.6.5.2 加入5.0 mL钒酸铵溶液(3.3.4)、10 mL钼酸铵溶液(3.3.5),移入50 mL容量瓶中,用水稀释至刻度,混匀。放置15 min。

3.6.5.3 将部分溶液移入2 cm吸收皿中,以"零"浓度溶液为参比,于分光光度计波长430 nm处,测量吸光度,以磷的质量为横坐标、吸光度为纵坐标绘制工作曲线。

3.7 分析结果的计算

按式(3)计算磷的质量分数$w(\mathrm{P})$,数值以%表示:

$$w(\mathrm{P})=\frac{m_1\cdot V_0\times 10^{-3}}{m_0\cdot V_1}\times 100 \qquad \cdots\cdots(3)$$

式中:

m_1——自工作曲线上查得的磷的质量,单位为毫克(mg);

V_0——试液总体积,单位为毫升(mL);

V_1——分取试液体积,单位为毫升(mL);

m_0——试料的质量,单位为克(g)。

所得结果表示至小数点后第二位。若磷的质量分数小于0.10%时,表示至小数点后第三位。

3.8 精密度

3.8.1 重复性

在重复性条件下获得的两次独立测试结果的测试值,在表8给出的平均值范围内,两个测试结果的绝对差值不超过重复性限(r),超过重复性限(r)的情况不超过5%,重复性限(r)按表8数据采用线性内插法求得:

表8 重复性限

磷的质量分数/%	0.018	0.130	0.250	0.46
重复性限(r)/%	0.002	0.010	0.015	0.02
注:重复性限(r)为$2.83S_r$,S_r为重复性标准偏差。				

3.8.2 再现性

在再现性条件下获得的两次独立测试结果的测试值,在表9给出的平均值范围内,两个测试结果的绝对差值不超过再现性限(R),超过再现性限(R)的情况不超过5%,再现性限(R)按表9数据采用线性内插法求得:

表9 再现性限

磷的质量分数/%	0.018	0.130	0.250	0.46
再现性限(R)/%	0.003	0.014	0.020	0.03
注:再现性限(R)为$2.83S_R$,S_R为再现性标准偏差。				

3.9 质量保证和控制

应用国家级标准样品或行业级标准样品(当前两者没有时,也可用控制标样替代),每周或每两周校核一次本分析方法标准的有效性。当过程失控时,应找出原因,纠正错误后,重新进行校核。

4 方法四 钒钼酸盐光度法

4.1 范围

本方法规定了钒钼酸盐光度法测定铜和铜合金中的磷量。

本方法适用于ISO国际标准中所列的铜及铜合金中质量分数为0.000 5%~0.5%的磷含量的测定。

4.2 方法原理

试料用硝酸溶解。用高氯酸、氢氟酸和氢溴酸发烟消除干扰元素,用碳酸钠熔融分解不溶的磷酸盐。

含量(质量分数)在0.01%以下,以磷钼酸的形式萃取磷并光度法测定钼蓝;含量(质量分数)在0.005%~0.5%,以磷钒钼酸的形式萃取并光度法测定。

4.3 试剂

分析仅使用分析纯试剂及蒸馏水或同等纯度的水。

4.3.1 硝酸(ρ1.42 g/mL)。

4.3.2 氢氟酸(ρ1.14 g/mL)。

4.3.3 高氯酸(ρ1.67 g/mL)。

4.3.4 氢溴酸(ρ1.50 g/mL)。

4.3.5 异丁醇。

4.3.6 甲醇。

4.3.7 甲基异丁基酮。

4.3.8 钼酸铵溶液Ⅰ:将50 g四水合钼酸铵[$(NH_4)_6Mo_7O_{24}\cdot 4H_2O$]溶于250 mL水。在室温下加入115 mL高氯酸(3.3)及500 mL水,用水稀释至1 000 mL。

长时间放置后,会形成白色沉淀,然而这不会影响分析,应小心保存以免分析所用部分被污染。

使用前,要将分析取用部分的溶液与10 mL异丁醇(4.3.5)振荡,加以提纯。

4.3.9 钼酸铵溶液Ⅱ:将150 g四水合钼酸铵[$(NH_4)_6Mo_7O_{24}\cdot 4H_2O$]溶于1 000 mL水。

4.3.10 氯化亚锡(Ⅱ),贮存溶液。

将10 g二水合氯化亚锡($SnCl_2\cdot 2H_2O$)溶于25 mL盐酸(ρ1.19 g/mL)。

4.3.11 氯化亚锡(Ⅱ)工作溶液:用10 mL硫酸(ρ1.54 g/mL)溶合 1mL氯化亚锡(Ⅱ)贮存溶液(4.3.10),并用水稀释至200 mL。此溶液用前现配。

4.3.12 钒酸铵溶液:将2.5 g钒酸铵(NH_4VO_3)溶于1 000 mL水。

4.3.13 柠檬酸溶液:将500 g柠檬酸溶于1 000 mL水。

4.3.14 磷标准溶液,每升相当于10 mg磷。

用水溶解0.878 6 g于105℃刚刚干燥过的磷酸二氢钾(KH_2PO_4),并稀释至1 000 mL。取50 mL此溶液并稀释至1 000 mL。

此标准溶液1 mL含10 μg磷。

4.4 仪器

所有器皿应不被磷污染,建议用热盐酸(ρ1.19 g/mL)清洗。

4.4.1 普通实验室仪器。

4.4.2 聚四氟乙烯(PTFE)烧杯,容量100 mL。

4.4.3 光度计,配有1 cm和4 cm光程厚的比色皿。

4.5 分析步骤

4.5.1 用于磷含量0.000 5%～0.01%(*m*/*m*)，不含锆、钛、铌和钽的铜及铜合金。

4.5.1.1 称1.000 g试样，精确至0.001 g。

4.5.1.2 在PTFE烧杯(4.4.2)中，用10 mL硝酸(4.3.1)溶解试样，如必要，慢慢加热，为了除硅，加入0.5 mL氢氟酸(4.3.2)及10 mL高氯酸(4.3.3)并加热至开始冒烟。

4.5.1.3 用10 mL水稀释溶液，加入10.0 mL氢溴酸(4.3.4)。为消除砷、锑及锡的干扰，慢慢加热至又开始冒烟。若锡含量大于1%(*m*/*m*)，用10.0 mL氢溴酸(4.3.4)重复冒烟步骤。

4.5.1.4 加入几毫升硝酸(4.3.1)以溶解冒烟步骤中形成的溴化铜，并加热至发烟。用30 mL水稀释溶液，加热至沸腾并保持10 min，冷却至室温。

4.5.1.5 若磷含量预计小于0.005%(*m*/*m*)，将4.5.1.4全部溶液移入125 mL分液漏斗中并用水稀释至50 mL。若磷含量预计大于0.005%(*m*/*m*)，将4.5.1.4全部溶液移入100 mL单标线容量瓶中，用水稀释至刻度。移取50 mL此溶液于125 mL分液漏斗中。

4.5.1.6 加入10 mL钼酸铵溶液Ⅰ(4.3.8)、15.0 mL异丁醇(4.3.5)，振荡30 s，萃取磷钼酸。两相分离后，将水相移入另一分液漏斗中，并用5.0 mL异丁醇(4.3.5)重复萃取一次。用5.0 mL异丁醇萃取第三次后，即弃去水相。

4.5.1.7 将三次异丁醇萃取物合并于第一个分液漏斗中，用5 mL水振荡洗涤2次，每次均弃去洗涤水。于有机相中加入15 mL氯化亚锡(Ⅱ)工作溶液(4.3.11)，振荡约30 s。相分离后弃去水相。将蓝色有机相移入50 mL单标线容量瓶中，用甲醇(4.3.6)稀释至刻度。

4.5.1.8 以异丁醇(4.3.5)和甲醇(4.3.6)的混合液(1+1)为参比，用配有1 cm比色皿的光度计(4.4.3)于623 nm处立即测量吸光度。

按全过程操作进行空白试验并校正每个相应的结果。

4.5.1.9 绘制校准曲线。移取0 mL到8.00 mL磷标准溶液(4.3.14)，用准确的相同量的试剂按全步骤进行操作。绘制线性校准曲线，其1的吸光度对应90 μg磷。

4.5.2 用于磷含量0.005%～0.5%(*m*/*m*)，不含锆、钛、铌和钽的铜及铜合金。

4.5.2.1 称取1.000 g试样，称准至0.001 g。

4.5.2.2 在PTFE烧杯(4.4.2)中，用10.0 mL硝酸(4.3.1)溶解试样，如必要，慢慢加热。加入0.5 mL氢氟酸(4.3.2)及10 mL高氯酸(4.3.3)并加热至开始冒烟以消除硅。

4.5.2.3 用10 mL水稀释溶液，加入10 mL氢溴酸(4.3.4)。慢慢加热至又开始冒烟以消除砷、锑及锡的干扰。

4.5.2.4 用50 mL水及10 mL硝酸(4.3.1)稀释溶液，加热至沸腾10 min，冷却至室温。

4.5.2.5 若磷含量小于0.10%(*m*/*m*)，将4.5.2.4溶液中加入10 mL钒酸铵溶液(4.3.12)及15 mL钼酸铵溶液Ⅱ(4.3.9)，每次加入都要混匀。若估计磷含量大于0.10%(*m*/*m*)，将4.5.2.4溶液移入100 mL单标线容量瓶中用水稀释至刻度。移取20 mL此溶液于烧杯中，加入8 mL硝酸(4.3.1)和8 mL高氯酸(4.3.3)，用水稀释至约60 mL，然后加入10 mL钒酸铵溶液(4.3.12)及钼酸铵溶液Ⅱ(4.3.9)，每次加入都要混匀。

4.5.2.6 10 min后，将溶液移入分液漏斗中，用水洗涤烧杯并将洗涤液并入分液漏斗中，用水稀释至整个体积约为100 mL。

4.5.2.7 加入10 mL柠檬酸溶液(4.3.13)，加入20 mL甲基异丁基酮(4.3.7)，振荡30 s萃取磷钒钼酸。相分离后，将水相排入原PTFE(4.5.2.2)烧杯中。将有机相通过脱脂棉塞过滤于干燥的50 mL单标线容量瓶中。

4.5.2.8 将水相移入分液漏斗中，再次用20 mL甲基异丁基酮(4.3.7)重新萃取。弃取水相，如4.5.2.7所述将有机相过滤于50 mL单标线容量瓶中。用5 mL甲基异丁基酮(4.3.7)洗涤分液漏斗，过滤于同一容量瓶中，并用甲基异丁基酮(4.3.7)稀释至刻度。

4.5.2.9　以甲基异丁基酮(4.3.7)溶液为参比,用光度计(4.4.3)于 436 nm 处立即测量吸光度。对于 0.005%～0.03%(*m*/*m*)的磷,使用 4 cm 比色皿;0.03%～0.5%(*m*/*m*)的磷用 1 cm 比色皿。

按全过程操作进行空白试验并校正每个相应的结果。

4.5.2.10　绘制校准曲线。移取 0 mL 到 30.00 mL 磷标准溶液(4.3.14),用准确的相同量的试剂按全步骤进行操作。绘制线性校准曲线,约 0.15 的吸光度对应 50 μg 的磷。

4.5.3　含锆、钛、铌和(或)钽的铜及铜合金

如果样品含锆、钛、铌和(或)钽,磷会部分或全部地形成不溶性磷酸盐。这些残渣的溶解步骤如下所述。

4.5.3.1　按 4.5.1 或 4.5.2 溶解试料,冒烟赶走 F^-、Br^- 和 NO_3^- 后,通过微孔滤器将溶液过滤,用热水洗涤滤纸直到不含酸。在小瓷坩埚中干燥、灰化滤纸,将残渣移入小铂坩埚中,与约 0.3 g 碳酸钠混合并熔融。冷却后用少量水溶解熔融物。滤去不熔残渣,用热水洗涤,将洗涤液并入滤液中。

4.5.3.2　用高氯酸(4.3.3)中和滤液,将中和后的溶液并入原含铜滤液中,总体积应不超过 50 mL,如必要,可蒸发浓缩减小体积。

4.5.3.3　按 4.5.1 或 4.5.2 所述继续进行操作。

4.5.4　校验试验

制备一含有已知磷量并成分上与被分析材料相似的标准溶液或人工合成样,按 4.5.1、4.5.2 或 4.5.3所述操作进行仪器的预先校验。

4.6　分析结果的计算

根据测得的吸光度,在相应的校准曲线上(4.5.1.9、4.5.2.10),查得试料中磷的质量(μg)。由下式计算磷的质量分数以%表示:

$$w(\mathrm{P})=\frac{m_1}{m_0\times10^6}\times100=\frac{m_1}{m_0\times10^4}$$

式中:

m_0——试样(4.5.1.1、4.5.2.1)或分取部分(4.5.1.5、4.5.2.5)所含试样的质量,单位为克(g);

m_1——试液(4.5.1.7、4.5.2.8)中所含的磷量,单位为微克(μg)。

4.7　试验报告

试验报告应包括下列内容:

a)　样品的标识;

b)　采用的方法标准;

c)　结果及其计算方法;

d)　测定时观察到的任何异常情况;

e)　在本方法中未包括的,或自选的可能影响结果的任何操作。

ICS 77.120.30
H 13

GB

中华人民共和国国家标准

GB/T 5121.3—2008
代替 GB/T 5121.3—1996
部分代替 GB/T 13293.7—1991

铜及铜合金化学分析方法 第3部分:铅含量的测定

Methods for chemical analysis of copper and copper alloys—Part 3: Determination of lead content

(ISO 4749:1984, Copper alloys—Determination of lead content—Flame atomic absorption spectrometric method, MOD)

2008-06-17 发布　　　　2008-12-01 实施

中华人民共和国国家质量监督检验检疫总局
中国国家标准化管理委员会　发布

前　言

GB/T 5121《铜及铜合金化学分析方法》共有 27 部分。

——第 1 部分：铜含量的测定；
——第 2 部分：磷含量的测定；
——第 3 部分：铅含量的测定；
——第 4 部分：碳、硫含量的测定；
——第 5 部分：镍含量的测定；
——第 6 部分：铋含量的测定；
——第 7 部分：砷含量的测定；
——第 8 部分：氧含量的测定；
——第 9 部分：铁含量的测定；
——第 10 部分：锡含量的测定；
——第 11 部分：锌含量的测定；
——第 12 部分：锑含量的测定；
——第 13 部分：铝含量的测定；
——第 14 部分：锰含量的测定；
——第 15 部分：钴含量的测定；
——第 16 部分：铬含量的测定；
——第 17 部分：铍含量的测定；
——第 18 部分：镁含量的测定；
——第 19 部分：银含量的测定；
——第 20 部分：锆含量的测定；
——第 21 部分：钛含量的测定；
——第 22 部分：镉含量的测定；
——第 23 部分：硅含量的测定；
——第 24 部分：硒、碲含量的测定；
——第 25 部分：硼含量的测定；
——第 26 部分：汞含量的测定；
——第 27 部分：电感耦合等离子体原子发射光谱法。

本部分为第 3 部分。

本部分包括方法一、方法二。

本部分方法二修改采用 ISO 4749:1984《铜合金——铅含量的测定——火焰原子吸收光度法》，在主要技术内容上与 ISO 4749:1984 相同，编写结构不完全对应。具体技术性差异见附录 A、附录 B。

本部分代替 GB/T 5121.3—1996《铜及铜合金化学分析方法　铅量的测定》和 GB/T 13293.7—1991《高纯阴极铜化学分析方法　塞曼效应电热原子吸收光谱法测定铁、钴、铅量》。

本部分与 GB/T 5121.3—1996、GB/T 13293.7—1991 主要有如下变动：

——方法一是对 GB/T 13293.7—1991 的修订。测定范围由 0.000 1%～0.002% 修改为 0.000 1%～0.001 5%，补充了质量保证和控制条款，增加了精密度条款；

——方法二是对 GB/T 5121.3—1996 的修订，补充了质量保证和控制条款，增加了精密度条款。

本部分附录 A、附录 B 为资料性附录。

本部分由中国有色金属工业协会提出。

本部分由全国有色金属标准化技术委员会归口。

本部分由中铝洛阳铜业有限公司、北京矿冶研究总院、中国有色金属工业标准计量质量研究所负责起草。

本部分方法一由北京矿冶研究总院起草。

本部分方法一由金川集团有限公司、广州有色金属研究院参加起草。

本部分方法一主要起草人:冯先进、杨素芝、冯渝清、高介平、孙淑媛。

本部分方法一主要验证人:赵全民、吕庆成、戴凤英、林海山、刘天平。

本部分方法二由中铝洛阳铜业有限公司起草。

本部分方法二由大冶有色金属有限公司设计院、铜陵有色设计院参加起草。

本部分方法二主要起草人:张华星、刘夏、孙玉宝。

本部分方法二主要验证人:刘艳、罗咏梅、李晓喻。

本部分所代替标准的历次版本发布情况为:

——GB/T 5121.3—1996、GB/T 13293.7—1991。

铜及铜合金化学分析方法
第3部分:铅含量的测定

1 方法一 塞曼效应电热原子吸收光谱法

1.1 范围

本方法规定了铜及铜合金中铅含量的测定方法。

本方法适用于铜及铜合金中铅含量的测定。测定范围:0.000 10%~0.001 5%。

1.2 方法原理

试样用硝酸溶解,将一定体积的试液注入电热原子化器中,用塞曼效应原子吸收光谱仪在283.3 nm波长处测量铅的吸光度,按工作曲线法计算铅的质量分数。

1.3 试剂

除非另有说明,在分析中仅使用确认为分析纯的试剂和蒸馏水或去离子水或相当纯度的水。实验所用器皿均用硝酸(1.3.3)浸泡12 h后,用水彻底清洗。

1.3.1 纯铜(铜的质量分数≥99.99%,铅的质量分数<0.000 05%)。

1.3.2 硝酸(1+1)BVⅢ。

1.3.3 硝酸(1+19)。

1.3.4 铜基体溶液(100 g/L):称取20.00 g纯铜(1.3.1)置于400 mL烧杯中,分次加入160 mL硝酸(1.3.3),冷溶。待激烈反应停止后,低温加热至完全溶解,煮沸驱除氮的氧化物,冷却至室温。移入200 mL容量瓶中,以水稀释至刻度,混匀。

1.3.5 铅标准贮存溶液:称取0.200 0 g金属铅(铅的质量分数≥99.95%)置于150 mL烧杯中,加入20 mL硝酸(1.3.2),盖上表皿,低温加热至完全溶解,冷却至室温。移入500 mL容量瓶中,以水稀释至刻度,混匀。此溶液1 mL含400 μg铅。

1.3.6 铅标准溶液A:移取5.00 mL铅标准贮存溶液(1.3.5)于200 mL容量瓶中,以水稀释至刻度,混匀。此溶液1 mL含10 μg铅。

1.3.7 铅标准溶液B:移取10.00 mL铅标准溶液A(1.3.6)于100 mL容量瓶中,以水稀释至刻度,混匀。此溶液1 mL含1 μg铅。

1.4 仪器

1.4.1 石墨炉原子吸收光谱仪:配备电热原子化器、微量取样器或自动进样器,铅空心阴极灯及塞曼效应背景校正装置。

1.4.2 所用石墨炉原子吸收光谱仪应达到下列指标:

——最低灵敏度:工作曲线中所用等差系列标准溶液中浓度最大者,其吸光度应不低于0.300。

——工作曲线的相关系数不低于0.995。

——精密度最低要求:用最高浓度的标准溶液,测量10次吸光度,计算其平均值和标准偏差。该标准偏差不应超过该吸光度平均值的1.5%。用最低浓度的标准溶液(不是浓度为零的标准溶液),测量10次吸光度,计算其标准偏差。该标准偏差不应超过最高浓度标准溶液吸光度平均值的0.5%。

1.5 试样

试样加工成屑状。

1.6 分析步骤

1.6.1 试料

按表 1 称取试样(1.5),精确至 0.000 1 g。

表 1 试料量及分取试液体积

铅的质量分数/%	试料量/g	分取试液体积/mL
0.000 10～0.000 50	1.000	全量
>0.000 50～0.001 5	1.000	20

1.6.2 测定次数

独立地进行二次测定,取其平均值。

1.6.3 空白试验

称取 1.000 g 纯铜(1.3.1)随同试料做空白试验,以标准溶液系列的"零"浓度溶液作为试料空白。

1.6.4 测定

1.6.4.1 将试料(1.6.1)置于 150 mL 烧杯中,加入 8 mL 硝酸(1.3.2),低温加热至完全溶解,煮沸驱除氮的氧化物,冷却至室温,移入 100 mL 容量瓶中,以水稀释至刻度,混匀。

1.6.4.2 铅的质量分数大于 0.000 50%时,按表 1 分取试液(1.6.4.1)于 100 mL 容量瓶中,以水稀释至刻度,混匀。

1.6.4.3 根据仪器说明书推荐的条件,选择铅电热原子化的最佳参数和进样量。

1.6.4.4 将仪器调至最佳状态,并按所选的条件(1.6.4.3)调整电热原子化器。

1.6.4.5 用预定的加热程序空烧石墨管 2 次。

1.6.4.6 按预定进样量将试液(1.6.4.1 或 1.6.4.2)注入原子化器中,进行原子化,并测量铅的吸光度。每份试液测量 2 次,取其平均值,减去空白试验溶液的平均吸光度,从工作曲线上查出相应的铅的质量浓度。

1.6.5 工作曲线的绘制

1.6.5.1 移取 0 mL、1.00 mL、2.00 mL、3.00 mL、4.00 mL、5.00 mL 铅的标准溶液 B(1.3.7)分别置于一组 100 mL 容量瓶中,按试料量加入相应量铜基体溶液(1.3.4),以水稀释至刻度,混匀。

1.6.5.2 在与测量试液相同的条件下,同时测量系列标准溶液的吸光度,每份标液测量 2 次,取其平均值,减去"零"浓度溶液的平均吸光度。以铅的质量浓度为横坐标,吸光度为纵坐标,绘制铅的工作曲线。

1.7 分析结果的计算

按式(1)计算铅的质量分数 $w(\mathrm{Pb})$,数值以%表示:

$$w(\mathrm{Pb}) = \frac{\rho \cdot V_0 \cdot V_2 \times 10^{-6}}{m \cdot V_1} \times 100 \quad \cdots\cdots (1)$$

式中:

ρ——自工作曲线上查得铅的质量浓度,单位为微克每毫升(μg/mL);

V_0——试液总体积,单位为毫升(mL);

V_1——分取试液体积,单位为毫升(mL);

V_2——测量时试液的体积,单位为毫升(mL);

m——试料的质量,单位为克(g)。

所得结果表示至小数点后第四位。

1.8 精密度

1.8.1 重复性

在重复条件下获得的两次独立测试结果的测试值,在表 2 给出的平均值范围内,两个测试结果的绝

对值不超过重复性限(r),超过重复性限(r)的情况不超过5%,重复性限(r)按表2数据采用线性内插法求得:

表2　重复性限

铅的质量分数/%	0.000 2	0.000 6	0.001 5
重复性限(r)/%	0.000 1	0.000 2	0.000 3
注:重复性限(r)为 $2.83S_r$,S_r 为重复性标准偏差。			

1.8.2　再现性

在再现性条件下获得的两次独立测试结果的测试值,在表3给出的平均值范围内,两个测试结果的绝对差值不超过再现性限(R),超过再现性限(R)的情况不超过5%,再现性限(R)按表3数据采用线性内插法求得:

表3　再现性限

铅的质量分数/%	0.000 2	0.000 6	0.001 5
再现性限(R)/%	0.000 1	0.000 2	0.000 4
注:再现性限(R)为 $2.83S_R$,S_R 为再现性标准偏差。			

1.9　质量保证和控制

应用国家级标准样品或行业级标准样品(当前两者没有时,也可用控制标样替代),每周或每两周校核一次本分析方法标准的有效性。当过程失控时,应找出原因,纠正错误后,重新进行校核。

2　方法二　火焰-原子吸收光谱法

2.1　范围

本方法规定了铜及铜合金中铅含量的测定方法。

本方法适用于铜及铜合金中铅含量的测定,测定范围:>0.001 5%~5.00%。

2.2　方法原理

试料用硝酸或混合酸溶解,铅的质量分数大于0.040%不经分离直接进行原子吸收测定;铅的质量分数不大于0.040%时,用硝酸锶、氢氧化物共沉淀铅,与基体元素铜、锡、镍等分离。在酸性介质中,使用空气-乙炔火焰,于原子吸收光谱仪波长283.3 nm处,测量铅的吸光度。

2.3　试剂

除非另有说明,在分析中仅使用确认为分析纯的试剂和蒸馏水或去离子水或相当纯度的水。

2.3.1　碳酸铵。

2.3.2　硫酸(ρ1.84 g/mL)。

2.3.3　氢氟酸(ρ1.13 g/mL)。

2.3.4　氨水(ρ0.9 g/mL)。

2.3.5　硝酸(1+1)。

2.3.6　盐酸(1+1)。

2.3.7　盐酸(1+100)。

2.3.8　硫酸(1+100)。

2.3.9　混合酸:于560 mL水中,加入320 mL硝酸(ρ1.42 g/mL)、120 mL盐酸(ρ1.19 g/mL)混匀。

2.3.10　硼酸饱和溶液。

2.3.11　氟化铵溶液(200 g/L)。

2.3.12　硝酸锶溶液(30 g/L)。

2.3.13　铁溶液(8 g/L):称取57.8 g硝酸铁〔$Fe(NO_3)_3 \cdot 9H_2O$〕溶于1 000 mL硝酸(1+100)中,

混匀。

2.3.14 洗涤液:称取 10 g 碳酸铵(2.3.1)溶于 500 mL 水中,加入 20 mL 氨水(2.3.4)混匀。

2.3.15 铅标准溶液:称取 0.250 0 g 纯铅(铅的质量分数≥99.95%),置于 250 mL 烧杯中,加入 10 mL 水、20 mL 硝酸(2.3.5),盖上表面皿,低温加热至完全溶解,煮沸除去氮的氧化物,冷却。移入 1 000 mL 容量瓶中,用水稀释至刻度,混匀,此溶液 1 mL 含 250 μg 铅。

2.4 仪器

2.4.1 原子吸收光谱仪,附铅空心阴极灯。

2.4.2 在仪器最佳工作条件下,凡能达到下列指标者均可使用:

——灵敏度:在与测量试料溶液的基体相一致的溶液中,铅的特征浓度应不大于 0.47 μg/mL;

——精密度:用最高浓度的标准溶液测量 10 次吸光度,其标准偏差应不超过平均吸光度的 1.0%;用最低浓度的标准溶液(不是"零"浓度溶液)测量 10 次吸光度,其标准偏差应不超过最高浓度标准溶液平均吸光度的 0.5%;

——工作曲线线性:将工作曲线按浓度等分成五段,最高段的吸光度差值与最低段的吸光度差值之比,应不小于 0.7。

2.5 试样

厚度不大于 1 mm 的碎屑。

2.6 分析步骤

2.6.1 试料

按表 4 称取试样(2.5),精确至 0.000 1 g。

表 4 试料量、试剂量及测定体积

铅的质量分数/%	试料量/g	硝酸量/mL	氟化铵量/mL	混合酸量/mL	测定体积/mL
>0.001 5~0.005 0	10.000	70	10	—	25
>0.005 0~0.010	5.000	50	10	—	25
>0.010~0.040	1.500	30	10	—	25
>0.040~0.10	2.000	—	—	30	100
>0.10~0.20	1.000	—	—	15	100
>0.20~0.40	0.500	—	—	10	100
>0.40~1.00	0.200	—	—	10	100
>1.00~2.00	0.100	—	—	10	100
>2.00~5.00	0.100	—	—	10	200

2.6.2 测定次数

独立地进行二次测定,取其平均值。

2.6.3 空白试验

随同试料做空白试验。

2.6.4 测定

2.6.4.1 试料的处理

2.6.4.1.1 铅的质量分数不大于 0.040%的铜及加工纯铜

2.6.4.1.1.1 将试料(2.6.1)置于 400 mL 烧杯中,加入 30 mL~70 mL 硝酸(2.3.5),低温加热至试料溶解完全。煮沸除去氮的氧化物。

2.6.4.1.1.2 加入 10 mL 铁溶液(2.3.13),用水稀释体积至 200 mL 左右,在搅拌下缓缓加入氨水(2.3.4)至溶液呈现深蓝色,过量 20 mL,加入 10 g 碳酸铵(2.3.1),将溶液加热至微沸 5 min,于 70℃~

80℃的水浴上放置 1 h。

2.6.4.1.1.3 沉淀用滤纸过滤，用热洗涤液洗涤烧杯及滤纸至滤纸无蓝色，再用温水洗涤一次，弃去滤液。用水将沉淀洗入原烧杯中，滤纸上残留的沉淀用 10 mL 热盐酸(2.3.6)溶解，以热盐酸(2.3.7)洗涤至滤纸无色，洗液并入原烧杯中，加热蒸发至溶液近干，稍冷，加入 4 mL 盐酸(2.3.6)，加热溶解，冷却。移入 25 mL 容量瓶中，用水稀释至刻度，混匀。

2.6.4.1.2 铅的质量分数不大于 0.040%的铜合金

2.6.4.1.2.1 将试料(2.6.1)置于 300 mL 烧杯中，按表 4 混合加入硝酸(2.3.5)及氟化铵溶液(2.3.11)，待激烈反应停止后低温加热至溶解完全，煮沸除去氮的氧化物，用水稀释至体积约 100 mL。

2.6.4.1.2.2 加入 8 mL 硫酸(2.3.2)，将溶液加热至微沸，用水洗涤表皿及杯壁，在搅拌下缓缓加入 8 mL硝酸锶溶液(2.3.12)至出现沉淀，继续搅拌 2 min，静置 1 h。

2.6.4.1.2.3 沉淀用慢速滤纸过滤，用硫酸(2.3.8)洗涤烧杯及沉淀各 3 次，再用水洗涤 3 次，弃去滤液。摊开滤纸，用水将沉淀洗入原烧杯中，用 30 mL 硝酸(2.3.5)淋洗滤纸，洗液并入原烧杯中。将溶液加热煮沸，搅拌使沉淀溶解。以下按 2.6.4.1.1.2 至 2.6.4.1.1.3 进行(但加入氨水至氢氧化铁沉淀完全并过量 20 mL；过滤时用热洗涤液洗涤烧杯及沉淀各 3 次)。

2.6.4.1.3 铅含量大于 0.04%的铜合金

2.6.4.1.3.1 将试料(2.6.1)置于 150 mL 烧杯中，按表 4 加入混合酸(2.3.9)，[分析硅为主成分的试料，需加 0.9 mL 氢氟酸(2.3.3)]加热至完全溶解，煮沸，冷却。

2.6.4.1.3.2 按表 4 移入容量瓶中，用水稀释至刻度，混匀[分析硅为主成分的试料，加入 30 mL 硼酸饱和溶液(2.3.10)]。

2.6.4.2 **测量**

使用空气-乙炔火焰，于原子吸收光谱仪波长 283.3 nm 处，与系列标准溶液同时，以水调零，测量试料溶液的吸光度，减去随同试料的空白溶液的吸光度，从工作曲线上查出相应的铅的质量浓度。

2.6.5 工作曲线的绘制

2.6.5.1 铅的质量分数不大于 0.040%：移取 0 mL、2.00 mL、4.00 mL、6.00 mL、8.00 mL、10.00 mL 铅标准溶液(2.3.15)于一组 100 mL 容量瓶中，分别加入 15 mL 盐酸(2.3.6)、40 mL 铁溶液(2.3.13)，用水稀释至刻度，混匀。

2.6.5.2 铅的质量分数大于 0.040%：称取与试料等量的纯铜(铅的质量分数不大于 0.001%)6 份，分别置于 150 mL 烧杯中，按表 1 加入混合酸(2.3.9)，加热使其溶解，煮沸，冷却。移入 100 mL 容量瓶中，分别加入 0 mL、2.00 mL、4.00 mL、6.00 mL、8.00 mL、10.00 mL 铅标准溶液(2.3.15)，用水稀释至刻度，混匀。

2.6.5.3 在与试料溶液测定相同条件下，测量标准溶液的吸光度，减去系列标准溶液中“零”浓度溶液的吸光度。以铅的质量浓度为横坐标，吸光度为纵坐标绘制工作曲线。

2.7 分析结果的计算

按式(2)计算铅的质量分数 $w(\mathrm{Pb})$，数值以%表示：

$$w(\mathrm{Pb}) = \frac{\rho \cdot V_0 \times 10^{-6}}{m_0} \qquad \cdots\cdots(2)$$

式中：

ρ——自工作曲线上查得的铅的质量浓度，单位为微克每毫升(μg/mL)；

V_0——试液总体积，单位为毫升(mL)；

m_0——试料的质量，单位为克(g)。

所得结果表示至小数点后第二位。若铅的质量分数小于 0.10%时，表示至小数点后第三位；铅的质量分数小于 0.010%时，表示至小数点后第四位。

2.8 精密度

2.8.1 重复性

在重复性条件下获得的两次独立测试结果的测试值，在表 5 给出的平均值范围内，两个测试结果的绝对差值不超过重复性限(r)，超过重复性限(r)的情况不超过 5%，重复性限(r)按表 5 数据采用线性内插法求得：

表 5 重复性限

铅的质量分数/%	0.001 6	0.011	0.11	1.31	4.89
重复性限(r)/%	0.000 2	0.002	0.018	0.04	0.11
注：重复性限(r)为 2.83S_r，S_r 为重复性标准偏差。					

2.8.2 再现性

在再现性条件下获得的两次独立测试结果的测试值，在表 6 给出的平均值范围内，两个测试结果的绝对差值不超过再现性限(R)，超过再现性限(R)的情况不超过 5%，再现性限(R)按表 6 数据采用线性内插法求得：

表 6 再现性限

铅的质量分数/%	0.001 6	0.011	0.11	1.31	4.89
再现性限(R)/%	0.000 3	0.003	0.025	0.04	0.12
注：再现性限(R)为 2.83S_R，S_R 为再现性标准偏差。					

2.9 质量保证和控制

应用国家级标准样品或行业级标准样品(当前两者没有时，也可用控制标样替代)，每周或每两周校核一次本分析方法标准的有效性。当过程失控时，应找出原因，纠正错误后，重新进行校核。

附 录 A
（资料性附录）
本部分方法二章条编号与 ISO 4749:1984 章条编号对照

表 A.1 给出了本部分方法二章条编号与 ISO 4749:1984 章条编号对照一览表。

表 A.1 本部分方法二章条编号与 ISO 4749:1984 章条编号对照

本部分方法二章条编号	ISO 4749:1984 章条编号
2.1	1
2.2	2
2.3	3
2.4	4
2.5	5
2.6	6
2.6.1	6.1
2.6.2	—
2.6.3	6.4
2.6.4	6.3
2.6.5	6.2
2.7	7
2.8	—
2.9	—

附 录 B
（资料性附录）
本部分方法二与 ISO 4749:1984 技术性差异及其原因

表 B.1 给出了本部分方法二与 ISO 4749:1984 的技术性差异及其原因的一览表。

表 B.1 本部分方法二与 ISO 4749:1984 技术性差异及其原因

本部分方法二的章条编号	技术性差异	原 因
2.1	拓宽分析范围，测定下限由 0.01% 下延至 0.001 5%	满足我国产品标准要求
2.2	对方法原理重新进行了叙述	更加详细而具体
2.4	对原子吸收仪的灵敏度和精密度提出了具体要求	满足方法灵敏度和精度要求
2.6.1	增设了称样量及测定体积表格	不同含量段需要，增强方法的可操作性
2.6.4.1.2	补充了铅含量小于 0.04% 的分离、富集步骤	针对低含量铅的测定
2.6.4.2	测量波长 283.3 nm，ISO 为 217.0 nm	283.3 nm 灵敏度高
2.7	分析结果的计算与表述清晰、明了	提高实用性
2.8	增加了精密度（重复性）条款	标准规范要求
2.9	增加了质量保证与控制条款	标准规范要求

ICS 77.120.30
H 13

中华人民共和国国家标准

GB/T 5121.4—2008
代替 GB/T 5121.4—1996,GB/T 13293.13—1991

铜及铜合金化学分析方法 第4部分:碳、硫含量的测定

Methods for chemical analysis of copper and copper alloys—Part 4:Determination of carbon and sulfur content

(ISO 7266:1984,Copper and copper alloys—Determination of sulfur content—Combustion titrimetric method,MOD)

2008-06-17 发布 2008-12-01 实施

中华人民共和国国家质量监督检验检疫总局
中国国家标准化管理委员会 发布

前　言

GB/T 5121《铜及铜合金化学分析方法》共有27部分。

——第1部分：铜含量的测定；

——第2部分：磷含量的测定；

——第3部分：铅含量的测定；

——第4部分：碳、硫含量的测定；

——第5部分：镍含量的测定；

——第6部分：铋含量的测定；

——第7部分：砷含量的测定；

——第8部分：氧含量的测定；

——第9部分：铁含量的测定；

——第10部分：锡含量的测定；

——第11部分：锌含量的测定；

——第12部分：锑含量的测定；

——第13部分：铝含量的测定；

——第14部分：锰含量的测定；

——第15部分：钴含量的测定；

——第16部分：铬含量的测定；

——第17部分：铍含量的测定；

——第18部分：镁含量的测定；

——第19部分：银含量的测定；

——第20部分：锆含量的测定；

——第21部分：钛含量的测定；

——第22部分：镉含量的测定；

——第23部分：硅含量的测定；

——第24部分：硒、碲含量的测定；

——第25部分：硼含量的测定；

——第26部分：汞含量的测定；

——第27部分：电感耦合等离子体原子发射光谱法。

本部分为第4部分。

本部分包括方法一、方法二、方法三。硫的质量分数在0.001 0%～0.002 0%仲裁时推荐采用方法二。硫的质量分数在0.010%～0.030%仲裁时推荐采用方法一。

本部分方法三等同采用ISO 7266：1984《铜和铜合金-硫量的测定-燃烧滴定法》，与原国际标准相比作了如下编辑性修改：

——用小数点“.”代替在国际标准中作为小数点的逗号“,”；

——用“本方法”代替“本国际标准”；

——修改了国际标准中非法定计量单位；

——将公式、章条号、表号进行重新编序；

——删除了国际标准中封面、目次、前言和引言。

本部分代替GB/T 5121.4—1996《铜及铜合金化学分析方法　碳硫量的测定》和GB/T 13293.13—1991《高纯阴极铜化学分析方法　燃烧-碘酸钾滴定法测定硫量》。

本部分与GB/T 5121.4—1996和GB/T 13293.13—1991相比主要有如下变动：

——方法一是对GB/T 5121.4—1996的修订，补充了质量保证和控制条款，增加了精密度条款；

——方法二是对GB/T 13293.13—1991的修订。测定范围由0.000 4%～0.003 0%修改为0.000 4%～0.002 0%，补充了质量保证和控制条款，增加了精密度条款；

——增加了方法三：等同采用国际标准ISO 7266:1984《铜和铜合金——硫量的测定——燃烧滴定法》。

本部分由中国有色金属工业协会提出。

本部分由全国有色金属标准化技术委员会归口。

本部分由中铝洛阳铜业有限公司、北京矿冶研究总院、中国有色金属工业标准计量质量研究所负责起草。

本部分方法一由中铝洛阳铜业有限公司起草。

本部分方法一由北京有色金属研究总院、北京矿冶研究总院参加起草。

本部分方法一主要起草人：张敏、岳好峰、关金光。

本部分方法一主要验证人：周海收、冯先进、宋晓力、徐晓艳。

本部分方法二由北京矿冶研究总院起草。

本部分方法二由甘肃西北铜加工有限责任公司、江西铜业集团有限公司参加起草。

本部分方法二主要起草人：冯先进、徐晓艳、黄月华。

本部分方法二主要验证人：赵义、刘建明、卢秋兰、占光仙。

本部分方法三由中铝洛阳铜业有限公司、北京矿冶研究总院、中国有色金属工业标准计量质量研究所起草。

本部分方法三主要起草人：张敬华、李华昌、杨丽娟。

本部分方法三主要验证人：符斌、夏庆珠。

本部分所代替标准的历次版本发布情况为：

——GB/T 5121.4—1996、GB/T 13293.13—1991。

铜及铜合金化学分析方法
第4部分：碳、硫含量的测定

1 方法一 高频红外吸收法

1.1 范围

本方法规定了铜及铜合金中碳、硫含量的测定方法。

本方法适用于铜及铜合金中碳、硫含量的测定。测定范围：碳0.0010%～0.20%；硫0.0010%～0.030%。

1.2 方法原理

试料在助熔剂和氧气流下，高频感应加热熔融，碳和硫分别生成二氧化碳、二氧化硫，载入红外线检测器。根据被测气体吸收特定波长的红外光能变化测出碳和硫的质量。

1.3 试剂与材料

除非另有说明，在分析中仅使用确认为分析纯的试剂和蒸馏水或去离子水或相当纯度的水。

1.3.1 无水乙醇。

1.3.2 丙酮。

1.3.3 氧气(＞99.5%)。

1.3.4 氮气(＞99.5%)。

1.3.5 碱石棉。

1.3.6 无水高氯酸镁。

1.3.7 镀铂硅胶。

1.3.8 玻璃棉。

1.3.9 纤维素。

1.3.10 钨锡型助熔剂：粒度约400 μm～800 μm。

1.3.11 瓷坩埚(φ×h：25 mm×25 mm)：使用前在马弗炉中，于1200℃灼烧至少4 h，以降低并稳定空白。放冷至室温，储存于干燥器中待用。

1.3.12 铜及铜合金标准样品(碳的质量分数：0.0026%～0.35%，硫的质量分数：0.0026%～0.035%。)

1.4 仪器

1.4.1 高频加热红外线吸收仪：附电子交流稳压电源。

1.4.2 仪器应能达到下列指标：

——高频炉功率1.0 kW～2.5 kW；

——频率大于6.0 MHz；

——检测器灵敏度：0.0001%。

1.5 试样

1.5.1 将样品制成0.5 g～1.0 g的小块或屑状样品。

1.5.2 试样需经丙酮清洗1次～2次，冷风吹干，装入磨口瓶内备用。

1.6 分析步骤

1.6.1 试料

称取0.4 g～1.1 g试样(1.5)，精确至0.001 g。

1.6.2 测定次数

独立地进行二次测定，取其平均值。

1.6.3 仪器准备

仪器预热 4 h 以上，检查仪器常数项至仪器处于正常。

1.6.4 仪器校准

分析前用适合的铜及铜合金标准样品（碳、硫的质量分数应接近或大于被分析试样的质量分数）校准仪器，校准程序按仪器说明书进行，加入助熔剂的质量应不小于试样的质量。校正后，用与被测试样质量分数相当的标准样品校准，结果应在标准样品允许差之内。否则，应重新校准。

1.6.5 空白值测定

测定前，将仪器的原贮存空白值设置至为零。反复测定数次，直到稳定为止。

1.6.6 测定

将试料(1.6.1)放在坩埚内，将助熔剂(1.3.10)覆盖在试料上面，加入助熔剂的质量应不小于试样的质量，以下按仪器说明书规定程序操作。

1.7 分析结果的计算

由计算机自动给出碳和硫的质量分数。

1.8 精密度

1.8.1 重复性

在重复条件下获得的两次独立测试结果的测试值，在表 1 给出的平均值范围内，两个测试结果的绝对值不超过重复性限(r)，超过重复性限(r)的情况不超过 5%，重复性限(r)按表 1 数据采用线性内插法求得：

表 1 重复性限

碳的质量分数/%	0.001 0	0.009 0	0.044	0.10	0.20
重复性限(r)/%	0.000 4	0.000 8	0.002	0.006	0.01
硫的质量分数/%	0.002 6	0.005 0	0.017	0.026	—
重复性限(r)/%	0.000 3	0.000 5	0.002	0.003	—

注：重复性限(r)为 2.83S_r，S_r 为重复性标准偏差。

1.8.2 再现性

在再现性条件下获得的两次独立测试结果的测试值，在表 2 给出的平均值范围内，两个测试结果的绝对差值不超过再现性限(R)，超过再现性限(R)的情况不超过 5%，再现性限(R)按表 2 数据采用线性内插法求得：

表 2 再现性限

碳的质量分数/%	0.001 0	0.009 0	0.044	0.10	0.20
再现性限(r)/%	0.000 4	0.000 9	0.004	0.007	0.01
硫的质量分数/%	0.002 6	0.005 0	0.017	0.026	—
再现性限(r)/%	0.000 4	0.000 6	0.002	0.004	—

注：再现性限(R)为 2.83S_R，S_R 为重复性标准偏差。

1.9 质量保证和控制

应用国家级标准样品或行业级标准样品（当前两者没有时，也可用控制标样替代），每周或每两周校核一次本分析方法标准的有效性。当过程失控时，应找出原因，纠正错误后，重新进行校核。

2 方法二 燃烧-碘量法

2.1 范围

本方法规定了铜及铜合金中硫含量的测定方法。

本方法适用于铜及铜合金中硫含量的测定。测定范围：0.000 40%～0.002 0%。

2.2 方法原理

试样在1 200℃～1 250℃氧气流中燃烧，将硫转化成二氧化硫被微酸性水溶液吸收，以淀粉为指示剂，用碘酸钾标准滴定溶液滴定至浅蓝色并保持不褪色，即为终点。以消耗碘酸钾标准滴定溶液的体积计算硫的质量分数。

2.3 试剂

除非另有说明，在分析中仅使用确认为分析纯的试剂和蒸馏水或去离子水或相当纯度的水。

2.3.1 碘化钾。

2.3.2 盐酸（ρ1.19 g/mL）。

2.3.3 淀粉溶液（10 g/L）：称取10 g淀粉，以少量水调成糊状，加入500 mL沸水中并搅拌均匀、加热煮沸2 min，取下放冷，以水稀释至1 000 mL，加5滴～6滴盐酸（2.3.2），混匀，放置至溶液澄清。

2.3.4 淀粉吸收液（0.25 g/L）：移取25.0 mL淀粉溶液（2.3.3），加15 mL盐酸（2.3.2），以水稀释至1 000 mL，混匀。

2.3.5 碘酸钾标准滴定贮存溶液：称取0.178 g碘酸钾溶于水中，移入1 000 mL容量瓶中，以水稀释至刻度，混匀。

2.3.6 碘酸钾标准滴定溶液

2.3.6.1 制备

移取20.00 mL碘酸钾标准储存溶液（2.3.5）于200 mL容量瓶中，加1 g碘化钾（2.3.1），以水稀释至刻度，混匀。

2.3.6.2 标定

称取三份适量的已知硫的质量分数的紫铜标准样品（硫的质量分数为0.00X%），分别平铺于瓷舟中，以下按操作步骤（2.6.5）进行。取三次标定结果的平均值，其三次标定所消耗碘酸钾标准滴定溶液体积的极差值不得大于0.05 mL，否则重新标定。

按式（1）计算碘酸钾标准滴定溶液的实际浓度：

$$c(\mathrm{S}) = \frac{w(\mathrm{S}) \times m}{V} \qquad \cdots\cdots(1)$$

式中：

c(S)——单位体积碘酸钾标准滴定溶液相当于硫的质量，单位为克每毫升（g/mL）；

w(S)——铜标准样品中硫的质量分数，%；

V——标定标准样消耗碘酸钾标准滴定溶液的体积，单位为毫升（mL）；

m——称取标样的质量，单位为克（g）。

2.4 仪器

燃烧-碘量法测定硫的装置：见图1。

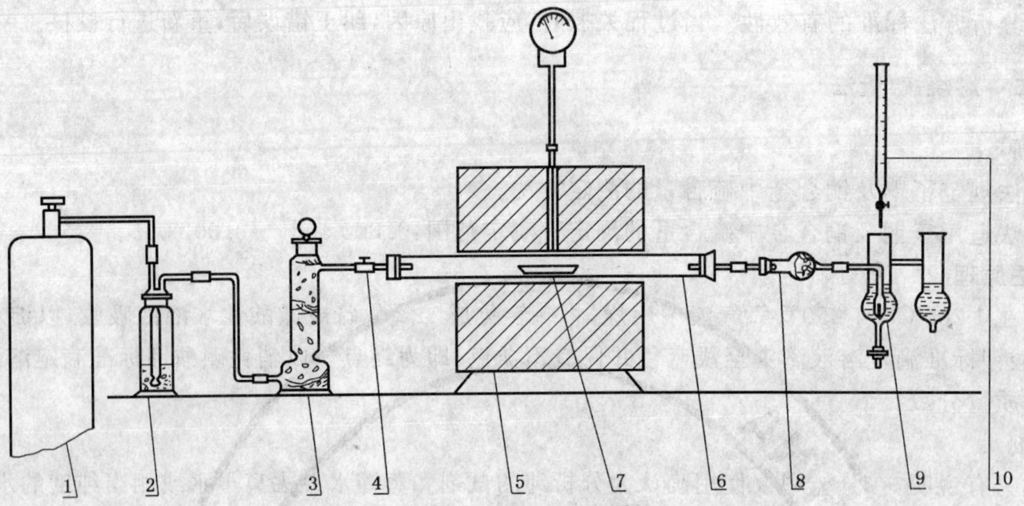

1——氧气瓶:附氧气表、减压阀;

2——洗气瓶:盛有用 400 g/L 氢氧化钾溶液配制的 40 g/L 高锰酸钾溶液;

3——干燥塔:下部盛无水氯化钙,上部盛干燥的氢氧化钾,中隔玻璃棉,塔顶和塔底均铺有玻璃棉;

4——三通活塞:辅助调节氧气流量;

5——管式电炉:装有硅碳棒的卧式电炉,附有调压器、电流计、电压计、铂铑热电偶和高温计;

6——无釉瓷管:内径 15 mm～20 mm,管的两端各伸出炉外 180 mm～200 mm。新瓷管于使用前应在约 1 000℃ 通入氧气灼烧 10 min;

7——无釉瓷舟:长 70 mm～130 mm,宽 7 mm～12 mm,高 5 mm～10 mm。使用前应在约 1 000℃ 通入氧气灼烧 30 min,冷却后,置于干燥器中备用。干燥器磨口处不得涂凡士林之类的物质;

8——除尘器:内装脱脂棉;

9——双圆筒形玻璃吸收器:高约 160 mm,直径约 40 mm。一个圆筒作吸收用,另一个圆筒作色泽比较用;

10——微量滴定管:容量 5 mL 或 10 mL。

图 1 燃烧碘量法测定硫装置

2.5 试样

厚度不大于 1 mm 的碎屑。

2.6 分析步骤

2.6.1 试料

按表 3 称取试样(2.5),精确至 0.000 1 g。

表 3 试料量

硫的质量分数/%	试料质量/g
0.000 4～0.001 0	33.000
>0.001 0～0.002 0	2.000

2.6.2 测定次数

独立的进行 2 次测定,取其平均值。

2.6.3 空白试验

随同试料做空白试验。

2.6.4 预试验

2.6.4.1 将试料(2.6.1),平铺于瓷舟,置于干燥器中待测。

2.6.4.2 接通管式炉的电源,将可控硅电压调正器按钮置于“手动”位置,分 2 次或 3 次逐渐加大电压,随后将电压调整器按钮置于“自动”位置,使炉温逐渐升至 1 200℃。

2.6.4.3 向测定硫装置内通入氧气,关闭出气口活塞,若氧气流量表上的浮标保持一定压力而不下降,则表示装置不漏气,否则,必须调整装置。

2.6.4.4 向二氧化硫吸收瓶中加10 mL～15 mL淀粉吸收液(2.3.4)，加入2滴～3滴碘酸钾标准滴定溶液(2.3.6)，此时溶液呈浅蓝色，在1 200℃炉温下，以1 000 mL/min流量通入氧气4 min～5 min，若浅蓝色褪去则再加2滴～3滴碘酸钾标准滴定溶液(2.3.6)，使溶液呈浅蓝色，继续通氧直至溶液不褪色为止，弃去吸收液，以水洗净二氧化硫吸气瓶。向二氧化硫吸收瓶中加15 mL淀粉吸收液(2.3.4)，在通氧情况下滴加碘酸钾标准滴定溶液(2.3.6)，使溶液恰好呈浅蓝色不褪，关闭出气口活塞。

2.6.5 测定

用镍铬合金钩将盛有试样的瓷舟迅速推入管式电炉中瓷管的高温区，立即用橡胶塞塞紧瓷管口，迅速以1 000 mL/min流量通入氧气约0.5 min，打开出气口活塞。使二氧化硫气体被吸收液吸收。当吸收液的浅蓝色被还原褪色时。立即用碘酸钾标准滴定溶液(2.3.6)滴定，直至溶液呈浅蓝色并保持不褪色，即为终点。弃去吸收瓶中溶液，并用水洗净吸收瓶。

2.7 分析结果的计算

按式(2)计算硫的质量分数 $w(S)$，数值以%表示：

$$w(S)=\frac{c(S)\times V_1}{m_0}\times 100 \qquad \cdots\cdots(2)$$

式中：

$c(S)$——单位体积碘酸钾标准滴定溶液的实际浓度，单位为克每毫升(g/mL)；

V_1——滴定时消耗碘酸钾标准滴定溶液的体积，单位为毫升(mL)；

m_0——试样的质量，单位为克(g)。

所得结果表示至小数点后第四位。

2.8 精密度

2.8.1 重复性

在重复条件下获得的两次独立测试结果的测试值，在表4给出的平均值范围内，两个测试结果的绝对值不超过重复性限(r)，超过重复性限(r)的情况不超过5%，重复性限(r)按表4数据采用线性内插法求得：

表4 重复性限

硫的质量分数/%	0.000 4	0.001 1	0.002 0
重复性限(r)/%	0.000 2	0.000 2	0.000 3
注：重复性限(r)为 $2.83S_r$，S_r 为重复性标准偏差。			

2.8.2 再现性

在再现性条件下获得的两次独立测试结果的测试值，在表5给出的平均值范围内，两个测试结果的绝对差值不超过再现性限(R)，超过再现性限(R)的情况不超过5%，再现性限(R)按表5数据采用线性内插法求得：

表5 再现性限

硫的质量分数/%	0.000 4	0.001 1	0.002 0
再现性限(R)/%	0.000 2	0.000 3	0.000 4
注：再现性限(R)为 $2.83S_R$，S_R 为再现性标准偏差。			

2.9 质量保证和控制

应用国家级标准样品或行业级标准样品(当前两者没有时，也可用控制标样替代)，每周或每两周校核一次本分析方法标准的有效性。当过程失控时，应找出原因，纠正错误后，重新进行校核。

3 方法三 燃烧滴定法

3.1 范围

本方法规定用燃烧滴定法测定铜和铜合金中的硫含量。

本方法适用于在ISO国际标准中所列各种铜及铜合金中硫含量大于0.010%(m/m)的测定。

3.2 **方法原理**

试料于1 250℃在氧中燃烧,燃烧气体吸收于稀的过氧化氢溶液中。在甲基红-亚甲蓝混合指示剂存在下,用硼酸钠滴定所生成的硫酸。

3.3 **试剂**

3.3.1 过氧化氢(约3 g/L溶液):用水稀释10 mL 30%(m/m)的过氧化氢至1 000 mL。

3.3.2 硫酸溶液[$c(H_2SO_4)\approx 0.002\ 5$ mol/L]:稀释14 mL硫酸(ρ1.84 g/mL)至1 000 mL。再稀释10 mL此溶液至1 000 mL。

3.3.3 混合指示剂:在100 mL乙醇中溶解0.120 g甲基红和0.80 g亚甲蓝。

3.3.4 硼酸钠标准滴定溶液:在1 000 mL单标线容量瓶中溶解1.189 5 g十水合硼酸钠($Na_2B_4O_7\cdot 10H_2O$)于水中并稀释至刻度。此标准1 mL溶液相当于100 μgS。

3.4 **仪器**

普通实验室仪器以及

3.4.1 滴定管:25 mL,分刻度为0.05 mL。

3.4.2 燃烧装置(见图2)由下述组成:

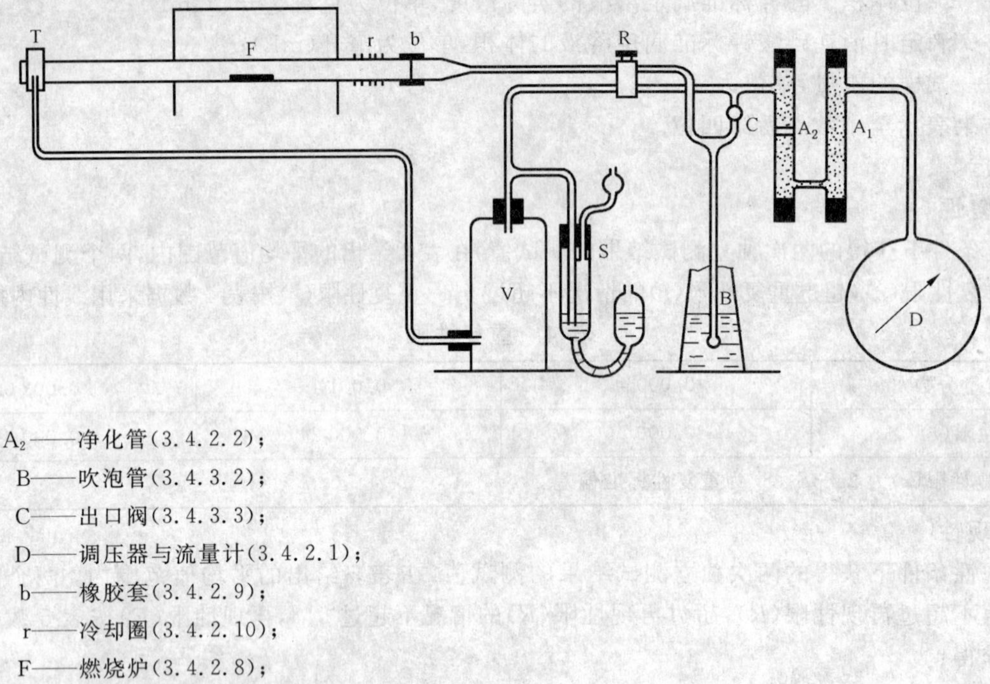

A_1和A_2——净化管(3.4.2.2);
B——吹泡管(3.4.3.2);
C——出口阀(3.4.3.3);
D——调压器与流量计(3.4.2.1);
b——橡胶套(3.4.2.9);
r——冷却圈(3.4.2.10);
F——燃烧炉(3.4.2.8);
S——水银调节阀与安全管(3.4.2.4);
R——二通道阀(3.4.2.3);
V——减压容器(3.4.2.5);
T——燃烧管(3.4.2.6)。

图2 硫燃烧舟测定装置

3.4.2.1 氧气瓶:带调压器和流量计(D)。氧气不含硫。

3.4.2.2 净化管(A_1和A_2):A_1中填充经氢氧化钠处理过的石棉。A_2的底部用无水高氯酸镁填充至瓶高的3/4,其上部填充五氧化二磷。这两种物质用玻璃棉塞分隔开。

3.4.2.3 双通道阀(R):具有3 mm~4 mm管道。通过此阀,氧气可流入燃烧管T(3.4.2.6),而燃烧气体则能流入吹泡管B(3.4.3.2)

3.4.2.4 水银调节阀(S)配有平衡瓶和安全管。水银面由平衡瓶调节,以致当R阀(3.4.2.3)打开时,燃烧气体从燃烧管以2.5 L/min速度流出时可形成密封。当开启R阀时,便形成过压,水银密封即起作用直至达到正常压力。

3.4.2.5 减压容器(V)。

3.4.2.6 燃烧管(T):由无孔耐火材料制成。在其内放置装试料的燃烧舟(见3.7.2)。

3.4.2.7 燃烧舟:事先在氧气流1 250℃下煅烧过(见3.7.3)。

3.4.2.8 管式炉(F):能使燃烧管T(3.4.2.6)的加热区的温度保持在1 250℃,附与燃烧管配用的金属冷却头(见图4)。

3.4.2.9 燃烧气导出管:其直径与燃烧管T(3.4.2.6)相同,通过一橡胶接套(b)与其相连接。

3.4.2.10 水冷圈(r):用以冷却燃烧气体。

3.4.2.11 扰性塑料管:供各处连接之用。

3.4.3 吸收装置:由下述组成(见图2、图3):

3.4.3.1 吸收容器:250 mL

3.4.3.2 吹泡管(B):一端有孔(见图3),浸入过氧化氢溶液(3.3.1)中。

3.4.3.3 出口阀(C):位于净化管A_1、A_2吹泡管B之间。借助于此阀,可以保持经常有稍许氧气流入吸收容器(3.4.3.1)从而防止过氧化氢溶液(3.3.1)进入吹泡管B(3.4.3.2)

图3 吹泡管B(孔径:0.05 mm)

单位为毫米

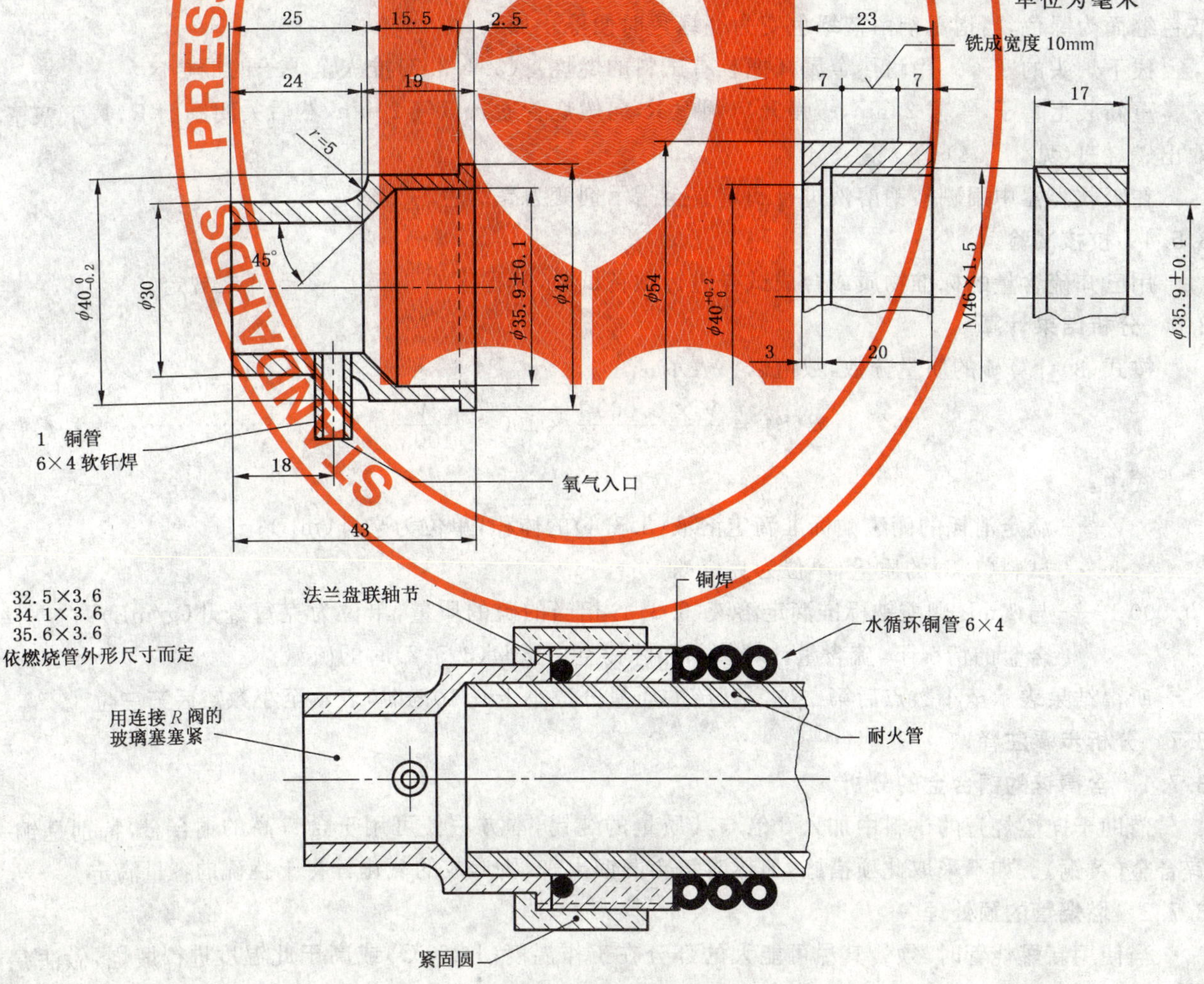

图4 燃烧管金属冷却头

3.5　分析步骤

3.5.1　试料

称取 1 g±0.001 g 试样置于燃烧舟(3.4.2.7)中。对含锌高的样品,尤其是黄铜,往其中加入 5 倍于试料质量的纯锡(见 3.7.1)。

3.5.2　空白试验

如燃烧管和烧舟已被煅烧处理,对本装置便可不进行空白试验。在高锌合金情况下,须使用与加入燃烧舟内相同质量的锡进行空白试验。

3.5.3　测定

预热炉子 F(3.4.2.8)至 1 250℃,同时冷却圈 r(3.4.2.10)须正常冷却。将燃烧管 T(3.4.2.6)的两端连接好。

开启阀门 R(3.4.2.3)和 C(3.4.3.3),向系统通入氧气,用调压器与流量计 D(3.4.2.1)调节氧气流速在 2.51/min。

关闭阀门 R,用阀门 C 把氧气流速调至 0.5 L/min。向吸收容器(3.4.3.1)中加入 40 mL 过氧化氢溶液(3.3.1)、160 mL 水和 4 滴～6 滴混合指示剂溶液(3.3.4)。把吹泡管 B(3.4.3.2)浸入溶液中。必要时,加入硫酸溶液(3.3.2)使指示剂呈紫色。

开启阀门 R,以 2.5 L/min 的流速向装置系统流入氧气 2 min,以驱除二氧化碳,必要时,再调节调压器与流量计 D。

关闭阀门 R,向吸收容器中加入硼酸钠标准滴定溶液(3.3.4),直至溶液被中和,指示剂从紫色变为蓝色继而为绿色,当指示剂由蓝绿色变为亮绿色时便停止加入。

拔下炉头的塞子。用耐热金属杆把装有试料的燃烧舟(3.4.2.7)推入至炉子的最热区。

重新装上塞子,等候 2 min,缓慢开启阀门 R,向燃烧管通入氧气 2 min,然后关闭阀门 R,拔下塞子,取出燃烧舟(见 3.7.4)。

在吸收容器中用硼酸钠溶液进行滴定直至指示剂变为亮绿色。

3.5.4　校核试验

用已知硫含量的标准物质或合成试样进行预备试验,其程序如 3.5.1～3.5.3 之规定。

3.6　分析结果计算

按式(3)计算硫的质量分数,数值以%表示:

$$w(\mathrm{S}) = \frac{V \times 0.000\,1}{m} \times 100 = \frac{V}{100\,m} \qquad \cdots\cdots (3)$$

式中:

V——滴定消耗的硼酸钠标准滴定溶液(3.3.4)的体积,单位为毫升(mL);

m——试料(1.5)的质量,单位为克(g);

0.000 1——与 1 mL 硼酸钠标准滴定溶液(3.3.4)相当的硫的质量,单位为克每毫升(g/mL);在高锌合金的情况下,硫含量计算值须扣除锡空白试验(3.5.2)时的硫量。

所得结果表示至小数点后第二位。若硫的质量分数小于 0.10%时,表示至小数点后第三位。

3.7　分析步骤注释

3.7.1　含高锌的铜合金的分析

借助于向燃烧舟的试料中加入 5 倍与其质量的纯锡,本方法便可用于含锌高的铜合金,特别是铜-锌合金(黄铜)。如不采取此项措施,加热时锌会蒸馏出来,所形成的氧化锌将干扰硫的容量滴定。

3.7.2　燃烧管的预处理

当使用新燃烧管时,须使其尽可能大的部分在工作温度(1 250℃)或高于此温度进行煅烧,做法是将其沿炉子作纵向移动。

3.7.3 **燃烧舟的煅烧**

燃烧舟须在使用之当天进行煅烧，存放在干燥器中。通过空白试验以证实其不含硫。

3.7.4 **多次测定**

可以用同一支吹泡管和同一吸收溶液连续进行5次或6次测定。为尽量节省时间，当前一个试料一燃烧完全，马上推入下一个燃烧舟。滴定操作可在2 min的等候时间之内进行。

3.8 试验报告

试验报告须包括下列内容：

a) 样品的识别；

b) 采用的方法标准；

c) 结果及其计算方法；

d) 测定中观察到的任何异常现象；

e) 本方法中未包括的或自选的可能影响结果的任何操作。

ICS 77.120.30
H 13

中华人民共和国国家标准

GB/T 5121.5—2008
代替 GB/T 5121.5—1996、GB/T 13293.8—1991

铜及铜合金化学分析方法 第5部分:镍含量的测定

Methods for chemical analysis of copper and copper alloys—Part 5:Determination of nickel content

(ISO 1810:1976,ISO 4743:1984,ISO 4742:1984,Copper alloys—Determination of nickel content,MOD)

2008-06-17 发布　　2008-12-01 实施

中华人民共和国国家质量监督检验检疫总局
中国国家标准化管理委员会　发布

前　言

GB/T 5121《铜及铜合金化学分析方法》共有 27 部分。

——第 1 部分:铜含量的测定;

——第 2 部分:磷含量的测定;

——第 3 部分:铅含量的测定;

——第 4 部分:碳、硫含量的测定;

——第 5 部分:镍含量的测定;

——第 6 部分:铋含量的测定;

——第 7 部分:砷含量的测定;

——第 8 部分:氧含量的测定;

——第 9 部分:铁含量的测定;

——第 10 部分:锡含量的测定;

——第 11 部分:锌含量的测定;

——第 12 部分:锑含量的测定;

——第 13 部分:铝含量的测定;

——第 14 部分:锰含量的测定;

——第 15 部分:钴含量的测定;

——第 16 部分:铬含量的测定;

——第 17 部分:铍含量的测定;

——第 18 部分:镁含量的测定;

——第 19 部分:银含量的测定;

——第 20 部分:锆含量的测定;

——第 21 部分:钛含量的测定;

——第 22 部分:镉含量的测定;

——第 23 部分:硅含量的测定;

——第 24 部分:硒、碲含量的测定;

——第 25 部分:硼含量的测定;

——第 26 部分:汞含量的测定;

——第 27 部分:电感耦合等离子体原子发射光谱法。

本部分为第 5 部分。

本部分包括方法一、方法二、方法三、方法四、方法五。镍的质量分数在 0.000 1%～45.00%时,仲裁时推荐采用方法一、方法二、方法三。

本部分方法四等同采用 ISO 1810:1976《铜合金——镍(低含量)的测定——丁二酮肟分光光度法》,本部分方法五等同采用 ISO 4743:1984《铜合金——镍量的测定——Na_2EDTA 电位滴定法》,与国际标准相比作了如下编辑性修改:

——用小数点“.”代替在国际标准中作为小数点的逗号“,”;

——用“本方法”代替“本国际标准”;

——修改了国际标准中非法定计量单位;

——将公式、章条号、表号进行重新编序;

——删除了国际标准中封面、目次、前言和引言。

本部分方法三修改采用ISO 4742:1984《铜合金——镍含量的测定——重量法》,在主要技术内容上与ISO 4742:1984相同,编写结构不完全对应。具体技术性差异见附录A、附录B。

本部分代替GB/T 5121.5—1996《铜及铜合金化学分析方法　镍量的测定》和GB/T 13293.8—1991《高纯阴极铜化学分析方法　塞曼效应电热原子吸收光谱法测定镍量》。

本部分与GB/T 5121.5—1996、GB/T 13293.8—1991相比,主要变动如下:

——方法一是对GB/T 13293.8—1991的修订,测定范围由0.000 1%~0.002%改为0.000 1%~0.001 0%,补充了质量保证和控制条款,增加了精密度条款;

——方法二是对GB/T 5121.5—1996中"第一篇　方法1　火焰原子吸收光谱法"的修订,补充了质量保证和控制条款,增加了精密度条款;

——方法三是对GB/T 5121.5—1996中"第二篇　方法2　Na_2EDTA滴定法"的修订,补充了质量保证和控制条款,增加了精密度条款;

——增加了方法四:等同采用ISO 1810:1976《铜合金——镍(低含量)的测定——丁二酮肟分光光度法》;

——增加了方法五:等同采用ISO 4743:1984《铜合金——镍量的测定——滴定法》。

本部分附录A、附录B为资料性附录。

本部分由中国有色金属工业协会提出。

本部分由全国有色金属标准化技术委员会归口。

本部分由中铝洛阳铜业有限公司、北京矿冶研究总院、中国有色金属工业标准计量质量研究所负责起草。

本部分方法一由北京矿冶研究总院起草。

本部分方法一由江西铜业集团有限公司、烟台鹏晖铜业有限公司参加起草。

本部分方法一主要起草人:冯先进、金醉宝、李万春。

本部分方法一主要验证人:占光仙、张士涛、沈广鑫、李景兰。

本部分方法二、方法三由甘肃西北铜加工有限责任公司起草。

本部分方法二、方法三由中铝洛阳铜业有限公司、大冶有色金属设计研究院参加起草。

本部分方法二主要起草人:杨永刚、赵义。

本部分方法二主要验证人:姚巧萍、李晓瑜、张建荣、刘艳。

本部分方法三主要起草人:杨永刚、赵义、景卫军。

本部分方法三主要验证人:姚巧萍、李晓瑜、张建荣、刘艳。

本部分方法四、方法五由中铝洛阳铜业有限公司、北京矿冶研究总院、中国有色金属工业标准计量质量研究所起草。

本部分方法四、方法五主要起草人:张敬华、李华昌、杨丽娟。

本部分方法四、方法五主要验证人:符斌、夏庆珠。

本部分所代替标准的历次版本发布情况为:

——GB/T 5121.5—1996、GB/T 13293.8—1991。

铜及铜合金化学分析方法
第5部分:镍含量的测定

1 方法一 塞曼效应电热原子吸收光谱法

1.1 范围

本方法规定了铜及铜合金中镍含量的测定方法。

本方法适用于铜及铜合金中镍含量的测定。测定范围:0.000 1%~0.001 0%。

1.2 方法原理

试样用硝酸溶解,将一定体积的试液注入电热原子化器中,用塞曼效应原子吸收光谱仪在232.0 nm波长处测量镍的吸光度,按工作曲线法计算镍的质量分数。

1.3 试剂

除非另有说明,在分析中仅使用确认为分析纯的试剂和蒸馏水或去离子水或相当纯度的水。实验所用器皿均用硝酸(1.3.2)浸泡12 h后,用水彻底清洗。

1.3.1 纯铜(铜的质量分数≥99.99%,镍的质量分数<0.000 05%)。

1.3.2 硝酸(1+1)。

1.3.3 硝酸(1+19)。

1.3.4 铜基体溶液(100 g/L):称取20.00 g纯铜(1.3.1)置于400 mL烧杯中,分次加入160 mL硝酸(1.3.2),冷溶。待激烈反应停止后,低温加热至完全溶解,煮沸驱除氮的氧化物,冷却至室温。移入200 mL容量瓶中,以水稀释至刻度,混匀。

1.3.5 镍标准贮存溶液:称取0.200 0 g金属镍(镍的质量分数≥99.95%)置于150 mL烧杯中,加入20 mL硝酸(1.3.2),盖上表皿,低温加热至完全溶解,冷却至室温。移入500 mL容量瓶中,以水稀释至刻度,混匀。此溶液1 mL含400 μg镍。

1.3.6 镍标准溶液A:移取5.00 mL镍标准贮存溶液(1.3.5)于200 mL容量瓶中,以水稀释至刻度,混匀。此溶液1 mL含10 μg镍。

1.3.7 镍标准溶液B:移取10.00 mL镍标准溶液A(1.3.6)于100 mL容量瓶中,以水稀释至刻度,混匀。此溶液1 mL含1 μg镍。

1.4 仪器

1.4.1 石墨炉原子吸收光谱仪:配备电热原子化器、微量取样器或自动进样器,镍空心阴极灯及塞曼效应背景校正装置。

1.4.2 所用石墨炉原子吸收光谱仪应达到下列指标:

——最低灵敏度:工作曲线中所用等差系列标准溶液中浓度最大者,其吸光度应不低于0.300。

——工作曲线的相关系数不低于0.995。

——精密度最低要求:用最高浓度的标准溶液,测量10次吸光度,计算其平均值和标准偏差。该标准偏差不应超过该吸光度平均值的1.5%。用最低浓度的标准溶液(不是浓度为零的标准溶液),测量10次吸光度,计算其标准偏差。该标准偏差不应超过最高浓度标准溶液吸光度平均值的0.5%。

1.5 试样

试样加工成屑状。

1.6 分析步骤

1.6.1 试料

按表1称取试样(1.5),精确至0.000 1 g。

表1 试料量、测定试液体积

镍的质量分数/%	试料量/g	测定试液体积/mL
0.000 1~0.000 5	1.000	100
>0.000 5~0.001 0	0.500	200

1.6.2 测定次数

独立地进行二次测定,取其平均值。

1.6.3 空白试验

称取与试料量相当的纯铜(1.3.1)随同试料做空白试验。以系列标准溶液的"零"浓度溶液作为试料空白。

1.6.4 测定

1.6.4.1 将试料(1.6.1)置于150 mL烧杯中,加入8 mL硝酸(1.3.2),低温加热至完全溶解,煮沸驱除氮的氧化物,冷却至室温。

1.6.4.2 按表1将试液(1.6.4.1)移入相应的容量瓶中,以水稀释至刻度,混匀。

1.6.4.3 根据仪器说明书推荐的条件,选择镍电热原子化的最佳参数和进样量。

1.6.4.4 将仪器调至最佳状态,并按所选的条件(1.6.4.3)调整电热原子化器。

1.6.4.5 按预定的加热程序空烧石墨管2次。

1.6.4.6 按预定进样量将试液(1.6.4.2)注入原子化器中,进行原子化,并测量镍的吸光度。每份试液测量2次,取其平均值,减去空白试验溶液的平均吸光度,从工作曲线上查出相应的镍的质量浓度。

1.6.5 工作曲线的绘制

1.6.5.1 分别移取0 mL、1.00 mL、2.00 mL、3.00 mL、4.00 mL、5.00 mL镍标准溶液B(1.3.7)于一组100 mL容量瓶中,加入10 mL铜基体溶液(1.3.4)[若镍的质量分数在0.000 5%~0.001 0%时,加入2.5 mL铜基体溶液(1.3.4)],以水稀释至刻度,混匀。

1.6.5.2 在与测量试液相同的条件下,同时测量系列标准溶液的吸光度,每份标准溶液测量2次,取其平均值,减去"零"浓度溶液的平均吸光度。以镍的质量浓度为横坐标,吸光度为纵坐标,绘制工作曲线。

1.7 分析结果的计算

按式(1)计算镍的质量分数 $w(\mathrm{Ni})$,数值以%表示:

$$w(\mathrm{Ni})=\frac{\rho\cdot V\times10^{-6}}{m}\times100 \qquad \cdots\cdots(1)$$

式中:

ρ——从工作曲线上查得的镍的质量浓度,单位为微克每毫升(μg/mL);

V——试液体积,单位为毫升(mL);

m——试料的质量,单位为克(g)。

所得结果表示至小数点后第四位。

1.8 精密度

1.8.1 重复性

在重复性条件下获得的两次独立测试结果的测定值,在表2给出的平均值范围内,这两个测试结果的绝对差值不超过重复性限(r),超过重复性限(r)的情况不超过5%,重复性限(r)按表2数据采用线性内插法求得:

表 2 重复性限

镍的质量分数/%	0.000 10	0.000 5	0.001 0
重复性限(r)/%	0.000 04	0.000 2	0.000 3
注：重复性限(r)为 2.83S_r，S_r 为重复性标准偏差。			

1.8.2 **再现性**

在再现性条件下获得的两次独立测试结果的测试值，在表 3 给出的平均值范围内，两个测试结果的绝对差值不超过再现性限(R)，超过再现性限(R)的情况不超过 5%，再现性限(R)按表 3 数据采用线性内插法求得：

表 3 再现性限

镍的质量分数/%	0.000 10	0.000 5	0.001 0
再现性限(R)/%	0.000 06	0.000 2	0.000 4
注：再现性限(R)为 2.83S_R，S_R 为再现性标准偏差。			

1.9 **质量保证和控制**

应用国家级标准样品或行业标准样品(当前两者没有时，也可用控制标样替代)，每周或每两周校核一次本分析方法标准的有效性。当过程失控时，应找出原因，纠正错误后，重新进行校核。

2 方法二 火焰原子吸收光谱法

2.1 **范围**

本方法规定了铜及铜合金中镍含量的测定方法。

本方法适用于铜及铜合金中镍含量的测定。测定范围：>0.001 0%～1.50%。

2.2 **方法原理**

试料用硝酸、盐酸的混合酸溶解，加入硝酸锶以消除钴、锆等元素的干扰，使用空气-乙炔火焰，于原子吸收光谱仪波长 232.0 nm 测量镍的吸光度。镍的质量分数在 0.010%以下时，用硝酸溶解试料，电解除铜后进行测定。

2.3 **试剂**

除非另有说明，在分析中仅使用确认为分析纯的试剂和蒸馏水或去离子水或相当纯度的水。

2.3.1 氢氟酸(ρ1.13 g/mL)。

2.3.2 过氧化氢(1+9)。

2.3.3 硝酸(1+1)优级纯。

2.3.4 盐酸(1+1)优级纯。

2.3.5 盐酸(1+120)优级纯。

2.3.6 硼酸溶液(50 g/L)。

2.3.7 硝酸锶溶液(20 g/L)。

2.3.8 镍标准贮存溶液：称取 0.100 00 g 纯镍(镍的质量分数大于 99.95%)置于 200 mL 高型烧杯中，加入 40 mL 硝酸(2.3.3)，盖上表皿，加热至完全溶解，煮沸除去氮的氧化物，冷却。移入 1 000 mL 容量瓶中，用水稀释至刻度，混匀。此溶液 1 mL 含 1 000 μg 镍。

2.3.9 镍标准溶液：移取 10.00 mL 镍标准贮存溶液(2.3.8)置于 200 mL 容量瓶中，加入 5 mL 硝酸(2.3.3)，用水稀释至刻度，混匀。此溶液 1 mL 含 50 μg 镍。

2.4 **仪器**

2.4.1 备有自动搅拌装置和精密支流电流表、电压表的电解器。

2.4.2 铂阴极：用直径约 0.2 mm 的铂丝，编制成每平方厘米约 36 μm 筛孔的网，制成网状圆筒形，见图 1。

2.4.3 铂阳极:螺旋形,见图2。

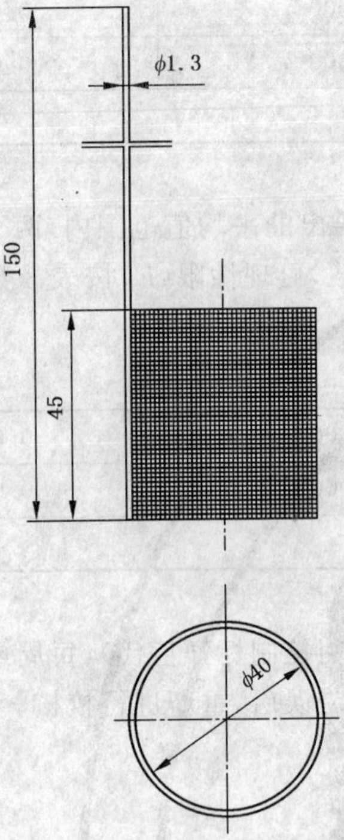

图1 铂阴极

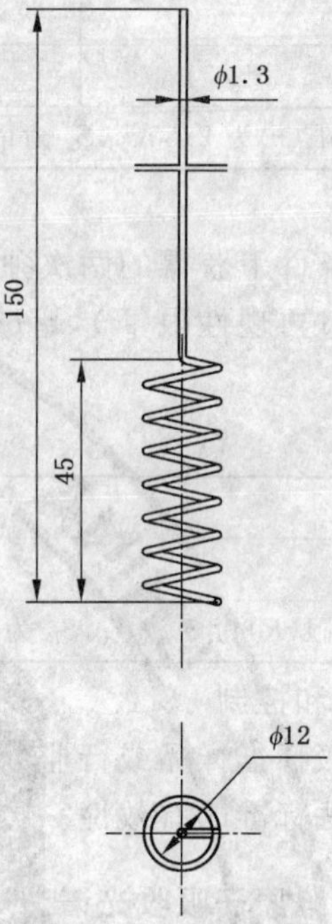

图2 铂阳极

2.4.4 原子吸收光谱仪,附镍空心阴极灯。

在仪器最佳工作条件下,凡能达到下列指标者均可使用。

——灵敏度:在与测量试料溶液的基体相一致的溶液中,镍的特征浓度应不大于0.035 μg/mL;

——精密度:用最高浓度的标准溶液测量10次吸光度,其标准偏差应不超过平均吸光度的1.0%;用最低浓度的标准溶液(不是"零"标准溶液)测量10次吸光度,其标准偏差应不超过最高浓度的标准溶液平均吸光度的0.5%;

——工作曲线性:将工作曲线按浓度等分成5段,最高段的吸光度差值与最低段的吸光度差值之比,应不小于0.7。

2.5 试样

厚度不大于1 mm的碎屑。

2.6 分析步骤

2.6.1 试料

按表4称取试样(2.5)精确至0.000 1 g。

表4 试料量及分取试液体积

镍的质量分数/%	试料量/g	分取试液体积/mL
>0.001 0~0.010	2.500	全量
>0.010~0.050	0.500	全量
>0.050~0.25	0.100	全量
>0.25~0.80	0.400	5.00
>0.80~1.50	0.200	5.00

2.6.2 测定次数

独立地进行二次测定,取其平均值。

2.6.3 空白试验

随同试料做空白试验。

2.6.4 测定

2.6.4.1 溶解试料

2.6.4.1.1 将试料(2.6.1)置于250 mL高型烧杯中,加入5 mL硝酸(2.3.3),加入5 mL盐酸(2.3.4),盖上表皿,加热至完全溶解,煮沸除尽氮的氧化物。以水洗涤表皿及杯壁,冷却,移入100 mL容量瓶中〔镍的质量分数大于0.25%时,以水稀释至刻度,混匀;按表4分取试液于100 mL容量瓶中,加入5 mL硝酸(2.3.3),5 mL盐酸(2.3.4)〕,加入10 mL硝酸锶(2.3.7)。以水稀释至刻度,混匀。以下按2.6.4.2进行。

2.6.4.1.2 硅青铜、硅黄铜等含硅高的试料:将试料(2.6.1)置于250 mL高型聚四氟乙烯烧杯中,加入5 mL硝酸(2.3.3),5 mL盐酸(2.3.4),4滴氢氟酸(2.3.1),温热至试料完全溶解,加入10 mL硼酸溶液(2.3.6),以水洗涤杯壁,冷却,移入100 mL容量瓶中〔镍的质量分数大于0.25%时,以水稀释至刻度,混匀;按表4分取试液于100 mL容量瓶中,加入5 mL硝酸(2.3.3),5 mL盐酸(2.3.4)〕,加入10 mL硝酸锶(2.3.7)。以水稀释至刻度,混匀。以下按2.6.4.2进行。

2.6.4.1.3 镍的质量分数在0.001 0%~0.010%时,将试料(2.6.1)置于250 mL高型烧杯中,加入20 mL硝酸(2.3.3),盖上表皿,加热至试料完全溶解,煮沸除尽氮的氧化物。用水洗涤表皿及杯壁,加30 mL过氧化氢(2.3.2),1滴盐酸(2.3.5),冷却,用水稀释至约130 mL,用两块半圆表皿盖上,在搅拌下进行电解(电流密度2.0 A/dm^2)。电解至铜的颜色褪去,以水洗涤表皿,在不切断电源的情况下,边用水冲洗边提起电极。将溶液置于电炉上加热,低温蒸发至体积在70 mL以下,冷却,移入100 mL容量瓶中,以5 mL盐酸(2.3.4),10 mL硝酸锶(2.3.7)及水先后冲洗烧杯,一并移入100 mL容量瓶中,以水稀释至刻度,混匀。以下按2.6.4.2进行。

2.6.4.2 测量

使用空气-乙炔火焰,以水调零,于原子吸收光谱仪波长232.0 nm处,与系列标准溶液同时,测量溶液的吸光度,减去试料空白溶液的吸光度,从工作曲线上查出相应的镍的质量浓度。

2.6.5 工作曲线的绘制

2.6.5.1 移取0 mL、0.50 mL、1.00 mL、3.00 mL、4.00 mL、5.00 mL镍标准溶液(2.3.9)分别置于一组100 mL容量瓶中,加入5 mL硝酸(2.3.3),5 mL盐酸(2.3.4),10 mL硝酸锶(2.3.7),用水稀释至刻度,混匀。

2.6.5.2 与测量试液相同的条件下,测量系列标准溶液的吸光度。减去系列标准溶液中"零"浓度溶液的吸光度,以镍的质量浓度为横坐标,吸光度为纵坐标绘制工作曲线。

2.7 分析结果的计算

按式(2)计算镍的质量分数w(Ni),数值以%表示:

$$w(\mathrm{Ni})=\frac{\rho \cdot V_0 \cdot V_2 \times 10^{-6}}{m_0 \cdot V_1}\times 100 \qquad \cdots\cdots(2)$$

式中:

ρ——自工作曲线上查得的镍的质量浓度,单位为微克每毫升(μg/mL);

V_0——试液总体积,单位为毫升(mL);

V_2——分取试液稀释后的体积,单位为毫升(mL);

V_1——分取试液的体积,单位为毫升(mL);

m_0——试料的质量,单位为克(g)。

所得结果表示至小数点后第二位。若镍的质量分数小于0.10%时,表示至小数点后第三位;小于0.010%时,表示至小数点后第四位。

2.8 精密度

2.8.1 重复性

在重复条件下获得的两次独立测试结果的测试值，在表5给出的平均值范围内，两个测试结果的绝对值不超过重复性限(r)，超过重复性限(r)的情况不超过5%，重复性限(r)按表5数据采用线性内插法求得：

表5 重复性限

镍的质量分数/%	0.001 9	0.009 9	0.071	0.30	1.39
重复性限(r)/%	0.000 2	0.000 3	0.004	0.02	0.04
注：重复性限(r)为$2.83S_r$，S_r为重复性标准偏差。					

2.8.2 再现性

在再现性条件下获得的两次独立测试结果的测试值，在表6给出的平均值范围内，两个测试结果的绝对差值不超过再现性限(R)，超过再现性限(R)的情况不超过5%，再现性限(R)按表6数据采用线性内插法求得：

表6 再现性限

镍的质量分数/%	0.001 9	0.009 9	0.071	0.30	1.39
再现性限(R)/%	0.000 3	0.000 5	0.004	0.03	0.05
注：再现性限(R)为$2.83S_R$，S_R为再现性标准偏差。					

2.9 质量保证和控制

应用国家级标准样品或行业级标准样品（当前两者没有时，也可用控制标样替代），每周或每两周校核一次本分析方法标准的有效性。当过程失控时，应找出原因，纠正错误后，重新进行校核。

3 方法三 Na_2EDTA滴定法

3.1 范围

本方法规定了铜及铜合金中镍含量的测定方法。

本方法适用于铜及铜合金中镍含量的测定。测定范围：>1.50%～45.00%。

3.2 方法原理

试料用硝酸溶解，必要时滴加氢氟酸助溶，以电解法除铜。在乙酸盐溶液中，用丁二酮肟沉淀镍，残余铜及铁、铝、铅等干扰元素用硫代硫酸钠和酒石酸钠掩蔽。沉淀溶于硝酸，蒸发破坏丁二酮肟，加入过量的乙二铵四乙酸二钠(Na_2EDTA)标准溶液，以二甲酚橙为指示剂，在pH5～pH6时用硝酸铅标准滴定溶液滴定过量的Na_2EDTA。

3.3 试剂

除非另有说明，在分析中仅使用确认为分析纯的试剂和蒸馏水或去离子水或相当纯度的水。

3.3.1 尿素。

3.3.2 氢氟酸(ρ1.15 g/mL)。

3.3.3 氨水(ρ0.90 g/mL)。

3.3.4 硝酸(1+1)。

3.3.5 硝酸(1+100)。

3.3.6 盐酸(1+120)。

3.3.7 乙酸(1+2)。

3.3.8 氨水(1+1)。

3.3.9 酒石酸钠($C_4H_4O_6Na_2 \cdot 5H_2O$)溶液(100 g/L)。

3.3.10 乙酸铵溶液(200 g/L)。

3.3.11 硫代硫酸钠($Na_2S_2O_3 \cdot 5H_2O$)溶液(100 g/L)。

3.3.12 六次甲基四胺溶液(100 g/L)。

3.3.13 丁二酮肟乙醇溶液(10 g/L):溶解 10 g 丁二酮肟溶于乙醇中,稀释至 1 000 mL。

3.3.14 镍标准溶液:称取 1.000 g 纯镍(镍的质量分数≥99.95%)置于 250 mL 烧杯中,加入 20 mL 硝酸(3.3.4)加热溶解,煮沸除去氮的氧化物,移入 1 000 mL 容量瓶中,用水稀释至刻度,混匀。此 1 mL 溶液含 0.001 g 镍。

3.3.15 硝酸铅[$Pb(NO_3)_2$]标准滴定溶液{$c[Pb(NO_3)_2]$=0.010 0 mol/L}

3.3.15.1 配制

称取 3.312 g 硝酸铅置于 300 mL 烧杯中,加入少量水溶解,移入 1 000 mL 容量瓶中,用水稀释至刻度,混匀。

3.3.15.2 标定

移取 10.00 mL 乙二胺四乙酸二钠标准溶液(3.3.16)于 300 mL 烧杯中,加入 10 mL 六次甲基四胺溶液(3.3.12),50 mL 水,4 滴~5 滴二甲酚橙溶液(3.3.17),用乙酸(3.3.7)中和至溶液由紫色变为黄色,以硝酸铅标准滴定溶液(3.3.15)滴定至溶液由黄色变为红色为终点。

按式(3)计算硝酸铅标准滴定溶液(3.3.15)相当于 Na_2EDTA 标准溶液(3.3.16)的毫升数。

$$K = \frac{V_1}{V_0} \quad \cdots\cdots (3)$$

式中:

V_1——移取 Na_2EDTA 标准溶液的体积,单位为毫升(mL);

V_0——滴定时消耗硝酸铅标准滴定溶液的体积,单位为毫升(mL);

K——换算系数(1 mL 硝酸铅标准滴定溶液相当于 Na_2EDTA 标准溶液的毫升数)。

平行标定三份,消耗硝酸铅标准滴定溶液体积的极差不得超过 0.10 mL,取其平均值,否则重新标定。

3.3.16 乙二胺四乙酸二钠(Na_2EDTA)标准溶液:[$c(Na_2EDTA)$=0.017 mol/L]

3.3.16.1 配制

称取 6.342 g 乙二胺四乙酸二钠($C_{10}H_{14}N_2O_8Na_2 \cdot 2H_2O$)置于 400 mL 烧杯中,加入 200 mL 热水溶解,冷却,移入 1 000 mL 容量瓶中,用水稀释至刻度,混匀。贮存于聚乙烯容器中。

3.3.16.2 标定

移取 30.00 mL 镍标准溶液(3.3.14)于 300 mL 烧杯中,用氨水(3.3.8)中和至生成蓝色镍氨络离子并过量 1 mL,加入 10 mL 六次甲基四胺溶液(3.3.12),50 mL 水,准确加入 35 mL 乙二胺四乙酸二钠标准溶液(3.3.16),4 滴~5 滴二甲酚橙溶液(3.3.17),用乙酸(3.3.7)中和至溶液由紫红色变为黄绿色,以硝酸铅标准滴定溶液(3.3.15)滴定至溶液由黄绿色变为紫红色为终点。

按式(4)计算 Na_2EDTA 标准溶液的实际浓度。

$$c = \frac{c_1 \cdot V_2}{(V_3 - K \cdot V_4) \times 58.69 \times 10^{-3}} \quad \cdots\cdots (4)$$

式中:

c——Na_2EDTA 标准溶液的实际浓度,单位为摩尔每升(mol/L);

c_1——镍标准溶液的浓度,单位为克每毫升(g/mL);

V_2——移取镍标准溶液的体积,单位为毫升(mL);

V_3——Na_2EDTA 标准溶液的体积,单位为毫升(mL);

V_4——标定镍标准溶液时消耗硝酸铅标准滴定溶液的体积,单位为毫升(mL);

K——换算系数(1 mL 硝酸铅标准滴定溶液相当于 Na_2EDTA 标准溶液的毫升数);

58.69——镍的摩尔质量,单位为克/摩尔(g/mol)。

平行标定三份，消耗的硝酸铅标准滴定溶液体积的极差不超过 0.10 mL，取其平均值，否则重新标定。

3.3.17　二甲酚橙溶液(2 g/L)。

3.3.18　甲基红乙醇溶液(1 g/L)。

3.4　仪器

3.4.1　备有自动搅拌装置和精密支流电流表、电压表的电解器。

3.4.2　铂阴极：用直径约 0.2 mm 的铂丝，编制成每平方厘米约 36 μm 筛孔的网，制成网状圆筒形，见图 1。

3.4.3　铂阳极：螺旋形，见图 2。

3.5　试样

厚度不大于 1 mm 的碎屑。

3.6　分析步骤

3.6.1　试料

按表 7 称取试样(3.5)精确至 0.000 1 g。

表 7　试料量及分取试液体积

镍的质量分数/%	试料量/g	分取试液体积/mL
>1.50～4.00	1.000	全量
>4.00～7.00	0.500	全量
>7.00～12.00	0.300	全量
>12.00～20.00	1.000	50.00
>20.00～24.00	1.500	25.00
>24.00～45.00	1.000	25.00

3.6.2　测定次数

独立地进行二次测定，取其平均值。

3.6.3　空白试验

随同试料做空白试验。

3.6.4　测定

3.6.4.1　将试料(3.6.1)置于 250 mL 高型烧杯中，加入 20 mL 硝酸(3.3.4)加热溶解，煮沸除去氮的氧化物[当分析硅青铜时，用水将溶液移入 250 mL 聚乙烯杯中，滴加氢氟酸(3.3.2)使沉淀溶解]。冷却，用水稀释至 130 mL 左右。

3.6.4.2　加入一滴盐酸(3.3.6)[当分析 BMn3-12 时，再加入 5 mL 酒石酸钠溶液(3.3.9)]。用两块半圆型表皿盖上，室温高时应冷却，在搅拌下用 2.0 A/dm² 电流电解除铜。

3.6.4.3　待溶液褪色后，加入 1 g 左右尿素(3.3.1)，用水洗表皿和杯壁，继续电解 10 min，若新浸没的阴极上无铜析出，在不切断电流的情况下，边用水冲洗边提起电极。

3.6.4.4　将溶液转移至 300 mL 烧杯中(镍的质量分数大于 12.00%时，先将溶液移入 250 mL 容量瓶中，用水稀释至刻度，混匀，再按表 7 移取溶液置于 300 mL 烧杯中)，加入 10 mL 酒石酸钠溶液(3.3.9)，3 滴甲基红乙醇溶液(3.3.18)，用氨水(3.3.3)中和至溶液由红色变为黄色，再用硝酸(3.3.4)反中和至溶液变为红色，加入 20 mL 乙酸铵溶液(3.3.10)、10 mL 硫代硫酸钠溶液(3.3.11)，加水至 200 mL 左右。将溶液加热至 60℃～70℃，在搅拌下缓慢加入 25 mL 丁二酮肟乙醇溶液(3.3.13)，继续搅拌 30 s，放置 10 min。

3.6.4.5 用快速定量滤纸过滤，用水洗涤烧杯 3 次～4 次，洗涤沉淀 5 次～6 次。用 15 mL 热硝酸(3.3.4)分次将沉淀溶解于原烧杯中，滤纸用热硝酸(3.3.5)洗涤 4 次～5 次，洗液并入原烧杯中。将溶液蒸发至 10 mL 左右，冷却。

3.6.4.6 用氨水(3.3.8)中和溶液(3.6.4.5)至产生蓝色镍氨络离子，并过量 1 mL，加入 10 mL 六次甲基四胺溶液(3.3.12)，50 mL 水，用滴定管准确加入 Na_2EDTA 标准溶液(3.3.16)(1 mg 镍约需 1 mL Na_2EDTA 标准溶液)，并过量 5.00 mL，加入 4 滴～5 滴二甲酚橙溶液(3.3.17)，用乙酸(3.3.7)中和至溶液由紫红色变为黄绿色。用硝酸铅标准滴定溶液(3.3.15)滴定至溶液由黄绿色变为紫红色为终点。

3.7 分析结果的计算

按式(5)计算镍的质量分数 $w(\mathrm{Ni})$，数值以%表示：

$$w(\mathrm{Ni}) = \frac{c \cdot V_5 \cdot (V_7 - K \cdot V_8) \times 58.69 \times 10^{-3}}{m_0 \cdot V_6} \times 100 \qquad \cdots\cdots(5)$$

式中：

c——Na_2EDTA 标准溶液的实际浓度，单位为摩尔每升(mol/L)；

V_5——试液的总体积，单位为毫升(mL)；

V_7——加入 Na_2EDTA 标准溶液的体积，单位为毫升(mL)；

V_8——测定时所消耗硝酸铅标准滴定溶液的体积，单位为毫升(mL)；

K——换算系数(1 mL 硝酸铅标准滴定溶液相当于 Na_2EDTA 标准溶液的毫升数)；

V_6——分取试液的体积，单位为毫升(mL)；

m_0——试料的质量，单位为克(g)；

58.69——镍的摩尔质量，单位为克每摩尔(g/mol)。

所得结果表示至小数点后第二位。

3.8 精密度

3.8.1 重复性

在重复性条件下获得的两次独立测试结果的测试值，在表 8 给出的平均值范围内，两个测试结果的绝对差值不超过重复性限(r)，超过重复性限(r)的情况不超过 5%，重复性限(r)按表 8 数据采用线性内插法求得：

表 8 重复性限

镍的质量分数/%	2.49	16.77	31.06	40.62
重复性限(r)/%	0.06	0.13	0.15	0.18
注：重复性限(r)为 $2.83S_r$，S_r 为重复性标准偏差。				

3.8.2 再现性

在再现性条件下获得的两次独立测试结果的测试值，在表 9 给出的平均值范围内，两个测试结果的绝对差值不超过再现性限(R)，超过再现性限(R)的情况不超过 5%，再现性限(R)按表 9 数据采用线性内插法求得：

表 9 再现性限

镍的质量分数/%	2.49	16.77	31.06	40.62
再现性限(R)/%	0.07	0.17	0.18	0.20
注：再现性限(R)为 $2.83S_R$，S_R 为再现性标准偏差。				

3.9 质量保证和控制

应用国家级标准样品或行业级标准样品(当前两者没有时，也可用控制标样替代)，每周或每两周校核一次本分析方法标准的有效性。当过程失控时，应找出原因，纠正错误后，重新进行校核。

4 方法四 丁二酮肟分光光度法

4.1 范围

本方法规定用丁二酮肟分光光度法测定铜合金中镍的含量。

本方法适用于ISO标准中所列的铜合金中镍质量分数最高到2.50%的测定。

4.2 引用标准

ISO/R 1811《铜与铜合金的化学分析-精铜块的取样》。

4.3 方法原理

通过沉淀丁二酮肟络合物使镍从试样的氨水溶液中分离。用氯仿萃取此络合物。蒸发有机物，消解络合物。用伏安终点指示法间接络合滴定测定镍含量。

4.4 试剂

在分析中仅使用分析纯试剂及蒸馏水或去离子水。

4.4.1 三氯甲烷。

4.4.2 无水硫酸钠。

4.4.3 盐酸(1+1)。

4.4.4 过氧化氢溶液(ρ1.10 g/mL)。

4.4.5 盐酸羟铵[$HONH_3Cl$]溶液(10 g/L)用氨溶液调节到pH7。

4.4.6 络合溶液：将240 mL酒石酸钠溶液(100 g/L)，90 mL氢氧化钠溶液(40 g/L)，480 mL含三个结晶水的醋酸钠($CH_3COONa \cdot 3H_2O$)溶液(200 g/L)及200 mL含5个结晶水的硫代硫酸钠($Na_2S_2O_3 \cdot 5H_2O$)溶液(200 g/L)，混匀。

4.4.7 丁二酮肟甲烷溶液(10 g/L)。

4.4.8 镍标准溶液(1 g/L)：溶解1.000 g镍(镍含量不小于99.8%)于10 mL硝酸(ρ1.38 g/mL)中，煮沸除去氮的氧化物，将溶液蒸发至稠浆状，冷却，用水稀释到1 L。

4.5 仪器

分光光度计(带有光程长度为2 cm及4 cm的比色皿)及一般的实验仪器。

4.6 取样

按照ISO/R 1811规定的操作条件进行取样。

4.7 分析步骤

4.7.1 试料

4.7.1.1 估计镍含量最高到0.5%，称样1 g(准确到0.001 g)。

4.7.1.2 估计镍含量在0.5%和2.5%之间，称样0.4 g(准确到0.001 g)，加无镍纯铜0.6 g(准确到±0.001 g)。

4.7.2 空白实验

在测定时，同时进行空白实验，除不加试样外，所用方法及全部试剂量均与测定时所用的方法及试剂量相同。

4.7.3 测定

4.7.3.1 溶解试料(4.7.1)于20 mL盐酸(4.4.3)中，并分次小量加入10 mL过氧化氢(4.4.4)溶液，冷却直到激烈反应停止。当试料完全溶解后，加热使溶液煮沸并继续煮沸约1 min以除去过量的过氧化氢，冷却至室温，将溶液转移到500 mL容量瓶中，稀释到刻度，混匀。

4.7.3.2 用移液管移取溶液25 mL(或估计镍含量在1.5%到2.5%间时取10 mL)于250 mL分液漏斗中，加5 mL盐酸羟铵溶液(4.4.5)及50 mL络合溶液(4.4.6)，每次加试剂后都要摇动。用pH试纸检查，溶液的pH值应在6.5～7.2。必要时再用1 mol/L氢氧化钠溶液或1 mol/L盐酸溶液进行调节。加3 mL丁二酮肟甲烷溶液(4.4.7)，振荡60 s，然后用移液管移取20 mL三氯甲烷(4.4.1)于此溶液中，振荡 40 s，使相分离。

4.7.3.3 将黄色三氯甲烷溶液移入有玻璃塞的 25 mL 锥型瓶（内装有 1 g 无水硫酸钠（4.4.2）中，塞好瓶塞，摇动除去三氯甲烷中的水。把三氯甲烷溶液移到光程长 2 cm 的比色皿中，立即加盖）。

4.7.3.4 在波长约 405 nm 处，以三氯甲烷（4.4.1）做参比溶液，把分光光度计的吸光度调到零点后，进行试液和空白试液的分光光度测量。

4.7.3.5 如果估计镍含量太低，可用光程长 4 cm 的比色皿在波长 365 nm 处测量。

4.7.4 校准曲线的绘制

用移液管移取 100 mL 镍标准溶液（4.4.8），转移到 500 mL 容量瓶中，稀释至刻度，混匀。将此溶液 0 mL、5 mL、10 mL、20 mL、30 mL 及 50 mL 分别转移到 500 mL 容量瓶中，按 4.7.3.1 规定溶解的含有 1 g 无镍的铜溶液稀释至刻度并混匀。

用移液管移取 25 mL 含有 0 mL 到 30 mL 镍标准溶液的混合溶液（镍含量小于 1.5%（m/m）时）或 10 mL 含有 30 mL 到 50 mL 镍标准溶液的混合溶液（镍含量在 1.5 到 2.5% 之间（m/m）时），放于 250 mL 分液漏斗中，加入 5 mL 盐酸羟胺溶液（4.4.5）及 50 mL 络合溶液（4.4.6），每次加试剂后都要摇动，以下按 4.7.3.2 相应的操作进行，以三氯甲烷（4.4.1）为参比溶液，在 4.7.3 规定的两个波长处将分光光度计的吸光度调到 0 点后，在进行标准比色溶液的分光光度测定，并绘制标准曲线。

4.8 分析结果的计算

根据测得的试液和空白溶液的分光光度读数，在相应的校准曲线上查得镍的毫克数，由式（6）计算镍的质量分数，数值以%表示：

$$w(\mathrm{Ni}) = \frac{m_1}{10m_0} \qquad \cdots\cdots(6)$$

式中：

m_0——分取液中的试料质量，单位为克（g）；

m_1——分取液中扣除空白值后得到的镍量，单位为毫克（mg）。

4.9 试验报告

a) 采用的方法标准；

b) 结果及其计算方法；

c) 测定中观察到的任何异常现象；

d) 本方法或参考文件中未包括的，或自选的任何操作。

5 方法五 滴定法

5.1 范围

本方法规定用滴定法测定铜合金中的镍含量。

本方法适用于 ISO 国际标准中所列铜合金中作为合金元素的镍含量的测定。

5.2 方法原理

通过沉淀丁二酮肟络合物使镍从试样的氨水溶液中分离。用氯仿萃取此络合物。蒸发有机物，消解络合物。用伏安终点指示法间接络合滴定测定镍含量。

5.3 试剂

分析仅用分析纯试剂和蒸馏水或相当纯度的水。

5.3.1 氨溶液（ρ0.91 g/mL）。

5.3.2 氨溶液（1+10）。

5.3.3 硝酸溶液（1+1）。

5.3.4 高氯酸（ρ1.70 g/mL）。

5.3.5 盐酸羟胺。

5.3.6 氯仿。

5.3.7 六次甲基四胺。

5.3.8 酒石酸溶液(500 g/L)。

5.3.9 酒石酸钠溶液(100 g/L)。

5.3.10 丁二酮肟甲醇溶液(10 g/L)。

5.3.11 盐酸溶液(1+1)。

5.3.12 乙二胺四乙酸二钠(Na_2EDTA)标准滴定溶液,$c(Na_2C_{10}H_{14}O_8N_2 \cdot 2H_2O) \approx 0.01$ mol/L。

5.3.12.1 溶液的制备

在 1 000 mL 的单标线容量瓶内用水溶解 3.722 g Na_2EDTA,并稀释至刻度。

5.3.12.2 溶液的标定

用移液管移取 20.00 mL 铜溶液(5.3.14)于一个 250 mL 烧杯中。加 25.00 mL Na_2EDTA 溶液(5.3.12.1)、六次甲基四胺(5.3.7)调节 pH 为 6.2 至 6.4。加 2.5 mL MnEDTA 溶液(5.3.13)。按 5.5.6 条用铜溶液(5.3.14)滴定过量的 EDTA。

EDTA 溶液的滴定系数 F 由式(7)算出:

$$F = \frac{20.00 + V_0}{25.00} \qquad \cdots\cdots (7)$$

式中:

V_0——为测定所用铜溶液的体积,单位为毫升(mL)。

5.3.13 乙二胺四醋酸锰(Ⅱ)溶液(0.2 g/L):在 1 000 mL 的单刻度容量瓶内,用 200 mL 水溶解 0.615 5 g 一水合硫酸锰(Ⅱ)($MnSO_4 \cdot H_2O$)、1.064 g 乙二胺四醋酸和 10 g 六次甲基四胺(5.3.7)稀释至刻度。1 mL 此溶液含 0.2 mg Mn(Ⅱ)。

注:为查明溶液中 Mn 和 EDTA 是否符合化学计量关系,可以加几毫克盐酸羟胺(5.3.5)和一滴羊毛络黑 T 指示溶液。所产生的颜色应是灰暗的粉红色或兰色。如加一滴铜溶液时,则应转为一纯红;或加滴 Na_2EDTA 溶液(5.3.12)时转为纯蓝色。

5.3.14 铜溶液(0.01 mol/L):在 1 000 mL 的单刻度容量瓶内,用尽量少的硝酸(5.3.3)溶解 0.635 4 g 铜(纯度>99.9%)并稀释至刻度。

5.3.15 络合溶液:溶解 200 g 醋酸铵于 500 mL 水中,用氨溶液(5.3.1)调至 pH9。加 400 g 硫代硫酸钠,稀释至 1 000 mL。

5.4 仪器

普通实验室仪器,以及

5.4.1 电位计,配有伏安终点指示装置。

注:这种用 1 μA～5 μA 直流电使电极化的装置制作简易,只需用 2 V 蓄电池与一个 1 MΩ 电阻和电极串联即成。电位计与电极并联。

5.4.2 双铂电极:将直径为 1 mm 的铂丝直接地,或先焊在铜丝上之后,封入玻管中,每一铂丝电极长约 4 mm,自由几何表面积约为 10 mm^2。

5.4.3 空吸薄膜过滤器,带磨口玻璃接头与 250 mL 分液漏斗连接。

5.4.4 滤膜,孔隙为 1 μm,与过滤器(5.4.3)连用。

5.5 分析步骤

5.5.1 试样溶解与稀释

称取研细的样品 1.000 g,精确至 0.001 g,置于一个 250 mL 高型烧杯内。加入 5 mL 酒石酸溶液(5.3.8)和 20 mL 硝酸溶液(5.3.3)。待溶解完毕,加入约 30 mL 水稀释,煮沸约 5 min 以驱除氧化亚氮。

冷却至室温,按下表所示将试液移入 100 mL 的单刻度容量瓶(如镍含量估计低于 10%)(m/m),或 500 mL 的单刻度容量瓶(如镍含量估计为 10%)或更高。

用水稀释至刻度，摇匀。

依据估计的镍质量分数，按表10所示量分取试液于250 mL的烧杯中。必要时，用水稀释至50 mL。

表10 试样量、稀释量、分取量和 Na_2EDTA 加入量

估计镍含量/%	稀释量/mL	分取量/mL	溶液中样品量/g	加 Na_2EDTA(5.3.12)的体积/mL
2	100	50	0.5	25
5	100	20	0.2	25
10	500	50	0.1	25
20	500	50	0.1	50
40	500	25	0.05	50
60	500	20	0.04	50

5.5.2 络合物的形成

依次加入下列试剂，每加一种均须摇匀：

——10 mL酒石酸钠溶液(5.3.9)；

——氨溶液(5.3.1)，如至全部镍和铜都重新溶解为止；

——盐酸羟胺(5.3.5)，加至溶液退色(0.1 g～0.2 g，依存在的铜量而定)；

——20 mL络合溶液(5.3.15)(如果分取量相当于大于0.2 g样品时加30 mL)；

——15 mL丁二酮肟甲醇溶液(5.3.10)。

5.5.3 过滤和第一次萃取：用空吸薄膜过滤器(5.4.3)使沉淀通过1 μm滤膜过滤，滤液直接滤入250 mL分液漏斗中，烧杯用5 mL氨溶液(5.3.2)洗涤3次，再用5 mL水洗涤2次。用氯仿(5.3.6)与滤出液一起震荡，保留有机相。用20 mL氯仿重复萃取，合并有机萃取相。

5.5.4 沉淀的处理：用10 mL硝酸溶液(5.3.3)溶洗滤膜，并重复5.5.2和5.5.3中规定的沉淀镍和滤液萃取的操作。

5.5.5 消解：在盛有10 mL硝酸溶液(5.3.3)的250 mL烧杯中溶洗经按5.5.4处理的滤膜，并与4次氯仿萃取相合并。放入几块防爆子，将溶液蒸发至约2 mL。取出防爆子，用几毫升水洗涤之。加入2 mL高氯酸(5.3.4)，加热使冒烟至近干(0.5 mL)。冷却残留物。

5.5.6 滴定：用20 mL水溶解残留物。按表10所示量加入 Na_2EDTA(5.3.12)。用六次甲基四胺(5.3.7)调节至pH6.2～pH 6.4。加2.5 mL Mn(Ⅱ)EDTA溶液(5.3.13)，借助极化双铂电极(5.4.2)伏安指示，用铜溶液(5.3.14)滴定过量的EDTA。铜溶液必须逐滴加入，开始时快些，接近终点时则须慢些。当一滴产生大约250 mV的电压波峰时即表明到达终点。

5.5.7 校核试验：制备一含有已知镍量并成分上与被分析材料相似的标准溶液或人工合成样，按5.5.1～5.5.6的步骤对电位计进行预先校核。

5.6 分析结果的计算

按式(8)计算镍的质量分数，数值以%表示：

$$w(\text{Ni})=\frac{(V_1\times F-V_2)\times 0.000\,587\times 100}{m}=\frac{(V_1\times F-V_2)\times 0.058\,7}{m} \quad \cdots\cdots\cdots(8)$$

式中：

V_1——加入 Na_2EDTA 溶液(5.3.13)的体积，单位为毫升(mL)；

V_2——滴定所用铜溶液(5.3.15)的体积，单位为毫升(mL)；

F——Na_2EDTA 溶液(5.3.12)的滴定系数，按5.3.12.2计算；

m——试液中样品的质量，单位为克(g)；

0.000 587——1 mL Na_2EDTA 溶液(5.3.12)所相当的镍量，单位为克(g)。

5.7 重复性与再现性

由不同实验室对同一样品所做的对比试验获得下述数据：

表 11 重复性、再现性

特征项目	数 据
平均值，%	43.36
标准偏差：重复性，σ_r	0.045
再现性，σ_R	0.097

5.8 分析步骤注释

5.8.1 电极的处理

滴定达终点时，阳极会被二氧化锰(Ⅳ)所覆盖。在每次滴定之后必须将电极浸入含有少许过氧化氢的盐酸溶液(1+5)中将这种覆盖层溶解掉。

5.8.2 目视指示剂

可用目视指示剂代替伏安法，但准确度会有所降低。二甲苯酚蓝与硝酸钾按 1∶50 配合是适用的。此时，滴定剂不用铜溶液，而应改为 0.01 mol/L 的锌溶液。

5.9 试验报告

试验报告须包括下列内容：

a) 样品的认识标志；

b) 所采用方法的编号；

c) 结果和采用的表示方法；

d) 测定中注意到的异常现象；

e) 本方法中未包括的，或认为是自行选定的，可能影响结果的任何操作。

附 录 A
（资料性附录）
本部分方法三章条编号与 ISO 4742:1984 章条编号对照

表 A.1 给出了本部分方法三章条编号与 ISO 4742:1984 章条编号对照一览表。

表 A.1 本部分方法三章条编号与 ISO 4742:1984 章条编号对照

本部分方法三章条编号	ISO 4742:1984 章条编号
3.1	1
3.2	3
3.3	4
3.4	5
3.5	—
3.6	6
3.6.1	6.1
3.6.2	—
3.6.3.1	6.2
3.6.3.2	6.3
3.6.3.4	6.4
3.6.3.5	6.5
3.6.3.6	—
3.7	7
3.8	—
3.9	—

附　录　B
（资料性附录）
本部分方法三与ISO 4742：1984技术性差异及其原因

表B.1给出了本部分方法三与ISO 4742：1984的技术性差异及其原因的一览表。

表B.1　本部分方法三与ISO 4742：1984技术性差异及其原因

本部分方法三的章条编号	技术性差异	原　　因
3.1	对方法的测定范围下限作了规定，降低了测定上限	使标准更科学、严密，增加了适用性
3.2	将原理改为方法原理——电解除铜，丁二酮肟沉淀，过滤后，直接采用滴定法	更加详细而具体，增加了适用性
3.3	不采用高氯酸试剂，增加了标准滴定液的配制和标定，增加了除铁、铝、铅等干扰元素的掩蔽试剂	使本方法更科学、严密，增加了适用性
3.5	增加了试样加工要求	使本方法更科学、严密
3.6.1	细化了含量范围，减少了称样量	可操作性强
3.6.2	对测定次数做了要求	使本方法更科学、严密
3.6.3.1	减少了含锡试样的处理	增加了适用性
3.6.3.2	增加了含锰试样的处理	使本方法更科学、严密
3.6.3.4	增加了残铜、其他干扰元素的处理	使本方法更科学、严密
3.6.3.6	采用滴定法	提高实用性
3.7	分析结果的计算与表述清晰、明了	提高实用性
3.8	增加了精密度（重复性）条款	标准规范要求
3.9	增加了质量保证条款	标准规范要求

ICS 77.120.30
H 13

GB

中华人民共和国国家标准

GB/T 5121.6—2008
代替 GB/T 5121.6—1996,GB/T 13293.2—1991

铜及铜合金化学分析方法 第 6 部分:铋含量的测定

Methods for chemical analysis of copper and copper alloys— Part 6:Determination of bismuth content

2008-06-17 发布　　2008-12-01 实施

中华人民共和国国家质量监督检验检疫总局
中国国家标准化管理委员会　发布

前　　言

GB/T 5121《铜及铜合金化学分析方法》共有 27 部分。

——第 1 部分：铜含量的测定；

——第 2 部分：磷含量的测定；

——第 3 部分：铅含量的测定；

——第 4 部分：碳、硫含量的测定；

——第 5 部分：镍含量的测定；

——第 6 部分：铋含量的测定；

——第 7 部分：砷含量的测定；

——第 8 部分：氧含量的测定；

——第 9 部分：铁含量的测定；

——第 10 部分：锡含量的测定；

——第 11 部分：锌含量的测定；

——第 12 部分：锑含量的测定；

——第 13 部分：铝含量的测定；

——第 14 部分：锰含量的测定；

——第 15 部分：钴含量的测定；

——第 16 部分：铬含量的测定；

——第 17 部分：铍含量的测定；

——第 18 部分：镁含量的测定；

——第 19 部分：银含量的测定；

——第 20 部分：锆含量的测定；

——第 21 部分：钛含量的测定；

——第 22 部分：镉含量的测定；

——第 23 部分：硅含量的测定；

——第 24 部分：硒、碲含量的测定；

——第 25 部分：硼含量的测定；

——第 26 部分：汞含量的测定；

——第 27 部分：电感耦合等离子体原子发射光谱法。

本部分为第 6 部分。

本部分包括方法一、方法二。

本部分代替 GB/T 5121.6—1996《铜及铜合金化学分析方法　铋量的测定》和 GB/T 13293.2—1991《高纯阴极铜化学分析方法　氢化物发生—无色散原子荧光光谱法测定铋量》。

本部分与 GB/T 5121.6—1996、GB/T 13293.2—1991 相比，主要变动如下：

——方法一是对 GB/T 13293.2—1991 的修订，补充了质量保证和控制条款，增加了精密度条款；

——方法二是对 GB/T 5121.6—1996 修订，补充了质量保证和控制条款，增加了精密度条款。

本部分由中国有色金属工业协会提出。

本部分由全国有色金属标准化技术委员会归口。

本部分由中铝洛阳铜业有限公司、北京矿冶研究总院、中国有色金属工业标准计量质量研究所负责起草。

本部分方法一由江西铜业集团公司贵溪冶炼厂、北京矿冶研究总院起草。

本部分方法一由铜陵有色金属集团控股有限公司参加起草。

本部分方法一主要起草人：占光仙、卢秋兰、梁亚群、罗智、汤淑芳、于力。

本部分方法一主要验证人：樊占芳、高红波。

本部分方法二由北京有色金属研究总院起草。

本部分方法二由铜陵有色金属集团控股有限公司、江西铜业集团参加起草。

本部分方法二主要起草人：颜广炅、张丽、王克刚。

本部分方法二主要验证人：陈慧汶、张千强、李琴美、占光仙。

本部分所代替标准的历次版本发布情况为：

——GB/T 5121.6—1996、GB/T 13293.2—1991。

铜及铜合金化学分析方法
第6部分：铋含量的测定

1 方法一 氢化物发生-无色散原子荧光光谱法

1.1 范围

本方法规定了铜及铜合金中铋含量的测定方法。

本方法适用于铜及铜合金中铋含量的测定，测定范围：0.000 01%～0.000 50%。

1.2 方法原理

试样用硝酸溶解，在氨性介质中用氢氧化镧共沉淀铋并与基体铜分离，沉淀以热盐酸溶解。在氢化物发生器中，铋被硼氢化钾还原为氢化物，用氩气导入石英炉原子化器中，于原子荧光光谱仪上测定铋元素的荧光强度。

1.3 试剂

除非另有说明，在分析中仅使用确认为分析纯的试剂和蒸馏水或去离子水或相当纯度的水。

1.3.1 硝酸(1+1)优级纯。

1.3.2 盐酸(ρ1.19 g/mL)优级纯。

1.3.3 盐酸(11+89)。

1.3.4 氨水(ρ0.90 g/mL)BVⅢ级。

1.3.5 氨水(5+95)。

1.3.6 硫脲-抗坏血酸混合溶液：称取100 g硫脲，50 g抗坏血酸，用水溶解后稀释至1 000 mL，摇匀。

1.3.7 硝酸镧(50 g/L)：称取50克硝酸镧溶于1 000 mL水中，摇匀。

1.3.8 硼氢化钾溶液(15 g/L)：称取硼氢化钾15 g溶于含氢氧化钾(5 g/L)的1 000 mL水溶液中，摇匀。现用现配。

1.3.9 铋标准贮存溶液：称取0.100 0 g金属铋(铋的质量分数≥99.95%)，低温加热溶于10 mL硝酸(1.3.1)，加入90 mL硝酸(1.3.1)，冷却，移入1 000 mL容量瓶中，以水定容至刻度，摇匀。此溶液1 mL含100 μg铋。

1.3.10 铋标准溶液：移取2.00 mL铋标准贮存溶液(1.3.9)于200 mL容量瓶中，加盐酸(1.3.2)20 mL，以水稀释至刻度，摇匀。此溶液1 mL含1 μg铋。

1.4 仪器

1.4.1 原子荧光光谱仪，附铋高强度空心阴极灯

1.4.2 在仪器最佳工作条件下，凡达到下列指标者均可使用。

——检出极限：不大于2×10^{-9} g/mL。

——精密度：用0.02 μg/mL的铋标准溶液测量10次荧光强度，其标准偏差不应超过平均荧光强度的5.0%。

1.5 试样

试样加工成屑状。

1.6 分析步骤

1.6.1 试料

称取20.0 g试样(1.5)，精确到0.001 g。

表 1　分取试液体积、测定试液体积、硫脲-抗坏血酸混合溶液加入量

铋的质量分数/%	分取试液体积/mL	测定试液体积/mL	加入硫脲-抗坏血酸混合溶液量/mL
0.000 01～0.000 05	50	50	5
>0.000 05～0.000 50	20	100	10

1.6.2　测定次数

独立地进行二次测定，取其平均值。

1.6.3　空白试验

随同试料做2份空白试验，第一份加硝酸(1.3.1)15 mL，第二份加硝酸(1.3.1)7.5 mL，分别加入5 mL硝酸镧(1.3.7)，加水稀释至150 mL，在不断搅拌下，加氨水(1.3.4)中和并过量10 mL(约20 mL)，盖上表皿加热至微沸，在70℃～80℃保温30 min。以下按1.6.4.3步骤操作。第一份溶液移入50 mL容量瓶中，第二份溶液移入100 mL容量瓶中。

1.6.4　样品处理

1.6.4.1　将试料(1.6.1)置于400 mL的烧杯中，加150 mL硝酸(1.3.1)，盖上表皿，低温加热至试料完全溶解，煮沸驱除氮的氧化物，取下冷却后移入200 mL容量瓶，用水稀释至刻度，摇匀。

1.6.4.2　按表1分取试液(1.6.4.1)于300 mL的烧杯中，加入5 mL硝酸镧(1.3.7)，加水稀释至体积约150 mL，在不断搅拌下，加氨水(1.3.4)使铜完全络合(此时溶液深蓝色)并过量10 mL，盖上表皿加热至微沸，在70℃～80℃保温30 min。

1.6.4.3　用快速定量滤纸过滤，用热氨水(1.3.5)洗涤烧杯及沉淀各2次，再用热水洗涤1次，弃去滤液。

1.6.4.4　用热盐酸(1.3.3)将沉淀溶解于原烧杯，加水稀释至体积约150 mL，在不断搅拌下，滴加氨水(1.3.4)使铜完全络合(此时溶液淡蓝色)并过量5 mL，盖上表皿加热至微沸，在70℃～80℃保温30 min。

1.6.4.5　用快速定量滤纸过滤，用热氨水(1.3.5)洗涤烧杯及沉淀各2次，再用热水洗涤2次，弃去滤液。

1.6.4.6　用温热盐酸(1.3.3)将沉淀溶解于原烧杯中，按表1将溶液移入相应容量瓶中，并按表1加硫脲-抗坏血酸溶液(1.3.6)，用盐酸(1.3.3)稀释至刻度，摇匀。

1.6.4.7　于原子荧光光谱仪，与系列标准溶液同时，以水调零，测量溶液的荧光强度，减去随同试料同等体积空白溶液的荧光强度，从工作曲线上查出相应的铋的质量浓度。

1.6.5　工作曲线绘制

1.6.5.1　分别移取0 mL、0.50 mL、1.00 mL、2.00 mL、4.00 mL、6.00 mL铋标准溶液(1.3.10)于一组50 mL的容量瓶中，加入盐酸(1.3.2)5 mL，硫脲-抗坏血酸(1.3.6)5 mL，用水稀释至刻度，摇匀。

1.6.5.2　在与试料溶液测定相同条件下，测量系列标准溶液的荧光强度，减去系列标准溶液中"零"浓度溶液的荧光强度，以铋的质量浓度为横坐标，荧光强度为纵坐标绘制工作曲线。

1.7　分析结果的计算

按式(1)计算铋的质量分数$w(\mathrm{Bi})$，数值以%表示：

$$w(\mathrm{Bi})=\frac{\rho \cdot V_0 \cdot V_2 \times 10^{-6}}{m \cdot V_1}\times 100 \qquad \cdots\cdots(1)$$

式中：

ρ——自工作曲线上查得的铋的质量浓度，单位为微克每毫升(μg/mL)；

V_0——试液总体积，单位为毫升(mL)；

V_1——分取试液体积，单位为毫升(mL)；

V_2——测定试液体积，单位为毫升(mL)；

m——称取试料的质量，单位为克(g)。

所得结果表示至小数点后第五位。

1.8 精密度

1.8.1 重复性

在重复性条件下获得的两次独立测试结果的测定值，在表 2 给出的平均值范围内，这两个测试结果的绝对差值不超过重复性限(r)，超过重复性限(r)的情况不超过 5%，重复性限(r) 按表 2 数据采用线性内插法求得：

表 2 重复性限

铋的质量分数/%	0.000 07	0.000 10
重复性限(r)/%	0.000 03	0.000 04

注：重复性限(r)为 2.83 S_r，S_r 为重复性标准偏差。

1.8.2 再现性

在再现性条件下获得的两次独立测试结果的测试值，在表 3 给出的平均值范围内，两个测试结果的绝对差值不超过再现性限(R)，超过再现性限(R)的情况不超过 5%，再现性限(R)按表 3 数据采用线性内插法求得：

表 3 再现性限

铋的质量分数/%	0.000 07	0.000 10
再现性限(R)/%	0.000 04	0.000 05

注：再现性限(R)为 2.83 S_R，S_R 为再现性标准偏差。

1.9 质量保证和控制

应用国家级标准样品或行业级标准样品(当前两者没有时，也可用控制标样替代)，每周或每两周校核一次本分析方法标准的有效性。当过程失控时，应找出原因，纠正错误后，重新进行校核。

2 方法二 火焰原子吸收光谱法

2.1 范围

本方法规定了铜及铜合金中铋含量的测定方法。

本方法适用于铜及铜合金中铋含量的测定，测定范围：>0.000 50%～0.004 0%。

2.2 方法原理

不含锡、硅的试料用硝酸溶解，含锡、硅的试料用混合酸溶解，用二氧化锰共沉淀富集铋，沉淀用盐酸溶解后，使用空气-乙炔火焰于原子吸收光谱仪波长 223.1 nm 处测量铋的吸光度。

2.3 试剂

除非另有说明，在分析中仅使用确认为分析纯的试剂和蒸馏水或去离子水或相当纯度的水。

2.3.1 过氧化氢(ρ1.10 g/mL)。

2.3.2 氨水(ρ1.90 g/mL)。

2.3.3 硝酸(1+1)。

2.3.4 盐酸(1+1)。

2.3.5 硝酸(2+98)。

2.3.6 混合酸：将硝酸(ρ1.42 g/mL)、水、氢氟酸(ρ1.13 g/mL)按(49+49+2)体积比混合于塑料杯中。

2.3.7 硝酸锰溶液(100 g/L)。

2.3.8 高锰酸钾溶液(10 g/L)。

2.3.9 铋标准溶液:称取 0.100 0 g 纯铋(铋质量分数≥99.95%)置于 200 mL 烧杯中加入 20 mL 硝酸(ρ1.42 g/mL)溶解完全后,移入 1 000 mL 容量瓶中,用水稀释至刻度,混匀。此溶液 1 mL 含 100 μg 铋。

2.4 仪器

2.4.1 原子吸收光谱仪,附铋空心阴极灯。

2.4.2 在仪器最佳工作条件下,凡能达到下列指标者均可使用:

——灵敏度:在与测量试料溶液的基体相一致的溶液中,铋的特征浓度应不大于 0.12 μg/mL。

——精密度:用最高浓度的标准溶液测量 10 次吸光度,其标准偏差应不超过平均吸光度的 1.0%;用最低浓度的标准溶液(不是"零"标准溶液)测量 10 次吸光度,其标准偏差应不超过最高浓度的标准溶液平均吸光度的 0.5%。

——工作曲线性:将工作曲线按浓度等分成 5 段,最高段的吸光度差值与最低段的吸光度差值之比,应不小于 0.7。

2.5 试样

厚度不大于 1 mm 的碎屑。

2.6 操作步骤

2.6.1 试料

按表 4 称取试样(2.5),精确至 0.000 1 g。

表 4 试料量、硝酸或混合酸量

铋的质量分数/%	试料量/g	硝酸或混合酸量/mL
>0.000 50~0.001 0	5.00	50
>0.001 0~0.004 0	2.50	25

2.6.2 测定次数

独立地进行二次测定,取其平均值。

2.6.3 空白试验

随同试料做空白试验。

2.6.4 试料处理

2.6.4.1 试样分解

将试料(2.6.1)置于 300 mL 烧杯中,按表 4 加入硝酸(2.3.3)或混合酸(2.3.6),盖上表皿,加热使试料完全溶解,煮沸除去氮的氧化物,以水洗涤表皿及杯壁,稀释至体积约 50 mL。当试料含有硅、锡时,试料用混合酸溶于聚四氟乙烯烧杯中。

2.6.4.2 分离富集

2.6.4.2.1 用氨水(2.3.2)中和至出现混浊且经搅拌不消失,然后滴加硝酸(2.3.3)至沉淀恰好溶解,再过量 10 mL,加入 10 mL 硝酸锰溶液(2.3.7)。

2.6.4.2.2 将溶液加热至 60℃~80℃,在不断搅拌下滴加 10 mL 高锰酸钾溶液(2.3.8),继续搅拌 1.5 min,微沸 3 min~5 min,静置 3 min。

2.6.4.2.3 用中速定量滤纸过滤,以热硝酸(2.3.5)洗涤烧杯及沉淀 2 次~3 次,保留沉淀和滤纸,将滤液移入原烧杯中。加热至 60℃~80℃,在不断搅拌下滴加 10 mL 高锰酸钾溶液(2.3.8),继续搅拌 1.5 min,微沸 3 min~5 min,静置 3 min。用保留的滤纸过滤,以热硝酸(2.3.5)洗涤烧杯及沉淀 3 次~4 次。

2.6.4.2.4 用含 3 mL 过氧化氢(2.3.1)的 10 mL 热盐酸(2.3.4)分次将沉淀全部溶解于原烧杯中,用热水洗涤滤纸 3 次~4 次。

2.6.4.2.5 将溶液煮沸除尽过氧化氢并蒸发至10 mL左右,以水洗涤表皿及杯壁,冷却。移入25 mL容量瓶中,以水稀释至刻度,混匀。

2.6.4.3 **测量**

使用空气-乙炔火焰,于原子吸收光谱仪波长223.1 nm处,与系列标准溶液同时,以水调零测量试液的吸光度。从工作曲线上查出相应的铋的质量浓度。

2.6.5 **工作曲线的绘制**

2.6.5.1 移取0 mL、1.00 mL、2.00 mL、3.00 mL、4.00 mL、5.00 mL铋标准溶液(2.3.9)于一组100 mL容量瓶中,各加入40 mL盐酸(2.3.4),以水稀释至刻度,混匀。

2.6.5.2 在与试料溶液测量相同条件下,测量系列标准溶液的吸光度,减去系列标准溶液中"零"浓度溶液的吸光度,以铋的质量浓度为横坐标,吸光度为纵坐标,绘制工作曲线。

2.7 **分析结果的计算**

按式(2)计算铋的质量分数$w(\mathrm{Bi})$,数值以%表示

$$w(\mathrm{Bi})=\frac{(\rho_1-\rho_0)\cdot V\times 10^{-6}}{m_0} \qquad\cdots\cdots(2)$$

式中:

ρ_1——自工作曲线上查得的铋的质量浓度,单位为微克每毫升(μg/mL);

ρ_0——自工作曲线上查得的空白溶液中的铋的质量浓度,单位为微克每毫升(μg/mL);

V——试液的总体积,单位为毫升(mL);

m_0——试料的质量,单位为克(g)。

所得结果表示至小数点后第四位。

2.8 **精密度**

2.8.1 **重复性**

在重复性条件下获得的两次独立测试结果的测定值,在表5给出的平均值范围内,这两个测试结果的绝对差值不超过重复性限(r),超过重复性限(r)的情况不超过5%。重复性限(r)按表5数据采用线性内插法求得。

表5 重复性限

铋的质量分数/%	0.000 5	0.002 0	0.004 0
重复性限(r)/%	0.000 2	0.000 4	0.000 5

注:重复性限(r)为2.83 S_r,S_r为重复性标准偏差。

2.8.2 **再现性**

在再现性条件下获得的两次独立测试结果的测试值,在表6给出的平均值范围内,两个测试结果的绝对差值不超过再现性限(R),超过再现性限(R)的情况不超过5%,再现性限(R)按表6数据采用线性内插法求得:

表6 再现性限

铋的质量分数/%	0.000 5	0.002 0	0.004 0
再现性限(R)/%	0.000 2	0.000 5	0.000 6

注:再现性限(R)为2.83 S_R,S_R为再现性标准偏差。

2.9 **质量保证和控制**

应用国家级标准样品或行业级标准样品(当前两者没有时,也可用控制标样替代),每周或每两周校核一次本分析方法标准的有效性。当过程失控时,应找出原因,纠正错误后,重新进行校核。

ICS 77.120.30
H 13

中华人民共和国国家标准

GB/T 5121.7—2008
代替 GB/T 5121.7—1996,GB/T 13293.5—1991

铜及铜合金化学分析方法
第7部分:砷含量的测定

Methods for chemical analysis of copper and copper alloys—Part 7: Determination of arsenic content

(ISO 3220:1975, Copper and copper alloys—Determination of arsenic—Photometric method, MOD)

2008-06-17 发布　　　　2008-12-01 实施

中华人民共和国国家质量监督检验检疫总局
中国国家标准化管理委员会　发布

前　言

GB/T 5121《铜及铜合金化学分析方法》共有 27 部分。

——第 1 部分:铜含量的测定;
——第 2 部分:磷含量的测定;
——第 3 部分:铅含量的测定;
——第 4 部分:碳、硫含量的测定;
——第 5 部分:镍含量的测定;
——第 6 部分:铋含量的测定;
——第 7 部分:砷含量的测定;
——第 8 部分:氧含量的测定;
——第 9 部分:铁含量的测定;
——第 10 部分:锡含量的测定;
——第 11 部分:锌含量的测定;
——第 12 部分:锑含量的测定;
——第 13 部分:铝含量的测定;
——第 14 部分:锰含量的测定;
——第 15 部分:钴含量的测定;
——第 16 部分:铬含量的测定;
——第 17 部分:铍含量的测定;
——第 18 部分:镁含量的测定;
——第 19 部分:银含量的测定;
——第 20 部分:锆含量的测定;
——第 21 部分:钛含量的测定;
——第 22 部分:镉含量的测定;
——第 23 部分:硅含量的测定;
——第 24 部分:硒、碲含量的测定;
——第 25 部分:硼含量的测定;
——第 26 部分:汞含量的测定;
——第 27 部分:电感耦合等离子体原子发射光谱法。

本部分为第 7 部分。

本部分包括方法一、方法二、方法三。

本部分方法三等同采用 ISO 3220:1975《铜和铜合金——砷量的测定——光度法》,与国际标准相比作了如下编辑性修改:

——用小数点“.”代替在国际标准中作为小数点的逗号“,”;
——用“本方法”代替“本国际标准”;
——修改了国际标准中非法定计量单位;
——将公式、章条号、表号进行重新编序;
——删除了国际标准中封面、目次、前言和引言。

本部分代替GB/T 5121.7—1996《铜及铜合金化学分析方法　砷量的测定》和GB/T 13293.5—1991《高纯阴极铜化学分析方法　砷钼杂多酸-结晶紫分光光度法测定砷量》。

本部分与GB/T 5121.7—1996、GB/T 13293.5—1991相比，主要变动如下：

——方法一是对GB/T 13293.5—1991的修订，采用“氢化物发生-无色散原子荧光光谱法”代替原标准“砷钼杂多酸-结晶紫分光光度法”；

——方法二是对GB/T 5121.7—1996的修订，补充了质量保证和控制条款，增加了精密度条款；

——增加了方法三：等同采用国际标准ISO 3220:1975《铜和铜合金——砷量的测定——光度法》。

本部分由中国有色金属工业协会提出。

本部分由全国有色金属标准化技术委员会归口。

本部分由中铝洛阳铜业有限公司、北京矿冶研究总院、中国有色金属工业标准计量质量研究所负责起草。

本部分方法一由江西铜业集团公司贵溪冶炼厂、北京矿冶研究总院起草。

本部分方法一由铜陵有色金属集团控股有限公司参加起草。

本部分方法一主要起草人：梁亚群、占光仙、汤淑芳、于力、卢秋兰、罗智。

本部分方法一主要验证人：樊占芳、高红波。

本部分方法二由中铝沈阳有色金属加工有限公司起草。

本部分方法二由中铝洛阳铜业有限公司、甘肃西北铜加工有限责任公司参加起草。

本部分方法二主要起草人：孙爱平、靳宽利、李雅民。

本部分方法二主要验证人：李伟、赵义、郭朝霞、刘建明。

本部分方法三由中铝洛阳铜业有限公司、北京矿冶研究总院、中国有色金属工业标准计量质量研究所起草。

本部分方法三主要起草人：张敬华、李华昌、杨丽娟。

本部分方法三主要验证人：符斌、夏庆珠。

本部分所代替标准的历次版本发布情况为：

——GB/T 5121.7—1996、GB/T 13293.5—1991。

铜及铜合金化学分析方法
第7部分：砷含量的测定

1 方法一 氢化物发生-无色散原子荧光光谱法

1.1 范围

本方法规定了铜及铜合金中砷含量的测定方法。

本方法适用于铜及铜合金中砷含量的测定，测定范围：0.000 05%～0.001 0%。

1.2 方法原理

试样用硝酸溶解，在氨性介质中用氢氧化镧共沉淀砷并与基体铜分离，沉淀以热盐酸溶解。在氢化物发生器中，砷被硼氢化钾还原为氢化物，用氩气导入石英炉原子化器中，于原子荧光光谱仪上测定砷元素的荧光强度。

1.3 试剂

除非另有说明，在分析中仅使用确认为分析纯的试剂和蒸馏水或去离子水或相当纯度的水。

1.3.1 硝酸（1+1）优级纯。

1.3.2 盐酸（ρ1.19 g/mL）优级纯。

1.3.3 盐酸（11+89）。

1.3.4 氨水（ρ0.90 g/mL）BVⅢ级。

1.3.5 氨水（5+95）。

1.3.6 硫脲-抗坏血酸混合溶液：称取100 g硫脲，50 g抗坏血酸，用水溶解后稀释至1 000 mL，摇匀。

1.3.7 硝酸镧溶液（50 g/L）：称取50 g硝酸镧溶于1 000 mL水中，摇匀。

1.3.8 硼氢化钾溶液（15 g/L）：称取硼氢化钾15 g溶于含氢氧化钾（5 g/L）的1 000 mL水溶液中，摇匀。现用现配。

1.3.9 砷标准贮存溶液：称取0.132 0 g在硫酸干燥器中干燥至恒重的基准三氧化二砷，温热溶于1.2 mL氢氧化钠溶液（100 g/L），移入1 000 mL容量瓶中，稀释至刻度。此溶液1 mL含100 μg砷。

1.3.10 砷标准溶液：移取2.00 mL砷标准贮存溶液（1.3.9）于200 mL容量瓶中，加盐酸（1.3.2）20 mL，用水稀释至刻度，摇匀。此溶液1 mL含1 μg砷。

1.4 仪器

1.4.1 原子荧光光谱仪，附砷高强度空心阴极灯。

1.4.2 在仪器最佳工作条件下，凡达到下列指标者均可使用。

——检出极限：不大于2×10^{-9} g/mL。

——精密度：用0.02 μg/mL的砷标准溶液测量10次荧光强度，其标准偏差不应超过平均荧光强度的5.0%。

1.5 试样

试样加工成屑状。

1.6 分析步骤

1.6.1 试料

称取20.0 g试样（1.5），精确到0.001 g。

表 1　分取试液体积、测定试液体积及硫脲-抗坏血酸混合溶液加入量

砷的质量分数/%	分取试液体积/mL	测定试液体积/mL	加入硫脲-抗坏血酸混合溶液量/mL
0.000 05～0.000 20	20	50	5
>0.000 20～0.001 0	10	100	10

1.6.2　测定次数

独立地进行二次测定，取其平均值。

1.6.3　空白试验

随同试料做 2 份空白试验，第一份加 15 mL 硝酸(1.3.1)，第二份加 7.5 mL 硝酸(1.3.1)，分别加入 5 mL 硝酸镧(1.3.7)，加水稀释至 150 mL，在不断搅拌下，加氨水(1.3.4)中和并过量 10 mL(约 20 mL)，盖上表皿加热至微沸，在 70℃～80℃保温 30 min。以下按 1.6.4.3 步骤操作。第一份溶液移入 50 mL 容量瓶中，第二份溶液移入 100 mL 容量瓶中。

1.6.4　样品处理

1.6.4.1　将试料(1.6.1)置于 400 mL 的烧杯中，加 150 mL 硝酸 (1.3.1)，盖上表皿，低温加热至试料完全溶解，煮沸驱除氮的氧化物，取下冷却后移入 200 mL 容量瓶，用水稀释至刻度，摇匀。

1.6.4.2　按表 1 分取试液(1.6.4.1)于 300 mL 的烧杯中，加入 5 mL 硝酸镧溶液(1.3.7)，加水稀释至体积约 150 mL，在不断搅拌下，加氨水(1.3.4)使铜完全络合(此时溶液深蓝色)并过量 10 mL，盖上表皿加热至微沸，在 70℃～80℃保温 30 min。

1.6.4.3　用快速定量滤纸过滤，用热氨水(1.3.5)洗涤烧杯及沉淀各 2 次，再用热水洗涤 1 次，弃去滤液。

1.6.4.4　用热盐酸(1.3.3)将沉淀溶解于原烧杯，加水稀释至体积约 150 mL，在不断搅拌下，滴加氨水(1.3.4)使铜完全络合(此时溶液淡蓝色)并过量 5 mL，盖上表皿加热至微沸，在 70℃～80℃保温 30 min。

1.6.4.5　用快速定量滤纸过滤，用热氨水(1.3.5)洗涤烧杯及沉淀各 2 次，再用热水洗涤 2 次，弃去滤液。

1.6.4.6　用温热盐酸(1.3.3)将沉淀溶解于原烧杯中，按表 1 将溶液移入相应容量瓶中，并按表 1 加硫脲-抗坏血酸溶液(1.3.6)，用盐酸(1.3.3)稀释至刻度，摇匀。

1.6.4.7　于原子荧光光谱仪，与系列标准溶液同时，以水调零，测量溶液的荧光强度，减去随同试料同等体积空白溶液的荧光强度，从工作曲线上查出相应的砷的质量浓度。

1.6.5　工作曲线绘制

1.6.5.1　分别移取 0 mL、0.50 mL、1.00 mL、2.00 mL、4.00 mL、6.00 mL 砷标准溶液(1.3.10)于一组 50 mL 的容量瓶中，加入盐酸(1.3.2)5 mL，硫脲-抗坏血酸(1.3.6)5 mL，用水稀释至刻度，摇匀。

1.6.5.2　在与试料溶液测定相同条件下，测量系列标准溶液的荧光强度，减去系列标准溶液中"零"浓度溶液的荧光强度，以砷的质量浓度为横坐标，荧光强度为纵坐标绘制工作曲线。

1.7　分析结果的计算

按式(1)计算砷的质量分数 $w(\mathrm{As})$，数值以%表示：

$$w(\mathrm{As}) = \frac{\rho \cdot V_0 \cdot V_2 \times 10^{-6}}{m \cdot V_1} \times 100 \qquad \cdots\cdots(1)$$

式中：

ρ——自工作曲线上查得的砷的质量浓度，单位为微克每毫升(μg/mL)；

V_0——试液总体积，单位为毫升(mL)；

V_1——分取试液体积，单位为毫升(mL)；

V_2——测定试液体积，单位为毫升(mL)；

m——称取试料的质量，单位为克(g)。

所得结果表示至小数点后第四位。若砷的质量分数小于0.001 0%时，表示至小数点后第五位。

1.8 精密度

1.8.1 重复性

在重复性条件下获得的两次独立测试结果的测定值，在表2给出的平均值范围内，这两个测试结果的绝对差值不超过重复性限(r)，超过重复性限(r)的情况不超过5%，重复性限(r)按表2数据采用线性内插法求得：

表2 重复性限

砷的质量分数/%	0.000 05	0.000 50
重复性限(r)/%	0.000 02	0.000 12
注：重复性限(r)为2.83S_r，S_r为重复性标准偏差。		

1.8.2 再现性

在再现性条件下获得的两次独立测试结果的测试值，在表3给出的平均值范围内，两个测试结果的绝对差值不超过再现性限(R)，超过再现性限(R)的情况不超过5%，再现性限(R)按表3数据采用线性内插法求得：

表3 再现性限

砷的质量分数/%	0.000 05	0.000 50
再现性限(R)/%	0.000 03	0.000 15
注：再现性限(R)为2.83SR，SR为再现性标准偏差。		

1.9 质量保证和控制

应用国家级标准样品或行业级标准样品(当前两者没有时，也可用控制标样替代)，每周或每两周校核一次本分析方法标准的有效性。当过程失控时，应找出原因，纠正错误后，重新进行校核。

2 方法二 钼蓝分光光度法

2.1 范围

本方法规定了铜及铜合金中砷含量的测定方法。

本方法适用于铜及铜合金中砷含量的测定。测定范围：>0.001 0%～0.10%。

2.2 方法原理

试料用混合酸或硝酸溶解。用次溴酸钠或高锰酸钾将砷(Ⅲ)氧化为砷(Ⅴ)，使其与钼酸盐生成砷钼杂多酸，用正丁醇-乙酸乙酯混合液萃取，以氯化亚锡还原为钼蓝，于分光光度计波长730 nm处测量其吸光度。大量硅的干扰，加盐酸蒸干使硅酸脱水并过滤除去，铁质量高时，在空白溶液中加入相应质量的铁抵消其影响。铜及铜合金中共存的其他元素不干扰测定。

2.3 试剂

除非另有说明，在分析中仅使用确认为分析纯的试剂和蒸馏水或去离子水或相当纯度的水。

2.3.1 正丁醇。

2.3.2 盐酸(ρ1.19 g/mL)。

2.3.3 混合酸：2单位体积硝酸(1+1)与1单位体积盐酸(1+1)混合。

2.3.4 硝酸(1+1)。

2.3.5 盐酸(1+1)。

2.3.6 硝酸[$c(HNO_3)$=1.8 mol/L]。

2.3.7 硝酸[$c(HNO_3)$=0.9 mol/L]。

2.3.8 盐酸[$c(HCl)$=1.8 mol/L]。

2.3.9　盐酸[c(HCl)=0.9 mol/L]。

2.3.10　次溴酸钠溶液:50 mL 饱和溴水与 100 mL 氢氧化钠溶液(10 g/L)混合。

2.3.11　钼酸铵溶液(50 g/L):称取 5 g 钼酸铵[$(NH_4)_6Mo_7O_{24}\cdot 4H_2O$]置于 150 mL 烧杯中,加入 90 mL水,加热溶解、冷却。用水稀释至 100 mL,混匀。

2.3.12　正丁醇-三氯甲烷混合液:1 单位体积正丁醇与 3 单位体积三氯甲烷混合。

2.3.13　正丁醇-乙酸乙酯混合液:正丁醇与乙酸乙酯等体积混合。

2.3.14　高锰酸钾溶液(10 g/L)。

2.3.15　氯化亚锡溶液(10 g/L):称取 1.0 g 氯化亚锡($SnCl_2\cdot 2H_2O$)加入 20 mL 盐酸(2.3.5),加热溶解、冷却。用水稀释至 100 mL,混匀。当天配制。

2.3.16　铁溶液(1 g/L):称取 0.200 0 g 纯铁(砷的质量分数小于 0.001%),加入 10 mL 盐酸(2.3.5),滴加 2 mL～3 mL 过氧化氢(ρ1.10 g/mL)微热溶解完全,煮沸除去过量的过氧化氢,冷却。移入 200 mL容量瓶中,用水稀释至刻度,混匀。

2.3.17　砷标准贮存溶液:称取 0.132 0 g 预先经 100℃～110℃烘 2 h 置于干燥器中冷却至室温的基准三氧化二砷,加入 10 mL 氢氧化钠溶液(100 g/L),加热溶解、冷却。移入 1 000 mL 容量瓶中,加水至 200 mL～300 mL,加入 2 滴酚酞乙醇溶液(10 g/L),用硝酸(2.3.4)中和至溶液由红色变为无色并过量 10 mL,用水稀释至刻度,混匀。此溶液 1 mL 含 0.1 mg 砷。

2.3.18　砷标准溶液:移取 10.00 mL 砷标准贮存溶液(2.3.17)置于 100 mL 容量瓶中,用水稀释至刻度,混匀。此溶液 1 mL 含 10 μg 砷。

2.4　仪器

分光光度计。

2.5　试样

厚度不大于 1 mm 的碎屑。

2.6　分析步骤

2.6.1　试料

按表 4 称取试样(2.5),精确至 0.000 1 g。

表 4　试样量、试液总体积及分取试液体积

砷的质量分数/%	试料量/g	试液总体积/mL	分取试液体积/mL
>0.001 0～0.004 0	0.500	全量	
>0.004 0～0.015	0.300	全量	
>0.015～0.040	0.100	全量	
>0.040～0.10	0.400	100	10.00

2.6.2　测定次数

独立地进行二次测定,取其平均值。

2.6.3　空白试验

2.6.3.1　随同试料做空白试验。

2.6.3.2　分析硅青铜时,移取与试料中铁的质量相近的铁溶液(2.3.16)。随同试料做空白试验。

2.6.4　测定

2.6.4.1　将试料(2.6.1)置于 150 mL 烧杯中,加入 10 mL 混合酸(2.3.3),加热溶解并低温蒸发至 2 mL～3 mL,冷却。加入 10 mL 盐酸(2.3.8),溶解盐类。

2.6.4.1.1　砷的质量分数不大于 0.040%时,将溶液移入 125 mL 分液漏斗中,用 20 mL 盐酸(2.3.9)分次洗涤烧杯,洗液并入主液中,加入 2 mL 次溴酸钠溶液(2.3.10),混匀。放置 5 min。以下按 2.6.4.4～2.6.4.8进行。

2.6.4.1.2 砷的质量分数大于0.040%时,用盐酸(2.3.8)将溶液(2.6.4.1)移入100 mL容量瓶中,并稀释至刻度,混匀。按表4移取试液于125 mL分液漏斗中,加入20 mL盐酸(2.3.9),2 mL次溴酸钠溶液(2.3.10),混匀。放置5 min。以下按2.6.4.4～2.6.4.8进行。

2.6.4.2 分析硅青铜时,将试料(2.6.1)置于150 mL烧杯中,加入10 mL混合酸(2.3.3),加热溶解并低温蒸发至干,冷却。加入5 mL盐酸(2.3.2),低温蒸发至干,冷却。再加入5 mL盐酸(2.3.2),低温蒸发至干,冷却。加入10 mL盐酸(2.3.8),加热溶解盐类。用定量滤纸过滤于125 mL分液漏斗中,用20 mL盐酸(2.3.9)分次洗涤烧杯及沉淀,洗液并入主液中,加入2 mL次溴酸钠溶液(2.3.10),混匀。放置5 min。以下按2.6.4.4～2.6.4.8进行。

2.6.4.3 分析银铜时,将试料(2.6.1)置于150 mL烧杯,加入10 mL硝酸(2.3.4),加热溶解并低温蒸发至2 mL～3 mL,冷却。加入10 mL硝酸(2.3.6)溶解盐类,移入125 mL分液漏斗中,用20 mL硝酸(2.3.7)分次洗涤烧杯,洗液并入主液中,滴加高锰酸钾溶液(2.3.14)至保持微红色,混匀。放置5 min。以下按2.6.4.4～2.6.4.8进行。

2.6.4.4 向试液(2.6.4.1.1或2.6.4.1.2或2.6.4.2或2.6.4.3)中加入5 mL钼酸铵溶液(2.3.11),混匀。放置5 min。加入2 mL正丁醇(2.3.1),振荡使其溶于水相中。

2.6.4.5 加入15 mL正丁醇-三氯甲烷混合液(2.3.12),振荡30 s,静置分层后弃去有机相,于水相中再加入10 mL正丁醇-三氯甲烷混合液(2.3.12),振荡30 s,静置分层后弃去有机相,如此反复萃取多次,直至磷除尽为止(向分离出来的有机溶液中,加入几滴二氯化锡溶液,不呈蓝色,说明磷已除尽)。

2.6.4.6 向溶液中加入5 mL盐酸(2.3.5)[含银溶液加入4 mL硝酸(2.3.4),]混匀。加入20 mL正丁醇-乙酸乙酯混合液(2.3.13),振荡1 min,静置分层后弃去水相。

2.6.4.7 向有机相中加入20 mL硝酸(2.3.6),振荡30 s,静置分层后弃去水相。如前重复一次。

2.6.4.8 向有机相中加入10 mL氯化亚锡溶液(2.3.15),振荡30 s,静置分层后弃去水相。有机相移入干燥过的25 mL容量瓶中,用正丁醇(2.3.1)稀释至刻度,混匀。

2.6.4.9 移取部分试液于1 cm(称0.5 g试料的用2 cm)吸收皿中,以随同试料的空白溶液为参比,于分光光度计波长730 nm处测量其吸光度。从工作曲线上查出相应的砷的质量。

2.6.5 工作曲线的绘制

2.6.5.1 移取0 mL、0.50 mL、1.00 mL、1.50 mL、2.00 mL、2.50 mL或0 mL、1.00 mL、2.00 mL、3.00mL、4.00 mL、5.00 mL砷标准溶液分别于一组125 mL分液漏斗中,各加入20 mL盐酸(2.3.8),加水至30 mL,加入2 mL次溴酸钠溶液(2.3.10),混匀,放置5 min。以下按2.6.4.4～2.6.4.8条进行。

2.6.5.2 移取部分试液于2 cm(或1 cm)吸收皿中,以试剂空白为参比,于分光光度计波长730 nm处测量其吸光度,以砷的质量为横坐标、吸光度为纵坐标绘制工作曲线。

2.7 分析结果的计算

按式(2)计算砷的质量分数 $w(\mathrm{As})$,数值以%表示:

$$w(\mathrm{As})=\frac{m_1\cdot V_0\times10^{-6}}{m_0\cdot V_1}\times100 \qquad \cdots\cdots(2)$$

式中:

m_1——自工作曲线上查得的砷的质量,单位为微克(μg);

V_0——试液总体积,单位为毫升(mL);

V_1——分取试液体积,单位为毫升(mL);

m_0——试料的质量,单位为克(g)。

所得结果表示至小数点后第二位。若砷的质量分数小于0.10%时,表示至小数点后第三位;若砷的质量分数小于0.010%时,表示至小数后第四位。

2.8 精密度

2.8.1 重复性

在重复性条件下获得的两次独立测试结果的测试值，在表5给出的平均值范围内，两个测试结果的绝对差值不超过重复性限(r)，超过重复性限(r)的情况不超过5%，重复性限(r)按表5数据采用线性内插法求得：

表5 重复性限

砷的质量分数/%	0.001 3	0.016	0.10
重复性限(r)/%	0.000 3	0.002	0.01
注：重复性限(r)为2.83S_r，S_r为重复性标准偏差。			

2.8.2 再现性

在再现性条件下获得的两次独立测试结果的测试值，在表6给出的平均值范围内，两个测试结果的绝对差值不超过再现性限(R)，超过再现性限(R)的情况不超过5%，再现性限(R)按表6数据采用线性内插法求得：

表6 再现性限

砷的质量分数/%	0.001 3	0.016	0.10
再现性限(R)/%	0.000 4	0.003	0.01
注：再现性限(R)为2.83SR，SR为再现性标准偏差。			

2.9 质量保证和控制

应用国家级标准样品或行业级标准样品（当前两者没有时，也可用控制标样替代），每周或每两周校核一次本分析方法标准的有效性。当过程失控时，应找出原因，纠正错误后，重新进行校核。

3 方法三 光度法

3.1 范围

本方法规定以光度法测定铜及铜合金中的砷。

本方法适用于ISO国际标准中所列铜及铜合金的合金元素砷或杂质砷的测定。

3.2 方法原理

用苯从盐酸、氢溴酸和高氯酸混合溶液中萃取砷。然后用水反萃取，以钼蓝形式用光度法测定。

毫克量的磷和硅不干扰测定。

3.3 试剂

分析时，仅用分析纯试剂及蒸馏水或同等纯度的水。

3.3.1 苯。

3.3.2 盐酸(ρ1.19 g/mL)。

3.3.3 氢溴酸 (ρ1.5 g/mL)。

3.3.4 高氯酸(ρ1.67 g/mL)。

3.3.5 氯酸。

3.3.6 盐酸[$c(HCl)=0.2$ mol/L]。

3.3.7 硫酸 [$c(H_2SO_4)=0.86$ mol/L]。

3.3.8 抗坏血酸溶液 (20 g/L)，用时配制。

3.3.9 过氧化氢溶液30%(m/m)。

3.3.10 高锰酸钾溶液(0.02 mol/L)。

3.3.11 钼酸铵溶液：溶解0.95 g钼酸铵[$(NH_4)_6Mo_7O_{24}4H_2O$]于200 mL硫酸(3.3.7)中，使用现配的溶液。

3.3.12 砷标准贮存溶液：在聚丙烯烧杯中用 1 mol/L 的氢氧化钠溶液 10 mL 溶解 132 mg 三氧化二砷。加入 1 mol/L 的盐酸 12.5 mL，移入 250 mL 容量瓶中用水稀释至刻度。

3.3.13 砷标准溶液：加 20 mL 盐酸(3.3.6)于预先盛有 25 mL 砷标准贮存溶液(3.3.12)的 500 mL 容量瓶中，用水稀释至刻度(1 mL 相当于 20 μg 砷)。

3.4 仪器

光度计及普通实验室仪器。

3.5 取样

按 ISO 标准要求进行取样。

3.6 分析步骤

砷含量≤0.02%时，称 2.00 g 试样。

砷含量在>0.02%～0.8%时，称 0.500 g 试样。

将试料置于 100 mL 锥型瓶中，加入 20 mL 盐酸(3.3.6)，分次加入总量为 10 mL 的过氧化氢溶液(3.3.9)进行溶解。在此操作过程中溶液要冷却。然后稍加热到完全溶解。

砷含量≤0.02%时，溶液蒸发到约 3 mL。

砷含量为>0.02%～0.8%时，溶液蒸发到约 5 mL。

如果估计砷含量为 0.08%～0.8%，转移溶液到 50 mL 容量瓶中，用水稀释至刻度，混匀。

如砷含量为 0.08%～0.4%，分取 10 mL 溶液于 100 mL 烧杯中。

如果砷含量在>0.4%～0.8%之间分取 5 mL 溶液于 100 mL 烧杯中。

在后两种情况下，加入 1 mL 过氧化氢溶液(3.3.9)或 1 mL 氯酸(3.3.5)，蒸发到约 3 mL。

冷却到室温后，用 20 mL±2 mL 的盐酸(3.3.2)转移蒸发溶液于盛有 5 mL 氢溴酸(3.3.3)的 100 mL分液漏斗中。然后加入 10 mL 高氯酸(3.3.4)，加入 25 mL 苯(3.3.1)并用力振荡 1 min 萃取砷。分层后弃去水相。

用 10 mL 盐酸(3.3.2)振荡 30 s 洗涤苯相，再弃去得到的水相。

用 25 mL 水用力振荡 1 min 从苯相中反萃取砷。水相放入 100 mL 容量瓶中，加入 1 mL 高锰酸钾溶液(3.3.10)并加热到 60℃(氧化砷)。

冷却后加入 10 mL 钼酸铵溶液(3.3.11)，10 mL 抗坏血酸溶液(3.3.8)，每次试剂加入后要摇匀。加热至沸并保持 2 min±15 s。然后冷却到近 20℃，用水稀释至刻度并摇匀。用光度计(3.4)在波长 840 nm(最大吸收峰)处测量得到的蓝色溶液。如果砷含量在 150 μg 以下时使用 2 cm 比色皿。如果砷含量约在 150 μg～300 μg 之间使用 1 cm 比色皿并且在同样的波长测量。如果砷含量超过 300 μg，可在 578 nm(汞线)处使用 1 cm 比色皿进行测量，用水做参比溶液。溶液的颜色可以稳定几小时。

使用和分析相同的条件测量全部试剂的空白值并修正测定结果。

标准曲线的绘制如下：

取 5.00 g 无砷铜于 400 mL 烧杯中，加入 50 mL 盐酸(3.3.6)。如上所述加入总量为 25 mL 的过氧化氢溶液(3.3.9)进行溶解。冷却后转移到 100 mL 容量瓶中并用水稀释至刻度。

吸取 5 mL 此溶液分别置于 6 个 100 mL 烧杯中，各加入 0 mL、2 mL、4 mL、8 mL、15 mL 和 20 mL 砷标准溶液(3.3.13)，相应为 0 μg、40 μg、80 μg、160 μg、300 μg 和 400 μg 砷再各加入 1 mL 过氧化氢溶液(3.3.9)或 1 mL 氯酸(3.3.5)，蒸发到接近 3 mL。

以下操作按上述方法进行并依照三个已定条件测量颜色深度：

a) 840 nm，2 cm 比色皿；

b) 840 nm，1 cm 比色皿；

c) 578 nm，1 cm 比色皿。

得到的每一条标准曲线均为一直线。

3.7　**分析结果的计算**

从相应的标准曲线上读取相应于测得的吸光度的砷量(μg)，用式(3)、式(4)或式(5)计算砷的质量分数，数值以%表示：

2 g 试样时，

$$w(\mathrm{As}) = \frac{m}{20\,000} \quad \cdots\cdots(3)$$

0.5 g 试样分取 10 mL 时，

$$w(\mathrm{As}) = \frac{m}{1\,000} \quad \cdots\cdots(4)$$

0.5 g 试样分取 5 mL 时，

$$w(\mathrm{As}) = \frac{m}{500} \quad \cdots\cdots(5)$$

式中：

m——砷的质量，单位为微克(μg)。

3.8　**试验报告**

本试验报告应包括下列内容：

a)　所用方法的参考资料；

b)　结果及所用的计算方法；

c)　在测定过程中注意到的异常现象；

d)　未包括的或自选的任何方法。

ICS 77.120.30
H 13

中华人民共和国国家标准

GB/T 5121.8—2008
代替 GB/T 5121.8—1996

铜及铜合金化学分析方法 第8部分：氧含量的测定

Methods for chemical analysis of copper and copper alloys—
Part 8: Determination of oxygen content

2008-06-17 发布　　2008-12-01 实施

中华人民共和国国家质量监督检验检疫总局
中国国家标准化管理委员会　发布

前言

GB/T 5121《铜及铜合金化学分析方法》共有27部分。

——第1部分:铜含量的测定;
——第2部分:磷含量的测定;
——第3部分:铅含量的测定;
——第4部分:碳、硫含量的测定;
——第5部分:镍含量的测定;
——第6部分:铋含量的测定;
——第7部分:砷含量的测定;
——第8部分:氧含量的测定;
——第9部分:铁含量的测定;
——第10部分:锡含量的测定;
——第11部分:锌含量的测定;
——第12部分:锑含量的测定;
——第13部分:铝含量的测定;
——第14部分:锰含量的测定;
——第15部分:钴含量的测定;
——第16部分:铬含量的测定;
——第17部分:铍含量的测定;
——第18部分:镁含量的测定;
——第19部分:银含量的测定;
——第20部分:锆含量的测定;
——第21部分:钛含量的测定;
——第22部分:镉含量的测定;
——第23部分:硅含量的测定;
——第24部分:硒、碲含量的测定;
——第25部分:硼含量的测定;
——第26部分:汞含量的测定;
——第27部分:电感耦合等离子体原子发射光谱法。

本部分为第8部分。

本部分代替GB/T 5121.8—1996《铜及铜合金化学分析方法　氧量的测定》。

本部分与GB/T 5121.8—1996相比,主要变化如下:

——略去"引用标准"一节;
——对原标准文本格式进行了修订;
——补充了质量保证和控制条款,增加了精密度条款。

本部分由中国有色金属工业协会提出。

本部分由全国有色金属标准化技术委员会归口。

本部分由中铝洛阳铜业有限公司、北京矿冶研究总院、中国有色金属工业标准计量质量研究所负责起草。

本部分由中铝洛阳铜业有限公司起草。

本部分由北京有色金属研究总院、广州有色金属研究院参加起草。

本部分主要起草人：张敏、岳好峰、张德来。

本部分主要验证人：周海收、庄艾春、王洪斌。

本部分所代替标准的历次版本发布情况为：

——GB/T 5121.8—1996。

铜及铜合金化学分析方法
第8部分:氧含量的测定

1 范围

本部分规定了铜及铜合金中氧含量的测定方法。

本部分适用于铜及铜合金中氧含量的测定。测定范围:0.000 30%～0.11%。

2 方法原理

将预先制好的试料,投入经高温脱气的石墨坩埚中,在氦气(或氩气)气流中加热熔融,试料中的氧以一氧化碳析出或随同氦气(或氩气)通过400℃的稀土氧化铜炉,使一氧化碳氧化成二氧化碳,导入红外检测器进行测定。由计算机自动给出氧的质量。

3 试剂和材料

除非另有说明,在分析中仅使用确认为分析纯的试剂和蒸馏水或去离子水或相当纯度的水。

3.1 氦气(或氩气):纯度不低于99.95%。

3.2 动力气(氮气、氩气或压缩空气):其杂质(油或水)小于0.5%。

3.3 无水乙醇。

3.4 稀土氧化铜。

3.5 无水高氯酸镁。

3.6 碱石棉。

3.7 玻璃棉。

3.8 真空硅脂。

3.9 混合酸:28 mL 磷酸(ρ1.69 g/mL)、10 mL 硝酸(ρ1.42 g/mL)与62 mL 冰乙酸(ρ1.05 g/mL)混匀。

3.10 铜中氧标准样品。

3.11 石墨套坩埚:采用高纯或光谱纯石墨加工而成。其形状与尺寸参见图1。允许使用能使氧完全析出的其他形状和尺寸的坩埚,加热条件另选。

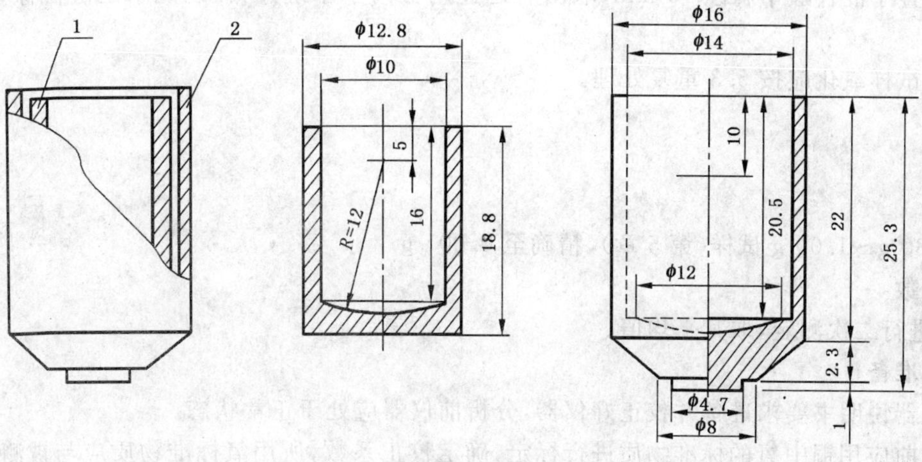

图1 石墨套坩埚示意图

4 仪器

4.1 脉冲加热红外线吸收仪：附电子交流稳压器。

4.2 所用脉冲加热红外线吸收仪应达到下列指标：

——仪器灵敏度≤0.000 05%；

——脉冲加热功率不小于 6.5 kW（炉温不低于 2 400℃）；

——系统空白≤0.000 05%。

4.3 仪器示意图见图 2。

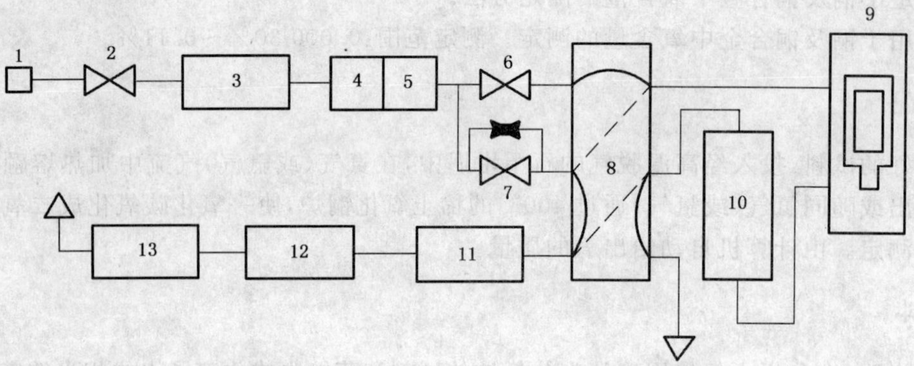

1——氮（或氩）气；

2——电磁阀；

3——催化加热炉；

4——碱石棉；

5——高氯酸镁；

6——电磁阀；

7——稳压阀；

8——六通阀；

9——脉冲加热炉；

10——玻璃棉；

11——稀土氧化铜；

12——流量控制器；

13——CO_2（或 CO）红外检测器。

图 2 仪器示意图

5 试样

5.1 试样车制成 $\phi3$ mm～$\phi5$ mm、长度大于 40 mm 的圆棒或其他小块样品。加工时不可过热以防氧化。

5.2 用专用钢锉和手锯加工成所需的试样量。

5.3 将试样置于混合酸中腐蚀 10 min，取出后迅速用去离子水洗净，再以无水乙醇洗涤，于冷风吹干后立即分析。

5.4 如发现试样氧化应按 5.3 重复处理。

6 分析步骤

6.1 试料

称取 0.30 g～1.00 g 试样（第 5 章），精确至 0.001 g。

6.2 测定次数

独立地进行二次测定，取其平均值。

6.3 仪器的准备

6.3.1 按仪器说明书要求准备并校正好仪器，分析前仪器应处于正常状态。

6.3.2 分析前应用铜中氧的标准物质进行标定，确定校正系数，所用氧标准物质应与被测试样氧含量相近，也可以控制试料的质量，使其被测试料中氧含量绝对值与标准物质中氧含量绝对值相近。

6.4 空白试验

按6.5.2规定的条件进行空白试验。

6.5 测定

6.5.1 将试料(6.1)装入加样器内,用专用金属刷清扫脉冲炉膛,装入新坩埚,以下按仪器操作规程进行。

6.5.2 仪器分析条件(推荐)

a) 脱气功率5 500 W(或1 100 A);

b) 分析功率4 500 W(或1 000 A);

c) 分析时间30 s。

7 分析结果的计算

由计算机自动算出氧的质量分数。

所得结果表示至小数点后第二位。若氧的质量分数小于0.10%时表示至小数点后第三位;若氧的质量分数小于0.010%时表示至小数点后第四位;若氧的质量分数小于0.001 0%时表示至小数点后第五位。

8 精密度

8.1 重复性

在重复条件下获得的两次独立测试结果的测试值,在表1给出的平均值范围内,两个测试结果的绝对值不超过重复性限(*r*),超过重复性限(*r*)的情况不超过5%,重复性限(*r*)按表1数据采用线性内插法求得:

表1 重复性限

氧的质量分数/%	0.000 50	0.001 5	0.036	0.065
重复性限(*r*)/%	0.000 10	0.000 2	0.001	0.002
注:重复性限(*r*)为2.83S_r,S_r为重复性标准偏差。				

8.2 再现性

在再现性条件下获得的两次独立测试结果的测试值,在表2给出的平均值范围内,两个测试结果的绝对差值不超过再现性限(*R*),超过再现性限(*R*)的情况不超过5%,再现性限(*R*)按表2数据采用线性内插法求得:

表2 再现性限

氧的质量分数/%	0.000 50	0.001 5	0.036	0.065
再现性限(*R*)/%	0.000 20	0.000 4	0.002	0.004
注:再现性限(*R*)为2.83S_R,S_R为再现性标准偏差。				

9 质量保证和控制

应用国家级标准样品或行业级标准样品(当前两者没有时,也可用控制标样替代),每周或每两周校核一次本分析方法标准的有效性。当过程失控时,应找出原因,纠正错误后,重新进行校核。

ICS 77.120.30
H 13

GB

中华人民共和国国家标准

GB/T 5121.9—2008
代替 GB/T 5121.9—1996
部分代替 GB/T 13293.7—1991

铜及铜合金化学分析方法 第9部分：铁含量的测定

Methods for chemical analysis of copper and copper alloys—Part 9: Determination of iron content

(ISO 4748:1984, ISO 1812:1976, Copper alloys—Determination of iron content, MOD)

2008-06-17 发布　　2008-12-01 实施

中华人民共和国国家质量监督检验检疫总局
中国国家标准化管理委员会　发布

前　言

GB/T 5121《铜及铜合金化学分析方法》共有27部分。

——第1部分:铜含量的测定;

——第2部分:磷含量的测定;

——第3部分:铅含量的测定;

——第4部分:碳、硫含量的测定;

——第5部分:镍含量的测定;

——第6部分:铋含量的测定;

——第7部分:砷含量的测定;

——第8部分:氧含量的测定;

——第9部分:铁含量的测定;

——第10部分:锡含量的测定;

——第11部分:锌含量的测定;

——第12部分:锑含量的测定;

——第13部分:铝含量的测定;

——第14部分:锰含量的测定;

——第15部分:钴含量的测定;

——第16部分:铬含量的测定;

——第17部分:铍含量的测定;

——第18部分:镁含量的测定;

——第19部分:银含量的测定;

——第20部分:锆含量的测定;

——第21部分:钛含量的测定;

——第22部分:镉含量的测定;

——第23部分:硅含量的测定;

——第24部分:硒、碲含量的测定;

——第25部分:硼含量的测定;

——第26部分:汞含量的测定;

——第27部分:电感耦合等离子体原子发射光谱法。

本部分为第9部分。

本部分包括方法一、方法二、方法三、方法四。铁的质量分数在0.001 5%～0.002 0%,仲裁时推荐采用方法二。

本部分方法四等同采用ISO 4748:1984《铜合金——铁量的测定——Na_2EDTA滴定法》,与国际标准相比作了如下编辑性修改:

——用小数点“.”代替在国际标准中作为小数点的逗号“,”;

——用“本方法”代替“本国际标准”;

——修改了国际标准中非法定计量单位;

——将公式、章条号、表号进行重新编序;

——删除了国际标准中封面、目次、前言和引言。

本部分方法二修改采用 ISO 1812:1976《铜合金——铁含量的测定——1,10-二氮杂菲分光光度法》,在主要技术内容上与 ISO 1812:1976 相同,编写结构不完全对应,具体技术性差异见标准后所附资料性附录 A、附录 B。

本部分代替 GB/T 5121.9—1996《铜及铜合金化学分析方法　铁量的测定》、GB/T 13293.7—1991《高纯阴极铜化学分析方法　塞曼效应电热原子吸收光谱法测定铁、钴、铅量》。

本部分与 GB/T 5121.9—1996、GB/T 13293.7—1991 相比,主要变动如下:

——方法一是对 GB/T 13293.7—1991 的修订,补充了质量保证和控制条款,增加了精密度条款;

——方法二是对 GB/T 5121.9—1996 中"第一篇　方法 1　1,10-二氮杂菲分光光度法"的修订,补充了质量保证和控制条款,增加了精密度条款;

——方法三是对 GB/T 5121.9—1996 中"第二篇　方法 2　重铬酸钾滴定法"的修订,补充了质量保证和控制条款,增加了精密度条款;

——增加了方法四,等同采用国际标准 ISO 4748:1984《铜合金——铁量的测定——Na_2EDTA 滴定法》。

本部分附录 A、附录 B 为资料性附录。

本部分由中国有色金属工业协会提出。

本部分由全国有色金属标准化技术委员会归口。

本部分由中铝洛阳铜业有限公司、北京矿冶研究总院、中国有色金属工业标准计量质量研究所负责起草。

本部分方法一由北京矿冶研究总院起草。

本部分方法一由广州有色金属研究院、金川集团有限公司参加起草。

本部分方法一主要起草人:冯先进。

本部分方法一主要验证人:戴凤英、林海山、刘天平、赵全民、黎先超。

本部分方法二、方法三由中铝洛阳铜业有限公司起草。

本部分方法二、方法三由甘肃西北铜加有限责任公司、中铝沈阳有色金属加工有限公司参加起草。

本部分方法二主要起草人:张敬华、王惠、高钰、杨代新。

本部分方法二主要验证人:汪霞、张皓、赵振林、刘艳。

本部分方法三主要起草人:张敬华、李伟、谢丽云、唐效苏。

本部分方法三主要验证人:刘建明、张皓、李文军、刘艳。

本部分方法四由中铝洛阳铜业有限公司、北京矿冶研究总院、中国有色金属工业标准计量质量研究所起草。

本部分方法四主要起草人:张敬华、李华昌、杨丽娟。

本部分方法四主要验证人:符斌、夏庆珠。

本部分所代替标准的历次版本发布情况为:

——GB/T 5121.9—1996、GB/T 13293.7—1991。

铜及铜合金化学分析方法 第9部分：铁含量的测定

1 方法一 塞曼效应电热原子吸收光谱法

1.1 范围

本方法规定了铜及铜合金中铁含量的测定方法。

本方法适用于铜及铜合金中铁含量的测定。测定范围：0.000 1%～0.002 0%。

1.2 方法原理

试料用硝酸溶解，将一定体积的试液注入电热原子化器中，用塞曼效应原子吸收光谱仪在248.3 nm波长处测量铁的吸光度，按工作曲线法计算铁的质量分数。

1.3 试剂

除非另有说明，在分析中仅使用确认为分析纯的试剂和蒸馏水或去离子水或相当纯度的水。实验所用器皿均用硝酸(1.3.3)浸泡12 h后，用水彻底清洗。

1.3.1 纯铜（铜的质量分数≥99.99%，铁的质量分数<0.000 05%）。

1.3.2 硝酸(1+1)BVⅢ。

1.3.3 硝酸(1+19)。

1.3.4 盐酸(1+1)BVⅢ。

1.3.5 铜基体溶液(100 g/L)：称取20.00 g纯铜(1.3.1)置于400 mL烧杯中，分次加入160 mL硝酸(1.3.2)，冷溶。待激烈反应停止后，低温加热至完全溶解，煮沸驱除氮的氧化物，冷却至室温。移入200 mL容量瓶中，以水稀释至刻度，混匀。

1.3.6 铁标准贮存溶液：称取0.200 0 g金属铁（铁的质量分数≥99.95%）置于150 mL烧杯中，加入14 mL盐酸(1.3.4)，盖上表皿，低温加热至完全溶解，冷却至室温。移入500 mL容量瓶中，以水稀释至刻度，混匀。此溶液1 mL含400 μg铁。

1.3.7 铁标准溶液A：移取5.00 mL铁标准贮存溶液(1.3.6)于200 mL容量瓶中，以水稀释至刻度，混匀。此溶液1 mL含10 μg铁。

1.3.8 铁标准溶液B：移取20.00 mL铁标准溶液A(1.3.7)于200 mL容量瓶中，以水稀释至刻度，混匀。此溶液1 mL含1 μg铁。

1.4 仪器

1.4.1 石墨炉原子吸收光谱仪：配备电热原子化器、微量取样器或自动进样器，铁空心阴极灯及塞曼效应背景校正装置。

1.4.2 所用石墨炉原子吸收光谱仪应达到下列指标：

——最低灵敏度：工作曲线中所用等差系列标准溶液中浓度最大者，其吸光度应不低于0.300。

——工作曲线的相关系数不低于0.995。

——精密度最低要求：用最高浓度的标准溶液，测量10次吸光度，计算其平均值和标准偏差。该标准偏差不应超过该吸光度平均值的1.5%。用最低浓度的标准溶液（不是浓度为零的标准溶液），测量10次吸光度，计算其标准偏差。该标准偏差不应超过最高浓度标准溶液吸光度平均值的0.5%。

1.5 试样

试样加工成屑状。

1.6 分析步骤

1.6.1 试料

按表 1 称取试样(1.5),精确至 0.000 1 g。

表 1 试料量及分取试液体积

铁的质量分数/%	试料量/g	分取试液体积/mL
0.000 1～0.000 5	1.000	全量
>0.000 5～0.002	1.000	20.00

1.6.2 测定次数

独立地进行二次测定,取其平均值。

1.6.3 空白试验

称取 1.000 g 纯铜(1.3.1)随同试料做空白试验,以系列标准溶液的"零"浓度溶液作为试料空白。

1.6.4 测定

1.6.4.1 将试料(1.6.1)置于 150 mL 烧杯中,加入 8 mL 硝酸(1.3.2),低温加热至完全溶解,煮沸驱除氮的氧化物,冷却至室温。移入 100 mL 容量瓶中,以水稀释至刻度,混匀。

1.6.4.2 铁的质量分数大于 0.000 5%时,按表 1 分取试液于 100 mL 容量瓶中,以水稀释至刻度,混匀。

1.6.4.3 根据仪器说明书推荐的条件,选择铁电热原子化的最佳参数和进样量。

1.6.4.4 将仪器调至最佳状态,并按所选的条件(1.4.2)调整电热原子化器。

1.6.4.5 用预定的加热程序空烧石墨管 2 次。

1.6.4.6 按预定进样量将试液(1.6.4.1 或 1.6.4.2)注入原子化器中,进行原子化,并测量铁的吸光度。每份试液测量 2 次,取其平均值,减去空白试验溶液的平均吸光度,从工作曲线上查出相应的铁的质量浓度。

1.6.5 工作曲线的绘制

1.6.5.1 分别移取 0 mL、1.00 mL、2.00 mL、3.00 mL、4.00 mL、5.00 mL 铁标准溶液 B(1.3.8)于一组 100 mL 容量瓶中,按试料量加入相应量铜基体溶液(1.3.5),以水稀释至刻度,混匀。1.6.5.2 在与测量试液相同的条件下,同时测量系列标准溶液的吸光度,每份标准溶液测量 2 次,取其平均值,减去"零"浓度溶液的平均吸光度。以铁的质量浓度为横坐标,吸光度为纵坐标,绘制铁的工作曲线。

1.7 分析结果的计算

按式(1)计算铁的质量分数 $w(\mathrm{Fe})$,数值以%表示:

$$w(\mathrm{Fe})=\frac{\rho\cdot V_0\cdot V_2\times10^{-6}}{m\cdot V_1}\times100 \qquad\cdots\cdots(1)$$

式中:

ρ——自工作曲线上查得的铁的质量浓度,单位为微克每毫升(μg/mL);

V_0——试液总体积,单位为毫升(mL);

V_1——分取试液体积,单位为毫升(mL);

V_2——测量时试液的总体积,单位为毫升(mL);

m——试料的质量,单位为克(g)。

所得结果表示至小数点后第四位。

1.8 精密度

1.8.1 重复性

在重复条件下获得的两次独立测试结果的测试值,在表 2 给出的平均值范围内,两个测试结果的绝对值不超过重复性限(r),超过重复性限(r)的情况不超过 5%,重复性限(r)按表 2 数据采用线性内插法求得:

表 2　重复性限

铁的质量分数/%	0.000 4	0.001 0	0.002 4
重复性限(r)/%	0.000 2	0.000 3	0.000 4
注：重复性限(r)为 2.83Sr,Sr 为重复性标准偏差。			

1.8.2　再现性

在再现性条件下获得的两次独立测试结果的测试值，在表 3 给出的平均值范围内，两个测试结果的绝对差值不超过再现性限(R)，超过再现性限(R)的情况不超过 5%，再现性限(R)按表 3 数据采用线性内插法求得：

表 3　再现性限

铁的质量分数/%	0.000 4	0.001 0	0.002 4
再现性限(R)/%	0.000 3	0.000 4	0.000 6
注：再现性限(R)为 2.83SR,SR 为再现性标准偏差。			

1.9　质量保证和控制

应用国家级标准样品或行业级标准样品(当前两者没有时，也可用控制标样替代)，每周或每两周校核一次本分析方法标准的有效性。当过程失控时，应找出原因，纠正错误后，重新进行校核。

2　方法二　1,10-二氮杂菲分光光度法

2.1　范围

本方法规定了铜及铜合金中铁含量的测定方法。

本方法适用于铜及铜合金中铁含量的测定。测定范围 0.001 5%～0.50%。

2.2　方法原理

试料用盐酸及过氧化氢溶解，在约 6 mol/L 盐酸介质中以 4-甲基-戊酮-2 萃取三价铁的氯化络合物，以抗坏血酸还原成二价铁并反萃取入水相，于分光光度计波长 510 nm 处测量铁(Ⅱ)与 1,10-二氮杂菲红色络合物的吸光度。

2.3　试剂

除非另有说明，在分析中仅使用确认为分析纯的试剂和蒸馏水或去离子水或相当纯度的水。

2.3.1　4-甲基-戊酮-2。

2.3.2　汽油(沸点 40℃～100℃)。

2.3.3　硫酸(ρ1.84 g/mL)。

2.3.4　氢氟酸(ρ1.13 g/mL)。

2.3.5　过氧化氢(ρ1.10 g/mL)。

2.3.6　盐酸(7+3)。

2.3.7　盐酸(1+1)。

2.3.8　抗坏血酸溶液(10 g/L，用时配制)。

2.3.9　1,10-二氮杂菲缓冲溶液(2 g/L)：称取 1.0 g 1,10-二氮杂菲($C_{12}H_8N_2 \cdot H_2O$)于 600 mL 烧杯中，以 5 mL 盐酸(2.3.7)溶解，加入 215 mL 冰乙酸(ρ1.05 g/mL)混匀，在不断搅拌下缓慢加入 265 mL 氨水(ρ0.91 g/mL)，冷却。此溶液的 pH 值应为 6.5±0.1，如果需要可用冰乙酸(ρ1.05 g/mL)或氨水(ρ0.91 g/mL)调节，然后用水稀释到 500 mL，混匀。

2.3.10　铁标准贮存溶液：称取 0.100 0 g 纯铁(铁的质量分数大于 99.95%)置于 150 mL 烧杯中，加入 20 mL 盐酸(ρ1.19 g/mL)加热至完全溶解，冷却。移入 1 000 mL 容量瓶中，用水稀释至刻度，混匀。此溶液 1 mL 含 0.1 mg 铁。

2.3.11 铁标准溶液：移取50.00 mL铁标准贮存溶液(2.3.10)于500 mL容量瓶中用水稀释至刻度，混匀。此溶液1 mL含10 μg铁。

2.4 仪器

2.4.1 分光光度计。

2.4.2 酸度计。

注：全部玻璃器皿均应以盐酸(2.3.7)加过氧化氢漂洗至表面无铁。

2.5 试样

厚度不大于1 mm的碎屑。

2.6 分析步骤

2.6.1 试料

按表4称取试样(2.5)，精确至0.000 1 g。

表4 试料量、试液总体积及分取试液体积

铁的质量分数/%	试料量/g	试液总体积/mL	分取试液体积/mL
>0.001 5～0.005 0	1.000	全量	
>0.005 0～0.020	0.200	全量	
>0.020～0.10	0.500	100	10.00
>0.10～0.50	0.200	200	10.00

2.6.2 测定次数

独立地进行二次测定，取其平均值。

2.6.3 空白试验

随同试料做空白试验。

2.6.4 测定

2.6.4.1 试料溶解

2.6.4.1.1 将试料(2.6.1)置于150 mL烧杯中，加入10 mL盐酸(2.3.6)，分次加入10 mL过氧化氢(2.3.5)，待试料溶解完全后，煮沸除尽过量的过氧化氢(2.3.5)[若分析含铬试样，应缓慢加入4 mL硫酸(2.3.3)，加热蒸发至冒三氧化硫白烟3 min～5 min，取下稍冷，加入20 mL盐酸(2.3.7)温热溶解盐类]，冷却。

2.6.4.1.2 分析硅为主成分的试样时，将试料(2.6.1)置于聚四氟乙烯烧杯中，加入10 mL盐酸(2.3.6)分次加入10 mL过氧化氢(2.3.5)、5滴～8滴氢氟酸(2.3.4)，待试料溶解完全后，煮沸除尽过量的过氧化氢(2.3.5)，冷却。

2.6.4.2 溶液处理

2.6.4.2.1 按表4将体积为全量的试液移入125 mL分液漏斗中，用5 mL～8 mL盐酸(2.3.7)洗涤表皿及杯壁，洗液合并入主液。

2.6.4.2.2 需分取时按表4将溶液移入相应的容量瓶中，用盐酸(2.3.7)洗涤表皿及杯壁，洗液合并于容量瓶中，用盐酸(2.3.7)稀释至刻度，混匀。移取10.00 mL试液置于125 mL分液漏斗中，补加15 mL盐酸(2.3.7)。

2.6.4.3 萃取

2.6.4.3.1 加入20 mL4-甲基-戊酮-2(2.3.1)到分液漏斗中，振荡15 s，静止分层后弃去水相，用盐酸(2.3.7)洗涤有机相3次，每次用量20 mL，洗涤至无色。若分层有困难，可加2 mL汽油(2.3.2)摇动以加速分层。

2.6.4.3.2 用2份10 mL抗坏血酸溶液(2.3.8)从有机相中重复萃取铁，每次振荡20 s。

2.6.4.4 显色

将两次萃取的水相(2.6.4.3.2)合并于50 mL容量瓶中,加入5.0 mL 1,10-二氮杂菲缓冲溶液(2.3.9),用水稀释至刻度,混匀。

2.6.4.5 测量

将部分溶液移入2 cm吸收皿中,以水为参比,于分光光度计波长510 nm处测量吸光度。

2.6.4.6 减去随同试料的空白溶液的吸光度,从工作曲线上查出相应的铁的质量。

2.6.5 工作曲线的绘制

2.6.5.1 移取0 mL,1.00 mL,2.00 mL,3.00 mL,4.00 mL,5.00 mL铁标准溶液(2.3.11),分别置于一组50 mL容量瓶中,加入20 mL抗坏血酸溶液(2.3.8),混匀,静置1 min。加入5.0 mL 1,10-二氮杂菲缓冲溶液(2.3.9),用水稀释至刻度,混匀。

2.6.5.2 将部分溶液移入2 cm吸收皿中,以水为参比,于分光光度计波长510 nm处测量吸光度。所测吸光度减去标准溶液系列中"零"浓度溶液的吸光度,以铁的质量为横坐标,吸光度为纵坐标,绘制工作曲线。

2.7 分析结果的计算

按式(2)计算铁质量分数 $w(\mathrm{Fe})$,数值以%表示:

$$w(\mathrm{Fe})=\frac{m_1 \cdot V_0 \times 10^{-6}}{m_0 \cdot V_1}\times 100 \qquad \cdots\cdots(2)$$

式中:

m_1——自工作曲线上查得的铁的质量,单位为微克(μg);

V_0——试液总体积,单位为毫升(mL);

V_1——分取试液体积,单位为毫升(mL);

m_0——试料的质量,单位为克(g)。

所得结果表示至小数点后第二位。若铁的质量分数小于0.10%时,表示至小数点后第三位;铁的质量分数小于0.010%时,表示至小数点后第四位。

2.8 精密度

2.8.1 重复性

在重复性条件下获得的两次独立测试结果的测试值,在表5给出的平均值范围内,两个测试结果的绝对差值不超过重复性限(r),超过重复性限(r)的情况不超过5%,重复性限(r)按表5数据采用线性内插法求得:

表5 重复性限

铁的质量分数/%	0.001 5	0.012	0.090	0.43
重复性限(r)/%	0.000 2	0.001	0.007	0.03

注:重复性限(r)为2.83Sr,Sr为重复性标准偏差。

2.8.2 再现性

在再现性条件下获得的两次独立测试结果的测试值,在表6给出的平均值范围内,两个测试结果的绝对差值不超过再现性限(R),超过再现性限(R)的情况不超过5%,再现性限(R)按表6数据采用线性内插法求得:

表6 再现性限

铁的质量分数/%	0.001 5	0.012	0.090	0.43
再现性限(R)/%	0.000 3	0.003	0.010	0.04

注:再现性限(R)为2.83SR,SR为再现性标准偏差。

2.9 质量保证和控制

应用国家级标准样品或行业级标准样品(当前两者没有时,也可用控制标样替代),每周或每两周校核一次本分析方法标准的有效性。当过程失控时,应找出原因,纠正错误后,重新进行校核。

3 方法三 重铬酸钾滴定法

3.1 范围

本方法规定了铜及铜合金中铁含量的测定方法。

本方法适用于铜及铜合金中铁含量的测定。测定范围:>0.50%~7.00%。

3.2 方法原理

试料用盐酸和硝酸溶解,在氨性溶液中沉淀铁,沉淀溶于盐酸后,以钨酸钠为指示剂,用三氯化钛还原铁(Ⅲ)至铁(Ⅱ),以二苯胺磺酸钠为指示剂,用重铬酸钾标准滴定溶液滴定。

3.3 试剂

除非另有说明,在分析中仅使用确认为分析纯的试剂和蒸馏水或去离子水或相当纯度的水。

3.3.1 氯化铵。

3.3.2 氢氟酸(ρ1.13 g/mL)。

3.3.3 高氯酸(ρ1.67 g/mL)。

3.3.4 氢溴酸(ρ1.49 g/mL)。

3.3.5 氨水(ρ0.90 g/mL)。

3.3.6 过氧化氢(ρ1.10 g/mL)。

3.3.7 硝酸(1+1)。

3.3.8 盐酸(1+1)。

3.3.9 硫酸(1+1)。

3.3.10 氨水(1+99)。

3.3.11 混合酸:于650 mL水中边搅拌边加入150 mL硫酸(ρ1.84 g/mL),加入200 mL磷酸(ρ1.69 g/mL)。混匀。

3.3.12 铝溶液(1.000 g/L):称取1.000 g纯铝(铁的质量分数不大于0.003%)置于250 mL烧杯中,加入50 mL氢氧化钠溶液(50 g/L),加热使其溶解。用盐酸(3.3.8)中和至生成的沉淀溶解并过量10 mL,冷却,移入1 000 mL容量瓶中,用水稀释至刻度,混匀。

3.3.13 三氯化钛溶液:取三氯化钛溶液(150 g/L~200 g/L),用盐酸(1+9)稀释10倍,混匀。用时现配。

3.3.14 硫酸亚铁铵溶液(5 g/L):称取5 g硫酸亚铁铵[$(NH_4)_2Fe(SO_4)_2 \cdot 6H_2O$]置于250 mL烧杯中,用硫酸(5+95)溶解并稀释至1 000 mL,混匀。

3.3.15 钨酸钠溶液(100 g/L):称取10 g钨酸钠($Na_2WO_4 \cdot 2H_2O$),置于150 mL烧杯中,加入70 mL水溶解(如有沉淀则需过滤),加5 mL磷酸(ρ1.69 g/mL),用水稀释至100 mL,混匀。

3.3.16 二苯胺磺酸钠溶液(2 g/L)。

3.3.17 重铬酸钾标准滴定溶液[$(1/6K_2Cr_2O_7)$=0.010 00 mol/L]:称取0.490 3 g预先经140℃~150℃烘至恒重、置于干燥器中冷却至室温的基准重铬酸钾,置于250 mL烧杯中,以水溶解。移入1 000 mL容量瓶中,用水稀释至刻度,混匀。

3.4 试样

厚度不大于1 mm的碎屑。

3.5 分析步骤

3.5.1 试料

按表7称取试样(3.4),精确至0.000 1 g。

表 7　试料量

铁的质量分数/%	试料量/g
>0.50～1.50	1.000
>1.50～4.00	0.400
>4.00～7.00	0.250

3.5.2　测定次数

独立地进行二次测定，取其平均值。

3.5.3　空白试验

在空白试验烧杯中，加入 10 mL 铝溶液(3.3.12)作载体，随同试料(3.5.1)作空白试验至 3.5.4.7。立即加入 10 mL 混合酸(3.3.11)，2.00 mL 硫酸亚铁铵溶液(3.3.14)，3 滴二苯胺磺酸钠溶液(3.3.16)，用重铬酸钾标准滴定溶液(3.3.17)滴定至溶液呈现稳定的紫色为终点，记下消耗重铬酸钾标准滴定溶液的体积 V_1。加入 2.00 mL 硫酸亚铁铵溶液(3.3.14)，用重铬酸钾标准滴定溶液(3.3.17)滴定至溶液呈现稳定的紫色为终点，记下消耗重铬酸钾标准滴定溶液的体积 V_2。

3.5.4　测定

3.5.4.1　将试料(3.5.1)置于 400 mL 烧杯中，加入 5 mL 盐酸(3.3.8)，10 mL 硝酸(3.3.7)，盖上表皿，加热溶解，煮沸除去氮的氧化物，用水洗涤表皿和杯壁，用水稀释体积至 200 mL 左右[分析硅为主成分的试料时，将试料(3.5.1)置于 300 mL 聚四氟乙烯烧杯中，加入 5 mL 盐酸(3.3.8)，10 mL 硝酸(3.3.7)，于低温电炉上加热溶解，加 3 mL 氢氟酸(3.3.2)，5 mL 高氯酸(3.3.3)，蒸发至冒浓厚的白烟，冷却。加入 20 mL 盐酸(3.3.8)，待盐类溶解后，将溶液移入 400 mL 烧杯中，用水稀释体积至 200 mL左右]。

3.5.4.2　加入 3 g 氯化铵(3.3.1)，用氨水(3.3.5)中和至铜离子全部转化为铜氨络离子(空白溶液中和至氢氧化铝沉淀出现)，再过量 5 mL。煮沸 1 min，静置 5 min，过滤，用氨水(3.3.10)洗涤烧杯 3 次，洗涤沉淀 3 次～5 次，弃去滤液。

3.5.4.3　沉淀用水洗入原烧杯中，滤纸上的残留沉淀，用已加入数滴过氧化氢(3.3.6)的 20 mL 热盐酸(3.3.8)溶解于原烧杯中，滤纸用热水洗涤 4 次，洗液并入主液中。当砷不小于 0.5 mg 或锑不小于 0.1 mg 时，加入 5 mL 硝酸(3.3.7)，5 mL 硫酸(3.3.9)，加热蒸发至冒白烟，稍冷。加入 10 mL 氢溴酸(3.3.4)，加热蒸发至冒浓白烟 2 min～3 min，稍冷。再加 5 mL 氢溴酸(3.3.4)，5 mL 硫酸(3.3.9)处理一次，冷却。加入 20 mL 盐酸(3.3.8)和几滴过氧化氢(3.3.6)。

3.5.4.4　盖上表皿，加热煮沸破坏过氧化氢并煮沸至溶液透明，用水稀释体积至 200 mL 左右，以下按 3.5.4.2 步骤再进行一次沉淀分离。

3.5.4.5　铝青铜中铁的质量分数大于 0.50%～1.50%时，需按 3.5.4.3 及 3.5.4.4 进行第三次沉淀分离。

3.5.4.6　沉淀用水洗入原烧杯中，滤纸上的残留沉淀用已加入数滴过氧化氢(3.3.6)的 20 mL 热盐酸(3.3.8)溶解于原烧杯中。滤纸用热水洗涤 4 次，洗液并入主液中。盖上表皿，加热煮沸破坏过氧化氢，并煮沸至溶液透明，冷却。用水洗涤表皿及杯壁。

3.5.4.7　用水稀释体积至 130 mL 左右，加入 1 mL 钨酸钠溶液(3.3.15)，滴加三氯化钛溶液(3.3.13)至出现稳定的蓝色，用重铬酸钾标准滴定溶液(3.3.17)缓慢滴定至蓝色消失，不记毫升数。

3.5.4.8　立即加入 10 mL 混合酸(3.3.11)，3 滴二苯胺磺酸钠溶液(3.3.16)，用重铬酸钾标准滴定溶液(3.3.17)滴定至溶液呈现稳定的紫色为终点。

3.6　分析结果的计算

按式(3)计算铁的质量分数 $w(Fe)$，数值以%表示：

$$w(\mathrm{Fe})=\frac{c[V-(V_1-V_2)]\times 55.85\times 10^{-3}}{m_0}\times 100 \quad\cdots\cdots(3)$$

式中：

c——重铬酸钾标准滴定溶液的实际浓度，单位为摩尔每升(mol/L)；

V——滴定试料溶液时消耗的重铬酸钾标准滴定溶液的体积，单位为毫升(mL)；

V_1——第一次滴定空白溶液时消耗的重铬酸钾标准滴定溶液的体积，单位为毫升(mL)；

V_2——第二次滴定空白溶液时消耗的重铬酸钾标准滴定溶液的体积，单位为毫升(mL)；

m_0——试料的质量，单位为克(g)；

55.85——铁的摩尔质量，单位为克每摩尔(g/mol)。

所得结果表示至小数点后第二位。

3.7 精密度

3.7.1 重复性

在重复性条件下获得的两次独立测试结果的测试值，在表8给出的平均值范围内，两个测试结果的绝对差值不超过重复性限(r)，超过重复性限(r)的情况不超过5%，重复性限(r)按表8数据采用线性内插法求得：

表8 重复性限

铁的质量分数/%	0.61	3.47	7.00
重复性限(r)/%	0.03	0.09	0.12
注：重复性限(r)为2.83Sr，Sr为重复性标准偏差。			

3.7.2 再现性

在再现性条件下获得的两次独立测试结果的测试值，在表9给出的平均值范围内，两个测试结果的绝对差值不超过再现性限(R)，超过再现性限(R)的情况不超过5%，再现性限(R)按表9数据采用线性内插法求得：

表9 再现性限

铁的质量分数/%	0.61	3.47	7.00
再现性限(R)/%	0.05	0.12	0.18
注：再现性限(R)为2.83SR，SR为再现性标准偏差。			

3.8 质量保证和控制

应用国家级标准样品或行业级标准样品(当前两者没有时，也可用控制标样替代)，每周或每两周校核一次本分析方法标准的有效性。当过程失控时，应找出原因，纠正错误后，重新进行校核。

4 方法四 Na_2EDTA滴定法

4.1 范围

本方法规定滴定法用于铜合金中铁含量的测定。

本方法适用于已列入国际标准中的所有铜合金牌号中的铁含量。

4.2 方法原理

通过萃取铁(Ⅲ)-氯络合物从铜中分离铁，于pH4.5用过量的Na_2EDTA进行螯合，用标准体积锌溶液(锌标准溶液)进行返滴定。

4.3 试剂

分析时，使用分析纯试剂及蒸馏水或去离子水。

4.3.1 盐酸(ρ1.19 g/mL)。

4.3.2 过氧化氢溶液，30%(质量分数)。

4.3.3 甲基异丁基(甲)酮。

4.3.4 乙醇。

4.3.5 盐酸(1+1)：用100 mL水稀释100 mL盐酸(4.3.1)。

4.3.6 氯化锂溶液：用水溶解275 g氯化锂(LiCl)并稀释至1 000 mL。

4.3.7 氟化铵溶液：用水溶解37 g氟化铵(NH_4F)并稀释至100 mL。

4.3.8 硫脲溶液：用水溶解100 g硫脲(H_2NCSNH_2)并稀释至1 000 mL。

4.3.9 六次甲基四胺溶液：用水溶解200 g六亚甲基四胺并稀释至1 000 mL。

4.3.10 乙二胺四乙酸二钠，二水(合)物(Na_2EDTA)，标准溶液(0.05 mol/L)：用水溶解18.61 gNa_2EDTA，移入1 000 mL容量瓶中，用水稀释至刻度，混匀。通过采用一个已知量的铁(Ⅲ)溶液(4.3.12)标定此溶液。标定时只省略萃取步骤，滴定按第五章所述进行。

4.3.11 锌标准溶液(0.05 mol/L)：用25 mL硝酸(1+1)溶解3.269 g高纯金属锌，煮沸除去氮的氧化物，冷却，用六次甲基四胺溶液(4.3.9)调至pH4～pH5移入1 000 mL容量瓶中，用水稀释至刻度，混匀。

4.3.12 铁(Ⅲ)溶液(0.05 mol/L)：用40 mL盐酸(4.3.5)溶解3.992 g氧化铁(Ⅲ)(Fe_2O_3)。移入1 000 mL容量瓶中，用水稀释至刻度，混匀。

4.3.13 二甲酚橙：将1 g二甲酚橙与100 g硝酸钾研磨混匀。

4.4 仪器

pH计及普通实验室仪器。

4.5 分析步骤

4.5.1 试料量

称取1.000 g试样(精确至0.001 g)于250 mL高型烧杯中。

4.5.2 测定

4.5.2.1 在冷却中，用10 mL盐酸(4.3.1)及10 mL盐酸(4.3.5)溶解试样，分次少量加入10 mL过氧化氢溶液(4.3.2)，待溶解完全后，微沸5 min以除去过量的过氧化物。

4.5.2.2 冷却溶液至室温并移入150 mL分液漏斗中，用盐酸(4.3.5)洗涤烧杯，并将洗液并入分液漏斗中，使其总体积不超过50 mL。

4.5.2.3 加入30 mL甲基异丁基酮(4.3.3)，剧烈振荡1 min，静置分层，将下置水相放入另一个分液漏斗中，于水相中加入20 mL甲基异丁基酮(4.3.3)，缓慢振荡1 min，静置分层，弃去水相。

4.5.2.4 将两个有机相合并，用20 mL氯化锂溶液(4.3.6)振荡洗涤30 s，弃去水相，另取20 mL氯化锂溶液(4.3.6)重复洗涤。

4.5.2.5 弃去水层，用50 mL水洗涤纯化过的有机相于400 mL烧杯中，加入2 mL盐酸(4.3.5)，充分搅拌。为了获得一个单相层系，用100 mL乙醇(4.3.4)稀释并在搅拌的同时加入使溶液脱色所必需的氟化铵溶液(4.3.7)。

4.5.2.6 加入5 mL硫脲溶液(4.3.8)及20.00 mL Na_2EDTA溶液(4.3.10)。加入六次甲基四胺溶液(4.3.9)调至溶液的pH(4.5±0.1)。加入一勺(约0.1 g)二甲酚橙(4.3.13)，用锌标准溶液(4.3.11)滴定至指示剂由黄色敏锐地变为红色。

在临近终点时逐滴缓慢地进行滴定。

4.5.3 对照试验

通过制备一种标准物质溶液或一种含有已知铁量及与被分析的物质成分相似的合成样品，对仪器做预先检查。其步骤按照4.5.1及4.5.2中所规定的进行。

4.6 分析结果的计算

按式(4)计算铁的质量分数$w(Fe)$，数值以%表示：

$$w(\mathrm{Fe})=\frac{(V_1 \cdot F-V_2)\times 0.002\ 793\times 100}{m}=\frac{(V_1 \cdot F-V_2)\times 0.279\ 3}{m} \quad \cdots\cdots\cdots(4)$$

式中：

V_1——加入 Na_2EDTA 溶液(4.3.10)的体积，单位为毫升(mL)；

V_2——测定(4.5.2)所需锌溶液(4.3.11)的体积，单位为毫升(mL)；

F——Na_2EDTA 溶液的系数，即：由标定所确认的 Na_2EDTA 溶液浓度除以标称浓度，0.05 mol/L；

m——试样(4.5.1)质量，单位为克(g)；

0.002 793——相当于 0.05 mol/L Na_2EDTA 溶液 1 mL 铁的质量，单位为克(g)。

结果表示到小数点后第二位。

4.7 重复性及再现性

由七个实验室对两个样品进行的比较实验，给出下列统计数据：

表 10 重复性、再现性

特征型	样品	
	1	2
平均值，%	1.92	4.54
标准偏差：重复性，σ_r	0.013	0.019
再现性，σ_R	0.024	0.038

4.8 试验报告

试验报告包括下列详细资料：

a) 样品识别；

b) 所用方法的参考资料；

c) 结果和用以表示的方法；

d) 测定时所注意到的任何异常现象；

e) 在本方法中未包括的任何操作或认为可能影响结果任选的操作。

附 录 A
（资料性附录）
本部分方法二章条编号与 ISO 1812:1976 章条编号对照

表 A.1 给出了本部分方法二章条编号与 ISO 1812:1976 章条编号对照一览表。

表 A.1 本方法章条编号与 ISO 1812:1976 章条编号对照

本方法章条编号	ISO 1812:1976 章条编号
2.1	1
2.2	3
2.3	4
2.4	5
2.5	6
2.6	7
2.6.1	7.1
2.6.2	7.2
2.6.3	7.3
2.6.4	7.4
2.7	8
2.8	—
2.9	—

附　录　B
（资料性附录）
本部分方法二与 ISO 1812:1976 技术性差异及其原因

表 B.1 给出了本部分方法二与 ISO 1812:1976 的技术性差异及其原因的一览表。

表 B.1　本方法与 ISO 1812:1976 技术性差异及其原因

本方法的章条编号	技术性差异	原　　因
2.1	对方法的测定范围下限作了规定，拓宽了测定上限	使标准更科学、严密，增加了适用性
2.2	对方法原理重新进行表述	更加详细而具体
2.6.1	减少了称样量	可操作性强
2.6.4.1.1	减少了盐酸和过氧化氢的用量，增加含铬试样的处理方法	提高了方法的适用性和可操作性
2.6.4.1.2	溶解试料条款中，增加了硅为主成分试样的处理方法	提高了方法的适用性和可操作性
2.7	分析结果的计算与表述清晰、明了	提高实用性
2.8	增加了精密度(重复性)条款	标准规范要求
2.9	增加了质量保证条款	标准规范要求

ICS 77.120.30
H 13

中华人民共和国国家标准

GB/T 5121.10—2008
代替 GB/T 5121.10—1996、GB/T 13293.9—1991

铜及铜合金化学分析方法 第 10 部分：锡含量的测定

Methods for chemical analysis of copper and copper alloys—Part 10：Determination of tin content

(ISO 3111：1975，Copper alloys—Determination of tin as alloying element—Volumetric method，MOD)

2008-06-17 发布　　2008-12-01 实施

中华人民共和国国家质量监督检验检疫总局
中国国家标准化管理委员会　发布

前　言

GB/T 5121《铜及铜合金化学分析方法》共有27部分。

——第1部分：铜含量的测定；

——第2部分：磷含量的测定；

——第3部分：铅含量的测定；

——第4部分：碳、硫含量的测定；

——第5部分：镍含量的测定；

——第6部分：铋含量的测定；

——第7部分：砷含量的测定；

——第8部分：氧含量的测定；

——第9部分：铁含量的测定；

——第10部分：锡含量的测定；

——第11部分：锌含量的测定；

——第12部分：锑含量的测定；

——第13部分：铝含量的测定；

——第14部分：锰含量的测定；

——第15部分：钴含量的测定；

——第16部分：铬含量的测定；

——第17部分：铍含量的测定；

——第18部分：镁含量的测定；

——第19部分：银含量的测定；

——第20部分：锆含量的测定；

——第21部分：钛含量的测定；

——第22部分：镉含量的测定；

——第23部分：硅含量的测定；

——第24部分：硒、碲含量的测定；

——第25部分：硼含量的测定；

——第26部分：汞含量的测定；

——第27部分：电感耦合等离子体原子发射光谱法。

本部分为第10部分。

本部分包括方法一、方法二、方法三。锡的质量分数在0.001 0%～0.002 0%仲裁时，推荐采用方法二。

本部分方法三修改采用ISO 3111:1975《铜合金——锡含量的测定——容量法》，在主要技术内容上与ISO 3111:1975相同，编写结构不完全对应。具体技术性差异见附录A、附录B。

本部分代替GB/T 5121.10—1996《铜及铜合金化学分析方法　锡量的测定》和GB/T 13293.9—1991《高纯阴极铜化学分析方法　塞曼效应电热原子吸收光谱法测定锡量》。

本部分与GB/T 13293.9—1991、GB/T 5121.10—1996相比，主要变动如下：

——方法一是对GB/T 13293.9—1991的修订，补充了质量保证和控制条款，增加了精密度条款；

——方法二是对GB/T 5121.10—1996中"第一篇　方法1　苯基荧光酮-聚乙二醇辛基苯基醚分

光光度法”的修订，补充了质量保证和控制条款，增加了精密度条款；

——方法三是对 GB/T 5121.10—1996 中“第二篇　方法 2　碘酸钾滴定法”的修订，补充了质量保证和控制条款，增加了精密度条款。

本部分附录 A、附录 B 为资料性附录。

本部分由中国有色金属工业协会提出。

本部分由全国有色金属标准化技术委员会归口。

本部分由中铝洛阳铜业有限公司、北京矿冶研究总院、中国有色金属工业标准计量质量研究所负责起草。

本部分方法一由北京矿冶研究总院起草。

本部分方法一由广州有色金属研究院、金川集团有限公司参加起草。

本部分方法一主要起草人：冯先进、姜求韬、高怀芳。

本部分方法一主要验证人：占光仙、沈广鑫、黎先超、张继红。

本部分方法二、方法三由甘肃西北铜加工有限责任公司起草。

本部分方法二、方法三由中铝洛阳铜业有限公司、中铝沈阳有色金属加工有限公司参加起草。

本部分方法二主要起草人：杨桂平、刘艳。

本部分方法二主要验证人：王焱、孙爱平、张辉、靳宽利。

本部分方法三主要起草人：赵义、赵振林。

本部分方法三主要验证人：王焱、孙爱平、张辉、靳宽利。

本部分所代替标准的历次版本发布情况为：

——GB/T 5121.10—1996、GB/T 13293.9—1991。

铜及铜合金化学分析方法
第10部分:锡含量的测定

1 方法一 塞曼效应电热原子吸收光谱法

1.1 范围

本方法规定了铜及铜合金中锡含量的测定方法。

本方法适用于铜及铜合金中锡含量的测定。测定范围:0.000 1%～0.002 0%。

1.2 方法原理

试样用硝酸溶解,将一定体积的试液注入电热原子化器中,用塞曼效应原子吸收光谱仪在224.6 nm波长处测量锡的吸光度,按工作曲线法计算锡的质量分数。

1.3 试剂

除非另有说明,在分析中仅使用确认为分析纯的试剂和蒸馏水或去离子水或相当纯度的水。实验所用器皿均用硝酸(1.3.4)浸泡12 h后,用水彻底清洗。

1.3.1 纯铜(铜的质量分数≥99.99%,锡的质量分数<0.000 05%)。

1.3.2 硝酸(1+1)BVⅢ。

1.3.3 硝酸(6+94)。

1.3.4 硝酸(1+19)。

1.3.5 硫酸(ρ1.84 g/mL)优级纯。

1.3.6 硫酸(1+9)。

1.3.7 铜基体溶液(100 g/L):称取20.00 g纯铜(1.3.1)置于400 mL烧杯中,分次加入160 mL硝酸(1.3.2),冷溶。待激烈反应停止后,低温加热至完全溶解,煮沸驱除氮的氧化物,冷却至室温。移入200 mL容量瓶中,以水稀释至刻度,混匀。

1.3.8 锡标准贮存溶液:称取0.100 0 g金属锡粒(质量分数≥99.95%)置于150 mL烧杯中,加入5 mL硫酸(1.3.5),加热至完全溶解,冷却至室温。将溶液移入1 000 mL容量瓶中,用硫酸(1.3.6)稀释至刻度,混匀。此溶液1 mL含100 μg锡。

1.3.9 锡标准溶液:移取5.00 mL锡标准贮存溶液(1.3.8)于500 mL容量瓶中,用硝酸(1.3.3)稀释至刻度,混匀。此溶液1 mL含1 μg锡。

1.4 仪器

1.4.1 石墨炉原子吸收光谱仪:配备电热原子化器、微量取样器或自动进样器,锡空心阴极灯及塞曼效应背景校正装置。

1.4.2 所用石墨炉原子吸收光谱仪应达到下列指标:

——最低灵敏度:工作曲线中所用等差系列标准溶液中浓度最大者,其吸光度应不低于0.300。

——工作曲线的相关系数不低于0.995。

——精密度最低要求:用最高浓度的标准溶液,测量10次吸光度,计算其平均值和标准偏差。该标准偏差不应超过该吸光度平均值的1.5%。用最低浓度的标准溶液(不是浓度为零的标准溶液),测量10次吸光度,计算其标准偏差。该标准偏差不应超过最高浓度标准溶液吸光度平均值的0.5%。

1.5 试样

试样加工成屑状。

1.6 分析步骤

1.6.1 按表1称取试样(1.5),精确至0.000 1 g。

表1 试料量及分取体积

锡的质量分数/%	试料量/g	分取试液体积/mL
0.000 1～0.000 5	1.000	全量
>0.000 5～0.002 0	1.000	20

1.6.2 测定次数

独立地进行二次测定,取其平均值。

1.6.3 空白试验

称取1.000 g纯铜(1.3.1)随同试料做空白试验。以系列标准溶液的“零”浓度溶液作为试料空白。

1.6.4 测定

1.6.4.1 将试料(1.6.1)置于150 mL烧杯中,加入8 mL硝酸(1.3.2),低温加热至完全溶解,煮沸驱除氮的氧化物,冷却至室温,将试液移入100 mL容量瓶中,以水稀释至刻度,混匀。

1.6.4.2 锡的质量分数大于0.000 5%时,按表1分取试液于100 mL容量瓶中,以水稀释至刻度,混匀。

1.6.4.3 根据仪器说明书推荐的条件,选择锡电热原子化的最佳参数和进样量。

1.6.4.4 将仪器调至最佳状态,并按所选的条件调整电热原子化器。

1.6.4.5 用预定的加热程序空烧石墨管2次。

1.6.4.6 按预定进样量将试液(1.6.4.1或1.6.4.2)注入原子化器中,进行原子化,并测量锡的吸光度。每份试液测量2次,取其平均值,减去空白试验溶液的平均吸光度,从工作曲线上查出相应的锡的质量浓度。

1.6.5 工作曲线的绘制

1.6.5.1 分别移取0 mL、1.00 mL、2.00 mL、3.00 mL、4.00 mL、5.00 mL锡标准溶液(1.3.9)于一组100 mL容量瓶中,按试料量加入相应量铜基体溶液(1.3.7),以水稀释至刻度,混匀。

1.6.5.2 在与测量试液相同的条件下,同时测量系列标准溶液的吸光度,每份标液测量2次,取其平均值,减去“零”浓度溶液的平均吸光度。以锡的质量浓度为横坐标,吸光度为纵坐标,绘制锡的工作曲线。

1.7 分析结果的计算

按式(1)计算锡的质量分数$w(\mathrm{Sn})$,数值以%表示:

$$w(\mathrm{Sn}) = \frac{\rho \cdot V_0 \cdot V_2 \times 10^{-6}}{m \cdot V_1} \times 100 \quad \cdots\cdots(1)$$

式中:

ρ——自工作曲线上查得的锡的质量浓度,单位为微克每毫升(μg/mL);

V_0——试液总体积,单位为毫升(mL);

V_1——分取试液体积,单位为毫升(mL);

V_2——测量时试液的总体积,单位为毫升(mL);

m——试料的质量,单位为克(g)。

所得结果表示至小数点后第四位。

1.8 精密度

1.8.1 重复性

在重复性条件下获得的两次独立测试结果的测定值,在表2给出的平均值范围内,这两个测试结果的绝对差值不超过重复性限(r),超过重复性限(r)的情况不超过5%,重复性限(r)按表2数据采用线性内插法求得:

表 2 重复性限

锡的质量分数/%	0.000 1	0.000 5	0.001 1
重复性限(r)/%	0.000 1	0.000 2	0.000 3
注：重复性限(r)为 2.83Sr，Sr 为重复性标准偏差。			

1.8.2 再现性

在再现性条件下获得的两次独立测试结果的测试值，在表 3 给出的平均值范围内，两个测试结果的绝对差值不超过再现性限(R)，超过再现性限(R)的情况不超过 5%，再现性限(R)按表 3 数据采用线性内插法求得：

表 3 再现性限

锡的质量分数/%	0.000 1	0.000 5	0.001 1
再现性限(R)/%	0.000 1	0.000 2	0.000 4
注：再现性限(R)为 2.83S_R，S_R 为再现性标准偏差。			

1.9 质量保证和控制

应用国家级标准样品或行业标准样品（当前两者没有时，也可用控制标样替代），每周或每两周校核一次本分析方法标准的有效性。当过程失控时，应找出原因，纠正错误后，重新进行校核。

2 方法二 苯基荧光酮-聚乙二醇辛基苯基醚分光光度法

2.1 范围

本方法规定了铜及铜合金中锡含量的测定方法。

本方法适用于铜及铜合金中锡含量的测定。测定范围＞0.001 0%～0.50%。

2.2 方法原理

根据试样的品种及含量，试料用硝酸、硫酸钾-硫酸或混合酸溶解，锡经水合二氧化锰共沉淀富集或直接在稀硫酸介质中与苯基荧光酮、聚乙二醇辛基苯基醚显色，于分光光度计波长 510 nm 处测量其吸光度。

2.3 试剂

除非另有说明，在分析中仅使用确认为分析纯的试剂和蒸馏水或去离子水或相当纯度的水。

2.3.1 硫酸钾。

2.3.2 硫酸(ρ1.84 g/mL)。

2.3.3 硝酸(ρ1.42 g/mL)。

2.3.4 氨水(ρ0.90 g/mL)。

2.3.5 硝酸(1＋1)。

2.3.6 混合酸：在不断搅拌下向 500 mL 水中缓慢加入 300 mL 硝酸(2.3.3)、200 mL 硫酸(2.3.2)。

2.3.7 硫酸锰($MnSO_4 \cdot H_2O$)溶液(50 g/L)。

2.3.8 高锰酸钾溶液(10 g/L)。

2.3.9 硫酸[$c(H_2SO_4)=5$ mol/L]。

2.3.10 抗坏血酸溶液(10 g/L)。

2.3.11 酒石酸溶液(100 g/L)。

2.3.12 草酸($C_2H_2O_4 \cdot 2H_2O$)溶液(1.3 g/L)。

2.3.13 聚乙二醇辛基苯基醚溶液(5＋95)。

2.3.14 苯基荧光酮溶液(0.3 g/L):称取 0.15 g 苯基荧光酮,用 200 mL 无水乙醇和 5 mL 硫酸(1+3)溶解完全后移入 500 mL 容量瓶中,以无水乙醇稀释至刻度,混匀。

2.3.15 锡标准贮存溶液:称取 0.100 0 g 纯锡,置于 150 mL 烧杯中,加入 5 mL 硫酸(2.3.2),加热溶解,冷却,移入 1 000 mL 容量瓶中,用硫酸(1+9)洗涤烧杯并稀释至刻度,混匀。此溶液 1 mL 含 100 μg 锡。

2.3.16 锡标准溶液:移取 20.00 mL 锡标准贮存溶液(2.3.15)于 500 mL 容量瓶中,用硫酸[$c(H_2SO_4)$=0.5 mol/L]稀释至刻度,混匀。此溶液 1 mL 含 4 μg 锡。

2.3.17 对硝基酚溶液(1 g/L)。

2.4 仪器

分光光度计。

2.5 试样

厚度不大于 1 mm 的碎屑。

2.6 分析步骤

2.6.1 试料

按表 4 称取试样(2.5),精确至 0.000 1 g。

表 4 试料量、试液总体积及分取试液体积

锡的质量分数/%	试样量/g	试液总体积/mL	分取试液体积/mL
>0.001 0~0.003 0	2.500	100	20.00
>0.003 0~0.006 0	2.500	100	10.00
>0.006 0~0.012 0	2.500	100	5.00
>0.012~0.040	0.400	100	10.00
>0.040~0.080	0.200	100	10.00
>0.080~0.15	0.200	100	5.00
>0.15~0.28	0.200	200	5.00
>0.28~0.50	0.150	250	5.00

2.6.2 测定次数

独立地进行二次测定,取其平均值。

2.6.3 空白试验

随同试料做空白试验。

2.6.4 测定

2.6.4.1 溶解与富集

2.6.4.1.1 锡量不大于 0.012%的试料

将试料(2.6.1)置于 400 mL 烧杯中,加 20 mL 硝酸(2.3.5),盖上表皿,加热溶解并煮沸除去氮的氧化物,用水洗涤表皿及烧杯壁,加水至 150 mL,加 5 mL 硫酸锰溶液(2.3.7),煮沸,在不断搅拌下滴加 5 mL 高锰酸钾溶液(2.3.8),煮沸 5 min,放置 3 min,用中速定量滤纸过滤,用热水洗涤烧杯及沉淀 4 次~5 次,用一小片滤纸将玻璃棒及烧杯中的沉淀擦拭干净并放入漏斗中,再用热水洗涤烧杯及沉淀 2 次~3 次。将沉淀及滤纸移入 200 mL 烧杯中,加入 10 mL 硝酸(2.3.3),8 mL 硫酸(2.3.2),盖上表皿,加热至冒三氧化硫白烟,溶液若呈黑色,再加 1 mL~2 mL 硝酸(2.3.3)蒸发,重复处理至溶液澄清。以下按不同合金的试料分别操作:

a) 电解铜：用水洗涤表皿并移去，低温加热至冒三氧化硫白烟，将烧杯移至高温蒸发 10 min，冷却，加 20 mL 水，盖上表皿，煮沸 1 min，冷却，用水洗涤表皿，移入 100 mL 容量瓶中，用水洗涤烧杯并稀释至刻度，混匀。按表 4 移取试液于 50 mL 容量瓶中，加 1 滴对硝基酚溶液(2.3.17)，用氨水(2.3.4)中和至溶液恰好变黄色，立即滴加硫酸(2.3.9)至黄色退去并过量 5 mL，冷却。

b) 加工纯铜及铜合金：向烧杯中加入 8 g 硫酸钾(2.3.1)，盖上表皿，加热至硫酸钾溶解后将烧杯移至高温电炉上，加热至溶液沸腾并保持 50 min，冷却，加入 50 mL 水，煮沸 1 min，冷却，用水洗涤表皿，将溶液移入 100 mL 容量瓶中，用水洗涤烧杯并稀释至刻度，混匀。按表 4 移取试液于 50 mL 容量瓶中，加 1 滴对-硝基酚溶液(2.3.17)，用氨水中和至溶液恰好变黄色，立即滴硫酸(2.3.9)至黄色退去并过量 5 mL，冷却。

2.6.4.1.2 锡量大于 0.012%的试料

a) 加工纯铜：将试料(2.6.1)置于 200 烧杯中，加入 8 g 硫酸钾(2.3.1)，8 mL 硫酸(2.3.2)，盖上表皿，加热硫酸钾溶解后将烧杯移至高温电炉上，待试料及硫酸铜沉淀完全溶解后，溶液在沸腾状态下保持 50 min，冷却，加入 50 mL 水，煮沸 1 min，冷却，用水洗涤表皿，按表 4 将溶液移入相应的容量瓶中，用水洗涤烧杯并稀释至刻度，混匀。按表 4 移取试液于 50 mL 容量瓶中，用氨水(2.3.4)中和至氢氧化铜沉淀生成，立即滴加硫酸(2.3.9)至沉淀溶解并过量 5 mL，冷却。

b) 铜合金：将试料(2.6.1)置于 200 mL 烧杯中，加入 5 mL 混合酸(2.3.6)，盖上表皿，低温加热使试料完全溶解，加入 10 mL 水，煮沸除去氮的氧化物，冷却，用水洗涤表皿，按表 4 将溶液移入相应的容量瓶中，用水洗涤烧杯并稀释至刻度，混匀。此时若有硫酸铅沉淀或黑色硅化物则应干过滤于 250 mL 烧杯中。按表 4 移取试液于 50 mL 容量并瓶中，加入 5 mL 硫酸(2.3.9)。

2.6.4.2 显色

向容量瓶中加入 5 滴高锰酸钾溶液(2.3.8)，放置 1 min，加入 3 mL 抗坏血酸溶液(2.3.10)，混匀，放置 1 min。加入 2 mL 酒石酸溶液(2.3.11)、2 mL 草酸溶液(2.3.12)、2.5 mL 聚乙二醇辛基苯基醚溶液 (2.3.13)，3.0 mL 苯基荧光酮溶液(2.3.14)，以水稀释至刻度，混匀，放置 10 min。

2.6.4.3 测量

将部分溶液移入 1 cm 吸收皿中，以试剂空白为参比，于分光光度计波长 510 nm 处测量溶液的吸光度。从工作曲线中查出相应的锡的质量。

2.6.5 工作曲线的绘制

2.6.5.1 移取 0 mL、0.80 mL、1.60 mL、2.40 mL、3.20 mL、4.00 mL 锡标准溶液(2.3.16)分别置于一组 50 mL 容量瓶中，加入 5 mL 硫酸(2.3.9)。以下按 2.6.4.2 进行。

2.6.5.2 将部分溶液移入 1 cm 吸收皿中，以试剂空白为参比，于分光光度计波长 510 nm 处测量其吸光度。以锡的质量为横坐标，吸光度为纵坐标，绘制工作曲线。

2.7 分析结果的计算

按式(2)计算锡的质量分数 $w(\mathrm{Sn})$，数值以%表示：

$$w(\mathrm{Sn})=\frac{m_1\cdot V_0\times 10^{-6}}{m_0\cdot V_1}\times 100 \qquad \cdots\cdots(2)$$

式中：

m_1——自工作曲线上查得的锡的质量，单位为微克(μg)；

V_0——试液总体积，单位为毫升(mL)；

V_1——分取试液体积，单位为毫升(mL)；

m_0——试料的质量，单位为克(g)。

所得结果表示至小数点后第二位。若锡的质量分数小于0.10%时，表示至小数点后第三位；小于0.010%时，表示至小数点后第四位。

2.8 精密度

2.8.1 重复性

在重复性条件下获得的两次独立测试结果的测试值，在表5给出的平均值范围内，两个测试结果的绝对差值不超过重复性限(*r*)，超过重复性限(*r*)的情况不超过5%，重复性限(*r*)按表5数据采用线性内插法求得：

表5 重复性限

锡的质量分数/%	0.001 9	0.095	0.170	0.380
重复性限(*r*)/%	0.000 2	0.004	0.010	0.015
注：重复性限(*r*)为2.83*Sr*，*Sr*为重复性标准偏差。				

2.8.2 再现性

在再现性条件下获得的两次独立测试结果的测试值，在表6给出的平均值范围内，两个测试结果的绝对差值不超过再现性限(*R*)，超过再现性限(*R*)的情况不超过5%，再现性限(*R*)按表6数据采用线性内插法求得：

表6 再现性限

锡的质量分数/%	0.001 9	0.095	0.170	0.380
再现性限(*R*)/%	0.000 3	0.007	0.015	0.020
注：再现性限(*R*)为2.83S_R，S_R为再现性标准偏差。				

2.9 质量保证和控制

应用国家级标准样品或行业级标准样品(当前两者没有时，也可用控制标样替代)，每周或每两周校核一次本分析方法标准的有效性。当过程失控时，应找出原因，纠正错误后，重新进行校核。

3 方法三 碘酸钾滴定法

3.1 范围

本方法规定了铜及铜合金中锡含量的测定方法。

本方法适用于铜及铜合金中锡含量的测定。测定范围：>0.50%～10.00%。

3.2 方法原理

试料用盐酸与过氧化氢溶解，用氢氧化铁共沉淀分离锡。在盐酸溶液中，以氯化汞作催化剂，用次磷酸钠将四价锡还原成二价锡。以淀粉为指示剂，用碘酸钾标准滴定溶液滴定。

3.3 试剂

除非另有说明，在分析中仅使用确认为分析纯的试剂和蒸馏水或去离子水或相当纯度的水。

3.3.1 碳酸钙。

3.3.2 过氧化氢(ρ1.10 g/mL)。

3.3.3 盐酸(1+1)。

3.3.4 氨水(1+1)。

3.3.5 三氯化铁($FeCl_3 \cdot 6H_2O$)溶液(10 g/L)。

3.3.6 洗涤液：溶解0.5 g氯化铵于水中，加50 mL氨水(1+1)，以水稀释至1 000 mL，混匀。

3.3.7 氯化汞溶液(5 g/L)。

3.3.8 次磷酸钠($NaH_2PO_2 \cdot H_2O$)溶液(614 g/L)。

3.3.9 硫氰酸铵溶液(500 g/L)。

3.3.10 碘化钾溶液(100 g/L)。

3.3.11 碳酸氢钠饱和溶液。

3.3.12 碘酸钾标准滴定溶液 A[$c(1/6KIO_3)=0.08$ mol/L]。

3.3.12.1 配制

溶解 0.85 g 氢氧化钠于 500 mL 水中,加 3.00 g 碘酸钾和 12 g 碘化钾,溶解后移放 1 000 mL 容量瓶中容量瓶中,以水稀释至刻度,混匀。

3.3.12.2 标定

称取 0.90 g 纯铜、0.100 0 g 纯锡(锡的质量分数≥99.95%),置于 400 mL 烧杯中,加入 20 盐酸(3.3.3)盖上表皿,滴加 5 mL~10 mL 过氧化氢(3.3.2),溶解完全后用水洗涤表皿,加 100 mL 水,加热 2 min。以下按 3.6.4.2~3.6.4.4 进行。另称取 0.90 g 纯铜 1 份,随同标定做空白试验。平行测定三份,其标定所消耗的碘酸钾标准滴定溶液的体积的极差不应超过 0.10 mL,取其平均值。

按式(3)计算碘酸钾标准滴定溶液的实际浓度:

$$c=\frac{2m_1}{(V_1-V_0)\times 118.69\times 10^{-3}} \qquad \cdots\cdots(3)$$

式中:

c——碘酸钾标准滴定溶液的实际浓度,单位为摩尔每升(mol/L);

V_1——标定时含锡溶液所消耗碘酸钾标准滴定溶液的体积,单位为毫升(mL);

V_0——标定时空白溶液所消耗碘酸钾标准滴定溶液的体积,单位为毫升(mL);

m_1——锡的质量,单位为克(g);

118.69——锡的摩尔质量,单位为克每摩尔(g/mol)。

3.3.13 碘酸钾标准滴定溶液 B[$c(1/6KIO_3)=0.03$ mol/L]。

3.3.13.1 配制

移取 200.0 mL 碘酸钾标准滴定溶液(3.3.12.1)于 500 mL 容量瓶中,以水稀释至刻度,混匀。

3.3.13.2 标定

称取 2.000 g 纯铜、0.020 0 g 纯锡(锡的质量分数≥99.95%),置于 400 烧杯中,加入 30 盐酸(3.3.3)盖上表皿,滴加 5 mL~10 mL 过氧化氢(3.3.2).待铜、锡溶解后用水洗涤表皿,加 100 mL 水,加热 2 min。以下按 3.6.4.2~3.6.4.4 进行。另称取 2.000 g 纯铜 1 份,随同标定做空白试验。平行标定三份,其标定所消耗的碘酸钾标准滴定溶液的体积的极差不应超过 0.20 mL,取其平均值。否则重标。

按式(3)计算碘酸钾标准滴定溶液的实际浓度。

3.3.14 淀粉溶液

称取 0.5 g 可溶性淀粉,置于 200 mL 烧杯中,加少许水,搅拌均匀,将其倒入 100 mL 沸水中,煮沸,冷却。

3.4 仪器

锡还原装置(见图 1)。

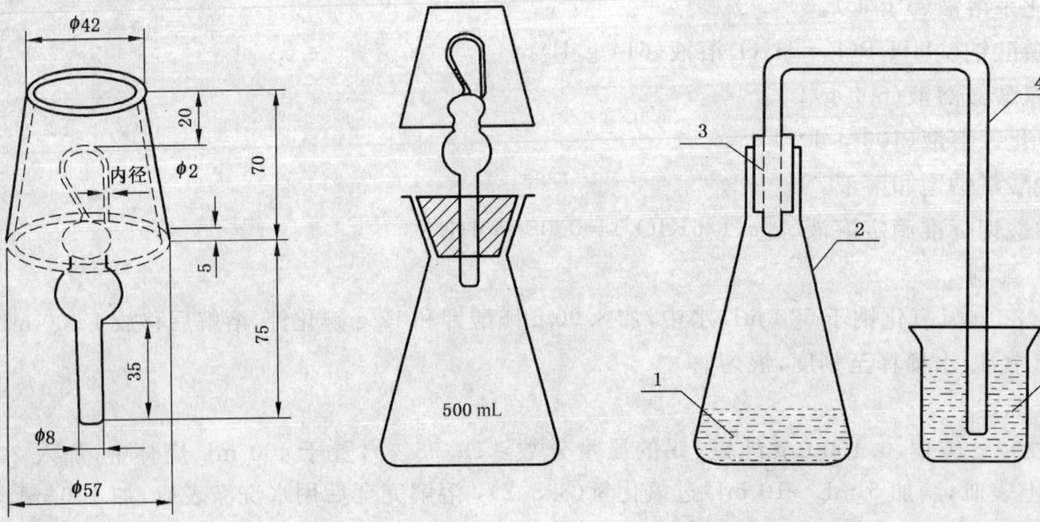

1——锡溶液；

2——锥形瓶；

3——橡皮管；

4——玻璃管；

5——碳酸氢钠饱和溶液。

图 1 锡还原装置示意图

3.5 试样

厚度不大于 1 mm 的碎屑。

3.6 分析步骤

3.6.1 试料

按表 7 称取试样(3.5)，精确至 0.000 1 g。

表 7 试料量、盐酸用量和标准滴定溶液浓度

锡的质量分数/%	试料量/g	盐酸用量/mL	标准滴定溶液浓度/(mol/L)
>0.50～3.00	2.000	30	0.03
>3.00～10.00	1.000	20	0.08

3.6.2 测定次数

独立地进行二次测定，取其平均值。

3.6.3 空白试验

随同试料做空白试验。

3.6.4 测定

3.6.4.1 将试料(3.6.1)置于 400 mL 烧杯中，按表 7 用量加入盐酸(3.3.3)，盖上表皿，滴加 5 mL～10 mL 过氧化氢(3.3.2)，盖上表皿，加入 100 mL 水，加热 2 min。

3.6.4.2 加入 25 mL 三氯化铁溶液(3.3.5)，用氨水(3.3.4)中和至铜离子转为铜氨络离子并过量 5 mL，盖上表皿，煮沸 2 min。趁溶液温热时，用中速定性滤纸过滤，再用温洗涤液洗涤 3 次～4 次，弃去滤液。

3.6.4.3 用 90 mL 温盐酸(3.3.3)溶解杯壁及滤纸上的沉淀，并洗涤滤纸，再用温水洗涤烧杯及滤纸 4 次～5 次，将滤纸、洗液收集于 500 mL 锥形瓶中，加入 10 mL 氯化汞溶液(3.3.7)，10 mL 次磷酸钠溶液(3.3.8)。按示意图盖上装有饱和碳酸氢钠溶液(3.3.11)的盖氏漏斗塞子，或按示意图将锥形瓶塞子的另一端插入盛有碳酸氢钠饱和溶液的杯中，煮沸 5 min，稍冷，再冷却至 15℃以下。

如果在溶液开始沸腾时，有棕色的砷沉淀在黑色的金属汞沉淀之前出现，则只煮沸 1 min，取下塞子，趁溶液温热时，用 G3 型古氏坩埚过滤于另一只 500 mL 锥形瓶中，用少量盐酸洗涤坩埚，向溶液中加入 5 mL 氯化汞溶液（3.3.7），再按示意图盖上盛有饱和碳酸氢钠溶液（3.3.11）的盖氏漏斗塞子，或按示意图将锥形瓶塞子的另一端插入盛有碳酸氢钠饱和溶液（3.3.11）的杯中，煮沸 5 min，稍冷，再冷却至 15 ℃以下。

3.6.4.4 取下还原装置的塞子，迅速加入 10 mL 硫氰酸铵溶液（3.3.9），5 mL 碘化钾溶液（3.3.10），10 mL 淀粉溶液（3.3.14），1 g～2 g 碳酸钙（3.3.1），按表 7 用碘酸钾标准滴定溶液 A 或 B（3.3.12 或 3.3.13）滴定至试液呈蓝色并至少稳定 20 s 为终点。

3.7 分析结果的计算

按式（4）计算锡的质量分数 $w(\mathrm{Sn})$，数值以%表示：

$$w(\mathrm{Sn})=\frac{c\cdot(V_2-V_3)\times 118.69\times 10^{-3}}{2m_0}\times 100 \quad \cdots\cdots\cdots\cdots(4)$$

式中：

c——碘酸钾标准溶液的实际浓度，单位为摩尔每升（mol/L）；

V_2——测定时滴定试液所消耗碘酸钾标准溶液的体积，单位为毫升（mL）；

V_3——测定时滴定空白溶液所消耗碘酸钾标准溶液的体积，单位为毫升（mL）；

m_0——试料的质量，单位为克（g）；

118.69——锡的摩尔质量，单位为克每摩尔（g/mol）。

所得结果表示至小数点后第二位。

3.8 精密度

3.8.1 重复性

在重复性条件下获得的两次独立测试结果的测试值，在表 8 给出的平均值范围内，两个测试结果的绝对差值不超过重复性限（r），超过重复性限（r）的情况不超过 5%，重复性限（r）按表 8 数据采用线性内插法求得：

表 8 重复性限

锡的质量分数/%	1.00	4.02	6.55	10.00
重复性限（r）/%	0.03	0.09	0.10	0.12
注：重复性限（r）为 2.83Sr，Sr 为重复性标准偏差。				

3.8.2 再现性

在再现性条件下获得的两次独立测试结果的测试值，在表 9 给出的平均值范围内，两个测试结果的绝对差值不超过再现性限（R），超过再现性限（R）的情况不超过 5%，再现性限（R）按表 9 数据采用线性内插法求得：

表 9 再现性限

锡的质量分数/%	1.00	4.02	6.55	10.00
再现性限（R）/%	0.04	0.09	0.13	0.14
注：再现性限（R）为 2.83S_R，S_R 为再现性标准偏差。				

3.9 质量保证和控制

应用国家级标准样品或行业级标准样品（当前两者没有时，也可用控制标样替代），每周或每两周校核一次本分析方法标准的有效性。当过程失控时，应找出原因，纠正错误后，重新进行校核。

附　录　A
（资料性附录）
本部分方法三章条编号与ISO 3111:1975章条编号对照

表A.1给出了本部分方法三章条编号与ISO 3111:1975章条编号对照一览表。

表A.1　本部分方法三章条编号与ISO 3111:1975章条编号对照

本部分方法三章条编号	ISO 3111:1975 章条编号
3.1	1
3.2	2
3.3	3
3.4	4
3.5	5
3.6	6
3.6.1	6
3.6.2	—
3.6.3	6
3.6.4	6
3.7	7
3.8	—
3.9	—

附 录 B
（资料性附录）
本部分方法三与 ISO 3111:1975 技术性差异及其原因

表 B.1 给出了本部分方法三与 ISO 3111:1975 的技术性差异及其原因的一览表。

表 B.1 本部分方法三与 ISO 3111:1975 技术性差异及其原因

本部分方法三的章条编号	技术性差异	原因
3.1	对方法的测定范围下限作了规定，降低了测定上限	使标准更科学、严密，增加了适用性
3.2	将原理改为方法原理，并重新进行表述	更加详细而具体
3.6.1	减少了称样量	可操作性强
3.6.2	增加了测定次数	提高了方法的适用性和可操作性
2.7	分析结果的计算与表述清晰、明了	提高实用性
2.8	增加了精密度(重复性)条款	标准规范要求
2.9	增加了质量保证条款	标准规范要求

ICS 77.120.30
H 13

中华人民共和国国家标准

GB/T 5121.11—2008
代替 GB/T 5121.11—1996,GB/T 13293.10—1991

铜及铜合金化学分析方法 第11部分:锌含量的测定

Methods for chemical analysis of copper and copper alloys—Part 11:Determination of zinc content

(ISO 4740:1985,Copper and copper alloys—Determination of zinc content—Flame atomic absorption spectrometric method,MOD)

2008-06-17 发布　　2008-12-01 实施

中华人民共和国国家质量监督检验检疫总局
中国国家标准化管理委员会　发布

前　言

GB/T 5121《铜及铜合金化学分析方法》共有27部分。

——第1部分：铜含量的测定；
——第2部分：磷含量的测定；
——第3部分：铅含量的测定；
——第4部分：碳、硫含量的测定；
——第5部分：镍含量的测定；
——第6部分：铋含量的测定；
——第7部分：砷含量的测定；
——第8部分：氧含量的测定；
——第9部分：铁含量的测定；
——第10部分：锡含量的测定；
——第11部分：锌含量的测定；
——第12部分：锑含量的测定；
——第13部分：铝含量的测定；
——第14部分：锰含量的测定；
——第15部分：钴含量的测定；
——第16部分：铬含量的测定；
——第17部分：铍含量的测定；
——第18部分：镁含量的测定；
——第19部分：银含量的测定；
——第20部分：锆含量的测定；
——第21部分：钛含量的测定；
——第22部分：镉含量的测定；
——第23部分：硅含量的测定；
——第24部分：硒、碲含量的测定；
——第25部分：硼含量的测定；
——第26部分：汞含量的测定；
——第27部分：电感耦合等离子体原子发射光谱法。

本部分为第11部分。

本部分包括方法一、方法二。

本部分方法一修改采用ISO 4740:1985《铜和铜合金——锌量的测定——火焰原子吸收光谱法》，在主要技术内容上与ISO 4740:1985相同，编写结构不完全对应，具体技术性差异见附录A、附录B。

本部分代替GB/T 5121.11—1996《铜及铜合金化学分析方法　锌量的测定》、GB/T 13293.10—1991《高纯阴极铜化学分析方法　火焰原子吸收光谱法测定锌量》。

本部分与GB/T 5121.11—1996、GB/T 13293.10—1991相比，主要变动如下：

——方法一是对GB/T 5121.11—1996中"第一篇　方法1　火焰原子吸收光谱法"和GB/T 13293.10—1991的合并修订，分析下限由0.001%延伸至0.000 05%，补充了质量保证和控制条款，增加了精密度条款；

——方法二是对 GB/T 5121.11—1996 中"第二篇 方法 2 4-甲基-戊酮-2 萃取分离-Na_2EDTA 滴定法"的修订，补充了质量保证和控制条款，增加了精密度条款。

本部分附录 A、附录 B 为资料性附录。

本部分由中国有色金属工业协会提出。

本部分由全国有色金属标准化技术委员会归口。

本部分由中铝洛阳铜业有限公司、北京矿冶研究总院、中国有色金属工业标准计量质量研究所负责起草。

本部分方法一、方法二由北京有色金属研究总院起草。

本部分方法一由甘肃白银西北铜加工有限责任公司、中铝洛阳铜业有限公司参加起草。

本部分方法一主要起草人：李娜、李满芝。

本部分方法一主要验证人：赵义、高钰、杨桂平、谢丽云 。

本部分方法二由甘肃白银西北铜加工有限责任公司、云南铜业股份有限公司参加起草。

本部分方法二主要起草人：刘芳、刘兵。

本部分方法二主要验证人：赵义 、陈渝滨、杨桂平、赵荣龙。

本部分所代替标准的历次版本发布情况为：

——GB/T 5121.11—1996、GB/T 13293.10—1991。

铜及铜合金化学分析方法
第11部分：锌含量的测定

1 方法1 火焰原子吸收光谱法

1.1 范围

本方法规定了铜及铜合金中锌含量的测定方法。

本方法适用于铜及铜合金中锌含量的测定，测定范围：0.000 05%～2.00%。

1.2 方法原理

试料用硝酸或硝酸加氢氟酸，或盐酸加过氧化氢溶解后，使用空气-乙炔火焰于原子吸收光谱仪波长213.8 nm处测量锌的吸光度，锌的质量分数不大于0.002 0%时，试料以硝酸溶解，电解除铜后进行测定。

1.3 试剂

除非另有说明，在分析中仅使用确认为分析纯的试剂和蒸馏水或去离子水或相当纯度的水。

1.3.1 纯铜(铜质量分数≥99.99%，锌质量分数小于0.000 1%)。

1.3.2 氢氟酸(ρ1.15 g/mL)。

1.3.3 过氧化氢(ρ1.11 g/mL)。

1.3.4 过氧化氢(1+9)。

1.3.5 盐酸(1+1)。

1.3.6 盐酸(1+120)。

1.3.7 硝酸(1+1)。

1.3.8 硼酸溶液(40 g/L)。

1.3.9 铜溶液(20 g/L)：称取10.0 g纯铜(1.3.1)置于500 mL烧杯中，加入70 mL硝酸(1.3.7)。加热溶解完全，煮沸除去氮的氧化物，冷却，移入500 mL容量瓶中。用水稀释至刻度，混匀。

1.3.10 锌标准贮存溶液：称取0.500 0 g纯锌(锌的质量分数≥99.95%)，置于250 mL烧杯中，加入10 mL硝酸(1.3.7)，加热至溶解完全，煮沸除去氮的氧化物，冷却后移入1 000 mL容量瓶中，用水稀释至刻度，混匀。此溶液1 mL含500 μg锌。

1.3.11 锌标准溶液A：移取20.00 mL锌标准贮存溶液(1.3.10)置于500 mL容量瓶中，加入10 mL硝酸(1.3.7)，用水稀释至刻度混匀。此溶液1 mL含20 μg锌。

1.3.12 锌标准溶液B：移取5.00 mL锌标准贮存溶液(1.3.10)置于500 mL容量瓶中，加入10 mL硝酸(1.3.7)，用水稀释至刻度混匀。此溶液1 mL含5 μg锌。

1.4 仪器

1.4.1 原子吸收光谱仪附锌空心阴极灯。

在仪器最佳工作条件下，凡能达到下列指标者均可使用。

——灵敏度：在与测量试料溶液的基体相一致的溶液中，锌的特征浓度应不大于0.01 mg/mL。

——精密度：用最高浓度的标准溶液测量10次吸光度，其标准偏差应不超过平均吸光度的1.0%；用最底浓度的标准溶液(不是“零”标准溶液)测量10次吸光度，其标准偏差应不超过最高浓度的标准溶液平均吸光度的0.5%。

——工作曲线性:将工作曲线按浓度等分成5段,最高段的吸光度差值与最低段的吸光度差值之比,应不小于0.7。

1.4.2 恒电流电解仪,附网状铂阴极、螺旋状铂阳极。

1.5 试样

厚度不大于1 mm的碎屑。

1.6 分析步骤

1.6.1 试料

按表1称取试样(1.5)精确至0.000 1 g。

表1 试料量、溶料用酸量、试液体积及移取试液体积

锌质量分数/%	试料量/g	溶料用酸量/mL	试液体积/mL	移取试液体积/mL
0.000 05~0.000 4	5.000	35	50	全量
>0.000 4~0.002 0	2.500	20	100	全量
>0.002 0~0.010	1.000	10	100	全量
>0.010~0.080	0.200	10	100	全量
>0.080~0.40	0.250	10	100	10
>0.40~2.00	0.250	10	500	10

1.6.2 测定次数

独立地进行两次测定,取其平均值。

1.6.3 空白试验

1.6.3.1 随同试料做空白试验。

1.6.3.2 锌质量分数不大于0.080%时称取与试料中相近量的纯铜(1.3.1)随同试料做空白试验。

1.6.4 试料处理

1.6.4.1 锌的质量分数不大于0.002 0%

1.6.4.1.1 将试料(1.6.1)置于250 mL高型烧杯中,按表1加入硝酸(1.3.7),盖上表皿,加热至试料完全溶解,煮沸除尽氮的氧化物。以水洗涤表皿及杯壁。

1.6.4.1.2 加入30 mL过氧化氢(1.3.4),1滴盐酸(1.3.6)冷却,用水稀释至130 mL左右,用两块半圆表皿盖上。在搅拌下用2 A/dm^{2}电流电解除铜,待溶液褪色后在不切断电源的情况下边用水冲洗边提起电极。

1.6.4.1.3 将溶液于低温电炉上加热蒸发至体积在40 mL以下,冷却,按表1移入相应容量瓶中,用水稀释至刻度,混匀。

1.6.4.2 锌的质量分数大于0.002 0%

1.6.4.2.1 将试料(1.6.1)置于150 mL烧杯中,按表1加入硝酸(1.3.7),盖上表皿,加热至试料完全溶解,煮沸除尽氮的氧化物,冷却。

1.6.4.2.2 当试料中锡的质量分数大于0.50%时,将试料置于150 mL烧杯中,按表1量加入盐酸(1.3.5),滴加过氧化氢(1.3.3)至试料完全溶解,煮沸除去过量的过氧化氢,冷却。

1.6.4.2.3 当试料中硅的质量大于0.50%或有硝酸不溶物时,将试料(1.6.1)置于150 mL聚四氟乙烯杯中,按表1加入硝酸(1.3.7)和3滴~5滴氢氟酸(1.3.2),加热溶解完全。煮沸除去氮的氧化物,加入10 mL硼酸溶液(1.3.8),混匀,冷却。

1.6.4.2.4 将溶液(1.6.4.2.1~1.6.1.2.3)按表1移入相应容量瓶中,用水稀释至刻度,混匀。锌的质量分数大于0.080%时,移取10.00 mL试液于100 mL容量瓶中,加入5 mL硝酸(1.3.7)以水稀释至刻度,混匀。

1.6.4.3 测量

使用空气-乙炔火焰于原子吸收光谱仪，于波长 213.8 mm 处，与标准溶液系列同时，以水调零测量试液的吸光度。所测吸光度减去随同试料的空白溶液的吸光度，从工作曲线上查出相应锌的质量浓度。

1.6.5 工作曲线的绘制

1.6.5.1 锌质量分数不大于 0.002 0%

移取 0 mL、1.00 mL、2.00 mL、4.00 mL、6.00 mL、8.00 mL 锌标准溶液 B(1.3.12)，分别置于一组 100 mL 容量瓶中，加入 10 mL 硝酸(1.3.7) 用水稀释至刻度，混匀。

1.6.5.2 锌质量分数大于 0.002 0%

移取 0 mL、1.00 mL、2.00 mL、4.00 mL、6.00 mL、8.00 mL 锌标准溶液 A(1.3.11)，分别置于一组 100 mL 容量瓶中，加入与试料中铜的质量相一致的铜溶液(1.3.9)，加入 5 mL 硝酸(1.3.7) 用水稀释至刻度，混匀。

1.6.5.3 在与试料溶液测定相同条件下，测量系列标准溶液的吸光度，减去系列标准溶液中"零"浓度溶液的吸光度，以铜的质量浓度为横坐标，吸光度为纵坐标，绘制工作曲线。

1.7 分析结果的计算

按式(1)计算锌的质量分数 $w(\mathrm{Zn})$，数值以%表示：

$$w(\mathrm{Zn})=\frac{(\rho_1-\rho_2)\cdot V\cdot V_2\times10^{-6}}{m\cdot V_1}\times100 \qquad \cdots\cdots(1)$$

式中：

ρ_1——从工作曲线上查得的锌的质量浓度，单位为微克每毫升(μg/mL)；

ρ_2——从工作曲线上查得的试料空白溶液的锌的质量浓度，单位为微克每毫升(μg/mL)；

V——试液的总体积，单位为毫升(mL)；

V_2——被测试液的体积，单位为毫升(mL)；

V_1——移取试液的体积，单位为毫升(mL)；

m——试料的质量，单位为克(g)。

所得结果表示至小数点后第二位。若锌的质量分数小于 0.10%时，表示至小数点后第三位；锌的质量分数小于 0.010%时，表示至小数点后第四位。锌的质量分数小于 0.001 0%时，表示至小数点后第五位。

1.8 精密度

1.8.1 重复性

在重复性条件下获得的两次独立测试结果的测定值，在表 2 给出的平均值范围内，这两个测试结果的绝对差值不超过重复性限(r)，超过重复性限(r)的情况不超过 5%。重复性限(r)按表 2 数据采用线性内插法求得。

表 2 重复性限

锌的质量分数/%	0.000 10	0.001 0	0.010	0.10	0.50	2.01
重复性限(r)/%	0.000 02	0.000 1	0.001	0.006	0.03	0.10
注：重复性限(r)为 2.83Sr，Sr 为重复性标准偏差。						

1.8.2 再现性

在再现性条件下获得的两次独立测试结果的测试值，在表 3 给出的平均值范围内，两个测试结果的绝对差值不超过再现性限(R)，超过再现性限(R)的情况不超过 5%，再现性限(R)按表 3 数据采用线性内插法求得：

表 3 再现性限

锌的质量分数/%	0.000 10	0.001 0	0.010	0.10	0.50	2.01
再现性限(*R*)/%	0.000 03	0.000 1	0.002	0.008	0.05	0.12
注：再现性限(*R*)为 $2.83S_R$，S_R 为再现性标准偏差。						

1.9 质量保证和控制

应用国家级标准样品或行业级标准样品(当前两者没有时，也可用控制标样替代)，每周或每两周校核一次本分析方法标准的有效性。当过程失控时，应找出原因，纠正错误后，重新进行校核。

2 方法 2 4-甲基-戊酮-2 萃取分离-Na_2EDTA 滴定法

2.1 范围

本方法规定了铜及铜合金中锌含量的测定方法。

本方法适用于铜及铜合金中锌含量的测定，测定范围：>2.00%～6.00%。

2.2 方法原理

锌(Ⅱ)与硫氰酸盐在稀盐酸介质中形成络阴离子，用 4-甲基-戊酮-2 萃取分离除去大部分干扰元素后，在六次甲基四胺缓冲溶液中，加入掩蔽剂以二甲酚橙为指示剂，用乙二胺四乙酸二钠标准滴定溶液滴定。

2.3 试剂

除非另有说明，在分析中仅使用确认为分析纯的试剂和蒸馏水或去离子水或相当纯度的水。

2.3.1 4-甲基-戊酮-2。

2.3.2 过氧化氢(ρ1.11 g/mL)。

2.3.3 氢氟酸(ρ1.15 g/mL)。

2.3.4 盐酸(1+1)。

2.3.5 硫脲溶液(100 g/L)。

2.3.6 氟化铵溶液(200 g/L)，储存于塑料瓶中。

2.3.7 硫氰酸铵溶液(500 g/L)。

2.3.8 二甲酚橙溶液(2 g/L)。

2.3.9 缓冲溶液：称取 150 g 六次甲基四胺溶于水中加入 30 mL 盐酸(2.3.4) 用水稀释至500 mL 混匀。

2.3.10 洗液：取 10 mL 硫氰酸铵溶液(2.3.7) 加入 4 mL 盐酸(2.3.4)，加水至 100 mL 混匀。

2.3.11 锌标准溶液：称取 0.500 0 g 纯锌(锌的质量分数不小于 99.95%)置于 150 mL 烧杯中加入 10 mL 盐酸(2.3.4)溶解，冷却，移入 500 mL 容量瓶中，用水稀释至刻度，混匀。此溶液 1 mL 含 1 mg 锌。

2.3.12 乙二胺四乙酸二钠($C_{10}H_{14}N_2O_8Na_2 \cdot 2H_2O$)标准滴定溶液：[$c(C_{10}H_{14}N_2O_8Na_2 \cdot 2H_2O)=0.01$ mol/L]。

2.3.12.1 配制

称取 7.445 g 乙二胺四乙酸二钠($C_{10}H_{14}N_2O_8Na_2 \cdot 2H_2O$) 溶于约 200 mL 热水中，移入2 000 mL 容量瓶中，用水稀释至刻度，混匀。

2.3.12.2 标定

移取 10.00 mL 锌标准溶液(2.3.11)于 250 mL 烧杯中，加约 70 mL 水 20 mL 缓冲溶液(2.3.9)，3 滴～5 滴二甲酚橙溶液(2.3.8)，用乙二胺四乙酸二钠标准滴定溶液(2.3.12)滴定至溶液由紫红色变为黄色为终点。

按式(2)计算乙二胺四乙酸二钠标准滴定溶液的实际浓度：

$$c=\frac{0.010\,0}{V_0 \times 65.38 \times 10^{-3}} \qquad \cdots\cdots(2)$$

式中：

c——乙二胺四乙酸二钠标准滴定溶液的实际浓度，单位为摩尔每升(mol/L)；

V_0——标定时所消耗乙二胺四乙酸二钠标准滴定溶液的体积，单位为毫升(mL)；

65.38——锌的摩尔质量，单位为克每摩尔(g/mol)；

0.010 0——标定时加入锌的质量，单位为克(g)。

取3份标定，标定所消耗的乙二胺四乙酸二钠标准滴定溶液体积的极差不超过0.10 mL，取其平均值。否则，重新标定。

2.4 试样

厚度不大于1 mm的碎屑。

2.5 分析步骤

2.5.1 测定次数

独立地进行两次测定，取其平均值。

2.5.2 试料

称取0.200 g试样(2.4)，精确至0.000 1 g。

2.5.3 空白试验

随同试料做空白试验。

2.5.4 测定

2.5.4.1 将试料(2.5.2)置于150 mL烧杯中，加入10 mL盐酸(2.3.4)，2 mL～3 mL过氧化氢(2.3.2)，微热至试料溶解完全，煮沸，除尽过量的过氧化氢，冷却。若试料中硅的质量分数大于0.5%时，将试料置于150 mL聚四氟乙烯烧杯中加入10 mL盐酸(2.3.4)，2 mL～3 mL过氧化氢(2.3.2)，微热溶解，待试料基本溶完，加入2滴～3滴氢氟酸(2.3.3)继续溶解完全，煮沸除尽过量的过氧化氢冷却。

2.5.4.2 将试液移入125 mL分液漏斗中，加入10 mL氟化铵溶液(2.3.6)[如出现混浊补加4 mL盐酸(2.3.4)]，40 mL硫脲溶液(2.3.5)，加水至70 mL左右，混匀，加入10 mL硫氰酸铵溶液(2.3.7)，20 mL4-甲基-2-戊酮(2.3.1)，振荡2 min，静置分层后弃去水相。

2.5.4.3 于有机相中加入15 mL洗液(2.3.10)，5 mL氟化铵溶液(2.3.6)振荡30 s静置分层后弃去水相。

2.5.4.4 将有机相移入250 mL烧杯中，用50 mL水分次洗涤分液漏斗，洗液并入主液中，加入20 mL缓冲溶液(2.3.9)激烈搅拌1 min，加入5 mL氟化铵溶液(2.3.6)，5 mL硫脲溶液(2.3.5)和3滴～5滴二甲酚橙溶液(2.3.8)，用EDTA乙二胺四乙酸二钠标准滴定溶液(2.3.12)滴定至溶液由红色变为黄色为终点。

2.6 分析结果的计算

按式(3)计算锌的质量分数$w(\mathrm{Zn})$，数值以%表示：

$$w(\mathrm{Zn}) = \frac{c \cdot V_1 \times 65.38 \times 10^{-3}}{m_0} \times 100 \qquad \cdots\cdots(3)$$

式中：

c——乙二胺四乙酸二钠标准滴定溶液的实际浓度，单位为摩尔每升(mol/L)；

V_1——测定时消耗乙二胺四乙酸二钠标准滴定溶液的体积，单位为毫升(mL)；

m_0——试料的质量，单位为克(g)；

65.38——锌的摩尔质量，单位为克每摩尔(g/mol)。

所得结果表示至小数点后第二位。

2.7 精密度

2.7.1 重复性

在重复性条件下获得的两次独立测试结果的测试值的绝对差值不超过重复性限(r)，超过重复性限(r)的情况不超过5%。

表 4 重复性限

锌质量分数/%	>2.00～6.00
重复性限 (r)/%	0.12
注：重复性限(r)为 2.83×Sr，Sr 为重复性标准差。	

2.7.2 再现性

在再现性条件下获得的两次独立测试结果的测试值的绝对差值不超过再现性限(R)，超过再现性限(R)的情况不超过 5%。

表 5 再现性限

锌质量分数/%	>2.00～6.00
再现性限 (R)/%	0.15
注：再现性限(R)为 2.83×S_R，S_R 为重复性标准差。	

2.8 质量保证和控制

应用国家级标准样品或行业级标准样品(当前两者没有时，也可用控制标样替代)，每周或每两周校核一次本分析方法标准的有效性。当过程失控时，应找出原因，纠正错误后，重新进行校核。

附 录 A
（资料性附录）
本部分方法一章条编号与 ISO 4740:1985 章条编号对照

表 A.1 给出了本部分方法一章条编号与 ISO 4740:1985 章条编号对照一览表。

表 A.1 本部分方法一章条编号与 ISO 4740:1985 章条编号对照

本部分方法一章条编号	对应的国际标准章条编号
1.1	1
—	2
1.2	3
1.3	4
1.4	5
1.5	6
1.6	7
1.7	8
1.8	—
1.9	—

附 录 B
（资料性附录）
本部分方法一章条编号与 ISO 4740:1985 技术性差异及其原因

表 B.1 给出了本部分方法一与 ISO 4740:1985 的技术性差异及其原因的一览表。

表 B.1 本部分方法一与 ISO 4740:1985 技术性差异及其原因

本部分方法一的章条编号	技术性差异	原因
1.1	对标准的适用范围重新进行了界定，下限拓宽至 0.000 05%，上限改为 2%	使含量范围更适合于原子吸收光谱法的精度水平
1.2	增加了电解除铜的表述	为降低测定下限
1.4	增加了仪器精密度灵敏度要求	保证方法适用性
1.7	分析结果的计算与表述清晰、明了	提高实用性
1.8	增加了再现性条款	标准规范要求
1.9	增加了质量保证条款	标准规范要求

ICS 77.120.30
H 13

中华人民共和国国家标准

GB/T 5121.12—2008
代替 GB/T 5121.12—1996,GB/T 13293.4—1991

铜及铜合金化学分析方法 第12部分:锑含量的测定

Methods for chemical analysis of copper and copper alloys—Part 12:Determination of antimony content

(ISO 5956:1986,Copper and copper alloys—Determination of antimony content—Rhodamine B spectrometric method,MOD)

2008-06-17 发布 2008-12-01 实施

中华人民共和国国家质量监督检验检疫总局
中国国家标准化管理委员会 发布

前　言

GB/T 5121《铜及铜合金化学分析方法》共有27部分。

——第1部分:铜含量的测定;
——第2部分:磷含量的测定;
——第3部分:铅含量的测定;
——第4部分:碳、硫含量的测定;
——第5部分:镍含量的测定;
——第6部分:铋含量的测定;
——第7部分:砷含量的测定;
——第8部分:氧含量的测定;
——第9部分:铁含量的测定;
——第10部分:锡含量的测定;
——第11部分:锌含量的测定;
——第12部分:锑含量的测定;
——第13部分:铝含量的测定;
——第14部分:锰含量的测定;
——第15部分:钴含量的测定;
——第16部分:铬含量的测定;
——第17部分:铍含量的测定;
——第18部分:镁含量的测定;
——第19部分:银含量的测定;
——第20部分:锆含量的测定;
——第21部分:钛含量的测定;
——第22部分:镉含量的测定;
——第23部分:硅含量的测定;
——第24部分:硒、碲含量的测定;
——第25部分:硼含量的测定;
——第26部分:汞含量的测定;
——第27部分:电感耦合等离子体原子发射光谱法。

本部分为第12部分。

本部分包括方法一、方法二、方法三。锑的质量分数在0.001 0%～0.070%时,仲裁时推荐采用方法二。

本部分方法三等同采用ISO 5956:1986《铜合金——锑量的测定——罗丹明B光度法》,与国际标准相比作了如下编辑性修改:

——用小数点“.”代替在国际标准中作为小数点的逗号“,”;
——用“本方法”代替“本国际标准”;
——修改了国际标准中非法定计量单位;
——将公式、章条号、表号进行重新编序;
——删除了国际标准中封面、目次、前言和引言。

本部分代替 GB/T 5121.12—1996《铜及铜合金化学分析方法　锑量的测定》和 GB/T 13293.4—1991《高纯阴极铜化学分析方法 5-Br-PADAP 分光光度法测定锑量》。

本部分与 GB/T 5121.12—1996、GB/T 13293.4—1991 相比，主要变动如下：

——方法一是对 GB/T 13293.4—1991 的修订。采用"氢化物发生-原子荧光光谱法"代替原标准"5-Br-PADAP 分光光度法"。测定范围由 0.000 05%～0.001%改为 0.000 05%～0.002 0%；

——方法二是对 GB/T 5121.12—1996 的修订，补充了质量保证和控制条款，增加了精密度条款；

——增加了方法三：等同采用国际标准 ISO 5956：1986《铜合金——锑量的测定——罗丹明 B 光度法》。

本部分由中国有色金属工业协会提出。

本部分由全国有色金属标准化技术委员会归口。

本部分由中铝洛阳铜业有限公司、北京矿冶研究总院、中国有色金属工业标准计量质量研究所负责起草。

本部分方法一由江西铜业集团公司贵溪冶炼厂、北京矿冶研究总院起草。

本部分方法一由铜陵有色金属集团控股公司参加起草。

本部分方法一主要起草人：占光仙、卢秋兰、梁亚群、于力、汤淑芳。

本部分方法一主要验证人：樊占芳、高红波。

本部分方法二由甘肃西北铜加工有限责任公司起草。

本部分方法二由中铝洛阳铜业有限公司公司、中铝沈阳有色金属加工有限公司参加起草。

本部分方法二主要起草人：杨桂平、李文军。

本部分方法二主要验证人：王惠、孙爱平、谢丽云、靳宽利。

本部分方法三由中铝洛阳铜业有限公司、北京矿冶研究总院、中国有色金属工业标准计量质量研究所起草。

本部分方法三主要起草人：张敬华、李华昌、杨丽娟。

本部分方法三主要验证人：符斌、夏庆珠。

本部分所代替标准的历次版本发布情况为：

——GB/T 5121.12—1996、GB/T 13293.4—1991。

铜及铜合金化学分析方法
第12部分:锑含量的测定

1 方法一 氢化物发生-无色散原子荧光光谱法

1.1 范围

本方法规定了铜及铜合金中锑含量的测定方法。

本方法适用于中铜及铜合金中锑含量的测定,测定范围:0.000 05%~0.002 0%。

1.2 方法原理

试样用硝酸溶解,在氨性介质中用氢氧化镧共沉淀锑并与基体铜分离,沉淀以热盐酸溶解。在氢化物发生器中,锑被硼氢化钾还原为氢化物,用氩气导入石英炉原子化器中,于原子荧光光谱仪上测定锑元素的荧光强度。

1.3 试剂

除非另有说明,在分析中仅使用确认为分析纯的试剂和蒸馏水或去离子水或相当纯度的水。

1.3.1 硝酸(1+1)优级纯。

1.3.2 盐酸(ρ1.19 g/mL)优级纯。

1.3.3 盐酸(11+89)。

1.3.4 氨水(ρ0.90 g/mL)BVⅢ级。

1.3.5 氨水(5+95)。

1.3.6 硫脲-抗坏血酸混合溶液:称取100 g硫脲,50 g抗坏血酸,用水溶解后稀释至1 000 mL,摇匀。

1.3.7 硝酸镧(50 g/L):称取50 g硝酸镧溶于1 000 mL水中,摇匀。

1.3.8 硼氢化钾溶液(15 g/L):称取硼氢化钾15 g溶于含氢氧化钾(5 g/L)的1 000 mL水溶液中,摇匀。现用现配。

1.3.9 锑标准贮存溶液:称取0.100 0 g金属锑(锑的质量分数≥99.95%),低温加热溶于10 mL硝酸(1.3.1),加酒石酸0.5 g,加入90 mL硝酸(1.3.1),冷却,移入1 000 mL容量瓶中,以水稀释至刻度,摇匀。此溶液1 mL含100 μg锑。

1.3.10 锑标准溶液:移取2.00 mL锑标准贮存溶液(1.3.9)于200 mL容量瓶中,加盐酸(1.3.2)20 mL,用水稀释至刻度,摇匀。此溶液1mL含1 μg锑。

1.4 仪器

1.4.1 原子荧光光谱仪,附锑高强度空心阴极灯。

1.4.2 在仪器最佳工作条件下,凡达到下列指标者均可使用:

——检出极限:不大于2×10^{-9} g/mL。

——精密度:用0.02 μg/mL的锑标准溶液测量10次荧光强度,其标准偏差不应超过平均荧光强度的5.0%。

——AFS230型原子荧光光谱仪工作(推荐)条件。

表 1 仪器工作(推荐)条件

项目	工作条件	项目	工作条件
灯电流/mA	40	加液体积/mL	0.5
负高压/V	280	加液时间/s	10
载气流量/(mL/min)	500	延迟时间/s	1
屏蔽气流量/(mL/min)	900	采样时间/s	15
石英炉高度/mm	8	炉温/℃	200
曲线拟合/次	1	—	—

1.5 试样

试样加工成屑状。

1.6 分析步骤

1.6.1 试料

称取 20 克试样(1.5),精确到 0.001 g。

表 2 分取试液体积、测定体积和硫脲-抗坏血酸混合溶液加入量

锑的质量分数/%	分取试液体积/mL	测定体积/mL	加入硫脲-抗坏血酸混合溶液/mL
0.000 05～0.000 20	20.00	50	5
>0.000 20～0.000 50	10.00	100	10
>0.000 50～0.002 0	5.00	100	10

1.6.2 测定次数

独立地进行二次测定,取其平均值。

1.6.3 空白试验

随同试料做 2 份空白试验,第一份加硝酸(1.3.1)15 mL,第二份加硝酸(1.3.1)7.5 mL,分别加入 5 mL 硝酸镧(1.3.7),加水稀释至 150 mL,在不断搅拌下,加氨水(1.3.4)中和并过量 10 mL(约 20 mL),盖上表皿加热至微沸,在 70℃～80℃保温 30 min。以下按 1.6.4.3 步骤操作。第一份溶液移入 50 mL 容量瓶中,第二份溶液移入 100 mL 容量瓶中。

1.6.4 样品处理

1.6.4.1 将试料(1.6.1)置于 400 mL 的烧杯中,加 150 mL 硝酸 (1.3.1),盖上表皿,低温加热至试料完全溶解,煮沸驱除氮的氧化物,取下冷却后移入 200 mL 容量瓶,用水稀释至刻度,摇匀。

1.6.4.2 按表 2 分取试液(1.6.4.1)于 300 mL 的烧杯中,加入 5 mL 硝酸镧(1.3.7),加水稀释至体积约 150 mL,在不断搅拌下,加氨水(1.3.4)使铜完全络合(此时溶液深蓝色)并过量 10 mL,盖上表皿加热至微沸,在 70℃～80℃保温 30 min。

1.6.4.3 用快速定量滤纸过滤,用热氨水(1.3.5)洗涤烧杯及沉淀各 2 次,再用热水洗涤 1 次,弃去滤液。

1.6.4.4 用热盐酸(1.3.3)将沉淀溶解于原烧杯,加水稀释至体积约 150 mL,在不断搅拌下,滴加氨水(1.3.4)使铜完全络合(此时溶液淡蓝色)并过量 5 mL,盖上表皿加热至微沸,在 70℃～80℃保温 30 min。

1.6.4.5 用快速定量滤纸过滤,用热氨水(1.3.5)洗涤烧杯及沉淀各 2 次,再用热水洗涤 2 次,弃去滤液。

1.6.4.6 用温热盐酸(1.3.3)将沉淀溶解于原烧杯中,按表 2 将溶液移入相应容量瓶中,并按表 2 加硫脲-抗坏血酸混合溶液(1.3.6),用盐酸(1.3.3)稀释至刻度,摇匀。

1.6.4.7 于原子荧光光谱仪与系列标准溶液同时，以水调零，测量溶液的荧光强度，减去随同试料同等体积空白溶液的荧光强度，从工作曲线上查出相应的锑的质量浓度。

1.6.5 工作曲线绘制

1.6.5.1 分别移取 0 mL、0.50 mL、1.00 mL、2.00 mL、4.00 mL、6.00 mL 锑标准溶液(1.3.10)于一组 50 mL 的容量瓶中，加入盐酸(1.3.2)5 mL，硫脲-抗坏血酸混合溶液(1.3.6)5 mL，用水稀释至刻度，摇匀。

1.6.5.2 在与试料溶液测定相同条件下，测量系列标准溶液的荧光强度，减去系列标准溶液中"零"浓度溶液的荧光强度，以锑的质量浓度为横坐标，荧光强度为纵坐标绘制工作曲线。

1.7 分析结果的计算

按式(1)计算锑的质量分数 $w(\mathrm{Sb})$，数值以%表示：

$$w(\mathrm{Sb})=\frac{\rho\cdot V_0\cdot V_2\times10^{-6}}{m\cdot V_1}\times100 \quad\cdots\cdots(1)$$

式中：

ρ——自工作曲线上查得的锑的质量浓度，单位为微克每毫升(μg/ mL)；

V_0——试液总体积，单位为毫升(mL)；

V_1——分取试液体积，单位为毫升(mL)；

V_2——分取试液稀释后体积，单位为毫升(mL)；

m——试料的质量，单位为克(g)。

所得结果表示至小数点后第四位。若锑的质量分数小于 0.001 0%时，表示至小数点后第五位。

1.8 精密度

1.8.1 重复性

在重复性条件下获得的两次独立测试结果的测定值，在表 3 给出的平均值范围内，这两个测试结果的绝对差值不超过重复性限(r)，超过重复性限(r)的情况不超过 5%，重复性限(r)按表 3 数据采用线性内插法求得：

表 3 重复性限

锑的质量分数/%	0.000 06	0.000 34	0.001 0
重复性限(r)/%	0.000 05	0.000 12	0.000 3

注：重复性限(r)为 $2.83S_r$，S_r 为重复性标准偏差。

1.8.2 再现性

在再现性条件下获得的两次独立测试结果的测试值，在表 4 给出的平均值范围内，两个测试结果的绝对差值不超过再现性限(R)，超过再现性限(R)的情况不超过 5%，再现性限(R)按表 4 数据采用线性内插法求得：

表 4 再现性限

锑的质量分数/%	0.000 06	0.000 34	0.001 0
再现性限(R)/%	0.000 06	0.000 15	0.000 4

注：再现性限(R)为 $2.83S_R$，S_R 为再现性标准偏差。

1.9 质量保证和控制

应用国家级标准样品或行业标准样品(当前两者没有时，也可用控制标样替代)，每季校核一次本分析方法标准的有效性。当过程失控时，应找出原因，纠正错误后，重新进行校核。

2 方法二 结晶紫分光光度法

2.1 范围

本方法规定了铜及铜合金中锑含量的测量方法。

本方法适用于铜及铜合金中锑含量的测定。测定范围：>0.001 0%~0.070%。

2.2 方法原理

试料用混合酸溶解，硫酸冒烟并蒸发至近干。在盐酸介质中，五价锑的络阴离子与结晶紫所生成的络合物，用甲苯萃取，于分光光度计波长 610 nm 处测量吸光度。

2.3 试剂

除非另有说明，在分析中仅使用确认为分析纯的试剂和蒸馏水或去离子水或相当纯度的水。

2.3.1 无水硫酸钠。

2.3.2 甲苯。

2.3.3 氢氟酸(ρ1.13 g/mL)。

2.3.4 混合酸：1 单位体积盐酸(ρ1.19 g/mL)与 1 单位体积硝酸(ρ1.42 g/mL)混合。

2.3.5 盐酸(1+1)。

2.3.6 硫酸(1+1)。

2.3.7 磷酸(1+1)。

2.3.8 氯化亚锡溶液(100 g/L)：称取 10 g 氯化亚锡($SnCl_2 \cdot H_2O$)，置于 50 mL 烧杯中，加入 100 mL 盐酸(3.5)，微热溶解。用时现配。

2.3.9 亚硝酸钠溶液(100 g/L)：溶解 100 g 亚硝酸钠于水中，稀释至 1 000 mL。用时现配。

2.3.10 尿素溶液(500 g/L)：溶解 500 g 尿素于水中，稀释至 1 000 mL。

2.3.11 结晶紫溶液(2 g/L)：溶解 2 g 结晶紫于水中，稀释至 1 000 mL。

2.3.12 锑标准贮存溶液：称取 0.100 0 g 纯锑(锑的质量分数≥99.95%)于 150 mL 烧杯中，加入 20 mL 硫酸(ρ1.84 g/mL)，加热至完全溶解。冷却，移入 1 000 mL 容量瓶中。加入 160 mL 硫酸(2.3.6)，冷却，用水稀释至刻度，混匀。此溶液 1 mL 含 0.1 mg 锑。

2.3.13 锑标准溶液：移取 5.00 mL 锑标准贮存溶液(2.3.12)于 100 mL 容量瓶中，用盐酸(2.3.5)稀释到刻度，混匀。此溶液 1 mL 含 5 μg 锑。

2.4 仪器

分光光度计。

2.5 试样

厚度不大于 1 mm 的碎屑。

2.6 分析步骤

2.6.1 试料

按表 5 称取试样(2.5)，精确至 0.000 1 g。

表 5 试料量及稀释体积

锑的质量分数/%	试料量/g	稀释体积/mL
>0.001 0~0.005 0	0.500	—
>0.005 0~0.010	0.250	—
>0.010~0.025	0.500	50
>0.025~0.050	0.250	50
>0.050~0.25	0.250	100

2.6.2 测定次数

独立地进行二次测定，取其平均值。

2.6.3 空白试验

随同试料做空白试验。

2.6.4 测定

2.6.4.1 将试料(2.6.1)置于 100 mL 烧杯中,加入 5 mL 混合酸(2.3.4),微热溶解[分析硅青铜、硅黄铜时,加入 4 滴～5 滴氢氟酸(2.3.3)],加入 5 mL 硫酸(2.3.6),混匀。低温加热至冒白烟,并蒸至近干(保持潮湿)。稍冷,加入 10 mL 盐酸(2.3.5),溶解盐类。

对锑的质量分数大于 0.010%的试料,按表 4 将溶液移入容量瓶中,用盐酸(2.3.5)洗涤烧杯,洗液并入容量瓶中,用盐酸(2.3.5)稀释至刻度,混匀。移取 10.00 mL 置于原烧杯中。

2.6.4.2 将溶液温热,在摇动下,加 0.8 mL 氯化亚锡溶液(2.3.8),混匀,放置 2 min,冷却。将溶液移入 125 mL 分液漏斗中,用 10 mL 盐酸(2.3.5)分次洗涤烧杯,洗液并入分液漏斗中。

2.6.4.3 向分液漏斗中加入 4 mL 磷酸(2.3.7),混匀,加入 2 mL 亚硝酸钠溶液(2.3.9),摇动 2 min,加入 0.5 mL 尿素溶液(2.3.10)。摇动 30 s,立即沿分液漏斗内壁加入 50 mL 水,并迅速加入 0.5 mL 结晶紫溶液(2.3.11)及 25.0 mL 甲苯(2.3.2),盖紧塞子,剧烈振荡 1 min,弃去水相,有机相移入预先加有 0.3 g～1 g 无水硫酸钠(2.3.1)的 25 mL 干燥的容量瓶中,盖好塞子,摇动数次。

2.6.4.4 将部分溶液移入 1 cm 吸收皿中,以甲苯(2.3.2)为参比,于分光光度计波长 610 nm 处测量其吸光度。

2.6.4.5 减去随同试料的空白溶液的吸光度,从工作曲线上查出相应的锑的质量。

2.6.5 工作曲线的绘制

2.6.5.1 移取 0 mL、1.00 mL、2.00 mL、3.00 mL、4.00 mL、5.00 mL 锑标准溶液(2.3.13),置于一组 100 mL 烧杯中,用盐酸(2.3.5)稀释至刻度,以下按 2.6.4.2～2.6.4.4 进行。

2.6.5.2 减去试剂空白溶液的吸光度,以锑的质量为横坐标,吸光度为纵坐标绘制工作曲线。

2.7 分析结果的计算

按(2)式计算锑的质量分数 $w(\mathrm{Sb})$,数值以%表示:

$$w(\mathrm{Sb})=\frac{m_1 \cdot V_0 \times 10^{-6}}{m_0 \cdot V_1}\times 100 \qquad \cdots\cdots(2)$$

式中:

m_1——自工作曲线上查得的锑量,单位为微克(μg);

V_0——试液总体积,单位为毫升(mL);

V_1——分取试液体积,单位为毫升(mL);

m_0——试料的质量,单位为克(g)。

所得结果表示至小数点后第三位。若锑的质量分数小于 0.010%时,表示至小数点后第四位。

2.8 精密度

2.8.1 重复性

在重复条件下获得的两次独立测试结果的测试值,在表 6 给出的平均值范围内,两个测试结果的绝对值不超过重复性限(r),超过重复性限(r)的情况不超过 5%,重复性限(r)按表 6 数据采用线性内插法求得:

表 6 重复性限

锑的质量分数/%	0.002 1	0.007 9	0.024	0.060
重复性限(r)/%	0.000 2	0.000 3	0.002	0.003
注:重复性限(r)为 $2.83S_r$,S_r 为重复性标准偏差。				

2.8.2 再现性

在再现性条件下获得的两次独立测试结果的测试值,在表 7 给出的平均值范围内,两个测试结果的绝对差值不超过再现性限(R),超过再现性限(R)的情况不超过 5%,再现性限(R)按表 7 数据采用线性内插法求得:

表 7 再现性限

锑的质量分数/%	0.002 1	0.007 9	0.024	0.060
再现性限(R)/%	0.000 3	0.000 6	0.003	0.006
注：再现性限(R)为 2.83S_R，S_R 为再现性标准偏差。				

2.9 质量保证和控制

应用国家级标准样品或行业级标准样品(当前两者没有时，也可用控制标样替代)，每周或每两周校核一次本分析方法标准的有效性。当过程失控时，应找出原因，纠正错误后，重新进行校核。

3 方法三 罗丹明 B 光度法

3.1 范围

本方法规定用铜及铜合金中的锑含量的测定。

本方法适用于国际标准中列举的各种铜及铜合金中锑含量为 0.001%～0.1%的测定。通过适当改变称样量、分取体积及比色皿厚度可扩大适用范围。

3.2 方法原理

将五价锑萃入异丙醚中，光度法测定氯锑-罗丹明 B 络合物。

3.3 试剂

分析时，仅用分析纯试剂及蒸馏水或同等纯度的水。

3.3.1 异丙醚。

3.3.2 盐酸(ρ1.19 g/mL)。

3.3.3 过氧化氢溶液(ρ1.10 g/mL)。

3.3.4 盐酸(7+3)。

3.3.5 硫酸铈(Ⅳ)溶液：溶解 4 g 四水合硫酸铈(Ⅳ)[$Ce(SO_4)_2 \cdot 4H_2O$]并用 0.5 mol/L 的硫酸稀释至 100 mL。

3.3.6 盐酸羟铵溶液(10 g/L)：溶解 1 g 盐酸羟铵($NH_2OH \cdot HCl$)于水中并稀释至 100 mL 用时现配。

3.3.7 盐酸(1 mol/L)：用 1 000 mL 水稀释 83 mL 盐酸(3.3.2)。

3.3.8 罗丹明 B 溶液(0.1 g/L)：用盐酸(3.3.7)溶解 0.01 g 罗丹明 B 并稀释至 100 mL。

3.3.9 锑标准贮存溶液：在 100 mL 容量瓶中溶解 0.274 3 g 半水合酒石酸锑钾[$K(SbO)C_4H_4O_6 \cdot 0.5H_2O$]并用盐酸(3.3.4)稀释到体积。此标准溶液 1 mL 含 1.000 mg 锑。

3.3.10 锑标准溶液：在 100 mL 容量瓶中，用盐酸(3.3.4)稀释 10 mL 锑标准贮存溶液(3.3.9)至刻度，此标准溶液 1 mL 含 100 μg 锑。

3.4 仪器

3.4.1 普通的试验室仪器。

3.4.2 冷却柜。

3.4.3 分光光度计。

3.5 分析步骤

3.5.1 按表 8 所示根据估计的样品中的锑含量称取试料并置于 250 mL 锥型瓶中。

3.5.2 将试料(3.5.1)溶于 15 mL 盐酸(3.3.4)中并分次小量加入 5 mL～10 mL 过氧化氢溶液(3.3.3)。冷却直至剧烈反应停止。当试料完全溶解时，加热至沸，沸腾几分钟以分解过量的过氧化氢，冷却至室温。将试液移入 200 mL 容量瓶中，用盐酸(3.3.4)稀释至刻度并混匀。

3.5.3 按表 8 所示将预先在冷却柜(3.4.2)中冷却到 5℃或 5℃以下的 V_1(mL)盐酸(3.3.2)及 V_0(mL)试液移入分液漏斗中。

3.5.4 不间断的进行如下操作

加入 6 滴硫酸铈(3.3.5)并混匀,2 min 后,加入 3 滴盐酸羟胺溶液(3.3.6)并再次混匀,在最高温度 20℃下加入 10 mL 异丙醚(3.3.1),充分振荡 30 s。加入 75 mL 预先冷却到 5℃或以下的水并振荡 15 s。静止 5 min。

表 8 取样量、分取试液

估计的锑的质量分数/%	试料质量(m_0)/g	盐酸(3.2)体积(V_1)/mL	分取试液的体积(V_0)/mL
0.001～0.004	2	10	5
0.005～0.02	1	15	2
0.03～0.1	0.5	15	1

弃去水相并用 3 mL 盐酸(3.3.7)洗涤有机相两次。加入 20 mL 罗丹明 B 溶液(3.3.8),振荡 30 s 后静止 2 min。放出与少量有机相在一起的水相。收集剩余的有机相于一个小的、干燥的、带塞的容量瓶中。使瓶内溶液成旋涡以收集水滴于瓶底。将有机相移入 1 cm 比色皿中并于约 550 nm,以水为参比立即测量吸收。

3.5.5 按全步骤操作进行空白试验,用空白校准结果。

3.5.6 校核试验

制备一含有已知锑量及成分与被分析材料相近的标准溶液或合成样,按 3.5.1～3.5.4 所示操作进行仪器的预校核。

3.5.7 校准曲线的绘制

将 1 g 纯铜(不含锑)及 0 mL 到 6 mL 锑标准贮存溶液(3.3.9)分别置于一组 250 mL 锥型瓶中,按 3.5.2 所述处理试样。用 15 mL 盐酸(3.3.2)及 1 mL 标准匹配溶液按 3.5.3～3.5.4 进行操作,制备出含 0 μg～6 μg 锑的用于光度测量的溶液。

3.6 分析结果计算

按式(3)计算锑的质量分数 $w(\mathrm{Sb})$,数值以%表示:

$$w(\mathrm{Sb})=\frac{m_1\times 100}{V_0\times m_0\times 10^6}\times 100=\frac{m_1}{V_0\times m_0\times 100} \quad \cdots\cdots(3)$$

式中:

m_0——试料(3.5.1)的质量,单位为克(g);

m_1——在 V_0 体积中测得的锑的质量,单位为微克(μg);

V_0——分取试液的体积(见 3.5.3),单位为毫升(mL)。

3.7 试验报告

试验报告应包括下列内容:

a) 样品的标识;

b) 采用的方法标准参考资料;

c) 结果及其计算方法;

d) 测定时观察到的异常情况;

e) 本方法中未包括的或自选的可能影响结果的任何操作。

ICS 77.120.30
H 13

中华人民共和国国家标准

GB/T 5121.13—2008
代替 GB/T 5121.13—1996

铜及铜合金化学分析方法 第13部分:铝含量的测定

Methods for chemical analysis of copper and copper alloys— Part 13:Determination of aluminium content

(ISO 3110:1975,Copper alloys—Determination of aluminium as alloying element—Volumetric method,MOD)

2008-06-17 发布 2008-12-01 实施

中华人民共和国国家质量监督检验检疫总局
中国国家标准化管理委员会 发布

前　言

GB/T 5121《铜及铜合金化学分析方法》共有 27 部分。

——第 1 部分：铜含量的测定；
——第 2 部分：磷含量的测定；
——第 3 部分：铅含量的测定；
——第 4 部分：碳、硫含量的测定；
——第 5 部分：镍含量的测定；
——第 6 部分：铋含量的测定；
——第 7 部分：砷含量的测定；
——第 8 部分：氧含量的测定；
——第 9 部分：铁含量的测定；
——第 10 部分：锡含量的测定；
——第 11 部分：锌含量的测定；
——第 12 部分：锑含量的测定；
——第 13 部分：铝含量的测定；
——第 14 部分：锰含量的测定；
——第 15 部分：钴含量的测定；
——第 16 部分：铬含量的测定；
——第 17 部分：铍含量的测定；
——第 18 部分：镁含量的测定；
——第 19 部分：银含量的测定；
——第 20 部分：锆含量的测定；
——第 21 部分：钛含量的测定；
——第 22 部分：镉含量的测定；
——第 23 部分：硅含量的测定；
——第 24 部分：硒、碲含量的测定；
——第 25 部分：硼含量的测定；
——第 26 部分：汞含量的测定；
——第 27 部分：电感耦合等离子体原子发射光谱法。

本部分为第 13 部分。

本部分包括方法一、方法二、方法三。

本部分方法三等同采用 ISO 3110：1975《铜合金——铝量的测定——容量法》，与国际标准相比作了如下编辑性修改：

——用小数点“.”代替在国际标准中作为小数点的逗号“,”；
——用“本方法”代替“本国际标准”；
——修改了国际标准中非法定计量单位；
——将公式、章条号、表号进行重新编序；
——删除了国际标准中封面、目次、前言和引言。

本部分代替 GB/T 5121.13—1996《铜及铜合金化学分析方法　铝量的测定》。

本部分与 GB/T 5121.13—1996 相比，主要变动如下：

——方法一是对 GB/T 5121.13—1996 中“第一篇　方法 1 铬天菁 S 分光光度法测定铝量”的修订，补充了质量保证和控制条款，增加了精密度条款；

——方法二是对 GB/T 5121.13—1996 中“第二篇　方法 2 苯甲酸分离-乙二胺四乙酸二钠络合滴定法测定铝量”的修订，补充了质量保证和控制条款，增加了精密度条款；

——增加了方法三：等同采用国际标准 ISO 3110:1975《铜合金——铝量的测定——容量法》；

本部分由中国有色金属工业协会提出。

本部分由全国有色金属标准化技术委员会归口。

本部分由中铝洛阳铜业有限公司、北京矿冶研究总院、中国有色金属工业标准计量质量研究所负责起草。

本部分方法一、方法二由中铝沈阳有色金属加工有限公司起草。

本部分方法一、方法二由中铝洛阳铜业有限公司、甘肃西北铜加工有限责任公司参加起草。

本部分方法一主要起草人：孙爱平、李雅民。

本部分方法一主要验证人：夏庆珠、杨永刚、赵义。

本部分方法二主要起草人：张皓、刘艳、孙爱平。

本部分方法二主要验证人：李伟、杨桂平、王惠、刘艳。

本部分方法三由中铝洛阳铜业有限公司、北京矿冶研究总院、中国有色金属工业标准计量质量研究所起草。

本部分方法三主要起草人：张敬华、李华昌、杨丽娟。

本部分方法三主要验证人：符斌、夏庆珠。

本部分所代替标准的历次版本发布情况为：

——GB/T 5121.13—1996。

铜及铜合金化学分析方法
第13部分:铝含量的测定

1 方法一 铬天青S分光光度法

1.1 范围

本方法规定了铜及铜合金中铝含量的测定方法。

本方法适用于铜及铜合金中铝含量的测定。测定范围:0.001 0%～0.50%。

1.2 方法原理

试料用硝酸溶解,有偏锡酸沉淀时过滤,电解除铜。用氢溴酸处理回收偏锡酸吸附的微量铝。磷的质量分数大时,用乙酸乙酯萃取铝-苯甲酰苯基羟胺络合物与磷分离,然后将铝反萃取于水相同主液合并。大量铅的干扰在电解除铜前电解除铅。硅高时以氢氟酸挥发除去。用高氯酸冒烟滴加盐酸除铬来消除其影响。铍的干扰以乙二胺四乙酸二钠为掩蔽剂氢氧化铍沉淀分离除去,用苦杏仁酸掩蔽钛。锌、镍的影响在空白试验中加入等量的锌和镍来抵消,用抗坏血酸和硫脲消除铁及残余铜的影响。铜合金中存在的其他元素无干扰。在pH6左右,用铬天青S显色,于分光光度计波长545 nm处测量其吸光度。

1.3 试剂

除非另有说明,在分析中仅使用确认为分析纯的试剂和蒸馏水或去离子水或相当纯度的水。

1.3.1 纯锌(铝的质量分数<0.001%)。

1.3.2 乙酸乙酯。

1.3.3 萃取剂:2单位体积4-甲基-戊酮-2与1单位体积甲苯混合。

1.3.4 高氯酸(ρ1.67 g/mL)优级纯。

1.3.5 氢溴酸(ρ1.49 g/mL)优级纯。

1.3.6 氢氟酸(ρ1.13 g/mL)优级纯。

1.3.7 盐酸(ρ1.18 g/mL)优级纯。

1.3.8 硝酸(ρ1.42 g/mL)优级纯。

1.3.9 硝酸(1+1)优级纯。

1.3.10 硝酸(2+98)。

1.3.11 硝酸(1+99)。

1.3.12 盐酸(1+1)优级纯。

1.3.13 盐酸(1+39)。

1.3.14 盐酸[c(HCl)=0.2 mol/L]。

1.3.15 盐酸[c(HCl)=0.1 mol/L]。

1.3.16 氨水(1+1)优级纯。

1.3.17 氨水(1+2)优级纯。

1.3.18 氨水(1+9)优级纯。

1.3.19 硫酸(1+1)优级纯。

1.3.20 镍溶液(5 g/L):称取1.000 g纯镍(铝的质量分数<0.000 5%),加入15 mL硝酸(1.3.9),加热溶解,煮沸除去氮的氧化物,冷却。移入200 mL容量瓶中,用水稀释至刻度,混匀。

1.3.21 硫酸铍溶液(1 g/L):称取 9.83 g 硫酸铍($BeSO_4 \cdot 4H_2O$)(铝的质量分数<0.000 1%),用水溶解后,移入 500 mL 容量瓶中,用水稀释至刻度,混匀。

1.3.22 铜溶液(0.5 g/L):称取 0.100 g 纯铜(铝的质量分数<0.000 5%),加入 5 mL 硝酸(1.3.9),加热溶解,煮沸除去氮的氧化物,冷却。移入 200 mL 容量瓶中,用水稀释至刻度,混匀。

1.3.23 抗坏血酸溶液(10 g/L,用时现配)。

1.3.24 硫脲溶液(50 g/L)。

1.3.25 无水乙酸钠溶液(80 g/L)。

1.3.26 1,10-二氮杂菲溶液(2.5 g/L):称取 0.50 g 1,10-二氮杂菲($C_{12}H_8N_2 \cdot H_2O$),加适量水,加热溶解后,冷却。用水稀释至 200 mL,混匀。

1.3.27 苯甲酰苯基羟胺乙醇溶液(10 g/L,贮存于棕色瓶中)。

1.3.28 苦杏仁酸溶液(10 g/L)。

1.3.29 乙二胺四乙酸二钠(Na_2EDTA)溶液[$c(Na_2EDTA)=0.02$ mol/L]:称取 7.445 g 乙二胺四乙酸二钠,加 200 mL 热水溶解后,冷却,移入 1 000 mL 容量瓶中,用水稀释至刻度,混匀。

1.3.30 铬天青 S 溶液(0.6 g/L)。

1.3.31 对硝基酚溶液(2 g/L)。

1.3.32 铝标准贮存溶液:称取 0.100 0 g 纯铝(铝的质量分数≥99.95%)于 150 mL 聚四氟乙烯烧杯中,加入 10 mL 水,1 g 氢氧化钠,低温加热溶解,冷却。用盐酸(1.3.12)缓慢中和至出现沉淀,再加入 20 mL 盐酸(1.3.12),移入 1 000 mL 容量瓶中,用水稀释至刻度,混匀。此溶液 1 mL 含 100 μg 铝。

1.3.33 铝标准溶液 A:移取 15.00 mL 铝标准贮存溶液(1.3.32)于 500 mL 容量瓶中,加入 5 mL 盐酸(1.3.12),用水稀释至刻度,混匀。此溶液 1 mL 含 3 μg 铝。

1.3.34 铝标准溶液 B:移取 5.00 mL 铝标准贮存溶液(1.3.32)于 500 mL 容量瓶中,加入 5 mL 盐酸(1.3.12),用水稀释至刻度,混匀。此溶液 1 mL 含 1 μg 铝。

1.4 仪器

1.4.1 分光光度计。

1.4.2 电解器:附有搅拌器、精密电流表和电压表。

1.4.3 电极:网状铂阴极、螺旋状铂阳极。

1.5 试样

厚度不大于 1 mm 的碎屑。

1.6 分析步骤

1.6.1 试料

按表 1 称取试样(1.5),精确至 0.000 1 g。

表 1 试料量、硝酸量、试液总体积及分取试液体积

铝的质量分数/%	试料量/g	硝酸(1.3.9)量/mL	试液总体积/mL	分取试液体积/mL
0.001 0~0.005 0	2.000	15	200	10.00
>0.005 0~0.015	1.600	15	200	10.00
>0.015~0.040	0.600	7	200	10.00
>0.040~0.10	0.500	7	200	5.00
>0.10~0.25	0.200	5	200	5.00
>0.25~0.50	0.100	5	200	5.00

1.6.2 测定次数

独立地进行二次测定,取其平均值。

1.6.3 **空白试验**

1.6.3.1 随同试料做空白试验。

1.6.3.2 分析黄铜和锡青铜时，称取与试料中相近质量的纯锌(1.3.1)，随同试料做空白试验。

1.6.3.3 分析硅青铜时，移取镍溶液(1.3.20)使其镍的质量与试料中镍的质量相近，随同试料做空白试验。

1.6.3.4 分析铍青铜时，移取硫酸铍溶液(1.3.21)使其铍的质量与试料中铍的质量相近，随同试料做空白试验。

1.6.4 **测定**

1.6.4.1 **试料溶解**

1.6.4.1.1 **镍黄铜、铅黄铜、铁黄铜、锰黄铜、锰青铜和锰白铜试料**

1.6.4.1.1.1 将试料(1.6.1)置于250 mL电解烧杯中，按表1加入硝酸(1.3.9)，加热溶解，煮沸除尽氮的氧化物，冷却。此时如发现有偏锡酸沉淀，将溶液蒸发至1 mL～2 mL，稍冷，补加5 mL硝酸(1.3.9)，加热水25 mL，在85℃～95℃陈化20 min，趁热用预先以硝酸(1.3.11)洗涤过的定量滤纸过滤，用热硝酸(1.3.11)洗涤烧杯及沉淀3次～4次，并将滤洗液合并。

1.6.4.1.1.2 用水稀释至80 mL左右，加入1滴盐酸(1.3.15)，在2 A/dm^2电流下电解除铜。

1.6.4.1.1.3 待溶液褪色后，再电解10 min，用水冲洗杯壁，再电解5 min，如新浸没的电极上不再析出铜，即电解完毕。在不切断电流下迅速移出电极，并用少量水冲洗。

1.6.4.1.1.4 除铜后的溶液冷却后，按表1移入容量瓶中，用水稀释至刻度，混匀。

1.6.4.1.1.5 按表1移取试液于150 mL石英烧杯中，蒸发至恰干，冷却。以下按1.6.4.2～1.6.4.4进行。

1.6.4.1.2 **锡青铜试料**

1.6.4.1.2.1 将试料(1.6.1)置于150 mL石英烧杯中，按表1加入硝酸(1.3.9)，加热溶解，煮沸除尽氮的氧化物，加热水至50 mL，在85℃～95℃陈化1 h。趁热用预先以硝酸(1.3.11)洗涤过的慢速定量滤纸过滤于150 mL石英烧杯中，用热硝酸(1.3.11)洗涤烧杯及沉淀3次～4次，将滤洗液合并(保留沉淀及滤纸)，用水稀释至80 mL左右，加1滴盐酸(1.3.15)，在2 A/dm^2电流下电解除铜。若铅的质量分数大于1%时，先以网状铂电极为阳极，螺旋状铂电极为阴极，在1 A/dm^2电流下电解30 min，除去大部分铅。在不切断电流下迅速移出电极，并用少量水冲洗，然后加1滴盐酸(1.3.15)，用洁净的铂电极在2 A/dm^2电流下电解除铜。以下按1.6.4.1.1.3进行。

1.6.4.1.2.2 将保留的沉淀及滤纸放入原石英烧杯中，加入5 mL硝酸(1.3.8)，7 mL高氯酸(1.3.4)，加热至高氯酸冒烟使有机物完全分解，稍冷。用少量水冲洗杯壁，加入5 mL氢溴酸(1.3.5)，蒸发至冒白烟，稍冷。再加入3 mL氢溴酸(1.3.5)，蒸发至冒白烟。若溶液仍有混浊，再加3 mL氢溴酸(1.3.5)重复处理直至溶液完全清亮为止。蒸发至高氯酸由冒大量白烟变为少量白烟，冷却。

1.6.4.1.2.3 若磷的质量分数不大于0.03%时，加入5 mL硝酸(1.3.9)，加热煮沸溶解盐类，冷却。按表1与电解液(1.6.4.1.2.1)移入同一个容量瓶中，用水稀释至刻度，混匀。

1.6.4.1.2.4 若磷的质量分数大于0.03%时，向烧杯(1.6.4.1.2.2)中加入5 mL盐酸(1.3.12)，煮沸溶解盐类，冷却。移入60 mL分液漏斗中，用10 mL盐酸(1.3.12)分次洗涤烧杯，洗液并入分液漏斗中，加入10 mL萃取剂(1.3.3)，振荡30 s，静置分相后，水相移入150 mL石英烧杯中，于有机相中再加入5 mL盐酸(1.3.12)，振荡10 s，静置分相后，移出水相与上次水相合并。蒸发至1 mL～2 mL，冷却。

1.6.4.1.2.5 加入25 mL水，混匀。加入5 mL 1,10-二氮杂菲溶液(1.3.26)，混匀。加入2 mL苯甲酰苯基羟胺乙醇溶液(1.3.27)，混匀。加入1滴对硝基酚溶液(1.3.31)，用氨水(1.3.17)中和至黄色并过量2滴。移入60 mL分液漏斗中，用水洗涤烧杯，洗液并入主液中，控制体积在40 mL左右，放置10 min。加入20 mL乙酸乙酯(1.3.2)，振荡1 min，静置分相后，弃去水相。于有机相中加入10 mL水，振荡10 s，静置分相后，弃去水相。于有机相中再加入5 mL水，振荡10 s，静置分相后，弃去水相。

于有机相中加入 10 mL 盐酸(1.3.14),振荡 1 min,静置分相后,水相移入 150 mL 石英烧杯中。于有机相中再加入 5 mL 盐酸(1.3.14),振荡 1 min,静置分相后,移出水相与上次水相合并。蒸发至 3 mL～5 mL,冷却。按表 1 与电解液(1.6.4.1.2.1)移入同一个容量瓶中,用水稀释至刻度,混匀。

1.6.4.1.2.6 按表 1 移取试液(1.6.4.1.2.3 或 1.6.4.1.2.5)于 150 mL 石英烧杯中,加入 1 mL 铜溶液(1.3.22),蒸发至 2 mL～3 mL,在不断摇动下继续蒸发至恰干,冷却。以下按 1.6.4.2～1.6.4.4 进行。

1.6.4.1.3 铍青铜试料

1.6.4.1.3.1 将试料(1.6.1)置于 250 mL 电解烧杯中,按表 1 加入硝酸(1.3.9),加热溶解,煮沸除尽氮的氧化物,冷却。以下按 1.6.4.1.1.2～1.6.4.1.1.3 进行。

1.6.4.1.3.2 将除铜后的溶液蒸发至 70 mL 左右,冷却。加入 15 mL 乙二胺四乙酸二钠溶液(1.3.29),用氨水(1.3.16)在不断搅拌下缓慢中和至出现沉淀并过量 10 mL。加热至沸,冷却至室温,按表 1 移入容量瓶中,用水稀释至刻度,混匀,静置 10 min～15 min。

1.6.4.1.3.3 用定量滤纸干过滤,弃去初滤液,按表 1 移取后来的滤液于 150 mL 石英烧杯中,加入 1 mL 硫酸(1.3.19),置电热板上蒸发至近干,再置于高温电炉上蒸发至白烟冒尽,冷却。以下按 1.6.4.2～1.6.4.4 进行。

1.6.4.1.4 铬青铜试料

1.6.4.1.4.1 将试料(1.6.1)置于 150 mL 石英烧杯中,按表 1 加入硝酸(1.3.9),加热溶解后,加入 5 mL 高氯酸(1.3.4),蒸发至冒高氯酸白烟,置于高温电炉上蒸发至冒浓厚白烟,在不断摇动下立即滴加 1 mL 盐酸(1.3.7),然后再蒸发至冒浓厚白烟,如上滴加盐酸(1.3.7)。如此反复 3 次～4 次。置于电热板上蒸发至近干,冷却。

1.6.4.1.4.2 加入 5 mL 硝酸(1.3.9)、20 mL 水,加热煮沸溶解盐类,并除尽氮的氧化物,冷却。以下按照 1.6.4.1.1.2～1.6.4.1.1.5 进行。

1.6.4.1.5 硅青铜、硅黄铜试料

1.6.4.1.5.1 将试料(1.6.1)置于 100 mL 铂皿中,按表 1 加入硝酸(1.3.9),加热溶解后,加入 10 mL 硫酸(1.3.19),1.5 mL 氢氟酸(1.3.6),蒸发至冒浓厚白烟,冷却。加入 30 mL～40 mL 水,3 mL 硝酸(1.3.9),加热溶解盐类,冷却。移入 250 mL 电解烧杯中,用水稀释至 80 mL 左右,在 2 A/dm^2 电流下电解除铜。以下按 1.6.4.1.1.3～1.6.4.1.1.4 进行。

1.6.4.1.5.2 按表 1 移取试液于 150 mL 石英烧杯中,置于电热板上蒸发至近干,再置于高温电炉上蒸发至白烟冒尽,冷却。

1.6.4.2 溶解盐类

于烧杯(1.6.4.1.1.5 或 1.6.4.1.2.6 或 1.6.4.1.3.3 或 1.6.4.1.4.2 或 1.6.4.1.5.2)中加入 5 mL 硝酸(1.3.10),加热煮沸溶解盐类,冷却。若试料中含有钛,加入 2 mL 苦杏仁酸溶液(1.3.28)。

1.6.4.3 显色

加入 1 滴对硝基酚溶液(1.3.31),混匀。用氨水(1.3.18)中和至黄色,混匀。再用盐酸(1.3.13)反中和至黄色恰消失并过量 2.00 mL,混匀。加入 1.0 mL 抗坏血酸溶液(1.3.23),混匀。5.0 mL 硫脲溶液(1.3.24),混匀。移入 50 mL 容量瓶中,加入 3.00 mL 铬天青 S 溶液(1.3.30),混匀。加入 5.00 mL 无水乙酸钠溶液(1.3.25),混匀。用水稀释至刻度,混匀。放置 5 min(室温低于 15℃时放置 15 min)。

1.6.4.4 测量

将部分试液移入 1 cm 吸收皿中(试料量为 2 g 时,用 3 cm 吸收皿),以随同试料的空白溶液为参比,于分光光度计波长 545 nm 处测量其吸光度,从工作曲线上查出相应的铝的质量。

1.6.5 工作曲线的绘制

1.6.5.1 移取 0 mL、1.00 mL、2.00 mL、3.00 mL、4.00 mL、5.00 mL 铝标准溶液 A(1.3.33)或

B(1.3.34)分别置于150 mL烧杯中,加入5 mL硝酸(1.3.10)。若试料中含有钛,加入2 mL苦杏仁酸溶液(1.3.28)。以下按1.6.4.3进行。

1.6.5.2 将部分试液移入1 cm吸收皿或3 cm吸收皿中,以试剂空白为参比,于分光光度计波长545 nm处测量其吸光度。以铝的质量为横坐标,吸光度为纵坐标绘制工作曲线。

1.7 分析结果的计算

按式(1)计算铝的质量分数 $w(\mathrm{Al})$,数值以%表示:

$$w(\mathrm{Al}) = \frac{m_1 \cdot V_0 \times 10^{-6}}{m_0 \cdot V_1} \times 100 \quad \cdots\cdots(1)$$

式中:

m_1——自工作曲线上查得的铝的质量,单位为微克(μg);

V_0——试液总体积,单位为毫升(mL);

V_1——分取试液体积,单位为毫升(mL);

m_0——试料的质量,单位为克(g)。

所得结果表示至小数点后第二位。若铝含量小于0.10%时,表示至小数点后第三位,小于0.010%时,表示至小数点后第四位。

1.8 精密度

1.8.1 重复性

在重复性条件下获得的两次独立测试结果的测试值,在表2给出的平均值范围内,两个测试结果的绝对差值不超过重复性限(r),超过重复性限(r)的情况不超过5%,重复性限(r)按表2数据采用线性内插法求得:

表2 重复性限

铝的质量分数/%	0.001 6	0.020	0.46
重复性限(r)/%	0.000 4	0.002	0.02
注:重复性限(r)为2.83Sr,Sr为重复性标准偏差。			

1.8.2 再现性

在再现性条件下获得的两次独立测试结果的测试值,在表3给出的平均值范围内,两个测试结果的绝对差值不超过再现性限(R),超过再现性限(R)的情况不超过5%,再现性限(R)按表3数据采用线性内插法求得:

表3 再现性限

铝的质量分数/%	0.001 6	0.020	0.46
再现性限(R)/%	0.000 7	0.002	0.03
注:再现性限(R)为2.83SR,SR为再现性标准偏差。			

1.9 质量保证和控制

应用国家级标准样品或行业级标准样品(当前两者没有时,也可用控制标样替代),每周或每两周校核一次本分析方法标准的有效性。当过程失控时,应找出原因,纠正错误后,重新进行校核。

2 方法二 苯甲酸铵分离-Na_2EDTA络合滴定法

2.1 范围

本方法规定了铜及铜合金中铝含量的测定方法。

本方法适用于铜及铜合金中铝含量的测定。测定范围:>0.50%~12.00%。

2.2 方法原理

试料用硝酸溶解,用氨水和盐酸调节溶液的pH值,在缓冲溶液及盐酸羟胺存在下,使铝与苯甲酸铵生成沉淀，过滤。沉淀用盐酸溶解，加入过量的乙二胺四乙酸二钠，以对硝基酚为指示剂，用氨水和盐酸调节酸度，煮沸，冷却。加入六次甲基四胺，以二甲酚橙为指示剂，用锌标准滴定溶液滴定过量的乙二胺四乙酸二钠。加入氟化钠，煮沸，冷却。再用锌标准滴定溶液滴定被释放出来的乙二胺四乙酸二钠。

2.3 **试剂**

除非另有说明，在分析中仅使用确认为分析纯的试剂和蒸馏水或去离子水或相当纯度的水。

2.3.1 氟化钠。

2.3.2 硝酸(1+1)。

2.3.3 盐酸(1+1)。

2.3.4 盐酸(1+2)。

2.3.5 盐酸[$c(HCl)=1$ mol/L]。

2.3.6 氨水(ρ0.90 g/mL)。

2.3.7 缓冲溶液：将 120 g 无水乙酸钠溶解于水中，加入 130 mL 盐酸(2.3.3)，用水稀释至 1 000 mL，混匀。此溶液约为 pH4.4。

2.3.8 盐酸羟胺溶液(100 g/L)。

2.3.9 苯甲酸铵溶液(80 g/L)。

2.3.10 苯甲酸铵洗液：将 400 mL 水、50 mL 苯甲酸铵溶液(2.3.9)与 50 mL 盐酸羟胺溶液(2.3.8)混匀。

2.3.11 六次甲基四胺溶液(300 g/L)。

2.3.12 乙酸(1+1)：用 36% 乙酸配制。

2.3.13 对硝基酚溶液(2 g/L)。

2.3.14 二甲酚橙溶液(2 g/L)。

2.3.15 乙二胺四乙酸二钠($C_{10}H_{14}N_2O_8Na_2\cdot 2H_2O$)标准溶液(0.025 mol/L)：称取 9.3 g 乙二胺四乙酸二钠($C_{10}H_{14}N_2O_8Na_2\cdot 2H_2O$)溶于约 200 mL 热水中，冷却，移入 1 000 mL 容量瓶中，用水稀释至刻度，混匀。

2.3.16 铝标准溶液：称取 1.000 g 纯铝(铝的质量分数≥99.95%)置于 150 mL 聚四氟乙烯烧杯中，加入 20 mL 氢氧化钠溶液(300 g/L)，缓慢加热溶解完全，冷却。用盐酸(2.3.3)调至沉淀消失，溶液清澈，此时溶液呈酸性，冷却，移入 1 000 mL 容量瓶中，用水稀释至刻度，混匀。此溶液 1 mL 含 1 mg 铝。

2.3.17 锌标准滴定溶液[$c(Zn)=0.020\ 00$ mol/L]。

2.3.17.1 配制：称取 1.308 g 纯锌(锌的质量分数≥99.99%，铝的质量分数<0.005%)置于 300 mL 烧杯中，以尽量少的盐酸(2.3.3)溶解后，调至 pH2～pH3，移入 1 000 mL 容量瓶中，用水稀释至刻度，混匀。

2.3.17.2 标定：移取 10.00 mL 铝标准溶液(2.3.16)于 300 mL 烧杯中，以下按 2.5.3.4～2.5.3.7 进行。

按式(2)计算锌标准滴定溶液的实际浓度：

$$c=\frac{0.010\ 0}{V_1\times 26.98\times 10^{-3}} \qquad \cdots\cdots(2)$$

式中：

c——锌标准滴定溶液的实际浓度，单位为摩尔每升(mol/L)；

V_1——标定时所消耗锌标准滴定溶液的体积，单位为毫升(mL)；

26.98——铝的摩尔质量，单位为克每摩尔(g/mol)；

0.010 0——标定时加入铝的质量，单位为克(g)。

取 3 份进行标定，其所消耗的锌标准滴定溶液体积的极差不超过 0.10 mL，取其平均值。否则，重新标定。

2.4 试样

厚度不大于 1 mm 的碎屑。

2.5 分析步骤

2.5.1 试料

按表 4 称取试样(2.4),精确至 0.000 1 g。

表 4 试料量

铝的质量分数/%	试料量/g
>0.50～4.00	0.500
>4.00～6.00	0.300
>6.00～8.00	0.200
>8.00～12.00	0.100

2.5.2 测定次数

独立地进行两次测定,取其平均值。

2.5.3 测定

2.5.3.1 将试料(2.5.1)置于 300 mL 烧杯中,加入 10 mL 硝酸(2.3.2),加热溶解完全,煮沸除去氮的氧化物。如发现有偏锡酸沉淀,将溶液蒸发至 3 mL 左右,加入少量水,煮沸,冷却。

2.5.3.2 加水至体积约为 80 mL,滴加氨水(2.3.6)至产生少量沉淀(要边滴加边用玻璃棒搅拌,操作时尽量不使沉淀附在烧杯内壁上),立即滴加盐酸(2.3.4)使沉淀刚好溶解。加入 70 mL 缓冲溶液(2.3.7)和 5 mL 盐酸羟胺溶液(2.3.8),加热煮沸,加入 25 mL 苯甲酸铵溶液(2.3.9),充分搅拌后,于电热板低温处放置 20 min,使沉淀陈化。

2.5.3.3 用快速定量滤纸过滤,以热苯甲酸铵洗液(2.3.10)洗涤烧杯二次、洗涤沉淀二次。用玻璃棒将大部分沉淀移入原烧杯中,再分 3 次滴加 10 mL 热盐酸(2.3.4)以溶解剩余沉淀,在每次加完热盐酸后,用热水洗涤沉淀及滤纸 1 次～2 次,最后用热水洗涤滤纸 4 次。加热煮沸使沉淀完全溶解,冷却。

2.5.3.4 按表 5 加入乙二胺四乙酸二钠溶液(2.3.15)。

表 5 乙二胺四乙酸二钠溶液加入量及过量盐酸加入量

铝的质量分数/%	乙二胺四乙酸二钠溶液加入量/mL	过量盐酸加入量(2.3.5)/mL
>0.50～1.00	25	2.5
>1.00～3.00	35	2.5
>3.00～3.50	35	3.5
>3.50～6.00	40	3.5
>6.00～8.00	35	2.5
>8.00～12.00	30	2.5

2.5.3.5 加入 2 滴对硝基酚溶液(2.3.13),用氨水(2.3.6)中和至溶液呈黄色,然后滴加盐酸(2.3.5)至溶液变无色,再根据铝含量按表 5 加入一定过量的盐酸(2.3.5)。加水至溶液体积约 100 mL,加热煮沸约 1.5 min,冷却。

2.5.3.6 加入 5 mL 六次甲基四胺溶液(2.3.11),4 滴二甲酚橙溶液(2.3.14),用锌标准滴定溶液(2.3.17)滴定至溶液由黄色变为紫红色(不计毫升数)。

2.5.3.7 向溶液中加入 1 g 氟化钠(2.3.1),煮沸 1 min,冷却。滴加乙酸溶液(2.3.12)呈黄色,用锌标准滴定溶液(2.3.17)滴定至溶液由黄色变为紫红色为终点。

2.6 分析结果的计算

按式(3)计算铝的质量分数 $w(\mathrm{Al})$，数值以%表示：

$$w(\mathrm{Al}) = \frac{c \cdot V_2 \times 26.98 \times 10^{-3}}{m_0} 100 \quad \cdots\cdots\cdots\cdots (3)$$

式中：

c——锌标准滴定溶液的实际浓度，单位为摩尔每升(mol/L)；

V_2——滴定时所消耗锌标准滴定溶液的体积，单位为毫升(mL)；

m_0——试料的质量，单位为克(g)；

26.98——铝的摩尔质量，单位为克每摩尔(g/mol)。

所得结果表示至小数点后第二位。

2.7 精密度

2.7.1 重复性

在重复性条件下获得的两次独立测试结果的测试值，在表6给出的平均值范围内，两个测试结果的绝对差值不超过重复性限(r)，超过重复性限(r)的情况不超过5%，重复性限(r)按表6数据采用线性内插法求得：

表6 重复性限

铝的质量分数/%	0.58	7.35	10.08
重复性限(r)/%	0.04	0.09	0.12
注：重复性限(r)为 $2.83S_r$，S_r 为重复性标准偏差。			

2.7.2 再现性

在再现性条件下获得的两次独立测试结果的测试值，在表7给出的平均值范围内，两个测试结果的绝对差值不超过再现性限(R)，超过再现性限(R)的情况不超过5%，再现性限(R)按表7数据采用线性内插法求得：

表7 再现性限

铝的质量分数/%	0.58	7.35	10.08
再现性限(R)/%	0.04	0.10	0.12
注：再现性限(R)为 $2.83S_R$，S_R 为再现性标准偏差。			

2.8 质量保证和控制

应用国家级标准样品或行业级标准样品(当前两者没有时，也可用控制标样替代)，每周或每两周校核一次本分析方法标准的有效性。当过程失控时，应找出原因，纠正错误后，重新进行校核。

3 方法三 铜铁试剂分离-Na_2EDTA 滴定法

3.1 范围

本方法规定以容量法测定铜合金中的铝。

本方法适用ISO推荐标准中的所有类型的铜合金中作为元素铝的测定。

3.2 方法原理

在pH6左右，以氟化钠解蔽后，用电位指示，螯合滴定法测定铝。

3.3 试剂

所有试剂应是分析纯，使用蒸馏水或去离子水。

3.3.1 六次甲基四铵。

3.3.2 硝酸(ρ1.40 g/mL)。

3.3.3 高氯酸(ρ1.74 g/mL)。

3.3.4 过氧化氢(30% m/m)。

3.3.5 三氯甲烷。

3.3.6 硝酸(1+1)。

3.3.7 盐酸(1+1)。

3.3.8 氟化钠(25 g/L)。

3.3.9 锰溶液(1 g/L):4.55 g $Mn(NO_3)_2 \cdot 4H_2O$ 溶解于 1 L 水中。

3.3.10 铜铁试剂溶液(100 g/L):用 100 mL 水溶解 10 g 铜铁试剂。

3.3.11 乙二胺四乙酸二钠盐(Na_2EDTA)溶液(0.2 mol/L)。

3.3.12 铜溶液(0.05 mol/L):用 20 mL 硝酸(3.3.6)溶解 3.177 g 铜(铜的质量分数>99.9%)并稀释至 1 L。

3.4 仪器

3.4.1 一般的实验室仪器

3.4.2 电位计:伏安指示装置与用恒电流(2 μA~10 μA)极化的电极连接。

这个附件可以用简单的方法来制作,即将 2 V 的蓄电池或蓄电池组用 1 MΩ 电阻和电极串联。电位计应同电极并联。

3.4.3 双铂电极,将直径 1 mm 的铂丝直接地或在其后面焊上铜线后封入玻璃管,如此制得的每个铂丝电极约 0.4 cm 长,有效几何面积约为 10 mm^2。

3.5 取样

按 ISO 标准相关要求进行取样。

3.6 分析步骤

3.6.1 不含钛和锆的合金

3.6.1.1 铝含量 4%~12%

3.6.1.1.1 称取 0.200 0 g 粉末试样放入 250 mL 高型烧杯中,加 5 mL 水和 3 mL 硝酸(3.3.6),慢慢加热直到试料溶解,蒸发溶液至约 1 mL~2 mL,用 25 mL 水稀释(分析高锡合金时,溶解过程中锡成二氧化锡(SnO_2)沉淀,过滤除去,此沉淀不含铝可以除去)。

3.6.1.1.2 加入 1 mL 锰溶液(3.3.9),22 mL EDTA 溶液(3.3.11)和足够的六次甲基四胺(3.3.1),使 pH 值达 6.0~6.2(如试样含锰≥0.5%时即可省去加入锰溶液),煮沸 5 min,冷却到室温,使用配有极化双铂电极的伏安指示装置(3.4.3),以铜溶液(3.3.12)滴定过量的 EDTA。

3.6.1.1.3 铜溶液应逐滴加入,开始速度快,接近终点时每次加一滴。以每滴使电势突变超过100 mV为终点(记下所用体积 V_1)。以同样的方法加入 20 mL 氟化钠溶液(3.3.8)于滴定后的溶液中,检查 pH 值,必要时,加入几滴硝酸(3.3.6)进行调整,煮沸 2 min,再冷却至室温,按上面叙述过的同样方法,用同一滴定管中的铜溶液(3.3.12)(不需要重装溶液)滴定释放的 EDTA(最初同铝为结合),(总体积为 V_2)。

注 1:滴定过程中,阳极附上一层二氧化锰(MnO_2),在每次滴定后,必须将电极浸入含有几滴过氧化氢的盐酸(1+5)溶液中,以溶解此沉淀。

注 2:以与电位指示滴定法相同的方法对滴定曲线进行评价。必须小心,第一次滴定(回滴过量的 EDTA)过程中所加入的少许过量的滴定溶液,将会加到第二次滴定(滴定用氟化纳释放同铝络合的 EDTA)所用的体积中。

3.6.1.2 铝含量 0.5%~4%

3.6.1.2.1 称取试样 0.500 0 g 放入 250 mL 高型烧杯中,加入 5 mL 水和 5 mL 硝酸(3.3.6),慢慢加热溶解试料,蒸发溶液至约 1 mL~2 mL,用 25 mL 水稀释。加入 1 mL 锰溶液(3.3.9)和 42 mL EDTA 溶液(3.3.11)(如试样含锰≥0.5%时即可省去加锰溶液)。

3.6.1.2.2 以下按 3.6.1.1.2 操作,从加入六次甲基四铵开始进行滴定(如合金中铝含量低于 1%,第二次滴定用微量滴管)。

3.6.2 合金中含钛和锆

3.6.2.1 铝含量4%～12%

3.6.2.1.1 称取0.200 0 g粉末试样放入250 mL高型烧杯中，加25 mL盐酸(3.3.7)及分数次加入总量为5 mL过氧化氢(3.3.4)溶解。在这一操作中要冷却溶液，煮沸约5 min破坏过量氧化物，然后冷到室温，将溶液转到150 mL分液漏斗中，用少量水冲洗，溶液总体积约50 mL。

3.6.2.1.2 根据铁、钛、锆存在的量，加入2 mL～5 mL铜铁试剂溶液(3.3.10)和20 mL三氯甲烷(3.3.5)，剧烈摇荡约1 min，分层后弃去有机相，加入1 mL铜铁试剂和10 mL三氯甲烷重复萃取水相，如果有机相仍带浅黄色再重复进行萃取，弃去三氯甲烷相，将不含钛和锆的水相溶液转移到250 mL高型烧杯中，蒸发溶液至约5 mL，加入5 mL高氯酸(3.3.3)和5 mL硝酸(3.3.2)，用湿法氧化破坏可能存在的有机物质，冒高氯酸烟至约1 mL，用约25 mL水稀释，过滤不溶物质。以下按6.1.1.2所述继续进行。

3.6.2.2 铝含量0.5%～4%

3.6.2.2.1 称取0.500 0 g粉末试样放入250 mL高型烧杯中，加30 mL盐酸(3.3.7)及分几次加入10 mL过氧化氢(3.3.4)溶解。在此操作过程要冷却溶液。

3.6.2.2.2 煮沸破坏过量的过氧化物。将溶液转到150 mL分液漏斗中，用少量水冲洗，溶液总体积约50 mL。以下按3.6.2.1.2所述进行(如铁、钛、锆含量高时，需加入更多的铜铁试剂，合金中含铝量低于1%，第二次滴定则用微量滴定管)。

3.7 分析结果的计算

铝的质量分数(%)计算如下：

按3.6.1.1和3.6.2.1所述进行时：

$$w(\text{Al}) = 0.674\,5(V_2 - V_1) \quad \cdots\cdots\cdots\cdots (4)$$

按3.6.1.2和3.6.2.2所述进行时：

$$w(\text{Al}) = 0.270(V_2 - V_1) \quad \cdots\cdots\cdots\cdots (5)$$

式中：

V_1——用氟化钠解蔽前，滴定时所需要铜溶液的体积，单位为毫升(mL)；

V_2——用氟化钠解蔽前后滴定所需要铜溶液的总体积，单位为毫升(mL)。

3.8 试验报告

试验报告包括如下内容：

a) 采用的方法标准；

b) 结果及其计算方法；

c) 测定过程中观察到的任何异常现象；

d) 在本方法中未包括的或自选的任何操作。

ICS 77.120.30
H 13

中华人民共和国国家标准

GB/T 5121.14—2008
代替 GB/T 5121.14—1996
部分代替 GB/T 13293.3—1991

铜及铜合金化学分析方法 第14部分:锰含量的测定

Methods for chemical analysis of copper and copper alloys—Part 14: Determination of manganese content

(ISO 2543:1973, Copper and copper alloys—Determination of manganese—Spectrophotometric method, MOD)

2008-06-17 发布　　　　2008-12-01 实施

中华人民共和国国家质量监督检验检疫总局
中国国家标准化管理委员会　发布

前　言

GB/T 5121《铜及铜合金化学分析方法》共有 27 部分。

——第 1 部分：铜含量的测定；

——第 2 部分：磷含量的测定；

——第 3 部分：铅含量的测定；

——第 4 部分：碳、硫含量的测定；

——第 5 部分：镍含量的测定；

——第 6 部分：铋含量的测定；

——第 7 部分：砷含量的测定；

——第 8 部分：氧含量的测定；

——第 9 部分：铁含量的测定；

——第 10 部分：锡含量的测定；

——第 11 部分：锌含量的测定；

——第 12 部分：锑含量的测定；

——第 13 部分：铝含量的测定；

——第 14 部分：锰含量的测定；

——第 15 部分：钴含量的测定；

——第 16 部分：铬含量的测定；

——第 17 部分：铍含量的测定；

——第 18 部分：镁含量的测定；

——第 19 部分：银含量的测定；

——第 20 部分：锆含量的测定；

——第 21 部分：钛含量的测定；

——第 22 部分：镉含量的测定；

——第 23 部分：硅含量的测定；

——第 24 部分：硒、碲含量的测定；

——第 25 部分：硼含量的测定；

——第 26 部分：汞含量的测定；

——第 27 部分：电感耦合等离子体原子发射光谱法。

本部分为第 14 部分。

本部分包括方法一、方法二、方法三。

本部分方法二修改采用 ISO 2543:1973《铜和铜合金—锰量的测定—分光光度法》。在主要技术内容上与 ISO 2543:1973 相同，编写结构不完全对应。具体技术性差异见附录 A、附录 B。

本部分代替 GB/T 5121.14—1996《铜及铜合金化学分析方法　锰量的测定》和 GB/T 13293.3—1991《高纯阴极铜化学分析方法　塞曼效应电热原子吸收光谱法测定铬、锰、镉量》。

本部分与 GB/T 5121.14—1996、GB/T 13293.3—1991 相比，主要变动如下：

——方法一是对 GB/T 13293.3—1991 的修订，补充了质量保证和控制条款，增加了精密度条款；

——方法二是对 GB/T 5121.14—1996 中“第一篇　方法 1　高碘酸钾分光光度法测定锰量”的修订，补充了质量保证和控制条款，增加了精密度条款；

——方法三是对GB/T 5121.14—1996中“第二篇　方法2　硫酸亚铁铵滴定法测定锰量”的修订，补充了质量保证和控制条款，增加了精密度条款。

本部分附录A、附录B为资料性附录。

本部分由中国有色金属工业协会提出。

本部分由全国有色金属标准化技术委员会归口。

本部分由中铝洛阳铜业有限公司、北京矿冶研究总院、中国有色金属工业标准计量质量研究所负责起草。

本部分方法一由北京矿冶研究总院起草。

本部分方法一由江西铜业有限公司、金川集团有限公司参加起草。

本部分方法一主要起草人：冯先进、李华昌、冯渝清、高介平、杨素芝。

本部分方法一主要验证人：占光仙、沈广鑫、赵全民、黎先超。

本部分方法二、方法三由中铝沈阳有色金属加工有限公司起草。

本部分方法二、方法三由中铝洛阳铜业有限公司、西北铜加工有限责任公司参加起草。

本部分方法二主要起草人：孙爱平、李雅民、靳宽利。

本部分方法二主要验证人：刘爱菊、杨桂平、郭朝霞、刘艳。

本部分方法三主要起草人：孙爱平、靳宽利。

本部分方法三主要验证人：刘爱菊、刘建明、郭朝霞、李文军。

本部分所代替标准的历次版本发布情况为：

——GB/T 5121.14—1996、GB/T 13293.3—1991。

铜及铜合金化学分析方法
第14部分:锰含量的测定

1 方法一 塞曼效应电热原子吸收光谱法

1.1 范围

本方法规定了铜及铜合金中锰含量的测定方法。

本方法适用于铜及铜合金中锰含量的测定。测定范围:0.000 05%~0.001 0%。

1.2 方法原理

试样用硝酸溶解,将一定体积的试液注入电热原子化器中,用塞曼效应原子吸收光谱仪在279.5 nm波长处测量锰的吸光度,按工作曲线法计算锰的质量分数。

1.3 试剂

除非另有说明,在分析中仅使用确认为分析纯的试剂和蒸馏水或去离子水或相当纯度的水。实验所用器皿均用硝酸(1.3.3)浸泡12 h后,用水彻底清洗。

1.3.1 纯铜(铜的质量分数≥99.99%,锰的质量分数<0.000 05%)。

1.3.2 硝酸(1+1)。

1.3.3 硝酸(1+19)。

1.3.4 铜基体溶液(100 g/L):称取20.00 g纯铜(1.3.1)置于400 mL烧杯中,分次加入160 mL硝酸(1.3.2),冷溶。待激烈反应停止后,低温加热至完全溶解,煮沸驱除氮的氧化物,冷却至室温。移入200 mL容量瓶中,以水稀释至刻度,混匀。

1.3.5 锰标准贮存溶液:称取0.250 0 g金属锰(锰的质量分数≥99.95%)置于150 mL烧杯中,加入10 mL硝酸(1.3.2),盖上表皿,低温加热至完全溶解,冷却至室温。移入500 mL容量瓶中,以水稀释至刻度,混匀。此溶液1 mL含500 μg锰。

1.3.6 锰标准溶液A:移取10.00 mL锰标准贮存溶液(1.3.5)于500 mL容量瓶中,以水稀释至刻度,混匀。此溶液1 mL含10 μg锰。

1.3.7 锰标准溶液B:移取10.00 mL锰标准溶液A(1.3.6)于500 mL容量瓶中,以水稀释至刻度,混匀。此溶液1 mL含0.2 μg锰。

1.4 仪器

1.4.1 石墨炉原子吸收光谱仪:配备电热原子化器、微量取样器或自动进样器,锰空心阴极灯及塞曼效应背景校正装置。

1.4.2 所用石墨炉原子吸收光谱仪应达到下列指标:

——最低灵敏度:工作曲线中所用等差系列标准溶液中浓度最大者,其吸光度应不低于0.300。

——工作曲线的相关系数不低于0.995。

——精密度最低要求:用最高浓度的标准溶液,测量10次吸光度,计算其平均值和标准偏差。该标准偏差不应超过该吸光度平均值的1.5%。用最低浓度的标准溶液(不是浓度为零的标准溶液),测量10次吸光度,计算其标准偏差。该标准偏差不应超过最高浓度标准溶液吸光度平均值的0.5%。

1.5 试样

试样加工成屑状。

1.6 分析步骤

1.6.1 试料

按表1称取试样(1.5),精确至0.000 1 g。

表1 试料量及分取试液体积

锰的质量分数/%	试料量/g	分取试液体积/mL
0.000 05~0.000 10	1.000	全量
>0.000 10~0.000 50	2.000	25
>0.000 50~0.001 0	2.000	10

1.6.2 测定次数

独立地进行二次测定,取其平均值。

1.6.3 空白试验

称取与试料中铜的质量相同质量的纯铜(1.3.1)随同试料做空白试验。以系列标准溶液的“零”浓度溶液作为试料空白。

1.6.4 测定

1.6.4.1 将试料(1.6.1)置于150 mL烧杯中,加入8 mL硝酸(1.3.2),低温加热至完全溶解,煮沸驱除氮的氧化物,冷却至室温。移入100 mL容量瓶中,以水稀释至刻度,混匀。

1.6.4.2 按表1分取试液(1.6.4.1)于100 mL容量瓶中,以水稀释至刻度,混匀。

1.6.4.3 根据仪器说明书推荐的条件,选择锰电热原子化的最佳参数和进样量。

1.6.4.4 将仪器调至最佳状态,并按所选的条件(1.6.4.3)调整电热原子化器。

1.6.4.5 用预定的加热程序空烧石墨管2次。

1.6.4.6 按预定进样量将试液(1.6.4.1或1.6.4.2)注入原子化器中,进行原子化,并测量锰的吸光度。每份试液测量2次,取其平均值,减去空白试验溶液的平均吸光度,从工作曲线上查出相应的锰的质量浓度。

1.6.5 工作曲线的绘制

1.6.5.1 分别移取0 mL、1.00 mL、2.00 mL、3.00 mL、4.00 mL、5.00 mL锰标准溶液B(1.3.7)于一组100 mL容量瓶中,按试料量加入相应量铜基体溶液(1.3.4),以水稀释至刻度,混匀。

1.6.5.2 在与测量试液相同的条件下,同时测量系列标准溶液的吸光度,每份标准溶液测量2次,取其平均值,减去“零”浓度溶液的平均吸光度。以锰的质量浓度为横坐标,吸光度为纵坐标,绘制锰的工作曲线。

1.7 分析结果的计算

按式(1)计算锰的质量分数$w(\mathrm{Mn})$,数值以%表示:

$$w(\mathrm{Mn})=\frac{\rho\cdot V_0\cdot V_2\times 10^{-6}}{m\cdot V_1}\times 100 \quad\cdots\cdots(1)$$

式中:

ρ——自工作曲线上查得的锰的质量浓度,单位为微克每毫升(μg/mL);

V_0——试液总体积,单位为毫升(mL);

V_1——分取试液体积,单位为毫升(mL);

V_2——测量时试液的总体积,单位为毫升(mL);

m——试料的质量,单位为克(g)。

所得结果表示至小数点后第四位。若锰的质量分数小于0.001 0%时,表示至小数点后第五位。

1.8 精密度

1.8.1 重复性

在重复条件下获得的两次独立测试结果的测试值，在表2给出的平均值范围内，两个测试结果的绝对值不超过重复性限(r)，超过重复性限(r)的情况不超过5%，重复性限(r)按表2数据采用线性内插法求得：

表2 重复性限

锰的质量分数/%	0.000 05	0.000 59	0.001 1
重复性限(r)/%	0.000 06	0.000 12	0.000 2
注：重复性限(r)为2.83S_r，S_r为重复性标准偏差。			

1.8.2 再现性

在再现性条件下获得的两次独立测试结果的测试值，在表3给出的平均值范围内，两个测试结果的绝对差值不超过再现性限(R)，超过再现性限(R)的情况不超过5%，再现性限(R)按表3数据采用线性内插法求得：

表3 再现性限

锰的质量分数/%	0.000 05	0.000 59	0.001 1
再现性限(R)/%	0.000 07	0.000 20	0.000 3
注：再现性限(R)为2.83S_R，S_R为再现性标准偏差。			

1.9 质量保证和控制

应用国家级标准样品或行业级标准样品(当前两者没有时，也可用控制标样替代)，每周或每两周校核一次本分析方法标准的有效性。当过程失控时，应找出原因，纠正错误后，重新进行校核。

2 方法二 高碘酸钾分光光度法

2.1 范围

本方法规定了铜及铜合金中锰含量的测量方法。

本方法适用于铜及铜合金中锰含量的测定。测定范围：>0.030%～2.50%。

2.2 方法原理

试料用氢氟酸、硼酸、硝酸的混合酸溶解，加入高碘酸钾将锰氧化为高锰酸，以亚硝酸钠选择性还原高锰酸而得到的底色液为参比，于分光光度计波长530 nm处测量其吸光度。

2.3 试剂

除非另有说明，在分析中仅使用确认为分析纯的试剂和蒸馏水或去离子水或相当纯度的水。

2.3.1 溶解剂：将300 mL硼酸溶液(40 g/L)、30 mL氢氟酸(ρ1.13 g/mL)、500 mL硝酸(ρ1.42 g/mL)和150 mL水混匀。贮存于塑料瓶中。

2.3.2 稀释溶液：向100 mL硼酸溶液(40 g/L)中加入1 mL硫酸(ρ1.84 g/mL)，煮沸时加几粒高碘酸钾将可能还原高锰酸的有机物氧化。

2.3.3 高碘酸钾溶液(50 g/L)：用硝酸(1+3)配制。

2.3.4 亚硝酸钠溶液(20 g/L)：用时现配。

2.3.5 锰标准贮存溶液：

2.3.5.1 取几克纯锰(锰的质量分数≥99.95%)放在盛有约100 mL水和60 mL～80 mL硫酸(1+3)的250 mL烧杯中，搅动几分钟后，倾出酸液，用水洗涤几次，然后放在丙酮里，搅动，倾出丙酮。在100℃恒温箱里烘干约2 min，取出，放在干燥器中，冷却。

2.3.5.2 称取 1.000 g 纯锰(2.3.5.1)置于 300 mL 烧杯中,加入 80 mL 水,缓慢加入 40 mL 硫酸(ρ 1.84 g/mL)溶解,煮沸数分钟,冷却。移入 1 000 mL 容量瓶中,用水稀释至刻度,混匀。此溶液 1 mL 含 1 mg 锰。

2.3.6 锰标准溶液:移取 10.00 mL 锰标准贮存溶液(2.3.5.2),置于 100 mL 容量瓶中,用水稀释至刻度,混匀。此溶液 1 mL 含 0.1 mg 锰。

2.4 仪器

分光光度计。

2.5 试样

厚度不大于 1 mm 的碎屑。

2.6 分析步骤

2.6.1 试料

按表 4 称取试样(2.5)。精确至 0.000 1 g。

表 4 试料量、试液总体积、分取试液体积及补加溶解剂量

锰的质量分数/%	试料量/g	试液总体积/mL	分取试液体积/mL	补加溶解剂量/mL	补加水量/mL
>0.030~0.15	1.000	全量		0	0
>0.15~0.50	0.300	全量		0	0
>0.50~1.00	0.500	100	30.00	35	5
>1.00~2.50	0.300	100	20.00	40	10

2.6.2 测定次数

独立地进行二次测定,取其平均值。

2.6.3 空白试验

随同试料(2.6.1)做空白试验。

2.6.4 测定

2.6.4.1 将试料(2.6.1)置于 300 mL 锥形瓶中,加入 50 mL 溶解剂(2.3.1),加热溶解,加入 20 mL 水,煮沸 5 min,除去氮的氧化物。

2.6.4.1.1 锰的质量分数>0.030%~0.50%时,按 2.6.4.2 进行。

2.6.4.1.2 锰的质量分数大于 0.50%~2.50%时,按表 4 移取溶液置于 300 mL 锥形瓶中,补加溶解剂(2.3.1)和水,煮沸 5 min。

2.6.4.2 加入 5 mL 高碘酸钾溶液(2.3.3)于煮沸的溶液中,并继续煮沸 5 min,然后将锥形瓶浸在沸水浴中 20 min,冷却。移入 100 mL 容量瓶中,用稀释液洗涤并稀释至刻度,混匀。

2.6.4.3 将部分溶液移入 1 cm 吸收皿中,以预先在吸收皿中加入 1 滴亚硝酸钠溶液(2.3.4)然后倒入显色溶液而得到的底色溶液为参比,于分光光度计波长 530 nm 处测量其吸光度。

2.6.4.4 减去试料空白溶液的吸光度,从工作曲线上查出相应的锰的质量。

2.6.5 工作曲线的绘制

2.6.5.1 移取 0mL、3.00 mL、6.00 mL、9.00 mL、12.00 mL、15.00 mL 锰标准溶液(2.3.6),分别置于一组 300 mL 锥形瓶中,补加水至 20 mL,加入 50 mL 溶解剂(2.3.1),煮沸 5 min。以下按 2.6.4.2~2.6.4.3 进行。

2.6.5.2 减去试剂空白溶液的吸光度,以锰的质量为横坐标,吸光度为纵坐标绘制工作曲线。

2.7 分析结果的计算

按公式(2)计算锰的质量分数 $w(\mathrm{Mn})$,数值以%表示:

$$w(\mathrm{Mn}) = \frac{m_1 \cdot V_0 \times 10^{-3}}{m_0 \cdot V_1} \times 100 \qquad \cdots\cdots(2)$$

式中：

m_1——自工作曲线上查得的锰量，单位为毫克(mg)；

V_0——试液总体积，单位为毫升(mL)；

V_1——分取试液体积，单位为毫升(mL)；

m_0——试料的质量，单位为克(g)。

所得结果表示至小数点后第二位。若锰的质量分数小于0.10%时，表示至小数点后第三位。

2.8 精密度

2.8.1 重复性

在重复性条件下获得的两次独立测试结果的测试值，在表5给出的平均值范围内，两个测试结果的绝对差值不超过重复性限(r)，超过重复性限(r)的情况不超过5%，重复性限(r)按表5数据采用线性内插法求得：

表5 重复性限

锰的质量分数/%	0.050	0.33	2.06
重复性限(r)/%	0.002	0.01	0.07
注：重复性限(r)为$2.83S_r$，S_r为重复性标准偏差。			

2.8.2 再现性

在再现性条件下获得的两次独立测试结果的测试值，在表6给出的平均值范围内，两个测试结果的绝对差值不超过再现性限(R)，超过再现性限(R)的情况不超过5%，再现性限(R)按表6数据采用线性内插法求得：

表6 再现性限

锰的质量分数/%	0.050	0.33	2.06
再现性限(R)/%	0.004	0.02	0.07
注：再现性限(R)为$2.83S_R$，S_R为再现性标准偏差。			

2.9 质量保证和控制

应用国家级标准样品或行业级标准样品(当前两者没有时，也可用控制标样替代)，每周或每两周校核一次本分析方法标准的有效性。当过程失控时，应找出原因，纠正错误后，重新进行校核。

3 方法三 硫酸亚铁铵滴定法

3.1 范围

本方法规定了铜及铜合金中锰含量的测定方法。

本方法适用于铜及铜合金中锰含量的测定。测定范围：>2.50%～15.00%。

3.2 方法原理

试料用硝酸溶解，在磷酸介质中，用硝酸铵将锰氧化为三价，以苯代邻氨基苯甲酸为指示剂，用硫酸亚铁铵标准滴定溶液滴定。

3.3 试剂

除非另有说明，在分析中仅使用确认为分析纯的试剂和蒸馏水或去离子水或相当纯度的水。

3.3.1 硝酸铵。

3.3.2 磷酸(ρ1.69 g/mL)。

3.3.3 硝酸(1+1)。

3.3.4 硫酸(1+9)。

3.3.5　苯代邻氨基苯甲酸溶液(2 g/L):称取 0.2 g 苯代邻氨基苯甲酸置于 150 mL 烧杯中,加入 100 mL 碳酸钠溶液(2 g/L),加热溶解完全。

3.3.6　重铬酸钾标准溶液[$c(1/6K_2Cr_2O_7)=0.015\ 00$ mol/L]:称取 0.735 5 g 预先经 140℃～150℃ 烘至恒重并置于干燥器中冷却至室温的基准重铬酸钾,置于 300 mL 烧杯中,以水溶解,移入 1 000 mL 容量瓶中,用水稀释至刻度,混匀。

3.3.7　硫酸亚铁铵标准滴定溶液{$c[(NH_4)_2Fe(SO_4)_2 \cdot 6H_2O]=0.015$ mol/L}。

3.3.7.1　配制:称取 5.88 g 硫酸亚铁铵置于 400 mL 烧杯中,加入 250 mL 硫酸(1+4)溶解。移入 1 000 mL 容量瓶中,用水稀释至刻度,混匀。

3.3.7.2　标定:移取 25.00 mL 重铬酸钾标准溶液(3.3.6),加入 20 mL 水、10 mL 硫酸-磷酸的混合酸(1+1+1),2 滴～4 滴苯代邻氨基苯甲酸溶液(3.3.5),用硫酸亚铁铵标准滴定溶液(3.3.7)滴定溶液至亮黄色为终点。

按公式(3)计算硫酸亚铁铵标准滴定溶液的实际浓度:

$$c=\frac{0.015\ 00V_1}{V_0} \qquad \cdots\cdots(3)$$

式中:

c——硫酸亚铁铵标准滴定溶液的实际浓度,单位为摩尔每升(mol/L);

V_1——移取重铬酸钾标准溶液的体积,单位为毫升(mL);

V_0——标定时消耗硫酸亚铁铵标准滴定溶液的体积,单位为毫升(mL)。

取三份进行标定,其标定所消耗的硫酸亚铁铵标准滴定溶液体积的极差不超过 0.10 mL,取其平均值。否则,重新标定。

3.4　试样

厚度不大于 1 mm 的碎屑。

3.5　分析步骤

3.5.1　试料

按表 7 称取试样(3.4),精确至 0.000 1 g。

表 7　试样量

锰的质量分数/%	试料量/g
>2.50～8.00	0.400
>8.00～15.00	0.200

3.5.2　测定次数

独立地进行二次测定,取其平均值。

3.5.3　测定

3.5.3.1　将试料(3.5.1)置于 300 mL 锥形瓶中,加入 5 mL 硝酸(3.3.3),加热至试料溶解完全。

3.5.3.2　加入 15 mL 磷酸(3.3.2),混匀。置于高温电炉上加热至刚有磷酸烟冒出,取下。放置20 s～30 s,加入 1 g～2 g 硝酸铵(3.3.1),立即摇动并吹气排除氮的氧化物。放置 1 min～2 min,加入30 mL 硫酸(3.3.4),用流水冷却至室温。

3.5.3.3　用硫酸亚铁铵标准滴定溶液(3.3.7)滴定溶液至微红色,加入 2 滴～4 滴苯代邻氨基苯甲酸溶液(3.3.5),继续滴定至亮黄色为终点。

3.6　分析结果的计算

按公式(4)计算锰的质量分数 $w(Mn)$,数值以%表示:

$$w(Mn)=\frac{c \cdot V_2 \times 54.94 \times 10^{-3}}{m_0} \times 100 \qquad \cdots\cdots(4)$$

式中：

c——硫酸亚铁铵标准滴定溶液的实际浓度，单位为摩尔每升(mol/L)；

V_2——滴定时消耗硫酸亚铁铵标准滴定溶液的体积，单位为毫升(mL)；

m_0——试料的质量，单位为克(g)；

54.94——锰的摩尔质量，单位为克每摩尔(g/mol)。

所得结果表示至小数点后第二位。

3.7 精密度

3.7.1 重复性

在重复性条件下获得的两次独立测试结果的测试值，在表8给出的平均值范围内，两个测试结果的绝对差值不超过重复性限(r)，超过重复性限(r)的情况不超过5%，重复性限(r)按表8数据采用线性内插法求得：

表8 重复性限

锰的质量分数/%	2.58	5.13	13.79
重复性限(r)/%	0.03	0.04	0.07
注：重复性限(r)为$2.83S_r$，S_r为重复性标准偏差。			

3.7.2 再现性

在再现性条件下获得的两次独立测试结果的测试值，在表9给出的平均值范围内，两个测试结果的绝对差值不超过再现性限(R)，超过再现性限(R)的情况不超过5%，再现性限(R)按表9数据采用线性内插法求得：

表9 再现性限

锰的质量分数/%	2.58	5.13	13.79
再现性限(R)/%	0.06	0.07	0.13
注：再现性限(R)为$2.83S_R$，S_R为再现性标准偏差。			

3.8 质量保证和控制

应用国家级标准样品或行业级标准样品(当前两者没有时，也可用控制标样替代)，每周或每两周校核一次本分析方法标准的有效性。当过程失控时，应找出原因，纠正错误后，重新进行校核。

附 录 A
（资料性附录）
本部分方法二章条编号与 ISO 2543:1973 章条编号对照

表 A.1 给出了本部分方法二章条编号与 ISO 2543:1973 章条编号对照一览表。

表 A.1 本部分方法二章条编号与 ISO 2543:1973 章条编号对照

本部分方法二章条编号	ISO 2543:1973 章条编号
2.1	1
2.2	2
2.3	3
2.4	4
2.5	5
2.6	6
2.7	7
2.8	—
2.9	—

附 录 B
（资料性附录）
本部分方法二与 ISO 2543:1973 技术性差异及其原因

表 B.1 给出了本部分方法二与 ISO 2543:1973 的技术性差异及其原因的一览表。

表 B.1 本部分方法二与 ISO 2543:1973 技术性差异及其原因

本部分方法二的章条编号	技术性差异	原因
2.1	对标准的使用范围进行了界定	明确了标准的适用上下限
2.2	对方法原理重新叙述	更加详细而具体
2.3	对试剂统一编号，配制方法重新叙述	提高实用性，更详细具体
2.4	直接给出仪器设备	更清晰明了
2.5	对试样进行了具体要求	更加规范而具体
2.6	对分析步骤重新编排整理，叙述	更加规范，提高实用性
2.7	分析结果的计算与表述清晰、明了	提高实用性
2.8	增加了再现性条款	标准规范要求
2.9	增加了质量保证条款	标准规范要求

ICS 77.120.30
H 13

中华人民共和国国家标准

GB/T 5121.15—2008
代替 GB/T 5121.15—1996
部分代替 GB/T 13293.7—1991

铜及铜合金化学分析方法
第15部分:钴含量的测定

Methods for chemical analysis of copper and copper alloys—
Part 15: Determination of cobalt content

2008-06-17 发布　　2008-12-01 实施

中华人民共和国国家质量监督检验检疫总局
中国国家标准化管理委员会　发布

前　言

GB/T 5121《铜及铜合金化学分析方法》共有27部分。

——第1部分:铜含量的测定;
——第2部分:磷含量的测定;
——第3部分:铅含量的测定;
——第4部分:碳、硫含量的测定;
——第5部分:镍含量的测定;
——第6部分:铋含量的测定;
——第7部分:砷含量的测定;
——第8部分:氧含量的测定;
——第9部分:铁含量的测定;
——第10部分:锡含量的测定;
——第11部分:锌含量的测定;
——第12部分:锑含量的测定;
——第13部分:铝含量的测定;
——第14部分:锰含量的测定;
——第15部分:钴含量的测定;
——第16部分:铬含量的测定;
——第17部分:铍含量的测定;
——第18部分:镁含量的测定;
——第19部分:银含量的测定;
——第20部分:锆含量的测定;
——第21部分:钛含量的测定;
——第22部分:镉含量的测定;
——第23部分:硅含量的测定;
——第24部分:硒、碲含量的测定;
——第25部分:硼含量的测定;
——第26部分:汞含量的测定;
——第27部分:电感耦合等离子体原子发射光谱法。

本部分为第15部分。

本部分包括方法一、方法二。

本部分代替GB/T 5121.15—1996《铜及铜合金化学分析方法　钴量的测定　火焰原子吸收光谱法》和GB/T 13293.7—1991《高纯阴极铜化学分析方法　塞曼效应电热原子吸收光谱法测定铁、钴、铅量》。

本部分与GB/T 5121.15—1996、GB/T 13293.7—1991相比,主要变动如下:

——方法一是对GB/T 13293.7—1991的修订,补充了质量保证和控制条款,增加了精密度条款;
——方法二是对GB/T 5121.15—1996的修订,测定范围下限由0.020%延伸至0.002 0%,分析范围上限由1.00%延伸至3.00%,补充了质量保证和控制条款,增加了精密度条款。

本部分由中国有色金属工业协会提出。

本部分由全国有色金属标准化技术委员会归口。

本部分由中铝洛阳铜业有限公司、北京矿冶研究总院、中国有色金属工业标准计量质量研究所负责起草。

本部分方法一由北京矿冶研究总院起草。

本部分方法一由广州有色金属研究院、烟台鹏晖铜业有限公司参加起草。

本部分方法一主要起草人：冯先进、杨素芝、冯渝清、高介平、孙淑媛。

本部分方法一主要验证人：戴凤英、张士涛、林海山、李景兰、刘天平。

本部分方法二由中铝沈阳有色金属加工有限公司起草。

本部分方法二由北京有色金属研究总院、大冶有色金属公司设计院参加起草。

本部分方法二主要起草人：张皓、李雅民、刘霞。

本部分方法二主要验证人：李满芝、李玉琴、李娜 、李晓玉。

本部分所代替标准的历次版本发布情况为：

——GB/T 5121.15—1996、GB/T 13293.7—1991。

铜及铜合金化学分析方法
第15部分:钴含量的测定

1 方法一 塞曼效应电热原子吸收光谱法

1.1 范围

本方法规定了铜及铜合金中钴含量的测定方法。

本方法适用于铜及铜合金中钴含量的测定。测定范围:0.000 10%～0.002 0%。

1.2 方法原理

试样用硝酸溶解,将一定体积的试液注入电热原子化器中,用塞曼效应原子吸收光谱仪在240.7 nm波长处测量钴的吸光度,按工作曲线法计算钴的质量分数。

1.3 试剂

除非另有说明,在分析中仅使用确认为分析纯的试剂和蒸馏水或去离子水或相当纯度的水。实验所用器皿均用硝酸(1.3.3)浸泡12 h后,用水彻底清洗。

1.3.1 纯铜(铜的质量分数≥99.99%,镉的质量分数<0.000 05%)。

1.3.2 硝酸(1+1)。

1.3.3 硝酸(1+19)。

1.3.4 铜基体溶液(100 g/L):称取20.00 g纯铜(1.3.1)置于400 mL烧杯中,分次加入160 mL硝酸(1.3.2),冷溶。待激烈反应停止后,低温加热至完全溶解,煮沸驱除氮的氧化物,冷却至室温。移入200 mL容量瓶中,以水稀释至刻度,混匀。

1.3.5 钴标准贮存溶液:称取0.100 0 g金属钴(质量分数≥99.95%)置于150 mL烧杯中,加入10 mL硝酸(1.3.2),盖上表皿,加热至完全溶解,冷却至室温。移入500 mL容量瓶中,以水稀释至刻度,混匀。此溶液1 mL含200 μg钴。

1.3.6 钴标准溶液A:移取10.00 mL钴标准贮存溶液(1.3.5)于100 mL容量瓶中,以水稀释至刻度,混匀。此溶液1 mL含20 μg钴。

1.3.7 钴标准溶液B:移取5.00 mL钴标准溶液A(1.3.6)于100 mL容量瓶中,以水稀释至刻度,混匀。此溶液1 mL含1 μg钴。

1.4 仪器

1.4.1 石墨炉原子吸收光谱仪:配备电热原子化器、微量取样器或自动进样器,钴空心阴极灯及塞曼效应背景校正装置。

1.4.2 所用石墨炉原子吸收光谱仪应达到下列指标:

——最低灵敏度:工作曲线中所用等差系列标准溶液中浓度最大者,其吸光度应不低于0.300。

——工作曲线的相关系数不低于0.995。

——精密度最低要求:用最高浓度的标准溶液,测量10次吸光度,计算其平均值和标准偏差。该标准偏差不应超过该吸光度平均值的1.5%。用最低浓度的标准溶液(不是浓度为零的标准溶液),测量10次吸光度,计算其标准偏差。该标准偏差不应超过最高浓度标准溶液吸光度平均值的0.5%。

1.5 试样

试样加工成屑状。

1.6 分析步骤

1.6.1 试料

按表1称取试样(1.5),精确至0.000 1 g。

表1 试料量及分取试液体积

钴的质量分数/%	试料量/g	分取试液体积/mL
0.000 10~0.000 50	1.000	全量
>0.000 50~0.002 0	1.000	20

1.6.2 测定次数

独立地进行二次测定,取其平均值。

1.6.3 空白试验

称取1.000 g纯铜(1.3.1)随同试料做空白试验。以系列标准溶液的“零”浓度溶液作为试料空白。

1.6.4 测定

1.6.4.1 将试料(1.6.1)置于150 mL烧杯中,加入8 mL硝酸(1.3.2),低温加热至完全溶解,煮沸驱除氮的氧化物,冷却至室温。将试液移入100 mL容量瓶中,以水稀释至刻度,混匀。

1.6.4.2 钴的质量分数大于0.000 50%时,按表1分取试液于100 mL容量瓶中,以水稀释至刻度,混匀。

1.6.4.3 根据仪器说明书推荐的条件,选择钴电热原子化的最佳参数和进样量。

1.6.4.4 将仪器调至最佳状态,并按所选的条件(1.6.4.3)调整电热原子化器。

1.6.4.5 用预定的加热程序空烧石墨管2次。

1.6.4.6 按预定进样量将试液(1.6.4.1或1.6.4.2)注入原子化器中,进行原子化,并测量钴的吸光度。每份试液测量2次,取其平均值,减去空白试验溶液的平均吸光度,从工作曲线上查出相应的钴的质量浓度。

1.6.5 工作曲线的绘制

1.6.5.1 分别移取0 mL、1.00 mL、2.00 mL、3.00 mL、4.00 mL、5.00 mL钴的标准溶液(1.3.7)于一组100 mL容量瓶中,按试料量加入相应量铜基体溶液,以水稀释至刻度,混匀。

1.6.5.2 在与测量试液相同的条件下,同时测量系列标准溶液的吸光度,每份标准溶液测量2次,取其平均值,减去“零”浓度溶液的平均吸光度。以钴的质量浓度为横坐标,吸光度为纵坐标,绘制钴的工作曲线。

1.7 分析结果的计算

按式(1)计算钴的质量分数 $w(\mathrm{Co})$,数值以%表示:

$$w(\mathrm{Co})=\frac{\rho \cdot V_0 \cdot V_2 \times 10^{-6}}{m \cdot V_1}\times 100 \quad \cdots\cdots\cdots(1)$$

式中:

ρ——自工作曲线上查得的钴的质量浓度,单位为微克每毫升(μg/mL);

V_0——试液总体积,单位为毫升(mL);

V_1——分取试液体积,单位为毫升(mL);

V_2——测量时试液的总体积,单位为毫升(mL);

m——试料的质量,单位为克(g)。

所得结果表示至小数点后第四位。若钴的质量分数小于0.001 0%时,表示至小数点后第五位。

1.8 精密度

1.8.1 重复性

在重复条件下获得的两次独立测试结果的测试值,在表2给出的平均值范围内,两个测试结果的绝

对值不超过重复性限(r),超过重复性限(r)的情况不超过5%,重复性限(r)按表2数据采用线性内插法求得:

表2 重复性限

钴的质量分数/%	0.000 11	0.000 52	0.002 2
重复性限(r)/%	0.000 04	0.000 13	0.000 4
注:重复性限(r)为 $2.83S_r$,S_r 为重复性标准偏差。			

1.8.2 再现性

在再现性条件下获得的两次独立测试结果的测试值,在表3给出的平均值范围内,两个测试结果的绝对差值不超过再现性限(R),超过再现性限(R)的情况不超过5%,再现性限(R)按表3数据采用线性内插法求得:

表3 再现性限

钴的质量分数/%	0.000 11	0.000 52	0.002 2
再现性限(R)/%	0.000 06	0.000 20	0.000 6
注:再现性限(R)为 $2.83S_R$,S_R 为再现性标准偏差。			

1.9 质量保证和控制

应用国家级标准样品或行业级标准样品(当前两者没有时,也可用控制标样替代),每周或每两周校核一次本分析方法标准的有效性。当过程失控时,应找出原因,纠正错误后,重新进行校核。

2 方法二 火焰原子吸收光谱法

2.1 范围

本方法规定了铜及铜合金中钴含量的测定方法。

本方法适用于铜及铜合金中钴含量的测定。测定范围:>0.002 0%~3.00%。

2.2 方法原理

试料用硝酸和氢氟酸溶解。在硝酸介质中,使用空气-乙炔火焰,于原子吸收光谱仪波长240.7 nm处测量钴的吸光度。基体铜、镍和锰的干扰,在配制标准系列溶液时加入与试料相应量的铜、镍和锰予以消除;铅、锌、铁等其他共存元素均不干扰测定。

2.3 试剂

除非另有说明,在分析中仅使用确认为分析纯的试剂和蒸馏水或去离子水或相当纯度的水。

2.3.1 纯铜(钴的质量分数不大于0.000 1%)。

2.3.2 纯镍(钴的质量分数不大于0.000 1%)。

2.3.3 纯锰(钴的质量分数不大于0.000 1%)。

2.3.4 氢氟酸(ρ1.13 g/mL)。

2.3.5 硝酸(1+1)。

2.3.6 硼酸(30 g/L)。

2.3.7 钴标准贮存溶液:称取0.500 0 g纯钴(钴的质量分数≥99.95%)置于150 mL的烧杯中,加入10 mL硝酸(2.3.5),加热溶解完全,煮沸除去氮的氧化物,冷却。移入500 mL容量瓶中,用水稀释至刻度,混匀。此溶液1 mL含1 mg钴。

2.3.8 钴标准溶液:移取10.00 mL钴标准贮存溶液(2.3.7)置于500 mL容量瓶,加入10 mL硝酸(2.3.5)用水稀释至刻度,混匀。此溶液1 mL含20 μg钴。

2.4 仪器

2.4.1 火焰原子吸收光谱仪:附钴空心阴极灯。

2.4.2 在仪器最佳工作条件下，凡能达到下列指标者均可使用：

——灵敏度：在与测量溶液的基体相一致的溶液中，镉的特征浓度应不大于 0.013 μg /mL；

——精密度：用最高浓度的标准溶液测量 10 次吸光度，其标准偏差应不超过平均吸光度的 1.0%；用最低浓度的标准溶液（不是“零”标准溶液）测量 10 次吸光度，其标准偏差应不超过最高浓度标准溶液平均吸光度的 0.5%；

——工作曲线线性：将工作曲线按浓度等分成五段，最高段的吸光度差值与最低段的吸光度差值之比，应不小于 0.7。

2.5 试样

厚度不大于 1 mm 的碎屑。

2.6 分析步骤

2.6.1 试料

按表 4 称取试样(2.5)，精确至 0.000 1 g。

表 4 试样量及分取试液体积

钴的质量分数/%	试料量/g	试液总体积/mL	分取试液体积/mL
>0.002 0～0.010	1.000	全量	
>0.010～0.050	1.000	100	20.00
>0.050～0.10	1.000	100	10.00
>0.10～0.50	0.200	100	10.00
>0.50～1.00	0.100	100	10.00
>1.00～3.00	0.100	500	10.00

2.6.2 测定次数

独立地进行二次测定，取其平均值。

2.6.3 空白试验

2.6.3.1 随同试料做空白试验。

2.6.3.2 钴的质量分数不大于 0.010%时，称取与试料中相应量的纯铜(2.3.1)，随同试料做空白试验。

2.6.4 测定

2.6.4.1 将试料(2.6.1)置于 150 mL 聚四氟乙烯烧杯中，加入 10 mL 硝酸(2.3.5)，2 滴氢氟酸(2.3.4)，加热至试料完全溶解。加入 10 mL 硼酸(2.3.6)，混匀，冷却。

2.6.4.2 将溶液移入 100 mL 容量瓶中，用水稀释至刻度，混匀。

2.6.4.3 当钴的质量分数大于 0.010%时，按表 1 分取溶液(2.6.4.2)置于 100 mL 或 500 mL 容量瓶中，加入 5 mL 硝酸(2.3.5)，用水稀释至刻度，混匀。

2.6.4.4 使用空气-乙炔火焰，于原子吸收光谱仪波长 240.7 nm 处，与测量系列标准溶液同时，以水调零，测量试液的吸光度。减去随同试料的空白溶液的吸光度，从工作曲线上查出相应的钴的质量浓度。

2.6.5 工作曲线的绘制

2.6.5.1 称取相当于试料(2.6.1)中铜、镍质量 10 倍的纯铜(2.3.1)和纯镍(2.3.2)[分析 BMn3-12 铜合金时，再称 1.25 g 纯锰(2.3.3)]置于同一个 300 mL 烧杯中，加入 70 mL 硝酸(2.3.5)，加热至完全溶解，煮沸除去氮的氧化物。移入 500 mL 容量瓶中，用水稀释至刻度，混匀。

2.6.5.2 移取 0 mL、1.00 mL、2.00 mL、3.00 mL、4.00 mL、5.00 mL 钴标准溶液(2.3.8)分别置于一组 100 mL 容量瓶中，按钴的质量分数加入混和溶液(2.6.5.1)：钴的质量分数为 0.002 0%～0.010%时，加入 50.0 mL；钴的质量分数为>0.010%～0.050%，加入 10 mL；钴的质量分数为>0.050%～

1.00%，加入 5.0 mL；钴的质量分数为>1.00%～3.00%，加入 1.0 mL，然后加入 5 mL 硝酸(2.3.5)，用水稀释至容量瓶中，混匀。

2.6.5.3 使用空气-乙炔火焰，于原子吸收光谱仪波长 240.7 nm 处，以水调零，测量溶液的吸光度，减去系列标准溶液中"零"浓度溶液的吸光度，以钴的质量浓度为横坐标，吸光度为纵坐标，绘制工作曲线。

2.7 分析结果的计算

按式(2)计算钴的质量分数 $w(\text{Co})$，数值以%表示：

$$w(\text{Co}) = \frac{\rho \cdot V_0 \cdot V_2 \times 10^{-6}}{m_0 \cdot V_1} \times 100 \qquad \cdots\cdots(2)$$

式中：

ρ——自工作曲线上查得的试料溶液的钴浓度，单位为微克每毫升(μg/mL)；

V_0——试液总体积，单位为毫升(mL)；

V_2——分取试液稀释后的体积，单位为毫升(mL)；

V_1——分取试液的体积，单位为毫升(mL)；

m_0——试料的质量，单位为克(g)。

所得结果表示至小数点后第二位。若钴的质量分数小于 0.10%时，表示至小数点后第三位；钴的质量分数小于 0.010%时，表示至小数点后第四位。

2.8 精密度

2.8.1 重复性

在重复性条件下获得的两次独立测试结果的测试值，在表 5 给出的平均值范围内，两个测试结果的绝对差值不超过重复性限(r)，超过重复性限(r)的情况不超过 5%，重复性限(r)按表 5 数据采用线性内插法求得：

表 5 重复性限

钴的质量分数/%	0.003 0	0.050	0.17	2.27
重复性限(r)/%	0.000 2	0.003	0.01	0.08
注：重复性限(r)为 $2.83S_r$，S_r 为重复性标准偏差。				

2.8.2 再现性

在再现性条件下获得的两次独立测试结果的测试值，在表 6 给出的平均值范围内，两个测试结果的绝对差值不超过再现性限(R)，超过再现性限(R)的情况不超过 5%，再现性限(R)按表 6 数据采用线性内插法求得：

表 6 再现性限

钴的质量分数/%	0.003 0	0.050	0.17	2.27
再现性限(R)/%	0.000 3	0.004	0.01	0.09
注：再现性限(R)为 $2.83S_R$，S_R 为再现性标准偏差。				

2.9 质量保证和控制

应用国家级标准样品或行业级标准样品(当前两者没有时，也可用控制标样替代)，每周或每两周校核一次本分析方法标准的有效性。当过程失控时，应找出原因，纠正错误后，重新进行校核。

ICS 77.120.30
H 13

中华人民共和国国家标准

GB/T 5121.16—2008
代替 GB/T 5121.16—1996
部分代替 GB/T 13293.3—1991

铜及铜合金化学分析方法 第16部分:铬含量的测定

Methods for chemical analysis of copper and copper alloys—Part 16:Determination of chromium content

(ISO 6437:1984,ISO 4744:1984,Copper alloys and copper alloys—Determination of chromium content,MOD)

2008-06-17 发布 2008-12-01 实施

中华人民共和国国家质量监督检验检疫总局
中国国家标准化管理委员会 发布

前　言

GB/T 5121《铜及铜合金化学分析方法》共有27部分。

——第1部分：铜含量的测定；
——第2部分：磷含量的测定；
——第3部分：铅含量的测定；
——第4部分：碳、硫含量的测定；
——第5部分：镍含量的测定；
——第6部分：铋含量的测定；
——第7部分：砷含量的测定；
——第8部分：氧含量的测定；
——第9部分：铁含量的测定；
——第10部分：锡含量的测定；
——第11部分：锌含量的测定；
——第12部分：锑含量的测定；
——第13部分：铝含量的测定；
——第14部分：锰含量的测定；
——第15部分：钴含量的测定；
——第16部分：铬含量的测定；
——第17部分：铍含量的测定；
——第18部分：镁含量的测定；
——第19部分：银含量的测定；
——第20部分：锆含量的测定；
——第21部分：钛含量的测定；
——第22部分：镉含量的测定；
——第23部分：硅含量的测定；
——第24部分：硒、碲含量的测定；
——第25部分：硼含量的测定；
——第26部分：汞含量的测定；
——第27部分：电感耦合等离子体原子发射光谱法。

本部分为第16部分。

本部分包括方法一、方法二、方法三。铬的质量分数在0.10%～1.30%，仲裁时推荐采用方法二。

本部分方法三等同采用ISO 6437：1984《铜合金——铬量的测定——滴定法》，与国际标准相比作了如下编辑性修改：

——用小数点“.”代替在国际标准中作为小数点的逗号“，”；
——用“本方法”代替“本国际标准”；
——修改了国际标准中非法定计量单位；
——将公式、章条号、表号进行重新编序；
——删除了国际标准中封面、目次、前言和引言。

本部分方法二修改采用ISO 4744：1984《铜合金——铬含量的测定——火焰原子吸收光谱法》，在主要技术内容上与 ISO 4744:1984 相同,编写结构不完全对应。具体技术性差异见附录 A、附录 B。

本部分代替 GB/T 5121.16—1996《铜及铜合金化学分析方法　铬量的测定》和 GB/T 13293.3—1991《高纯阴极铜化学分析方法　塞曼效应电热原子吸收光谱法测定铬、锰、镉量》。

本部分与 GB/T 13293.3—1991、GB/T 5121.16—1996 相比,主要变动如下:

——方法二是对 GB/T 5121.16—1996 的修订,补充了质量保证和控制条款,增加了精密度条款;

——方法一是对 GB/T 13293.3—1991 的修订,补充了质量保证和控制条款,增加了精密度条款;

——增加了方法三:等同采用国际标准 ISO 6437:1984《铜合金——铬量的测定——滴定法》。

本部分附录 A、附录 B 为资料性附录。

本部分由中国有色金属工业协会提出。

本部分由全国有色金属标准化技术委员会归口。

本部分由中铝洛阳铜业有限公司、北京矿冶研究总院、中国有色金属工业标准计量质量研究所负责起草。

本部分方法一由北京矿冶研究总院起草。

本部分方法一由江西铜业集团有限公司、金川集团有限公司参加起草。

本部分方法一主要起草人:冯先进、冯渝清、高介平、杨素芝。

本部分方法一主要验证人:占光仙、沈广鑫、赵全民、黎先超。

本部分方法二由甘肃西北铜加工有限责任公司起草。

本部分方法二由中铝沈阳有色金属加工有限公司、中铝洛阳铜业有限公司参加起草。

本部分方法二主要起草人:赵义、杨永刚。

本部分方法二主要验证人:孙爱平、张华星、刘夏、刘霞。

本部分方法三由中铝洛阳铜业有限公司、北京矿冶研究总院、中国有色金属工业标准计量质量研究所起草。

本部分方法三主要起草人:张敬华、李华昌、杨丽娟。

本部分方法三主要验证人:符斌、夏庆珠。

本部分所代替标准的历次版本发布情况为:

——GB/T 5121.16—1996、GB/T 13293.3—1991。

铜及铜合金化学分析方法
第16部分:铬含量的测定

1 方法1 塞曼效应电热原子吸收光谱法

1.1 范围

本方法规定了铜及铜合金中铬含量的测定方法。

本方法适用于铜及铜合金中铬含量的测定。测定范围:0.000 05%~0.001 0%。

1.2 方法原理

试样用硝酸溶解,将一定体积的试液注入电热原子化器中,用塞曼效应原子吸收光谱仪在357.9 nm波长处测量铬的吸光度,按工作曲线法计算铬的质量分数。

1.3 试剂

除非另有说明,在分析中仅使用确认为分析纯的试剂和蒸馏水或去离子水或相当纯度的水。实验所用器皿均用硝酸(1.3.3)浸泡12 h后,用水彻底清洗。

1.3.1 纯铜(铜的质量分数≥99.99%,铁的质量分数<0.000 05%)。

1.3.2 硝酸(1+1)。

1.3.3 硝酸(1+19)。

1.3.4 铜基体溶液(100 g/L):称取20.00 g纯铜(1.3.1)置于400 mL烧杯中,分次加入160 mL硝酸(1.3.2),冷溶。待激烈反应停止后,低温加热至完全溶解,煮沸驱除氮的氧化物,冷却至室温。移入200 mL容量瓶中,以水稀释至刻度,混匀。

1.3.5 铬标准贮存溶液:称取0.282 9 g重铬酸钾(基准试剂)加水溶解,移入500 mL容量瓶中,以水稀释至刻度,混匀。此溶液1 mL含200 μg铬。

1.3.6 铬标准溶液A:移取10.00 mL铬标准贮存溶液(1.3.5)于500 mL容量瓶中,以水稀释至刻度,混匀。此溶液1 mL含4 μg铬。

1.3.7 铬标准溶液B:移取10.00 mL铬标准溶液A(1.3.6)于100 mL容量瓶中,以水稀释至刻度,混匀。此溶液1 mL含0.4 μg铬。

1.4 仪器

1.4.1 石墨炉原子吸收光谱仪:配备电热原子化器、微量取样器或自动进样器,铬空心阴极灯及塞曼效应背景校正装置。

1.4.2 所用石墨炉原子吸收光谱仪应达到下列指标:

——最低灵敏度:工作曲线中所用等差系列标准溶液中浓度最大者,其吸光度应不低于0.300。

——工作曲线的相关系数不低于0.995。

——精密度最低要求:用最高浓度的标准溶液,测量10次吸光度,计算其平均值和标准偏差。该标准偏差不应超过该吸光度平均值的1.5%。用最低浓度的标准溶液(不是浓度为零的标准溶液),测量10次吸光度,计算其标准偏差。该标准偏差不应超过最高浓度标准溶液吸光度平均值的0.5%。

1.5 试样

试样加工成屑状。

1.6 分析步骤

1.6.1 试料

按表1称取试样(1.5),精确至0.000 1 g。

表1 试料量及分取试液体积

铬的质量分数/%	试料量/g	分取试液体积/mL
0.000 05～0.000 10	1.000	全量
>0.000 10～0.000 50	2.000	25
>0.000 50～0.001 0	2.000	10

1.6.2 测定次数

独立地进行二次测定,取其平均值。

1.6.3 空白试验

称取与试料量相同的纯铜(1.3.1)随同试料做空白试验,以系列标准溶液的"零"浓度溶液作为试料空白。

1.6.4 测定

1.6.4.1 将试料(1.6.1)置于150 mL烧杯中,加入8 mL硝酸(1.3.2),低温加热至完全溶解,煮沸驱除氮的氧化物,冷却至室温。将试液移入100 mL容量瓶中,以水稀释至刻度,混匀。

1.6.4.2 铬的质量分数大于0.000 10%时,按表1分取试液于100 mL容量瓶中,以水稀释至刻度,混匀。

1.6.4.3 根据仪器说明书推荐的条件,选择铬电热原子化的最佳参数和进样量。

1.6.4.4 将仪器调至最佳状态,并按所选的条件(1.6.4.3)调整电热原子化器。

1.6.4.5 用预定的加热程序空烧石墨管2次。

1.6.4.6 按预定进样量将试液(1.6.4.1或1.6.4.2)注入原子化器中,进行原子化,并测量铬的吸光度。每份试液测量2次,取其平均值,减去空白试验溶液的平均吸光度,从工作曲线上查出相应的铬的质量浓度。

1.6.5 工作曲线的绘制

1.6.5.1 分别移取0 mL、1.00 mL、2.00 mL、3.00 mL、4.00 mL、5.00 mL铬标准溶液B分别置于一组100 mL容量瓶中,按试料量加入相应量铜基体溶液(1.3.4),以水稀释至刻度,混匀。

1.6.5.2 在与测量试液相同的条件下,测量系列标准溶液的吸光度,每份标液测量2次,取其平均值,减去"零"浓度溶液的平均吸光度。以铬的质量浓度为横坐标,吸光度为纵坐标,绘制铬的工作曲线。

1.7 分析结果的计算

按式(1)计算铬的质量分数$w(\mathrm{Cr})$,数值以%表示:

$$w(\mathrm{Cr})=\frac{\rho\cdot V_0\cdot V_2\times 10^{-6}}{m\cdot V_1}\times 100 \qquad \cdots\cdots(1)$$

式中:

ρ——自工作曲线上查得的铬的质量浓度,单位为微克每毫升(μg/mL);

V_0——试液总体积,单位为毫升(mL);

V_1——分取试液体积,单位为毫升(mL);

V_2——测量时试液的体积,单位为毫升(mL);

m——试料的质量,单位为克(g)。

所得结果表示至小数点后第四位;若铬的质量分数小于0.001 0%时,表示至小数点后第五位。

1.8 精密度

1.8.1 重复性

在重复性条件下获得的两次独立测试结果的测定值，在表2给出的平均值范围内，这两个测试结果的绝对差值不超过重复性限(r)，超过重复性限(r)的情况不超过5%，重复性限(r)按表2数据采用线性内插法求得：

表2 重复性限

铬的质量分数/%	0.000 05	0.000 58	0.001 1
重复性限(r)/%	0.000 02	0.000 20	0.000 3
注：重复性限(r)为2.83Sr，Sr为重复性标准偏差。			

1.8.2 再现性

在再现性条件下获得的两次独立测试结果的测试值，在表3给出的平均值范围内，两个测试结果的绝对差值不超过再现性限(R)，超过再现性限(R)的情况不超过5%，再现性限(R)按表3数据采用线性内插法求得：

表3 再现性限

铬的质量分数/%	0.000 05	0.000 58	0.001 1
再现性限(R)/%	0.000 04	0.000 28	0.000 4
注：再现性限(R)为2.83S_R，S_R为再现性标准偏差。			

1.9 质量保证和控制

应用国家级标准样品或行业标准样品(当前两者没有时，也可用控制标样替代)，每周或每两周校核一次本分析方法标准的有效性。当过程失控时，应找出原因，纠正错误后，重新进行校核。

2 方法2 火焰原子吸收光谱法

2.1 范围

本方法规定了铜及铜合金中铬含量的测定方法。

本方法适用于铜及铜合金中铬含量的测定。测定范围：0.050%～1.30%。

2.2 方法原理

试料用硝酸、硫酸、氢氟酸溶解，在稀硫酸介质中用硫酸钠抑制锆、锰等元素的干扰，使用空气-乙炔火焰，于原子吸收光谱仪波长357.9 nm处测量铬的吸光度。

2.3 试剂

除非另有说明，在分析中仅使用确认为分析纯的试剂和蒸馏水或去离子水或相当纯度的水。

2.3.1 硫酸(ρ1.84 g/mL)。

2.3.2 硝酸(ρ1.42 g/mL)。

2.3.3 氢氟酸(ρ1.15 g/mL)。

2.3.4 过氧化氢(ρ1.10 g/mL)。

2.3.5 硝酸(1+1)。

2.3.6 硫酸钠溶液(100 g/L)。

2.3.7 铬标准溶液：称取0.141 4 g预先在140℃下烘干并在干燥器中冷却后的重铬酸钾基准试剂，置于400 mL烧杯中，用10 mL水溶解，加入5 mL硫酸(2.3.1)，冷却，滴加过氧化氢(2.3.4)，停止沸腾后过量2 mL，放置4 h以上，直至黄色消失，移入1 000 mL容量瓶中，以水稀释至刻度，混匀。此溶液1 mL含50 μg铬。

2.4 仪器

2.4.1 火焰原子吸收光谱仪:附铬空心阴极灯。

2.4.2 在仪器最佳工作条件下,凡能达到下列指标者均可使用

——灵敏度:在与测量溶液的基体相一致的溶液中,银的特征浓度应不大于 0.1 μg/mL;

——精密度:用最高浓度的标准溶液测量 10 次吸光度,其标准偏差应不超过平均吸光度的 1.0%;用最低浓度的标准溶液(不是"零"标准溶液)测量 10 次吸光度,其标准偏差应不超过最高浓度标准溶液平均吸光度的 0.5%;

——工作曲线线性:将工作曲线按浓度等分成五段,最高段的吸光度差值与最低段的吸光度差值之比,应不小于 0.7。

2.5 试样

厚度不大于 1 mm 的碎屑。

2.6 分析步骤

2.6.1 试料

按表 4 称取试样(2.5)精确至 0.000 1 g。

表 4 试料量及分取试液体积

铬的质量分数/%	试料量/g	分取试液体积/mL
0.050～0.30	0.400	25.00
>0.30～1.30	0.200	10.00

2.6.2 测定次数

独立地进行二次测定,取其平均值。

2.6.3 空白试验

随同试料做空白试验。

2.6.4 试料的分解

将试料(2.6.1)置于 200 mL 烧杯中,盖上表皿,加入 5 mL 硝酸(2.3.5),低温溶解,加入 6 mL 硫酸(2.3.1),0.5 mL 氢氟酸(2.3.3),蒸发至冒白烟,趁热滴加 3 mL～5 mL 硝酸(2.3.2),待剧烈反应完毕,取下表皿,继续蒸发至冒白烟,冷却,加入 10 mL 水溶解盐类,移入 100 mL 容量瓶中,以水稀释至刻度,混匀。

2.6.5 试料的分取

根据铬的质量分数,按表 4 移取溶液(2.6.4)于 100 mL 容量瓶中,加 4 mL 硫酸钠溶液(2.3.6)[铬的质量分数在 0.30%～1.30%时补加 0.6 mL 硫酸(2.3.1)],以水稀释至刻度,混匀。

2.6.6 测定

使用空气-乙炔火焰,于原子吸收光谱仪波长 357.9 nm 处,与系列标准溶液同时以水调零,测量溶液的吸光度。所测吸光度减去随同试料空白溶液的吸光度,从工作曲线中查出相应的铬的质量浓度。

2.6.7 工作曲线的绘制

2.6.7.1 移取 0 mL、1.00 mL、3.00 mL、4.00 mL、5.00 mL、6.00 mL 铬标准溶液(2.3.7),分别置 100 mL 容量瓶中,加 1 mL 硫酸(2.3.1),4 mL 硫酸钠溶液(2.3.6),以水稀释至刻度,混匀。

2.6.7.2 在与试料溶液测定相同条件下,测量系列标准溶液的吸光度。减去系列标准溶液中"零"浓度溶液的吸光度,以铬的质量浓度为横坐标,吸光度为纵坐标绘制工作曲线。

2.7 分析结果的计算

按式(2)计算铬的质量分数 $w(\mathrm{Cr})$,数值以%表示:

$$w(\mathrm{Cr})=\frac{\rho \cdot V_0 \cdot V_2 \times 10^{-6}}{m_0 \cdot V_1} \times 100 \qquad \cdots\cdots(2)$$

式中：

ρ——自工作曲线上查得铬的质量浓度，单位为微克每毫升(μg/mL)；

V_0——试液总体积，单位为毫升(mL)；

V_2——分取试液稀释后的体积，单位为毫升(mL)；

V_1——分取试液的体积，单位为毫升(mL)；

m_0——试料的质量，单位为克(g)。

所得结果表示至小数点后第二位。若铬的质量分数小于0.10%时，表示至小数点后第三位。

2.8 精密度

2.8.1 重复性

在重复条件下获得的两次独立测试结果的测试值，在表5给出的平均值范围内，两个测试结果的绝对值不超过重复性限(r)，超过重复性限(r)的情况不超过5%，重复性限(r)按表5数据采用线性内插法求得：

表5 重复性限

铬的质量分数/%	0.078	0.43	1.23
重复性限(r)/%	0.007	0.02	0.03
注：重复性限(r)为2.83Sr，Sr为重复性标准偏差。			

2.8.2 再现性

在再现性条件下获得的两次独立测试结果的测试值，在表6给出的平均值范围内，两个测试结果的绝对差值不超过再现性限(R)，超过再现性限(R)的情况不超过5%，再现性限(R)按表6数据采用线性内插法求得：

表6 再现性限

铬的质量分数/%	0.078	0.43	1.23
再现性限(R)/%	0.007	0.03	0.05
注：再现性限(R)为2.83S_R，S_R为再现性标准偏差。			

2.9 质量保证和控制

应用国家级标准样品或行业级标准样品(当前两者没有时，也可用控制标样替代)，每周或每两周校核一次本分析方法标准的有效性。当过程失控时，应找出原因，纠正错误后，重新进行校核。

3 方法3 滴定法

警告：在执行本方法的过程中，必须遵循有关在实验室中使用高氯酸的注意事项。

3.1 范围

本方法规定用滴定法测定国际标准中所列铜-铬合金中的总铬含量。

本方法适用于铬含量0.10%～2.0%的产品。

3.2 方法原理

溶解试料，用高氯酸氧化全部的铬，氧化时加入磷酸以防铬损失。用高锰酸钾氧化残余的三价铬。用二价铁溶液还原六价铬。用指示剂或借助于测量电压变化与所消耗滴定剂体积之间的关系来确定计量点。

3.3 试剂

分析中，仅使用确认的分析纯试剂和蒸馏水或具有相当纯度的水。

3.3.1 盐酸(ρ1.19 g/mL)。

3.3.2 硝酸(ρ1.40 g/mL)。

3.3.3 氢氟酸（ρ1.13 g/mL）。

3.3.4 高氯酸（ρ1.61 g/mL）。

3.3.5 硫酸（ρ1.83 g/mL）。

3.3.6 盐酸(1+2)。

3.3.7 磷酸(1+2)。

3.3.8 高锰酸钾溶液（2.5 g/L）:用水溶解 2.5 g 高锰酸钾并稀释至 1 000 mL。

3.3.9 二苯胺硫酸溶液（2 g/L）:将 0.2 g 二苯胺溶于 100 mL 硫酸(3.3.5)。

3.3.10 重铬酸钾标准溶液:称取 4.903 3 g 重铬酸钾($K_2Cr_2O_7$),精确至 0.000 1 g,置于一容量合适的烧杯内,溶解在无还原剂的水中。全部移入一个 1 000 mL 的单标线容量瓶中,用无还原剂的水稀释至刻度,混匀。此溶液 1 mL 含 1.733 g 铬。

3.3.11 硫酸亚铁铵溶液(每升 1 mol 的硫酸溶液中含 46 g)。

3.3.11.1 溶液的制备

用水稀释 54 mL 硫酸(3.3.5)至 1 L。用少量此溶液溶解 46 g 六水合硫酸亚铁铵[$Fe(NH_4)_2(SO_4)_2 \cdot 6H_2O$],然后仍用该溶液稀释至 1 L。1 mL 此溶液约相当于 2 mg 铬。

3.3.11.2 溶液的标定

3.3.11.2.1 用指示剂进行容量法标定

将 20 mL 重铬酸钾标准溶液(3.3.10)移入一个 400 mL 的烧杯。加入 25 mL 磷酸溶液(3.3.7)和 150 mL 水。加 0.1 mL 二苯胺硫酸溶液(3.3.9),用硫酸亚铁铵溶液(3.3.11)滴定之。开始时快些,及至紫色出现时便缓慢滴定至退色。

硫酸亚铁铵溶液的滴定度以每毫升溶液相当于铬的毫克数表示,按式(3)计算:

$$c(\mathrm{Cr}) = \frac{V_1}{V_2} \times 1.733 \qquad \cdots\cdots(3)$$

式中:

V_1——所用重铬酸钾标准溶液(3.3.10)之体积,单位为毫升(mL);

V_2——滴定消耗的硫酸亚铁铵溶液(3.3.11.1)之体积,单位为毫升(mL)。

3.3.11.2.2 电位滴定法进行标定

将 30 mL 重铬酸钾标准溶液(3.3.10)移入一个盛有 15 mL 硫酸(3.3.5)、25 mL 磷酸(3.3.7)和约 330 mL 水的 600 mL 烧杯中。按 3.5.4.2 规定进行滴定。

硫酸亚铁铵溶液的滴定度以每毫升溶液相当于铬的毫克数表示,按 3.3.11.2.1 中的公式计算。

要求当天进行硫酸亚铁铵溶液的标定。

3.4 仪器

电位滴定装置以及普通实验室仪器。

3.5 分析步骤

3.5.1 试料

称取约 2 g 试料,精确至 0.001 g。

3.5.2 试料的溶解

将试料(3.5.1)置于 600 mL 的高型烧杯中。加 20 mL 盐酸(3.3.1)、10 mL 硝酸(3.3.2)和 1 mL 氢氟酸(3.3.3)。沸腾停止时,加入 10 mL 磷酸溶液(3.3.7)和 30 mL 高氯酸(3.3.4)。煮沸,蒸发至冒白色浓烟,再加热至试料完全溶解。缓火煮沸 5 min,冷却。

3.5.3 残余三价铬的氧化

加入 150 mL 水至溶液(3.5.2)中,煮沸。加入 5 mL 高锰酸钾溶液(3.3.8),煮沸 3 min。然后加 10 mL 盐酸溶液(3.3.6),煮沸 15 min,静置冷却。

3.5.4 测定

3.5.4.1 用指示剂进行容量法滴定

向试液(3.5.3)加入 25 mL 正磷酸溶液(3.3.7)和 0.1 mL 二苯胺硫酸溶液(3.3.9)。用硫酸亚铁铵溶液(3.3.11)快速滴定至出现深蓝色，然后缓慢滴定至明亮的蓝绿色即为终点。

3.5.4.2 电位滴定

将试液(3.5.3)移入 600 mL 的高型烧杯中。加入 20 mL 硫酸(3.3.5)和 25 mL 磷酸(3.3.7)。用水稀释至约 400 mL，必要时，让其冷却。将电极置于溶液中，边搅拌，边用硫酸亚铁铵溶液(3.3.11)滴定，直至出现电位突跃。接近终点时滴定要缓慢。用铂-饱和甘汞电极，其电位突跃约为 200 mV，介于 900 mV 和 700 mV 之间。

3.5.5 校核试验

使用标样或含有已知铬含量的，其化学成分与被分析材料相似的合成样品，按 3.5.1 至 3.5.4 操作，对本方法的有效性进行校核。

3.6 分析结果的计算

按式(4)计算铬的质量分数 $w(\mathrm{Cr})$，数值以%表示：

$$w(\mathrm{Cr}) = \frac{V \cdot c(\mathrm{Cr})}{10 \times m} \qquad \cdots\cdots(4)$$

式中：

V——测定(3.5.4)中使用的硫酸亚铁铵溶液(3.3.11)的体积，单位为毫升(mL)；

$c(\mathrm{Cr})$——硫酸亚铁铵溶液(3.3.11)的滴定度，按 3.3.11.2 计算，以每毫升溶液相当于铬的毫克数表示；

m——试料的质量，单位为克(g)。

3.7 试验报告

试验报告应报告下列内容：

a) 样品的标识；

b) 采用的方法标准；

c) 结果及其计算方法；

d) 测定中观察到的异常现象；

e) 本方法中未包括的或自选的任何操作。

附 录 A
（资料性附录）
本部分方法二章条编号与 ISO 4744:1984 章条编号对照

表 A.1 给出了本部分方法二章条编号与 ISO 4744:1984 章条编号对照一览表。

表 A.1 本部分方法二章条编号与 ISO 4744:1984 章条编号对照

本部分方法二章条编号	ISO 4744:1984 章条编号
2.1	1
2.2	2
2.3	3
2.4	4
2.5	5
2.6	6
2.6.1	6.1
2.6.2	—
2.6.3	6.4
2.6.4	6.3.1
2.6.5	—
2.6.6	6.3.2
2.6.7	6.2.4
2.7	7
2.8	—
2.9	—

附 录 B
（资料性附录）
本部分方法二与 ISO 4744:1984 技术性差异及其原因

表 B.1 给出了本部分方法二与 ISO 4744:1984 的技术性差异及其原因的一览表。

表 B.1 本部分方法二与 ISO 4744:1984 技术性差异及其原因

本部分方法二的章条编号	技术性差异	原因
2.1	对方法的测定范围下限作了规定，拓宽了测定上限。	使标准更科学、严密，增加了适用性
2.2	将原理改为方法原理，并重新进行叙述	更加详细而具体
2.6.1	减少了称样量	可操作性强
2.6.4	减少了硝酸和硫酸的用量，增加含硅试样的处理方法	提高了方法的适用性和可操作性
2.6.5	分取后加入硫酸钠制备工作溶液	提高了方法的灵敏度
2.7	分析结果的计算与表述清晰、明了	提高实用性
2.8	增加了精密度(重复性)条款	标准规范要求
2.9	增加了质量保证条款	标准规范要求

ICS 77.120.30
H 13

中华人民共和国国家标准

GB/T 5121.17—2008
代替 GB/T 5121.17—1996

铜及铜合金化学分析方法 第17部分：铍含量的测定

Methods for chemical analysis of copper and copper alloys—
Part 17：Determination of beryllium content

2008-06-17 发布 2008-12-01 实施

中华人民共和国国家质量监督检验检疫总局
中国国家标准化管理委员会 发布

前 言

GB/T 5121《铜及铜合金化学分析方法》共有 27 部分。

——第 1 部分:铜含量的测定;

——第 2 部分:磷含量的测定;

——第 3 部分:铅含量的测定;

——第 4 部分:碳、硫含量的测定;

——第 5 部分:镍含量的测定;

——第 6 部分:铋含量的测定;

——第 7 部分:砷含量的测定;

——第 8 部分:氧含量的测定;

——第 9 部分:铁含量的测定;

——第 10 部分:锡含量的测定;

——第 11 部分:锌含量的测定;

——第 12 部分:锑含量的测定;

——第 13 部分:铝含量的测定;

——第 14 部分:锰含量的测定;

——第 15 部分:钴含量的测定;

——第 16 部分:铬含量的测定;

——第 17 部分:铍含量的测定;

——第 18 部分:镁含量的测定;

——第 19 部分:银含量的测定;

——第 20 部分:锆含量的测定;

——第 21 部分:钛含量的测定;

——第 22 部分:镉含量的测定;

——第 23 部分:硅含量的测定;

——第 24 部分:硒、碲含量的测定;

——第 25 部分:硼含量的测定;

——第 26 部分:汞含量的测定;

——第 27 部分:电感耦合等离子体原子发射光谱法。

本部分为第 17 部分。

本部分代替 GB/T 5121.17—1996《铜及铜合金化学分析方法　铍量的测定》。

本部分与 GB/T 5121.17—1996 相比,主要有如下的变动:

——采用羊毛铬菁 R 分光光度法代替原标准重量法;

——略去"引用标准"一节;

——补充了质量保证和控制条款,增加了精密度条款。

本部分由中国有色金属工业协会提出。

本部分由全国有色金属标准化技术委员会归口。

本部分由中铝洛阳铜业有限公司、北京矿冶研究总院、中国有色金属工业标准计量质量研究所负责起草。

本部分由北京有色金属研究总院起草。

本部分由甘肃白银西北铜加工有限责任公司、中铝沈阳有色金属加工有限公司参加起草。

本部分主要起草人：刘英、张卓、李满芝。

本部分主要验证人：杨桂平、孙爱平、赵义、张浩。

本部分所代替标准的历次版本发布情况为：

——GB/T 5121.17—1996。

铜及铜合金化学分析方法
第17部分:铍含量的测定

1 范围

本部分规定了铍青铜中铍含量的测定方法。

本部分适用于铍青铜中铍含量的测定。测定范围:0.100%～2.50%。

2 方法原理

试料以硝酸溶解,在氨性缓冲溶液中,铍与羊毛铬菁R生成红色络合物,于分光光度计波长550 nm处测量其吸光度。

3 试剂

除非另有说明,在分析中仅使用确认为分析纯的试剂和蒸馏水或去离子水或相当纯度的水。

3.1 纯铜(铜的质量分数大于99.99%、铍的质量分数小于0.001%)。

3.2 氯化铵。

3.3 硝酸(ρ1.42 g/mL)。

3.4 盐酸(ρ1.19 g/mL)。

3.5 硝酸(1+1)。

3.6 盐酸(1+1)。

3.7 氨水(ρ0.90 g/mL)。

3.8 Na_2EDTA (15 g/L)。

3.9 氢氧化钠 (40 g/L)。

3.10 刚果红试纸。

3.11 羊毛铬菁R氨性缓冲溶液(4 g/L):称取6.8 g氯化铵(3.2)于150 mL烧杯中,加入20 mL水至氯化铵溶解完全,加入57 mL氨水(3.7),搅拌均匀,待溶液放置至室温后。准确加入0.400 g羊毛铬菁R,搅拌使羊毛铬菁R全部溶解,将溶液移入100 mL容量瓶中定容,混匀,放置1 h后使用(用时现配)。

3.12 铍标准贮存溶液:准确称取0.100 0 g金属铍(铍的质量分数不小于99.95%)于150 mL烧杯中,加入10 mL盐酸(3.6),低温加热至溶解完全。冷却后将溶液移入1 000 mL容量瓶中,以水稀释至刻度,混匀。此溶液1 mL含有100 μg铍。

3.13 铍标准溶液:移取25.00 mL铍标准溶液(3.12)置于250 mL容量瓶中,加入9 mL硝酸(3.5),用水定容,混匀。此溶液1 mL含10 μg铍。

4 仪器

分光光度计。

5 试样

厚度不大于1 mm的碎屑。

6 分析步骤

6.1 试料

称取 0.100 g 试样(5),精确至 0.000 1 g。

6.2 测定次数

独立地进行两次测定,取其平均值。

6.3 空白试验

称取 0.100 g 纯铜(3.1),随同试料做空白试验。

6.4 试料处理

6.4.1 试料溶解

将试料(6.1)置于 150 mL 烧杯中,加 8 mL 硝酸(3.5),加热溶解,并煮沸除去氮的氧化物,冷却至室温。按表 1 将溶液移入相应的容量瓶中,以水稀释至刻度,混匀。

表 1 试料总体体积、分取试液体积及加入 Na_2EDTA 体积

铍的质量分数/%	试液总体积/mL	分取试液体积/mL	加入 Na_2EDTA 溶液体积/mL
0.10～0.50	250	10.00	20
>0.50～1.00	250	5.00	10
>1.00～2.50	500	5.00	10

6.4.2 显色

6.4.2.1 按表 1 分取试液(6.4.1)于 100 mL 容量瓶中。

6.4.2.2 按表 1 加入 Na_2EDTA 溶液(3.8),放入一小块刚果红试纸(3.10),用氢氧化钠溶液(3.9)中和至刚果红试纸刚刚变红,加水至约 80 mL,混匀后准确加入 8.0 mL 羊毛铬菁 R 氨性缓冲溶液(3.11),立即用水稀释至刻度,摇匀,20 min 内测量溶液的吸光度。

6.5 测量

将部分试液移入 1 cm 吸收皿中,以空白试验溶液(6.3)为参比,于分光光度计波长 550 nm 处测量其吸光度。从工作曲线上查出相应的铍的质量。

6.6 工作曲线的绘制

6.6.1 移取 0 mL、0.50 mL、1.00 mL、2.00 mL、3.00 mL、4.00 mL 铍标准溶液(3.13)分别置于一组 100 mL 容量瓶中,以下步骤按照 6.4.2.2 进行。

6.6.2 将部分试液移入 1 cm 吸收皿中,以试剂空白溶液为参比,于分光光度计波长 550 nm 处测量其吸光度。以铍的质量为横坐标、吸光度为纵坐标绘制工作曲线。

7 分析结果的计算

按式(1)计算铍的质量分数 $w(\mathrm{Be})$,数值以%表示:

$$w(\mathrm{Be}) = \frac{m_1 \cdot V_0 \times 10^{-6}}{m \cdot V_1} \times 100 \qquad \cdots\cdots(1)$$

式中:

m_1——自工作曲线上查得的铍量,单位为微克(μg);

V_0——试液总体积,单位为毫升(mL);

V_1——分取试液的体积,单位为毫升(mL);

m——试料的质量,单位为克(g)。

计算结果表示至小数点后第二位。

8 精密度

8.1 重复性

在重复性条件下获得的两次独立测试结果的测定值，在表2给出的平均值范围内，这两个测试结果的绝对差值不超过重复性限(r)，超过重复性限(r)的情况不超过5%。重复性限(r)按表2数据采用线性内插法求得。

表2 重复性限

铍质量分数/%	0.100	1.00	2.23
重复性限(r)/%	0.012	0.05	0.10
注：重复性限(r)为$2.83S_r$，S_r为重复性标准差。			

8.2 再现性

在再现性条件下获得的两次独立测试结果的测定值，在表3给出的平均值范围内，这两个测试结果的绝对差值不超过再现性限(R)，超过再现性限(R)的情况不超过5%。再现性限(R)按表3数据采用线性内插法求得。

表3 再现性限

铍质量分数/%	0.100	1.00	2.23
再现性限(R)/%	0.013	0.06	0.15
注：再现性限(R)为$2.83S_R$，S_R为再现性标准差。			

9 质量保证和控制

应用国家级标准样品或行业级标准样品(当前两者没有时，也可用控制标样替代)，每周或每两周校核一次本分析方法标准的有效性。当过程失控时，应找出原因，纠正错误后，重新进行校核。

ICS 77.120.30
H 13

GB

中华人民共和国国家标准

GB/T 5121.18—2008
代替 GB/T 5121.18—1996

铜及铜合金化学分析方法
第 18 部分：镁含量的测定

Methods for chemical analysis of copper and copper alloys—Part 18: Determination of magnesium content

2008-06-17 发布 2008-12-01 实施

中华人民共和国国家质量监督检验检疫总局
中国国家标准化管理委员会 发布

前　言

GB/T 5121《铜及铜合金化学分析方法》共有 27 部分。

——第 1 部分：铜含量的测定；

——第 2 部分：磷含量的测定；

——第 3 部分：铅含量的测定；

——第 4 部分：碳、硫含量的测定；

——第 5 部分：镍含量的测定；

——第 6 部分：铋含量的测定；

——第 7 部分：砷含量的测定；

——第 8 部分：氧含量的测定；

——第 9 部分：铁含量的测定；

——第 10 部分：锡含量的测定；

——第 11 部分：锌含量的测定；

——第 12 部分：锑含量的测定；

——第 13 部分：铝含量的测定；

——第 14 部分：锰含量的测定；

——第 15 部分：钴含量的测定；

——第 16 部分：铬含量的测定；

——第 17 部分：铍含量的测定；

——第 18 部分：镁含量的测定；

——第 19 部分：银含量的测定；

——第 20 部分：锆含量的测定；

——第 21 部分：钛含量的测定；

——第 22 部分：镉含量的测定；

——第 23 部分：硅含量的测定；

——第 24 部分：硒、碲含量的测定；

——第 25 部分：硼含量的测定；

——第 26 部分：汞含量的测定；

——第 27 部分：电感耦合等离子体原子发射光谱法。

本部分为第 18 部分。

本部分代替 GB/T 5121.18—1996《铜及铜合金化学分析方法　镁量的测定》。

本部分与 GB/T 5121.18—1996 相比，主要变动如下：

——略去“引用标准”一节；

——对原标准文本格式进行了修订；

——补充了质量保证和控制条款，增加了精密度条款。

本部分由中国有色金属工业协会提出。

本部分由全国有色金属标准化技术委员会归口。

本部分由中铝洛阳铜业有限公司、北京矿冶研究总院、中国有色金属工业标准计量质量研究所负责起草。

本部分由中铝沈阳有色金属加工有限公司起草。

本部分由甘肃西北铜加工有限责任公司、中铝洛阳铜业有限公司参加起草。

本部分主要起草人:李雅民、刘艳、刘霞、孙爱平。

本部分主要验证人:赵义、谢丽云、刘建明、岳好峰。

本部分所代替标准的历次版本发布情况为:

——GB/T 5121.18—1996。

铜及铜合金化学分析方法
第18部分:镁含量的测定

1 范围

本部分规定了铜及铜合金中镁含量的测定方法。

本部分适用于铜及铜合金中镁含量的测定。测定范围:0.015%～1.00%。

2 方法提要

试料用硝酸和氢氟酸溶解。在硝酸介质中,使用空气-乙炔火焰,于原子吸收光谱仪波长285.2 nm处测量镁的吸光度。硅、铝、钛和铍的干扰,加入硝酸锶消除;铜、镍、铅、锌等其他共存元素均不干扰测定。

3 试剂

除非另有说明,在分析中仅使用确认为分析纯的试剂和蒸馏水或去离子水或相当纯度的水。

3.1 氢氟酸(ρ1.13 g/mL)。

3.2 硝酸(1+1)。

3.3 硼酸溶液(30 g/L)。

3.4 硝酸锶溶液(25 g/L)。

3.5 镁标准贮存溶液:称取0.100 0 g纯镁(镁的质量分数≥99.95%)置于150 mL烧杯中,加入10 mL硝酸(3.2),加热溶解,煮沸除去氮的氧化物,冷却。移入1 000 mL容量瓶中,用水稀释至刻度,混匀。此溶液1 mL含100 μg镁。

3.6 镁标准溶液:移取10.00 mL镁标准贮存溶液(3.5)置于100 mL容量瓶中,用水稀释至刻度,混匀。此溶液1 mL含10 μg镁。

4 仪器

原子吸收光谱仪,附镁空心阴极灯。

在仪器最佳工作条件下,凡能达到下列指标者均可使用。

——灵敏度:在与测量溶液基体相一致的溶液中,镁的特征浓度应不大于0.01 μg/mL;

——精密度:用最高浓度的标准溶液测量10次吸光度,其标准偏差不超过平均吸光度的1.0%;用最低浓度的标准溶液(不是"零"标准溶液)测量10次吸光度,其标准偏差应不超过最高标准溶液平均吸光度的0.5%;

——工作曲线线性:将工作曲线按浓度等分成5段,最高段的吸光度差值与最低段的吸光度差值之比应不小于0.7。

5 试样

厚度不大于1 mm的碎屑。

6 分析步骤

6.1 试料

按表1称取试样(5),精确至0.000 1 g。

表 1 试样量、试液总体积及分取体积

镁的质量分数/%	试料量/g	试液总体积/mL	分取试液体积/mL
0.015～0.040	0.100	全量	
>0.040～0.080	0.500	100	10.00
>0.080～0.25	0.200	100	10.00
>0.25～1.00	0.100	100	5.00

6.2 测定次数

独立地进行二次测定，取其平均值。

6.3 空白试验

随同试料(6.1)做空白试验。

6.4 测定

6.4.1 将试料(6.1)置于 150 mL 聚四氟乙烯烧杯中，加入 8 mL 硝酸(3.2)，3 滴～5 滴氢氟酸(3.1)，加热至试料完全溶解。加入 10 mL 硼酸溶液(3.3)，混匀，冷却。移入 100 mL 容量瓶中。

6.4.1.1 镁的质量分数在 0.015%～0.040%时，加入 10 mL 硝酸锶溶液(3.4)，用水稀释至刻度，混匀。

6.4.1.2 镁的质量分数大于 0.040%时，将试液用水稀释至刻度，混匀。按表 1 分取试液置于 100 mL 容量瓶中，加入 5 mL 硝酸(3.2)，10 mL 硝酸锶溶液(3.4)，用水稀释至刻度，混匀。

6.4.2 使用空气-乙炔火焰，于原子吸收光谱仪波长 285.2 nm 处，与系列标准溶液同时，以水调零，测量溶液的吸光度，减去随同试料的空白溶液的吸光度，从工作曲线上查出相应的镁的质量浓度。

6.5 工作曲线的绘制

6.5.1 移取 0 mL、1.00 mL、2.00 mL、3.00 mL、4.00 mL 、5.00 mL 镁标准溶液(3.6)分别置于一组 100 mL 容量瓶中，加入 5 mL 硝酸(3.2)，10 mL 硝酸锶溶液(3.4)，用水稀释至刻度，混匀。

6.5.2 在与试料溶液测定相同条件下，测量系列标准溶液的吸光度，减去系列标准溶液中"零"浓度溶液的吸光度，以镁的质量浓度为横坐标，吸光度为纵坐标绘制工作曲线。

7 分析结果的计算

按式(1)计算镁的质量分数 $w(\mathrm{Mg})$，数值以%表示：

$$w(\mathrm{Mg}) = \frac{\rho \cdot V_0 \cdot V_2 \times 10^{-6}}{m_0 \cdot V_1} \times 100 \quad \cdots\cdots(1)$$

式中：

ρ——自工作曲线上查得的镁的质量浓度，单位为微克每毫升(μg/mL)；

V_0——试液总体积，单位为毫升(mL)；

V_2——分取试液稀释后的体积，单位为毫升(mL)；

V_1——分取试液体积，单位为毫升(mL)；

m_0——试料的质量，单位为克(g)。

所得结果表示至小数后第二位。若镁的质量分数小于 0.10%时，表示至小数后第三位。

8 精密度

8.1 重复性

在重复性条件下获得的两次独立测试结果的测试值，在表 2 给出的平均值范围内，两个测试结果的绝对差值不超过重复性限(r)，超过重复性限(r)的情况不超过 5%，重复性限(r)按表 2 数据采用线性内插法求得：

表 2 重复性限

镁的质量分数/%	0.016	0.14	0.94
重复性限(r)/%	0.002	0.011	0.02
注：重复性限(r)为 $2.83S_r$，S_r 为重复性标准偏差。			

8.2 再现性

在再现性条件下获得的两次独立测试结果的测试值，在表 3 给出的平均值范围内，两个测试结果的绝对差值不超过再现性限(R)，超过再现性限(R)的情况不超过 5%，再现性限(R)按表 3 数据采用线性内插法求得：

表 3 再现性限

镁的质量分数/%	0.016	0.14	0.94
再现性限(R)/%	0.002	0.012	0.03
注：再现性限(R)为 $2.83S_R$，S_R 为再现性标准偏差。			

9 质量保证和控制

应用国家级标准样品或行业级标准样品(当前两者没有时，也可用控制标样替代)，每周或每两周校核一次本分析方法标准的有效性。当过程失控时，应找出原因，纠正错误后，重新进行校核。

ICS 77.120.30
H 13

中华人民共和国国家标准

GB/T 5121.19—2008
代替GB/T 5121.19—1996,GB/T 13293.12—1991

铜及铜合金化学分析方法 第19部分:银含量的测定

Methods for chemical analysis of copper and copper alloys—Part 19: Determination of silver content

2008-06-17 发布　　　　2008-12-01 实施

中华人民共和国国家质量监督检验检疫总局
中国国家标准化管理委员会　发布

前　言

GB/T 5121《铜及铜合金化学分析方法》共有27部分。

——第1部分:铜含量的测定;

——第2部分:磷含量的测定;

——第3部分:铅含量的测定;

——第4部分:碳、硫含量的测定;

——第5部分:镍含量的测定;

——第6部分:铋含量的测定;

——第7部分:砷含量的测定;

——第8部分:氧含量的测定;

——第9部分:铁含量的测定;

——第10部分:锡含量的测定;

——第11部分:锌含量的测定;

——第12部分:锑含量的测定;

——第13部分:铝含量的测定;

——第14部分:锰含量的测定;

——第15部分:钴含量的测定;

——第16部分:铬含量的测定;

——第17部分:铍含量的测定;

——第18部分:镁含量的测定;

——第19部分:银含量的测定;

——第20部分:锆含量的测定;

——第21部分:钛含量的测定;

——第22部分:镉含量的测定;

——第23部分:硅含量的测定;

——第24部分:硒、碲含量的测定;

——第25部分:硼含量的测定;

——第26部分:汞含量的测定;

——第27部分:电感耦合等离子体原子发射光谱法。

本部分为第19部分。

本部分代替GB/T 5121.19—1996《铜及铜合金化学分析方法　银量的测定》和GB/T 13293.12—1991《高纯阴极铜化学分析方法　巯基棉分离-火焰原子吸收光谱法测定银量》。

本部分与GB/T 5121.19—1996和GB/T 13293.12—1991相比,主要变动如下:

——略去"引用标准"一节;

——将GB/T 13293.12—1991分析上限和GB/T 5121.19—1996分析下限进行了衔接,将分析范围上限由0.15%扩展为1.50%;

——对原标准文本格式进行了修订;

——增加了精密度和质量保证和控制条款。

本部分由中国有色金属工业协会提出。

本部分由全国有色金属标准化技术委员会归口。

本部分由中铝洛阳铜业有限公司、北京矿冶研究总院、中国有色金属工业标准计量质量研究所负责起草。

本部分由中铝洛阳铜业有限公司、北京矿冶研究总院起草。

本部分由北京有色金属研究总院参加起草。

本部分主要起草人：高钰、冯先进、刘赘、江求韬、杨海东。

本部分主要验证人：张英新、张丽。

本部分所代替标准的历次版本发布情况为：

——GB/T 5121.19—1996、GB/T 13293.12—1991。

铜及铜合金化学分析方法
第19部分:银含量的测定

1 范围

本部分规定了铜及铜合金中银含量的测定方法。

本部分适用于铜及铜合金中银含量的测定。测定范围:0.000 2%～1.50%。

2 方法原理

试料用硝酸溶解。若银的质量分数小于0.005%时,于$c(HNO_3)=0.8$ mol/L介质中,以巯基棉纤维吸附银与基体铜分离,用硫氰酸铵溶液洗脱银。使用空气-乙炔火焰,于原子吸收光谱仪波长328.1 nm处,测定银的吸光度。

3 试剂

除非另有说明,在分析中仅使用确认为分析纯的试剂和蒸馏水或去离子水或相当纯度的水。

3.1 硝酸(ρ1.42 g/mL)优级纯。

3.2 盐酸(ρ1.18 g/mL)优级纯。

3.3 硝酸(1+1)。

3.4 硝酸[$c(HNO_3)=0.8$ mol/L]。

3.5 硫氰酸铵溶液[$c(NH_4SCN)=0.5$ mol/L]。

3.6 铜溶液(10 g/L):称取5.000 g纯铜(铜的质量分数≥99.99%,银的质量分数不大于0.000 5%)置于500 mL烧杯中,加入40 mL硝酸(3.1),加热溶解,煮沸除去氮的氧化物,冷却。移入500 mL容量瓶中,用水稀释至刻度,混匀。

3.7 银标准贮存溶液:称取1.000 0 g纯银(银的质量分数≥99.95%)置于150 mL烧杯中,加入10 mL硝酸(3.1),加热溶解,煮沸除去氮的氧化物,冷却。移入1 000 mL容量瓶中,用水稀释至刻度,混匀。此溶液1 mL含1 mg银。

3.8 银标准溶液A:移取20.00 mL银标准贮存溶液(3.7)置于500 mL容量瓶中,加入10 mL硝酸(3.1),用水稀释至刻度,混匀。此溶液1 mL含40 μg银。

3.9 银标准溶液B:移取5.00 mL银标准贮存溶液(3.7)置于500 mL容量瓶中,加入50 mL硝酸(3.3),水稀释至刻度,混匀。此溶液1 mL含10 μg银。

3.10 巯基棉:取20 mL硫代乙醇酸(ρ1.32 g/mL)和14 mL乙酸酐(ρ1.08 g/mL)置于250 mL磨口瓶中,混匀,加入两滴硫酸(ρ1.84 g/mL),混匀,冷却。加入4 g脱脂棉使其全部浸湿,盖上瓶盖,于25℃左右放置24 h。取出挤干,用水洗涤至洗液呈中性,挤干,置于烘箱内于37℃～38℃烘干(约9 h)。冷却后置于棕色磨口瓶中,放在干燥器中避光保存。

4 仪器和装置

4.1 仪器

4.1.1 火焰原子吸收光谱仪:附银空心阴极灯。

4.1.2 在仪器最佳工作条件下,凡能达到下列指标者均可使用

——灵敏度:在与测量溶液的基体相一致的溶液中,银的特征浓度应不大于0.03 μg/mL;

——精密度:用最高浓度的标准溶液测量10次吸光度,其标准偏差应不超过平均吸光度的1.0%;用最低浓度的标准溶液(不是"零"标准溶液)测量10次吸光度,其标准偏差应不超过最高浓度标准溶液平均吸光度的0.5%;

——工作曲线线性:将工作曲线按浓度等分成五段,最高段的吸光度差值与最低段的吸光度差值之比,应不小于0.7。

4.2 装置

4.2.1 巯基棉富集装置:普通漏斗,管径6 mm~7 mm,管长100 mm~150 mm,内装0.1 g巯基棉纤维(成柱状,将其插入漏斗管内)。加入水,调节巯基棉的疏密程度,使流速为3 mL/min ~5 mL/min。

5 试样

厚度不大于1 mm的碎屑。

6 分析步骤

6.1 试料

按表1称取试样(5),精确至0.000 1 g。

表1 试料量及分取试液体积

银的质量分数/%	试料/g	试液总体积/mL	移取试液体积/mL
0.000 2~0.001 0	2.500	25	全量
>0.001 0~0.002 5	1.000	25	全量
>0.002 5~0.005 0	0.500	25	全量
>0.005 0~0.015	1.000	100	全量
>0.015~0.080	0.200	100	全量
>0.080~0.40	0.200	100	20.00
>0.40~1.50	0.200	200	10.00

6.2 测定次数

独立地进行二次测定,取其平均值。

6.3 空白试验

随同试料做空白试验。

6.4 测定

6.4.1 试料的处理

6.4.1.1 银的质量分数不大于0.005%

6.4.1.1.1 将试料(6.1)置于250 mL烧杯中,加入15 mL~25 mL硝酸(3.3),盖上表皿,冷溶。待剧烈反应停止后,低温加热至试料完全溶解。蒸发至近干(约1 mL),加入100 mL硝酸(3.4),加热煮沸至盐类完全溶解,冷却至室温。

6.4.1.1.2 用水洗涤巯基棉富集装置(4.2.1)中的巯基棉纤维3次~4次,将试液(6.4.1.1.1)沿漏斗壁倾入,通过巯基棉柱。用硝酸(3.4)洗涤烧杯及表面皿3次~4次,洗涤巯基棉纤维7次~8次。用吸耳球吸尽漏斗管中的残留液。

6.4.1.1.3 取10 mL硫氰酸铵溶液(3.5)分2次沿漏斗壁缓慢加入,用水洗涤漏斗壁及巯基棉纤维4次~5次。用25 mL容量瓶承接洗脱液和洗水,容量瓶中加入2.5 mL盐酸(3.2),用水稀释至刻度,混匀。

6.4.1.2 银的质量分数在0.005%~0.08%

将试料(6.1)置于150 mL烧杯中，加入10 mL硝酸(3.3)，加热溶解，煮沸除去氮的氧化物，冷却。按表1移入容量瓶中，用水稀释至刻度，混匀。

6.4.1.3 银的质量分数大于0.08%

6.4.1.3.1 将试料(6.1)置于150 mL烧杯中，加入10 mL硝酸(3.3)，加热溶解，煮沸除去氮的氧化物，冷却。将溶液移入100 mL容量瓶中，以水稀释至刻度，混匀。

6.4.1.3.2 按表1移取溶液(6.4.1.3.1)于相应容量瓶中，用水稀释至刻度，混匀。

6.4.2 使用空气-乙炔火焰，于原子吸收光谱仪波长328.1 nm处，与标准溶液系列同时，以水调零，测量溶液吸光度。所测吸光度减去随同试料空白溶液的吸光度，从工作曲线上查出相应的银的质量浓度。

6.5 工作曲线的绘制

6.5.1 工作曲线Ⅰ——银的质量分数为0.000 2%～0.005 0%

移取0 mL、2.00 mL、4.00 mL、6.00 mL、8.00 mL、10.00 mL、12.00 mL银标准溶液B(3.9)于一组100 mL容量瓶中，加入10 mL盐酸(3.2)，用水稀释至刻度，混匀。

6.5.2 工作曲线Ⅱ——银的质量分数>0.005 0%～1.50%

移取0 mL、2.00 mL、4.00 mL、6.00 mL、8.00 mL、10.00 mL银标准溶液A(3.8)于一组200 mL容量瓶中，加入与试样中铜的质量相同的铜溶液(3.6)和10 mL硝酸(3.3)，用水稀释至刻度，混匀。

6.5.3 使用空气-乙炔火焰，于原子吸收光谱仪波长328.1 nm处，以水调零，测量溶液吸光度。减去系列标准溶液中“零”浓度溶液的吸光度，以银的质量浓度为横坐标，吸光度为纵坐标绘制工作曲线。

7 分析结果的计算

按式(1)计算银的质量分数$w(\mathrm{Ag})$，数值以%表示：

$$w(\mathrm{Ag}) = \frac{\rho \cdot V_0 \cdot V_2 \times 10^{-6}}{m_0 \cdot V_1} \times 100 \quad \cdots\cdots(1)$$

式中：

ρ——自工作曲线上查得的银的质量浓度，单位为微克每毫升(μg/mL)；

V_0——试液总体积，单位为毫升(mL)；

V_2——分取试液稀释后的体积，单位为毫升(mL)；

V_1——分取试液体积，单位为毫升(mL)；

m_0——试料的质量，单位为克(g)。

所得结果表示至小数点后第二位。若银的质量分数小于0.10%时，表示至小数点后第三位；银的质量分数小于0.010%时，表示至小数点后第四位。

8 精密度

8.1 重复性

在重复条件下获得的两次独立测试结果的测试值，在表2给出的平均值范围内，两个测试结果的绝对值不超过重复性限(r)，超过重复性限(r)的情况不超过5%，重复性限(r)按表2数据采用线性内插法求得：

表2 重复性限

银的质量分数/%	0.000 3	0.002 2	0.010	0.10	1.50
重复性限(r)/%	0.000 1	0.000 4	0.001	0.008	0.04
注：重复性限(r)为$2.83S_r$，S_r为重复性标准偏差。					

8.2 再现性

在再现性条件下获得的两次独立测试结果的测试值，在表3给出的平均值范围内，两个测试结果的绝对差值不超过再现性限(R)，超过再现性限(R)的情况不超过5%，再现性限(R)按表3数据采用线性内插法求得：

表3 再现性限

银的质量分数/%	0.000 3	0.002 2	0.010	0.10	1.50
再现性限(R)/%	0.000 1	0.000 7	0.002	0.010	0.05
注：再现性限(R)为$2.83S_R$，S_R为再现性标准偏差。					

9 质量保证和控制

应用国家级标准样品或行业级标准样品(当前两者没有时，也可用控制标样替代)，每周或每两周校核一次本分析方法标准的有效性。当过程失控时，应找出原因，纠正错误后，重新进行校核。

ICS 77.120.30
H 13

GB

中华人民共和国国家标准

GB/T 5121.20—2008
代替 GB/T 5121.20—1996

铜及铜合金化学分析方法 第 20 部分:锆含量的测定

Methods for chemical analysis of copper and copper alloys—Part 20:Determination of zirconium content

2008-06-17 发布

2008-12-01 实施

中华人民共和国国家质量监督检验检疫总局
中国国家标准化管理委员会 发布

前　言

GB/T 5121《铜及铜合金化学分析方法》共有 27 部分。

——第 1 部分：铜含量的测定；

——第 2 部分：磷含量的测定；

——第 3 部分：铅含量的测定；

——第 4 部分：碳、硫含量的测定；

——第 5 部分：镍含量的测定；

——第 6 部分：铋含量的测定；

——第 7 部分：砷含量的测定；

——第 8 部分：氧含量的测定；

——第 9 部分：铁含量的测定；

——第 10 部分：锡含量的测定；

——第 11 部分：锌含量的测定；

——第 12 部分：锑含量的测定；

——第 13 部分：铝含量的测定；

——第 14 部分：锰含量的测定；

——第 15 部分：钴含量的测定；

——第 16 部分：铬含量的测定；

——第 17 部分：铍含量的测定；

——第 18 部分：镁含量的测定；

——第 19 部分：银含量的测定；

——第 20 部分：锆含量的测定；

——第 21 部分：钛含量的测定；

——第 22 部分：镉含量的测定；

——第 23 部分：硅含量的测定；

——第 24 部分：硒、碲含量的测定；

——第 25 部分：硼含量的测定；

——第 26 部分：汞含量的测定；

——第 27 部分：电感耦合等离子体原子发射光谱法。

本部分为第 20 部分。

本部分代替 GB/T 5121.20—1996《铜及铜合金化学分析方法　锆量的测定》。

本部分与 GB/T 5121.20—1996 相比，主要变动如下：

——对原标准文本格式进行了修订；

——增加了精密度和质量保证和控制条款。

本部分由中国有色金属工业协会提出。

本部分由全国有色金属标准化技术委员会归口。

本部分由中铝洛阳铜业有限公司、北京矿冶研究总院、中国有色金属工业标准计量质量研究所负责起草。

本部分由北京有色金属研究总院起草。

本部分由北京矿冶研究总院、中铝洛阳铜业有限公司参加起草。

本部分主要起草人：童坚、佟伶、周以华。

本部分主要验证人：袁玉霞、高钰、阴东霞、郭朝霞。

本部分所代替标准的历次版本发布情况为：

——GB/T 5121.20—1996。

铜及铜合金化学分析方法
第20部分:锆含量的测定

1 范围

本部分规定铜及铜合金中锆的测定方法。

本部分适用于铜及铜合金中锆量的测定,测定范围:0.10%～0.70%。

2 方法原理

试料以盐酸、过氧化氢溶解,用高氯酸调整酸度,以二甲酚橙为显色剂,以试料溶液中加入乙二胺四乙酸二钠掩蔽锆后的溶液为参比,于分光光度计波长540 nm处测量吸光度。

3 试剂

除非另有说明,在分析中仅使用确认为分析纯的试剂和蒸馏水或去离子水或相当纯度的水。

3.1 盐酸(ρ1.19 g/mL)。

3.2 高氯酸[$c(HClO_4)$=5.0 mol/L]:移取278 mL高氯酸(ρ1.67 g/mL)以水稀释至500 mL混匀。

3.3 过氧化氢(ρ1.11 g/mL)。

3.4 Na_2EDTA溶液(10 g/L):称取10 g Na_2EDTA溶于400 mL温水中冷至室温,以水稀释至1 000 mL混匀。

3.5 二甲酚橙溶液(1 g/L)储存于棕色瓶中。

3.6 锆标准贮存溶液:称取0.100 0 g纯锆(锆的质量分数>99.9%)置于铂皿中,加入10 mL硫酸(1+1)、1 mL氢氟酸(ρ1.16 g/mL),加热至完全溶解,溶液蒸发至冒少量的三氧化硫烟。冷却后,沿着皿壁吹洗少量水,溶液摇匀,并重新蒸发至开始冒少量的三氧化硫烟。冷至室温,缓缓吹洗约25 mL水,混匀冷至室温,移入100 mL塑料容量瓶中,以水稀释至刻度,混匀。此溶液1 mL含1 mg锆。

3.7 锆标准溶液:移取10.00 mL锆标准贮存溶液(3.6)于500 mL容量瓶中,加入30 mL盐酸(3.1),以水稀释至刻度,混匀,此溶液1 mL含20 μg锆。

4 仪器

分光光度计。

5 试样

厚度不大于1 mm的碎屑。

6 操作步骤

6.1 试料

按表1称取试样(5)精确至0.000 1 g。

表 1 试料量

锆质量分数/%	试料量/g
0.10～0.35	0.300
>0.35～0.55	0.200
>0.55～0.70	0.100

6.2 测定次数

独立的进行二次测定，取其平均值。

6.3 空白试验

随同试料(6.1)做空白试验。

6.4 试样处理

6.4.1 试样分解

将试料(6.1)置于 100 mL 烧杯中，加入 10 mL 盐酸(3.1)，盖上表皿，在室温下分次加入 5 mL～10 mL 过氧化氢(3.3)。试料溶解完全后，移至电炉上缓缓加热，蒸发至溶液体积约 5 mL，用洗涤表皿及杯壁使溶液体积约 25 mL，加入 3 mL 盐酸(3.1)煮沸 2 min～ 3 min，冷至室温，移入 100 mL 容量瓶中，以水稀释至刻度(如有少量沉淀物用干滤纸过滤)。

6.4.2 分取稀释及显色

分取 5 mL 试液两份于 50 mL 容量瓶中，于其中一份加入 5 mL Na_2EDTA 溶液(3.4)。然后两份均加入 5 mL 高氯酸(3.2) 混匀，加入 2.5 mL 二甲酚橙溶液(3.5) 混匀，以水稀释至刻度，混匀，放置 30 min。

6.4.3 测定

6.4.3.1 将部分溶液移入 1 cm 吸收皿中，以一份加入 Na_2EDTA 的溶液作参比，于分光光度计波长 540 nm 处测量吸光度。

6.4.3.2 减去随同试料的空白溶液的吸光度，从工作曲线上查出相应的锆的质量。

6.5 工作曲线的绘制

移取 0 mL、0.50 mL、1.00 mL、1.50 mL、2.00 mL、2.50 mL、3.00 mL 锆标准溶液(3.7)，分别置于一组 50 mL 容量瓶中，加入 5 mL 高氯酸(3.2)混匀，加入 2.5 mL 二甲酚橙溶液(3.5)混匀，放置 30 min，将部分溶液移入 1 cm 吸收皿中，以试剂空白溶液为参比，于分光光度计波长 540 nm 处测量吸光度，以锆的质量为横坐标、吸光度为纵坐标绘制工作曲线。

7 分析结果的计算

按下式计算锆的质量分数 $w(\mathrm{Zr})$，数值以%表示：

$$w(\mathrm{Zr}) = \frac{m_1 \cdot V_0 \times 10^{-6}}{m_0 \cdot V_1} \times 100$$

式中：

m_0——试料的质量，单位为克(g)；

m_1——自工作曲线上查得的锆的质量，单位为微克(μg)；

V_0——试液的总体积，单位为毫升(mL)；

V_1——分取试液的体积，单位为毫升(mL)。

计算结果表示至小数点后第二位。

8 精密度

8.1 重复性

在重复性条件下获得的两次独立测试结果的测定值，在表2给出的平均值范围内，这两个测试结果的绝对差值不超过重复性限(r)，超过重复性限(r)的情况不超过5%。重复性限(r)按表2数据采用线性内插法求得。

表2 重复性限

锆的质量分数/%	0.230	0.400	0.60
重复性限(r)/%	0.016	0.024	0.03
注：重复性限(r)为$2.83S_r$，S_r为重复性标准偏差。			

8.2 再现性

在再现性条件下获得的两次独立测试结果的测定值，在表3给出的平均值范围内，这两个测试结果的绝对差值不超过再现性限(R)，超过再现性限(R)的情况不超过5%。再现性限(R)按表3数据采用线性内插法求得。

表3 再现性限

锆的质量分数/%	0.230	0.400	0.60
再现性限(R)/%	0.022	0.028	0.05
注：再现性限(R)为$2.83S_R$，S_R为再现性标准偏差。			

9 质量保证和控制

应用国家级标准样品或行业级标准样品(当前两者没有时，也可用控制标样替代)，每周或每两周校核一次本分析方法标准的有效性。当过程失控时，应找出原因，纠正错误后，重新进行校核。

ICS 77.120.30
H 13

GB

中华人民共和国国家标准

GB/T 5121.21—2008
代替 GB/T 5121.21—1996

铜及铜合金化学分析方法 第21部分:钛含量的测定

Methods for chemical analysis of copper and copper alloys—Part 21:Determination of titanaum content

2008-06-17 发布　　2008-12-01 实施

中华人民共和国国家质量监督检验检疫总局
中国国家标准化管理委员会　发布

前　言

GB/T 5121《铜及铜合金化学分析方法》共有27部分。

——第1部分：铜含量的测定；

——第2部分：磷含量的测定；

——第3部分：铅含量的测定；

——第4部分：碳、硫含量的测定；

——第5部分：镍含量的测定；

——第6部分：铋含量的测定；

——第7部分：砷含量的测定；

——第8部分：氧含量的测定；

——第9部分：铁含量的测定；

——第10部分：锡含量的测定；

——第11部分：锌含量的测定；

——第12部分：锑含量的测定；

——第13部分：铝含量的测定；

——第14部分：锰含量的测定；

——第15部分：钴含量的测定；

——第16部分：铬含量的测定；

——第17部分：铍含量的测定；

——第18部分：镁含量的测定；

——第19部分：银含量的测定；

——第20部分：锆含量的测定；

——第21部分：钛含量的测定；

——第22部分：镉含量的测定；

——第23部分：硅含量的测定；

——第24部分：硒、碲含量的测定；

——第25部分：硼含量的测定；

——第26部分：汞含量的测定；

——第27部分：电感耦合等离子体原子发射光谱法。

本部分为第21部分。

本部分代替GB/T 5121.21—1996《铜及铜合金化学分析方法　钛量的测定》。

本部分与GB/T 5121.21—1996相比，主要有如下变动：

——略去“引用标准”一节；

——对原标准文本格式进行了修订；

——补充了质量保证与控制条款，增加了精密度条款。

本部分由中国有色金属工业协会提出。

本部分由全国有色金属标准化技术委员会归口。

本部分由中铝洛阳铜业有限公司、北京矿冶研究总院、中国有色金属工业标准计量质量研究所负责起草。

本部分由中铝洛阳铜业有限公司起草。

本部分由北京有色金属研究总院、北京矿冶研究总院参加起草。

本部分主要起草人：姚巧萍、吉海峰、原怀保。

本部分主要验证人：童坚、刘春峰、佟伶、章连香。

本部分所代替标准的历次版本发布情况为：

——GB/T 5121.21—1996。

铜及铜合金化学分析方法 第21部分：钛含量的测定

1 范围

本部分规定了铜及铜合金中钛含量的测定方法。

本部分适用于铜及铜合金中钛含量的测定。测定范围：0.050%～0.30%。

2 方法原理

试料用硝酸溶解，于硫酸性溶液中，加入过氧化氢使其与钛生成黄色络合物，于分光光度计波长410 nm处测量吸光度。

3 试剂

除非另有说明，在分析中仅使用确认为分析纯的试剂和蒸馏水或去离子水或相当纯度的水。

3.1 硝酸(1+1)。

3.2 硫酸(1+1)。

3.3 过氧化氢(1+9)。

3.4 钛标准溶液：称取0.166 6 g预先经950℃灼烧至恒重并在干燥器内冷却后的二氧化钛(优级纯)，置于干燥的250 mL烧杯中，加入30 mL硫酸(ρ1.84 g/mL)，加热使其溶解，当接近溶解完时，加入5 g硫酸铵助溶，溶解完全后，冷却至室温。移入1 000 mL容量瓶中，用水稀释至刻度，混匀。此溶液1 mL含100 μg钛。

4 仪器

分光光度计。

5 试样

厚度不大于1 mm的碎屑。

6 分析步骤

6.1 试料

称取0.400 g试样(5)。精确至0.000 1 g。

6.2 测定次数

独立地进行二次测定，取其平均值。

6.3 空白试验

6.3.1 随同试料做空白试验，以水为参比测量吸光度。

6.3.2 称取一份试料，除不加过氧化氢外，其他按分析步骤进行，以此溶液为试料溶液的参比溶液。

6.4 测定

6.4.1 将试料(6.1)置于150 mL烧杯中，加入5 mL硝酸(3.1)，盖上表皿，加热使其溶解完全，煮沸除去氮的氧化物。用少许水洗涤表皿和杯壁。加入10 mL硫酸(3.2)，低温蒸发至冒三氧化硫白烟，取下冷却，用水洗涤表皿和杯壁。

6.4.2 摇动烧杯至大部分结晶溶解，加热煮沸使溶液澄清，取下冷却。将溶液移入100 mL容量瓶中，用水洗涤烧杯和表皿，洗液合并于容量瓶中，加入2 mL过氧化氢(3.3)，用水稀释至刻度，混匀，放置10 min。

6.4.3 将部分溶液移入3 cm吸收皿中，以试料参比溶液(6.3.2)为参比，于分光光度计波长410 nm处测量吸光度。

6.4.4 减去随同试料的空白溶液的吸光度，从工作曲线上查出相应的钛的质量。

6.5 工作曲线的绘制

6.5.1 移取0 mL、2.00 mL、4.00 mL、6.00 mL、8.00 mL、10.00 mL、12.00 mL钛标准溶液(3.4)置于一组100 mL容量瓶中，加入10 mL硫酸(3.2)，2 mL过氧化氢(3.3)，用水稀释至刻度，混匀，放置10 min。

6.5.2 将部分溶液移入3 cm吸收皿中，以试剂空白溶液为参比，于分光光度计波长410 nm处测量吸光度。以钛的质量为横坐标，吸光度为纵坐标，绘制工作曲线。

7 分析结果的计算

按式(1)计算钛的质量分数 $w(\mathrm{Ti})$，数值以%表示：

$$w(\mathrm{Ti}) = \frac{m_1 \times 10^{-6}}{m_0} \times 100 \qquad (1)$$

式中：

m_1——自工作曲线上查得的钛的质量，单位为微克(μg)；

m_0——试料的质量，单位为克(g)。

所得结果表示至小数点后第二位。若钛的质量分数小于0.10%时，表示至小数点后第三位。

8 精密度

8.1 重复性

在重复性条件下获得的两次独立测试结果的测试值，在表1给出的平均值范围内，两个测试结果的绝对差值不超过重复性限(r)，超过重复性限(r)的情况不超过5%，重复性限(r)按表1数据采用线性内插法求得：

表1 重复性限

钛的质量分数/%	0.050	0.10	0.30
重复性限(r)/%	0.003	0.006	0.01

注：重复性限(r)为 $2.83S_r$，S_r 为重复性标准偏差。

8.2 再现性

在再现性条件下获得的两次独立测试结果的测试值，在表2给出的平均值范围内，两个测试结果的绝对差值不超过再现性限(R)，超过再现性限(R)的情况不超过5%，再现性限(R)按表2数据采用线性内插法求得：

表2 再现性限

钛的质量分数/%	0.050	0.10	0.30
再现性限(R)/%	0.004	0.008	0.02

注：再现性限(R)为 $2.83S_R$，S_R 为再现性标准偏差。

9 质量保证和控制

应用国家级标准样品或行业级标准样品(当前两者没有时,也可用控制标样替代),每周或每两周校核一次本分析方法标准的有效性。当过程失控时,应找出原因,纠正错误后,重新进行校核。

ICS 77.120.30
H 13

中华人民共和国国家标准

GB/T 5121.22—2008
代替 GB/T 5121.22—1996
部分代替 GB/T 13293.3—1991

铜及铜合金化学分析方法 第22部分:镉含量的测定

Methods for chemical analysis of copper and copper alloys—
Part 22: Determination of cadmium content

(ISO 5960:1984, Copper alloys—Determination of cadmium content—Flame atomic absorption spectrometric method, MOD)

2008-06-17 发布　　　　2008-12-01 实施

中华人民共和国国家质量监督检验检疫总局
中国国家标准化管理委员会　发布

前　言

GB/T 5121《铜及铜合金化学分析方法》共有27部分。

——第1部分:铜含量的测定;

——第2部分:磷含量的测定;

——第3部分:铅含量的测定;

——第4部分:碳、硫含量的测定;

——第5部分:镍含量的测定;

——第6部分:铋含量的测定;

——第7部分:砷含量的测定;

——第8部分:氧含量的测定;

——第9部分:铁含量的测定;

——第10部分:锡含量的测定;

——第11部分:锌含量的测定;

——第12部分:锑含量的测定;

——第13部分:铝含量的测定;

——第14部分:锰含量的测定;

——第15部分:钴含量的测定;

——第16部分:铬含量的测定;

——第17部分:铍含量的测定;

——第18部分:镁含量的测定;

——第19部分:银含量的测定;

——第20部分:锆含量的测定;

——第21部分:钛含量的测定;

——第22部分:镉含量的测定;

——第23部分:硅含量的测定;

——第24部分:硒、碲含量的测定;

——第25部分:硼含量的测定;

——第26部分:汞含量的测定;

——第27部分:电感耦合等离子体原子发射光谱法。

本部分为第22部分。

本部分包括方法一、方法二。

本部分方法二修改采用ISO 5960:1984《铜合金-镉量的测定-火焰原子吸收光度法》,在主要技术内容上与ISO 5960:1984相同,编写结构不完全对应,具体技术性差异见附录A、附录B。

本部分代替GB/T 5121.22—1996《铜及铜合金化学分析方法　镉量的测定 火焰-原子吸收光谱法》和GB/T 13293.3—1991《高纯阴极铜化学分析方法　塞曼效应电热原子吸收光谱法测定铬、锰、镉量》。

本部分与GB/T 5121.22—1996、GB/T 13293.3—1991相比,主要变动如下:

——方法一是对GB/T 13293.3—1991的修订,补充了质量保证和控制条款,增加了精密度条款;

——方法二是对GB/T 5121.22—1996的修订,补充了质量保证和控制条款,增加了精密度条款。

本部分附录 A、附录 B 为资料性附录。

本部分由中国有色金属工业协会提出。

本部分由全国有色金属标准化技术委员会归口。

本部分由中铝洛阳铜业有限公司、北京矿冶研究总院、中国有色金属工业标准计量质量研究所负责起草。

本部分方法一由北京矿冶研究总院起草。

本部分方法一由江西铜业集团有限公司、金川集团有限公司参加起草。

本部分方法一主要起草人：冯先进、李华昌、冯渝清、高介平、杨素芝。

本部分方法一主要验证人：占光仙、沈广鑫、吕庆成、张继红。

本部分方法二由中铝洛阳铜业有限公司起草。

本部分方法二由北京有色金属研究总院、北京矿冶研究总院参加起草。

本部分方法二主要起草人：王焱、张辉、邓宛梅。

本部分方法二主要验证人：张英新、汤淑芳、张丽、于力。

本部分所代替标准的历次版本发布情况为：

——GB/T 5121.22—1996 、GB/T 13293.3—1991。

铜及铜合金化学分析方法
第22部分：镉含量的测定

1 方法一 塞曼效应电热原子吸收光谱法

1.1 范围

本方法规定了铜及铜合金中镉含量的测定方法。

本方法适用于铜及铜合金中镉含量的测定。测定范围：0.000 05%～0.001 0%。

1.2 方法原理

试料用硝酸溶解，将一定体积的试液注入电热原子化器中，用塞曼效应原子吸收光谱仪在228.8 nm波长处测量镉的吸光度，按工作曲线法计算镉的质量分数。

1.3 试剂

除非另有说明，在分析中仅使用确认为分析纯的试剂和蒸馏水或去离子水或相当纯度的水。实验所用器皿均用硝酸(1.3.3)浸泡12 h后，用水彻底清洗。

1.3.1 纯铜（铜的质量分数≥99.99%，镉的质量分数<0.000 05%）。

1.3.2 硝酸(1+1)BVⅢ。

1.3.3 硝酸(1+19)。

1.3.4 铜基体溶液(100 g/L)：称取20.00 g金属铜(铜的质量分数≥99.99%，镉的质量分数<0.000 05%)置于400 mL烧杯中，分次加入160 mL硝酸(1.3.2)，冷溶。待激烈反应停止后，低温加热至完全溶解，煮沸驱除氮的氧化物，冷却至室温。移入200 mL容量瓶中，以水稀释至刻度，混匀。

1.3.5 镉标准贮存溶液：称取0.250 0 g金属镉(镉的质量分数≥99.95%)置于150 mL烧杯中，加入10 mL硝酸(1.3.2)，盖上表皿，低温加热至完全溶解，冷却至室温。移入500 mL容量瓶中，以水稀释至刻度，混匀。此溶液1 mL含500 μg镉。

1.3.6 镉标准溶液A：移取5.00 mL镉标准贮存溶液(1.3.5)于500 mL容量瓶中，以水稀释至刻度，混匀。此溶液1 mL含5 μg镉。

1.3.7 镉标准溶液B：移取10.00 mL镉标准溶液A(1.3.6)于250 mL容量瓶中，以水稀释至刻度，混匀。此溶液1 mL含0.2 μg镉。

1.4 仪器

1.4.1 石墨炉原子吸收光谱仪：配备电热原子化器、微量取样器或自动进样器，镉空心阴极灯及塞曼效应背景校正装置。

1.4.2 所用石墨炉原子吸收光谱仪应达到下列指标：

——最低灵敏度：工作曲线中所用等差系列标准溶液中浓度最大者，其吸光度应不低于0.300。

——工作曲线的相关系数不低于0.995。

——精密度最低要求：用最高浓度的标准溶液，测量10次吸光度，计算其平均值和标准偏差。该标准偏差不应超过该吸光度平均值的1.5%。用最低浓度的标准溶液(不是浓度为零的标准溶液)，测量10次吸光度，计算其标准偏差。该标准偏差不应超过最高浓度标准溶液吸光度平均值的0.5%。

1.5 试样

试样加工成屑状。

1.6 分析步骤

1.6.1 试料

按表1称取试样(1.5),精确至0.000 1 g。

表1 试料量及分试液取体积

镉的质量分数/%	试料量/g	分取试液体积/mL
0.000 05～0.000 1	1.000	全量
>0.000 1～0.000 5	2.000	25
>0.000 5～0.001 0	2.000	10

1.6.2 测定次数

独立地进行二次测定,取其平均值。

1.6.3 空白试验

称取与试料量相同的纯铜(1.3.1),随同试料做空白试验,以系列标准溶液的"零"浓度溶液作为试料空白。

1.6.4 测定

1.6.4.1 将试料(1.6.1)置于150 mL烧杯中,加入8 mL硝酸(1.3.2),低温加热至完全溶解,煮沸驱除氮的氧化物,冷却至室温。移入100 mL容量瓶中,以水稀释至刻度,混匀。

1.6.4.2 镉的质量分数大于0.000 1%时,按表1分取试液(1.6.4.1)于100 mL容量瓶中,以水稀释至刻度,混匀。

1.6.4.3 根据仪器说明书推荐的条件,选择镉电热原子化的最佳参数和进样量。

1.6.4.4 将仪器调至最佳状态,并按所选的条件(1.6.4.3)调整电热原子化器。

1.6.4.5 用预定的加热程序空烧石墨管2次。

1.6.4.6 按预定进样量将试液(1.6.4.1或1.6.4.2)注入原子化器中,进行原子化,并测量镉的吸光度。每份试液测量2次,取其平均值,减去空白试验溶液的平均吸光度,从工作曲线上查出相应的镉质量浓度。

1.6.5 工作曲线的绘制

分别移取0 mL、1.00 mL、2.00 mL、3.00 mL、4.00 mL、5.00 mL镉标准溶液B(1.3.7)于一组100 mL容量瓶中,按试料量加入相应量铜基体溶液(1.3.4),以水稀释至刻度,混匀。在与测量试液相同的条件下,同时测量系列标准溶液的吸光度,每份标准溶液测量2次,取其平均值,减去"零"浓度溶液的平均吸光度。以镉的质量浓度为横坐标,吸光度为纵坐标,绘制镉的工作曲线。

1.7 分析结果的计算

按式(1)计算镉的质量分数 $w(\mathrm{Cd})$,数值以%表示:

$$w(\mathrm{Cd})=\frac{\rho\cdot V_0\cdot V_2\times 10^{-6}}{m\cdot V_1}\times 100 \qquad \cdots\cdots\cdots\cdots(1)$$

式中:

ρ——自工作曲线上查得的镉的质量浓度,单位为微克每毫升(μg/mL);

V_0——试液总体积,单位为毫升(mL);

V_1——分取试液体积,单位为毫升(mL);

V_2——测量时试液的体积,单位为毫升(mL);

m——试料的质量,单位为克(g)。

所得结果表示至小数点后第四位。若镉的质量分数小于0.001 0%时,表示至小数点后第五位。

1.8 精密度

1.8.1 重复性

在重复条件下获得的两次独立测试结果的测试值,在表2给出的平均值范围内,两个测试结果的绝

对值不超过重复性限(r),超过重复性限(r)的情况不超过5%,重复性限(r)按表2数据采用线性内插法求得:

表2 重复性限

镉的质量分数/%	0.000 05	0.000 53	0.001 0
重复性限(r)/%	0.000 03	0.000 16	0.000 4
注:重复性限(r)为$2.83Sr$,Sr为重复性标准偏差。			

1.8.2 再现性

在再现性条件下获得的两次独立测试结果的测试值,在表3给出的平均值范围内,两个测试结果的绝对差值不超过再现性限(R),超过再现性限(R)的情况不超过5%,再现性限(R)按表3数据采用线性内插法求得:

表3 再现性限

镉的质量分数/%	0.000 05	0.000 53	0.001 0
再现性限(R)/%	0.000 04	0.000 23	0.000 5
注:再现性限(R)为$2.83S_R$,S_R为再现性标准偏差。			

1.9 质量保证和控制

应用国家级标准样品或行业级标准样品(当前两者没有时,也可用控制标样替代),每周或每两周校核一次本分析方法标准的有效性。当过程失控时,应找出原因,纠正错误后,重新进行校核。

2 方法二 火焰原子吸收光谱法

2.1 范围

本方法规定了铜及铜合金中镉含量的测定方法。

本方法适用于铜及铜合金中镉含量的测定。测定范围:0.50%~1.50%。

2.2 方法原理

试料用硝酸溶解,使用空气-乙炔火焰,于火焰原子吸收光谱仪波长228.8 nm处,测量镉的吸光度。

2.3 试剂

除非另有说明,在分析中仅使用确认为分析纯的试剂和蒸馏水或去离子水或相当纯度的水。

2.3.1 硝酸(1+1)。

2.3.2 盐酸(1+3)。

2.3.3 铜溶液(1.6 g/L):称取0.400 0 g电解铜(镉的质量分数不大于0.001%)置于150 mL烧杯中,加入5 mL硝酸(2.3.1),加热至溶解完全,移入250 mL容量瓶中,用水稀释至刻度,混匀。

2.3.4 镉标准溶液:称取0.100 0 g纯镉(镉的质量分数≥99.95%),置于250 mL烧杯中,加入20 mL盐酸(2.3.2),加热至完全溶解,移入1 000 mL容量瓶中,用水稀释至刻度,混匀,此溶液1 mL含100 μg镉。

2.4 仪器

2.4.1 火焰原子吸收光谱仪:附镉空心阴极灯。

2.4.2 在仪器最佳工作条件下,凡能达到下列指标者均可使用:

——灵敏度:在与测量溶液的基体相一致的溶液中,镉的特征浓度应不大于0.034 μg /mL;

——精密度:用最高浓度的标准溶液测量10次吸光度,其标准偏差应不超过平均吸光度的1.0%;用最低浓度的标准溶液(不是"零"标准溶液)测量10次吸光度,其标准偏差应不超过最高浓度标准溶液平均吸光度的0.5%;

——工作曲线线性:将工作曲线按浓度等分成五段,最高段的吸光度差值与最低段的吸光度差值之比,应不小于0.7。

2.5 试样

厚度不大于 1 mm 的碎屑。

2.6 分析步骤

2.6.1 试料

称取 0.400 g 试样(2.5),精确至 0.000 1 g。

2.6.2 测定次数

独立地进行二次测定,取其平均值。

2.6.3 空白试验

随同试料(2.6.1)做空白试验。

2.6.4 测定

2.6.4.1 将试料(2.6.1)置于 150 mL 烧杯中,加入 5 mL 硝酸(2.3.1)盖上表皿,低温加热至完全溶解,煮沸除去氮的氧化物,冷却。移入 250 mL 容量瓶中,用水稀释至刻度,混匀。

2.6.4.2 移取 10.00 mL 溶液于 100 mL 容量瓶中,加入 5 mL 硝酸(2.3.1)用水稀释至刻度,混匀。

2.6.4.3 使用空气-乙炔火焰,于原子吸收光谱仪波长 228.8 nm 处,与系列标准溶液同时,以水调零,测量溶液吸光度。所测吸光度减去随同试料的空白溶液的吸光度,从工作曲线上查出相应的镉的质量浓度。

2.6.5 工作曲线的绘制

2.6.5.1 移取 0 mL、0.50 mL、1.00 mL、1.50 mL、2.00 mL、2.50 mL 镉标准溶液(2.3.4)分别置于一组 100 mL 容量瓶中,加入 10 mL 铜溶液(2.3.3),5 mL 硝酸(2.3.1),用水稀释至刻度,混匀。

2.6.5.2 在与试料溶液测定相同条件下,测量系列标准溶液的吸光度,减去系列标准溶液中“零”浓度溶液的吸光度,以镉的质量浓度为横坐标,吸光度为纵坐标绘制工作曲线。

2.7 分析结果的计算

按式(2)计算镉的质量分数 $w(\mathrm{Cd})$,数值以%表示:

$$w(\mathrm{Cd}) = \frac{\rho \cdot V_0 \cdot V_2 \times 10^{-6}}{m \cdot V_1} \times 100 \qquad \cdots\cdots (2)$$

式中:

ρ——自工作曲线上查得的镉的质量浓度,单位为微克每毫升(μg/mL);

V_0——试液总体积,单位为毫升(mL);

V_2——分取试液稀释后的体积,单位为毫升(mL);

V_1——分取试液体积,单位为毫升(mL);

m——试料的质量,单位为克(g)。

所得结果表示至小数点后第二位。

2.8 精密度

2.8.1 重复性

在重复条件下获得的两次独立测试结果的测试值,在表 4 给出的平均值范围内,两个测试结果的绝对值不超过重复性限(r),超过重复性限(r)的情况不超过 5%,重复性限(r)按表 4 数据采用线性内插法求得:

表 4 重复性限

镉的质量分数/%	0.500	0.96	1.44
重复性限(r)/%	0.014	0.03	0.03

注:重复性限(r)为 2.83Sr,Sr 为重复性标准偏差。

2.8.2 再现性

在再现性条件下获得的两次独立测试结果的测试值，在表5给出的平均值范围内，两个测试结果的绝对差值不超过再现性限(R)，超过再现性限(R)的情况不超过5%，再现性限(R)按表5数据采用线性内插法求得：

表5 再现性限

镉的质量分数/%	0.500	0.96	1.44
再现性限(R)/%	0.017	0.04	0.05
注：再现性限(R)为2.83SR，SR为再现性标准偏差。			

2.9 质量保证和控制

应用国家级标准样品或行业级标准样品(当前两者没有时，也可用控制标样替代)，每周或每两周校核一次本分析方法标准的有效性。当过程失控时，应找出原因，纠正错误后，重新进行校核。

附　录　A
（资料性附录）
本部分方法二章条编号与 ISO 5960:1984 章条编号对照

表 A.1 给出了本部分方法二章条编号与 ISO 5960:1984 章条编号对照一览表。

表 A.1　本部分方法二章条编号与 ISO 5960:1984 章条编号对照

本部分方法二章条编号	ISO 5960:1984 章条编号
2.1	1
2.2	2
2.3	3
2.4	4
2.5	5
2.6	6
2.6.1	6.1
2.6.2	—
2.6.3	6.4
2.6.4	6.3
2.6.5	6.2
2.7	7
2.8	—
2.9	6.5

附 录 B
（资料性附录）
本部分方法二与 ISO 5960:1984 技术性差异及其原因

表 B.1 给出了本部分方法二与 ISO 5960:1984 的技术性差异及其原因的一览表。

表 B.1 本部分方法二与 ISO 5960:1984 技术性差异及其原因

本部分方法二的章条编号	技术性差异	原因
2.1	测定范围不同	满足我国产品标准要求
2.2	对方法原理重新进行了表述	更切合实际
2.3	对原子吸收仪的灵敏度和精密度提出了具体要求	满足方法灵敏度和精密度要求
2.6.1	减少了称样量	简化操作
2.6.5	仅保留原标准三条工作曲线中的一条(0.5%～1.5%)	满足测定范围要求
2.7	分析结果的计算与表述清晰、明了	提高实用性
2.8	增加了精密度(重复性)条款	标准规范要求

ICS 77.120.30
H 13

中华人民共和国国家标准

GB/T 5121.23—2008
代替 GB/T 5121.23—1996,GB/T 13293.11—1991

铜及铜合金化学分析方法 第23部分:硅含量的测定

Methods for chemical analysis of copper and copper alloys—Part 23:Determination of silicon content

2008-06-17 发布 2008-12-01 实施

中华人民共和国国家质量监督检验检疫总局
中 国 国 家 标 准 化 管 理 委 员 会 发布

前言

GB/T 5121《铜及铜合金化学分析方法》共有 27 部分。

——第 1 部分:铜含量的测定;
——第 2 部分:磷含量的测定;
——第 3 部分:铅含量的测定;
——第 4 部分:碳、硫含量的测定;
——第 5 部分:镍含量的测定;
——第 6 部分:铋含量的测定;
——第 7 部分:砷含量的测定;
——第 8 部分:氧含量的测定;
——第 9 部分:铁含量的测定;
——第 10 部分:锡含量的测定;
——第 11 部分:锌含量的测定;
——第 12 部分:锑含量的测定;
——第 13 部分:铝含量的测定;
——第 14 部分:锰含量的测定;
——第 15 部分:钴含量的测定;
——第 16 部分:铬含量的测定;
——第 17 部分:铍含量的测定;
——第 18 部分:镁含量的测定;
——第 19 部分:银含量的测定;
——第 20 部分:锆含量的测定;
——第 21 部分:钛含量的测定;
——第 22 部分:镉含量的测定;
——第 23 部分:硅含量的测定;
——第 24 部分:硒、碲含量的测定;
——第 25 部分:硼含量的测定;
——第 26 部分:汞含量的测定;
——第 27 部分:电感耦合等离子体原子发射光谱法。

本部分为 23 部分。

本部分包括方法一、方法二、方法三。

本部分代替 GB/T 5121.23—1996《铜及铜合金化学分析方法　硅量的测定》、GB/T 13293.11—1991《高纯阴极铜化学分析方法　钼蓝分光光度法测定硅量》。

本部分与 GB/T 5121.23—1996、GB/T 13293.11—91 相比,主要有如下变动:

——方法一是对 GB/T 13293.11—1991 和 GB/T 5121.23—1996 中"第一篇　方法 1　萃取钼蓝分光光度法"的整合修订。测定范围由原标准的 0.000 1%～0.002 0%和 0.001 0%～0.025%修订为 0.000 1%～0.025%,补充了质量保证和控制条款,增加了精密度条款;
——方法二是对 GB/T 5121.23—1996 中"第二篇　方法 2　钼蓝分光光度法"的修订,补充了质量保证和控制条款,增加了精密度条款;

——方法三是对 GB/T 5121.23—1996 中"第三篇　方法 3　重量法"的修订，补充了质量保证和控制条款，增加了精密度条款。

本部分附录 A 为规范性附录。

本部分由中国有色金属工业协会提出。

本部分由全国有色金属标准化技术委员会归口。

本部分由中铝洛阳铜业有限公司、北京矿冶研究总院、中国有色金属工业标准计量质量研究所负责起草。

本部分方法一由北京矿冶研究总院起草。

本部分方法一由铜陵有色金属集团控股有限公司、甘肃西北铜加有限责任公司参加起草。

本部分方法一主要起草人：冯先进、高颖剑、许翠端。

本部分方法一主要验证人：王晋平、赵义、罗咏梅、李文军。

本部分方法二、方法三由中铝洛阳铜业有限公司起草。

本部分方法二、方法三由铜陵有色金属集团控股有限公司、甘肃西北铜加有限责任公司参加起草。

本部分方法二主要起草人：张敬华、郭朝霞、刘爱菊、宋顺茂。

本部分方法二主要验证人：汪霞、王晋平、赵振林。

本部分方法三主要起草人：张敬华、刘爱菊、郭朝霞、宋顺茂。

本部分方法三主要验证人：杨桂平、王晋平、刘艳。

本部分所代替标准的历次版本发布情况为：

——GB/T 5121.23—1996、GB/T 13293.11—1991。

铜及铜合金化学分析方法
第23部分:硅含量的测定

1 方法一 萃取-钼蓝分光光度法

1.1 范围

本方法规定了铜及铜合金中硅含量的测定方法。

本方法适用于铜及铜合金中硅含量的测定。测定范围:0.000 1%～0.025%。

1.2 方法原理

试样用硝酸溶解并蒸发至稠浆状,加入氢氟酸溶解不溶性二氧化硅,用硫酸铝钾络合过量的氟离子。在pH1.0～pH1.5范围内,硅与钼酸铵生成硅钼黄杂多酸,于硫酸介质中用正丁醇萃取,有机相用硫酸联胺和氯化亚锡将硅钼黄还原成硅钼蓝,于分光光度计波长630 nm处测量其吸光度。按工作曲线法计算硅的质量分数。

1.3 试剂

除非另有说明,在分析中仅使用确认为分析纯的试剂和蒸馏水或去离子水或相当纯度的水。

1.3.1 正丁醇。

1.3.2 无水乙醇。

1.3.3 硫酸(1+3)BVⅢ。

1.3.4 硝酸(1+1)BVⅢ。

1.3.5 硝酸(1+6)BVⅢ。

1.3.6 氢氟酸(1+1)BVⅢ。

1.3.7 氨水(1+1)BVⅢ。

1.3.8 硫酸铝钾溶液(150 g/L)。

1.3.9 钼酸铵溶液(100 g/L)。

1.3.10 柠檬酸溶液(500 g/L)。

1.3.11 硫酸联胺溶液(2.5 g/L):称取0.25 g硫酸联胺溶于100 mL硫酸[$c(1/2H_2SO_4)$=0.5 mol/L]中。

1.3.12 氯化亚锡溶液(50 g/L):称取5 g氯化亚锡($SnCl_2 \cdot 2H_2O$,优级纯)溶于50 mL盐酸(ρ1.19 g/mL)中,用水稀释至100 mL,混匀。用时现配。

1.3.13 洗涤液:于82 mL水中,加入12 mL硫酸(1+3)溶液,6 mL正丁醇,充分摇匀。

1.3.14 硅标准贮存溶液:称取0.214 2 g二氧化硅(优级纯)于铂坩埚中,加入5 g碳酸钠和碳酸钾混合熔剂(2+1),混匀,加盖,置于已升温至400℃的马弗炉中,继续升温至900℃,熔融1 h。取出冷却,移入聚四氟乙烯烧杯中,加热水浸出,煮沸至透明,冷却至室温。移入1 000 mL容量瓶中,以水稀释至刻度,混匀。立即移入干燥的塑料瓶中贮存。此溶液1 mL含100 μg硅。

1.3.15 硅标准溶液:移取5.00 mL硅标准贮存溶液(1.3.14)于500 mL容量瓶中,用水稀释至刻度,混匀。立即移入干燥的塑料瓶中。此溶液1 mL含1 μg硅。

1.4 仪器

1.4.1 载气密闭蒸发器装置:见图1。

1.4.2 分光光度计。

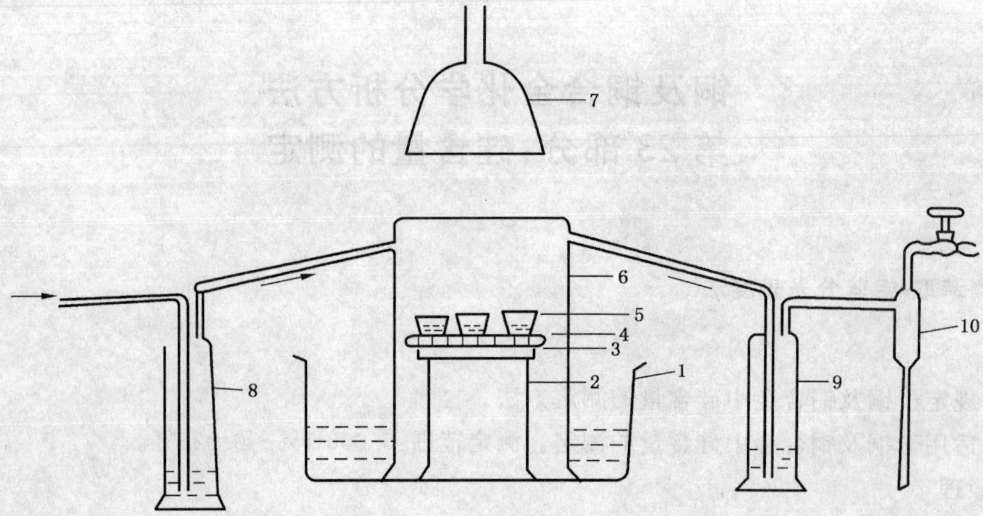

1——玻璃缸(ϕ250 mm)；

2——烧杯(500 mL)；

3——电炉；

4——石墨板；

5——聚四氟乙烯坩埚；

6——烧杯(1 000 mL)；

7——红外灯；

8——洗气瓶；

9——洗气瓶；

10——自来水泵。

图1 载气密闭蒸发器装置

1.5 试样

厚度不大于1 mm的碎屑。

1.6 操作步骤

1.6.1 试料

按表1称取试样(1.5)，精确至0.000 1 g。

表1 试料量及稀释倍数

硅的质量分数/%	试料量/g	稀释倍数(*n*)/倍
0.000 1～0.000 8	1.000	1
>0.000 8～0.005 0	0.200	1
>0.005 0～0.025	0.400	10

1.6.2 测定次数

独立地进行两次测定，取其平均值。

1.6.3 空白试验

随同试料做空白试验。

1.6.4 试液制备

1.6.4.1 硅的质量分数在0.000 1%～0.005 0%

将试料(1.6.1)置于30 mL聚四氟乙烯坩埚中，缓慢加入10 mL硝酸(1.3.4)，冷溶，待剧烈反应停止后，将坩埚移入载气密闭蒸发器中，低温(100℃～120℃)溶解，将溶液蒸发至稠浆状(空白蒸发至约0.5 mL)，取出稍冷。加入10 mL水溶解盐类。

1.6.4.2 硅的质量分数在>0.005 0%～0.025%

将试液(1.6.4.1)定容于100 mL容量瓶中，分取10.00 mL于另一个30 mL聚四氟乙烯坩埚中。

1.6.5 显色

1.6.5.1 向试液(1.6.4.1或1.6.4.2)中加入0.2 mL(约4滴)氢氟酸(1.3.6)，用塑料棒搅匀，置于有机玻璃防尘盒中，于50℃的水浴中放置30 min。取出坩埚，加入5 mL硫酸铝钾溶液(1.3.8)，搅匀，置于有机玻璃防尘盒中，放置15 min。加入2.5 mL钼酸铵溶液(1.3.9)，搅匀，用硝酸(1.3.5)和氨水(1.3.7)调至pH1.0～pH1.5(用pH0.5～pH5.0的精密试纸检查)，放置15 min。

1.6.5.2 将试液移入60 mL分液漏斗中，分别用4 mL柠檬酸溶液(1.3.10)和3 mL硫酸(1.3.3)洗涤坩埚并移入分液漏斗中，用少量水洗涤坩埚，使水相体积约为27 mL。

1.6.5.3 加入13 mL正丁醇(1.3.1)，振荡1 min，静置分层，弃去水相。向有机相中加入5 mL洗涤液(1.3.13)，振荡30 s，静置分层后弃去水相。重复此操作1次。

1.6.5.4 向有机相中加入3 mL硫酸联胺溶液(1.3.11)、0.1 mL氯化亚锡溶液(1.3.12)，振荡30 s，静置分层后弃去水相。将有机相移入15 mL干燥的比色管中，加入1 mL无水乙醇(1.3.2)，用正丁醇(1.3.1)稀释至刻度，混匀。

1.6.6 测定

将部分溶液移入2 cm吸收皿中，以随同试料的空白试验溶液为参比，于分光光度计波长630 nm处测量其吸光度，从工作曲线上查出相应的硅的质量。

1.6.7 工作曲线的绘制

1.6.7.1 移取0 mL、1.00 mL、2.00 mL、4.00 mL、6.00 mL、8.00 mL、10.00 mL硅标准溶液(1.3.15)，分别置于一组30 mL聚四氟乙烯坩埚中，加水至10 mL。以下按1.6.4～1.6.5操作步骤进行。

1.6.7.2 将部分溶液移入2 cm吸收皿中，以试剂空白为参比，于分光光度计波长630 nm处测量吸光度，以硅的质量为横坐标，吸光度为纵坐标，绘制工作曲线。

1.7 分析结果的计算

按式(1)计算硅的质量分数 $w(\mathrm{Si})$，数值以%表示：

$$w(\mathrm{Si})=\frac{m_1\cdot n\times10^{-6}}{m}\times100 \quad\cdots\cdots\cdots\cdots(1)$$

式中：

m_1——从工作曲线上查得的硅的质量，单位为微克(μg)；

m——试样的质量，单位为克(g)；

n——稀释倍数。

所得结果表示至小数点后第三位。若硅的质量分数小于0.010%时，表示至小数点后第四位。

1.8 精密度

1.8.1 重复性

在重复条件下获得的两次独立测试结果的测试值，在表2给出的平均值范围内，两个测试结果的绝对值不超过重复性限(r)，超过重复性限(r)的情况不超过5%，重复性限(r)按表2数据采用线性内插法求得：

表2 重复性限

硅的质量分数/%	0.000 3	0.005 2	0.025
重复性限(r)/%	0.000 2	0.001 0	0.003
注：重复性限(r)为2.83 S_r，S_r 为重复性标准偏差。			

1.8.2 再现性

在再现性条件下获得的两次独立测试结果的测试值，在表3给出的平均值范围内，两个测试结果的绝对差值不超过再现性限(R)，超过再现性限(R)的情况不超过5%，再现性限(R)按表3数据采用线性内插法求得：

表3 再现性限

硅的质量分数/%	0.000 3	0.005 2	0.025
再现性限(R)/%	0.000 3	0.001 8	0.004
注：再现性限(R)为2.83 S_R，S_R 为再现性标准偏差。			

1.9 质量保证和控制

应用国家级标准样品或行业级标准样品（当前两者没有时，也可用控制标样替代），每周或每两周校核一次本分析方法标准的有效性。当过程失控时，应找出原因，纠正错误后，重新进行校核。

2 方法二 钼蓝分光光度法

2.1 范围

本方法规定了铜及铜合金中硅含量的测定方法。

本方法适用于铜及铜合金中硅含量的测定。测定范围：>0.025%～0.40%。

2.2 方法原理

试料用硝酸和氢氟酸溶解，加尿素破坏氮的氧化物，硼酸络合过量的氟离子。于弱酸性溶液中，硅酸与钼酸铵形成硅钼酸，提高酸度后，用硫脲还原为钼蓝。于分光光度计波长810 nm处测量吸光度。

2.3 试剂

除非另有说明，在分析中仅使用确认为分析纯的试剂和蒸馏水或去离子水或相当纯度的水。

2.3.1 纯铜（硅的质量分数不大于0.000 5%）。

2.3.2 氢氟酸(ρ1.13 g/mL)优级纯。

2.3.3 硫酸(2+7)。

2.3.4 硝酸(1+1)。

2.3.5 尿素溶液(100 g/L)：贮存于聚乙烯瓶中。

2.3.6 硼酸溶液(50 g/L)：贮存于聚乙烯瓶中。

2.3.7 钼酸铵[$(NH_4)_6M_{O7}O_{24}.4H_2O$]溶液(50 g/L)：贮存于聚乙烯瓶中。

2.3.8 硫脲溶液(100 g/L)。

2.3.9 高锰酸钾溶液(50 g/L)。

2.3.10 亚硝酸钠溶液(100 g/L)。

2.3.11 硅标准贮存溶液：称取0.427 9 g预先经1 000℃灼烧并置于干燥器中冷却至室温的二氧化硅（优级纯），置于预先加入3 g无水碳酸钠的铂坩锅中，覆盖1 g～2 g无水碳酸钠，先于低温处加热，再于950℃熔融至透明，继续熔融3 min，用水浸出于聚乙烯烧杯中，移入1 000 mL容量瓶中，稀释至刻度，混匀。贮存于聚乙烯瓶中。此溶液1 mL含200 μg硅。

2.3.12 硅标准溶液：移取10.00 mL硅标准贮存溶液(2.3.11)置于200 mL容量瓶中，用水稀释至刻度，混匀。贮存于聚乙烯瓶中。此溶液1 mL含10 μg硅。

2.4 仪器

分光光度计。

2.5 试样

厚度不大于1 mm的碎屑。

2.6 分析步骤

2.6.1 试料

按表4称取试样(2.5),精确至0.0001 g。

表4 试料量

硅的质量分数/%	试料量/g
>0.025~0.10	0.400
>0.10~0.20	0.200
>0.20~0.40	0.100

2.6.2 测定次数

独立地进行两次测定,取其平均值。

2.6.3 空白试验

称取与试料量相同的纯铜(2.3.1),随同试料(2.6.1)做空白试验。

2.6.4 测量

2.6.4.1 将试料(2.6.1)置于200 mL聚乙烯烧杯中,加入5滴氢氟酸(2.3.2),12 mL硝酸(2.3.4),于温水浴中使其溶解。[如分析含铬试样,滴加高锰酸钾溶液(2.3.9)至溶液为红色,并过量20滴,置于沸水水浴中加热10 min~15 min,滴加亚硝酸钠溶液(2.3.10)使褐色沉淀溶解]。加入10 mL尿素溶液(2.3.5),摇动使氧化氮分解,加入30 mL硼酸溶液(2.3.6),移入100 mL容量瓶中,用水稀释至刻度,混匀。立即移入原聚乙烯烧杯中。

2.6.4.2 移取10.00 mL溶液(2.6.4.1)置于200 mL聚乙烯烧杯中,加入25 mL水,5 mL钼酸铵溶液(2.3.7),摇匀,在20℃~35℃放置15 min。加入20 mL硫酸(2.3.3),立即边摇动边加入20 mL硫脲溶液(2.3.8),移入100 mL容量瓶中,用水稀释至刻度,混匀。放置5 min。

2.6.4.3 将部分溶液移入2 cm吸收皿中,以随同试料的空白溶液为参比,于分光光度计波长810 nm处测量吸光度,从工作曲线上查出相应的硅的质量。

2.6.5 工作曲线的绘制

2.6.5.1 称取0.400 g纯铜(2.3.1),置于200 mL聚乙烯烧杯中,以下按2.6.4.1条"加入5滴氢氟酸"起进行。

2.6.5.2 移取10.00 mL溶液(2.6.5.1)6份,置于一组200 mL聚乙烯烧杯中,分别加入0 mL,1.00 mL,2.00 mL,3.00 mL,4.00 mL,5.00 mL硅标准溶液(2.3.12),加水至35 mL。以下按2.6.4.2条"加入5 mL钼酸铵溶液"起进行。

2.6.5.3 将部分溶液移入2 cm吸收皿中,以补偿溶液为参比,于分光光度计波长810 nm处测量吸光度,以硅的质量为横坐标,吸光度为纵坐标绘制工作曲线。

2.7 分析结果的计算

按式(2)计算硅的质量分数 $w(\mathrm{Si})$,数值以%表示:

$$w(\mathrm{Si}) = \frac{m_1 \cdot V_0 \times 10^{-6}}{m_0 \cdot V_1} \times 100 \qquad \cdots\cdots(2)$$

式中:

m_1——自工作曲线上查得硅的质量,单位为微克(μg);

V_0——试液总体积,单位为毫升(mL);

V_1——分取试液体积,单位为毫升(mL);

m_0——试料的质量,单位为克(g)。

所得结果表示至小数点后第二位。若硅的质量分数小于0.10%时,表示至小数点后第三位。

2.8 精密度

2.8.1 重复性

在重复性条件下获得的两次独立测试结果的测试值，在表5给出的平均值范围内，两个测试结果的绝对差值不超过重复性限(r)，超过重复性限(r)的情况不超过5%，重复性限(r)按表5数据采用线性内插法求得：

表5 重复性限

硅的质量分数/%	0.026	0.130	0.350
重复性限(r)/%	0.002	0.018	0.025
注：重复性限(r)为2.83 S_r，S_r 为重复性标准偏差。			

2.8.2 再现性

在再现性条件下获得的两次独立测试结果的测试值，在表6给出的平均值范围内，两个测试结果的绝对差值不超过再现性限(R)，超过再现性限(R)的情况不超过5%，再现性限(R)按表6数据采用线性内插法求得：

表6 再现性限

硅的质量分数/%	0.026	0.130	0.350
再现性限(R)/%	0.007	0.020	0.030
注：再现性限(R)为2.83 S_R，S_R 为再现性标准偏差。			

2.9 质量保证和控制

应用国家级标准样品或行业级标准样品(当前两者没有时，也可用控制标样替代)，每周或每两周校核一次本分析方法标准的有效性。当过程失控时，应找出原因，纠正错误后，重新进行校核。

3 方法三 重量法

3.1 范围

本方法规定了铜及铜合金中硅含量的测定方法。

本方法适用于铜及铜合金中硅含量的测定。测定范围：>0.40%～5.00%。

3.2 方法原理

试料用混合酸溶解，酸不溶物用无水碳酸钠熔融、加盐酸反复蒸干使硅酸脱水，过滤，灼烧成二氧化硅。用硫酸及氢氟酸处理，使硅生成四氟化硅挥发除去，由除硅前和除硅后的质量差计算硅的质量分数。

3.3 试剂

除非另有说明，在分析中仅使用确认为分析纯的试剂和蒸馏水或去离子水或相当纯度的水。

3.3.1 无水碳酸钠。

3.3.2 盐酸(ρ1.19 g/mL)。

3.3.3 氢氟酸(ρ1.13 g/mL)。

3.3.4 盐酸(5+95)。

3.3.5 硫酸(1+1)。

3.3.6 混合酸：1单位体积硝酸(ρ1.42 g/mL)与2单位体积盐酸(3.3.2)混匀。

3.4 试样

厚度不大于1 mm的碎屑。

3.5 分析步骤

3.5.1 试料

按表7称取试样(3.4)，精确至0.000 1 g。

表 7 试料量、加水量、加混合酸量

硅的质量分数/%	试料量/g	加水量/mL	加混合酸量/mL
>0.40~2.00	3.000	25	25
>2.00~5.00	1.000	15	15

3.5.2 测定次数

独立地进行两次测定，取其平均值。

3.5.3 空白试验

随同试料做空白试验。

3.5.4 测定

3.5.4.1 将试料(3.5.1)置于 200 mL 烧杯中，按表 7 加入水及混合酸，于室温下使试料完全溶解，如作用缓慢可稍微加热。

3.5.4.2 用中速定量滤纸加少量定量滤纸浆过滤，滤液收集于 300 mL 烧杯中，以热盐酸(3.3.4)洗净烧杯并洗涤至沉淀无铜离子的颜色，再洗涤 5 次，保留滤纸。如有黑色不溶物时，应按附录 A 进行处理。

3.5.4.3 将盛滤液的烧杯边沿挂上玻璃钩，盖上表皿，于低温处蒸发至干，冷却。加入 10 mL 盐酸(3.3.2)蒸发至干，再加入 10 mL 盐酸(3.3.2)蒸发至干。加入 10 mL 盐酸(3.3.2)，放置 3 min～5 min，以水洗涤表皿和杯壁，加入 70 mL～80 mL 热水，搅拌使盐类溶解。

3.5.4.4 立即用 3.5.4.2 保留的滤纸及纸浆过滤，用擦棒将粘附在杯壁上的沉淀仔细擦下，以热盐酸(3.3.4)洗净烧杯，并洗涤至沉淀无铜离子的颜色，再洗涤 5 次，再以热水洗涤 3 次。保留沉淀。

3.5.4.5 将滤液及洗液移入原烧杯中，以下按 3.5.4.3～3.5.4.4 条进行，过滤时使用中速定量滤纸加少量定量滤纸纸浆。

3.5.4.6 将两次所得的沉淀连同滤纸及纸浆置于铂坩埚中，灰化，置于 500℃～600℃ 的高温炉中，继续升温至 1 000℃～1 050℃，灼烧 30 min。取出稍冷，置于干燥器中，冷至室温后称量，并重复灼烧至恒量。

3.5.4.7 沿铂坩埚内壁加几滴水，3 滴硫酸(3.3.5)、2 mL～4 mL 氢氟酸(3.3.3)，小心地加热至硫酸烟冒尽。将铂坩埚置于 1 000℃～1 050℃ 的高温炉中灼烧 25 min，取出稍冷，置于干燥器中，冷至室温后称量，并重复灼烧至恒量。

3.6 分析结果的计算

按式(3)计算硅的质量分数 $w(\mathrm{Si})$，数值以%表示：

$$w(\mathrm{Si})=\frac{[(m_1-m_2)-(m_3-m_4)]\times 0.467\,4}{m_0}\times 100 \qquad (3)$$

式中：

m_1——氢氟酸处理前铂坩埚与沉淀的质量，单位为克(g)；

m_2——氢氟酸处理后铂坩埚与沉淀的质量，单位为克(g)；

m_3——氢氟酸处理前铂坩埚与试料空白沉淀的质量，单位为克(g)；

m_4——氢氟酸处理后铂坩埚与试料空白沉淀的质量，单位为克(g)；

m_0——试料的质量，单位为克(g)；

0.4674——二氧化硅换算为硅的换算因数。

所得结果表示至小数点后第二位。

3.7 精密度

3.7.1 重复性

在重复性条件下获得的两次独立测试结果的测试值，在表 8 给出的平均值范围内，两个测试结果的绝对差值不超过重复性限(r),超过重复性限(r)的情况不超过5%,重复性限(r)按表8数据采用线性内插法求得:

表8 重复性限

硅的质量分数/%	0.63	2.98	4.89
重复性限(r)/%	0.03	0.07	0.08
注:重复性限(r)为2.83 S_r,S_r为重复性标准偏差。			

3.7.2 再现性

在再现性条件下获得的两次独立测试结果的测试值,在表9给出的平均值范围内,两个测试结果的绝对差值不超过再现性限(R),超过再现性限(R)的情况不超过5%,再现性限(R)按表9数据采用线性内插法求得:

表9 再现性限

硅的质量分数/%	0.63	2.98	4.89
再现性限(R)/%	0.04	0.08	0.10
注:再现性限(R)为2.83 S_R,S_R为再现性标准偏差。			

3.8 质量保证和控制

应用国家级标准样品或行业级标准样品(当前两者没有时,也可用控制标样替代),每周或每两周校核一次本分析方法标准的有效性。当过程失控时,应找出原因,纠正错误后,重新进行校核。

附 录 A
（规范性附录）
酸不溶物的处理方法

A.1 将分析步骤 3.5.4.2 条中所得黑色酸不溶物连同滤纸及纸浆置于坩埚中，灰化，于 800℃～900℃的高温炉中灼烧至炭完全除去，取出冷却。

A.2 将酸不溶物移入干燥的并预先加入 0.5 g 无水碳酸钠（3.3.1）的铂坩埚中，再加入 1.5 g 无水碳酸钠（3.3.1）。将铂坩埚置于 700℃～800℃的高温炉中，继续升温至 950℃～1 000℃熔融 10 min，取出冷却。

A.3 熔融物用 20 mL 热水浸出于 200 mL 烧杯中，取出并洗涤铂坩埚，在摇动下向烧杯中缓慢加入 10 mL盐酸（3.3.2），沿铂坩埚内壁滴加少量盐酸（3.3.2）加热使残留物完全溶解，合并入主液中，煮沸使盐类完全溶解，将此溶液与分析步骤 3.5.4.2 条所得滤液合并，以下按分析步骤 3.5.4.3 条进行。

A.4 用中速定量滤纸加少量定量滤纸浆过滤，用擦棒将粘附在杯壁上的沉淀仔细擦下，以热盐酸（3.3.4）洗净烧杯，并洗涤至沉淀无铜离子的颜色，再洗涤 5 次，再以热水洗涤 3 次。保留沉淀。

A.5 将滤液及洗液移入原烧杯中，以下按 3.5.4.3～3.5.4.4 进行，过滤时使用中速定量滤纸加少量定量滤纸浆，以下再按 3.5.4.6～3.5.4.7 进行。

ICS 77.120.30
H 13

中华人民共和国国家标准

GB/T 5121.24—2008
代替 GB/T 13293.1—1991

铜及铜合金化学分析方法 第 24 部分：硒、碲含量的测定

Methods for chemical analysis of copper and copper alloys— Part 24: Determination of selenium and tellurium content

2008-06-17 发布 2008-12-01 实施

中华人民共和国国家质量监督检验检疫总局
中国国家标准化管理委员会 发布

前　言

GB/T 5121《铜及铜合金化学分析方法》共有27部分。

——第1部分：铜含量的测定；
——第2部分：磷含量的测定；
——第3部分：铅含量的测定；
——第4部分：碳、硫含量的测定；
——第5部分：镍含量的测定；
——第6部分：铋含量的测定；
——第7部分：砷含量的测定；
——第8部分：氧含量的测定；
——第9部分：铁含量的测定；
——第10部分：锡含量的测定；
——第11部分：锌含量的测定；
——第12部分：锑含量的测定；
——第13部分：铝含量的测定；
——第14部分：锰含量的测定；
——第15部分：钴含量的测定；
——第16部分：铬含量的测定；
——第17部分：铍含量的测定；
——第18部分：镁含量的测定；
——第19部分：银含量的测定；
——第20部分：锆含量的测定；
——第21部分：钛含量的测定；
——第22部分：镉含量的测定；
——第23部分：硅含量的测定；
——第24部分：硒、碲含量的测定；
——第25部分：硼含量的测定；
——第26部分：汞含量的测定；
——第27部分：电感耦合等离子体原子发射光谱法。

本部分为第24部分。

本部分包括方法一、方法二。

本部分代替GB/T 13293.1—1991《高纯铜化学分析方法　催化示波极谱法测定硒、碲》。

本部分与GB/T 13293.1—1991相比，有如下变动：

——方法一是对GB/T 13293.1—1991的修订，采用氢化物发生-原子荧光光谱法代替原标准催化示波极谱法，补充了质量保证和控制条款，增加了精密度条款；

——增加了方法二：火焰原子吸收光谱法，测定范围为0.10%～1.00%（GB/T 13293.1—1991中碲的测定范围为：0.000 05%～0.000 3%，而GB/T 5121—1996中没有碲的测定方法，我国现行铜合金中碲的质量分数水平为：0.40%～0.70%）。

本部分由中国有色金属工业协会提出。

本部分由全国有色金属标准化技术委员会归口。

本部分由中铝洛阳铜业有限公司、北京矿冶研究总院负责起草、中国有色金属工业标准计量质量研究所负责起草。

本部分方法一由北京矿冶研究总院、金川集团有限公司起草。

本部分方法一由江西铜业集团公司参加起草。

本部分方法一主要起草人：袁玉霞、冯先进、李华昌、阴东霞、吕庆成、赵全民。

本部分方法一主要验证人：占光仙、卢秋兰。

本部分方法二由中铝洛阳铜业有限公司起草。

本部分方法二由北京有色金属研究总院、中铝沈阳有色金属加工有限公司参加起草。

本部分方法二主要起草人：谢丽云、岳好峰。

本部分方法二主要验证人：张卓、张皓、颜广灵、刘霞。

本部分所代替标准的历次版本发布情况为：

——GB/T 13293.1—1991。

铜及铜合金化学分析方法
第24部分:硒、碲含量的测定

1 方法一 氢化物发生-原子荧光光谱法

1.1 范围

本方法规定了铜及铜合金中硒、碲含量的测定方法。

本方法适用于铜及铜合金中硒、碲含量的测定。测定范围:0.000 05%～0.000 30%。

1.2 方法原理

试样以硝酸溶解,以氢氧化镧作共沉淀剂将硒、碲与干扰元素以及大量铜基体分离并得到富集,以氢化物-原子荧光光谱仪测定硒、碲的荧光强度。

1.3 试剂

除非另有说明,在分析中仅使用确认为分析纯的试剂和蒸馏水或去离子水或相当纯度的水。

1.3.1 硝酸(ρ1.42 g/mL)优级纯

1.3.2 硝酸(1+1)

1.3.3 盐酸(ρ1.19 g/mL) 优级纯

1.3.4 盐酸(1+1)

1.3.5 氨水(ρ约0.90 g/mL)

1.3.6 氨水(5+95)

1.3.7 硝酸镧溶液(20 g/L):称取11.730 g La_2O_3 溶于40 mL 硝酸(1.3.2),移入500 mL容量瓶中,以水稀释至刻度,摇匀。

1.3.8 硼氢化钾溶液(15 g/L):称取硼氢化钾15 g溶于1 000 mL氢氧化钾溶液(5 g/L)中,摇匀。用时现配。

1.3.9 硒标准贮存溶液:称取0.100 0 g纯硒(硒的质量分数≥99.99%),置于150 mL烧杯中,加入10 mL硝酸(1.3.2),盖上表面皿,低温加热至完全溶解,移入1 000 mL容量瓶中,以水稀释至刻度,混匀,此溶液1 mL含100 μg硒。

1.3.10 硒标准溶液:移取2.00 mL硒标准贮存溶液(1.3.9)于200 mL容量瓶中,加入80 mL盐酸(1.3.3),以水稀释至刻度,混匀。此溶液1 mL含1 μg硒。

1.3.11 碲标准贮存溶液:称取0.100 0 g纯碲(碲的质量分数≥99.99%),置于150 mL烧杯中,加入10 mL硝酸(1.3.2),盖上表面皿,低温加热至完全溶解,移入1 000 mL容量瓶中,以水稀释至刻度,混匀,此溶液1 mL含100 μg碲。

1.3.12 碲标准溶液:移取2.00 mL碲标准贮存溶液(1.3.11)于200 mL容量瓶中,加入80 mL盐酸(1.3.3),以水稀释至刻度,混匀。此溶液1 mL含1 μg碲。

1.4 仪器

1.4.1 氢化物发生-原子荧光光谱仪,附高强度硒、碲空心阴极灯。

1.4.2 在仪器最佳工作条件下,凡能达到下列指标者均可使用:

——检出限:不大于 2×10^{-9} g/mL。

——精密度:用0.02 μg/mL的硒、碲标准溶液测量10次荧光强度,其标准偏差不应超过平均荧光强度的5.0%。

1.5 试样

试样加工成屑状。

1.6 分析步骤

1.6.1 试料

称取试样(1.5)20.0 g,精确至0.001 g。

1.6.2 测定次数

独立地进行二次测定,取其平均值。

1.6.3 空白试验

随同试料做空白试验。

1.6.4 测定

1.6.4.1 将试料(1.6.1)置于500 mL烧杯中,加150 mL硝酸(1.3.2),盖上表皿,低温加热至试料完全溶解,煮沸驱除氮的氧化物,取下冷却后移入200 mL容量瓶,以水稀释至刻度,混匀。

1.6.4.2 按表1分取试液于250 mL的烧杯中,加入4 mL硝酸镧溶液(1.3.7),加水稀释至体积约80 mL,在不断搅拌下,滴加氨水(1.3.5)使铜完全络合(此时溶液呈深蓝色)并过量10 mL(总计约20 mL),盖上表皿,加热至微沸,于70℃~80℃保温30 min。

表1 分取体积和测定试液体积

硒碲的质量分数/%	分取试液体积/mL	测定试液体积/mL
0.000 05~0.000 10	20.00	50
>0.000 10~0.000 20	10.00	50
>0.000 20~0.000 30	10.00	100

1.6.4.3 用中速定量滤纸过滤,用热氨水(1.3.6)洗涤烧杯及沉淀各2次,再用热水洗涤1次,弃去滤液。

1.6.4.4 用温热盐酸(1.3.4)将沉淀溶入原烧杯,加水稀至体积约80 mL,在不断搅拌下,滴加加氨水(1.3.5)使铜完全络合(此时溶液呈蓝色)并过量5 mL(总计约10 mL),盖上表皿,加热至微沸,于70℃~80℃保温30 min。

1.6.4.5 用中速定量滤纸过滤,用热氨水(1.3.6)洗涤烧杯及沉淀各2次,再用热水洗涤2次,弃去滤液。

1.6.4.6 用温热盐酸(1.3.4)将沉淀溶解于原烧杯中,按表1移入相应容量瓶中,以水稀释至刻度(控制酸度为40%盐酸),混匀,放置15 min。

1.6.4.7 于原子荧光光谱仪,与系列标准溶液同时,以水调零,测量其荧光强度。减去随同试料的空白溶液的荧光强度,从工作曲线上查出相应硒、碲的质量浓度。

1.6.5 工作曲线绘制

1.6.5.1 移取0 mL、1.00 mL、2.00 mL、4.00 mL、6.00 mL硒、碲标准溶液(1.3.10、1.3.12),于一组100 mL的容量瓶中,补加40 mL盐酸(1.3.3),以水稀释至刻度,混匀。

1.6.5.2 在与试料溶液测量相同条件下,测量系列标准溶液(1.6.5.1)的荧光强度,减去系列标准溶液中"零"浓度溶液的荧光强度,以硒、碲的质量浓度为横坐标,荧光强度为纵坐标绘制工作曲线。

1.7 分析结果的计算

按式(1)计算硒、碲的质量分数 $w(\mathrm{Se、Te})$,数值以%表示:

$$w(\mathrm{Se、Te})=\frac{\rho\times V_0\times V_2\times 10^{-6}}{V_1\times m}\times 100 \qquad \cdots\cdots(1)$$

式中:

ρ——从工作曲线查得的硒、碲的质量浓度,单位为微克每毫升(μg/mL);

V_0——试液总体积,单位为毫升(mL);

V_1——分取试液体积,单位为毫升(mL);

V_2——测定试液体积，单位为毫升(mL)；

m——试料的质量，单位为克(g)。

所得结果表示至小数点后第五位。

1.8 精密度

1.8.1 重复性

在重复性条件下获得的两次独立测试结果的测定值，在表2给出的平均值范围内，这两个测试结果的绝对差值不超过重复性限(r)，超过重复性限(r)的情况不超过5%，重复性限(r)按表2采用线性内插法求得：

表2 重复性限

硒碲的质量分数/%	0.000 05	0.000 15	0.000 29
硒重复性限(r)/%	0.000 02	0.000 03	0.000 06
碲重复性限(r)/%	0.000 03	0.000 04	0.000 06
注：重复性限(r)为$2.83S_r$，S_r为重复性标准偏差。			

1.8.2 再现性

在再现性条件下获得的两次独立测试结果的测试值，在表3给出的平均值范围内，两个测试结果的绝对差值不超过再现性限(R)，超过再现性限(R)的情况不超过5%，再现性限(R)按表3数据采用线性内插法求得：

表3 再现性限

硒碲的质量分数/%	0.000 05	0.000 15	0.000 29
硒再现性限(R)/%	0.000 03	0.000 05	0.000 07
碲再现性限(R)/%	0.000 04	0.000 06	0.000 08
注：再现性限(R)为$2.83S_R$，S_R为再现性标准偏差。			

1.9 质量保证和控制

应用国家级标准样品或行业级标准样品(当前两者没有时，也可用控制标样替代)，每周或每两周校核一次本分析方法标准的有效性。当过程失控时，应找出原因，纠正错误后，重新进行校核。

2 方法二 火焰原子吸收光谱法

2.1 范围

本方法规定了铜及铜合金中碲含量的测定方法。

本方法适用于铜及铜合金中碲含量的测定。测定范围：0.10%～1.00%。

2.2 方法原理

试样用硝酸溶解。使用空气-乙炔火焰，于原子吸收光谱仪波长214.28 nm处测量碲的吸光度。

2.3 试剂

除非另有说明，在分析中仅使用确认为分析纯的试剂和蒸馏水或去离子水或相当纯度的水。

2.3.1 纯铜(铜的质量分数≥99.99%)。

2.3.2 硝酸(ρ1.42 g/mL)。

2.3.3 硝酸(1+1)。

2.3.4 碲标准溶液：称取0.100 0 g纯碲(碲的质量分数≥99.95%)，置于150 mL烧杯中，加入10 mL硝酸(2.3.3)加热溶解完全，煮沸除去氮的氧化物，冷却。补加50 mL硝酸(2.3.2)，移入1 000 mL容量瓶中，用水稀释至刻度，混匀，此溶液1 mL含100 μg碲。

2.4 仪器

2.4.1 火焰原子吸收光谱仪：附碲空心阴极灯。

2.4.2 所用火焰原子吸收光谱仪在仪器最佳工作条件下，凡能达到下列指标者均可使用：

——灵敏度：在与测量溶液的基体相一致的溶液中，碲的特征浓度应不大于 0.1 μg/mL；

——精密度：用最高浓度的标准溶液测量 10 次吸光度，其标准偏差应不超过平均吸光度的 1.0%；用最低浓度的标准溶液（不是“零”标准溶液）测量 10 次吸光度，其标准偏差应不超过最高浓度标准溶液平均吸光度的 0.5%；

——工作曲线线性：将工作曲线按浓度等分成五段，最高段的吸光度差值与最低段的吸光度差值之比，应不小于 0.7。

2.5 试样

厚度不大于 1 mm 的碎屑。

2.6 分析步骤

2.6.1 试料

按表 4 称取试样(2.5)，精确至 0.000 1 g。

表 4 试料量及试液总体积

碲的质量分数/%	试料量/g	试液总体积/mL
0.10～0.40	0.200 0	100
＞0.40～1.00	0.200 0	200

2.6.2 测定次数

独立地进行二次测定，取其平均值。

2.6.3 空白试验

随同试料(2.6.1)做空白试验。

2.6.4 测定

2.6.4.1 将试料(2.6.1)置于 150 mL 烧杯中，加入 10 mL 硝酸（2.3.3），盖上表皿，加热至试料完全溶解，煮沸除去氮的氧化物，用水洗涤表皿及杯壁，冷却。按表 4 移入容量瓶中，用水稀释至刻度，混匀。

2.6.4.2 使用空气-乙炔火焰，于原子吸收光谱仪波长 214.28 nm 处，与系列标准溶液同时，以水调零，测量溶液吸光度。所测吸光度减去随同试料的空白溶液的吸光度，从工作曲线上查出相应的碲的质量浓度。

2.6.5 工作曲线的绘制

2.6.5.1 加入 0 mL、2.00 mL、4.00 mL、6.00 mL、8.00 mL、10.0 mL 碲标准溶液(2.3.4)于一组 100 mL 容量瓶中，分别加入 10 mL 硝酸（2.3.3），用水稀释至刻度，混匀。

2.6.5.2 在与试料溶液测定相同条件下，测量系列标准溶液的吸光度，减去系列标准溶液中“零”浓度溶液的吸光度，以碲的质量浓度为横坐标，吸光度为纵坐标绘制工作曲线。

2.7 分析结果的计算

按式(2)计算碲的质量分数 $w(\mathrm{Te})$，数值以%表示：

$$w(\mathrm{Te}) = \frac{(\rho-\rho_0)\cdot V\times 10^{-6}}{m}\times 100 \qquad \cdots\cdots(2)$$

式中：

ρ_0——从工作曲线上查得的空白溶液的质量浓度，单位为微克每毫升(μg/mL)；

ρ——从工作曲线上查得的试样溶液的质量浓度，单位为微克每毫升(μg/mL)；

V——试液总体积，单位为毫升(mL)；

m——试料的质量，单位为克(g)。

所得结果表示至小数点后第二位。

2.8 精密度

2.8.1 重复性

在重复条件下获得的两次独立测试结果的测试值，在表5给出的平均值范围内，两个测试结果的绝对值不超过重复性限(r)，超过重复性限(r)的情况不超过5%，重复性限(r)按表5数据采用线性内插法求得：

表5 重复性限

碲的质量分数/%	0.100	0.50	1.00
重复性限(r)/%	0.006	0.03	0.03
注：重复性限(r)为2.83 S_r，S_r 为重复性标准偏差。			

2.8.2 再现性

在再现性条件下获得的两次独立测试结果的测试值，在表6给出的平均值范围内，两个测试结果的绝对差值不超过再现性限(R)，超过再现性限(R)的情况不超过5%，再现性限(R)按表6数据采用线性内插法求得：

表6 再现性限

碲的质量分数/%	0.100	0.50	1.00
再现性限(R)/%	0.010	0.04	0.05
注：在现性限(R)为2.83 S_R，S_R 为再现性标准偏差。			

2.9 质量保证和控制

应用国家级标准样品或行业级标准样品(当前两者没有时，也可用控制标样替代)，每周或每两周校核一次本分析方法标准的有效性。当过程失控时，应找出原因，纠正错误后，重新进行校核。

ICS 77.120.30
H 13

中华人民共和国国家标准

GB/T 5121.25—2008

铜及铜合金化学分析方法 第25部分：硼含量的测定

Methods for chemical analysis of copper and copper alloys—Part 25: Determination of boron content

2008-06-17 发布　　2008-12-01 实施

中华人民共和国国家质量监督检验检疫总局
中国国家标准化管理委员会
发布

前言

GB/T 5121《铜及铜合金化学分析方法》共有27部分。

——第1部分：铜含量的测定；

——第2部分：磷含量的测定；

——第3部分：铅含量的测定；

——第4部分：碳、硫含量的测定；

——第5部分：镍含量的测定；

——第6部分：铋含量的测定；

——第7部分：砷含量的测定；

——第8部分：氧含量的测定；

——第9部分：铁含量的测定；

——第10部分：锡含量的测定；

——第11部分：锌含量的测定；

——第12部分：锑含量的测定；

——第13部分：铝含量的测定；

——第14部分：锰含量的测定；

——第15部分：钴含量的测定；

——第16部分：铬含量的测定；

——第17部分：铍含量的测定；

——第18部分：镁含量的测定；

——第19部分：银含量的测定；

——第20部分：锆含量的测定；

——第21部分：钛含量的测定；

——第22部分：镉含量的测定；

——第23部分：硅含量的测定；

——第24部分：硒、碲含量的测定；

——第25部分：硼含量的测定；

——第26部分：汞含量的测定；

——第27部分：电感耦合等离子体原子发射光谱法。

本部分为第25部分。

本部分由中国有色金属工业协会提出。

本部分由全国有色金属标准化技术委员会归口。

本部分由中铝洛阳铜业有限公司、北京矿冶研究总院、中国有色金属标准计量质量研究所负责起草。

本部分由长沙铜铝材有限公司起草。

本部分由沈阳有色金属加工厂、上海鑫申江铜业有限公司、广州有色金属研究院、中铝洛阳铜业有限公司参加起草。

本部分主要起草人：邓楚平、周逵、李宏斌、黄兴华、陈波、张皓、李卫、易明芝、熊雪峰。

本部分主要验证人：钱湖平、戴凤英、岳伟、张敏、林海山。

铜及铜合金化学分析方法
第25部分：硼含量的测定

1 范围

本部分规定了铜及铜合金中硼含量的测定方法。

本部分适用于铜及铜合金中硼含量的测定。测定范围：0.001 0%～0.025%。

2 方法原理

将试料溶于盐酸、硝酸，用磷酸、硫酸分解硼的化合物，在乙酸-乙酸铵缓冲介质中，硼酸与姜黄素形成有色化合物，在波长540 nm处测量其吸光度。

3 试剂

除非另有说明，在分析中仅使用确认为分析纯的试剂和蒸馏水或去离子水或相当纯度的水。

3.1 纯铜（铜的质量分数≥99.99%、硼的质量分数＜0.000 1%）。

3.2 硫酸（ρ1.84 g/mL）优级纯。

3.3 磷酸（ρ1.71 g/mL）优级纯。

3.4 硝酸（ρ1.40 g/mL）优级纯。

3.5 盐酸（ρ1.19 g/mL）优级纯。

3.6 乙酸（ρ1.05 g/mL）优级纯。

3.7 乙酸-硫酸混合酸：用水冷却，边搅拌边将硫酸（3.2）慢慢注入等体积的乙酸（3.6）中。

3.8 乙酸-乙酸铵缓冲溶液：称取225 g乙酸铵，溶于400 mL水中，加入300 mL乙酸（3.6），将溶液过滤于1 000 mL聚丙烯容量瓶，用水稀释至刻度，混匀。

3.9 氟化钠溶液（40 g/L）：贮存于聚丙烯瓶中。

3.10 姜黄素乙酸溶液（1.5 g/L）：称取0.15 g姜黄素{$[CH_3O(OH)C_6H_3CH=CHCO]_2CH_2$}于聚丙烯或石英容器中，加60 mL乙酸（3.6），混匀。在40℃水浴中加热，不断搅拌。完全溶解后，冷却，转移于100 mL聚丙烯容量瓶中，用乙酸稀释至刻度，混匀。

3.11 硼标准贮存溶液：称取0.286 0 g硼酸（优级纯），于250 mL烧杯中，加入约200 mL水溶解。将溶液移入500 mL容量瓶中，用水稀释至刻度，摇匀。贮存于聚丙烯瓶中。此溶液1 mL含0.100 mg硼。

3.12 硼标准溶液：移取25.00 mL硼标准贮存溶液（3.11）于500 mL容量瓶中，用水稀释至刻度，混匀。贮存于聚丙烯瓶中，此溶液1 mL含5.0 μg硼。用时现配。

4 仪器

4.1 分光光度计。

4.2 聚丙烯或石英器皿，器皿经乙酸（3.6）淋洗后，用水洗净，干燥。

5 试样

厚度不大于1 mm的碎屑。

6 分析步骤

6.1 试料

按表1称取试样(5)。精确至0.000 1 g。

表1 试料量、稀释体积

硼的质量分数/%	试料量/g	稀释体积/mL
0.001 0～0.002 0	1.000 0	50.00
>0.002 0～0.010	0.500 0	50.00
>0.010～0.025	0.250 0	100.00

6.2 测定次数

独立的进行二次测定，取其平均值。

6.3 空白试验

随同试料做空白试验。

6.4 测定

6.4.1 试料的溶解

将试料(6.1)置于100 mL石英烧杯中，加10 mL盐酸(3.2)，5 mL硝酸(3.3)，盖上石英表面皿，置于室温溶解。试料溶解完全后，小心加入10 mL磷酸(3.5)，5 mL硫酸(3.4)。盖上石英表面皿加热至产生硫酸白烟。持续冒烟20 min(为防止杯壁附着颗粒，不时晃动烧杯)。取下烧杯，冷却。按表1移入相应体积的聚丙烯容量瓶中，用水稀释至刻度，混匀。

6.4.2 显色

移取0.5 mL试液(6.4.1)于100 mL干燥的聚丙烯烧杯中。边摇边加入5.00 mL乙酸-硫酸混合酸(3.7)，5.00 mL姜黄素乙酸溶液(3.10)，混匀。放置2 h，使显色完全；加入30.00 mL乙酸-乙酸铵缓冲溶液(3.8)。摇匀，放置15 min。

注：加入乙酸-乙酸铵缓冲溶液后，放置的时间不一致，对结果有影响，建议将分析试样分组测定，每组2份。

6.4.3 补偿溶液的制备

移取0.5 mL试液(6.4.1)于100 mL干燥的聚丙烯烧杯中，加入0.2 mL氟化钠溶液(3.9)至杯底，仔细混匀。以下操作按6.4.2进行。

6.4.4 测量

将部分溶液移入干燥的2 cm吸收皿中，以补偿溶液为参比，于分光光度计波长540 nm处测量吸光度，减去试料空白溶液的吸光度，从工作曲线上查出相应的硼的质量。

6.5 工作曲线的绘制

6.5.1 称取0.500 0 g纯铜(3.1)数份置于一系列100 mL石英烧杯中，加入0 mL、1.00 mL、2.00 mL、5.00 mL、10.00 mL、15.00 mL硼标准溶液(3.12)，以下操作按6.4.1～6.4.4步骤进行。

6.5.2 减去试剂空白的吸光度，以硼量为横坐标，吸光度为纵坐标绘制工作曲线。

7 分析结果的计算

按式(1)计算硼的质量分数$w(\mathrm{B})$，数值以%表示：

$$w(\mathrm{B})=\frac{m_1\times V_1\times 10^{-6}}{V_0\times m_0}\times 100 \qquad \cdots\cdots(1)$$

式中：

m_1——自工作曲线上查得的硼的质量，单位为微克(μg)；

m_0——试料的质量，单位为克(g)；

V_0——分取试液的体积,单位为毫升(mL);

V_1——试样的总体积,单位为毫升(mL)。

所得结果表示至小数点后第三位。若硼的质量分数小于0.010%时,表示至小数点后第四位。

8 精密度

8.1 重复性

在重复条件下获得的两次独立测试结果的测试值,在表2给出的平均值范围内,两个测试结果的绝对值不超过重复性限(r),超过重复性限(r)的情况不超过5%,重复性限(r)按表2数据采用线性内插法求得:

表2 重复性限

硼的质量分数/%	0.002 7	0.013	0.025
重复性限(r)/%	0.000 5	0.002	0.004
注:重复性限(r)为2.83 S_r,S_r为重复性标准偏差。			

8.2 再现性

在再现性条件下获得的两次独立测试结果的测试值,在表3给出的平均值范围内,两个测试结果的绝对差值不超过再现性限(R),超过再现性限(R)的情况不超过5%,再现性限(R)按表3数据采用线性内插法求得:

表3 再现性限

硼的质量分数/%	0.002 7	0.013	0.025
再现性限(R)/%	0.000 8	0.003	0.005
注:在现性限(R)为2.83 S_R,S_R为再现性标准偏差。			

9 质量保证和控制

应用国家级标准样品或行业级标准样品(当前两者没有时,也可用控制标样替代),每周或每两周校核一次本分析方法标准的有效性。当过程失控时,应找出原因,纠正错误后,重新进行校核。

ICS 77.120.30
H 13

中华人民共和国国家标准

GB/T 5121.26—2008

铜及铜合金化学分析方法 第26部分：汞含量的测定

Methods for chemical analysis of copper and copper alloys—
Part 26: Determination of mercury content

2008-06-17 发布　　　　2008-12-01 实施

中华人民共和国国家质量监督检验检疫总局
中国国家标准化管理委员会　发布

前　言

GB/T 5121《铜及铜合金化学分析方法》共有27部分。

——第1部分:铜含量的测定;

——第2部分:磷含量的测定;

——第3部分:铅含量的测定;

——第4部分:碳、硫含量的测定;

——第5部分:镍含量的测定;

——第6部分:铋含量的测定;

——第7部分:砷含量的测定;

——第8部分:氧含量的测定;

——第9部分:铁含量的测定;

——第10部分:锡含量的测定;

——第11部分:锌含量的测定;

——第12部分:锑含量的测定;

——第13部分:铝含量的测定;

——第14部分:锰含量的测定;

——第15部分:钴含量的测定;

——第16部分:铬含量的测定;

——第17部分:铍含量的测定;

——第18部分:镁含量的测定;

——第19部分:银含量的测定;

——第20部分:锆含量的测定;

——第21部分:钛含量的测定;

——第22部分:镉含量的测定;

——第23部分:硅含量的测定;

——第24部分:硒、碲含量的测定;

——第25部分:硼含量的测定;

——第26部分:汞含量的测定;

——第27部分:电感耦合等离子体原子发射光谱法。

本部分为第26部分。

本部分由中国有色金属工业协会提出。

本部分由全国有色金属标准化技术委员会负责归口。

本部分由中铝洛阳铜业有限公司、北京矿冶研究总院、中国有色金属工业标准计量质量研究所负责起草。

本部分由铜陵有色金属集团控股公司起草。

本部分由大冶有色金属有限公司、北京矿冶研究总院参加起草。

本部分主要起草人:汪实富、邵从和、罗咏梅。

本部分主要验证人:李晓瑜、李玉琴、陈殿耿、袁玉霞。

铜及铜合金化学分析方法
第26部分:汞含量的测定

1 范围

本部分规定了铜及铜合金中汞含量的测定方法。

本部分适用于铜及铜合金中汞含量的测定。测定范围:0.000 1%～0.15%。

2 方法原理

试料以混合酸分解,用盐酸羟胺还原过剩的氧化剂,在酸性条件下,用氯化亚锡将二价汞还原成金属汞。

在室温下用空气作载气,将生成的汞原子导入汞蒸气测量仪进行测定。

3 试剂及材料

除非另有说明,在分析中仅使用确认为分析纯的试剂和蒸馏水或去离子水或相当纯度的水。

3.1 硫酸(ρ1.84 g/mL)优级纯。

3.2 硝酸(ρ1.42 g/mL)优级纯。

3.3 盐酸(ρ1.19 g/mL)优级纯。

3.4 混合酸:2单位体积硝酸(1+1)与1单位体积盐酸(1+1)混合。

3.5 重铬酸钾溶液(10 g/L)。

3.6 高锰酸钾溶液(50 g/L)。

3.7 盐酸羟胺溶液(100 g/L)。

3.8 氯化亚锡溶液(100 g/L):称取10.0 g氯化亚锡,溶于10 mL盐酸(3.3)中,移入100 mL容量瓶中,以水稀释至刻度,混匀。

3.9 余汞吸收液:[$KMnO_4$(10 g/L)与H_2SO_4(1.8 mol/L)等体积混和]。

3.10 汞标准贮存溶液:称取0.135 4 g预先用五氧化二磷干燥24 h的二氯化汞,溶于少量水中,加入50 mL硝酸(3.2)、10 mL重铬酸钾溶液(3.5),用水定容1 000 mL,混匀。此溶液1 mL含100 μg汞(此标准贮存溶液有效期为5个月)。

3.11 汞标准溶液A:移取10.00 mL汞标准贮存溶液(3.10)于100 mL容量瓶中,加入5 mL硝酸(3.2)、1 mL重铬酸钾溶液(3.5),用水定容,混匀。此溶液1 mL含10 μg汞(此标准溶液有效期为1个月)。

3.12 汞标准溶液B:移取1.00 mL汞标准溶液A(3.11)于100 mL容量瓶中,加入1 mL重铬酸钾(3.5),用水定容,混匀。此溶液1 mL含0.1 μg汞(溶液用时现配)。

3.13 汞还原器:规格为20 mL、30 mL、80 mL,具磨口,还原瓶内装有自动封闭浮子。

3.14 余汞吸收器。

4 仪器

智能型测汞仪,附GP_3型汞灯。

所用智能型测汞仪在仪器最佳工作条件下,凡能达到下列指标者均可使用:

——检出限:不大于0.05×10^{-9} g/mL;

——精密度：用最高浓度的标准溶液测量10次吸光度，其标准偏差应不超过平均吸光度的1.0%；用最低浓度的标准溶液（不是"零"标准溶液）测量10次吸光度，其标准偏差应不超过最高浓度的标准溶液平均吸光度的0.5%；

——工作曲线线性：将工作曲线按浓度等分成五段，最高段的吸光度差值与最低段的吸光度差值之比，应不小于0.80。

5 试样

厚度不大于1 mm的碎屑。

6 分析步骤

6.1 试料

按表1称取试样(5)，精确至0.000 1 g。

表1 试料量及分取试液体积

汞的质量分数/%	试料量/g	试液总体积/mL	分取试液体积/mL
0.000 1～0.000 5	1.000	50	10.00
>0.000 5～0.002 5	1.000	50	2.00
>0.002 5～0.010	1.000	100	1.00
>0.010～0.050	0.500	250	1.00
>0.050～0.15	0.200	250	1.00

6.2 测定次数

独立地进行二次测定，取其平均值。

6.3 空白试验

随同试料做空白试验。

6.4 测定

6.4.1 将试料(5)置于150 mL烧杯中，加入10 mL混合酸(3.4)，盖上表皿加热溶解(溶样温度控制在200℃以下)，蒸发至体积3 mL～5 mL(不能蒸干)，加水约30 mL，煮沸1 min～2 min驱除氮的氧化物，取下冷至室温，按表1将试液移入相应容量瓶中，以水定容，混匀。

6.4.2 按表1分取溶液于50 mL容量瓶中。加入20 mL水，1 mL硫酸(3.1)，1 mL高锰酸钾溶液(3.6)，放置15 min后，边摇动边逐滴加入盐酸羟胺溶液(3.7)到紫红色刚褪去并过量1滴，用水稀释至刻度，混匀。

6.4.3 移取5.00 mL溶液(6.4.2)于还原瓶中，加入2.0 mL氯化亚锡溶液(3.8)，迅速接通测汞仪气路，测量试液的吸光度。所测吸光度减去随同试料的空白溶液的吸光度，从工作曲线上查出相应的汞的质量浓度，余汞吸收。

6.5 工作曲线的绘制

6.5.1 移取0 mL、2.5 mL、5.0 mL、7.50 mL、10.0 mL、12.5 mL、15.0 mL汞标准溶液B(3.12)，置于一组50 mL容量瓶中，分别加20 mL去离子水，1 mL硫酸(3.1)，1 mL高锰酸钾溶液(3.6)，放置15 min后，边摇动边逐滴加入盐酸羟胺溶液(3.7)到紫红色刚褪去并过量1滴，用水稀释至刻度，混匀。

6.5.2 在与测量试液(6.4.3)相同条件下，测量系列标准溶液的吸光度，以汞的质量浓度为横坐标、吸光度为纵坐标，绘制工作曲线。

7 分析结果的计算

按式(1)计算汞的质量分数$w(Hg)$，数值以%表示：

$$w(Hg)=\frac{\rho \cdot V_0 \times 10^{-6}}{m_0 \cdot V_1}\times 100 \quad\cdots\cdots(1)$$

式中：

ρ——从工作曲线上查得的汞的质量浓度，单位为微克每毫升(μg/mL)；

V_1——分取试液的体积，单位为毫升(mL)；

V_0——试液的总体积，单位为毫升(mL)；

m_0——试料的质量，单位为克(g)。

得结果表示至小数点后第二位。若汞的质量分数小于0.10%时，表示至小数点后第三位；汞的质量分数小于0.010%时，表示至小数点后第四位。

8 精密度

8.1 重复性

在重复性条件下获得的两次独立测试结果的测试值，在表2给出的平均值范围内，两个测试结果的绝对差值不超过重复性限(r)，超过重复性限(r)的情况不超过5%，重复性限(r)按表2数据采用线性内插法求得：

表2 重复性限

汞的质量分数/%	0.000 1	0.000 5	0.002 0	0.010	0.050	0.100	0.150
重复性限(r)/%	0.000 1	0.000 2	0.000 4	0.002	0.007	0.018	0.025
注：重复性限(r)为2.83S_r，S_r为重现性标准差。							

8.2 再现性

在再现性条件下获得的两次独立测试结果的测试值，在表3给出的平均值范围内，两个测试结果的绝对差值不超过再现性限(R)，超过再现性限(R)的情况不超过5%，再现性限(R)按表3数据采用线性内插法求得：

表3 再现性限

汞的质量分数/%	0.000 1	0.000 5	0.002 0	0.010	0.050	0.100	0.150
再现性限(R)/%	0.000 1	0.000 2	0.000 5	0.002	0.007	0.020	0.025
注：再现性限(R)为2.83S_R，S_R为再现性标准差。							

9 质量保证和控制

应用国家级标准样品或行业级标准样品(当两者没有时，也可用控制标样替代)，每周或每两周校核一次本分析方法标准的有效性。当过程失控时，应找出原因，纠正错误后，重新进行校核。

ICS 77.120.30
H 13

中华人民共和国国家标准

GB/T 5121.27—2008

铜及铜合金化学分析方法 第27部分:电感耦合等离子体原子发射光谱法

Methods for chemical analysis of copper and copper alloys—Part 27:The inductively coupled plasma atomic emission spectromertric method

2008-06-17 发布　　2008-12-01 实施

中华人民共和国国家质量监督检验检疫总局
中国国家标准化管理委员会　发布

前 言

GB/T 5121《铜及铜合金化学分析方法》共有27部分。

——第1部分:铜含量的测定;

——第2部分:磷含量的测定;

——第3部分:铅含量的测定;

——第4部分:碳、硫含量的测定;

——第5部分:镍含量的测定;

——第6部分:铋含量的测定;

——第7部分:砷含量的测定;

——第8部分:氧含量的测定;

——第9部分:铁含量的测定;

——第10部分:锡含量的测定;

——第11部分:锌含量的测定;

——第12部分:锑含量的测定;

——第13部分:铝含量的测定;

——第14部分:锰含量的测定;

——第15部分:钴含量的测定;

——第16部分:铬含量的测定;

——第17部分:铍含量的测定;

——第18部分:镁含量的测定;

——第19部分:银含量的测定;

——第20部分:锆含量的测定;

——第21部分:钛含量的测定;

——第22部分:镉含量的测定;

——第23部分:硅含量的测定;

——第24部分:硒、碲含量的测定;

——第25部分:硼含量的测定;

——第26部分:汞含量的测定;

——第27部分:电感耦合等离子体原子发射光谱法。

本部分为第27分。

本部分由中国有色金属工业协会提出。

本部分由全国有色金属标准化技术委员会归口。

本部分由中铝洛阳铜业有限公司、北京矿冶研究总院、中国有色金属工业标准计量质量研究所负责起草。

本部分由中铝洛阳铜业有限公司起草。

本部分由大冶有色金属有限公司设计研究院、广州有色金属研究院参加起草。

本部分主要起草人:夏庆珠、秦书平、张敬华、谢丽云、李伟、姚巧萍、梅恒星、高钰、孟慧娟、杨丽娟、刘爱菊、寇志磊。

本部分主要验证人:彭建军、戴凤英、施小英、熊晓燕、王津、何梅、余学兵、潘小玲、刘天平。

铜及铜合金化学分析方法 第27部分：电感耦合等离子体原子发射光谱法

1 范围

本部分规定了铜及铜合金中磷、银、铋、锑、砷、铁、镍、铅、锡、硫、锌、锰、镉、硒、碲、铝、硅、钴、钛、镁、铍、锆、铬、硼、汞25个元素的电感耦合等离子发射光谱测定方法。

本部分适用于铜及铜合金中磷、银、铋、锑、砷、铁、镍、铅、锡、硫、锌、锰、镉、硒、碲、铝、硅、钴、钛、镁、铍、锆、铬、硼、汞元素含量的多元素同时测定，也适用于其中一个元素的独立测定。各元素测定范围见表1。

表1 各元素测定范围

元素	质量分数/%	元素	质量分数/%
P	0.000 1～1.00	Se	0.000 1～0.002 0
Ag	0.001～1.50	Te	0.000 1～1.00
Bi	0.000 05～3.00	Al	0.001～14.00
Sb	0.000 1～0.10	Si	0.001～5.00
As	0.000 1～0.20	Co	0.01～3.00
Fe	0.000 1～7.00	Ti	0.01～1.00
Ni	0.000 1～35.00	Mg	0.01～1.00
Pb	0.000 1～7.00	Be	0.01～3.00
Sn	0.000 1～10.00	Zr	0.01～1.00
S	0.001～0.10	Cr	0.01～2.00
Zn	0.000 05～7.00	B	0.000 5～1.00
Mn	0.000 05～14.00	Hg	0.000 5～0.10
Cd	0.000 05～3.00	—	—

2 方法原理

试样用硝酸和盐酸混合酸或硝酸分解。在酸性介质中，使用电感耦合等离子发射光谱仪，于各元素所对应的波长处测量其质量浓度。硒和碲的质量分数不大于0.001%时，以砷做载体共沉淀富集微量硒、碲与基体铜分离；铁、镍、锌、镉的质量分数不大于0.001%时，电解除铜分离富集；磷、铋、锑、砷、锡、锰的质量分数不大于0.001%、铅质量分数不大于0.002%时，用铁做载体，氢氧化铁共沉淀磷、铋、锑、砷、锡、锰、碲、铅与基体铜分离、富集；镍的质量分数大于14%时，以镧做内标。

3 试剂及材料

除非另有说明，在分析中仅使用确认为分析纯的试剂和蒸馏水或去离子水或相当纯度的水。

3.1 纯铜(铜的质量分数不小于99.99%、待测元素的质量分数不大于0.000 05%)。

3.2 次亚磷酸钠。

3.3 碳酸铵。

3.4 氨水(ρ0.9 g/mL)优级纯。

3.5 硫酸(ρ1.84 g/mL)。

3.6 高氯酸(ρ1.67 g/mL)优级纯。

3.7 氢氟酸(ρ1.13 g/mL) 优级纯。

3.8 硝酸(ρ1.42 g/mL)优级纯。

3.9 硝酸(1+1)。

3.10 硝酸(1+5)。

3.11 硝酸(1+100)。

3.12 盐酸(ρ1.19 g/mL)优级纯。

3.13 盐酸(1+1)。

3.14 盐酸(1+120)。

3.15 混合酸:1 体积盐酸(3.12)、3 体积硝酸(3.8)和 4 体积水混合。

3.16 硝酸锰(1+10)优级纯。

3.17 硼酸饱和溶液。

3.18 氢氧化钠溶液(100 g/L)。

3.19 硝酸铅溶液(10 g/L)优级纯。

3.20 酚酞乙醇溶液(10 g/L)。

3.21 次亚磷酸钠-盐酸混合洗液:每升洗液中含 10 g 次亚磷酸钠(3.2)和 50 mL 盐酸(3.12)。

3.22 砷溶液(4 g/L):称取 2.6 g 基准三氧化二砷(As_2O_3),于 100 mL 烧杯中,加入 15 mL 氢氧化钠溶液(3.18),微热溶解,移入 500 mL 容量瓶中,用水稀释至约 200 mL,加入 1 滴酚酞乙醇溶液(3.20),用盐酸(3.13)中和至红色褪去,用水稀释至刻度,混匀。

3.23 铁溶液(8 g/L):称取 57.8 g 硝酸铁[$Fe(NO_3)_3 \cdot 9H_2O$]溶于 1 000 mL 硝酸(3.11)中,混匀。

3.24 洗涤液:称取 10 g 碳酸铵(3.3)溶于 500 mL 水中,加入 20 mL 氨水(3.4)混匀。

3.25 内标溶液(1 g/L):称取 1.173 g 三氧化二镧于 250 mL 烧杯中,加入 20 mL 硝酸(3.9),加热溶解,煮沸除去氮的氧化物,冷却。移入 1 000 mL 容量瓶中,用水稀释至刻度,混匀。

3.26 锌、镍、铅、钴、锰标准贮存溶液:分别称取 1.000 0 g 纯锌、纯镍、纯铅、纯钴、纯锰(其质量分数均不小于 99.95%)于一组 150 mL 烧杯中,分别加入 10 mL 硝酸(3.9),加热溶解、煮沸除去氮的氧化物,冷却。分别移入一组 1 000 mL 容量瓶中,用水稀释至刻度,混匀。此组溶液 1 mL 中分别含 1 mg 锌、1 mg 镍、1 mg 铅、1 mg 钴、1 mg 锰。

3.27 磷标准贮存溶液:称取 0.439 4 g 磷酸二氢钾(优级纯)于烧杯中,加入 100 mL 硝酸(3.10),搅拌使其溶解,移入 1 000 mL 容量瓶中,用水稀释至刻度,混匀。此溶液 1 mL 含 100 μg 磷。

3.28 铋标准贮存溶液:称取 1.000 0 g 纯铋(铋的质量分数不小于 99.95%)于 200 mL 烧杯中,加入 50 mL 硝酸(3.8)低温加热溶解,冷却,移入 1 000 mL 容量瓶中,用水稀释至刻度,混匀,此溶液 1 mL 含 1 mg 铋。

3.29 锑标准贮存溶液:称取 0.100 0 g 纯锑(锑的质量分数不小于 99.95%)于 150 mL 烧杯中,加入 20 mL 盐酸(3.12),加数滴硝酸(3.8)低温加热溶解,冷却,移入 1 000 mL 容量瓶中。加入 80 mL 盐酸(3.12),用水稀释至刻度,混匀。此溶液 1 mL 中含 100 μg 锑。

3.30 砷标准贮存溶液:称取 0.132 0 g 预先经 100℃～110℃烘 2 h 于干燥器中冷却至室温的基准三氧化二砷(As_2O_3)于 150 mL 聚四氟乙烯烧杯中,加入 10 mL 氢氧化纳溶液(3.18),加热溶解,冷却,移入 1 000 mL 容量瓶中,加水至 200 mL～300 mL,加入 2 滴酚酞乙醇溶液(3.20),用硝酸(3.9)中和至溶液由红色变为无色,并过量 10 mL,用水稀释至刻度,混匀。此溶液 1 mL 含 100 μg 砷。

3.31 铁标准贮存溶液:称取 1.000 0 g 纯铁(铁的质量分数不小于 99.95%)于 150 mL 烧杯中,加入

40 mL 盐酸(3.12)，加热至完全溶解，冷却。移入 1 000 mL 容量瓶中，用水稀释至刻度，混匀。此溶液 1 mL 含 1 mg 铁。

3.32 锡标准贮存溶液：称取 1.000 0 g 纯锡(锡的质量分数不小于 99.95%)于 150 mL 烧杯中，加入 30 mL 盐酸(3.12)，数滴硝酸(3.8)，低温加热溶解后，移入 1 000 mL 容量瓶中，补加 70 mL 盐酸(3.12)，用水稀释至刻度，混匀。此溶液 1 mL 含 1 mg 锡。

3.33 硫标准贮存溶液：称取 0.543 6 g 硫酸钾(优级纯)于 250 mL 烧杯中，加入少量水溶解，完全溶解后移入 1 000 mL 容量瓶中，用水稀释至刻度，混匀。此溶液 1 mL 含 100 μg 硫。

3.34 镉标准贮存溶液：称取 1.000 0 g 纯镉(镉的质量分数不小于 99.95%)于 250 mL 烧杯中，加入 20 mL 盐酸(3.13)，加热至完全溶解，冷却。移入 1 000 mL 容量瓶中，用水稀释至刻度，混匀。此溶液 1 mL 含 1 mg 镉。

3.35 铝标准贮存溶液：称取 1.000 0 g 纯铝(铝的质量分数不小于 99.95%)于 150 mL 聚四氟乙烯烧杯中，加入 10 mL 水，5 g 氢氧化钠，低温加热溶解，冷却，用盐酸(3.13)缓慢中和至出现沉淀。再加入 20 mL 盐酸(3.13)，移入 1 000 mL 容量瓶中，用水稀释至刻度，混匀。此溶液 1 mL 含 1 mg 铝。

3.36 硅标准贮存溶液：称取 0.427 9 g 预先经 1 000℃灼烧至恒重并在干燥器内冷却至室温的二氧化硅(优级纯)于预先加入 3 g 无水碳酸钠的铂坩埚中，覆盖 1 g～2 g 无水碳酸钠，先于低温处加热，再于 950℃熔融至透明，继续熔融 3 min，取出冷却，用水浸出于聚四氟乙烯烧杯中，移入 200 mL 容量瓶中，用水稀释至刻度，混匀，贮存于塑料瓶中。此溶液 1 mL 含 1 mg 硅。

3.37 钛标准贮存溶液：称取 0.166 8 g 预先经 950℃灼烧至恒重并在干燥器内冷却至室温的二氧化钛(优级纯)于干燥的 250 mL 烧杯，加入 30 mL 硫酸(3.5)，加热使其溶解，当接近溶完时，加入 5 g 硫酸铵助溶，溶解完全后，冷却至室温，移入 1 000 mL 容量瓶中，用水稀释至刻度，混匀。此溶液 1 mL 含 100 μg 钛。

3.38 铍标准贮存溶液：称取 1.965 4 g 硫酸铍(优级纯)于 400 mL 烧杯中，用少量水溶解，加入 20 mL 盐酸(3.13)移入 1 000 mL 容量瓶中，用水稀释至刻度，混匀。此溶液 1 mL 含 100 μg 铍。

3.39 锆标准贮存溶液：称取 0.100 0 g 纯锆(锆的质量分数不小于 99.95%)于铂皿中，加入 50 mL 硫酸(3.5)，1 mL 氢氟酸(3.7)，加热至完全溶解，将溶液蒸发至冒少量的三氧化硫烟，冷却，沿皿壁吹洗少量水，摇匀，并重新蒸发至冒少量的三氧化硫烟，冷却，缓缓吹洗约 25 mL 水，混匀，冷却，移入 1 000 mL 容量瓶中，以水稀释至刻度，混匀，贮存于塑料瓶中。此溶液 1 mL 含 100 μg 锆。

3.40 铬标准贮存溶液：称取 2.828 0 g 预先在 140℃烘 2 h 并在干燥器内冷却至室温的基准重铬酸钾($K_2Cr_2O_7$，优级纯)于 400 mL 烧杯中，用少量水溶解后，移入 1 000 mL 容量瓶中，用水稀释至刻度，混匀。此溶液 1 mL 含 1 mg 铬。

3.41 银、镁标准贮存溶液：分别称取 0.100 0 g 纯银、纯镁(银、镁的质量分数不小于 99.95%)于一组 150 mL 烧杯中，加入 10 mL 硝酸(3.9)，加热溶解、煮沸除去氮的氧化物，冷却。分别移入 1 000 mL 容量瓶中，用水稀释至刻度，混匀。此组溶液 1 mL 中分别含 100 μg 银、100 μg 镁。

3.42 硒、碲标准贮存溶液：分别称取 0.100 0 g 纯硒、纯碲(硒、碲质量分数不小于 99.95%)于一组 150 mL 烧杯中，加入 10 mL 硝酸(3.9)，加热溶解、煮沸除去氮的氧化物，冷却，补加 50 mL 硝酸(3.8)，分别移入 1 000 mL 容量瓶中，用水稀释至刻度，混匀。此组溶液 1 mL 分别中含 100 μg 硒、100 μg 碲。

3.43 硼标准贮存溶液：称取 0.571 5 g 硼酸(H_3BO_3，优级纯)溶于少量水中，移入 1 000 mL 容量瓶中，用水稀释至刻度，混匀，贮存于塑料瓶中。此溶液 1 mL 含 100 μg 硼。

3.44 汞标准贮存溶液：称取 0.135 4 g 二氯化汞(优级纯)于烧杯中，加入 100 mL 盐酸(3.13)，搅拌使其溶解，移入 1 000 mL 容量瓶中，用水稀释至刻度，混匀。此溶液 1 mL 含 100 μg 汞。

3.45 标准溶液 A：将标准贮存溶液 (3.26～3.44)稀释为每毫升 10 μg，并与标准贮存溶液保持一致的酸度。

3.46 标准溶液 B：将标准贮存溶液(3.26～3.40 中每毫升 1 mg)稀释为每毫升 100 μg，并与标准贮存溶液保持一致的酸度。

3.47　有证系列国家或行业标准样品。

3.48　氩气(体积分数≥99.99%)。

3.49　氮气(体积分数≥99.99%)。

4　仪器

4.1　电感耦合等离子体原子发射光谱仪

——分光室具有抽真空或驱气功能;

——200 nm 处光谱分辨率应小于 0.01 nm。

4.2　备有自动搅拌装置的恒电流电解器,附网状铂阴极、螺旋状铂阳极。

5　试样

厚度不大于 1 mm 的碎屑。

6　分析步骤

6.1　试料

按表 2 称取试样(5),精确至 0.000 1 g。

表 2　试料量及稀释体积

质量分数/%	试料量/g	稀释体积/mL
0.000 05～0.000 5	5.000	25
>0.000 5～0.001	5.000	50
>0.001～0.1	1.000	100
>0.1～7.0	0.100	100
>7.0～35.0	0.100	200

6.2　测定次数

独立地进行两次测定,取其平均值。

6.3　空白试验

随同试料做空白试验。

6.4　试料溶液的制备

6.4.1　待测元素质量分数大于 0.001%至表 1 测定上限时(镍质量分数 0.001%～14%;铅质量分数 0.002%～7%)

6.4.1.1　将试料(6.1)置于 150 mL 烧杯中,加入 10 mL～15 mL 混合酸(3.15),盖上表皿,加热至试料完全溶解,用水洗涤表皿及杯壁,冷却。按表 2 移入容量瓶中,用水稀释至刻度,混匀。

6.4.1.2　含硅、锆、钛的试样

将试料(6.1)置于 150 mL 聚四氟乙烯烧杯中,加入 10 mL～15 mL 混合酸(3.15),2 滴氢氟酸(3.7),加热(硅为待测元素时,加热温度不得超过 60℃)溶解。待试料溶解完全后,加入 5 mL 硼酸饱和溶液(3.17),混匀,按表 2 移入容量瓶中,用水稀释至刻度,混匀,立即转移到原聚四氟乙烯烧杯中。

6.4.1.3　含铬的试样

将试料(6.1)置于 150 mL 烧杯中,加入 5 mL～10 mL 硝酸(3.9),3 mL～5 mL 高氯酸(3.6),盖上表皿,加热使试样溶解并蒸发至冒高氯酸烟(约 1 min～2 min)使溶液澄清,取下冷却,用水洗涤表皿及杯壁,按表 2 移入容量瓶中,用水稀释至刻度,混匀。

6.4.1.4　含银的试样

将试料(6.1)置于 150 mL 烧杯中,加入 10 mL～15 mL 混合酸(3.15),盖上表皿,加热至试料完全溶解,用水洗涤表皿及杯壁,补加 10 mL 盐酸(3.12),冷却。按表 2 移入容量瓶中,用水稀释至刻度,混匀。

注:称取 1.000 0 g 试样,银的质量分数大于 0.3%时,加入 10 mL～15 mL 硝酸(3.9)溶解试料。

6.4.2 待测元素的质量分数不大于 0.001%时

6.4.2.1 硒、碲

将试料(6.1)置于 400 mL 烧杯中,加入 50 mL 硝酸(3.9),盖上表皿,低温加热至试料完全溶解,稍冷,加入 10 mL 高氯酸(3.6),加热至冒白烟 2 min～3 min,用水洗表皿及杯壁,取下冷却。

加入 120 mL 盐酸(3.13),低温加热使盐类溶解,加入 1.5 mL 砷溶液(3.22)、10 g 次亚磷酸钠(3.2),搅拌至溶解,加热至溶液呈棕色,于水浴上加热至还原析出单体砷、硒和碲(约需 1 h～1.5 h),冷却至室温。

用脱脂棉过滤,以次亚磷酸钠-盐酸混合洗液(3.21)洗涤烧杯 3 次,沉淀 3 次～ 5 次,再用水洗涤烧杯 3 次,沉淀 3 次～ 5 次。

将脱脂棉及沉淀移入原烧杯中,从漏斗上缓缓滴加 10 mL 硝酸(3.8)、3 mL 高氯酸(3.6),在电热板上加热消化脱脂棉并溶解氧化砷、硒和碲至冒高氯酸白烟 1 min～2 min 使溶液澄清,取下冷却,用水洗表皿及杯壁,按表 2 移入容量瓶中,用水稀释至刻度,混匀。

6.4.2.2 铁、镍、锌、镉

将试料(6.1)置于 250 mL 高形烧杯中,加入 40 mL 硝酸(3.9),盖上表皿,加热至试料完全溶解,煮沸除尽氮的氧化物,用水洗涤表皿及杯壁。

加入 3 mL 硝酸铅溶液(3.19),1 mL 硝酸锰(3.16),1 滴盐酸(3.14),用水稀释至 130 mL 左右。

用两块半圆表皿盖上,在搅拌下(搅拌棒必须密封无孔)用 4 A/dm^2 电解除铜。待溶液退色后,在不切断电流的情况下,提起电极并用水冲洗。

将溶液于低温电炉上加热,蒸发至体积 25 mL 以下,冷却,按表 2 移入相应容量瓶中,以水稀释至刻度,混匀(此溶液也可用于磷、锑、砷、锡、碲的测定)。

6.4.2.3 磷、铋、锑、砷、锡、锰

将试料(6.1)置于 400 mL 烧杯中,加入 50 mL 硝酸(3.9),盖上表皿,加热至试料完全溶解,煮沸除去氮的氧化物。

加入 10 mL 铁溶液(3.23),用水稀释至 200 mL 左右,在搅拌下缓缓加入氨水(3.4)至深蓝色,过量 20 mL,加入 10 g 碳酸铵(3.3),将溶液加热至微沸 5 min,放置 1 h。

沉淀用滤纸过滤,用热洗涤液(3.24)洗涤烧杯及滤纸至滤纸无蓝色。弃去滤液。用水将沉淀洗入原烧杯中,滤纸上的残留沉淀用 10 mL 热盐酸(3.13)溶解,以热水洗涤至滤纸无色,洗液并入原烧杯中,低温加热蒸发至 25 mL 以下,冷却。按表 2 移入容量瓶中,用水稀释至刻度,混匀(此溶液也可用于碲的测定)。

6.4.3 铅的质量分数不大于 0.002%

按 6.4.2.3 进行。

6.4.4 镍的质量分数大于 14%的试样

将试料(6.1)置于 150 mL 烧杯中,加入 10 mL 混合酸(3.15),盖上表皿,加热至试料完全溶解,煮沸除去氮的氧化物,用水洗涤表皿及杯壁,冷却。按表 2 移入容量瓶中,加入 2.00 mL 内标溶液(3.25),用水稀释至刻度,混匀。

6.5 工作曲线溶液的配制

6.5.1 工作曲线Ⅰ——待测元素质量分数不大于 0.001%

加入 0 mL、1.00 mL、5.00 mL、10.00 mL 标准溶液 A(3 [illegible] 100 mL 容量瓶中,分别加入 10 mL 混合酸(3.15),用水稀释至刻度,混匀 [illegible]

6.5.2 工作曲线Ⅱ——待测元素质量分数为 0.001%～0.1%

称取 1.000 纯铜(3.1)于一组 150 mL 烧杯中，加入 10 mL 混合酸(3.15)，盖上表皿，加热至完全溶解，煮沸除去氮的氧化物，用水洗涤表皿及杯壁，冷却，移入一组 100 mL 容量瓶中，分别加入 0 mL、1.00 mL、5.00 mL、10.00 mL 标准溶液 A(3.45)，5.00 mL、0.00 mL 标准溶液 B(3.46)，[配制银工作曲线时补加 10 mL 盐酸(3.12)]用水稀释至刻度，混匀。(根据所测元素质量分数的范围，从工作曲线中选择适当的 3 个点～ 4 个点进行分析。)

6.5.3 工作曲线Ⅲ——待测元素质量分数大于 0.05%至表 1 测定上限(镍质量分数 0.05%～14%)

加入 0 mL、5.00 mL、10.00 mL 标准溶液 A(3.45)、0.50 mL、1.00 mL、3.00 mL、5.00 mL、7.00 mL 标准贮存溶液(3.26～3.40 中每毫升 1 mg)于一组 100 mL 容量瓶中，分别加入 10 mL 混合酸(3.15)[配制银工作曲线时改为加入 10 mL 盐酸(3.12)]，用水稀释至刻度，混匀。(根据所测元素质量分数的范围，从工作曲线中选择适当的 3 个点～ 4 个点进行分析。)

6.5.4 工作曲线Ⅳ——镍的质量分数大于 14%

加入 0 mL、5.00 mL、10.00 mL、15.00 mL、18.00 mL 镍标准溶液(3.26)于一组 100 mL 容量瓶中，分别加入 1.00 mL 内标溶液(3.25)，10 mL 混合酸(3.15)，用水稀释至刻度，混匀。

6.5.5 标准样品系列溶液

选择与待测试样基体一致、质量分数相近的有证标准样品(3.47)，称取与待测试样相同的量，随同试料制备标准样品系列溶液。

6.6 测定

6.6.1 仪器测定条件(推荐)，见表 3。测定磷元素和硫元素时，光室通氩气或氮气 12 h 以上或抽真空。

表 3 等离子光谱仪测定条件(推荐)

项目	功率/W	辅助气流量/(L/min)	雾室压力/Psi	泵速/(r/min)	积分时间/s
测定条件	1 150	0.5	25	100	5～30

6.6.2 分析线(推荐)，见表 4。

表 4 各元素分析线(推荐)

元素	P	Ag	Bi	Sb	As	Fe	Ni	Pb	Sn
波长/nm	187.28	328.06	190.24	206.83	189.04	259.94	231.60	220.35	189.98
元素	S	Zn	Mn	Cd	Se	Te	Al	Si	Co
波长/nm	182.03	206.20	257.61	226.50	196.09	214.28	396.15	288.15	228.61
元素	Ti	Mg	Be	Zr	Cr	B	Hg	—	—
波长/nm	334.94	285.21	313.10	339.19	267.71	249.77	194.22	—	—
注：镍、锰质量分数大于 3%时，波长选择为：Ni341.47 nm、Mn279.48 nm。内标 La 波长为 408.67 nm。									

6.6.3 于电感耦合等离子体原子发射光谱仪，在各元素选定的波长处，测量按质量分数高低选择的工作曲线(6.5)的光谱强度，当工作曲线线性，≥0.999 时，进行试料溶液(6.4)的测定，检查各测定元素谱线的背景并在适当的位置进行背景校正，由计算机自动给出各测定元素的质量浓度。

7 分析结果的计算

按式(1)计算测定元素的质量分数 $w(X)$，数值以%表示：

$$w(X)=\frac{(\rho_1-\rho_0)\cdot V\cdot 10^{-6}}{m}\times 100 \quad \cdots\cdots\cdots\cdots (1)$$

式中：

ρ_0——空白溶液的质量

ρ_1——试样溶液的质量浓度，单位为微克每毫升(μg/mL)；

V——试液总体积，单位为毫升(mL)；

m——试料的质量，单位为克(g)。

所得结果表示至小数点后第二位。若测定元素的质量分数小于0.10%时，表示至小数点后第三位；测定元素的质量分数小于0.010%时，表示至小数点后第四位；测定元素的质量分数小于0.001 0%时，表示至小数点后第五位。

8 精密度

8.1 重复性

在重复性条件下获得的两次独立测试结果的测定值，在表5给出的平均值范围内，两个测试结果的绝对差值不超过重复性限(r)，超过重复性限(r)的情况不超过5%，重复性限(r)按表5数据采用线性内插法求得：

表5 重复性限

质量分数/%	0.000 05	0.000 10	0.001 0	0.005 0	0.050	0.100
重复性限(r)/%	0.000 04	0.000 40	0.000 2	0.000 5	0.004	0.012
质量分数/%	1.00	5.00	10.00	15.00	35.00	—
重复性限(r)/%	0.07	0.15	0.20	0.30	0.48	—
注：重复性限(r)为$2.83S_r$，S_r为再现性标准偏差。						

8.2 再现性

在再现性条件下获得的两次独立测试结果的测试值，在表6给出的平均值范围内，两个测试结果的绝对差值不超过再现性限(R)，超过再现性限(R)的情况不超过5%，再现性限(R)按表6数据采用线性内插法求得：

表6 再现性限

质量分数/%	0.000 05	0.000 10	0.001 0	0.005 0	0.050	0.100
再现性限(R)/%	0.000 05	0.000 06	0.000 3	0.000 8	0.006	0.015
质量分数/%	1.00	5.00	10.00	15.00	35.00	—
再现性限(R)/%	0.08	0.20	0.30	0.35	0.60	—
注：再现性限(R)为$2.83S_R$，S_R为再现性标准偏差。						

9 质量保证和控制

应用国家级标准样品或行业级标准样品(当前两者没有时，也可用控制标样替代)，每周或每两周校核一次本分析方法标准的有效性。当过程失控时，应找出原因，纠正错误后，重新进行校核。

ICS 77.120.99
H 71

中华人民共和国国家标准

GB/T 5124.1—2008/ISO 3907:1985
代替 GB/T 5124.1—1985

硬质合金化学分析方法
总碳量的测定
重量法

**Methods for chemical analysis of hardmetals—
Determination of total carbon content—
Gravimetric method**

(ISO 3907:1985, Hardmetals—Determination of total carbon content—Gravimetric method, IDT)

2008-03-31 发布　　2008-09-01 实施

中华人民共和国国家质量监督检验检疫总局
中国国家标准化管理委员会　发布

前 言

GB/T 5124《硬质合金化学分析方法》分为四个部分：

——GB/T 5124.1 硬质合金化学分析方法 总碳量的测定 重量法

——GB/T 5124.2 硬质合金化学分析方法 不溶(游离)碳量的测定 重量法

——GB/T 5124.3 硬质合金化学分析方法 电位滴定法测定钴量

——GB/T 5124.4 硬质合金化学分析方法 过氧化物光度法测定钛量

本部分为第1部分。

本部分等同采用ISO 3907:1985《硬质合金 总碳含量的测定 重量法》。

为了便于使用，本部分做了下列编辑性修改：

——用“本部分”代替“本国际标准”；

——用小数点“.”代替在国际标准中作为小数点的“,”；

——删除了国际标准中封面、前言。

本部分代替GB/T 5124.1—1985《硬质合金化学分析方法 重量法测定总碳量》。

本部分与GB/T 5124.1—1985相比主要变化如下：

——增加了“范围”、“规范性引用文件”等规范性一般要素。

本部分由中国有色金属工业协会提出。

本部分由全国有色金属标准化技术委员会归口。

本部分由株洲硬质合金集团有限公司、中国有色金属工业标准计量质量研究所负责起草。

本部分主要起草人：郭鹏、张杰、谭洪勇、李萍、蒋亚芳、张江峰。

本部分所代替标准的历次版本发布情况为：

——GB/T 5124.1—1985。

硬质合金化学分析方法
总碳量的测定
重量法

1 范围

本部分规定了碳化物和硬质合金中总碳量的测定方法。

本部分适用于铬、铪、钼、铌、钽、钛、钒、钨和锆的碳化物，这些碳化物与粘结金属的混合料(无润滑剂)以及由这些碳化物生产的所有牌号的预烧结或烧结过的硬质合金中总碳量的测定。测定范围：总碳含量大于4%。

2 方法原理

在高温、纯氧气流中，将碳氧化为二氧化碳，如有必要添加助熔剂。

生成的二氧化碳由氧气载带到已恒量的吸收瓶中被烧碱石棉吸收，测定烧碱石棉的增量，其值即为生成的二氧化碳量。

$$C + O_2 \longrightarrow CO_2$$

$$2NaOH + CO_2 \longrightarrow Na_2CO_3 + H_2O$$

3 试剂

在分析过程中一律使用分析纯试剂，水用蒸馏水或同等纯度的水。

3.1 氧气：每立方米的氧中含碳杂质的极限量≤0.6 mL。

3.2 高氯酸镁：无水。

注：为防止发生爆炸，应避免该试剂与有机物接触，尤其是在丢弃它时更应特别注意。

3.3 助熔剂：如金属锡、金属铜或氧化铜、金属铁。

3.4 烧碱石棉。

4 仪器

一般实验室仪器及

4.1 由一个带有燃烧管的电炉、一个净化系统以及一个二氧化碳吸收系统组成的仪器。如果需要得到适当纯度的氧，也可以使用一个氧气净化系统。

仪器的连接部分要用密封的连接管连接在一起。仪器示意图见图1。

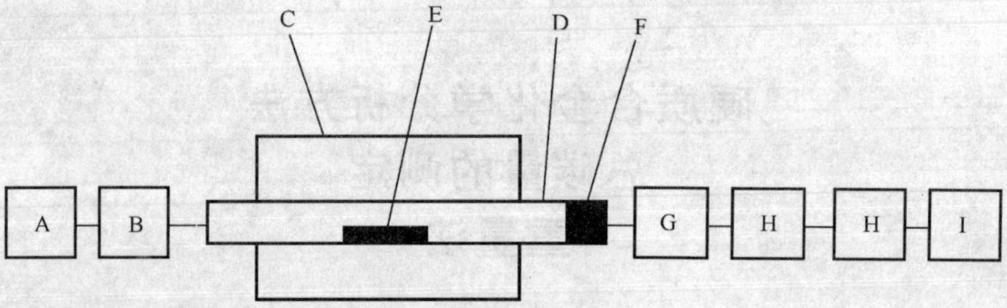

A——氧气(3.1)源:带有压力调节阀;

B——流量计;

C——电炉:带合适的温度控制装置,炉温可达 1350℃;

D——燃烧管:由无细孔的耐火材料制成,管子内径为 18 mm~30 mm,长度至少为 650 mm,以使操作过程中燃烧管末端温度不超过 60℃;

E——舟皿:由耐火材料制成,应预先在试验温度下,于氧气流中处理 10 min 或在 800℃~1 000℃下灼烧 1 h。舟皿应有合适的尺寸,例如长 80 mm~100 mm,宽 12 mm~14 mm,深 8 mm~9 mm。经过预处理的舟皿要保存在干燥器中,干燥器的磨口表面和盖子不应涂润滑脂;

F——二氧化硅棉的塞子;

G——干燥瓶:内装无水高氯酸镁(3.2);

H——吸收瓶:内装烧碱石棉(3.4)和少量无水高氯酸镁(3.2),吸收瓶式样见图 2;

I——吸收瓶:反向与 H 连接,以防止二氧化碳和空气中潮气的引入。

图 1

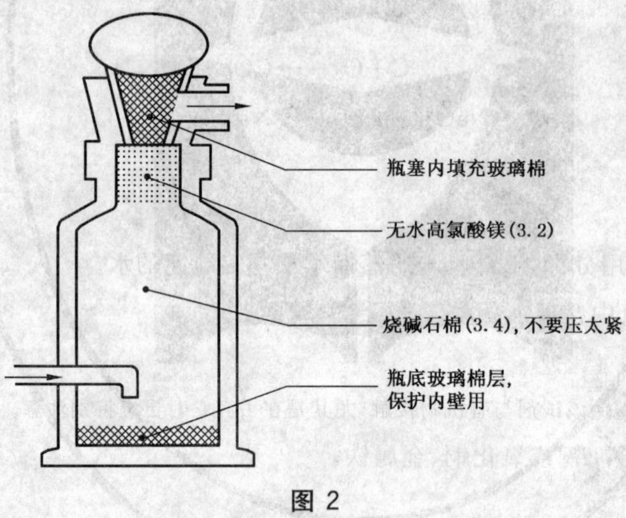

图 2

4.2 钩子:由碳质量分数低于 0.05%的耐热金属丝制成,其直径约为 3 mm,长 500 mm~600 mm。

5 取样

5.1 在不影响试样化学成分的材料制成的研钵中,将试样研碎成粉末,并通过 180 μm 的筛子。

5.2 取二份或三份试样进行分析。

6 分析步骤

检查燃烧区的温度(1 200℃~1 350℃,若有碳化铬存在时,则不低于 1 300℃)和仪器的气密性,以及氧气净化效果。根据所用燃烧管的直径,以 300 mL/min~500 mL/min 的流速通氧 10 min~15 min,然后取下吸收瓶(H),冷却至室温后称量,并接回原处。

6.1 试料

试料质量(m_0)应含约 0.03 g 的碳,精确至 0.000 1 g。

必要时在试料中加入 0.2 g～1 g 助熔剂(3.3)。

6.2 空白试验

在与分析过程中所用等量助熔剂的情况下，用燃烧法(按 6.3 和 6.4 所述进行)进行空白试验，并仔细测定吸收瓶的增重(m_1)。

6.3 燃烧

打开氧气入口端的燃烧管口，用钩子(4.2)将装有试料(6.1)的舟皿(E)推至燃烧管高温区中心，迅速关闭管子，并且根据所用管子直径的不同，立即以 300 mL/min～500 mL/min 的流速通入氧气，持续通氧 10 min～20 min，以便完全赶出燃烧管和净化瓶中的二氧化碳。

6.4 测定

关闭吸收瓶(H)的塞子，立即从仪器上取下。5 min 后称量瓶子的质量，称量精确至 0.000 1 g。建议目视检查舟皿中熔融物以验证燃烧是否完全。吸收瓶的增量就是所吸收的二氧化碳量(m_2)。

7 结果的表述

7.1 计算

总碳量的质量分数以 w 计，数值以%表示，按式(1)计算：

$$w = 27.29 \times \frac{(m_2 - m_1)}{m_0} \qquad \cdots\cdots(1)$$

式中：

m_0——试料量，单位为克(g)；

m_1——空白试验测得的二氧化碳量，单位为克(g)；

m_2——燃烧试样测得的二氧化碳量，单位为克(g)；

27.29——二氧化碳换算为碳的系数乘以 100。

7.2 允许差

二次或三次独立测定值之间的偏差，应不大于表 1 所列的数值。

表 1

总碳量/ %(质量分数)	二次测定值的允许差/ %(质量分数)	三次测定值的允许差/ %(质量分数)
4～10	0.05	0.06
>10	0.07	0.08

7.3 最终结果

以合格测定值的算术平均值为最终报告，精确至 0.01%(质量分数)。

8 试验报告

试验报告应包括以下内容：

a) 按照本标准操作；

b) 鉴别本试验样品的全部细节；

c) 测得的结果；

d) 本标准中未规定的或自选的任何操作；

e) 任何可能影响结果的有关情况。

ICS 77.120.99
H 71

中华人民共和国国家标准

GB/T 5124.2—2008/ISO 3908:1985
代替 GB/T 5124.2—1985

硬质合金化学分析方法 不溶(游离)碳量的测定 重量法

Methods for chemical analysis of hardmetals—Determination of insoluble(free) carbon content—Gravimetric method

(ISO 3908:1985,Hardmetals—Determination of insoluble (free) carbon content—Gravimetric method,IDT)

2008-03-31 发布　　2008-09-01 实施

中华人民共和国国家质量监督检验检疫总局
中国国家标准化管理委员会　发布

前 言

GB/T 5124《硬质合金化学分析方法》分为四个部分：

——GB/T 5124.1 硬质合金化学分析方法 总碳量的测定 重量法

——GB/T 5124.2 硬质合金化学分析方法 不溶(游离)碳量的测定 重量法

——GB/T 5124.3 硬质合金化学分析方法 电位滴定法测定钴量

——GB/T 5124.4 硬质合金化学分析方法 过氧化物光度法测定钛量

本部分为第 2 部分。

本部分等同采用 ISO 3908:1985《硬质合金 不溶(游离)碳量的测定 重量法》。

为了便于使用，本部分做了下列编辑性修改：

——用“本部分”代替“本国际标准”；

——用小数点“.”代替在国际标准中作为小数点的“,”；

——删除了国际标准中封面、前言。

本部分代替 GB/T 5124.2—1985《硬质合金化学分析方法 重量法测定游离(不溶)碳量》。

本部分与 GB/T 5124.2—1985 相比主要变化如下：

——增加了“范围”、“规范性引用文件”等规范性一般要素。

本部分由中国有色金属工业协会提出。

本部分由全国有色金属标准化技术委员会负责归口。

本部分由株洲硬质合金集团有限公司、中国有色金属工业标准计量质量研究所负责起草。

本部分主要起草人：郭鹏、蒋亚芳、朱洁、张杰、张江峰。

本部分所代替标准的历次版本发布情况为：

——GB/T 5124.2—1985。

硬质合金化学分析方法 不溶(游离)碳量的测定　重量法

1 范围

本部分规定了碳化物和硬质合金中的不溶(游离)碳量的测定方法。

本部分适用于铪、钼、铌、钽、钛、钒、钨和锆的碳化物、这些碳化物和粘结金属的混合料(无润滑剂)以及由这些碳化物生产的所有牌号的预烧结和烧结过的硬质合金中不溶(游离)碳量的测定。测定范围:0.02%～0.5%。

2 规范性引用文件

下列文件中的条款通过GB/T 5124的本部分的引用而成为本部分的条款。凡是注日期的引用文件,其随后所有的修改单(不包括勘误的内容)或修订版均不适用于本部分,然而,鼓励根据本部分达成协议的各方研究是否可使用这些文件的最新版本。凡是不注日期的引用文件,其最新版本适用于本部分。

GB/T 5124.1　硬质合金化学分析方法　总碳量的测定　重量法

3 方法原理

分解碳化物,用重量法测定不溶解碳。

4 试剂

在分析过程中一律使用分析纯试剂,蒸馏水或同等纯度的水。

4.1 硝酸(ρ 1.20 g/mL):加2 000 mL硝酸(ρ 1.42 g/mL)于3 000 mL水中。

4.2 氢氟酸(ρ 1.12 g/mL)。

5 仪器

一般实验室仪器及:

5.1 在GB/T 5124.1中所规定的仪器。

5.2 铂皿:容量为200 mL。

5.3 过滤装置:陶瓷过滤装置或装有难熔纤维垫或难熔粉末的古氏坩埚。

注:如有必要,将难熔物质在强氧化性条件下,在800℃～1 000℃进行预处理,时间至少3 h,并将其贮存在干燥器中。

5.4 真空过滤装置。

6 取样

6.1 在不影响试样化学成分的材料制成的研体中,将试样研碎成粉末,并通过180 μm的筛子。

6.2 取二份或三份试样进行分析。

7 分析步骤

7.1 试料

称取试料约 2.5 g,精确至 0.01 g。

7.2 溶样

把试料(7.1)置于铂皿(5.2)中,加入 75 mL 硝酸(4.1),并将铂皿置于蒸汽浴上加热 5 min,然后逐滴加入 10 mL 氢氟酸(4.2)并继续于蒸汽浴上加热约 1 h,直到完全溶解为止,溶液冷却至室温。

注:氢氟酸和硝酸都是危险的化学品,必须避免与这些酸直接接触或吸入它们的蒸汽。使用这些酸时必须在通风良好的通风柜中进行。

7.3 古氏坩埚的准备

把陶瓷过滤器(5.3)装入坩埚中。

如果使用难熔材料,把它装入坩埚深度约为 8 mm～10 mm,并把它向下压紧,以使残渣能够留在难熔材料上面,同时过滤又不会太慢为宜。

7.4 过滤

过滤之前,加入一定的水以防止钨酸沉淀。通过过滤装置(5.3)过滤铂皿中的物质(见 7.2)。用少量的水清洗铂皿二次。确信所有碳粒都被转入过滤装置。再用水冲洗铂皿二次以上,然后用热水清洗过滤装置,使之无酸(通常需要约 500 mL 热水)。

从古氏坩埚取出湿的过滤装置,并把它装入舟皿中(见 GB/T 5124.1 的 4.1),在 110℃下烘干。

7.5 空白试验

每一组的测定进行二次空白试验。

按照 7.3 准备坩埚。

按 7.4 所述方法通过过滤装置(5.3)过滤 75 mL 硝酸(4.1)和 10 mL 氢氟酸(4.2)的混合液。

7.6 测定

按照 GB/T 5124.1,在氧化硫中燃烧过滤装置(5.3)。燃烧管内的温度约 1 200℃。

8 结果的表述

8.1 计算

不溶(游离)碳量的质量分数以 w 计,数值以%表示,按式(1)计算:

$$w = 27.29 \times \frac{(m_2 - m_1)}{m_0} \qquad \cdots\cdots (1)$$

式中:

m_0——试料量,单位为克(g);

m_1——空白试验测得的二氧化碳量,单位为克(g);

m_2——燃烧试样测得的二氧化碳量,单位为克(g);

27.29——二氧化碳换算为碳的系数乘以 100。

8.2 允许差

二次或三次独立测定值之间的偏差,应不大于表 1 所列的数值。

表 1

不溶碳量/%(质量分数)	二次测定值的允许差/%(质量分数)	三次测定值的允许差/%(质量分数)
0.02～0.1	0.02	0.03
>0.1～0.5	0.04	0.05

8.3 最终结果

以合格测定值的算术平均值为最终报告，精确至 0.01%(质量分数)。

9 试验报告

试验报告应包括以下内容：

a) 按照本标准操作；

b) 鉴别本试验样品的全部细节；

c) 测得的结果；

d) 本标准中未规定的或自选的任何操作；

e) 任何可能影响结果的有关情况。

ICS 77.040.10
H 22

中华人民共和国国家标准

GB/T 5125—2008
代替 GB/T 5125—1985

有色金属冲杯试验方法

Method for deep drawing cups testing of non-ferrous metals

2008-06-17 发布 2008-12-01 实施

中华人民共和国国家质量监督检验检疫总局
中国国家标准化管理委员会 发布

前 言

本标准代替 GB/T 5125—1985《有色金属冲杯试验方法》。

本标准与 GB/T 5125—1985 相比，主要内容变动如下：

——增加了前言；

——增加了试验温度的限定；

——增加了引用标准一章；

——修改了原理和定义；

——修改了设备及工具；

——修改了试验报告。

本标准由中国有色金属工业协会提出。

本标准由全国有色金属标准化技术委员会归口。

本标准负责起草单位：东北轻合金有限责任公司。

本标准参加起草单位：中铝瑞闽铝板带有限公司、西南铝业(集团)有限责任公司。

本标准主要起草人：邱纪微、吕新宇、赵胜强、王国军、林梅钦、李杰、李丽。

本标准所替代的历次版本标准发布情况为：

——GB/T 5125—1985。

有色金属冲杯试验方法

1 范围

本标准规定了有色金属冲杯试验方法。

本标准适用于厚度为0.10 mm～3.00 mm深冲用有色金属薄板、带材，在温度为10℃～35℃时的冲杯试验方法。

2 规范性引用文件

下列文件中的条款通过本标准的引用而成为本标准的条款。凡是注日期的引用文件，其随后所有的修改单(不包括勘误的内容)或修订版均不适用于本标准，然而，鼓励根据本标准达成协议的各方研究是否可使用这些文件的最新版本。凡是不注日期的引用文件，其最新版本适用于本标准。

GB/T 8170 数值修约规则

GB/T 16825(所有部分) 静力单轴试验机的检验

JJG 583 杯突试验机国家计量检定规程

3 术语和定义

下列术语和定义适合于本标准。

3.1

圆片 disc specimen

圆片是由薄板、带材冲剪的圆坯料或机加工的圆形试片。

3.2

压边力 pressure on edge

压边力是为防止圆片在周向压应力作用下发生凸缘起皱，由压紧装置作用于圆片上的垂直压力。

3.3

模具间隙 die clearance

模具间隙是指冲模内径与冲头直径的差值之半。

3.4

制耳 earing

制耳是由材料各向异性引起的冲杯边缘对称耳状突起。

3.5

制耳峰高 earing peak

制耳峰高是指制耳顶峰至杯底外表面的垂直距离。

3.6

平均制耳峰高 average of earing peak

平均制耳峰高是指所有制耳峰高的算术平均值。

3.7

制耳谷高 earing valley

制耳谷高是指相邻制耳峰之间的谷底到杯底外表面的垂直距离。

3.8

平均制耳谷高 average of earing valley

平均制耳谷高是指所有制耳谷高的算术平均值。

3.9

平均制耳高度 mean height of earing

平均制耳高度是指平均制耳峰高与平均制耳谷高之差。

3.10

制耳率 earing ratio

制耳率指平均制耳高度与平均制耳谷高的百分比。

4 符号和说明

本标准使用的符号和相应的说明见表1、图1及图2。

表 1

符 号	说 明	单 位
a	圆片厚度，即薄板、带材的公称厚度	mm
D	圆片直径	mm
d_p	冲头直径	mm
d_d	冲模内径	mm
r_p	冲头圆角半径	mm
r_d	冲模圆角半径	mm
h_p	制耳峰高	mm
h_v	制耳谷高	mm
$\overline{h}_p$	平均制耳峰高	mm
$\overline{h}_v$	平均制耳谷高	mm
$\Delta\overline{h}$	平均制耳高度，即 $\overline{h}_p - \overline{h}_v$	mm
e	制耳率，即 $\Delta\overline{h}/\overline{h}_p \times 100$	%

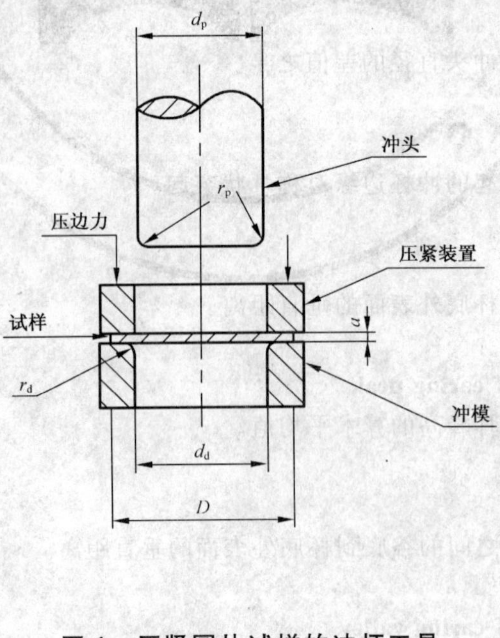

图 1 压紧圆片试样的冲杯工具

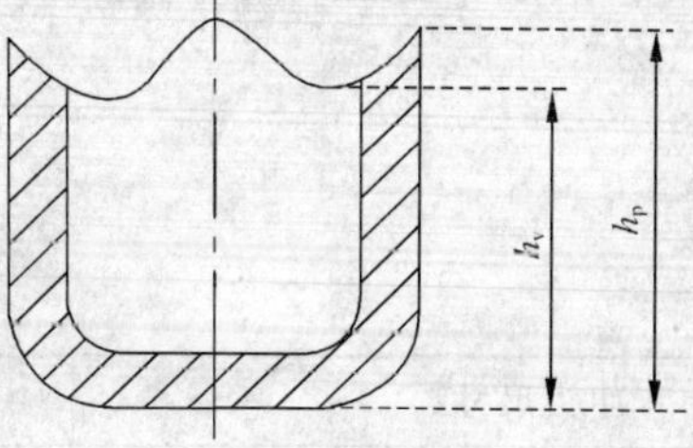

图 2　具有四个制耳的杯子

5　方法原理

金属冲杯试验是用圆柱形冲头将夹紧的金属薄板或带状试样压入规定冲模中而形成圆柱杯，以显示用制耳率表示的材料各向异性的试验。

6　试样

6.1　样坯切取的数量应符合有关产品标准或双方协议的规定。

6.2　由样坯冲剪或机加工圆片试样时，应防止因冷加工或受热影响而改变材料的性能。试样制取时所形成的冷作硬化边缘，不需除去。

6.3　冲剪或机加工成的圆片试样表面应平整不能有划痕，周边无毛刺。

6.4　圆片试样的标准直径可选 $52^{-0.05}_{-0.20}$ mm、$55^{-0.05}_{-0.20}$ mm、$60^{-0.05}_{-0.20}$ mm。

7　试验设备及工具

7.1　试验机

7.1.1　试验可在专用的杯突试验机或万能试验机上配以冲杯工具进行。

7.1.2　杯突试验机或万能试验机应符合相关国家标准规定，并满足下列基本要求：

a)　万能试验机按照 GB/T 16825 进行检定，并具有施加与调整压边力的压紧装置；

b)　杯突试验机按照 JJG 583 进行检定。

7.2　试验工具

试验工具，如图 1 所示。应满足下列基本要求：

a)　冲头及冲模工作表面应抛光，表面粗糙度参数(Ra)不大于 3.2 μm；

b)　冲头及冲模应选用优质合金钢，硬度达到 HRC58～60；

c)　冲头及冲模圆角半径过渡应缓和、光滑；

d)　冲头及冲模的主要尺寸见表 2。

8　试验步骤

8.1　按照圆片试样厚度，依据表 2 选择适合的冲头及冲模，冲头直径偏差为 $^{\ 0}_{-0.05}$ mm，冲模直径偏差为 $^{+0.05}_{\ 0}$ mm，冲头或冲模圆角半径偏差为±0.05 mm。

8.2　安装冲头及冲模，不允许偏心。

8.3　将圆片试样上下两表面涂以少量润滑剂，如机油、工业凡士林等。

8.4　将圆片试样放入冲模中。

8.5　调整压紧装置，对圆片试样施加适当的压边力，以使圆片拉延时不出现失稳皱褶，且便于冲压成形，而不破裂。

8.6　以可控制的均匀速度移动冲头或冲模直至冲出杯子，且杯子不破裂。

8.7 测量杯子的制耳峰高及制耳谷高，测量精度应不小于 0.05 mm。

9 试验结果

9.1 制耳率的测定

表 2

单位为毫米

圆片厚度 a	冲头尺寸		冲模尺寸	
	d_p	r_p	d_d	r_d
0.10～0.11	32	2.5	32.28	2.5
0.12～0.14			32.35	2.5
0.15～0.17			32.43	2.5
0.18～0.20			32.50	2.5
0.21～0.24			32.60	2.5
0.25～0.29			32.75	2.5
0.30～0.35			32.90	3.0
0.36～0.40			33.05	3.0
0.41～0.45			33.20	4.0
0.46～0.50			33.35	4.0
0.51～0.60	32	4.0	33.50	5.0
0.61～0.70			33.80	5.0
0.71～0.80			34.10	6.0
0.81～1.00	32	6.0	34.50	6.0
1.01～1.20			35.00	7.0
1.21～1.40			35.60	7.0
1.41～1.70	32	8.0	36.30	8.0
1.71～2.00			37.00	8.0
2.01～2.50	32	9.0	38.50	9.0
2.51～3.00			39.80	9.0
注：表中的模具间隙范围为(1.25～1.62)a，若需用其他间隙时，可按有关技术条件或需双方协议规定执行。				

9.1.1 对有明显制耳的杯子，求出平均制耳峰高、平均制耳谷高及平均制耳高度。

9.1.2 按表 1 中提供的公式，计算制耳率 e。

9.1.3 制耳率 e 的计算值按 GB/T 8170 修约到 0.1%的整数倍。

9.2 出现下列情况之一时，试验结果无效，应重做同样数量的试验：

9.2.1 杯子周边出现影响制耳率准确测定的皱褶；

9.2.2 杯子形状明显不对称；

9.2.3 圆片试样冲裂。

10 试验报告

试验报告一般应包括下列内容：

a) 试样的合金牌号、规格、批号、状态及圆片试样直径；

b） 试样的委托单位；

c） 检测试样的必要说明；

d） 试样的试验结果，必要时标明制耳相对于轧制方向的方位，如 0°和 90°或 45°；

e） 本标准未规定的操作或可能影响试验结果的任何情况；

f） 本标准的名称及编号；

g） 试验者、审核者、试验日期。